中子散射：

理论与应用

Neutron Scattering:

Theory and Applications

王哲 编著

清華大學出版社
北 京

内容简介

中子散射技术是研究物质微观结构和动态的重要手段。本书从基本物理原理出发，系统阐述了中子散射的相关理论。在理论的基础上，进一步详解了中子散射方法在诸多体系中的应用，包括固体、液体、软物质、高分子、界面与薄膜，以及磁性材料。同时还介绍相关谱仪的原理，如衍射谱仪、小角散射谱仪、三轴谱仪、飞行时间谱仪、自旋回波谱仪、反射谱仪等。通过本书，读者可较为全面地理解中子散射的理论和应用，并快速进入相关科研的前沿。

本书可作为核技术、材料、物理、化学、高分子等专业的研究生教材和教学参考书，也可供从事中子散射相关研究的科研人员参考。

图书在版编目(CIP)数据

中子散射：理论与应用/王哲编著. —北京：清华大学出版社，2022.6
ISBN 978-7-302-59846-6

Ⅰ. ①中…　Ⅱ. ①王…　Ⅲ. ①中子衍射　Ⅳ. ①O571.56

中国版本图书馆 CIP 数据核字(2021)第 280981 号

责任编辑：朱红莲　赵从棉
封面设计：常雪影
责任校对：欧　洋
责任印制：朱雨萌

出版发行：清华大学出版社
网　　址：http://www.tup.com.cn，http://www.wqbook.com
地　　址：北京清华大学学研大厦 A 座　　**邮　　编**：100084
社 总 机：010-83470000　　**邮　　购**：010-62786544
投稿与读者服务：010-62776969，c-service@tup.tsinghua.edu.cn
质量反馈：010-62772015，zhiliang@tup.tsinghua.edu.cn
印 装 者：三河市龙大印装有限公司
经　　销：全国新华书店
开　　本：185mm×260mm　　**印　张**：20.75　　**字　　数**：505 千字
版　　次：2022 年 6 月第 1 版　　**印　　次**：2022 年 6 月第1次印刷
定　　价：86.00 元

产品编号：093611-01

前 言

中子散射技术是研究物质微观结构和动态的重要手段。该技术诞生于20世纪40年代末，起初主要用于晶体结构的研究。随着中子源、中子器件和探测技术的不断进步，中子散射技术在过去的半个多世纪取得了长足发展。如今，该技术在凝聚态物理、化学、材料科学与工程、高分子科学、生命科学等领域，均有广泛应用。同时也成为诸多高新技术——如纳米、医药、环境、新能源等研究中不可或缺的工具。因为这些成就，1994年诺贝尔物理学奖被授予该技术的主要贡献人 B.N.Brockhouse 和 C.G.Shull。美国、英国、日本、德国、法国、澳大利亚等发达国家均建有多座中子源，以用于中子散射相关的科研。自2012年起，我国先后建成和运营了中国绵阳研究堆、中国先进研究堆，以及中国散裂中子源等大型中子设施。中子散射技术由此在我国快速发展，用户群体不断扩大。

本书从基本的物理概念和原理出发，系统阐述了中子与材料发生散射的理论。在理论的基础上，详细介绍了中子散射方法在诸多体系中的应用，包括固体、液体、软物质、高分子、界面与薄膜，以及磁性材料。同时还介绍了相关谱仪的基本原理，如飞行时间谱仪、衍射谱仪、小角散射谱仪、三轴谱仪、自旋回波谱仪、反射谱仪等。通过本书，读者可较为全面地理解中子散射的理论和应用，并快速进入相关科研的前沿。

作者假设本书的读者具备高等数学和大学物理的基本知识，但不需要有中子散射的基础。为了使得本书有较好的易读性，并能够服务尽可能大的读者群，作者写作时做了如下安排：

(1) 增设“数理基础”一章，系统介绍了理解热中子散射理论所必需的数理知识。在此基础上，推导中子与材料散射的双微分截面的表达式应不再有障碍。同时，作者能够理解，有相当多的中子散射用户对于截面公式的推导过程不感兴趣，而只是专注于该技术的应用。对于这类读者，可略去相关计算，只需明确双微分截面的物理意义和表达式的形式，也不会影响后续章节的阅读。

(2) 考虑到中子散射用户的学科背景非常多样，采取了“模块化”的写作思路。在前两章奠定基本理论之后，后续的“应用”部分可分为三个模块。其中第3章和第4章针对液体、软物质、高分子等无序体系；第5章和第8章针对固体；第6章和第7章则针对中子光学、薄膜和表面。这三个模块的内容是较为独立的，读者可根据自身需要选择性阅读。

(3) 保留了绝大多数公式的计算细节。这样做的目的是希望读者能将精力用于理解相关的物理概念和方法，而非花费到具体的公式推导上面。对于极少数公式，其计算过程可能过于冗长，或所需知识超出本书讨论范围，则给出其文献出处，供有兴趣的读者参考。

(4) 中子散射作为一种工具，其最佳学习途径还是通过各种实际应用加深理解。因此，书中给出不少实际科研中的例子。在选取实例时，首先考虑的是该例子是否简明易懂、有助于说明相关理论，其次是数据获取的容易程度。值得注意的是，近年来，我国的中子散射用户群在多个领域取得了令人钦佩的成绩。由于各种原因，未能尽数引述，作者在此深表歉意。

本书的成书得到了作者课题组成员们的大力支持。其中，作者首先要感谢吴华锐博士对于第7章，特别是漫散射讨论的贡献。若无他的出色工作，本章不会以一个较为完整的面貌出现。另外，作者还要感谢宋坤同学对于极化中子相关内容写作的帮助。

本书的出版得到了清华大学工程物理系的王学武教授，以及清华大学出版社的赵从棉和朱红莲两位编辑老师的帮助。在此一并致以谢意。

本书从开始写作到付梓，历经四年有余。在此期间，书稿用于讲授清华大学课程《中子散射与材料科学》。备课和与同学们的教学互动，使作者有机会不断对内容进行修改和补充。在成书和修订过程中，作者尽了自己的努力，但学识所限仍难免存在错误或不妥之处，还请读者不吝赐教。

作 者

2021年9月

目 录

引　言

中子散射技术是重要的探索微观世界的方法。它不但可以告诉人们“原子在哪里”，还能够告诉人们“原子如何运动”。本书的写作目的即从基本物理原理出发，系统地介绍中子散射的理论和方法。在此之前，有必要简要回顾中子散射发展的历史。

1932 年，英国物理学家查德威克(Chadwick)在实验中发现了一种穿透性极强，质量约等于质子质量，且不带电荷的粒子，即中子(Chadwick，1932)。查德威克得到中子的核反应是利用 α 粒子轰击 ^{9}Be 靶，从而生成 ^{12}C 和中子：

$$^{4}\mathrm{He}+{}^{9}\mathrm{Be}\longrightarrow {}^{12}\mathrm{C}+\mathrm{n}$$

彼时，由于德布罗意(de Broglie)(de Broglie，1924)和薛定谔(Schrödinger)(Schrödinger，1926)等人的杰出工作，人们已经认识到微观粒子具有波动性。因此，在中子发现之后，很快就有人意识到中子可以像 X 射线一样探测微观世界。1936 年，Mitchell 等人便通过实验证实，中子可以与晶体发生布拉格(Bragg)衍射，从而可用于测定晶体结构(Mitchell，1936)。在同一时期，von Halban 等人也做出过类似的工作(von Halban，1936)。这一系列研究可被认为是中子散射技术的开端。

上述这些中子衍射的工作，利用的是中子与原子核之间的核力作用。随后，人们认识到中子具有 1/2 自旋，并测定了中子的磁矩(Schwinger，1937；Alvarez，1940)。这也意味着中子可以用来探测物质的磁性结构。20 世纪 40 年代末，美国橡树岭国家实验室(Oak Ridge National Laboratory)的两位科学家 Wollen 与 Shull 成功地利用弹性中子散射测定了顺磁和反铁磁物质的微观结构(Shull，1951)。这一工作的重要意义在于验证了中子散射测定物质的磁性特征的能力。至今，中子衍射方法仍然是测定物质磁性微观结构最常用的方法之一。

20 世纪 50 年代初，加拿大乔克里弗核物理实验室(Canadian Chalk River Nuclear Laboratory)的研究员 Brockhouse 发明了三轴中子谱仪，并用其成功地测定了晶体中的声子的色散关系(Brockhouse，1955)。声子是描述固体中原子集体振动的量子，对于研究固体的热特性、力学特性以及电特性等都非常关键。中子通过与原子核的核力作用，与物质中粒子密度的涨落形成弱耦合，从而可以探测到物质中原子的集体振动。Brockhouse 等人的工作对于凝聚态物理的研究具有深远的影响。

同样是在 20 世纪 50 年代初，van Hove 在理论上证明了中子与物质的散射截面直接对应物质内部密度涨落的时空关联函数(van Hove,1954)。这一工作进一步明确了中子散射技术对于凝聚态物理研究,尤其是对于液体研究的价值。中子散射技术有力地促进了20世纪50年代以后对液体和无定形态物质的科研。

20世纪60年代,小角中子散射的概念被提出。该技术将中子衍射可测的空间范围从Å量级拓展到了nm～μm量级,从而很好地衔接了光散射的测量范围。考虑到这一空间范围介于微观原子尺度(Å量级)和宏观光学尺度(μm量级以上),往往被称为介观。在这一尺度上,存在大量在物理、化学、生命科学,以及工业应用等方面具有巨大价值的物质,例如胶体、高聚物、生物大分子、团簇材料、复合材料、多孔介质,以及各类纳米材料等。这些材料具有复杂的微观结构和动态特征,并在宏观上呈现出多样的相变和力学等特性。小角中子散射技术的发明和成熟,使得相关领域的科研有了巨大的进步。

20世纪70年代,Mezei等人发明了中子自旋回波散射技术(Mezei,1972),这是中子散射方法的又一次重大突破。该技术极大地扩展了中子散射可探测到的时间范围,从而为研究高分子材料的动态特征提供了强有力的工具。中子自旋回波技术和小角中子散射技术的发明使得中子散射的应用范围大为拓展。

20世纪80年代,中子反射技术逐渐发展起来。中子反射技术是研究材料的薄膜和表面性质的重要工具。如今,在世界上主流的大型中子源均建有中子反射谱仪。

从20世纪40年代开始,反应堆成为了最重要的中子科学平台。直到今天,反应堆仍然是中子散射技术非常依赖的中子源。但由于散热和材料技术等技术原因,反应堆源的中子产额难以大幅度提高。从20世纪70年代起,Carpenter等人在美国阿贡国家实验室(Argonne National Laboratory)建造了基于加速器技术的散裂中子源(spallation neutron source)(Carpenter,1977)。该技术可进一步提升中子产额。同时,由于其产生的中子具有脉冲特性,使得中子谱仪的设计更为灵活。

上面介绍的工作奠定了中子散射技术的基础。Shull和Brockhouse也因为对于中子散射技术所做出的关键性贡献而荣膺1994年度的诺贝尔物理学奖。图0.1所示为这几位科学家工作时的照片。

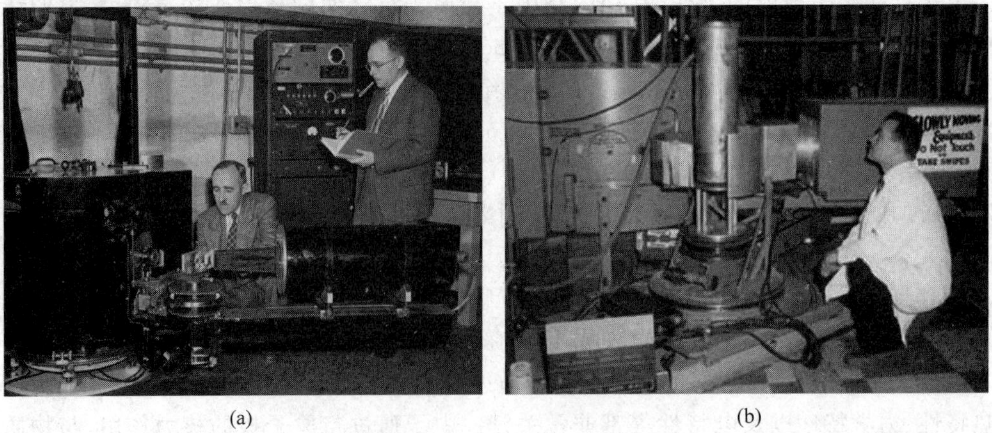

(a) (b)

图0.1 中子散射技术的先驱

(a) Wollen(左)与Shull(右)在美国橡树岭国家实验室利用弹性中子散射研究物质磁性;

(b) Brockhouse在加拿大乔克里弗核物理实验室利用三轴中子谱仪测定晶体中的声子。

为了满足不同的时间尺度和空间尺度的测量需求，人们发明了多种中子散射谱仪。图 0.2 给出了常见中子散射谱仪可测量的时间和空间范围。同时，图中还给出了非弹性 X 射线散射，以及光散射所能测量的时间和空间范围作为对比。

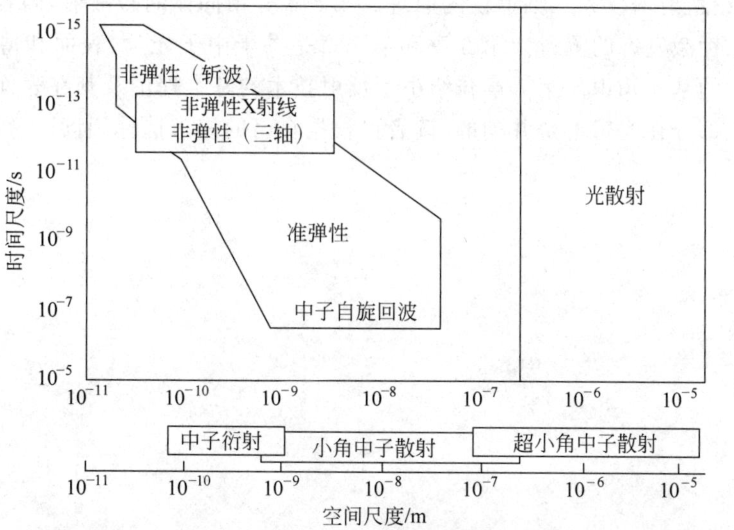

图 0.2 不同中子谱仪的测量范围

注意：中子衍射、小角中子散射、超小角中子散射属弹性散射。这些技术仅测量空间结构，并不区分时间尺度。非弹性 X 射线散射与光散射的测量范围也在图中给出。

经过半个多世纪的发展，中子散射技术的应用早已不仅限于凝聚态物理等传统领域，而是深入到工业应用、材料学、化工、流变学、化学催化和合成、新能源，甚至生命科学之中。可以预想，在今后的科研之中，中子散射技术仍将扮演重要的角色。正因如此，中子散射技术值得相关领域的科研工作者认真学习和掌握。

本书内容的逻辑构成如图 0.3 所示。第 1 章将介绍理论学习所需要的数学和物理，其主要内容是线性代数和量子力学的相关知识。对这一部分内容熟悉的读者可跳过这一章。随后，在第 2 章中，将介绍中子核散射的基本理论，这是后续讨论的基础。从第 3 章开始，将具体介绍中子散射技术在各类系统中的理论和应用。其中，第 3 章和第 4 章是关于流体、软

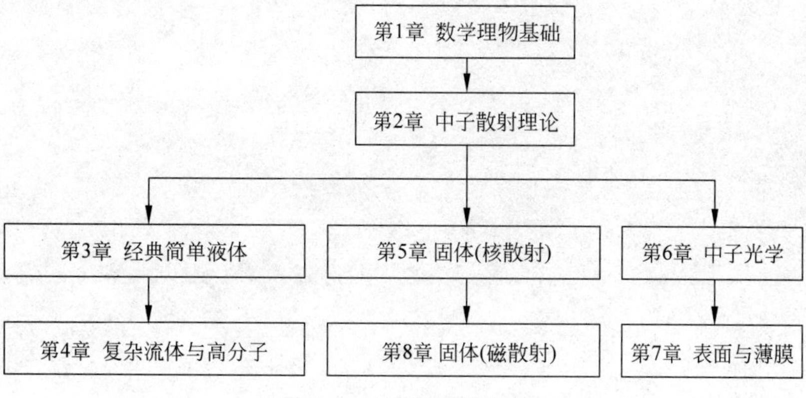

图 0.3 本书的逻辑构成

物质等无序体系的。具体介绍中子散射在简单液体、分子液体、胶体、高分子、软物质等体系中的应用，并介绍小角中子散射、中子自旋回波、飞行时间非弹谱仪等谱仪技术的原理。第 5 章和第 8 章是关于固体的。其中，第 5 章介绍固体的核散射，内容包括固体结构和声子的测量，并介绍衍射谱仪和三轴谱仪的原理。第 8 章介绍固体的磁散射，内容着重于固体的磁性结构和磁性激发态的测量。第 6 章和第 7 章是关于中子光学、表面和薄膜的。第 6 章介绍中子光学的基本知识。第 7 章介绍中子反射技术的基本理论及其在表面和薄膜研究中的应用。这三部分在逻辑上是并列的，读者可根据自己的需求选择阅读。

第 1 章

数理基础

中子与物质的作用是量子力学现象。本章的目的在于用较短的篇幅介绍与之相关的量子力学知识，以使读者能够深刻理解中子散射的基本原理。本章首先介绍量子力学的主要数学工具——矢量空间。在此基础上，进一步介绍量子力学的基本原理，最后得到计算量子态跃迁概率的表达式。这些知识将为后续章节打下基础。对量子力学熟悉的读者则可直接从第 2 章开始学习。

1.1 矢量空间

首先讨论研究量子力学的主要工具——矢量空间[①]。这里的讨论力求简洁，以便读者能够尽快地回顾量子力学的一些基本思想，但并不追求数学上的严谨。这里假设读者学习过微积分和线性代数的基础知识。

1.1.1 基本概念

1. 线性空间

我们考虑复数域上定义了加法和数乘的 n 维线性空间。对于其中的任意两个矢量 $\boldsymbol{\alpha}$ 和 $\boldsymbol{\beta}$，都存在一个复数与其对应，记为 $(\boldsymbol{\beta},\boldsymbol{\alpha})$，且满足以下条件：

(1) $(\boldsymbol{\beta},\boldsymbol{\alpha})=(\boldsymbol{\alpha},\boldsymbol{\beta})^*$，上标 * 代表取复共轭

(2) $(\boldsymbol{\beta},k\boldsymbol{\alpha})=k(\boldsymbol{\beta},\boldsymbol{\alpha})$

(3) $(\boldsymbol{\gamma},\boldsymbol{\alpha}+\boldsymbol{\beta})=(\boldsymbol{\gamma},\boldsymbol{\alpha})+(\boldsymbol{\gamma},\boldsymbol{\beta})$

(4) $(\boldsymbol{\alpha},\boldsymbol{\alpha})\geqslant 0$，且 $(\boldsymbol{\alpha},\boldsymbol{\alpha})=0\Leftrightarrow\boldsymbol{\alpha}=\mathbf{0}$

其中 $\boldsymbol{\alpha}$、$\boldsymbol{\beta}$、$\boldsymbol{\gamma}$ 为空间中的矢量，k 为一个复数，称 $(\boldsymbol{\beta},\boldsymbol{\alpha})$ 为 $\boldsymbol{\alpha}$ 和 $\boldsymbol{\beta}$ 的内积(inner product)。该线性空间即在复数域上具有加法、数乘和内积的矢量空间，是大家所熟知的欧几里得空间(Euclidean space)在复数域上的推广。完全的内积空间称为希尔伯特(Hilbert)空间，这也是量子力学问题涉及的空间。在后文中，我们仍将使用"矢量空间"这个名称。我们有时也会用到"单一空间"这样的名称，以区分即将介绍的左矢空间和右矢空间。

---

① 本节主要参照(喀兴林，2004)。

对于任一矢量 $\boldsymbol{\alpha}$ ，$|\boldsymbol{\alpha}|=\sqrt{(\boldsymbol{\alpha},\boldsymbol{\alpha})}$ 叫矢量 $\boldsymbol{\alpha}$ 的长度或模(norm)。若 $|\boldsymbol{\alpha}|=1$，则称 $\boldsymbol{\alpha}$ 为单位矢量。

矢量的内积和模满足柯西-施瓦茨(Cauchy-Schwarz)不等式

$$|(\boldsymbol{\beta},\boldsymbol{\alpha})|^2 \leqslant |\boldsymbol{\alpha}|^2 |\boldsymbol{\beta}|^2$$

上式的证明可参考线性代数教材。

若矢量 $\boldsymbol{\alpha}$ 和 $\boldsymbol{\beta}$ 满足 $(\boldsymbol{\beta},\boldsymbol{\alpha})=0$，则称 $\boldsymbol{\alpha}$ 和 $\boldsymbol{\beta}$ 正交(orthogonal)。

记空间中的一组标准正交基为 $\boldsymbol{\varepsilon}_1,\boldsymbol{\varepsilon}_2,\cdots,\boldsymbol{\varepsilon}_n$（即这些基矢量均为单位矢量且相互正交，通常记作 $\{\boldsymbol{\varepsilon}_i\}$），空间中的任意矢量可写为这组基的线性展开。例如：

$$\boldsymbol{\alpha}=\sum_{i=1}^{n} a_i \boldsymbol{\varepsilon}_i, \quad \boldsymbol{\beta}=\sum_{i=1}^{n} b_i \boldsymbol{\varepsilon}_i$$

其中，$\{a_i;\ i=1,2,\cdots,n\}$ 为一组复数，它们即为 $\boldsymbol{\alpha}$ 在 $\{\boldsymbol{\varepsilon}_i\}$ 下的坐标。$\boldsymbol{\beta}$ 同理。这是 $\{\boldsymbol{\varepsilon}_i\}$ 完备性的体现。有了坐标的概念之后，我们就可以将矢量 $\boldsymbol{\alpha}$ 和 $\boldsymbol{\beta}$ 写为熟悉的列向量形式：

$$\boldsymbol{\alpha} \simeq \begin{pmatrix} a_1 \\ a_2 \\ \vdots \\ a_n \end{pmatrix}, \quad \boldsymbol{\beta} \simeq \begin{pmatrix} b_1 \\ b_2 \\ \vdots \\ b_n \end{pmatrix}$$

上式中，$\simeq$ 意为利用坐标表示。利用坐标，可定义内积的运算规则：

$$(\boldsymbol{\beta},\boldsymbol{\alpha})=\sum_{i=1}^{n} a_i b_i^*$$

容易验证，上述定义满足内积运算的四个条件。

在线性空间中，可定义变换。变换是线性空间到其自身的映射。例如，对于任一矢量 $\boldsymbol{\alpha}$ ，若将变换 σ 作用于它，其结果 $\sigma(\boldsymbol{\alpha})$ 仍为该线性空间中的一个矢量。

线性变换是最常见的变换。对于任意的矢量 $\boldsymbol{\alpha}$ 和 $\boldsymbol{\beta}$ ，当变换满足如下关系时，被称为线性变换：

(1) $\sigma(\boldsymbol{\alpha}+\boldsymbol{\beta})=\sigma(\boldsymbol{\alpha})+\sigma(\boldsymbol{\beta})$

(2) $\sigma(k\boldsymbol{\alpha})=k\sigma(\boldsymbol{\alpha})$

两个线性变换 σ 和 τ 的加法和乘法定义如下：对于任一矢量 $\boldsymbol{\alpha}$ ，有

$$(\sigma+\tau)(\boldsymbol{\alpha})=\sigma(\boldsymbol{\alpha})+\tau(\boldsymbol{\alpha})$$

$$\sigma\tau(\boldsymbol{\alpha})=\sigma(\tau(\boldsymbol{\alpha}))$$

线性变换有如下两条重要性质：对于线性变换 σ、τ 和 φ，有

(1) $(\sigma\tau)\varphi=\sigma(\tau\varphi)$

(2) $(\sigma+\tau)\varphi=\sigma\varphi+\tau\varphi$

这两条性质通过加法和乘法的定义很容易证明。

线性变换的概念和性质在线性代数的学习中早已明确，此处不再赘述。这里，仅针对复数域空间的特点，引入共轭变换的概念。设 σ 是一个线性变换，若存在另一个线性变换 $\sigma^\dagger$ 满足

$$(\boldsymbol{\beta},\sigma\boldsymbol{\alpha})=(\sigma^\dagger\boldsymbol{\beta},\boldsymbol{\alpha})$$

则称 $\sigma^\dagger$ 是 σ 的共轭变换。

利用上述定义和线性变换的性质，不难验证共轭变换有以下性质：

(1) $(k\sigma)^{\dagger}=k^{*}\sigma^{\dagger}$

(2) $(\sigma^{\dagger})^{\dagger}=\sigma$

(3) $(\sigma+\tau)^{\dagger}=\sigma^{\dagger}+\tau^{\dagger}$

(4) $(\sigma\tau)^{\dagger}=\tau^{\dagger}\sigma^{\dagger}$

2. 左矢和右矢

到此为止，我们回顾了单一空间的一些基本的概念和运算。对照单一空间，建立两个新的空间，一个叫右矢空间(ket space)，另外一个叫作左矢空间(bra space)。右矢空间的结构与单一空间完全一样，其中每一个矢量都与单一空间中的矢量相对应。例如，与单一空间中的$\boldsymbol{\alpha}$、$\boldsymbol{\beta}$、$\boldsymbol{\gamma}$对应的矢量，在这里表示为右矢$|\alpha\rangle$、$|\beta\rangle$、$|\gamma\rangle$。这些右矢的加法和数乘运算与单一空间中的规则完全相同。

对于右矢空间中的每一个右矢$|\alpha\rangle$，在左矢空间中就有一个相应的左矢$\langle\alpha|$。左矢空间中亦有加法和数乘运算，其运算规则将在下文中明确。

在定义了左矢空间和右矢空间之后，可以在形式上重新定义内积的概念。规定一个左矢$\langle\beta|$与一个右矢$|\alpha\rangle$的内积为一个复数$\langle\beta|\alpha\rangle$，且其数值等于$(\boldsymbol{\beta},\boldsymbol{\alpha})$。易知，左矢和右矢的内积满足如下性质：

(1) $\langle\beta|\alpha\rangle=\langle\alpha|\beta\rangle^{*}$

(2) $\langle\beta|(k|\alpha\rangle)=k\langle\beta|\alpha\rangle$

(3) $\langle\gamma|(|\alpha\rangle+|\beta\rangle)=\langle\gamma|\alpha\rangle+\langle\gamma|\beta\rangle$

(4) $\langle\alpha|\alpha\rangle\geqslant0$，且$\langle\alpha|\alpha\rangle=0\Leftrightarrow|\alpha\rangle=|0\rangle$

注意，此处的内积是定义在左矢和右矢之间的。但有时也说右矢$|\alpha\rangle$和右矢$|\beta\rangle$的内积，这也是指与右矢$|\alpha\rangle$相对应的左矢$\langle\alpha|$与右矢$|\beta\rangle$的内积。例如，说两个右矢$|\alpha\rangle$和$|\beta\rangle$正交，是指$\langle\beta|\alpha\rangle=0$。

与单一空间中的情况类似，可定义右矢$|\alpha\rangle$的模$|\alpha|=\sqrt{\langle\alpha|\alpha\rangle}$。这里的模和内积仍满足柯西-施瓦茨不等式

$$|\langle\beta|\alpha\rangle|^{2}\leqslant|\alpha|^{2}|\beta|^{2}$$

在定义了左矢和右矢的内积之后，我们可以进一步明确左矢空间中的加法和数乘的运算规则。首先讨论加法。考虑三个右矢$|\alpha\rangle$、$|\beta\rangle$、$|\gamma\rangle$，它们满足如下条件：

$$|\alpha\rangle+|\beta\rangle=|\gamma\rangle \tag{1.1.1}$$

则三者在左矢空间中对应的左矢必满足

$$\langle\alpha|+\langle\beta|=\langle\gamma| \tag{1.1.2}$$

式(1.1.2)证明如下。取任一左矢$\langle\sigma|$与式(1.1.1)两边做内积，然后两边取复共轭，得到$\langle\alpha|\sigma\rangle+\langle\beta|\sigma\rangle=\langle\gamma|\sigma\rangle$。利用内积的第三条性质，可进一步得到$(\langle\alpha|+\langle\beta|-\langle\gamma|)|\sigma\rangle=0$。由于$\langle\sigma|$具有任意性，可知括号内的部分为零左矢$\langle0|$。因此式(1.1.2)成立。

下面讨论左矢空间中的数乘。若两个右矢$|\alpha\rangle$和$|\beta\rangle$满足

$$|\alpha\rangle=k|\beta\rangle \tag{1.1.3}$$

则与此相应的左矢满足

$$\langle\alpha|=k^{*}\langle\beta| \tag{1.1.4}$$

式(1.1.4)证明如下。取任一左矢$\langle\sigma|$与式(1.1.3)两边做内积，然后两边取复共轭，得到$\langle\alpha|\sigma\rangle=k^*\langle\beta|\sigma\rangle$。利用内积的第三条性质，可进一步得到$(\langle\alpha|-k^*\langle\beta|)|\sigma\rangle=0$。由于$\langle\sigma|$具有任意性，可知括号内的部分为零左矢$\langle 0|$。因此式(1.1.4)成立。

上面通过右矢空间中的运算规则以及内积的定义，明确了左矢空间中加法和数乘的运算规则。左矢和右矢的概念最初是由量子力学的创建者之一狄拉克(P. A. M. Dirac)引入的(Dirac,1958)。实际上，左矢空间和右矢空间的结合，在数学上与单一空间是等价的。然而在物理上，二者的引入将极大地方便量子力学问题的讨论。

对于单一空间中的一组标准正交基$\{\varepsilon_i\}$，在右矢空间和左矢空间中各有一套与之对应的基矢量，分别为基右矢$\{|\varepsilon_i\rangle\}$和基左矢$\{\langle\varepsilon_i|\}$。任一右矢$|\alpha\rangle$可展开为$\{|\varepsilon_i\rangle\}$的线性组合：

$$|\alpha\rangle=\sum_{i=1}^{n}a_i\,|\varepsilon_i\rangle \tag{1.1.5}$$

等号两边同时左乘$\langle\varepsilon_i|$，可得坐标a_i的表达式为

$$a_i=\langle\varepsilon_i|\alpha\rangle$$

因此，式(1.1.5)还可以写为

$$|\alpha\rangle=\sum_{i=1}^{n}|\varepsilon_i\rangle\langle\varepsilon_i|\alpha\rangle \tag{1.1.6}$$

式(1.1.5)与式(1.1.6)在左矢空间中的对应表达式为

$$\langle\alpha|=\sum_{i=1}^{n}a_i^*\langle\varepsilon_i|=\sum_{i=1}^{n}\langle\alpha|\varepsilon_i\rangle\langle\varepsilon_i|$$

1.1.2 算符

1. 定义

算符是矢量空间中的重要概念。在本节，首先在右矢空间中引入算符的概念，然后将利用左矢和右矢的对应关系讨论算符的运算。

规定一个对应关系，用A来表示，使得某些右矢与其中另一些右矢相对应，例如使$|\alpha\rangle$与$|\beta\rangle$相对应：

$$|\alpha\rangle=A\,|\beta\rangle$$

这样的对应关系A称为算符。由于将算符A作用于右矢$|\beta\rangle$之后的结果$A|\beta\rangle$仍为右矢，通常将其写为右矢的形式$|A\beta\rangle$。算符可理解为矢量空间中的映射或者变换。

若算符A作用于任意右矢$|\alpha\rangle$，总有$A|\alpha\rangle=|\alpha\rangle$，则称该算符为单位算符，记为$I$。若总有$A|\alpha\rangle=|0\rangle$，则称该算符为零算符，记为$O$。

对于任意的$|\alpha\rangle$和$|\beta\rangle$，当算符A满足如下关系时，称之为线性算符：

(1) $A(|\alpha\rangle+|\beta\rangle)=A|\alpha\rangle+A|\beta\rangle$

(2) $A(k|\alpha\rangle)=k(A|\alpha\rangle)$

显然，O和I均为线性算符。线性算符是最常见且重要的一类算符。下面将仅讨论此类算符。由上面两个式子可见，线性算符相当于矢量空间中的线性变换，因此，其运算规则与线性变换或者矩阵的运算规则类似。下面具体说明。

两个算符A与B的和$A+B$及乘积AB的定义为

$$(A+B)\,|\alpha\rangle=A\,|\alpha\rangle+B\,|\alpha\rangle$$

$$AB|\alpha\rangle = A(B|\alpha\rangle)$$

算符的和与乘积运算遵循如下法则：

(1) $A(B+C)=AB+AC$

(2) $(AB)C=A(BC)$

如果两个算符 A 与 B 满足

$$AB = BA$$

则说这两个算符对易(compatible)。与矩阵类似，算符之间往往不是可对易的。我们定义对易式

$$[A,B] = AB - BA$$

来表示两个算符的对易关系。

可以用算符和复数构成的多项式或者级数作为算符的函数：

$$F(A) = a_0 + a_1 A + a_2 A^2 + \cdots + a_n A^n$$

常见的一种算符函数即为指数函数，其定义如下：

$$e^{aA} = 1 + aA + \frac{1}{2!}a^2 A^2 + \cdots + \frac{1}{n!}a^n A^n + \cdots \tag{1.1.7}$$

对于某个算符 A，若存在算符 B，使得 $AB=BA=I$，则称算符 A 是可逆的，且称算符 B 为算符 A 的逆算符，记为 A^{-1}。

根据算符的定义，将算符 A 作用于某个右矢 $|\beta\rangle$ 之后的结果 $|\alpha\rangle=A|\beta\rangle$ 也是一个右矢，因此，它在左矢空间中对应左矢 $\langle\alpha|$。也就是说，右矢空间中每一个算符 A，都对应着左矢空间中的某一个算符。我们将这个左矢空间中与 A 对应的算符记作 $A^\dagger$，称为算符 A 的伴算符(Hermitian adjoint)：

$$|\alpha\rangle = A|\beta\rangle = |A\beta\rangle \rightarrow \langle\alpha| = \langle A\beta| = \langle\beta|A^\dagger$$

上式给出了算符向左作用于左矢的运算规则。注意，根据目前的定义，算符 A 仅作用于右矢，其伴算符 $A^\dagger$ 仅作用于左矢。Dirac 将这个限制打破，并规定算符 A 作用于左矢的运算规则如下。对于任意的 $\langle\alpha|$ 和 $|\beta\rangle$，有

$$(\langle\alpha|A)|\beta\rangle = \langle\alpha|(A|\beta\rangle) = \langle\alpha|A\beta\rangle$$

通过上式，可得到算符 $A^\dagger$ 作用于右矢的运算规则：

$$(\langle\alpha|A^\dagger)|\beta\rangle = \langle\beta|(A|\alpha\rangle)^* = (\langle\beta|A)|\alpha\rangle^* = \langle\alpha|(A^\dagger|\beta\rangle)$$

上面两个式子略显生硬，但在数学上并不是新的内容。由上文可知，对于单一空间中的任意矢量 $\boldsymbol{\alpha}$ 和 $\boldsymbol{\beta}$，线性变换 σ 和其共轭变换 $\sigma^\dagger$ 满足 $(\sigma\boldsymbol{\alpha},\boldsymbol{\beta})=(\boldsymbol{\alpha},\sigma^\dagger\boldsymbol{\beta})$。用左矢和右矢表示即为 $\langle A\alpha|\beta\rangle=\langle\alpha|A^\dagger\beta\rangle$，也就是 $(\langle\alpha|A^\dagger)|\beta\rangle=\langle\alpha|(A^\dagger|\beta\rangle)$。

由于存在上述两个规定，后文中将不再用括号表明作用方向和顺序，而是直接写为 $\langle\alpha|A|\beta\rangle$ 或者 $\langle\alpha|A^\dagger|\beta\rangle$。另外，上式还给出了一个非常有用的关系：

$$\langle\alpha|A|\beta\rangle = \langle\beta|A^\dagger|\alpha\rangle^*$$

伴算符有如下几个重要性质：

(1) $(A^\dagger)^\dagger = A$

(2) $(A+B)^\dagger = A^\dagger + B^\dagger$

(3) $(AB)^\dagger = B^\dagger A^\dagger$

(4) $(kA)^\dagger = k^* A^\dagger$

(5) $(A^{\dagger})^{-1}=(A^{-1})^{\dagger}$，若伴算符 $A^{\dagger}$ 存在逆算符

前四个性质很容易验证。最后一个关系证明如下。对于任意矢量 $|\alpha\rangle$ 和 $|\beta\rangle$，有

$$\begin{aligned}\langle\alpha \mid (A^{-1})^{\dagger}A^{\dagger} \mid \beta\rangle &= \langle A^{-1}\alpha \mid A^{\dagger}\beta\rangle = \langle A^{\dagger}\beta \mid A^{-1}\alpha\rangle^{*} \\ &= \langle\beta \mid AA^{-1}\alpha\rangle^{*} = \langle\beta \mid \alpha\rangle^{*} = \langle\alpha \mid \beta\rangle\end{aligned}$$

由 $|\alpha\rangle$ 和 $|\beta\rangle$ 的任意性可知，必有 $(A^{-1})^{\dagger}A^{\dagger}=I$ 成立，即 $(A^{\dagger})^{-1}=(A^{-1})^{\dagger}$。

2. 常见算符

这一部分介绍几种量子力学中常见的算符，即投影算符(projection operator)、厄米算符(Hermitian operator)和幺正算符(unitary operator)。

首先介绍投影算符。若将右矢写到左矢之前，例如 $|\beta\rangle\langle\alpha|$，也构成了一个算符。将该算符作用到任一右矢 $|\gamma\rangle$ 之上，其结果为 $|\beta\rangle\langle\alpha|\gamma\rangle$，仍然为一个右矢。新的右矢的方向与 $|\beta\rangle$ 相同，仅相差一个复数因子 $\langle\alpha|\gamma\rangle$。该算符同样可作用于任意左矢。

对于空间中的一组标准正交基 $\{|\varepsilon_i\rangle\}$，定义投影算符 P_i：

$$P_i = |\varepsilon_i\rangle\langle\varepsilon_i|$$

将其作用于任一右矢 $|\alpha\rangle$，可得

$$P_i \mid \alpha\rangle = |\varepsilon_i\rangle\langle\varepsilon_i \mid \alpha\rangle$$

对比式(1.1.6)可知，投影算符 $|\varepsilon_i\rangle\langle\varepsilon_i|$ 作用于一个右矢的结果即为该右矢在 $|\varepsilon_i\rangle$ 方向上的投影。该算符也可作用于左矢。

投影算符也可以投影到一个子空间。例如在三维空间中，可定义一个投影算符 $|\varepsilon_1\rangle\langle\varepsilon_1|+|\varepsilon_2\rangle\langle\varepsilon_2|$，它将一个三维矢量投影到由 $|\varepsilon_1\rangle$ 和 $|\varepsilon_2\rangle$ 张成的平面中。

一个特殊的投影算符即投向整个空间的投影：

$$P=\sum_{i=1}^{n} |\varepsilon_i\rangle\langle\varepsilon_i|$$

对比式(1.1.6)可知，将 P 作用于任一右矢 $|\alpha\rangle$，结果均为 $|\alpha\rangle$ 本身。类似的，将 P 作用于任一左矢，得到的也是该左矢本身。也就是说：

$$\sum_{i=1}^{n} |\varepsilon_i\rangle\langle\varepsilon_i| = I$$

上式是一个非常有用的关系式。它的意义在于 $\{|\varepsilon_i\rangle\}$ 是完备的。

下面介绍厄米算符。如果一个算符 H 满足

$$H=H^{\dagger}$$

则称之为厄米算符。算符 H 是厄米算符的充要条件是对其定义域内的所有矢量 $|\alpha\rangle$ 满足

$$\langle\alpha \mid H \mid \alpha\rangle = \text{实数}$$

证明如下。首先看必要性。根据厄米算符的定义，易知有

$$\langle\alpha \mid H \mid \alpha\rangle = \langle\alpha \mid H^{\dagger} \mid \alpha\rangle = \langle H\alpha \mid \alpha\rangle = \langle\alpha \mid H\alpha\rangle^{*} = \langle\alpha \mid H \mid \alpha\rangle^{*}$$

因此可知 $\langle\alpha|H|\alpha\rangle$ 必为实数，必要性得证。再看充分性。$\langle\alpha|H|\alpha\rangle$ 为实数意味着有

$$\langle\alpha \mid H \mid \alpha\rangle = \langle\alpha \mid H\alpha\rangle^{*} = \langle H\alpha \mid \alpha\rangle = \langle\alpha \mid H^{\dagger} \mid \alpha\rangle$$

上式意味着对于任意矢量 $|\alpha\rangle$ 均有 $\langle\alpha|H^{\dagger}-H|\alpha\rangle=0$ 成立，即 $H=H^{\dagger}$。

下面介绍幺正算符。幺正算符是满足以下条件的算符：

$$U^{\dagger}U=UU^{\dagger}=I, \quad \text{即}\ U^{\dagger}=U^{-1}$$

将幺正算符作用于一个矢量空间的全部矢量称为幺正变换，幺正算符或幺正变换有如

下几个重要的性质：

(1) 对任意的$|\alpha\rangle$和$|\beta\rangle$，有$\langle U\alpha|U\beta\rangle=\langle\alpha|\beta\rangle$，即幺正变换不改变内积。

该式可直接由幺正算符的定义证明。由这个性质可直接得到$|U\alpha|=|\alpha|$，即幺正变换不改变模。从几何的角度讲，幺正变换对应于对矢量的转动操作。

(2) 在矢量空间中，若$\{|\varepsilon_i\rangle\}$为一组标准正交基，则$\{U|\varepsilon_i\rangle\}$亦为一组标准正交基。

证明如下。首先需要证明$U|\varepsilon_i\rangle$的模是1且相互正交。这一点通过性质(1)很容易看出。除此之外，还需要证明$\{U|\varepsilon_i\rangle\}$是完备的，也就是$\sum_{i=1}^{n}|U\varepsilon_i\rangle\langle U\varepsilon_i|=I$。下面证明这一点。任取矢量$|\alpha\rangle$和$|\beta\rangle$，有

$$\left\langle\alpha\ \middle|\ \sum_{i=1}^{n}|U\varepsilon_i\right\rangle\langle U\varepsilon_i\ |\ \beta\rangle=\left\langle\alpha\ \middle|\ U\sum_{i=1}^{n}|\varepsilon_i\right\rangle\langle\varepsilon_i\ |\ U^{\dagger}\beta\rangle=\langle\alpha\ |\ UU^{\dagger}\ |\ \beta\rangle=\langle\alpha\ |\ \beta\rangle$$

由于$|\alpha\rangle$和$|\beta\rangle$的选取具有任意性，因此必然有$\sum_{i=1}^{n}|U\varepsilon_i\rangle\langle U\varepsilon_i|=I$成立。

(3) 若$\{|\varepsilon_i\rangle\}$和$\{|\eta_i\rangle\}$是同一空间中的两组标准正交基，则二者可通过一个幺正算符联系起来，即存在一个幺正算符U，使得$|\eta_i\rangle=U|\varepsilon_i\rangle$。

证明如下。定义一个算符A，使得$|\eta_i\rangle=A|\varepsilon_i\rangle$对于$i=1,2,\cdots,n$都成立。这样，算符$A$就得到了完整的定义。下面只需要证明$A$是幺正算符即可。

任取矢量$|\alpha\rangle$和$|\beta\rangle$，有

$$\begin{aligned}\langle\alpha\ |\ \beta\rangle&=\sum_{i=1}^{n}\langle\alpha\ |\ \eta_i\rangle\langle\eta_i\ |\ \beta\rangle=\sum_{i=1}^{n}\langle\alpha\ |\ A\varepsilon_i\rangle\langle A\varepsilon_i\ |\ \beta\rangle\\&=\sum_{i=1}^{n}\langle A^{\dagger}\alpha\ |\ \varepsilon_i\rangle\langle\varepsilon_i\ |\ A^{\dagger}\beta\rangle=\langle A^{\dagger}\alpha\ |\ A^{\dagger}\beta\rangle=\langle\alpha\ |\ AA^{\dagger}\ |\ \beta\rangle\end{aligned}$$

可见有$AA^{\dagger}=I$成立。利用相同的思路，可以得到$A^{\dagger}A=I$，因此，我们证明了A是幺正算符。

对于算符也可以作幺正变换。算符的幺正变换可通过下面的例子具体说明。

在空间中的某个算符A，它作用在空间中的某一个矢量$|\alpha\rangle$，可得到另一个矢量$|\beta\rangle$：

$$|\beta\rangle=A\ |\ \alpha\rangle$$

现在对空间中的所有矢量作幺正变换：

$$|\ \beta'\rangle=U\ |\ \beta\rangle,\quad |\ \alpha'\rangle=U\ |\ \alpha\rangle$$

设联系$|\beta'\rangle$与$|\alpha'\rangle$的算符为A'，即$|\beta'\rangle=A'|\alpha'\rangle$，则称$A'$为算符$A$的幺正变换。下面分析这两个算符之间的关系。从算符幺正变换的定义出发，可知有

$$U\ |\ \beta\rangle=A'U\ |\ \alpha\rangle\Rightarrow|\ \beta\rangle=U^{\dagger}A'U\ |\ \alpha\rangle$$

因此有

$$A=U^{\dagger}A'U,\quad A'=UAU^{\dagger}$$

上式即为算符的幺正变换。可见，一个包含矢量和算符的关系式，经过幺正变换之后其形式不变。

3. 本征矢量和本征值

对于算符A，若存在非零矢量$|\alpha\rangle$满足

$$A \mid \alpha\rangle = a \mid \alpha\rangle$$

其中 a 为一个复数(可以为 0)，则称 $|\alpha\rangle$ 为算符 A 的本征矢量，a 为相应的本征值。上式称为本征方程。

下文中我们主要介绍厄米算符的本征值问题。这类问题在量子力学中非常关键。

厄米算符的本征值问题有如下几个重要结论。

(1) 厄米算符的本征值都是实数。

在前文中，我们已经证明过，对于厄米算符 A，$\langle\alpha|A|\alpha\rangle$ 是实数。因此，可直接得出其本征值 $a=\langle\alpha|A|\alpha\rangle/\langle\alpha|\alpha\rangle$ 是实数的结论。

(2) 厄米算符属于不同本征值的两个本征矢量相互正交。

证明如下。设 $A|\alpha_1\rangle=a_1|\alpha_1\rangle$，$A|\alpha_2\rangle=a_2|\alpha_2\rangle$，且 $a_1\neq a_2$，易知有

$$\langle\alpha_2 \mid A \mid \alpha_1\rangle = a_1\langle\alpha_2 \mid \alpha_1\rangle$$

另外，注意到

$$\langle\alpha_2 \mid A \mid \alpha_1\rangle = \langle A\alpha_2 \mid \alpha_1\rangle = \langle a_2\alpha_2 \mid \alpha_1\rangle = a_2^*\langle\alpha_2 \mid \alpha_1\rangle = a_2\langle\alpha_2 \mid \alpha_1\rangle$$

联立上面两式可得

$$(a_1 - a_2)\langle\alpha_2 \mid \alpha_1\rangle = 0$$

由于 $a_1\neq a_2$，因此，必有 $\langle\alpha_2|\alpha_1\rangle=0$，即 $|\alpha_1\rangle$ 与 $|\alpha_2\rangle$ 正交。

下面讨论属于同一个本征值 a，厄米算符 A 有多少个本征矢量的问题。若 $|\alpha_1\rangle$ 和 $|\alpha_2\rangle$ 都是 A 的本征矢量，且对应于同一个本征值，那么易知，这两个矢量的线性组合 $c_1|\alpha_1\rangle+c_2|\alpha_2\rangle$ 也是 A 的本征矢量且对应于同样的本征值。因此，算符 A 属于同一个本征值 a 的本征矢量构成了一个子空间。这个子空间称为算符 A 的属于本征值 a 的本征子空间。本征子空间的维数 s，称为对应本征值的简并度(degeneracy)。当简并度为 1 时，通常称该本征值无简并。

(3) 若 A 和 B 两个算符相似，即存在可逆算符 R 满足 $B=RAR^{-1}$，则 A 和 B 具有相同的本征值谱，且每个本征值都有相同的简并度。

证明如下。若 A 的全部本征值和本征矢量如下：

$$A \mid \alpha_i\rangle = a_i \mid \alpha_i\rangle, \quad i=1,2,\cdots,n$$

则易知有

$$RAR^{-1}R \mid \alpha_i\rangle = a_iR \mid \alpha_i\rangle \Rightarrow BR \mid \alpha_i\rangle = a_iR \mid \alpha_i\rangle$$

由于 R 可逆，$R|\alpha_i\rangle$ 必为非零向量。因此，上式表明，$R|\alpha_i\rangle$ 是 B 的对应于本征值 a_i 的本征矢量。另外，所有 a_i 均为 B 的本征值。

再考虑简并度的问题。设 A 的某个本征值 a_i 的简并度为 m，即该本征值的本征子空间中存在 m 个线性无关的 A 的本征矢量 $|i^{(1)}\rangle,|i^{(2)}\rangle,\cdots,|i^{(m)}\rangle$，有

$$c_1 \mid i^{(1)}\rangle + c_2 \mid i^{(2)}\rangle + \cdots + c_m \mid i^{(m)}\rangle = 0 \Leftrightarrow c_1 = c_2 = \cdots = c_m = 0$$

由于 R 可逆，$R|i^{(1)}\rangle,R|i^{(2)}\rangle,\cdots,R|i^{(m)}\rangle$ 均为非零矢量，因此，它们也线性无关，即 a_i 作为 B 的本征值对应的本征子空间的简并度也是 m。结论成立。

(4) 在 n 维空间中(n 有限)，厄米算符的全部本征矢量构成正交完全集①。

证明如下。对于厄米算符 A，其本征方程为 $A|\alpha\rangle=a|\alpha\rangle$。

---

① 若 $\{|\varepsilon_i\rangle\}(i=1,2,\cdots,n)$ 是 n 维空间中的正交完全集，则不同的 $|\varepsilon_i\rangle$ 之间相互正交，且 n 维空间中的任意矢量都可写为 $\{|\varepsilon_i\rangle\}$ 的线性组合。易知归一化的正交完全集就是一组标准正交基。以后我们将不区分二者。

为了求取本征矢量$|\alpha\rangle$，我们在此空间中取一组已知的标准正交基矢量$\{|i\rangle\}$，$i=1,2,\cdots,n$。将$|\alpha\rangle$用$\{|i\rangle\}$展开，可得

$$|\alpha\rangle=\sum_{i=1}^{n}|i\rangle\langle i|\alpha\rangle=\sum_{i=1}^{n}|i\rangle c_i$$

其中$c_i=\langle i|\alpha\rangle$。在知道$\{c_i\}$之后，便可将本征矢量$|\alpha\rangle$确定下来。为求$\{c_i\}$，将上式代入本征方程，并在等号两侧左乘$\langle j|$，有

$$\sum_{i=1}^{n}\langle j|A|i\rangle c_i=a\sum_{i=1}^{n}\langle j|i\rangle c_i=ac_j$$

记$\langle j|A|i\rangle=A_{ji}$，上式可写为如下线性方程组(矩阵形式)：

$$\begin{pmatrix}A_{11}-a & A_{12} & \cdots & A_{1n}\\ A_{21} & A_{22}-a & \cdots & A_{2n}\\ \vdots & \vdots & & \vdots\\ A_{n1} & A_{n2} & \cdots & A_{nn}-a\end{pmatrix}\begin{pmatrix}c_1\\ c_2\\ \vdots\\ c_n\end{pmatrix}=\mathbf{0}$$

该方程组具有非零解的条件是系数行列式为零：

$$\begin{vmatrix}A_{11}-a & A_{12} & \cdots & A_{1n}\\ A_{21} & A_{22}-a & \cdots & A_{2n}\\ \vdots & \vdots & & \vdots\\ A_{n1} & A_{n2} & \cdots & A_{nn}-a\end{vmatrix}=0$$

上述方程称为久期方程，是一个关于a的n次方程。它具有n个解，分别记为$a^{(1)}$，$a^{(2)}$，$\cdots$，$a^{(n)}$。每一个解都是厄米算符A的一个本征值，且都能确定一组$\{c_i\}$，从而确定其对应的本征矢量。

若久期方程的这n个根没有重根，则根据前文结论，它们对应的本征矢量相互正交。此时，这n个本征矢量构成了一组正交完全集，结论成立。

若久期方程中存在重根，可以证明，对于厄米算符，该特征值的代数重数(即重根的数量)与其对应的特征子空间的维数或简并度是一样的。这个结论的证明稍显烦琐，感兴趣的读者可参考线性代数方面的教材。因此，在n维空间中，厄米算符总有n个线性无关的本征矢量存在，这些本征矢量构成了一组正交完全集。结论成立。

正因为有性质(4)，在物理上，常利用厄米算符的本征矢量去确定一组基矢量。当该算符的本征值没有简并时，基矢量可直接完全确定下来。若存在简并，则可以在相应的本征子空间中选取一组相互正交的矢量作为代表。这里的选取方式可以是多种的。下文中，我们将去除这种不确定性。

首先证明一个定理：当且仅当两个厄米算符对易时，二者有一组共同的本征矢量完全集。这里，本征矢量完全集是指算符的一组完备且正交归一的本征矢量的集合。

证明如下。先证明必要性。设厄米算符A和B具有一组共同的本征矢量完全集$\{|i\rangle\}$，$i=1,2,\cdots,n$：

$$A|i\rangle=a_i|i\rangle,\quad B|i\rangle=b_i|i\rangle$$

易知有

$$AB|i\rangle=Ab_i|i\rangle=b_iA|i\rangle=a_ib_i|i\rangle$$

同理可证有 $BA|i\rangle=a_ib_i|i\rangle$。因此有 $AB-BA=O$ 成立，即二者对易。

下面证明充分性。设厄米算符 A 和 B 满足 $AB-BA=O$，且 $\{|i\rangle\}$ 是 A 的一组正交归一的本征矢量完全集。易知有

$$A(B\mid i\rangle)=B(A\mid i\rangle)=a_i(B\mid i\rangle)$$

可见，$B|i\rangle$ 也是算符 A 的对应于本征值 a_i 的本征矢量。下面分两种情况讨论。

(1) 若 a_i 的简并度为 1，则 $B|i\rangle$ 与 $|i\rangle$ 必然平行，即二者仅相差一个复常数：

$$B\mid i\rangle=b_i\mid i\rangle$$

可见，$|i\rangle$ 也是 B 的本征矢量。

(2) 若 a_i 的简并度为 s 且 $s>1$，此时记 A 对应于本征值 a_i 的一组正交归一的本征矢量为 $|i^{(j)}\rangle$，$j=1,2,\cdots,s$。现在试图在这 s 个矢量张成的线性子空间中寻找可能的 B 的本征矢量。设这种矢量为

$$\mid i'\rangle=\sum_{j=1}^{s}c_j\mid i^{(j)}\rangle$$

该矢量成为 B 的本征矢量的条件是

$$B\mid i'\rangle=\sum_{j=1}^{s}c_jB\mid i^{(j)}\rangle=b\mid i'\rangle$$

将上式左乘 $\langle i^{(l)}|$，$l=1,2,\cdots,s$，可得

$$\sum_{j=1}^{s}c_j\langle i^{(l)}\mid B\mid i^{(j)}\rangle=bc_l,\quad l=1,2,\cdots,s$$

记 $B_{lj}=\langle i^{(l)}|B|i^{(j)}\rangle$，将上式写为矩阵形式：

$$\begin{pmatrix}B_{11}-b & B_{12} & \cdots & B_{1s}\\ B_{21} & B_{22}-b & \cdots & B_{2s}\\ \vdots & \vdots & & \vdots\\ B_{s1} & B_{s2} & \cdots & B_{ss}-b\end{pmatrix}\begin{pmatrix}c_1\\ c_2\\ \vdots\\ c_s\end{pmatrix}=\mathbf{0}$$

上式是一个关于 $\{c_l\}(l=1,2,\cdots,s)$ 的线性方程组，其有非零解的条件是

$$\begin{vmatrix}B_{11}-b & B_{12} & \cdots & B_{1s}\\ B_{21} & B_{22}-b & \cdots & B_{2s}\\ \vdots & \vdots & & \vdots\\ B_{s1} & B_{s2} & \cdots & B_{ss}-b\end{vmatrix}=0$$

上式是关于 b 的一个 s 次方程，因此有 s 个解，每一个解都对应一组 $\{c_l\}$。这里的情况跟上文中性质(4)的讨论完全一样。因此，我们可求得 s 个相互正交的矢量，它们既是 B 的本征矢量，也是 A 的本征矢量。结论成立。

若 b 没有重根，则我们可以完全地确定 A 和 B 的一组共同本征矢量完全集。那些单独考虑 A 的本征值问题无法确定的本征基矢量，可以通过不同的 b 来确定并区分。也就是说，这部分基矢量作为 A 的本征矢量，对应同样的本征值，但作为 B 的本征矢量，却对应于不同的本征值。

若 b 仍有重根，说明 A 和 B 的共同本征矢量完全集仍然具有任意性。这时，可以再取第三个与 A 和 B 都对易的厄米算符 C，以同样的办法用 C 的本征值来区分，直到这一组本

征矢量完全集完全确定为止。

对于一个矢量空间，一组互相对易的厄米算符 A、B、C、…，若它们只有一组完全确定的共同本征矢量完全集，则去掉任意一个算符，都会导致剩下的算符的共同本征矢量完全集具有任意性，此时，称它们为一组厄米算符完备组。假设 A 和 B 为一组厄米算符完备组，它们的共同本征矢量可记为 $|a,b\rangle$：

$$A\mid a,b\rangle=a\mid a,b\rangle,\quad B\mid a,b\rangle=b\mid a,b\rangle$$

完备性的表达式为

$$\sum_a\sum_b\mid a,b\rangle\langle a,b\mid=I$$

注意，当算符组不是完备组时，这种利用本征值来标记矢量的方法是行不通的，因为此时仍有简并的情况。在文献中，有时候为了方便，会用一个字母(例如 A)来表示算符的完备组，用单一字母 a_i 表示它们的本征值的集合，用单一字母 i 表示各本征值序号的集合，而用 $\{|a_i\rangle\}$ 表示它们的共同本征矢量，简单地写成

$$A\mid a_i\rangle=a_i\mid a_i\rangle$$

共同本征矢量的完全性简写为

$$\sum_{i=1}^{n}\mid a_i\rangle\langle a_i\mid=I$$

4. 矩阵形式和表象

考虑到线性算符与线性变换的相似性，也可以将算符(以及算符作用于矢量)利用矩阵(以及矩阵运算)的形式表示出来。这样做的好处是便于具体的计算。下面讨论这个问题。

考虑一个 n 维的矢量空间。根据上一节的内容可知，可选取一组厄米算符完备组 K 的共同本征矢量完全集 $\{|i\rangle\}$ 作为空间的基矢量。这一组基矢量代表一个表象(representation)。由于这组基矢量对应于厄米算符完备组 K，因此可称之为 K 表象。

在确定了表象之后，任意矢量均可以利用该表象对应的基矢量展开：

$$\mid\alpha\rangle=\sum_{i=1}^{n}\mid i\rangle\langle i\mid\alpha\rangle=\sum_{i=1}^{n}\alpha_i\mid i\rangle,\quad \alpha_i=\langle i\mid\alpha\rangle$$

$$\langle\beta\mid=\sum_{i=1}^{n}\langle\beta\mid i\rangle\langle i\mid=\sum_{i=1}^{n}\beta_i^*\langle i\mid,\quad \beta_i=\langle i\mid\beta\rangle$$

上式中 $\{\alpha_i\}$ 即矢量 $|\alpha\rangle$ 以 $\{|i\rangle\}$ 为基矢量的坐标。因此，在确定了一组基之后，我们可将右矢写为熟悉的列向量形式：

$$\mid\alpha\rangle\simeq\boldsymbol{\alpha}=\begin{pmatrix}\langle 1\mid\alpha\rangle\\ \langle 2\mid\alpha\rangle\\ \vdots\\ \langle n\mid\alpha\rangle\end{pmatrix}=\begin{pmatrix}\alpha_1\\ \alpha_2\\ \vdots\\ \alpha_n\end{pmatrix}$$

上式中 $\boldsymbol{\alpha}$ 代表右矢 $|\alpha\rangle$ 对应的列向量。下文中将沿用这一写法。

左矢则表示为右矢的向量取共轭转置之后的结果：

$$\langle\beta\mid\simeq(\boldsymbol{\beta}^{\mathrm{T}})^*=(\langle\beta\mid 1\rangle\quad\langle\beta\mid 2\rangle\quad\cdots\quad\langle\beta\mid n\rangle)=(\beta_1^*\ \beta_2^*\ \cdots\ \beta_n^*)$$

其中上标 T 表示转置。这样规定是非常便利的，例如对于内积的运算：

$$\langle\beta\mid\alpha\rangle=\sum_{i=1}^{n}\langle\beta\mid i\rangle\langle i\mid\alpha\rangle=(\beta_1^*\quad\beta_2^*\quad\cdots\quad\beta_n^*)\begin{pmatrix}\alpha_1\\ \alpha_2\\ \vdots\\ \alpha_n\end{pmatrix}=(\boldsymbol{\beta}^{\mathrm{T}})^*\boldsymbol{\alpha}$$

可见，我们将抽象的内积运算转化为了具象的矩阵运算。下面考虑将线性算符用矩阵形式表示。考虑算符 A 作用于右矢 $|\alpha\rangle$：

$$|\beta\rangle=A\mid\alpha\rangle$$

为了将上式转化为坐标的运算，将上式左乘 $\langle j|$，有

$$\langle j\mid\beta\rangle=\langle j\mid A\mid\alpha\rangle,\quad j=1,2,\cdots,n$$

利用 $\{|i\rangle\}$ 的完备性，上式可写为

$$\langle j\mid\beta\rangle=\sum_{i=1}^{n}\langle j\mid A\mid i\rangle\langle i\mid\alpha\rangle,\quad j=1,2,\cdots,n$$

将 $\langle j|A|i\rangle$ 记为 A_{ji}，上式即为 $\beta_j=\sum_{i=1}^{n}A_{ji}\alpha_i$，$j=1,2,\cdots,n$。写为矩阵乘法的形式：

$$\begin{pmatrix}\beta_1\\ \beta_2\\ \vdots\\ \beta_n\end{pmatrix}=\begin{pmatrix}A_{11}&A_{12}&\cdots&A_{1n}\\ A_{21}&A_{22}&\cdots&A_{2n}\\ \vdots&\vdots&&\vdots\\ A_{n1}&A_{n2}&\cdots&A_{nn}\end{pmatrix}\begin{pmatrix}\alpha_1\\ \alpha_2\\ \vdots\\ \alpha_n\end{pmatrix}$$

同理，对于算符 A 作用于左矢 $\langle\alpha|$：

$$\langle\beta\mid=\langle\alpha\mid A$$

其矩阵形式为

$$(\beta_1^*\quad\beta_2^*\quad\cdots\quad\beta_n^*)=(\alpha_1^*\quad\alpha_2^*\quad\cdots\quad\alpha_n^*)\begin{pmatrix}A_{11}&A_{12}&\cdots&A_{1n}\\ A_{21}&A_{22}&\cdots&A_{2n}\\ \vdots&\vdots&&\vdots\\ A_{n1}&A_{n2}&\cdots&A_{nn}\end{pmatrix}$$

因此，算符 A 对应于如下方阵：

$$A\simeq\boldsymbol{A}=\begin{pmatrix}A_{11}&A_{12}&\cdots&A_{1n}\\ A_{21}&A_{22}&\cdots&A_{2n}\\ \vdots&\vdots&&\vdots\\ A_{n1}&A_{n2}&\cdots&A_{nn}\end{pmatrix}=\begin{pmatrix}\langle 1\mid A\mid 1\rangle&\langle 1\mid A\mid 2\rangle&\cdots&\langle 1\mid A\mid n\rangle\\ \langle 2\mid A\mid 1\rangle&\langle 2\mid A\mid 2\rangle&\cdots&\langle 2\mid A\mid n\rangle\\ \vdots&\vdots&&\vdots\\ \langle n\mid A\mid 1\rangle&\langle n\mid A\mid 2\rangle&\cdots&\langle n\mid A\mid n\rangle\end{pmatrix}$$

上式中用 $\boldsymbol{A}$ 表示算符 A 对应的矩阵。算符 A 作用于左矢或者右矢相当于矩阵与向量的乘法：

$$\boldsymbol{\beta}=\boldsymbol{A\alpha},\quad(\boldsymbol{\beta}^{\mathrm{T}})^*=(\boldsymbol{\alpha}^{\mathrm{T}})^*\boldsymbol{A}$$

对于算符的加法和乘法，可以证明，它们的运算也对应于矩阵的运算。显而易见，算符 A 和 B 的和，对应于二者矩阵的和。而对于 A 和 B 的乘法：$C=AB$，易知有

$$\langle i\mid C\mid j\rangle=\sum_{k=1}^{n}\langle i\mid A\mid k\rangle\langle k\mid B\mid j\rangle$$

记 $A_{ij}=\langle i|A|j\rangle$，$B_{ij}=\langle i|B|j\rangle$，$C_{ij}=\langle i|C|j\rangle$，上式对应于矩阵的乘法：

$$\begin{pmatrix} C_{11} & C_{12} & \cdots & C_{1n} \\ C_{21} & C_{22} & \cdots & C_{2n} \\ \vdots & \vdots & & \vdots \\ C_{n1} & C_{n2} & \cdots & C_{nn} \end{pmatrix} = \begin{pmatrix} A_{11} & A_{12} & \cdots & A_{1n} \\ A_{21} & A_{22} & \cdots & A_{2n} \\ \vdots & \vdots & & \vdots \\ A_{n1} & A_{n2} & \cdots & A_{nn} \end{pmatrix} \begin{pmatrix} B_{11} & B_{12} & \cdots & B_{1n} \\ B_{21} & B_{22} & \cdots & B_{2n} \\ \vdots & \vdots & & \vdots \\ B_{n1} & B_{n2} & \cdots & B_{nn} \end{pmatrix}$$

即：$\boldsymbol{C}=\boldsymbol{AB}$。

对于形如$|\alpha\rangle\langle\beta|$的算符，其对应矩阵的矩阵元为$\langle i|\alpha\rangle\langle\beta|j\rangle=\alpha_i\beta_j^*$，这相当于

$$|\alpha\rangle\langle\beta| \simeq \begin{pmatrix} \alpha_1 \\ \alpha_2 \\ \vdots \\ \alpha_n \end{pmatrix} (\beta_1^* \quad \beta_2^* \quad \cdots \quad \beta_n^*) = \begin{pmatrix} \alpha_1\beta_1^* & \alpha_1\beta_2^* & \cdots & \alpha_1\beta_n^* \\ \alpha_2\beta_1^* & \alpha_2\beta_2^* & \cdots & \alpha_2\beta_n^* \\ \vdots & \vdots & & \vdots \\ \alpha_n\beta_1^* & \alpha_n\beta_2^* & \cdots & \alpha_n\beta_n^* \end{pmatrix} = \boldsymbol{\alpha}\,(\boldsymbol{\beta}^{\mathrm{T}})^*$$

上述运算称为矢量的外积。

总之，我们可以将算符与矢量的计算转化为矩阵之间的运算，从而方便地求解具体问题。

下面考虑伴算符的矩阵。对于算符 A，有$\langle i|A|j\rangle=\langle j|A^\dagger|i\rangle^*$，即$\langle i|A^\dagger|j\rangle=\langle j|A|i\rangle^*$。可见伴算符 $A^\dagger$ 的矩阵 $\boldsymbol{A}^\dagger$ 即为 $\boldsymbol{A}$ 的共轭转置。下文中，我们将矩阵的共轭转置用上标 † 表示：

$$\boldsymbol{A}^\dagger=(\boldsymbol{A}^{\mathrm{T}})^*$$

对于厄米算符 A，有 $A=A^\dagger$ 成立，因此，其对应的矩阵 $\boldsymbol{A}$ 满足

$$\boldsymbol{A}=\boldsymbol{A}^\dagger$$

这样的矩阵称为厄米矩阵。

对于幺正算符 U，有 $UU^\dagger=U^\dagger U=I$ 成立，因此，其对应的矩阵 $\boldsymbol{U}$ 满足

$$\boldsymbol{UU}^\dagger=\boldsymbol{U}^\dagger\boldsymbol{U}=\boldsymbol{I}$$

其中 $\boldsymbol{I}$ 为单位矩阵。这里的 $\boldsymbol{U}$ 和 $\boldsymbol{U}^\dagger$ 称为幺正矩阵。

最后考虑一种情况。若选取的基矢量组为厄米算符 A 的本征矢量组(即选用厄米算符 A 本身的表象)，则 A 的矩阵 $\boldsymbol{A}$ 为对角阵。

证明如下。此时有 $A|i\rangle=\lambda_i|i\rangle$，$i=1,2,\cdots,n$。$\lambda_i$ 为本征值。因此，$\boldsymbol{A}$ 的矩阵元满足

$$\langle j|A|i\rangle=\lambda_i\langle j|i\rangle=\lambda_i\delta_{ji}$$

即 $\boldsymbol{A}$ 为对角阵，对角元即为算符 A 的本征值。

5. 表象变换

设在空间中有 A 表象，对应的共同本征矢量完全集为$\{|a_i\rangle\}$。表象的选取并不是唯一的，可以选取一组新的表象 B，它对应的共同本征矢量完全集为$\{|b_i\rangle\}$。下面讨论矢量和算符的矩阵形式在两种表象下的关系。

由幺正算符的性质(3)可知，存在幺正算符 U，使得

$$|b_i\rangle=U|a_i\rangle,\quad i=1,2,\cdots,n$$

因此，对于任一矢量$|\gamma\rangle$，有

$$|\gamma\rangle=\sum_{i=1}^{n}|b_i\rangle\langle b_i|\gamma\rangle=\sum_{i=1}^{n}|b_i\rangle\langle a_i|U^\dagger|\gamma\rangle=\sum_{i=1}^{n}|b_i\rangle\sum_{j=1}^{n}\langle a_i|U^\dagger|a_j\rangle\langle a_j|\gamma\rangle$$

上式表明，任意矢量$|\gamma\rangle$在新旧两个表象下的坐标之间存在如下关系：

$$\begin{pmatrix}\langle b_1|\gamma\rangle\\ \langle b_2|\gamma\rangle\\ \vdots\\ \langle b_n|\gamma\rangle\end{pmatrix}=\begin{pmatrix}\langle a_1|U^\dagger|a_1\rangle & \langle a_1|U^\dagger|a_2\rangle & \cdots & \langle a_1|U^\dagger|a_n\rangle\\ \langle a_2|U^\dagger|a_1\rangle & \langle a_2|U^\dagger|a_2\rangle & \cdots & \langle a_2|U^\dagger|a_n\rangle\\ \vdots & \vdots & & \vdots\\ \langle a_n|U^\dagger|a_1\rangle & \langle a_n|U^\dagger|a_2\rangle & \cdots & \langle a_n|U^\dagger|a_n\rangle\end{pmatrix}\begin{pmatrix}\langle a_1|\gamma\rangle\\ \langle a_2|\gamma\rangle\\ \vdots\\ \langle a_n|\gamma\rangle\end{pmatrix}$$

上式即为矢量的表象变换的表达式，可简写为

$$\boldsymbol{\gamma}'=\boldsymbol{U}^\dagger\boldsymbol{\gamma}$$

其中$\boldsymbol{\gamma}'$和$\boldsymbol{\gamma}$分别表示一个矢量$|\gamma\rangle$在新表象和旧表象下的坐标列向量，$\boldsymbol{U}^\dagger$为$U^\dagger$在旧表象下的矩阵。

下面讨论算符的表象变换。考虑算符X，它在新表象下的矩阵元$\langle b_i|X|b_j\rangle$与旧表象下的矩阵元$\langle a_i|X|a_j\rangle$的关系是

$$\langle b_i|X|b_j\rangle=\sum_{k=1}^{n}\sum_{l=1}^{n}\langle b_i|a_k\rangle\langle a_k|X|a_l\rangle\langle a_l|b_j\rangle$$

注意到有$\langle a_i|b_j\rangle=\langle a_i|U|a_j\rangle$，上式可写为

$$\langle b_i|X|b_j\rangle=\sum_{k=1}^{n}\sum_{l=1}^{n}\langle a_i|U^\dagger|a_k\rangle\langle a_k|X|a_l\rangle\langle a_l|U|a_j\rangle$$

上式即为算符的表象变换，写成矩阵运算的形式即为

$$\begin{pmatrix}\langle b_1|X|b_1\rangle & \langle b_1|X|b_2\rangle & \cdots & \langle b_1|X|b_n\rangle\\ \langle b_2|X|b_1\rangle & \langle b_2|X|b_2\rangle & \cdots & \langle b_2|X|b_n\rangle\\ \vdots & \vdots & & \vdots\\ \langle b_n|X|b_1\rangle & \langle b_n|X|b_2\rangle & \cdots & \langle b_n|X|b_n\rangle\end{pmatrix}$$

$$=\begin{pmatrix}\langle a_1|U^\dagger|a_1\rangle & \langle a_1|U^\dagger|a_2\rangle & \cdots & \langle a_1|U^\dagger|a_n\rangle\\ \langle a_2|U^\dagger|a_1\rangle & \langle a_2|U^\dagger|a_2\rangle & \cdots & \langle a_2|U^\dagger|a_n\rangle\\ \vdots & \vdots & & \vdots\\ \langle a_n|U^\dagger|a_1\rangle & \langle a_n|U^\dagger|a_2\rangle & \cdots & \langle a_n|U^\dagger|a_n\rangle\end{pmatrix}\times$$

$$\begin{pmatrix}\langle a_1|X|a_1\rangle & \langle a_1|X|a_2\rangle & \cdots & \langle a_1|X|a_n\rangle\\ \langle a_2|X|a_1\rangle & \langle a_2|X|a_2\rangle & \cdots & \langle a_2|X|a_n\rangle\\ \vdots & \vdots & & \vdots\\ \langle a_n|X|a_1\rangle & \langle a_n|X|a_2\rangle & \cdots & \langle a_n|X|a_n\rangle\end{pmatrix}\times$$

$$\begin{pmatrix}\langle a_1|U|a_1\rangle & \langle a_1|U|a_2\rangle & \cdots & \langle a_1|U|a_n\rangle\\ \langle a_2|U|a_1\rangle & \langle a_2|U|a_2\rangle & \cdots & \langle a_2|U|a_n\rangle\\ \vdots & \vdots & & \vdots\\ \langle a_n|U|a_1\rangle & \langle a_n|U|a_2\rangle & \cdots & \langle a_n|U|a_n\rangle\end{pmatrix}$$

上式可简写为如下形式：

$$\boldsymbol{X}'=\boldsymbol{U}^\dagger\boldsymbol{X}\boldsymbol{U}$$

其中$\boldsymbol{X}$和$\boldsymbol{X}'$分别为算符X在旧表象和新表象下的矩阵，$\boldsymbol{U}$为幺正算符U在旧表象下的矩

阵。上式也称为矩阵的幺正变换。

表象变换并不改变内积$\langle\gamma|\eta\rangle$和$\langle\gamma|X|\eta\rangle$的值。首先看$\langle\gamma|\eta\rangle$。由幺正算符的性质(1)可知有$\langle\gamma|\eta\rangle=\langle U^\dagger\gamma|U^\dagger\eta\rangle$,该式写为矩阵运算的形式即为

$$\boldsymbol{\gamma}^\dagger\boldsymbol{\eta}=\boldsymbol{\gamma}^\dagger\boldsymbol{U}\boldsymbol{U}^\dagger\boldsymbol{\eta}=(\boldsymbol{\gamma}^\dagger\boldsymbol{U})(\boldsymbol{U}^\dagger\boldsymbol{\eta})=\boldsymbol{\gamma}'^\dagger\boldsymbol{\eta}'$$

可见表象变换不改变内积。

对于$\langle\gamma|X|\eta\rangle$,利用幺正算符的定义可知有$\langle\gamma|X|\eta\rangle=\langle\gamma|UU^\dagger XUU^\dagger|\eta\rangle$,该式对应的矩阵运算的形式为

$$\boldsymbol{\gamma}^\dagger\boldsymbol{X}\boldsymbol{\eta}=\boldsymbol{\gamma}^\dagger\boldsymbol{U}\boldsymbol{U}^\dagger\boldsymbol{X}\boldsymbol{U}\boldsymbol{U}^\dagger\boldsymbol{\eta}=(\boldsymbol{\gamma}^\dagger\boldsymbol{U})(\boldsymbol{U}^\dagger\boldsymbol{X}\boldsymbol{U})(\boldsymbol{U}^\dagger\boldsymbol{\eta})=\boldsymbol{\gamma}'^\dagger\boldsymbol{X}'\boldsymbol{\eta}'$$

可见表象变换不改变$\langle\gamma|X|\eta\rangle$的值。

这两点性质成立是因为这里定义的表象变换即相当于幺正变换。实际上,表象变换不一定要求变换算符为幺正算符。但在量子力学问题中,利用幺正算符作表象变换是最常见的,因此,这里仅讨论涉及幺正算符的表象变换。

最后证明一个定理:任何厄米矩阵都可以通过表象变换(幺正变换)成为一个对角阵。

证明如下。对于一个n维空间中的厄米算符A,它的本征矢量构成一组完备的标准正交基$\{|\alpha^{(i)}\rangle\}$:

$$A\mid\alpha^{(i)}\rangle=\lambda_i\mid\alpha^{(i)}\rangle,\quad i=1,2,\cdots,n$$

其中λ_i是与$|\alpha^{(i)}\rangle$对应的本征值。当确定表象之后,厄米算符A即可以由一个厄米矩阵$\boldsymbol{A}$表示。本征矢量也可以写为如下所示的坐标形式:

$$\boldsymbol{\alpha}^{(1)}=\begin{pmatrix}a_1^{(1)}\\a_2^{(1)}\\\vdots\\a_n^{(1)}\end{pmatrix},\quad\boldsymbol{\alpha}^{(2)}=\begin{pmatrix}a_1^{(2)}\\a_2^{(2)}\\\vdots\\a_n^{(2)}\end{pmatrix},\quad\cdots,\quad\boldsymbol{\alpha}^{(n)}=\begin{pmatrix}a_1^{(n)}\\a_2^{(n)}\\\vdots\\a_n^{(n)}\end{pmatrix}$$

利用这些列向量构造一个矩阵$\boldsymbol{U}$:

$$\boldsymbol{U}=(\boldsymbol{\alpha}^{(1)}\boldsymbol{\alpha}^{(2)}\cdots\boldsymbol{\alpha}^{(n)})=\begin{pmatrix}a_1^{(1)}&a_1^{(2)}&\cdots&a_1^{(n)}\\a_2^{(1)}&a_2^{(2)}&\cdots&a_2^{(n)}\\\vdots&\vdots&&\vdots\\a_n^{(1)}&a_n^{(2)}&\cdots&a_n^{(n)}\end{pmatrix}$$

矩阵$\boldsymbol{U}$即为将厄米矩阵$\boldsymbol{A}$对角化的幺正矩阵。下面具体说明。首先证明$\boldsymbol{U}$是幺正矩阵:

$$(\boldsymbol{U}^\dagger\boldsymbol{U})_{ij}=\sum_{k=1}^{n}(a_k^{(i)})^*a_k^{(j)}=\langle\alpha^{(i)}\mid\alpha^{(j)}\rangle=\delta_{ij}$$

同理,可证得$(\boldsymbol{U}\boldsymbol{U}^\dagger)_{ij}=\delta_{ij}$。因此,$\boldsymbol{U}$的确是幺正矩阵。

下面证明$\boldsymbol{U}$可以将$\boldsymbol{A}$对角化,即$\boldsymbol{A}'=\boldsymbol{U}^\dagger\boldsymbol{A}\boldsymbol{U}$是一个对角阵。$\boldsymbol{A}'$的矩阵元为

$$A'_{ij}=\sum_{k=1}^{n}\sum_{l=1}^{n}(a_k^{(i)})^*A_{kl}a_l^{(j)}$$

由于$\boldsymbol{A}\boldsymbol{\alpha}^{(j)}=\lambda_j\boldsymbol{\alpha}^{(j)}$,因此有

$$\sum_{l=1}^{n}A_{kl}a_l^{(j)}=\lambda_j a_k^{(j)}$$

联立上面两式得

$$A'_{ij}=\lambda_j\sum_{k=1}^{n}(a_k^{(i)})^* a_k^{(j)}=\lambda_j\langle\alpha^{(i)}\mid\alpha^{(j)}\rangle=\lambda_j\delta_{ij}$$

可见，$\boldsymbol{A}'=\boldsymbol{U}^\dagger\boldsymbol{A}\boldsymbol{U}$ 的确为对角阵，且对角元即为算符 A 的本征值。

实际上，上述幺正矩阵 $\boldsymbol{U}$ 即为由原来的表象变换到 A 表象的表象变换矩阵。前文已经证明，厄米算符在其本身的表象中为对角阵。

6. 本征值连续的情况

上文讨论的是有限维空间中的情况。对于无穷维空间，如果表象的基矢量是离散的，只需把上面讨论的内容推广到 $n\to\infty$ 即可。这一部分主要讨论表象的基矢量为连续分布的情况。注意，这里的讨论并不追求数学上的严格。

设在无穷维空间中取 X 表象，厄米算符完备组 X 在某个区间内有连续的本征值谱：

$$X\mid x\rangle=x\mid x\rangle$$

由于本征值 x 是连续取值的，$\{|x\rangle\}$ 的完备性需要表示为积分形式：

$$\int\mid x\rangle\mathrm{d}x\langle x\mid=I$$

对于无穷维空间中的任意矢量，如 $|\psi\rangle$ 和 $|\varphi\rangle$，可以作如下展开：

$$\mid\psi\rangle=\int\mid x\rangle\mathrm{d}x\langle x\mid\psi\rangle=\int\mid x\rangle\mathrm{d}x\psi(x)$$

$$\mid\varphi\rangle=\int\mid x\rangle\mathrm{d}x\langle x\mid\varphi\rangle=\int\mid x\rangle\mathrm{d}x\varphi(x)$$

在上面两式中，$\psi(x)=\langle x|\psi\rangle$，$\varphi(x)=\langle x|\varphi\rangle$ 为矢量 $|\psi\rangle$ 和 $|\varphi\rangle$ 在基矢量 $|x\rangle$ 上的分量。它们均为关于 x 的复函数。$\psi(x)$ 和 $\varphi(x)$ 称为矢量 $|\psi\rangle$ 和 $|\varphi\rangle$ 在 X 表象中的函数形式。函数形式与矢量本身是等价的。例如，对于内积，有

$$\langle\varphi\mid\psi\rangle=\int\mathrm{d}x\langle\varphi\mid x\rangle\langle x\mid\psi\rangle=\int\mathrm{d}x\varphi^*(x)\psi(x)$$

下面考虑本征值连续的情况下的归一化问题。将 $|\psi\rangle$ 左乘一个本征左矢 $\langle x'|$，有

$$\langle x'\mid\psi\rangle=\psi(x')=\int\langle x'\mid x\rangle\mathrm{d}x\psi(x)$$

注意到函数有如下性质：$f(x')=\int\delta(x-x')f(x)\mathrm{d}x$。对比这两式，可得 $|x\rangle$ 的正交归一性表示为

$$\langle x'\mid x\rangle=\delta(x'-x)$$

至此，本节介绍了讨论量子力学问题所需要的最基本的数学知识。在下一节中，将在这些知识的基础上，介绍与中子散射技术关系密切的量子力学知识。

1.2 量子力学基础

本节将介绍量子力学的一些基本知识，为后文学习中子散射原理打下基础。量子理论诞生于 20 世纪初。彼时，人类的科研前沿已达到微观世界，经典理论已经无法解释诸如辐射和核散射等涉及微观运动规律的现象。量子理论因此孕育而生。时至今日，量子力学早已发展为一门逻辑完整的成熟学科。其所有结论均可由少数几个基本原理推出。这些基

本原理已被最严格的实验精确验证,因此其正确性是客观且毋庸置疑的,它们的地位如同平面几何学中的五大公理。

本节将介绍这几个量子力学的基本原理。并在这些原理的基础上,给出量子力学的一些常用结论,如跃迁理论等。

1.2.1 基本原理

这里给出如下五个量子力学的基本原理(喀兴林,2004)。

原理 1 描写微观系统状态的数学量是矢量空间中的矢量。相差一个复数因子的两个矢量,描写同一个状态。

我们用归一化的右矢$|\psi\rangle$或者左矢$\langle\psi|$描写系统的状态,并称此状态为ψ态。称$|\psi\rangle$和$\langle\psi|$为态矢量,并称相应的矢量空间为态空间。由于复数因子并不改变物理状态,因此,在后文中,如无特殊规定,我们所使用的态矢量都是归一化的。

量子力学是研究微观世界的科学。这里,态矢量可广泛地用于描写各种微观的物理状态,例如电子的自旋,中子在空间中的移动,等等。

原理 2 下面讨论第二个原理。这里用A表示矢量空间中的厄米算符,$\{|a_i\rangle\}$为正交归一的本征矢量完全集,a_i表示相应的本征值:

$$A \mid a_i\rangle = a_i \mid a_i\rangle, \quad \langle a_i \mid a_j\rangle = \delta_{ij}$$

这个原理可由下面四点概括:

(1) 描写微观系统物理量的是矢量空间中的厄米算符。由于物理量与算符的等价性,后文中将不再区分二者。

(2) 物理量所能取的值,是相应算符的本征值。例如,对于物理量A进行测量,测量的结果只能是其本征值a_i。

(3) 若微观系统的状态为$|\psi\rangle$:

$$|\psi\rangle = \sum_i c_i \mid a_i\rangle, \quad c_i = \langle a_i \mid \psi\rangle$$

则物理量A在状态$|\psi\rangle$中取值为a_i的概率即为$|\psi\rangle$在$|a_i\rangle$分量上的投影c_i的复平方:

$$P_i = c_i c_i^* = \langle a_i \mid \psi\rangle\langle\psi \mid a_i\rangle \tag{1.2.1}$$

如果本征值a_i有简并,即有几个相互正交的本征矢量与之对应,则物理量A取值a_i的概率即为这几个本征矢量的系数的复平方的和。

如果系统已经处于A的某个本征态$|a_i\rangle$,则A取值a_i的概率为1,取其他值的概率为0。所以,一个物理量在自己的本征态中是取确切值的,即相应的本征值。

(4) 处于$|\psi\rangle$态的系统,如果测量物理量A得值a_i,则这个系统在测量后进入A的本征态$|a_i\rangle$。

以上四条描述中,最重要的一点即第(3)条。它代表了量子力学与经典力学的一个重要区别。在经典力学中,我们能够准确预言在给定的环境下会发生的事情。而在量子力学中,唯一可以预言的是种种事件的概率。

为了验证式(1.2.1)的正确性,即量子力学的统计特征,我们不能仅仅准备一个样本,而是需要准备大量的处于状态$|\psi\rangle$的系统进行测量。这样的系统的集合称为纯系综(pure ensemble)。

对于物理量 A 的测量，我们虽然不能预言一个确定的值(除非系统状态为 A 的本征态)，但可以通过统计的原理得到它的平均值或者期望值：

$$\begin{aligned}\langle A\rangle &= \sum_i P_i a_i = \sum_i \langle a_i \mid \psi\rangle\langle\psi \mid a_i\rangle a_i \\ &= \sum_i \langle a_i \mid \psi\rangle\langle\psi \mid A \mid a_i\rangle = \sum_i \langle\psi \mid A \mid a_i\rangle\langle a_i \mid \psi\rangle\end{aligned}$$

利用$\{|a_i\rangle\}$的完备性，上式可化为

$$\langle A\rangle = \langle\psi \mid A \mid \psi\rangle \tag{1.2.2}$$

式(1.2.2)是连接量子力学理论与实验观测的重要关系式。

原理 1 和原理 2 构筑了与经典图像完全不同的物理观。理解这两点原理的一个非常有用的例子即 Stern-Gerlach 实验，下面具体介绍。

为了验证自旋的量子化，Stern 和 Gerlach 在 1922 年以银原子为例做了一系列重要实验，深刻揭示了量子力学的本质。银原子含有 47 个核外电子。电子由于轨道运动会产生角动量，称为轨道角动量。然而通过一系列实验，人们发现仅考虑轨道角动量不能够完全解释电子的能级，而必须引入自旋角动量的概念。即电子除了携带轨道角动量之外，还携带自旋角动量。其总角动量为二者之和①。

对于银原子，其核外电子中靠近原子核的 46 个电子形成了球对称的电子云，并不显著地贡献银原子的自旋角动量。银原子的自旋角动量可视为由其最外层电子，即第 47 个电子贡献。

由于具有自旋角动量，银原子具有磁矩$\boldsymbol{\mu}$，$\boldsymbol{\mu}$ 与电子的自旋 $\boldsymbol{S}$ 成正比：

$$\boldsymbol{\mu} \propto \boldsymbol{S}$$

又由于电子带负电，因此这里的比例系数是一个负数。

Stern-Gerlach 实验的原理是让银原子束通过不均匀的磁场，由于原子的磁矩取向不同，在磁场梯度内受到不同大小和方向的力，从而轨道会产生不同的偏转，最后沉积在接收板上不同的地方。如图 1.2.1 所示，在电炉 O 内使银原子蒸发，银原子通过准直狭缝 S_1 和 S_2 后形成束流，经过一不对称的磁场后，撞到探测板 P 上形成沉积。

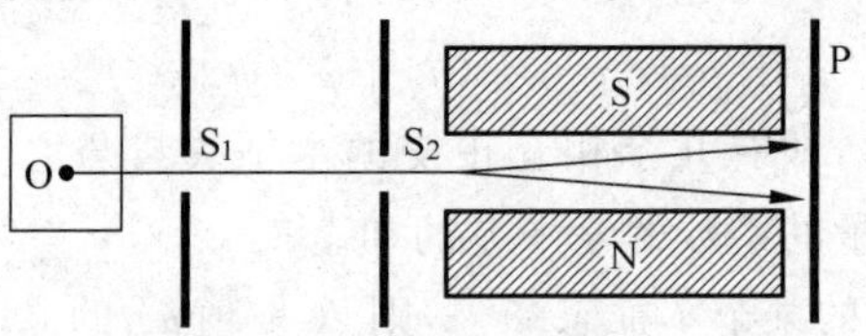

图 1.2.1 Stern-Gerlach 实验示意图

记装置中的磁场强度为 $\boldsymbol{B}$，则银原子所受到的势能为$-\boldsymbol{\mu}\cdot\boldsymbol{B}$。若磁场仅在 z 方向上存在梯度，则银原子在磁场中受到一个 z 方向的力：

$$\boldsymbol{f} = -\nabla(-\boldsymbol{\mu}\cdot\boldsymbol{B}) = \mu_z \frac{\mathrm{d}B_z}{\mathrm{d}z}\hat{\boldsymbol{z}}$$

① 这里的图像很像太阳系中的行星，除了围绕太阳运动会产生轨道角动量之外，其自转会产生自旋角动量。但需要注意的是，量子力学中微观粒子的“自旋”与宏观物体的自旋并不是一个概念。这里的“自旋”是习惯性的叫法，并不代表微观粒子真的在作自转。

由上式可见，μ_z 的值决定了银原子的受力大小。μ_z 的正负决定了银原子受力的方向。因此，Stern-Gerlach 装置(以下简称 SG 装置)可将银原子束流根据在 z 方向的磁矩而分开。换句话说，SG 装置测量的是银原子在 z 方向的磁矩 μ_z(也就是银原子的自旋在 z 方向的值 S_z)。

银原子在电炉中达到热平衡，其磁矩是随机指向的。因此，如果银原子的自旋(实际上是电子的自旋)是一个经典的物理量，那么这些银原子的 μ_z 的取值应该是在 $|\boldsymbol{\mu}|$ 和 $-|\boldsymbol{\mu}|$ 之间连续均匀地分布。这会导致最后在探测板上的银原子沉积为一个连续的区域，如图 1.2.2(a)所示。然而在实验中，最后在探测板上沉积的图案是如图 1.2.2(b)所示的两条不连续的区域！这一实验结果说明，电子自旋在磁场方向上的分量 S_z，仅可能取两个分立的数值，这两个数值的绝对值相等，符号相反。经过实验测定，S_z 的可能取值为 $S_z=\hbar/2$ 和 $S_z=-\hbar/2$。这里 $\hbar=h/2\pi$，$h=6.6261\times10^{-34}\,\text{J}\cdot\text{s}$，称为普朗克(Planck)常数。而 $\hbar=\frac{h}{2\pi}=1.0546\times10^{-34}\,\text{J}\cdot\text{s}$，称为约化普朗克常数，它是衡量角动量的最小单位。

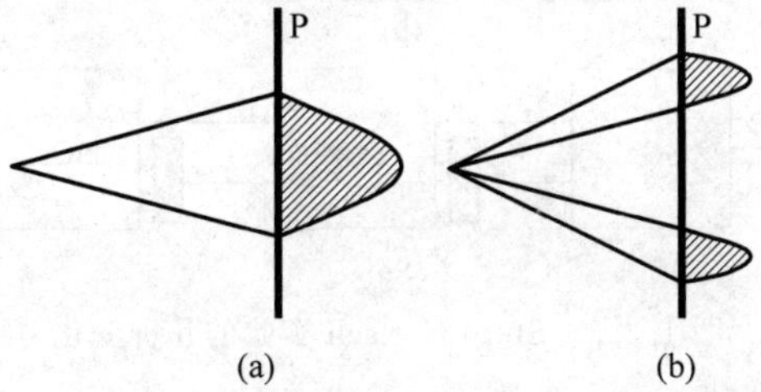

图 1.2.2 Stern-Gerlach 实验的结果

(a) 经典力学预测的实验结果；(b) 实验的实际测量结果

下面用量子力学的语言描述该实验结果。电子在磁场方向上的自旋 S_z 在量子力学中表示为矢量空间中的算符。这里我们就把该算符记为 S_z。S_z 有两个可能的测量值 $\hbar/2$ 和 $-\hbar/2$，它们即是算符 S_z 的两个本征值。同时这也意味着算符 S_z 对应的矢量空间是二维的。我们将本征值 $\hbar/2$ 和 $-\hbar/2$ 对应的本征矢量分别记为 $|S_z+\rangle$ 和 $|S_z-\rangle$：

$$S_z\,|\,S_z+\rangle=\frac{\hbar}{2}\,|\,S_z+\rangle,\quad S_z\,|\,S_z-\rangle=-\frac{\hbar}{2}\,|\,S_z-\rangle$$

我们也可以将上述情况写为矩阵的形式。取 S_z 表象，此时 S_z 的矩阵是对角阵，且对角元为 S_z 的本征值：

$$S_z\simeq\frac{\hbar}{2}\begin{pmatrix}1&0\\0&-1\end{pmatrix}$$

易知两个本征矢量对应的列向量为

$$|\,S_z+\rangle\simeq\begin{pmatrix}1\\0\end{pmatrix},\quad |\,S_z-\rangle\simeq\begin{pmatrix}0\\1\end{pmatrix}$$

SG 装置也可以用来测量银原子(或者电子)在其他方向上的磁矩，只需要调整磁场的方向即可。下文中将测量 z 方向上磁矩的 SG 装置记为 SGz，将测量 x 方向上磁矩的 SG 装置记为 SGx。

除了上述实验之外，Stern-Gerlach 实验还可以有如图 1.2.3 所示的几个变化①。先看

① 这里的例子由 J. J. Sakurai 在他的经典教材《Modern Quantum Mechanics》中给出(Sakurai，1994)。

图 1.2.3(a)中的情况。当银原子束流经过第一个 SGz 装置之后，我们将$|S_z-\rangle$所代表的一部分银原子遮挡，而让$|S_z+\rangle$所代表的银原子继续通过第二个 SGz 装置。最后得到的银原子束流中仅含有处于$|S_z+\rangle$态的部分。这个结果不足为奇。因为当银原子通过了第一个 SGz 装置之后，相当于对银原子在 z 方向上的自旋 S_z 做了测量。测量完成之后，两束银原子分别进入 S_z 的本征态$|S_z+\rangle$和$|S_z-\rangle$。再对已经处于 S_z 的本征态$|S_z+\rangle$的银原子测量 S_z，其结果仍然为该本征态对应的本征值$\hbar/2$。

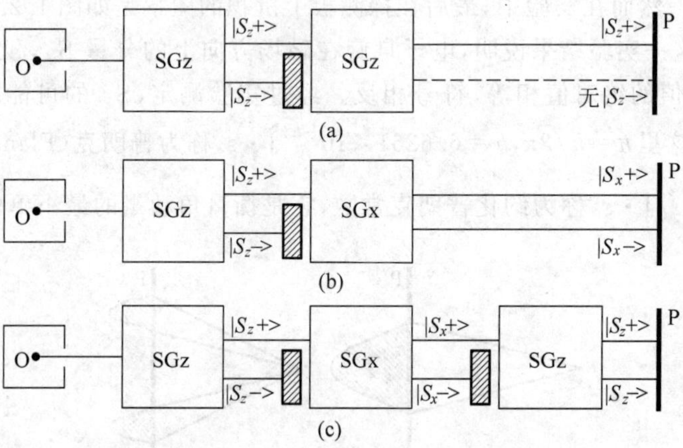

图 1.2.3 Stern-Gerlach 实验的几种变化

图 1.2.3(b)所示的情况稍微复杂一些。这里，我们用 SGx 装置代替了第二个 SGz 装置。也就是说，在实验的第二步，我们测量的是银原子自旋在 x 方向上的分量 S_x。结果发现，当一束处于$|S_z+\rangle$态的银原子通过 SGx 装置之后，分裂为两束。这两束银原子的强度相等，对应的 S_x 的测量值分别为$\hbar/2$ 和$-\hbar/2$。这意味着 S_x 同样具有两个本征值$\hbar/2$ 和$-\hbar/2$，记它们对应的本征矢量分别为$|S_x+\rangle$和$|S_x-\rangle$：

$$S_x\,|S_x+\rangle=\frac{\hbar}{2}\,|S_x+\rangle,\quad S_x\,|S_x-\rangle=-\frac{\hbar}{2}\,|S_x-\rangle$$

下面利用原理 2 分析这个结果。首先将$|S_z+\rangle$利用 S_x 的两个本征态作线性展开：

$$|S_z+\rangle=c_1\,|S_x+\rangle+c_2\,|S_x-\rangle$$

最后的测量结果为$\hbar/2$ 和$-\hbar/2$ 的概率相等，这意味着有

$$c_1c_1^*=c_2c_2^*=\frac{1}{2}$$

上式同时满足归一化条件 $c_1c_1^*+c_2c_2^*=1$。

容易验证，当$|S_x+\rangle$和$|S_x-\rangle$满足如下关系时，上述条件成立：

$$|S_x+\rangle=\frac{1}{\sqrt{2}}\,|S_z+\rangle+\frac{1}{\sqrt{2}}\,|S_z-\rangle$$

$$|S_x-\rangle=\frac{1}{\sqrt{2}}\,|S_z+\rangle-\frac{1}{\sqrt{2}}\,|S_z-\rangle$$

上式满足正交归一条件$\langle S_x+|S_x+\rangle=\langle S_x-|S_x-\rangle=1$，$\langle S_x+|S_x-\rangle=0$。上式表明：

$$|S_z+\rangle=\frac{1}{\sqrt{2}}\,|S_x+\rangle+\frac{1}{\sqrt{2}}\,|S_x-\rangle$$

$$|S_z-\rangle=\frac{1}{\sqrt{2}}|S_x+\rangle-\frac{1}{\sqrt{2}}|S_x-\rangle$$

在 S_z 表象下，$|S_x+\rangle$ 和 $|S_x-\rangle$ 对应的列向量分别为

$$|S_x+\rangle\simeq\frac{1}{\sqrt{2}}\begin{pmatrix}1\\1\end{pmatrix}$$

$$|S_x-\rangle\simeq\frac{1}{\sqrt{2}}\begin{pmatrix}1\\-1\end{pmatrix}$$

S_x 在 S_z 表象下对应的矩阵为

$$S_x\simeq\begin{pmatrix}\langle S_z+|S_x|S_z+\rangle & \langle S_z+|S_x|S_z-\rangle\\ \langle S_z-|S_x|S_z+\rangle & \langle S_z-|S_x|S_z-\rangle\end{pmatrix}=\frac{\hbar}{2}\begin{pmatrix}0 & 1\\1 & 0\end{pmatrix}$$

注意，严格地求解 $|S_x+\rangle$ 和 $|S_x-\rangle$ 的展开形式需要利用角动量算符的一些性质。这不是本节所要强调的内容，因此这里不再详细展开。感兴趣的读者可参考附录 A.5 节。

下面来看图 1.2.3(c)中的情况。这里的装置在 1.2.3(b)装置的后面加入了新的操作：首先遮挡了所有处于 $|S_x-\rangle$ 态的银原子，在后面又加装了 SGz 装置。结果发现，最后又得到了两束银原子，分别处于 $|S_z+\rangle$ 和 $|S_z-\rangle$ 态。这一结果从经典物理的角度考虑是很难理解的。但是从量子力学的角度出发，却很容易理解。如上文所述，$|S_x+\rangle$ 态可以利用 $|S_z+\rangle$ 和 $|S_z-\rangle$ 态作如下展开：

$$|S_x+\rangle=\frac{1}{\sqrt{2}}|S_z+\rangle+\frac{1}{\sqrt{2}}|S_z-\rangle$$

因此，对处于 $|S_x+\rangle$ 态的银原子测量 S_z 的值，其结果必然是取 $\hbar/2$ 和 $-\hbar/2$ 的可能性各占一半。也就是说，测量之后的银原子束，一半处于 $|S_z+\rangle$ 态，一半处于 $|S_z-\rangle$ 态。

原理 3 微观系统中每个粒子的直角坐标下的位置算符 $X_i(i=1,2,3)$ 与相应的正则动量算符 P_i 有下列对易关系：

$$[X_i,X_j]=0,\quad [P_i,P_j]=0,\quad [X_i,P_j]=\mathrm{i}\hbar\delta_{ij}\tag{1.2.3}$$

另外，不同粒子之间的所有算符均相互对易。

该原理指出了量子力学中最基本的对易关系。这里的正则动量是从理论力学的概念延伸过来的物理量。在本书讨论的范围之内，正则动量可以理解为粒子的动量。

在经典力学中，正则坐标和正则动量是最基本的物理量，其他的物理量均为二者的函数。量子力学中的情况是类似的，位置 X_i 和正则动量 P_i 是最基本的算符，其他的有经典对应的物理量，其算符也是 X_i 和 P_i 的函数，且函数关系式与经典关系相同。这些物理量之间的对易关系，都可以从 X_i 和 P_i 的对易关系式(1.2.3)中推出。

原理 4 微观系统的状态 $|\psi(t)\rangle$ 随时间变化的规律由薛定谔方程描写：

$$\mathrm{i}\hbar\frac{\partial}{\partial t}|\psi(t)\rangle=H|\psi(t)\rangle\tag{1.2.4}$$

上式中 $H=H(X,P,t)$ 是系统的哈密顿算符(Hamilton operator)，或称为哈密顿量(Hamiltonian)。

薛定谔方程是非相对论量子力学中的运动方程，它的地位如同牛顿第二定律在经典力学中的地位。

要注意的是，时间 t 只作为变量或者参数出现，而并不是一个算符。

当系统的哈密顿量不显含时间时，哈密顿算符即为系统的能量算符。例如，对于一个微观粒子，它的哈密顿量可写为

$$H=\frac{\boldsymbol{P}^2}{2m}+V(\boldsymbol{X})$$

式中，$\boldsymbol{P}^2/2m$ 代表粒子的动能，$V(\boldsymbol{X})$代表势能。

当势能项不依赖时间时，可将时间因子分离出来。令$|\psi(t)\rangle=|\psi\rangle f(t)$，代入式(1.2.4)，得

$$|\psi\rangle\left[\mathrm{i}\hbar\frac{\mathrm{d}}{\mathrm{d}t}f(t)\right]=H|\psi\rangle f(t)$$

要使上式成立，态矢量$|\psi\rangle$和时间函数 $f(t)$必须分别满足如下关系：

$$H|\psi\rangle=E|\psi\rangle \tag{1.2.5}$$

$$\mathrm{i}\hbar\frac{\mathrm{d}}{\mathrm{d}t}f(t)=Ef(t) \tag{1.2.6}$$

式中，E 是分离变量常数。本来分离变量常数可以任意取值，但现在 E 又是哈密顿量 H 的本征值，应由哈密顿量的形式以及边界条件决定。若 H 具有离散本征值谱 E_i，用$|\psi_i\rangle$表示相应的本征矢量，则式(1.2.5)成为哈密顿量的本征方程：

$$H|\psi_i\rangle=E_i|\psi_i\rangle,\quad i=1,2,\cdots \tag{1.2.7}$$

此时，容易得到 $f(t)$的解为

$$f(t)=\exp\left(-\mathrm{i}\frac{E_i}{\hbar}t\right)$$

于是，可得到薛定谔方程的一个特解$|\psi_i(t)\rangle$：

$$|\psi_i(t)\rangle=|\psi_i\rangle\exp\left(-\mathrm{i}\frac{E_i}{\hbar}t\right) \tag{1.2.8}$$

这是系统能实现的一个状态，这样的状态称为定态(stationary state)。定态是哈密顿量的本征态，也就是系统能量取确定值的状态。对于定态，下一节会有更多讨论。

式(1.2.5)也被称为定态薛定谔方程。式(1.2.4)则称为含时薛定谔方程。

含时薛定谔方程的解可写为所有定态解的线性叠加：

$$|\psi(t)\rangle=\sum_i c_i|\psi_i(t)\rangle=\sum_i c_i\exp\left(-\mathrm{i}\frac{E_i}{\hbar}t\right)|\psi_i\rangle \tag{1.2.9}$$

式中，c_i 为展开系数，与时间无关。当给定某一时刻系统的状态(初始条件)时，即可将 c_i 确定。例如，给定系统在 0 时刻的状态为$|\psi(0)\rangle$，则由上式可知

$$c_i=\langle\psi_i|\psi(0)\rangle \tag{1.2.10}$$

代回式(1.2.9)，得

$$|\psi(t)\rangle=\sum_i|\psi_i\rangle\langle\psi_i|\psi(0)\rangle\exp\left(-\mathrm{i}\frac{E_i}{\hbar}t\right) \tag{1.2.11}$$

这即为描写系统状态随时间变化的态矢量。

若系统的哈密顿量显含时间，系统可能产生量子态之间的跃迁。这类问题的处理将在后续章节中详述。

原理 5 描写全同粒子系统的态矢量，对于任意一对粒子的对调，是对称(对调后完全相同)或者反对称的(对调后相差一个负号)。服从前者的粒子称为玻色子(Boson)，服从后者的粒子称为费米子(Fermion)。

全同粒子系统是由同一种粒子(质量、电荷等内禀性质相同)组成的系统。原理 5 反映了全同粒子的不可分辨性。本书的大部分内容不涉及此原理。但当入射粒子与靶粒子相同时(如中子和中子的散射),该原理将异常重要。

1.2.2 位置表象下的薛定谔方程

薛定谔方程在位置表象下的形式对于量子力学问题的具体计算具有重要的意义。本节具体讨论该问题。

1. 平移算符

首先讨论量子力学中的平移算符,或者称平移操作。这对于对动量算符 P 的进一步理解很有意义。

考虑某个方向上的位置算符 X 的本征态 $|x\rangle$,定义算符 $\mathcal{T}(\mathrm{d}x)$,若有

$$\mathcal{T}(\mathrm{d}x)\mid x\rangle=\mid x+\mathrm{d}x\rangle$$

则称 $\mathcal{T}(\mathrm{d}x)$ 为平移算符。

从定义上看,平移算符 $\mathcal{T}(\mathrm{d}x)$ 将处于 x 附近的态向"前"移动了一个小的距离微元 $\mathrm{d}x$。下面我们将说明,如下形式的 $\mathcal{T}$:

$$\mathcal{T}(\mathrm{d}x)=I-\mathrm{i}\frac{P}{\hbar}\mathrm{d}x \tag{1.2.12}$$

即为平移算符的表达式。

考虑 X 与 $\mathcal{T}$ 的对易式为

$$[X,\mathcal{T}(\mathrm{d}x)]=-\mathrm{i}\frac{\mathrm{d}x}{\hbar}[X,P]=-\mathrm{i}\frac{\mathrm{d}x}{\hbar}\mathrm{i}\hbar=\mathrm{d}x$$

因此有

$$\begin{aligned}[X,\mathcal{T}(\mathrm{d}x)]\mid x\rangle=\mathrm{d}x\mid x\rangle\Rightarrow[X,\mathcal{T}(\mathrm{d}x)]\mid x\rangle&=X\,\mathcal{T}(\mathrm{d}x)\mid x\rangle-\mathcal{T}(\mathrm{d}x)X\mid x\rangle\\&=(X-x)\,\mathcal{T}(\mathrm{d}x)\mid x\rangle=\mathrm{d}x\mid x\rangle\end{aligned}$$

上式意味着 $\mathcal{T}(\mathrm{d}x)|x\rangle$ 必须仍是 X 的本征矢量。实际上,必须有 $\mathcal{T}(\mathrm{d}x)|x\rangle=|x+\mathrm{d}x\rangle$ 时,上式才能成立。这是因为此时有

$$\begin{aligned}(X-x)\,\mathcal{T}(\mathrm{d}x)\mid x\rangle&=(x+\mathrm{d}x-x)\mid x+\mathrm{d}x\rangle\\&=\mathrm{d}x\mid x+\mathrm{d}x\rangle\approx\mathrm{d}x\mid x\rangle\end{aligned}$$

最后一步中,我们忽略了 $\mathrm{d}x$ 的高阶无穷小。

平移算符 $\mathcal{T}(\mathrm{d}x)$ 有如下几点性质:

(1) $\mathcal{T}(\mathrm{d}x)\mathcal{T}^{\dagger}(\mathrm{d}x)=\mathcal{T}^{\dagger}(\mathrm{d}x)\mathcal{T}(\mathrm{d}x)=I$

即平移算符是幺正算符。

证明如下。易知有

$$\mathcal{T}(\mathrm{d}x)\,\mathcal{T}^{\dagger}(\mathrm{d}x)=\left(I-\mathrm{i}\frac{P}{\hbar}\mathrm{d}x\right)\left(I+\mathrm{i}\frac{P}{\hbar}\mathrm{d}x\right)$$

注意上式中用到了 P 是厄米算符的性质。忽略 $\mathrm{d}x$ 的高阶无穷小,有

$$\mathcal{T}(\mathrm{d}x)\,\mathcal{T}^{\dagger}(\mathrm{d}x)=I+\mathrm{i}\frac{P}{\hbar}\mathrm{d}x-\mathrm{i}\frac{P}{\hbar}\mathrm{d}x=I$$

同理可得 $\mathcal{T}^{\dagger}(\mathrm{d}x)\mathcal{T}(\mathrm{d}x)=I$,因此 $\mathcal{T}(\mathrm{d}x)$ 为幺正算符。

利用平移算符的表达式,并忽略 $\mathrm{d}x$ 的高阶无穷小,我们还可以得到如下性质:

(2) $\mathcal{T}(\mathrm{d}x)\mathcal{T}(\mathrm{d}x')=\mathcal{T}(\mathrm{d}x+\mathrm{d}x')$

(3) $\mathcal{T}(-\mathrm{d}x)=\mathcal{T}^{-1}(\mathrm{d}x)$

(4) $\lim\limits_{\mathrm{d}x\to 0}\mathcal{T}(\mathrm{d}x)=I$

上面的这些性质与平移操作的直观印象是一致的。

由上面的讨论可知，动量算符 P 的意义在于在运动的方向上产生平移。

2. 波动方程与波函数

这一部分讨论薛定谔方程在位置表象下的形式。位置表象下的薛定谔方程又称为量子力学的波动方程。薛定谔最先找到了它的形式，并成功地利用它解得氢原子光谱，从而极大地推进了量子力学被世人的认可。

在本书的问题中，系统的哈密顿量都有这样的形式：$H=\dfrac{\boldsymbol{P}^2}{2m}+V(\boldsymbol{X})$。因此，我们需找到动量算符 $\boldsymbol{P}$ 在位置表象下的形式。为简化讨论，我们首先考虑一维问题。

考虑态矢 $|\psi\rangle$，它在位置表象下对应的列向量的向量元为内积 $\langle x|\psi\rangle$。显然，$\langle x|\psi\rangle$ 是一个关于 x 的函数。我们把它记为

$$\psi(x)=\langle x\mid\psi\rangle$$

由于历史原因，$\psi(x)$ 被赋予了特定的名称——波函数(wave function)。

将一维平移算符 $\mathcal{T}(\Delta x)$ 作用于 $|\psi\rangle$，有

$$\begin{aligned}\mathcal{T}(\Delta x)\mid\psi\rangle&=\int\mathcal{T}(\Delta x)\mid x'\rangle\langle x'\mid\psi\rangle\mathrm{d}x'=\int\mid x'+\Delta x\rangle\langle x'\mid\psi\rangle\mathrm{d}x'\\&=\int\mid x'\rangle\psi(x'-\Delta x)\,\mathrm{d}x'=\int\mid x'\rangle\left[\psi(x')-\frac{\partial\psi(x')}{\partial x'}\Delta x\right]\mathrm{d}x'\\&=\mid\psi\rangle-\int\mid x'\rangle\frac{\partial\psi(x')}{\partial x'}\Delta x\,\mathrm{d}x'\end{aligned}$$

注意，由于位置算符 X 有连续的本征值谱，因此，其本征态 $|x\rangle$ 的完备性由积分 $\int\mathrm{d}x'\mid x'\rangle\langle x'\mid=I$ 表达。

同时，注意到有

$$\mathcal{T}(\Delta x)\mid\psi\rangle=\left(I-\mathrm{i}\frac{P}{\hbar}\Delta x\right)\mid\psi\rangle=\mid\psi\rangle-\mathrm{i}\frac{\Delta x}{\hbar}P\mid\psi\rangle$$

比较上面两式可得到

$$P\mid\psi\rangle=-\mathrm{i}\hbar\int\mid x'\rangle\frac{\partial\psi(x')}{\partial x'}\mathrm{d}x'$$

因此有

$$\langle x\mid P\mid\psi\rangle=-\mathrm{i}\hbar\int\delta(x-x')\frac{\partial\psi(x')}{\partial x'}\mathrm{d}x'=-\mathrm{i}\hbar\frac{\partial\psi(x)}{\partial x}\tag{1.2.13}$$

上式利用了本征值谱连续情况下的正交归一表达式：$\langle x|x'\rangle=\delta(x-x')$。

若取 $|\psi\rangle=|x'\rangle$，则可得到算符 P 在位置表象下的矩阵元：

$$\langle x\mid P\mid x'\rangle=-\mathrm{i}\hbar\frac{\partial}{\partial x}\delta(x-x')\tag{1.2.14}$$

利用上面两式，可求得

$$\langle x \mid P^2 \mid \psi\rangle = \int \langle x \mid P \mid x_1\rangle\langle x_1 \mid P \mid \psi\rangle \mathrm{d}x_1$$
$$= -\hbar^2 \frac{\partial}{\partial x}\int \delta(x-x_1)\frac{\partial \psi(x_1)}{\partial x_1}\mathrm{d}x_1$$
$$= -\hbar^2 \frac{\partial^2 \psi(x)}{\partial x^2}$$

下面考虑薛定谔方程：$\mathrm{i}\hbar\frac{\partial}{\partial t}|\psi(t)\rangle = \left[\frac{P^2}{2m}+V(X)\right]|\psi(t)\rangle$。对其左乘$\langle x|$,并利用上式,有

$$\mathrm{i}\hbar\frac{\partial}{\partial t}\psi(x,t) = -\frac{\hbar^2}{2m}\frac{\partial^2}{\partial x^2}\psi(x,t)+V(x)\psi(x,t) \tag{1.2.15}$$

其中 $\psi(x,t)$为波函数：

$$\psi(x,t) = \langle x \mid \psi(t)\rangle$$

式(1.2.15)即为薛定谔方程在位置表象下的形式。该式很容易推广到三维空间中：

$$\mathrm{i}\hbar\frac{\partial}{\partial t}\psi(\boldsymbol{x},t) = -\frac{\hbar^2}{2m}\nabla^2\psi(\boldsymbol{x},t)+V(\boldsymbol{x})\psi(\boldsymbol{x},t) \tag{1.2.16}$$

式(1.2.16)中∇是梯度算符,它在直角坐标系中的形式为：$\nabla = \hat{x}_1\frac{\partial}{\partial x_1}+\hat{x}_2\frac{\partial}{\partial x_2}+\hat{x}_3\frac{\partial}{\partial x_3}$。薛定谔找到这个方程,是为了描述德布罗意提出的物质波,因此该方程又称为波动方程。该方程的建立是理论物理发展史上的丰碑。

下面探讨波函数 $\psi(\boldsymbol{x},t)$的物理意义。注意到

$$|\psi(\boldsymbol{x},t)|^2\mathrm{d}\boldsymbol{x} = |\langle \boldsymbol{x} \mid \psi(t)\rangle|^2\mathrm{d}\boldsymbol{x} \tag{1.2.17}$$

而$\langle \boldsymbol{x}|\psi(t)\rangle$是量子态$|\psi(t)\rangle$利用本征函数集$|\boldsymbol{x}\rangle$做展开的展开系数。因此,如果微观态$|\psi(t)\rangle$描述的是某个粒子在 t 时刻的状态,则根据原理 2,$|\langle \boldsymbol{x}|\psi(t)\rangle|^2\mathrm{d}\boldsymbol{x}$ 是在 t 时刻,在 $\boldsymbol{x}\sim\boldsymbol{x}+\mathrm{d}\boldsymbol{x}$ 处找到这个粒子的概率。这也意味着 $\psi(\boldsymbol{x},t)$必须满足归一化条件：

$$\int|\psi(\boldsymbol{x},t)|^2\mathrm{d}\boldsymbol{x} = 1 \tag{1.2.18}$$

下面讨论波动方程框架下的量子力学基本原理和计算。这里以两个量子态$|\varphi\rangle$和$|\chi\rangle$为例,记它们的波函数分别为 $\varphi(\boldsymbol{x}) = \langle \boldsymbol{x}|\varphi\rangle$和 $\chi(\boldsymbol{x}) = \langle \boldsymbol{x}|\chi\rangle$。

(1) 叠加原理。设系统所处的量子态$|\psi\rangle$为$|\varphi\rangle$和$|\chi\rangle$的某种叠加态：$|\psi\rangle = c_1|\varphi\rangle + c_2|\chi\rangle$。左乘$\langle \boldsymbol{x}|$,可知在波动方程的框架下有

$$\psi(\boldsymbol{x}) = c_1\varphi(\boldsymbol{x}) + c_2\chi(\boldsymbol{x}) \tag{1.2.19}$$

也就是说,态的叠加即相应波函数的叠加。

(2) 两个态的内积的计算如下：

$$\langle \varphi \mid \chi\rangle = \int\langle \varphi \mid x\rangle\langle x \mid \chi\rangle\mathrm{d}x = \int\varphi^*(x)\chi(x)\mathrm{d}x \tag{1.2.20}$$

(3) 若算符出现在内积的计算之中,则有

$$\langle \varphi \mid A \mid \chi\rangle = \iint\langle \varphi \mid x_1\rangle\langle x_1 \mid A \mid x_2\rangle\langle x_2 \mid \chi\rangle\mathrm{d}x_1\mathrm{d}x_2$$
$$= \iint\varphi^*(x_1)\langle x_1 \mid A \mid x_2\rangle\chi(x_2)\mathrm{d}x_1\mathrm{d}x_2 \tag{1.2.21}$$

式中，$\langle x_1|A|x_2\rangle$是算符 A 在位置表象下的矩阵元。一般而言，它是 x_1 和 x_2 的函数。

若算符 A 为位置算符 X 的函数：$A=A(X)$，则式(1.2.21)可简化为

$$\begin{aligned}\langle\varphi \mid A \mid \chi\rangle &=\iint\langle\varphi \mid x_1\rangle\langle x_1 \mid A(X) \mid x_2\rangle\langle x_2 \mid \chi\rangle \mathrm{d}x_1\mathrm{d}x_2\\ &=\iint\langle\varphi \mid x_1\rangle A(x_2)\delta(x_1-x_2)\langle x_2 \mid \chi\rangle \mathrm{d}x_1\mathrm{d}x_2\\ &=\int\varphi^*(x)A(x)\chi(x)\mathrm{d}x \end{aligned}\tag{1.2.22}$$

下面讨论波动方程的解。当势能 V 不显含时间时，波函数 $\psi(\boldsymbol{x},t)$也可写为分离变量的形式：

$$\psi(\boldsymbol{x},t)=\psi(\boldsymbol{x})f(t)$$

将上式代入式(1.2.16)，可将波动方程也写为如式(1.2.5)和式(1.2.6)的形式：

$$-\frac{\hbar^2}{2m}\nabla^2\psi(\boldsymbol{x})+V(\boldsymbol{x})\psi(\boldsymbol{x})=E\psi(\boldsymbol{x})\tag{1.2.23}$$

$$\mathrm{i}\hbar\frac{\mathrm{d}}{\mathrm{d}t}f(t)=Ef(t)\tag{1.2.24}$$

式中，E 为分离变量系数，物理上可能的取值为哈密顿量 H 的本征值：E_i，$i=1,2,\cdots$。记本征值 E_i 对应的式(1.2.23)的解为 $\psi_i(\boldsymbol{x})$，式(1.2.23)可写为如下的形式：

$$-\frac{\hbar^2}{2m}\nabla^2\psi_i(\boldsymbol{x})+V(\boldsymbol{x})\psi_i(\boldsymbol{x})=E_i\psi_i(\boldsymbol{x})\tag{1.2.25}$$

式(1.2.25)称为定态薛定谔方程，$\psi_i(\boldsymbol{x})$称为定态波函数，它描述 E_i 对应的能量本征态。对比式(1.2.7)可知，$\psi_i(\boldsymbol{x})=\langle\boldsymbol{x}|\psi_i\rangle$。

类似式(1.2.8)，式(1.2.16)具有如下形式的特解：

$$\psi_i(\boldsymbol{x},t)=\psi_i(\boldsymbol{x})\exp\left(-\mathrm{i}\frac{E_i}{\hbar}t\right)\tag{1.2.26}$$

可以用类似式(1.2.26)描述的态称为定态。注意到，式(1.2.26)仍然满足定态薛定谔方程式(1.2.25)。也就是说，如果在初始时刻($t=0$)系统即处于某一个能量本征态 $\psi_i(\boldsymbol{x})$，那么随着时间的流逝，系统的状态仍然处于该能量本征态。

定态还具有以下特征：

(1) 粒子在空间中的分布的概率密度 $\rho_i(\boldsymbol{x})=|\psi_i(\boldsymbol{x},t)|^2$ 不随时间改变；

(2) 对于不显含时间的物理量，它的期望值不随时间改变。

性质(1)是显然的。性质(2)可利用式(1.2.21)证明。

类似式(1.2.9)，式(1.2.16)的通解写为特解的线性叠加：

$$\psi(\boldsymbol{x},t)=\sum_i c_i\psi_i(\boldsymbol{x})\exp\left(-\mathrm{i}\frac{E_i}{\hbar}t\right)\tag{1.2.27}$$

当系统的初始状态不是某个定态，而是若干定态的叠加时：

$$|\psi(0)\rangle=\sum_i c_i|\psi_i\rangle,\quad 或者\ \psi(\boldsymbol{x},0)=\sum_i c_i\psi_i(\boldsymbol{x})$$

系统状态随时间的演化由式(1.2.27)(或者式(1.2.9))描写。此时，系统的状态称为非定态。在非定态下，粒子的空间分布以及物理量的期望值可能随时间发生改变。

下面讨论最简单的物理图像，即自由粒子。自由粒子是指不受任何外力作用，在空间

中作匀速直线运动的粒子。对于质量为 m、能量为 E 的自由粒子，其定态薛定谔方程为

$$-\frac{\hbar^2}{2m}\nabla^2\psi(\boldsymbol{x}) = E\psi(\boldsymbol{x})$$

容易验证，上式的解为平面波形式：

$$\psi(\boldsymbol{x}) = C\mathrm{e}^{\mathrm{i}\boldsymbol{k}\cdot\boldsymbol{x}}$$

此处，C 为归一化因子，$\boldsymbol{k}$ 为波矢量。$\boldsymbol{k}$ 的方向代表粒子飞行的方向，大小满足 $k^2 = 2mE/\hbar^2$。易知 $\boldsymbol{k}$ 与粒子的动量 $\boldsymbol{p}$ 具有关系 $\boldsymbol{p}=\hbar\,\boldsymbol{k}$。

对于 C，若该粒子处于有限空间之中，且空间体积为 V，则利用归一化条件式(1.2.18)可知有 $C=V^{-1/2}$。而当粒子处于无限大空间中时，利用式(1.2.18)将得到 $C=0$，这显然没有意义。我们需要从另外的角度考虑该情况下 C 的取值问题。由 1.1.2 节可知，对于本征值连续的情况，正交归一条件为

$$\langle\boldsymbol{x}\mid\boldsymbol{x}'\rangle = \delta(\boldsymbol{x}-\boldsymbol{x}')$$

利用 $|\boldsymbol{k}\rangle$ 的完备性，有

$$\langle\boldsymbol{x}\mid\boldsymbol{x}'\rangle = \int\langle\boldsymbol{x}\mid\boldsymbol{k}\rangle\langle\boldsymbol{k}\mid\boldsymbol{x}'\rangle\mathrm{d}\boldsymbol{k}$$

注意到自由粒子具有确定的波矢量，是波矢量(或动量)的本征态。因此，$\langle\boldsymbol{x}|\boldsymbol{k}\rangle$ 即为自由粒子的波函数。上式可化为

$$\langle\boldsymbol{x}\mid\boldsymbol{x}'\rangle = \int\langle\boldsymbol{x}\mid\boldsymbol{k}\rangle\langle\boldsymbol{k}\mid\boldsymbol{x}'\rangle\mathrm{d}\boldsymbol{k} = C^2\int\mathrm{e}^{\mathrm{i}\boldsymbol{k}\cdot\boldsymbol{x}}\mathrm{e}^{-\mathrm{i}\boldsymbol{k}\cdot\boldsymbol{x}'}\mathrm{d}\boldsymbol{k} = C^2(2\pi)^3\delta(\boldsymbol{x}-\boldsymbol{x}')$$

对比上面两式可得 $C=(2\pi)^{-3/2}$。因此，我们常将无限空间中的自由粒子的波函数写为

$$\psi(\boldsymbol{x}) = \langle\boldsymbol{x}\mid\boldsymbol{k}\rangle = \frac{1}{(2\pi)^{3/2}}\mathrm{e}^{\mathrm{i}\boldsymbol{k}\cdot\boldsymbol{x}}$$

3. 物质波

在上面的讨论中，波动方程是作为薛定谔方程在位置表象下的形式存在的。波函数 $\psi(\boldsymbol{x})$ 也仅是量子态 $|\psi\rangle$ 利用位置本征函数集 $\{|\boldsymbol{x}\rangle\}$ 展开之后的展开系数 $\langle\boldsymbol{x}|\psi\rangle$。这个框架是量子力学一般原理的某个特殊形式。而在历史上，波动方程以及波函数的提出要早于量子力学的矢量空间描述。

20 世纪初，随着人们对于客观世界的探索进入微观领域，人们观测到了很多在经典物理的意义上难以理解的运动学现象。这里我们以电子的双缝干涉实验为例加以说明①。在介绍该实验之前，我们先用一些经典物理的例子来做类似的双缝实验。

在图 1.2.4(a)中，一挺机枪从远处向靶子不断射击。考虑到机枪的准直并不完美，它发射的子弹在一定的角度之内会随机地散开。在机枪的前方有一堵不能透过子弹的墙，墙上有两个狭缝。当只打开狭缝 1 时，靶子上子弹的密度分布为 $\rho_1(x)$；当只打开狭缝 2 时，靶子上子弹的密度分布为 $\rho_2(x)$。当双缝都打开时，经过狭缝 1 和狭缝 2 的子弹互不干涉地一粒一粒打到靶子上，所以此时靶子上子弹密度分布 $\rho_{12}(x)$ 简单地等于前两个密度分布相加：

---

① 从历史角度，应该以氢原子中电子的"驻波"量子化，或者电子衍射实验为例，来引出物质的波动性。这里以电子的双缝干涉为例，是因为这个例子更加清晰明确。这也是很多量子力学教材的选择。

$$\rho_{12}(x)=\rho_1(x)+\rho_2(x)$$

另一个经典例子是水波的干涉，由图 1.2.4(b)给出。这里，在波源处有一个马达产生频率为 ν 的上下振动，以产生圆形的水波。波源的前方也有一堵墙，墙上开两个狭缝。墙的后方是一块“吸收器”，可以完全吸收水波带来的能量。换句话说，可以测量水波的强度。当只打开狭缝 1 时，水波的强度分布用 $I_1(x)$表示；当只打开狭缝 2 时，水波的强度分布用 $I_2(x)$表示。当双缝都打开时，水波的强度分布为 $I_{12}(x)$。实验发现：

$$I_{12}(x)\neq I_1(x)+I_2(x)$$

例如，当只打开一条狭缝时，波动很强的地方，在双缝都打开的情况下可能变得很弱。类似的现象还可以在声波以及 X 射线的类似实验中观察到。

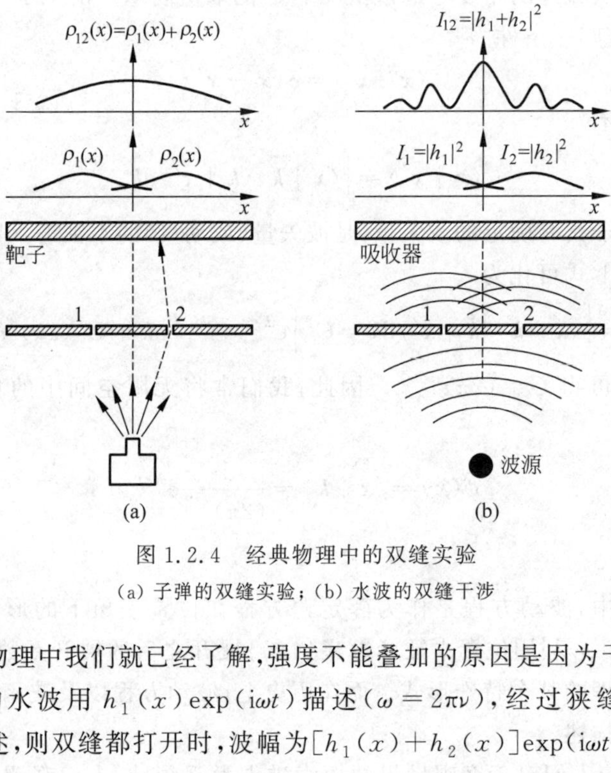

图 1.2.4 经典物理中的双缝实验

(a) 子弹的双缝实验；(b) 水波的双缝干涉

当然，在高中物理中我们就已经了解，强度不能叠加的原因是因为干涉。具体而言，设经过狭缝 1 之后的水波用 $h_1(x)\exp(\mathrm{i}\omega t)$描述($\omega=2\pi\nu$)，经过狭缝 2 之后的水波用 $h_2(x)\exp(\mathrm{i}\omega t)$描述，则双缝都打开时，波幅为$[h_1(x)+h_2(x)]\exp(\mathrm{i}\omega t)$。此时，波的强度分布为

$$\begin{aligned}I_{12}&=|h_1+h_2|^2=|h_1|^2+|h_2|^2+(h_1^*h_2+h_1h_2^*)\\&=I_1+I_2+(h_1^*h_2+h_1h_2^*)\neq I_1+I_2\end{aligned}$$

由于存在干涉项$(h_1^*h_2+h_1h_2^*)$，导致经典波的强度分布与经典粒子的分布大不相同。本质上，这是由于波的叠加是波幅的叠加造成的。而经典粒子则是“颗粒性”的，它有确定的运行轨道，导致图 1.2.4(a)中的强度是直接相加的。

下面分析电子的双缝干涉实验。实验的构造与前两个实验类似，见图 1.2.5。设入射电流很弱，电子几乎一个一个地通过双缝，然后打到感光底板。注意，由于电子是一个实体，它打到感光底板之后，会在相应的位置留下一个痕迹(感光点)，而不可能是多个痕迹或者没有痕迹。当实验时间较短时，底板上出现一些感光点的分布，看起来没什么规律。但当实验时间足够长之后，底板上的感光点越来越多，实验结果表明，有些地方感光点很密

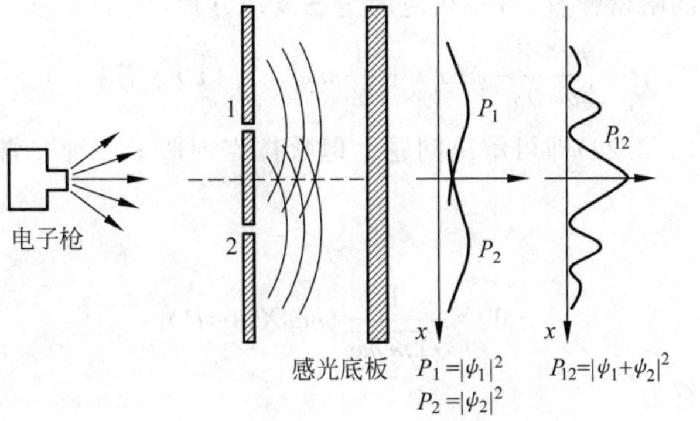

图 1.2.5 电子双缝干涉

集,而有些地方则几乎没有感光点。最后底板上感光点的密度分布形成了一个有规律的花样。这个花样与经典波(如声波、水波)的强度分布是类似的,而与子弹的分布完全不同。

这个实验说明,虽然电子具有粒子性(因为每个电子打到感光底板上之后,都会形成一个确定的感光点),但它在空间的分布却呈现出衍射的现象,需要以波动的方式来描述。这就是所谓的"物质波"。"物质波"的概念最早由德布罗意提出。这也意味着,微观粒子具有所谓的"波粒二象性"(wave-particle duality)。

将电子的衍射波用 $\psi(\boldsymbol{x})$ 描述,即波函数。与波动力学和波动光学中一样,衍射花样的强度分布用 $|\psi(\boldsymbol{x})|^2$ 描述。但考虑到电子的粒子性,因此,这里的波的强度 $|\psi(\boldsymbol{x})|^2$ 的物理意义与经典波完全不同。玻恩(Born)指出,$|\psi(\boldsymbol{x})|^2\mathrm{d}\boldsymbol{x}$ 的意义是在点 $\boldsymbol{x}$ 附近的小体积元 $\mathrm{d}\boldsymbol{x}$ 中找到电子的概率。因此,往往称物质波为概率波,而把波函数 $\psi(\boldsymbol{x})$ 称为概率幅。

在德布罗意提出"物质波"假说之后两年,薛定谔找到了波函数 $\psi(\boldsymbol{x})$ 遵循的波动方程,即式(1.2.16)。薛定谔方程的正确性经历了无数实验的检验。

1.2.3 一维谐振子

谐振子模型是量子力学问题中少数具有严格解的例子。无论在经典力学还是在量子力学之中,谐振子模型都有重要的应用。本节讨论谐振子模型的能量本征值问题,以及谐振子的空间分布。

一维谐振子的势函数为

$$V(x)=\frac{1}{2}kx^2=\frac{1}{2}m\omega^2x^2$$

式中,k 为弹性系数,m 为谐振子的质量,$\omega=\sqrt{k/m}$ 为谐振子的经典固有频率,x 为谐振子偏离平衡位置的距离。

利用上式,可写出一维谐振子的哈密顿量:

$$H=\frac{1}{2m}P^2+\frac{1}{2}m\omega^2X^2 \tag{1.2.28}$$

一般而言,我们需要写出定态波动方程来求解本征值问题。具体而言,需要对算符作如下代换:

$$P\to -\mathrm{i}\hbar\frac{\partial}{\partial x},\quad X\to x$$

代入式(1.2.28)中的哈密顿量，可得相应的定态波动方程：

$$-\frac{\hbar^2}{2m}\frac{\partial^2}{\partial x^2}\psi(x)+\frac{1}{2}m\omega^2x^2\psi(x)=E\psi(x) \tag{1.2.29}$$

解微分方程式(1.2.29)即可解决问题。但狄拉克创造了一种非常简捷有效的方法，下面介绍该方法。

构造如下算符：

$$A=\frac{1}{\sqrt{2m\hbar\omega}}(m\omega X+\mathrm{i}P) \tag{1.2.30}$$

易知它的厄米伴算符为

$$A^{\dagger}=\frac{1}{\sqrt{2m\hbar\omega}}(m\omega X-\mathrm{i}P) \tag{1.2.31}$$

于是

$$X=\sqrt{\frac{\hbar}{2m\omega}}(A^{\dagger}+A) \tag{1.2.32}$$

$$P=\mathrm{i}\sqrt{\frac{m\omega\hbar}{2}}(A^{\dagger}-A) \tag{1.2.33}$$

将上面两式代入式(1.2.28)，可将哈密顿量写为

$$H=\frac{1}{2}\hbar\omega(A^{\dagger}A+AA^{\dagger})=\left(A^{\dagger}A+\frac{1}{2}\right)\hbar\omega \tag{1.2.34}$$

$A^{\dagger}$ 和 A 的对易关系为

$$[A,A^{\dagger}]=-\frac{\mathrm{i}}{\hbar}[X,P]=1 \tag{1.2.35}$$

利用上式，可进一步得到

$$[H,A]=\hbar\omega[A^{\dagger}A,A]=-\hbar\omega A \tag{1.2.36}$$

$$[H,A^{\dagger}]=\hbar\omega[A^{\dagger}A,A^{\dagger}]=\hbar\omega A^{\dagger} \tag{1.2.37}$$

注意到 $A^{\dagger}A$ 是厄米算符，设它的本征值为 λ，归一化的本征矢量为 $|\lambda\rangle$：

$$A^{\dagger}A\mid\lambda\rangle=\lambda\mid\lambda\rangle \tag{1.2.38}$$

上式左乘 $\langle\lambda|$，有

$$\langle\lambda\mid A^{\dagger}A\mid\lambda\rangle=|\,A\mid\lambda\rangle\,|^2=\lambda \tag{1.2.39}$$

可见必有 $\lambda\geqslant 0$。

现将 A 作用于式(1.2.38)的两侧，并利用式(1.2.35)，有

$$AA^{\dagger}A\mid\lambda\rangle=\lambda A\mid\lambda\rangle\Rightarrow(A^{\dagger}A+1)A\mid\lambda\rangle=\lambda A\mid\lambda\rangle\Rightarrow A^{\dagger}AA\mid\lambda\rangle=(\lambda-1)A\mid\lambda\rangle \tag{1.2.40}$$

由上式可见，$A|\lambda\rangle$ 也是 $A^{\dagger}A$ 的本征矢量，且对应的本征值为 $\lambda-1$。也就是说，有

$$A\mid\lambda\rangle=c\mid\lambda-1\rangle$$

式中，c 为一个待定常数。将上式代入式(1.2.39)，可知 $c=\sqrt{\lambda}$，即

$$A\mid\lambda\rangle=\sqrt{\lambda}\mid\lambda-1\rangle \tag{1.2.41}$$

实际上，c 还可以带一个相因子 $\mathrm{e}^{\mathrm{i}\delta}$，但这并没有实际物理意义，因此此处略去。

算符 A 将态矢 $|\lambda\rangle$ 变为 $|\lambda-1\rangle$，因此被称为下降算符。由上式可知，如果 λ 为本征值，

那么 $\lambda-1,\lambda-2$ 等均为本征值。为了不与 $\lambda\geqslant 0$ 矛盾，可知 λ 只能取非负整数。用 n 表示非负整数，有

$$A\mid n\rangle=\sqrt{n}\mid n-1\rangle,\quad A^2\mid n\rangle=\sqrt{n(n-1)}\mid n-2\rangle,\quad \cdots,\quad A^n\mid n\rangle=\sqrt{n!}\mid 0\rangle$$

注意到 $A|0\rangle=\sqrt{0}|-1\rangle=0$，因此，$A|0\rangle$ 是不存在的，上面的序列无法再继续。

由上面的分析可知，$A^\dagger A$ 的本征值为非负整数 n。对照式(1.2.34)，可知谐振子的能量本征值为

$$E_n=\left(n+\frac{1}{2}\right)\hbar\omega,\quad n=0,1,2,\cdots \tag{1.2.42}$$

将式(1.2.41)代入式(1.2.38)，可得

$$A^\dagger\sqrt{\lambda}\mid\lambda-1\rangle=\lambda\mid\lambda\rangle$$

经整理，可得 $A^\dagger$ 对于 $|n\rangle$ 的作用：

$$A^\dagger\mid n\rangle=\sqrt{n+1}\mid n+1\rangle \tag{1.2.43}$$

式中，$A^\dagger$ 称为上升算符。利用式(1.2.43)，可知能量本征态 $|n\rangle$ 可写为如下形式：

$$\mid n\rangle=\frac{1}{\sqrt{n!}}(A^\dagger)^n\mid 0\rangle \tag{1.2.44}$$

至此，我们得到了能量本征值和相应的本征态。

应注意到，谐振子的基态能量 $E_0=\frac{1}{2}\hbar\omega\geqslant 0$，这个能量称为谐振子的零点能。而在经典物理中，谐振子能量最低的状态是在平衡位置的静止状态，能量为 0。零点能的存在是量子力学所独有的现象，它的存在导致很多可观测的重要后果。

下面求解各个本征态对应的谐振子的空间分布。也就是说，我们需要解得各本征态对应的波函数。记 $\psi_n(x)=\langle x|n\rangle$。$\psi_n$ 可以通过解定态波动方程式(1.2.29)得到。但在上面的讨论中已经得到了很多有用的信息，因此，我们无须再从头解式(1.2.29)。

将算符 A 中的 P 和 X 作代换 $P\to-\mathrm{i}\hbar\frac{\mathrm{d}}{\mathrm{d}x}$，$X\to x$，得到 $A|0\rangle=0$ 在位置表象下的形式：

$$\frac{1}{\sqrt{2m\hbar\omega}}\left(m\omega x+\hbar\frac{\mathrm{d}}{\mathrm{d}x}\right)\psi_0(x)=0\Rightarrow\left(\frac{\mathrm{d}}{\mathrm{d}x}+\frac{m\omega}{\hbar}x\right)\psi_0(x)=0 \tag{1.2.45}$$

不难验证，上式满足归一化条件的解是

$$\psi_0(x)=\left(\frac{m\omega}{\pi\hbar}\right)^{1/4}\exp\left(-\frac{m\omega x^2}{2\hbar}\right) \tag{1.2.46}$$

对于其他能量本征态的波函数，可通过式(1.2.44)计算：

$$\begin{aligned}\psi_n(x)&=\langle x\mid n\rangle=\frac{1}{\sqrt{n!}}\langle x\mid(A^\dagger)^n\mid 0\rangle\\&=\frac{1}{\sqrt{n!}}\left[\frac{1}{\sqrt{2m\hbar\omega}}\left(m\omega x-\hbar\frac{\mathrm{d}}{\mathrm{d}x}\right)\right]^n\psi_0(x)\end{aligned} \tag{1.2.47}$$

利用上面两式，即可求得任意能量本征值的波函数。下面直接给出结果[①]：

① 波函数的详细计算过程可参考(曾谨言，2013)。

$$\psi_n(\xi)=\left[\frac{1}{2^n n!}\left(\frac{m\omega}{\pi\hbar}\right)^{\frac{1}{2}}\right]^{\frac{1}{2}}\exp\left(-\frac{\xi^2}{2}\right)\mathrm{H}_n(\xi) \tag{1.2.48}$$

式中，$\xi=\sqrt{m\omega/\hbar}\,x$，这是一个无量纲量。$\mathrm{H}_n(\xi)$称为厄米多项式，它的前几项是：

$$\mathrm{H}_0(\xi)=1$$
$$\mathrm{H}_1(\xi)=2\xi$$
$$\mathrm{H}_2(\xi)=4\xi^2-2$$
$$\mathrm{H}_3(\xi)=8\xi^3-12\xi$$
$$\mathrm{H}_4(\xi)=16\xi^4-48\xi^2+12$$
$$\cdots$$

有了波函数的表达式之后，我们可以计算出处于能量本征态上的谐振子的空间分布 $P_n(\xi)=|\psi_n(\xi)|^2$。部分结果如图 1.2.6 所示。除了量子力学的结果之外，我们还可以计算能量相同的情况下，经典谐振子的空间分布。对于经典的谐振子，其位置 x 和速度 v 的表达式如下：

$$x=A\cos(\omega t),\quad v=\dot{x}=-\omega A\sin(\omega t)$$

式中，A 为经典谐振子的振幅。对于能量为 E_n 的系统，有

$$\frac{m}{2}v^2+\frac{1}{2}m\omega^2x^2=E_n\Rightarrow A=\sqrt{\frac{2E_n}{m\omega^2}}=\sqrt{\frac{(2n+1)\hbar}{m\omega}}$$

易知振幅 A 采用 ξ 为单位的值是

$$\sqrt{\frac{m\omega}{\hbar}}\sqrt{\frac{(2n+1)\hbar}{m\omega}}=\sqrt{2n+1}$$

由于概率分布的对称性，我们只需要计算从 $x=-A$ 到 A 的半个周期内的概率分布。粒子处于区间 Δx 的概率 $P(x)\Delta x$ 等于粒子通过此区间的时间间隔 Δt 除以 $T/2$，因此有

$$P^{\mathrm{cl}}(x)=\frac{\Delta t}{\Delta x T/2}=\frac{2}{Tv}=\frac{2}{T\omega A\sin(\omega t)}=\frac{1}{\pi A\sin(\omega t)}$$

注意到 $\omega t=\arccos(x/A)$，上式可化为

$$P^{\mathrm{cl}}(x)=\frac{1}{\pi A\sin[\arccos(x/A)]}=\frac{1}{\pi A\sqrt{1-(x/A)^2}}=\frac{1}{\pi\sqrt{A^2-x^2}}$$

因此，对于能量为 E_n 的经典谐振子，其空间分布 $P_n^{\mathrm{cl}}(\xi)$ 为（这里用无量纲量 ξ 代替 x）

$$P_n^{\mathrm{cl}}(\xi)=\frac{1}{\pi\sqrt{2n+1-\xi^2}} \tag{1.2.49}$$

图 1.2.6 中也给出了经典谐振子的空间分布。对于量子谐振子而言，n 越大，概率分布函数的振荡就越强，但平滑之后，也越接近经典的分布。

由波函数的形式式(1.2.48)可知，在无穷远处，波函数趋近于 0：$|\psi(x\to\pm\infty)|\to 0$。这一点也可以直观地从图 1.2.6 中看出。也就是说，粒子不可能在很远的地方出现，而是被束缚在一个局域的范围之内。这样的微观态称为束缚态(bound state)。一般而言，势函数在所有方向无穷远处的值大于粒子动能可能取到的最大值时，微观态均为束缚态。与之相反的情况是散射态(scattering state)，散射态问题将在后文中专门讨论。

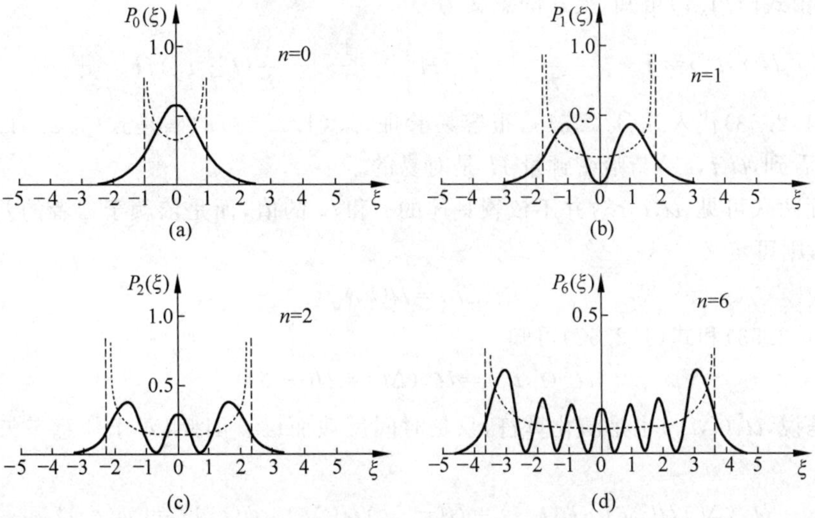

图 1.2.6　量子谐振子和经典谐振子的空间分布对比

实线表示量子谐振子，点线表示经典谐振子。

1.2.4　微观态的运动

在上文中，我们主要讨论了定态的问题。当微观粒子处于定态时，它的能量取确定值，空间分布不随时间变化。同时，物理量(不显含时间)的期望值也不随时间改变。这类问题一般通过定态薛定谔方程的波动方程求解。在这一节中，我们将讨论量子态和物理量随时间演化的问题，即运动问题。这类问题对于理解非弹性中子散射的原理至关重要。

1. 演化算符

这里，我们继续讨论哈密顿量 H 不显含时间的情况。原理 4 指出，微观态 $|\psi(t)\rangle$ 随时间演化的规律由薛定谔方程式(1.2.4)描述：

$$i\hbar\frac{\partial}{\partial t}|\psi(t)\rangle = H|\psi(t)\rangle$$

再次强调，时间 t 仅作为变量或者参数，并不是算符。薛定谔方程是时间的一阶微分方程。因此，当给定初始时刻的状态 $|\psi(t_0)\rangle$，我们就可以确定任意时刻的状态 $|\psi(t)\rangle$。因此，可定义一个时间演化算符 $\mathcal{U}(t,t_0)$，使其满足

$$|\psi(t)\rangle = \mathcal{U}(t,t_0)|\psi(t_0)\rangle \tag{1.2.50}$$

将式(1.2.50)代入薛定谔方程，有

$$i\hbar\frac{\partial}{\partial t}\mathcal{U}(t,t_0)|\psi(t_0)\rangle = H\mathcal{U}(t,t_0)|\psi(t_0)\rangle$$

上式需对任意的初始状态成立，因此，演化算符 $\mathcal{U}(t,t_0)$ 必须满足

$$i\hbar\frac{\partial}{\partial t}\mathcal{U}(t,t_0) = H\mathcal{U}(t,t_0) \tag{1.2.51}$$

注意到 $\mathcal{U}(t=t_0,t_0)=1$，在 H 不显含时间的情况下，我们可以在形式上给出上式的解：

$$\mathcal{U}(t,t_0) = \exp\left[-\frac{i}{\hbar}(t-t_0)H\right] \tag{1.2.52}$$

注意，由式(1.1.7)可知，上式的意义为

$$\mathcal{U}(t,t_0)=I+\left[-\frac{\mathrm{i}}{\hbar}(t-t_0)H\right]+\frac{1}{2!}\left[-\frac{\mathrm{i}}{\hbar}(t-t_0)H\right]^2+\cdots \tag{1.2.53}$$

将式(1.2.53)代入式(1.2.51)，很容易验证，式(1.2.53)的确是式(1.2.51)的解。此外，还可以看到，$\mathcal{U}(t,t_0)$与哈密顿量 H 是对易的。

由上面两式可见，$\mathcal{U}(t,t_0)$并不依赖具体的 t 和 t_0 的值，而是依赖于二者的差。我们记 $\Delta t=t-t_0$，则可定义

$$\mathcal{U}(\Delta t)=\mathcal{U}(t,t_0)$$

由式(1.2.53)和式(1.2.52)可知

$$\mathcal{U}^\dagger(t,t_0)=\mathcal{U}^\dagger(\Delta t)=\mathcal{U}(-\Delta t)$$

也就是说，$\mathcal{U}^\dagger(t,t_0)$也是演化算符，只是时间反演而已。因此，对于任意态矢$|\psi(t_0)\rangle$，都有

$$\mathcal{U}^\dagger(\Delta t)\,\mathcal{U}(\Delta t)\mid\psi(t_0)\rangle=\mathcal{U}(-\Delta t)\,\mathcal{U}(\Delta t)\mid\psi(t_0)\rangle=\mid\psi(t_0)\rangle$$

即$\mathcal{U}^\dagger\mathcal{U}=I$ 成立。因此，演化算符$\mathcal{U}(t,t_0)$是幺正的。这意味着态矢量的归一化不随时间改变。例如，若有$\langle\psi(t_0)|\psi(t_0)\rangle=1$，则对一切时间都有$\langle\psi(t)|\psi(t)\rangle=1$ 成立。

我们可以利用演化算符考察某物理量 A 随时间的演化。若系统在 0 时刻处于某个能量本征态，也就是哈密顿量的某个本征态$|\psi_i\rangle$，其对应的能量本征值为 E_i，则有

$$\begin{aligned}\langle A\rangle&=\langle\mathcal{U}(t,0)\,\psi_i\mid A\mid\mathcal{U}(t,0)\,\psi_i\rangle\\&=\langle\psi_i\mid\exp\left(\frac{\mathrm{i}}{\hbar}E_it\right)A\exp\left(-\frac{\mathrm{i}}{\hbar}E_it\right)\mid\psi_i\rangle=\langle\psi_i\mid A\mid\psi_i\rangle\end{aligned}$$

这样就得到了与前文一致的结论：处于定态的系统，物理量的期望值不随时间变化。

若系统在 0 时刻的状态$|\psi\rangle$不是定态，我们可以用能量本征态集将它展开：

$$\mid\psi\rangle=\sum_i c_i\mid\psi_i\rangle$$

此时，物理量 A 随时间的演化情况为

$$\begin{aligned}\langle A\rangle&=\langle\psi(t)\mid A\mid\psi(t)\rangle=\sum_i\sum_j c_i^*c_j\langle\psi_i\mid\exp\left(\frac{\mathrm{i}}{\hbar}Ht\right)A\exp\left(-\frac{\mathrm{i}}{\hbar}Ht\right)\mid\psi_j\rangle\\&=\sum_i\sum_j c_i^*c_j\exp\left[-\frac{i}{\hbar}(E_j-E_i)t\right]\langle\psi_i\mid A\mid\psi_j\rangle\end{aligned} \tag{1.2.54}$$

可见，此时$\langle A\rangle$是依赖于时间的，且依赖关系为一些振荡的组合，振荡的频谱由$(E_j-E_i)/\hbar$给出。

2. 薛定谔绘景和海森堡绘景

在上文中，我们引入了演化算符$\mathcal{U}(t,t_0)$。将演化算符作用于某个时刻的态矢，即可得到其他时刻系统的状态。我们把这样描述微观系统运动的方式称为薛定谔绘景(Schrödinger picture)。在薛定谔绘景下，系统的态矢量是随着时间变化的，而算符本身并不随着时间变化。这一点可由式(1.2.54)的计算体现出来。

我们还可以从另一个角度考察微观系统的运动问题：令算符本身随着时间演化，而态矢量保持不变。这样的方式称为海森堡(Heisenberg)绘景(Heisenberg picture)。按照这样的思路，定义海森堡绘景中的算符如下：

$$A^{(\mathrm{H})}(t)=\mathcal{U}^{\dagger}(t)A^{(\mathrm{S})}\mathcal{U}(t) \tag{1.2.55}$$

式中，上标 H 和 S 分别表示海森堡绘景和薛定谔绘景。注意，为了讨论方便，这里我们令 $t_0=0$。

在 0 时刻，算符在这两个绘景下是一样的：

$$A^{(\mathrm{H})}(0)=IA^{(\mathrm{S})}I=A^{(\mathrm{S})}$$

两个绘景的态矢在 0 时刻也是重合的。随着时间的演化，薛定谔绘景下的态矢会随着时间变化，而海森堡绘景下的态矢将保持不变：

$$|\psi(t)\rangle_{\mathrm{S}}=\mathcal{U}(t)|\psi(0)\rangle_{\mathrm{S}}=\mathcal{U}(t)|\psi\rangle_{\mathrm{H}} \tag{1.2.56}$$

上式等效为

$$|\psi\rangle_{\mathrm{H}}=\mathcal{U}^{\dagger}(t)|\psi(t)\rangle_{\mathrm{S}} \tag{1.2.57}$$

绘景之间的变换是幺正变换。幺正变换有诸多性质，在前文有详细介绍。要特别注意的是，绘景变换并不改变物理量的期望值：

$$\langle A\rangle={}_{\mathrm{S}}\langle\psi(t)|A^{(\mathrm{S})}|\psi(t)\rangle_{\mathrm{S}}={}_{\mathrm{H}}\langle\psi|\mathcal{U}^{\dagger}(t)A^{(\mathrm{S})}\mathcal{U}(t)|\psi\rangle_{\mathrm{H}}={}_{\mathrm{H}}\langle\psi|A^{(\mathrm{H})}(t)|\psi\rangle_{\mathrm{H}} \tag{1.2.58}$$

下面推导海森堡绘景下的运动方程。对式(1.2.55)做时间微分，有

$$\begin{aligned}\frac{\mathrm{d}}{\mathrm{d}t}A^{(\mathrm{H})}(t)&=\frac{\mathrm{d}\mathcal{U}^{\dagger}(t)}{\mathrm{d}t}A^{(\mathrm{S})}\mathcal{U}(t)+\mathcal{U}^{\dagger}(t)A^{(\mathrm{S})}\frac{\mathrm{d}\mathcal{U}(t)}{\mathrm{d}t}\\&=-\frac{1}{\mathrm{i}\hbar}\mathcal{U}^{\dagger}(t)HA^{(\mathrm{S})}\mathcal{U}(t)+\frac{1}{\mathrm{i}\hbar}\mathcal{U}^{\dagger}(t)A^{(\mathrm{S})}H\mathcal{U}(t)\\&=-\frac{1}{\mathrm{i}\hbar}\mathcal{U}^{\dagger}(t)H\mathcal{U}(t)\mathcal{U}^{\dagger}(t)A^{(\mathrm{S})}\mathcal{U}(t)+\frac{1}{\mathrm{i}\hbar}\mathcal{U}^{\dagger}(t)A^{(\mathrm{S})}\mathcal{U}(t)\mathcal{U}^{\dagger}(t)H\mathcal{U}(t)\end{aligned}$$

在海森堡绘景下，态矢是不依赖于时间的，因此，对算符的时间微分可直接进行。

由于$\mathcal{U}(t)$和哈密顿量 H 对易，H 在两种绘景下是一样的，我们不再对其标记 S 或 H，因此，上式可简化为

$$\begin{aligned}\frac{\mathrm{d}}{\mathrm{d}t}A^{(\mathrm{H})}(t)&=\frac{\mathrm{i}}{\hbar}H\mathcal{U}^{\dagger}(t)A^{(\mathrm{S})}\mathcal{U}(t)-\frac{\mathrm{i}}{\hbar}\mathcal{U}^{\dagger}(t)A^{(\mathrm{S})}\mathcal{U}(t)H\\&=\frac{\mathrm{i}}{\hbar}HA^{(\mathrm{H})}(t)-\frac{\mathrm{i}}{\hbar}A^{(\mathrm{H})}(t)H\end{aligned}$$

稍加整理，即可得到海森堡绘景下的运动方程：

$$\frac{\mathrm{d}}{\mathrm{d}t}A^{(\mathrm{H})}=\frac{1}{\mathrm{i}\hbar}[A^{(\mathrm{H})},H] \tag{1.2.59}$$

3. 狄拉克绘景

从现在开始，讨论哈密顿量 H 显含时间的处理方法。

对于显含时间的 H，一般将其分为不含时部分 H_0 和含时部分 $V(t)$：

$$H=H_0+V(t) \tag{1.2.60}$$

设在 0 时刻，系统处于$|\psi(0)\rangle$态，在 t 时刻，系统处于$|\psi(t)\rangle$态。现定义狄拉克绘景(Dirac picture)下的态矢量：

$$|\psi(t)\rangle_{\mathrm{I}}=\exp\left(\mathrm{i}\frac{H_0}{\hbar}t\right)|\psi(t)\rangle_{\mathrm{S}} \tag{1.2.61}$$

下标 I 表示狄拉克绘景(狄拉克绘景又称为相互作用绘景，即 interaction picture)。

对于狄拉克绘景中的算符，有

$$A^{(\mathrm{I})}(t)=\exp\left(\mathrm{i}\frac{H_0}{\hbar}t\right)A^{(\mathrm{S})}\exp\left(-\mathrm{i}\frac{H_0}{\hbar}t\right) \tag{1.2.62}$$

根据上述定义容易验证，在狄拉克绘景下，$\langle A\rangle$的值与另外两个绘景中的值是一致的。

考虑$|\psi(t)\rangle_{\mathrm{I}}$随时间演化的规律：

$$\begin{aligned}\mathrm{i}\hbar\frac{\partial}{\partial t}|\psi(t)\rangle_{\mathrm{I}}&=\mathrm{i}\hbar\frac{\partial}{\partial t}\left[\exp\left(\mathrm{i}\frac{H_0}{\hbar}t\right)|\psi(t)\rangle_{\mathrm{S}}\right]\\&=-H_0\exp\left(\mathrm{i}\frac{H_0}{\hbar}t\right)|\psi(t)\rangle_{\mathrm{S}}+\exp\left(\mathrm{i}\frac{H_0}{\hbar}t\right)[H_0+V(t)]|\psi(t)\rangle_{\mathrm{S}}\\&=\exp\left(\mathrm{i}\frac{H_0}{\hbar}t\right)V(t)\exp\left(-\mathrm{i}\frac{H_0}{\hbar}t\right)\exp\left(\mathrm{i}\frac{H_0}{\hbar}t\right)|\psi(t)\rangle_{\mathrm{S}}\end{aligned}$$

利用式(1.2.61)和式(1.2.62)，可得到狄拉克绘景下态矢量的运动方程：

$$\mathrm{i}\hbar\frac{\partial}{\partial t}|\psi(t)\rangle_{\mathrm{I}}=V^{(\mathrm{I})}(t)|\psi(t)\rangle_{\mathrm{I}} \tag{1.2.63}$$

下面考虑算符随时间演化的规律：

$$\begin{aligned}\frac{\mathrm{d}}{\mathrm{d}t}A^{(\mathrm{I})}(t)&=\frac{\mathrm{d}}{\mathrm{d}t}\left[\exp\left(\mathrm{i}\frac{H_0}{\hbar}t\right)A^{(\mathrm{S})}\exp\left(-\mathrm{i}\frac{H_0}{\hbar}t\right)\right]\\&=\frac{\mathrm{i}}{\hbar}\exp\left(\mathrm{i}\frac{H_0}{\hbar}t\right)H_0A^{(\mathrm{S})}\exp\left(-\mathrm{i}\frac{H_0}{\hbar}t\right)-\\&\quad\frac{\mathrm{i}}{\hbar}\exp\left(\mathrm{i}\frac{H_0}{\hbar}t\right)A^{(\mathrm{S})}H_0\exp\left(-\mathrm{i}\frac{H_0}{\hbar}t\right)\\&=\frac{\mathrm{i}}{\hbar}\exp\left(\mathrm{i}\frac{H_0}{\hbar}t\right)(H_0A^{(\mathrm{S})}-A^{(\mathrm{S})}H_0)\exp\left(-\mathrm{i}\frac{H_0}{\hbar}t\right)\end{aligned}$$

经整理得

$$\frac{\mathrm{d}}{\mathrm{d}t}A^{(\mathrm{I})}(t)=\frac{1}{\mathrm{i}\hbar}[A^{(\mathrm{I})},H_0] \tag{1.2.64}$$

注意，H_0在狄拉克绘景下和薛定谔绘景下没有区别，因此我们不对其标记I或者S。

下面我们利用狄拉克绘景处理H显含时间的系统。对于某个态矢$|\psi(t)\rangle_{\mathrm{I}}$，我们用$H_0$的本征态集$\{|n\rangle\}$展开，此处$|n\rangle$对应的能量本征值是$E_n$：

$$|\psi(t)\rangle_{\mathrm{I}}=\sum_n c_n^{(\mathrm{I})}(t)|n\rangle \tag{1.2.65}$$

式中，$c_n^{(\mathrm{I})}(t)$是狄拉克绘景下，$|\psi(t)\rangle_{\mathrm{I}}$在$|n\rangle$分量上的投影。下面分析它的物理意义。考虑：

$$|\psi(t)\rangle_{\mathrm{I}}=\exp\left(\mathrm{i}\frac{H_0}{\hbar}t\right)|\psi(t)\rangle_{\mathrm{S}}=\sum_n c_n^{(\mathrm{S})}(t)\exp\left(\mathrm{i}\frac{E_n}{\hbar}t\right)|n\rangle \tag{1.2.66}$$

式中，$c_n^{(\mathrm{S})}(t)$是薛定谔绘景下，$|\psi(t)\rangle_{\mathrm{S}}$在$|n\rangle$分量上的投影。对比上面两式可知

$$|c_n^{(\mathrm{I})}(t)|^2=|c_n^{(\mathrm{S})}(t)|^2 \tag{1.2.67}$$

式(1.2.67)是一个重要的结论。它表明$|c_n^{(\mathrm{I})}(t)|^2$与$|c_n^{(\mathrm{S})}(t)|^2$具有相同的物理意义：在$t$时刻，从测量的角度理解，微观态处于$|n\rangle$态的概率。下面考虑$c_n^{(\mathrm{I})}(t)$的计算。

将式(1.2.63)两侧同时左乘$\langle n|$，有

$$\mathrm{i}\hbar\frac{\partial}{\partial t}\langle n|\psi(t)\rangle_{\mathrm{I}}=\sum_m\langle n|V^{(\mathrm{I})}(t)|m\rangle\langle m|\psi(t)\rangle_{\mathrm{I}} \tag{1.2.68}$$

等号左侧的$\langle n|\psi(t)\rangle_{\mathrm{I}}$即为$c_n^{(\mathrm{I})}(t)$。等号右侧的$\langle n|V^{(\mathrm{I})}(t)|m\rangle$可写为

$$\begin{aligned}\langle n \mid V^{(\mathrm{I})}(t) \mid m\rangle &= \langle n \mid \exp\left(\mathrm{i}\frac{H_0}{\hbar}t\right)V(t)\exp\left(-\mathrm{i}\frac{H_0}{\hbar}t\right) \mid m\rangle \\ &= \exp\left(\mathrm{i}\frac{E_n-E_m}{\hbar}t\right)\langle n \mid V(t) \mid m\rangle \\ &= \mathrm{e}^{\mathrm{i}\omega_{nm}t}V_{nm}(t)\end{aligned} \tag{1.2.69}$$

式中，

$$\omega_{nm}=\frac{E_n-E_m}{\hbar},\quad V_{nm}(t)=\langle n \mid V(t) \mid m\rangle \tag{1.2.70}$$

将式(1.2.69)代入式(1.2.68)可得$c_n^{(\mathrm{I})}(t)$的运动方程为

$$\mathrm{i}\hbar\frac{\partial}{\partial t}c_n^{(\mathrm{I})}(t)=\sum_m \mathrm{e}^{\mathrm{i}\omega_{nm}t}V_{nm}(t)c_m^{(\mathrm{I})}(t) \tag{1.2.71}$$

上式可写成矩阵形式：

$$\mathrm{i}\hbar\begin{pmatrix}\dot{c}_1^{(\mathrm{I})}\\ \dot{c}_2^{(\mathrm{I})}\\ \dot{c}_3^{(\mathrm{I})}\\ \vdots\end{pmatrix}=\begin{pmatrix}V_{11} & V_{12}\mathrm{e}^{\mathrm{i}\omega_{12}t} & V_{13}\mathrm{e}^{\mathrm{i}\omega_{13}t} & \cdots\\ V_{21}\mathrm{e}^{\mathrm{i}\omega_{21}t} & V_{22} & V_{23}\mathrm{e}^{\mathrm{i}\omega_{23}t} & \cdots\\ V_{31}\mathrm{e}^{\mathrm{i}\omega_{31}t} & V_{32}\mathrm{e}^{\mathrm{i}\omega_{32}t} & V_{33} & \cdots\\ \vdots & \vdots & \vdots & \ddots\end{pmatrix}\begin{pmatrix}c_1^{(\mathrm{I})}\\ c_2^{(\mathrm{I})}\\ c_3^{(\mathrm{I})}\\ \vdots\end{pmatrix} \tag{1.2.72}$$

一般而言，解上面的方程较为困难。下面给出一个双态系统①的例子。此例中，式(1.2.72)可较为容易地解出。

设某个双态系统的两个能量本征态分别为$|1\rangle$和$|2\rangle$，对应的能量本征值分别为E_1和E_2，且$E_2>E_1$。此时，系统的哈密顿量为

$$H_0=E_1 \mid 1\rangle\langle 1 \mid + E_2 \mid 2\rangle\langle 2 \mid \tag{1.2.73}$$

假设该系统受到一个频率为ω的外场作用：

$$V(t)=\gamma\mathrm{e}^{\mathrm{i}\omega t} \mid 1\rangle\langle 2 \mid + \gamma\mathrm{e}^{-\mathrm{i}\omega t} \mid 2\rangle\langle 1 \mid \tag{1.2.74}$$

将$V(t)$作用于$|1\rangle$态或$|2\rangle$态可以发现，这样的外场倾向于将处于$|1\rangle$态的系统转换到$|2\rangle$态，将处于$|2\rangle$态的系统转换到$|1\rangle$态。

设在0时刻，系统处于基态$|1\rangle$，也就是$c_1^{(\mathrm{I})}(0)=1$，$c_2^{(\mathrm{I})}(0)=0$。

将问题写成式(1.2.72)的形式：

$$\mathrm{i}\hbar\begin{pmatrix}\dot{c}_1^{(\mathrm{I})}\\ \dot{c}_2^{(\mathrm{I})}\end{pmatrix}=\begin{pmatrix}0 & \gamma\mathrm{e}^{\mathrm{i}(\omega-\omega_{21})t}\\ \gamma\mathrm{e}^{-\mathrm{i}(\omega-\omega_{21})t} & 0\end{pmatrix}\begin{pmatrix}c_1^{(\mathrm{I})}\\ c_2^{(\mathrm{I})}\end{pmatrix} \tag{1.2.75}$$

上式代表如下两个方程：

$$\mathrm{i}\hbar\frac{\mathrm{d}}{\mathrm{d}t}c_1^{(\mathrm{I})}=\gamma\mathrm{e}^{\mathrm{i}(\omega-\omega_{21})t}c_2^{(\mathrm{I})} \tag{1.2.76}$$

$$\mathrm{i}\hbar\frac{\mathrm{d}}{\mathrm{d}t}c_2^{(\mathrm{I})}=\gamma\mathrm{e}^{-\mathrm{i}(\omega-\omega_{21})t}c_1^{(\mathrm{I})} \tag{1.2.77}$$

---

① 双态系统指仅有两个独立的状态的系统，即处于二维矢量空间的系统。1.2.1节中介绍的电子自旋在z方向上的分量就构成典型的双态系统。

先求取 $c_2^{(\mathrm{I})}$。对式(1.2.77)做关于时间的微分：

$$\mathrm{i}\hbar\frac{\mathrm{d}^2}{\mathrm{d}t^2}c_2^{(\mathrm{I})}=-\mathrm{i}\gamma(\omega-\omega_{21})\mathrm{e}^{-\mathrm{i}(\omega-\omega_{21})t}c_1^{(\mathrm{I})}+\gamma\mathrm{e}^{-\mathrm{i}(\omega-\omega_{21})t}\frac{\mathrm{d}}{\mathrm{d}t}c_1^{(\mathrm{I})}$$

利用式(1.2.76)替换上式中的 $\frac{\mathrm{d}}{\mathrm{d}t}c_1^{(\mathrm{I})}$，式(1.2.77)替换上式中的 $c_1^{(\mathrm{I})}$，可得关于 $c_2^{(\mathrm{I})}$ 的微分方程：

$$\frac{\mathrm{d}^2}{\mathrm{d}t^2}c_2^{(\mathrm{I})}+\mathrm{i}(\omega-\omega_{21})\frac{\mathrm{d}}{\mathrm{d}t}c_2^{(\mathrm{I})}+\frac{\gamma^2}{\hbar^2}c_2^{(\mathrm{I})}=0 \tag{1.2.78}$$

猜想上式有形如 $\mathrm{e}^{\lambda t}$ 的解，则有

$$\lambda^2+\mathrm{i}(\omega-\omega_{21})\lambda+\frac{\gamma^2}{\hbar^2}=0 \tag{1.2.79}$$

易知上式的两个解为

$$\lambda_{\pm}=-\mathrm{i}\frac{\omega-\omega_{21}}{2}\pm\mathrm{i}\sqrt{\frac{\gamma^2}{\hbar^2}+\frac{(\omega-\omega_{21})^2}{4}} \tag{1.2.80}$$

因此，式(1.2.78)的通解可写为

$$\begin{aligned}c_2^{(\mathrm{I})}(t)&=a_+\mathrm{e}^{\lambda_+t}+a_-\mathrm{e}^{\lambda_-t}\\&=\exp\left(-\mathrm{i}\frac{\omega-\omega_{21}}{2}t\right)\left[a_+\exp\left(\mathrm{i}\sqrt{\frac{\gamma^2}{\hbar^2}+\frac{(\omega-\omega_{21})^2}{4}}t\right)+\right.\\&\qquad\left.a_-\exp\left(-\mathrm{i}\sqrt{\frac{\gamma^2}{\hbar^2}+\frac{(\omega-\omega_{21})^2}{4}}t\right)\right]\end{aligned}$$

上式中，a_+ 和 a_- 是两个待定常数，需要通过初始条件确定。考虑到 $c_2^{(\mathrm{I})}(0)=0$，可知有 $a_++a_-=0$。因此 $c_2^{(\mathrm{I})}(t)$ 可写为

$$c_2^{(\mathrm{I})}(t)=a\exp\left(-\mathrm{i}\frac{\omega-\omega_{21}}{2}t\right)\sin\left(\sqrt{\frac{\gamma^2}{\hbar}+\frac{(\omega-\omega_{21})^2}{4}}t\right) \tag{1.2.81}$$

记

$$\omega_{\mathrm{r}}=\sqrt{\frac{\gamma^2}{\hbar^2}+\frac{(\omega-\omega_{21})^2}{4}} \tag{1.2.82}$$

ω_{r} 称为拉比(Rabi)频率。将式(1.2.81)代入式(1.2.77)，可得 $c_1^{(\mathrm{I})}$ 的表达式为

$$\begin{aligned}c_1^{(\mathrm{I})}(t)=&\frac{\mathrm{i}\hbar a}{\gamma}\exp\left(\mathrm{i}\frac{\omega-\omega_{21}}{2}t\right)\cdot\\&\left[-\frac{\mathrm{i}}{2}(\omega-\omega_{21})\sin(\omega_{\mathrm{r}}t)+\omega_{\mathrm{r}}\cos(\omega_{\mathrm{r}}t)\right]\end{aligned} \tag{1.2.83}$$

考虑到 $c_1^{(\mathrm{I})}(0)=1$，可得到系数 a 的表达式：

$$a=\frac{\gamma}{\mathrm{i}\hbar\omega_{\mathrm{r}}} \tag{1.2.84}$$

至此，我们完全确定了方程(1.2.75)的解。容易得到

$$|c_2^{(\mathrm{I})}(t)|^2=\left(\frac{\gamma}{\hbar\omega_{\mathrm{r}}}\right)^2\sin^2(\omega_{\mathrm{r}}t)$$

$$=\frac{(\gamma/\hbar)^2}{(\gamma/\hbar)^2+(\omega-\omega_{21})^2/4}\sin^2\left\{\left[\frac{\gamma^2}{\hbar^2}+\frac{(\omega-\omega_{21})^2}{4}\right]^{1/2}t\right\} \tag{1.2.85}$$

$$|c_1^{(\mathrm{I})}(t)|^2=1-|c_2^{(\mathrm{I})}(t)|^2 \tag{1.2.86}$$

至此，我们求得了在任意时刻系统处于$|1\rangle$态或$|2\rangle$态的概率。概率的具体取值依赖于ω_{r}的值。由式(1.2.82)可见，ω_{r}的值取决于系统的固有频率ω_{21}和外场频率ω。

$|c_2^{(\mathrm{I})}(t)|^2$可以取到的最大值$|c_2^{(\mathrm{I})}(t)|^2_{\max}$与外场频率$\omega$之间的函数关系为

$$|c_2^{(\mathrm{I})}(t)|^2_{\max}=\frac{\left(\dfrac{2\gamma}{\hbar\omega_{21}}\right)^2}{\left(\dfrac{2\gamma}{\hbar\omega_{21}}\right)^2+\left(\dfrac{\omega}{\omega_{21}}-1\right)^2} \tag{1.2.87}$$

可见，当$\omega=\omega_{21}$时，$|c_2^{(\mathrm{I})}(t)|^2_{\max}$的取值达到最大值1。此时，系统一定会发生从基态$|1\rangle$到激发态$|2\rangle$的跃迁。$|1\rangle$态和$|2\rangle$态之间相互转换的周期由$\pi/\omega_{\mathrm{r}}$给出。

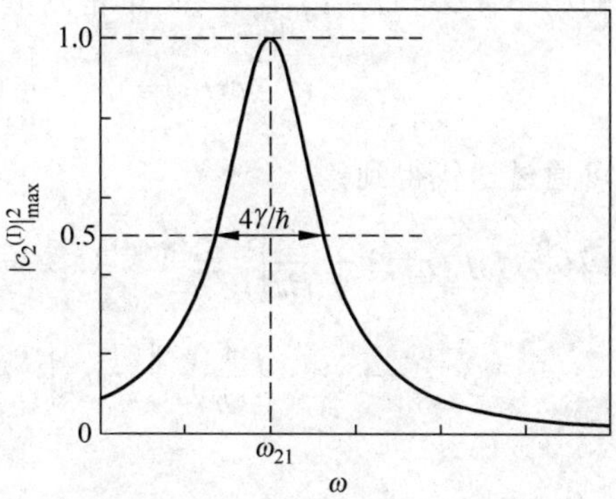

图1.2.7 $|c_2^{(\mathrm{I})}|^2_{\max}$与$\omega$的函数关系（$\omega_{21}$为共振频率）

图1.2.7给出了式(1.2.87)的函数关系。易知共振峰的半高宽为$4\gamma/\hbar$。可见，外场的强度γ越小，共振峰越尖锐。

此处的例子有重要的实际意义。例如，它可以用来描述电子的自旋在一个交变磁场中的行为。在1.2.1节中，我们给出了银原子自旋的例子，这里进行简要回顾：取S_z表象，S_z即自旋在z方向上的分量。它的两个本征态，即自旋向上和向下，分别记为$|S_z+\rangle$和$|S_z-\rangle$。这里为了简便，分别记为$|1\rangle$和$|2\rangle$。算符S_z可写为

$$S_z=\frac{\hbar}{2}(|1\rangle\langle1|-|2\rangle\langle2|) \tag{1.2.88}$$

算符S_x，即自旋在x方向上的分量，则可写为

$$S_x=\frac{\hbar}{2}(|1\rangle\langle2|+|2\rangle\langle1|) \tag{1.2.89}$$

如果我们考虑加这样的一个磁场，它在z方向上是一个常量，而在x方向上作频率为ω的振动：

$$\boldsymbol{B}=B_0\hat{z}+B_1\cos(\omega t)\hat{x}$$

则易知系统的哈密顿量有如下的形式：

$$\begin{aligned}H\propto-\boldsymbol{B}\cdot\boldsymbol{S}\propto B_0(|2\rangle\langle2|-|1\rangle\langle1|)-\\ B_1(|1\rangle\langle2|+|2\rangle\langle1|)\cos(\omega t)\end{aligned} \tag{1.2.90}$$

式(1.2.90)右侧第一项可视为H_0，第二项可视为$V(t)$。这样，我们得到了与式(1.2.73)和式(1.2.74)类似的物理图像。因此，可以直接套用上面的结论。通过加上交变外场，我们可使得自旋在向上和向下之间来回翻转，并可以通过控制外场频率ω和强度B_1控制共振。这是核磁共振以及其他诸多技术的原理。

4. 含时微扰论

在前文中，通过引入狄拉克绘景，我们将哈密顿量显含时间的系统的运动问题转化为解方程组(1.2.72)，并给出了双态系统在周期性外场作用下该方程组的解。然而对于大多数系统，式(1.2.72)是很难求解的。在这一部分，我们将讨论 $V(t)$ 较小的情况。这类问题可通过含时微扰论(time-dependent perturbation theory)来近似求解。

首先定义狄拉克绘景下的演化算符 $\mathcal{U}^{(\mathrm{I})}(t,t_0)$：

$$|\psi(t)\rangle_I=\mathcal{U}^{(\mathrm{I})}(t,t_0)|\psi(t_0)\rangle_{\mathrm{I}} \tag{1.2.91}$$

将上式代入式(1.2.63)，可得 $\mathcal{U}^{(\mathrm{I})}(t,t_0)$ 的运动方程：

$$\mathrm{i}\hbar\frac{\partial}{\partial t}\mathcal{U}^{(\mathrm{I})}(t,t_0)=V^{(\mathrm{I})}(t)\,\mathcal{U}^{(\mathrm{I})}(t,t_0) \tag{1.2.92}$$

考虑初始条件 $\mathcal{U}^{(\mathrm{I})}(t=t_0,t_0)=1$，可得到上式的解为

$$\mathcal{U}^{(\mathrm{I})}(t,t_0)=1+\frac{1}{\mathrm{i}\hbar}\int_{t_0}^{t}V^{(\mathrm{I})}(t')\,\mathcal{U}^{(\mathrm{I})}(t',t_0)\,\mathrm{d}t' \tag{1.2.93}$$

上式可通过迭代得到：

$$\begin{aligned}\mathcal{U}^{(\mathrm{I})}(t,t_0)=&1+\frac{1}{\mathrm{i}\hbar}\int_{t_0}^{t}\mathrm{d}t_1V^{(\mathrm{I})}(t_1)+\left(\frac{1}{\mathrm{i}\hbar}\right)^2\int_{t_0}^{t}\mathrm{d}t_1\int_{t_0}^{t_1}\mathrm{d}t_2V^{(\mathrm{I})}(t_1)V^{(\mathrm{I})}(t_2)\\&+\cdots+\left(\frac{1}{\mathrm{i}\hbar}\right)^n\int_{t_0}^{t}\mathrm{d}t_1\int_{t_0}^{t_1}\mathrm{d}t_2\cdots\int_{t_0}^{t_{n-1}}\mathrm{d}t_nV^{(\mathrm{I})}(t_1)V^{(\mathrm{I})}(t_2)\cdots V^{(\mathrm{I})}(t_n)\\&+\cdots\end{aligned} \tag{1.2.94}$$

上式称为 Dyson 展开(Dyson series)，这是微扰计算的基础。

我们考虑 H_0 的本征态 $|i\rangle$ 在狄拉克绘景下随时间演化的情况：

$$|i(t)\rangle_{\mathrm{I}}=\mathcal{U}^{(\mathrm{I})}(t,t_0)|i\rangle=\sum_n|n\rangle\langle n|\mathcal{U}^{(\mathrm{I})}(t,t_0)|i\rangle \tag{1.2.95}$$

与式(1.2.65)对比可知，上式中的 $\langle n|\mathcal{U}^{(\mathrm{I})}(t,t_0)|i\rangle$ 即为式(1.2.65)中的 $c_n^{(\mathrm{I})}(t)$。式(1.2.67)指出，$|\langle n|\mathcal{U}^{(\mathrm{I})}(t,t_0)|i\rangle|^2$ 的意义为：若 t_0 时刻系统处于 $|i\rangle$ 态，则在 t 时刻，系统处于 $|n\rangle$ 态的概率即为 $|\langle n|\mathcal{U}^{(\mathrm{I})}(t,t_0)|i\rangle|^2$。我们把 H_0 的本征态之间的转换称为跃迁(transition)。$|\langle n|\mathcal{U}^{(\mathrm{I})}(t,t_0)|i\rangle|^2$ 给出了跃迁 $|i\rangle\rightarrow|n\rangle$ 在 t 时刻发生的概率。

要特别留意的是，$|\langle n|\mathcal{U}^{(\mathrm{I})}(t,t_0)|i\rangle|^2$ 涉及的态均需要为 H_0 的本征态。

为了方便起见，我们将 $\langle n|\mathcal{U}^{(\mathrm{I})}(t,t_0)|i\rangle$ 记为 $c_{ni}(t,t_0)$。利用式(1.2.94)，可知有

$$\begin{aligned}c_{ni}(t,t_0)=&\delta_{ni}+\frac{1}{\mathrm{i}\hbar}\int_{t_0}^{t}\mathrm{d}t_1V_{ni}^{(\mathrm{I})}(t_1)+\\&\left(\frac{1}{\mathrm{i}\hbar}\right)^2\sum_m\int_{t_0}^{t}\mathrm{d}t_1\int_{t_0}^{t_1}\mathrm{d}t_2V_{nm}^{(\mathrm{I})}(t_1)V_{mi}^{(\mathrm{I})}(t_2)+\cdots\end{aligned} \tag{1.2.96}$$

式中，$V_{ni}^{(\mathrm{I})}(t)=\langle n|V^{(\mathrm{I})}(t)|i\rangle$。实际上，$V_{ni}^{(\mathrm{I})}(t)$ 可进一步写为

$$\begin{aligned}V_{ni}^{(\mathrm{I})}(t)&=\langle n|V^{(\mathrm{I})}(t)|i\rangle\\&=\langle n|\exp\left(\mathrm{i}\frac{H_0}{\hbar}t\right)V(t)\exp\left(-\mathrm{i}\frac{H_0}{\hbar}t\right)|i\rangle\end{aligned}$$

$$=V_{ni}(t)\mathrm{e}^{\mathrm{i}\omega_{ni}t} \tag{1.2.97}$$

式中，

$$V_{ni}(t)=\langle n\mid V(t)\mid i\rangle,\quad \omega_{ni}=\frac{E_n-E_i}{\hbar} \tag{1.2.98}$$

因此，式(1.2.96)还可写为

$$c_{ni}(t,t_0)=\delta_{ni}+\frac{1}{\mathrm{i}\hbar}\int_{t_0}^{t}\mathrm{d}t_1V_{ni}(t_1)\mathrm{e}^{\mathrm{i}\omega_{ni}t_1}+\left(\frac{1}{\mathrm{i}\hbar}\right)^2\sum_m\int_{t_0}^{t}\mathrm{d}t_1\int_{t_0}^{t_1}\mathrm{d}t_2V_{nm}(t_1)\mathrm{e}^{\mathrm{i}\omega_{nm}t_1}V_{mi}(t_2)\mathrm{e}^{\mathrm{i}\omega_{mi}t_2}+\cdots \tag{1.2.99}$$

上式意味着 c_{ni} 可以用 $V(t)$ 做展开：

$$c_{ni}=c_{ni}^{(0)}+c_{ni}^{(1)}+c_{ni}^{(2)}+\cdots \tag{1.2.100}$$

其中：

$$c_{ni}^{(0)}=\delta_{ni} \tag{1.2.101}$$

$$c_{ni}^{(1)}=\frac{1}{\mathrm{i}\hbar}\int_{t_0}^{t}\mathrm{d}t_1V_{ni}(t_1)\mathrm{e}^{\mathrm{i}\omega_{ni}t_1} \tag{1.2.102}$$

$$c_{ni}^{(2)}=\left(\frac{1}{\mathrm{i}\hbar}\right)^2\sum_m\int_{t_0}^{t}\mathrm{d}t_1\int_{t_0}^{t_1}\mathrm{d}t_2V_{nm}(t_1)\mathrm{e}^{\mathrm{i}\omega_{nm}t_1}V_{mi}(t_2)\mathrm{e}^{\mathrm{i}\omega_{mi}t_2} \tag{1.2.103}$$

…

注意到，跃迁概率为

$$P(i\to n)=|c_{ni}^{(1)}+c_{ni}^{(2)}+\cdots|^2 \tag{1.2.104}$$

当 $V(t)$ 很小时，我们保留到一阶近似就可以取得很好的结果。此时有

$$P(i\to n)\approx|c_{ni}^{(1)}|^2=\left|\frac{1}{\hbar}\int_{t_0}^{t}\mathrm{d}t_1V_{ni}(t_1)\mathrm{e}^{\mathrm{i}\omega_{ni}t_1}\right|^2 \tag{1.2.105}$$

式(1.2.105)是量子力学中非常重要的结论。在下一章中，我们将利用这个结论来计算中子被物质散射之后的空间角分布和能量分布。

1.2.5 纯态和混合态

在前文中，我们讨论的系统的状态都可以用矢量空间中的一个矢量来描写。这样的状态称为纯态(pure state)。两个纯态 $|\psi_1\rangle$ 和 $|\psi_2\rangle$ 可以通过叠加得到另一个态：

$$|\psi\rangle=a_1\mid\psi_1\rangle+a_2\mid\psi_2\rangle$$

$|\psi\rangle$ 仍然是矢量空间中的一个矢量，因此仍然是一个确定的纯态。根据式(1.2.2)，对于某物理量 A，其在 $|\psi\rangle$ 态的测量期望值为

$$\langle A\rangle=\langle\psi\mid A\mid\psi\rangle=|a_1|^2\langle\psi_1\mid A\mid\psi_1\rangle+|a_2|^2\langle\psi_2\mid A\mid\psi_2\rangle+2\mathrm{Re}[a_1^*a_2\langle\psi_1\mid A\mid\psi_2\rangle] \tag{1.2.106}$$

除了纯态，还有一种情况，即系统所处的状态，由于统计物理或其他可能的原因，无法用一个态矢量来描写。系统并不处于一个确定的纯态，而是有可能处于 $|\psi_1\rangle$，$|\psi_2\rangle$，…等多个纯态中，且分别有概率 $p_1,p_2,\cdots$。这种无法用一个态矢量描写的状态称为混合态(mixed state)。

这里介绍一种常见的混合态，即一个处于热平衡的多粒子系统。设该系统具有确定的粒子数 N，体积 V，并处于温度 T 下。则该系统的一个微观状态的确定，需要确定其中所有粒子的运动状态。假设该系统在某个时刻处于 $|E_i\rangle$ 态，E_i 为系统的能量本征值，它等于系统中所有粒子的动能之和加上粒子之间的相互作用势能之和。由于粒子作无规则的热运动，会导致整个系统的能量时刻处于变化之中。也就是说，系统的能量 E 不是确定的，而是具有一定的分布。这里将系统处于 $|E_i\rangle$ 态的概率记为 p_i。统计物理学指出，p_i 具有如下形式：

$$p_i = \frac{1}{Z}\exp\left(-\frac{E_i}{k_B T}\right) \tag{1.2.107}$$

p_i 满足归一化条件：

$$\sum_i p_i = 1$$

式(1.2.107)中，k_B 称为玻尔兹曼(Boltzmann)常数，$k_B = 1.38064852 \times 10^{-23}\,\mathrm{m^2 \cdot kg \cdot s^{-2} \cdot K^{-1}}$；$Z$ 是归一化系数，称为配分函数(partition function)；$\exp\left(-\frac{E_i}{k_B T}\right)$称为玻尔兹曼因子。

对于某个物理量 A，其在该系统中的期望值即为

$$\langle\langle A \rangle\rangle = \sum_i p_i \langle E_i \mid A \mid E_i \rangle \tag{1.2.108}$$

式中，$\langle\langle A \rangle\rangle$又称为物理量 A 的热平均值。在式子左侧，我们用双尖括号来表示这个期望值。这是因为，在混合态中，一个物理量的期望值要通过两次平均：第一次是量子力学的平均，求出 A 在每个可能的纯态 $|E_i\rangle$中的期望值 $\langle E_i | A | E_i \rangle$；第二次则是统计物理的平均，求出各个量子平均以不同的概率 p_i 出现时的平均 $\sum_i p_i \langle E_i \mid A \mid E_i \rangle$。

在后文中，将多次遇到这类求取热平均的情况。我们将不再使用双尖括号$\langle\langle\cdots\rangle\rangle$，而直接使用$\langle\cdots\rangle$来表示这种平均。

式(1.2.107)是统计物理中非常重要的一个关系，具有广泛的用处。例如，我们可以求取热平衡时 N 粒子系统中粒子的动量分布：

$$f(\boldsymbol{p}_1, \boldsymbol{p}_2, \cdots, \boldsymbol{p}_N) \propto \exp\left(-\frac{E}{k_B T}\right) \propto \prod_{i=1}^{N} \exp\left[-\frac{1}{k_B T}\left(\frac{p_i^2}{2m}\right)\right]$$

若所有粒子在统计上是平权的，则只需考虑一个参考粒子的动量分布：

$$f(\boldsymbol{p}) \propto \exp\left[-\frac{1}{k_B T}\left(\frac{p^2}{2m}\right)\right]$$

考虑 $f(\boldsymbol{p})$的归一化，可得

$$f(\boldsymbol{p})\,\mathrm{d}\boldsymbol{p} = \left(\frac{1}{2\pi m k_B T}\right)^{3/2} \exp\left(-\frac{p^2}{2mk_B T}\right)\mathrm{d}\boldsymbol{p} \tag{1.2.109}$$

式(1.2.109)称为麦克斯韦(Maxwell)分布。在后文中，麦克斯韦分布将多次出现。

在麦克斯韦分布中，粒子的平均动能为

$$\langle E \rangle = \int \frac{\boldsymbol{p}^2}{2m} f(\boldsymbol{p})\,\mathrm{d}\boldsymbol{p} = \left(\frac{1}{2\pi m k_B T}\right)^{3/2} 4\pi \int_0^{\infty} \frac{p^2}{2m} \exp\left(-\frac{p^2}{2mk_B T}\right) p^2\,\mathrm{d}p$$

利用积分(见附录 A.1 节)：

$$\int_0^{\infty} \exp(-ar^2)\, r^4 \mathrm{d}r = \frac{3\sqrt{\pi}}{8a^{5/2}}$$

可得热平衡时粒子的平均动能为

$$\langle E \rangle = \frac{1}{2} m \langle v^2 \rangle = \frac{3}{2} k_{\mathrm{B}} T \tag{1.2.110}$$

上式是一个重要结论，在后文中将会多次用到。

第 2 章

中子散射理论

中子可通过核力与原子核相互作用，从而被散射，这种过程称为核散射(nuclear scattering)。中子的核散射是测量样品内部原子的位置分布和运动状态的物理基础。本章将系统地介绍中子的核散射的基本理论。此外，对于Fe、Mn等元素，在材料中，其核外电子中可能有未配对的电子，这些电子与中子磁矩发生相互作用，从而导致磁散射(magnetic scattering)现象。中子的磁散射是探测物质磁性特征的重要手段，我们将在第8章加以讨论。

2.1 基本概念

2.1.1 中子的基本性质

首先简单介绍中子的一些基本性质。这些性质决定了中子可作为研究凝聚态物质的微观结构和动态特征的"探针"。

中子的基本特征如下：

静质量：$m_n = 1.675 \times 10^{-27}$ kg

电荷：0

自旋：$\frac{1}{2}$

磁矩：$\mu_n = -1.913\mu_N$

上式中 μ_N 为核磁子：

$$\mu_N = 5.051 \times 10^{-27}\ \mathrm{J \cdot T^{-1}}$$

中子作为粒子，可以定义动能 E 和速度$\boldsymbol{v}$，二者间的关系如下(非相对论情况)：

$$E = \frac{1}{2} m_n \boldsymbol{v}^2$$

如第1章中讨论，微观粒子具有波粒二象性。自由中子作为物质波，它的波矢量 $\boldsymbol{k}$ 定义为

$$\boldsymbol{k} = \frac{\boldsymbol{p}}{\hbar} = \frac{m_n \boldsymbol{v}}{\hbar}$$

式中，$\boldsymbol{p}$ 为中子的动量。

注意,波矢量和波长有如下关系:

$$k=\frac{2\pi}{\lambda}$$

波矢量的绝对值 k 称为波数。可见中子的波长为

$$\lambda=\frac{2\pi}{|\boldsymbol{k}|}=\frac{2\pi\hbar}{m_{\mathrm{n}}v}=\frac{h}{m_{\mathrm{n}}v}$$

在引入了中子的波长和波矢量之后,中子的动能还可写为

$$E=\frac{\hbar^2\boldsymbol{k}^2}{2m_{\mathrm{n}}}=\frac{h^2}{2m_{\mathrm{n}}\lambda^2}$$

既然中子可视为物质波,那么除了波长,还可以定义频率。德布罗意指出,频率 ν 以及圆频率 ω 和动能的关系如下:

$$E=h\nu=\hbar\omega$$

由上面的讨论可知,对于自由中子而言,动能 E、速度 v、波数 k、波长 λ 以及频率 ω 都是一个意思。除此之外,中子物理学工作者还经常使用温度 T 来表示中子的动能。自由中子的温度定义如下:

$$E=k_{\mathrm{B}}T\Rightarrow T=\frac{E}{k_{\mathrm{B}}}$$

这些繁杂的表示是历史原因造成的。对于中子物理工作者,需要熟悉这些量之间的转换,以及常用的单位。

这些量的常用单位如下:

E: meV　　v: km/s　　λ: Å　　k: Å^{-1}

T: K　　ν: THz　　ω: $\text{rad}\cdot\text{s}^{-1}$

总结如下:

$$E=\frac{1}{2}m_{\mathrm{n}}v^2=\frac{h^2}{2m_{\mathrm{n}}\lambda^2}=\frac{\hbar^2k^2}{2m_{\mathrm{n}}}=k_{\mathrm{B}}T=h\nu=\hbar\omega$$

由上式可知,有

$$1\text{meV}=0.437\text{km/s}=9.05\text{Å}=0.694\text{Å}^{-1}=11.6\text{K}=0.242\text{THz}=1.52\times10^{12}\ \text{rad}\cdot\text{s}^{-1}$$

要特别留意的是,E 与其他表示能量的物理量之间并不都是线性关系。例如,虽然有 1meV=9.05Å,但 2meV≠9.05×2 或 $\frac{9.05}{2}$Å。这些量之间的转换可以利用如下计算式:

$$E=5.23v^2=\frac{81.8}{\lambda^2}=2.07k^2=0.0861T=4.13\nu=0.658\times10^{-12}\omega \tag{2.1.1}$$

在中子散射实验中,最常用到的表示动能的量是 E、T 和 λ,它们的单位分别是 meV、K 和 Å。它们之间的转换需要熟知:

$$E=0.0861T=\frac{81.8}{\lambda^2}\approx\left(\frac{9}{\lambda}\right)^2$$

中子散射实验用到的中子的能量一般小于 100meV。习惯上,我们把能量为 5~100meV 的中子称为热中子(thermal neutron),将能量为 0.1~10meV 的中子称为冷中子(cold neutron)。注意,这里的能量界限并没有严格的划分。表 2.1.1 给出了热中子和冷中子在不同单位下的能量值。

表 2.1.1 热中子和冷中子的能量

中子类别	E/meV	T/K	λ/Å
冷中子	0.1～10	1～120	30～3
热中子	5～100	60～1000	4～1

一个典型的热中子能量即"室温"。"室温"指的是中子能量用温度表示为 $T=293\text{K}$。对于"室温"热中子，由式(2.1.1)可知，它的能量还可以表示为

$E=25.3\text{meV}$ $v=2.20\text{km/s}$ $\lambda=1.80\text{Å}$ $T=293\text{K}$

$k=3.49\text{Å}^{-1}$ $\nu=6.11\text{THz}$ $\omega=38.3\times10^{12}\text{rad}\cdot\text{s}^{-1}$

由上面这些数据，我们可以发现：

(1) 热中子或冷中子的波长约为几个 Å。这样的量级，刚好与凝聚态物质，例如金属、玻璃、液体等的分子或原子间距相仿。另外，也与高分子材料中的单体之间的距离相似。因此，中子极易与这些材料发生相干散射，从而我们可以得到材料的结构特征。

(2) 在凝聚态物质中，分子或者原子的运动是有多个层次的，其频率或者能量尺度也大不相同。例如，分子内部的振动，其频率约在 100meV 量级；分子或者原子的集体振动，如声子，频率约为几个 meV；简单液体中原子的扩散，或者分子的转动，其对应的能量或频率则在 0.1meV 量级或者更低。这些能量与热中子或冷中子的能量范围是高度一致的。因此，通过选取不同能量的中子，我们可以实现对这些微观运动的探测。

除此之外，中子作为微观"探针"，还具有如下几个独特的优势：

(1) X 射线散射的微观基础是 X 射线与核外电子的作用。因此，元素对 X 射线的散射能力与其含有的核外电子数(或原子序数)有强烈的依赖关系。这导致 X 射线探测到的主要是重核，例如金属。而对于轻核，如氢原子及其同位素，X 射线的探测能力很弱。此外，这也导致 X 射线对于核外电子数相近的元素(如 Fe、Co)分辨能力较差。中子与原子的作用为核力作用，这种作用并不与核的原子序数有强烈的依赖关系。因此，中子对于高分子材料、生物材料、能源材料等含有氢、碳等轻核的样品有很好的探测能力。

(2) 中子散射允许利用同位素替代样品，从而获得有用的对比数据。例如，我们可以通过将材料中的氢换为其同位素氘，从而研究样品的结构和动态。这样的替换一般不会影响样品的物理特性。而对于 X 射线散射或者光散射，这样的替换一般是没有效果的。

(3) 中子不带电荷，因此有很强的穿透能力。这一点对于样品环境的建设有重要意义。在研究凝聚态样品时，往往需要高压、高温、低温或强磁场等较为极端的样品环境。这些样品环境的生成往往需要利用金属或者较厚的材料。中子的强穿透能力使得这些样品环境的生成成为可能。例如，为了得到某些高温环境需要将样品放置在锅炉内部，中子可以穿透锅炉的器壁，从而到达样品。这对于 X 射线和可见光是很难做到的。

(4) 中子不会在样品中沉积大量热量，对于样品的损伤很小，一般被认为是一种无损的探测技术。这使得特别适合利用中子研究生物相关样品，甚至是研究生物活体(如病毒的活动)。这是中子散射相比 X 射线散射的另一个优势。

(5) 中子具有磁矩，可与磁性物质相互作用。因此，可用中子探测物质的磁性结构、原子的自旋的关联，以及相关的激发态。这是中子散射在凝聚态物理中非常重要的应用。

由上述分析可知，中子散射具有非常独特的优点。而其劣势则在于中子太"贵重"。中

子的生成往往需要反应堆或者大型加速器,其投资规模甚巨;谱仪的建设和调试周期较长,花费较高。即便依赖大型中子源,中子产额仍然远远不及X射线的光子产额,导致其实验时间较长。另外,中子散射实验需要的样品较多,一般需要0.1g甚至更多。这导致对于某些很难大量制备的样品(如一些珍贵的蛋白,或者很难生长的晶体材料),很难利用中子散射技术对其进行研究。

在实际研究中,中子散射往往与X射线散射、电子散射或者计算机模拟等技术互补使用,各取所长,从而达到对样品的充分研究,并节约成本。

2.1.2 散射实验和截面

这一节介绍中子散射实验的基本构造和概念。图2.1.1给出了典型的中子散射实验示意图。从反应堆或者靶站输出的中子,经过准直(有时还需进行单能化)之后,就可以作为散射实验的入射中子。入射中子的方向和能量由其波矢量 $\boldsymbol{k}_i$ 表示。入射中子投射在样品上,发生一次散射,方向和能量均可能发生改变。散射中子的方向和能量由其波矢量 $\boldsymbol{k}_f$ 表示。在样品的后方有中子探测器,可记录散射中子的方向分布和能量。注意,由于波矢量和动量仅相差一个常数 $\hbar$,在后文中,我们将不再区分这两者。

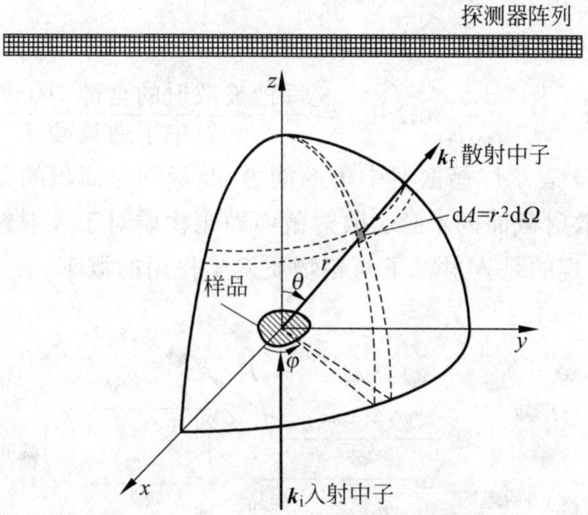

图2.1.1 中子散射实验示意图

若散射中子只是方向发生变化,而能量不变,则称为弹性散射(elastic scattering)。此时有 $k_i=k_f$。若散射造成了中子能量的改变,则称为非弹性散射(inelastic scattering)。记入射中子的能量为 E_i,散射中子的能量为 E_f。可定义中子经散射之后的能量转移 E 和动量转移 $\boldsymbol{Q}$ 如下:

$$E=E_i-E_f \tag{2.1.2}$$

$$\boldsymbol{Q}=\boldsymbol{k}_i-\boldsymbol{k}_f \tag{2.1.3}$$

在文献中,$\boldsymbol{Q}$ 一般被称为散射矢量(scattering vector)。

通常,还会将能量转移 E 写为"频率"的形式:

$$\omega=\frac{E_i-E_f}{\hbar} \tag{2.1.4}$$

后文中，我们将不再区分 E 和 ω，而将二者统一称为能量转移。

通过探测 E 和 Q 的分布，我们就可以得到样品中的结构和动态的信息。这也是中子散射实验的目的。

中子散射实验测得的量称为双微分截面(double differential cross-section)，记为 $\mathrm{d}^2\sigma/\mathrm{d}\Omega\mathrm{d}E_\mathrm{f}$。下面介绍它的意义。为了方便讨论，我们建立如图 2.1.1 所示的坐标系：选取样品位置为坐标原点，入射中子的方向为 z 方向，并将与 z 方向垂直的平面设为 xy 平面。随后，定义如图中所示的方位角 θ 和 φ 来表示散射中子的方向。注意，由于 θ 表示散射方向与入射方向的夹角，因此也被称为散射角。θ 附近的一个小的邻域 $\mathrm{d}\theta$，以及 φ 附近的一个小的邻域 $\mathrm{d}\varphi$ 可构成立体角 $\mathrm{d}\Omega$：$\mathrm{d}\Omega=\sin\theta\mathrm{d}\theta\mathrm{d}\varphi$。

记入射中子的通量(flux)为 Φ。通量是每秒通过单位面积的中子数(在文献中，通量还常被称为注量率)。$\mathrm{d}^2\sigma/\mathrm{d}\Omega\mathrm{d}E_\mathrm{f}$ 的意义是

$$\frac{\mathrm{d}^2\sigma}{\mathrm{d}\Omega\mathrm{d}E_\mathrm{f}}\mathrm{d}\Omega\mathrm{d}E_\mathrm{f}$$
$$=\frac{\text{每秒被散射到立体角 }\mathrm{d}\Omega\text{ 内，且散射后能量在 }E_\mathrm{f}\text{ 附近 }\mathrm{d}E_\mathrm{f}\text{ 范围内的中子数}}{\text{入射中子通量 }\Phi} \tag{2.1.5}$$

对 Ω 和 E_f 积分，可以得到总散射截面 σ：

$$\sigma=\iint\frac{\mathrm{d}^2\sigma}{\mathrm{d}\Omega\mathrm{d}E_\mathrm{f}}\mathrm{d}\Omega\mathrm{d}E_\mathrm{f}=\frac{\text{每秒被散射的全部中子数}}{\text{入射中子通量 }\Phi} \tag{2.1.6}$$

由上面两式可知，σ 表示样品散射中子的能力，其量纲与面积的量纲相同。图 2.1.2 给出了经典物理意义上散射截面的示意：散射截面即靶物质对于入射粒子的“拦截面积”。而在量子图像中，截面体现的是入射粒子与靶物质发生作用的概率。

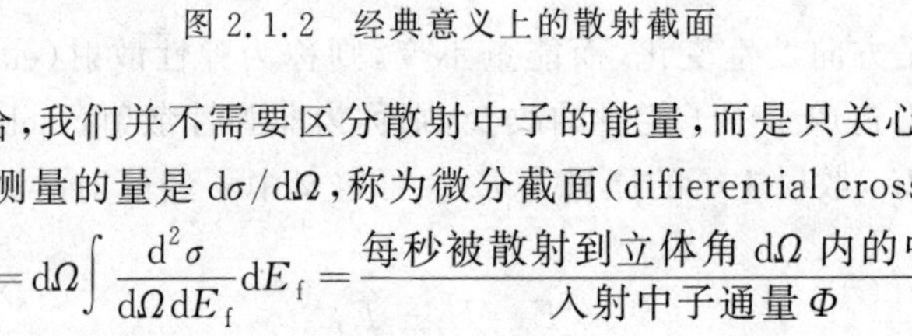

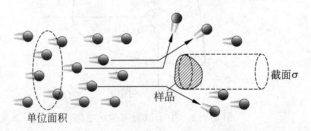

图 2.1.2　经典意义上的散射截面

在很多应用场合，我们并不需要区分散射中子的能量，而是只关心散射中子的方向分布。此时，我们需要测量的量是 $\mathrm{d}\sigma/\mathrm{d}\Omega$，称为微分截面(differential cross-section)：

$$\frac{\mathrm{d}\sigma}{\mathrm{d}\Omega}\mathrm{d}\Omega=\mathrm{d}\Omega\int\frac{\mathrm{d}^2\sigma}{\mathrm{d}\Omega\mathrm{d}E_\mathrm{f}}\mathrm{d}E_\mathrm{f}=\frac{\text{每秒被散射到立体角 }\mathrm{d}\Omega\text{ 内的中子数}}{\text{入射中子通量 }\Phi} \tag{2.1.7}$$

在下一节中，我们将推导双微分截面的表达式。

2.2 基本理论

这一节将从量子力学的角度出发，给出描述热中子或冷中子与样品散射的过程的基本理论。理论的基础是第 1 章中介绍的量子态跃迁。

2.2.1 费米黄金定律

中子被样品散射即意味着中子的状态发生了跃迁。量子态的跃迁理论在第1章中有较为详细的介绍。这里对主要结论作简要回顾,并给出费米黄金定律(Fermi's golden rule)的表达式。费米黄金定律是后文计算双微分截面表达式的基础。

设某一系统的哈密顿量 H 可分解为不含时部分 H_0 和含时部分 $V(t)$:

$$H = H_0 + V(t) \tag{2.2.1}$$

当 $V(t)$ 较小时,可将 H_0 视作参考系统的哈密顿量,而将 $V(t)$ 视作"微扰动"。设在 t_0 时刻,系统处于 H_0 的某个本征态 $|i\rangle$。由于 $V(t)$ 的存在,系统不可能一直处于 $|i\rangle$ 态,而是会跃迁到其他 H_0 的本征态。微扰理论指出,当 $V(t)$ 不大时,在 t 时刻,系统跃迁到 H_0 的另一个本征态 $|n\rangle$ 的概率为

$$P(i \to n) \approx |c_{ni}^{(1)}|^2 = \left| \frac{1}{\hbar}\int_{t_0}^{t} \mathrm{d}t_1 V_{ni}(t_1)\,\mathrm{e}^{\mathrm{i}\omega_{ni}t_1} \right|^2 \tag{2.2.2}$$

式中,

$$c_{ni}^{(1)} = \frac{1}{\mathrm{i}\hbar}\int_{t_0}^{t} \mathrm{d}t_1 V_{ni}(t_1)\,\mathrm{e}^{\mathrm{i}\omega_{ni}t_1} \tag{2.2.3}$$

$$V_{ni}(t) = \langle n \mid V(t) \mid i \rangle, \quad \omega_{ni} = \frac{E_n - E_i}{\hbar} \tag{2.2.4}$$

其中 E_i 和 E_n 分别为 $|i\rangle$ 和 $|n\rangle$ 对应的能量本征值:

$$H_0 \mid i \rangle = E_i \mid i \rangle, \quad H_0 \mid n \rangle = E_n \mid n \rangle$$

我们考虑一个简单的情况,即"微扰动"部分是在 $t=0$ 时刻开始的不显含时间的扰动:

$$V(t) = \begin{cases} 0, & t < 0 \\ V, & t \geqslant 0 \end{cases} \tag{2.2.5}$$

代入式(2.2.3),容易得到

$$c_{ni}^{(1)} = \frac{1}{\mathrm{i}\hbar}V_{ni}\int_0^t \mathrm{d}t_1 \mathrm{e}^{\mathrm{i}\omega_{ni}t_1} = \frac{V_{ni}}{\hbar\omega_{ni}}(1 - \mathrm{e}^{\mathrm{i}\omega_{ni}t}) \tag{2.2.6}$$

即

$$P(i \to n) \approx |c_{ni}^{(1)}|^2 = \frac{|V_{ni}|^2}{(\hbar\omega_{ni})^2}[2 - 2\cos(\omega_{ni}t)] = \frac{|V_{ni}|^2}{\hbar^2}t^2\left(\frac{\sin\dfrac{\omega_{ni}t}{2}}{\dfrac{\omega_{ni}t}{2}}\right)^2 \tag{2.2.7}$$

图2.2.1给出了 $|c_{ni}^{(1)}|^2$ 关于 ω_{ni} 的函数图像。注意到,中间的峰的高度正比于 t^2,而宽度则正比于 $1/t$。这意味着当 t 很大时,仅有 $E_n \approx E_i$ 的跃迁存在可能。

注意,式(2.2.7)求解的是跃迁末态为一个完全确定状态的情况。而在实际中,尤其是实验中,关心的末态并非只有一个确定的态,而是一系列能级相近的状态。此时,需要计算的则是从初态到一系列末态的总的跃迁概率:

$$P(i \to [n]) = \sum_{n, E_n \approx E_i} P(i \to n) = \sum_{n, E_n \approx E_i} |c_{ni}^{(1)}|^2 \tag{2.2.8}$$

注意,上式中的作和,指的是对能量在 E_i 附近的末态作和。这是图2.2.1中所示能量守恒的要求决定的。若末态能级 E_n 偏离 E_i 较多,则跃迁概率迅速降为0,讨论变得没有意义。

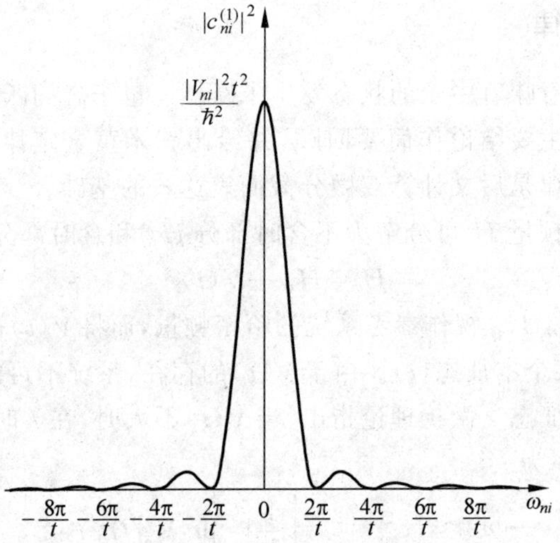

图 2.2.1 跃迁概率

利用 $\rho(E)$ 表示能量 E 附近的量子态密度（态密度是指单位能量范围内量子态的数量），则有

$$P(i \to [n]) = \int \mathrm{d}E_n \rho(E_n) P(i \to n) = \int \mathrm{d}E_n \rho(E_n) \frac{|V_{ni}|^2}{\hbar^2} t^2 \left(\frac{\sin \frac{\omega_{ni} t}{2}}{\frac{\omega_{ni} t}{2}} \right)^2 \tag{2.2.9}$$

对比式(2.2.8)可知，式(2.2.9)中积分的范围应该是 $E_n \approx E_i$ 附近。要注意的是，当 t 足够大时，上式积分中的项 $t^2 \left(\sin \frac{\omega_{ni} t}{2} \Big/ \frac{\omega_{ni} t}{2} \right)^2$ 会迅速变得尖锐。这带来两个后果：第一，上式中的积分范围可扩大到无穷而不至于影响积分结果，因为当积分变量 E_n 偏离 E_i 较多时，被积函数会迅速趋近于 0；第二，由于 $t^2 \left(\sin \frac{\omega_{ni} t}{2} \Big/ \frac{\omega_{ni} t}{2} \right)^2$ 的尖锐，这一项在积分中的作用与 δ 函数类似，可将 $|V_{ni}|^2$ 和 $\rho(E_n)$“移出”积分。因此，上式可化为

$$\lim_{t \to \infty} P(i \to [n]) = \frac{1}{\hbar^2} t^2 \overline{|V_{ni}|^2} \rho(E_n) \Big|_{E_n \approx E_i} \int_{-\infty}^{\infty} \mathrm{d}E_n \left(\frac{\sin \frac{\omega_{ni} t}{2}}{\frac{\omega_{ni} t}{2}} \right)^2$$

其中，$\overline{|V_{ni}|^2}$ 为 $|V_{ni}|^2$ 对能量满足 $E_n \approx E_i$ 的末态的平均。

利用数学关系

$$\int_{-\infty}^{\infty} \frac{\sin^2(ax)}{x^2} \mathrm{d}x = \pi a$$

可得

$$\lim_{t \to \infty} P(i \to [n]) = \frac{2\pi}{\hbar} t \overline{|V_{ni}|^2} \rho(E_n) \Big|_{E_n \approx E_i} \tag{2.2.10}$$

更为重要的量是系统在单位时间内发生跃迁的概率，也就是跃迁速率(transition rate)：

$$W_{i\to[n]}=\frac{\mathrm{d}P}{\mathrm{d}t}=\frac{2\pi}{\hbar}\overline{|V_{ni}|^2}\rho(E_n)\Big|_{E_n\approx E_i} \tag{2.2.11}$$

上式即著名的费米黄金定律。该定律在量子力学问题中有极其广泛的用途。

对于确定的末态,费米黄金定律写为

$$W_{i\to n}=\frac{2\pi}{\hbar}|V_{ni}|^2\delta(E_n-E_i) \tag{2.2.12}$$

上面两式的关系为

$$W_{i\to[n]}=\sum_{n\in[n]}W_{i\to n}=\int W_{i\to n}\rho(E_n)\mathrm{d}E_n \tag{2.2.13}$$

下文中,我们将以费米黄金定律为基础,推导中子散射实验中最基本的观测量:双微分截面。

2.2.2 双微分截面与动态结构因子

1. 中子与样品的散射问题

下面具体讨论中子散射的问题。这个问题中,总系统由入射中子和样品组成。下面分别用下标"S"和"R"表示样品(sample)和中子(radiation)。若二者未发生相互作用,则系统的总哈密顿量为

$$H_0=H_{\mathrm{S}}+H_{\mathrm{R}} \tag{2.2.14}$$

散射过程中,初态是指入射中子相距样品较远,二者尚未发生相互作用时的状态。末态是指二者已经发生相互作用,散射过程完全结束的状态。显然,这两个状态都应是 H_0 的本征态。记系统的初态为 $|E_{0,\mathrm{i}}\rangle$,末态为 $|E_{0,\mathrm{f}}\rangle$,则

$$H_0\,|\,E_{0,\mathrm{i}}\rangle=E_{0,\mathrm{i}}\,|\,E_{0,\mathrm{i}}\rangle,\quad H_0\,|\,E_{0,\mathrm{f}}\rangle=E_{0,\mathrm{f}}\,|\,E_{0,\mathrm{f}}\rangle \tag{2.2.15}$$

若单独考虑样品,记样品的初态为 $|E_{\mathrm{S,i}}\rangle$,末态为 $|E_{\mathrm{S,f}}\rangle$,则

$$H_{\mathrm{S}}\,|\,E_{\mathrm{S,i}}\rangle=E_{\mathrm{S,i}}\,|\,E_{\mathrm{S,i}}\rangle,\quad H_{\mathrm{S}}\,|\,E_{\mathrm{S,f}}\rangle=E_{\mathrm{S,f}}\,|\,E_{\mathrm{S,f}}\rangle \tag{2.2.16}$$

若单独考虑中子,将其初态记为 $|\boldsymbol{k}_{\mathrm{i}}s_{\mathrm{i}}\rangle$,其中 $\boldsymbol{k}_{\mathrm{i}}$ 和 s_{i} 分别为入射中子的波矢量和自旋;将其末态记为 $|\boldsymbol{k}_{\mathrm{f}}s_{\mathrm{f}}\rangle$,其中 $\boldsymbol{k}_{\mathrm{f}}$ 和 s_{f} 分别为散射中子的波矢量和自旋,则

$$H_{\mathrm{R}}\,|\,\boldsymbol{k}_{\mathrm{i}}s_{\mathrm{i}}\rangle=E_{\mathrm{R,i}}\,|\,\boldsymbol{k}_{\mathrm{i}}s_{\mathrm{i}}\rangle,\quad H_{\mathrm{R}}\,|\,\boldsymbol{k}_{\mathrm{f}}s_{\mathrm{f}}\rangle=E_{\mathrm{R,f}}\,|\,\boldsymbol{k}_{\mathrm{f}}s_{\mathrm{f}}\rangle \tag{2.2.17}$$

显然,上式中有

$$E_{\mathrm{R,i/f}}=\frac{\hbar^2\boldsymbol{k}_{\mathrm{i/f}}^2}{2m_{\mathrm{n}}}$$

由上文可知

$$|\,E_{0,\mathrm{i}}\rangle=|\,\boldsymbol{k}_{\mathrm{i}}s_{\mathrm{i}}\rangle\,|\,E_{\mathrm{S,i}}\rangle,\quad |\,E_{0,\mathrm{f}}\rangle=|\,\boldsymbol{k}_{\mathrm{f}}s_{\mathrm{f}}\rangle\,|\,E_{\mathrm{S,f}}\rangle \tag{2.2.18}$$

$$E_{0,\mathrm{i}}=E_{\mathrm{S,i}}+E_{\mathrm{R,i}},\quad E_{0,\mathrm{f}}=E_{\mathrm{S,f}}+E_{\mathrm{R,f}} \tag{2.2.19}$$

入射中子到达样品之后,二者发生相互作用。此时,系统的总哈密顿量还需包含二者的相互作用势 V:

$$H=H_0+V=H_{\mathrm{S}}+H_{\mathrm{R}}+V$$

V 的存在导致了总系统从初态 $|E_{0,\mathrm{i}}\rangle$ 跃迁到末态 $|E_{0,\mathrm{f}}\rangle$。V 的具体形式将在后文中讨论。

将上述讨论与费米黄金定律式(2.2.12)结合,有

$$W_{0,\mathrm{i}\to 0,\mathrm{f}}=\frac{2\pi}{\hbar}\mid\langle E_{0,\mathrm{f}}\mid V\mid E_{0,\mathrm{i}}\rangle\mid^2\delta(E_{0,\mathrm{f}}-E_{0,\mathrm{i}}) \tag{2.2.20}$$

注意到 δ 函数的性质：

$$\delta(k)=\frac{1}{2\pi}\int_{-\infty}^{\infty}\mathrm{e}^{\mathrm{i}kx}\,\mathrm{d}x \tag{2.2.21}$$

式(2.2.20)可化为

$$W_{0,\mathrm{i}\to 0,\mathrm{f}}=\frac{2\pi}{\hbar}\mid\langle E_{0,\mathrm{f}}\mid V\mid E_{0,\mathrm{i}}\rangle\mid^2\ \frac{1}{2\pi\hbar}\int_{-\infty}^{\infty}\exp\left[\frac{\mathrm{i}}{\hbar}(E_{0,\mathrm{f}}-E_{0,\mathrm{i}})\,t\right]\mathrm{d}t$$

经整理，得

$$W_{0,\mathrm{i}\to 0,\mathrm{f}}=\frac{1}{\hbar^2}\langle E_{0,\mathrm{i}}\mid V^{\dagger}\mid E_{0,\mathrm{f}}\rangle\langle E_{0,\mathrm{f}}\mid V\mid E_{0,\mathrm{i}}\rangle\cdot$$
$$\int_{-\infty}^{\infty}\mathrm{e}^{\frac{\mathrm{i}}{\hbar}(E_{\mathrm{S,f}}-E_{\mathrm{S,i}})\,t}\,\mathrm{e}^{\frac{\mathrm{i}}{\hbar}(E_{\mathrm{R,f}}-E_{\mathrm{R,i}})\,t}\,\mathrm{d}t \tag{2.2.22}$$

记

$$\langle \boldsymbol{k}_\mathrm{f}s_\mathrm{f}\mid V\mid \boldsymbol{k}_\mathrm{i}s_\mathrm{i}\rangle=V(\boldsymbol{k}_\mathrm{f}s_\mathrm{f},\boldsymbol{k}_\mathrm{i}s_\mathrm{i}) \tag{2.2.23}$$

可知有

$$\langle E_{0,\mathrm{f}}\mid V\mid E_{0,\mathrm{i}}\rangle\exp\left[\frac{\mathrm{i}}{\hbar}(E_{\mathrm{S,f}}-E_{\mathrm{S,i}})\,t\right]$$
$$=\langle E_{\mathrm{S,f}}\mid \mathrm{e}^{\frac{\mathrm{i}}{\hbar}H_\mathrm{S}t}V(\boldsymbol{k}_\mathrm{f}s_\mathrm{f},\boldsymbol{k}_\mathrm{i}s_\mathrm{i})\mathrm{e}^{-\frac{\mathrm{i}}{\hbar}H_\mathrm{S}t}\mid E_{\mathrm{S,i}}\rangle \tag{2.2.24}$$

记

$$\mathrm{e}^{\frac{\mathrm{i}}{\hbar}H_\mathrm{S}t}V(\boldsymbol{k}_\mathrm{f}s_\mathrm{f},\boldsymbol{k}_\mathrm{i}s_\mathrm{i})\,\mathrm{e}^{-\frac{\mathrm{i}}{\hbar}H_\mathrm{S}t}=V(\boldsymbol{k}_\mathrm{f}s_\mathrm{f},\boldsymbol{k}_\mathrm{i}s_\mathrm{i};t) \tag{2.2.25}$$

注意 $V(\boldsymbol{k}_\mathrm{f}s_\mathrm{f},\boldsymbol{k}_\mathrm{i}s_\mathrm{i};t)$ 是一个算符。将它的厄米共轭算符记为 $V^{\dagger}(\boldsymbol{k}_\mathrm{f}s_\mathrm{f},\boldsymbol{k}_\mathrm{i}s_\mathrm{i};t)$，则可将式(2.2.22)写为

$$W_{0,\mathrm{i}\to 0,\mathrm{f}}=\frac{1}{\hbar^2}\int_{-\infty}^{\infty}\langle E_{\mathrm{S,i}}\mid V^{\dagger}(\boldsymbol{k}_\mathrm{f}s_\mathrm{f},\boldsymbol{k}_\mathrm{i}s_\mathrm{i};0)\mid E_{\mathrm{S,f}}\rangle\cdot$$
$$\langle E_{\mathrm{S,f}}\mid V(\boldsymbol{k}_\mathrm{f}s_\mathrm{f},\boldsymbol{k}_\mathrm{i}s_\mathrm{i};t)\mid E_{\mathrm{S,i}}\rangle\mathrm{e}^{-\mathrm{i}\omega t}\,\mathrm{d}t \tag{2.2.26}$$

其中

$$\omega=\frac{E_{\mathrm{R,i}}-E_{\mathrm{R,f}}}{\hbar} \tag{2.2.27}$$

即为式(2.1.4)定义的中子散射的能量转移，代表入射中子由于散射而传递给样品的能量。

注意，$W_{0,\mathrm{i}\to 0,\mathrm{f}}$ 是单位时间内总系统从初态 $|E_{0,\mathrm{i}}\rangle=|\boldsymbol{k}_\mathrm{i}s_\mathrm{i}\rangle|E_{\mathrm{S,i}}\rangle$ 跃迁到末态 $|E_{0,\mathrm{f}}\rangle=|\boldsymbol{k}_\mathrm{f}s_\mathrm{f}\rangle|E_{\mathrm{S,f}}\rangle$ 的概率。而在散射实验中，我们仅关心中子从初态 $|\boldsymbol{k}_\mathrm{i}s_\mathrm{i}\rangle$ 被散射到末态 $|\boldsymbol{k}_\mathrm{f}s_\mathrm{f}\rangle$ 的过程。现定义

$$P(\boldsymbol{k}_\mathrm{i}s_\mathrm{i}\to\boldsymbol{k}_\mathrm{f}s_\mathrm{f})\mathrm{d}\boldsymbol{k}_\mathrm{f}$$

为单位时间内，自旋为 s_i、波矢量为 $\boldsymbol{k}_\mathrm{i}$ 的入射中子被散射到自旋为 s_f、波矢量在 $\boldsymbol{k}_\mathrm{f}$ 附近 $\mathrm{d}\boldsymbol{k}_\mathrm{f}$ 范围内的一系列状态的概率。下面利用 $W_{0,\mathrm{i}\to 0,\mathrm{f}}$ 来求 $P(\boldsymbol{k}_\mathrm{i}s_\mathrm{i}\to\boldsymbol{k}_\mathrm{f}s_\mathrm{f})\mathrm{d}\boldsymbol{k}_\mathrm{f}$。

$W_{0,\mathrm{i}\to 0,\mathrm{f}}$ 和 $P(\boldsymbol{k}_\mathrm{i}s_\mathrm{i}\to\boldsymbol{k}_\mathrm{f}s_\mathrm{f})\mathrm{d}\boldsymbol{k}_\mathrm{f}$ 都表示跃迁速率，前者描述总系统，包括样品和中子，而后者仅描述入射中子。除此之外，二者还有两点重要区别。第一，$W_{0,\mathrm{i}\to 0,\mathrm{f}}$ 描述的初态和末态都是确定的，而 $P(\boldsymbol{k}_\mathrm{i}s_\mathrm{i}\to\boldsymbol{k}_\mathrm{f}s_\mathrm{f})\mathrm{d}\boldsymbol{k}_\mathrm{f}$ 描述的散射中子的末态不是一个确定的状态，而是波

矢量在 $\boldsymbol{k}_f$ 附近 $d\boldsymbol{k}_f$ 范围内的一系列状态。第二，$P(\boldsymbol{k}_i s_i \to \boldsymbol{k}_f s_f)d\boldsymbol{k}_f$ 中并不包含样品的信息。因此，我们需要考虑样品的各种可能状态，将各种情况下的 $W_{0,i\to 0,f}$ 加起来，才可以得到 $P(\boldsymbol{k}_i s_i \to \boldsymbol{k}_f s_f)d\boldsymbol{k}_f$。实际上，$W_{0,i\to 0,f}$ 可视为样品和中子这两个"变量"的联合分布，而 $P(\boldsymbol{k}_i s_i \to \boldsymbol{k}_f s_f)$则是中子这一"单一变量"的分布。因此，从 $W_{0,i\to 0,f}$ 求 $P(\boldsymbol{k}_i s_i \to \boldsymbol{k}_f s_f)$，必然需要将样品"变量"通过积分或作和去掉。

对于第一点区别，我们需要考虑中子在状态$|\boldsymbol{k}_f\rangle$附近的态密度 $g(\boldsymbol{k}_f)$。$g(\boldsymbol{k}_f)$的具体形式将在后文中推导。

对于第二点区别，首先，样品的末态还不得而知，因此我们需要对所有满足能量守恒($E_{0,f}=E_{0,i}$)的末态作和。另外，样品的初态具体是什么，我们也无从知晓，因此在计算时需要对各种可能的初态进行平均。统计物理指出，若样品处于热平衡，则其处于状态$|E_{S,i}\rangle$的概率由式(1.2.107)给出：

$$P_{S,i}=\frac{1}{Z}e^{-\frac{E_{S,i}}{k_B T}}$$

综合上述考虑，可写出 $P(\boldsymbol{k}_i s_i \to \boldsymbol{k}_f s_f)d\boldsymbol{k}_f$ 的表达式：

$$P(\boldsymbol{k}_i s_i \to \boldsymbol{k}_f s_f)d\boldsymbol{k}_f=g(\boldsymbol{k}_f)d\boldsymbol{k}_f\sum_{S,i}P_{S,i}\sum_{S,f}W_{0,i\to 0,f} \tag{2.2.28}$$

式中的两个作和均表示对样品所有可能的状态作和。注意，上面讨论指出，对末态的作和只能针对满足能量守恒($E_{0,f}=E_{0,i}$)的末态。但实际上，不满足能量守恒的末态会被$\delta(E_{0,f}-E_{0,i})$项自动过滤。因此，这里对末态的作和无须再加这个限制。

利用式(2.2.26)，可将式(2.2.28)化为

$$\begin{aligned}
&P(\boldsymbol{k}_i s_i \to \boldsymbol{k}_f s_f)d\boldsymbol{k}_f\\
&=\frac{d\boldsymbol{k}_f}{\hbar^2}g(\boldsymbol{k}_f)\int_{-\infty}^{\infty}dt\,e^{-i\omega t}\sum_{S,i}P_{S,i}\cdot\\
&\quad\sum_{S,f}\langle E_{S,i}|V^{\dagger}(\boldsymbol{k}_f s_f,\boldsymbol{k}_i s_i;0)|E_{S,f}\rangle\langle E_{S,f}|V(\boldsymbol{k}_f s_f,\boldsymbol{k}_i s_i;t)|E_{S,i}\rangle\\
&=\frac{d\boldsymbol{k}_f}{\hbar^2}g(\boldsymbol{k}_f)\int_{-\infty}^{\infty}dt\,e^{-i\omega t}\sum_{S,i}P_{S,i}\cdot\\
&\quad\langle E_{S,i}|V^{\dagger}(\boldsymbol{k}_f s_f,\boldsymbol{k}_i s_i;0)V(\boldsymbol{k}_f s_f,\boldsymbol{k}_i s_i;t)|E_{S,i}\rangle\\
&=\frac{d\boldsymbol{k}_f}{\hbar^2}g(\boldsymbol{k}_f)\int_{-\infty}^{\infty}dt\,e^{-i\omega t}\langle V^{\dagger}(\boldsymbol{k}_f s_f,\boldsymbol{k}_i s_i;0)V(\boldsymbol{k}_f s_f,\boldsymbol{k}_i s_i;t)\rangle
\end{aligned} \tag{2.2.29}$$

式中，$\langle\cdots\rangle$表示物理量在热平衡时的期望值(见式(1.2.108))。

由式(2.2.29)可知，我们仍需要知道 $g(\boldsymbol{k}_f)$和 V 的具体形式才能进一步求解。下面分别讨论这两个量。首先讨论 $g(\boldsymbol{k}_f)$的形式。

2. "箱归一化"和态密度

原则上，在无穷空间中不受外力的中子的状态是连续的。也就是说，中子的动量或者波矢量 $\boldsymbol{k}$ 可以连续地变化，其状态的数量是无穷且不可数的。为了计算中子的态密度，需采用"箱归一化"使得中子的量子态可数。假设系统处于一个 $L\times L\times L$ 的大箱子中。此时，易知波矢量为 $\boldsymbol{k}$ 的自由飞行的中子的归一化波函数为

$$\langle \boldsymbol{x} \mid \boldsymbol{k} \rangle = \frac{1}{L^{3/2}} \mathrm{e}^{i\boldsymbol{k}\cdot\boldsymbol{x}} \tag{2.2.30}$$

要强调的是，这里 L 的取值是任意的，后文将会看到，它的取值并不影响双微分截面的计算。

此外，由于空间有限，需要取定边界条件。这里采用玻恩-冯卡门（Born-von Karman）边界条件：

$$\langle x_i + L \mid \boldsymbol{k} \rangle = \langle x_i \mid \boldsymbol{k} \rangle, \quad i = 1,2,3 \tag{2.2.31}$$

玻恩-冯卡门边界条件在各类理论和模拟计算中应用广泛。由该条件可知，对于 i 方向，有

$$\boldsymbol{k}_i = \frac{2\pi n_i}{L} \tag{2.2.32}$$

其中 n_i 的取值为所有整数。这样一来，自由中子的状态就可数了。记 $\boldsymbol{n} = (n_1, n_2, n_3)^{\mathrm{T}}$，则 $\boldsymbol{n}$ 的所有可能取值构成了一个三维的点阵，且每一个点对应于一个状态。

我们需要做的是，计算波矢量在 $\boldsymbol{k}$ 附近 $\mathrm{d}\boldsymbol{k}$ 范围内的态数量。由上面分析可知，这个数量即为 $\mathrm{d}\boldsymbol{n}$：

$$\mathrm{d}\boldsymbol{n} = \mathrm{d}\boldsymbol{k}\left(\frac{L}{2\pi}\right)^3$$

另外，计算波矢量在 $\boldsymbol{k}$ 附近 $\mathrm{d}\boldsymbol{k}$ 范围内的态数量，等同于计算能量在 E 附近 $\mathrm{d}E$ 范围内，且方向在 Ω 附近 $\mathrm{d}\Omega$ 范围内的态数量。这些量与 $\boldsymbol{k}$ 之间有如下关系：

$$\mathrm{d}\boldsymbol{k} = k^2 \mathrm{d}k \mathrm{d}\Omega$$

$$E = \frac{\hbar^2 k^2}{2m_{\mathrm{n}}}$$

综合上面讨论可知

$$\mathrm{d}\boldsymbol{n} = \left(\frac{L}{2\pi}\right)^3 k^2 \mathrm{d}k \mathrm{d}\Omega = \left(\frac{L}{2\pi}\right)^3 \frac{m_{\mathrm{n}}}{\hbar^2} k \mathrm{d}E \mathrm{d}\Omega \tag{2.2.33}$$

因此，我们得到

$$g(\boldsymbol{k})\mathrm{d}\boldsymbol{k} = \mathrm{d}\boldsymbol{n} = \left(\frac{L}{2\pi}\right)^3 \frac{m_{\mathrm{n}}}{\hbar^2} k \mathrm{d}E \mathrm{d}\Omega \tag{2.2.34}$$

将上式代入式(2.2.29)，可得

$$P(\boldsymbol{k}_{\mathrm{i}} s_{\mathrm{i}} \to \boldsymbol{k}_{\mathrm{f}} s_{\mathrm{f}}) \mathrm{d}\boldsymbol{k}_{\mathrm{f}} = \frac{\mathrm{d}E_{\mathrm{f}} \mathrm{d}\Omega}{\hbar^2} \left(\frac{L}{2\pi}\right)^3 \frac{m_{\mathrm{n}}}{\hbar^2} k_{\mathrm{f}} \cdot \int_{-\infty}^{\infty} \mathrm{d}t \, \mathrm{e}^{-\mathrm{i}\omega t} \langle V^{\dagger}(\boldsymbol{k}_{\mathrm{f}} s_{\mathrm{f}}, \boldsymbol{k}_{\mathrm{i}} s_{\mathrm{i}}; 0) V(\boldsymbol{k}_{\mathrm{f}} s_{\mathrm{f}}, \boldsymbol{k}_{\mathrm{i}} s_{\mathrm{i}}; t) \rangle \tag{2.2.35}$$

由于不再讨论样品的情况，这里我们不再写出下标“R”来区分中子和样品。

采用“箱归一化”的另外一个好处是可以得到明确的单粒子的通量。由 2.1.2 节中讨论可知，通量的定义是单位时间内通过单位面积的粒子数。若在 $L \times L \times L$ 的空间中有一个波矢量为 $\boldsymbol{k}$ 的粒子，则其对应的单粒子通量为

$$\frac{1}{L^2 (L/v)} = \frac{\hbar k}{L^3 m_{\mathrm{n}}} \tag{2.2.36}$$

下面回顾双微分截面的定义式(2.1.5)：

$$\frac{d^2\sigma}{d\Omega dE_f}d\Omega dE_f$$

$$=\frac{\text{每秒被散射到立体角 } d\Omega \text{ 内，且散射后能量在 } E_f \text{ 附近 } dE_f \text{ 范围内的中子数}}{\text{入射中子通量 } \Phi}$$

若考虑单个入射中子，则该定义可写为

$$\frac{d^2\sigma}{d\Omega dE_f}d\Omega dE_f$$

$$=\frac{\text{单位时间内被散射到立体角 } d\Omega \text{ 内，且散射后能量在 } E_f \text{ 附近 } dE_f \text{ 范围内的概率}}{\text{单中子通量}}$$

(2.2.37)

上式意味着有

$$\frac{d^2\sigma}{d\Omega dE_f}d\Omega dE_f=\frac{P(\boldsymbol{k}_i s_i \rightarrow \boldsymbol{k}_f s_f)d\boldsymbol{k}_f}{\dfrac{\hbar\boldsymbol{k}_i}{L^3 m_n}} \tag{2.2.38}$$

将式(2.2.35)代入上式，可得

$$\frac{d^2\sigma}{d\Omega dE_f}=\left(\frac{1}{2\pi}\right)^3\frac{k_f}{k_i}\frac{m_n^2 L^6}{\hbar^5}\cdot$$

$$\int_{-\infty}^{\infty}dt\,e^{-i\omega t}\langle V^{\dagger}(\boldsymbol{k}_f s_f,\boldsymbol{k}_i s_i;0)V(\boldsymbol{k}_f s_f,\boldsymbol{k}_i s_i;t)\rangle \tag{2.2.39}$$

可见，为了求得双微分截面，我们还需要找到 V 的合适形式。下面具体讨论。

3. 费米赝势与双微分截面

热中子通过核力与原子核作用。核力的特点是作用范围很小，但作用强度很大。一个典型的核力的作用范围约为 2×10^{-15}m，能量约为 36MeV。而热中子的波长约为 2×10^{-10}m，能量约为 25meV。可见，从入射中子的角度看，核力是极短程且强的作用。因此，我们可以用 δ 函数近似地表示这种相互作用势：

$$v(\boldsymbol{r})=c\delta(\boldsymbol{r})$$

式中，$\boldsymbol{r}$ 为中子到原子核的位移；c 为表示作用强度大小的常数。这样的形式称为费米赝势(Fermi's pseudo potential)。通常，我们将上式写成如下形式：

$$v(\boldsymbol{r})=\frac{2\pi\hbar^2}{m_n}b\delta(\boldsymbol{r}) \tag{2.2.40}$$

式中，$\frac{2\pi\hbar^2}{m_n}$ 为常数；b 具有长度的量纲，被称为散射长度(scattering length)。b 决定了该原子核与中子作用的强弱。

下面考虑中子与样品的相互作用势。记中子的位置为 $\boldsymbol{r}$，样品中共有 N 个原子核，且第 l 个原子核的位置为 $\boldsymbol{r}_l$，散射长度为 b_l，则可得到中子与样品的相互作用势如下：

$$V(\boldsymbol{r})=\frac{2\pi\hbar^2}{m_n}\sum_{l=1}^{N}b_l\delta(\boldsymbol{r}-\boldsymbol{r}_l) \tag{2.2.41}$$

下面计算 $V(\boldsymbol{k}_f s_f,\boldsymbol{k}_i s_i;t)$。由式(2.2.23)和式(2.2.25)可知

$$V(\boldsymbol{k}_f s_f,\boldsymbol{k}_i s_i;t)=e^{\frac{i}{\hbar}H_S t}\langle\boldsymbol{k}_f s_f\mid V\mid\boldsymbol{k}_i s_i\rangle e^{-\frac{i}{\hbar}H_S t}$$

$$=\langle s_{\mathrm{f}} \mid \mathrm{e}^{\frac{\mathrm{i}}{\hbar}H_{\mathrm{S}}t}\langle \boldsymbol{k}_{\mathrm{f}} \mid V \mid \boldsymbol{k}_{\mathrm{i}}\rangle \mathrm{e}^{-\frac{\mathrm{i}}{\hbar}H_{\mathrm{S}}t} \mid s_{\mathrm{i}}\rangle \tag{2.2.42}$$

其中

$$\begin{aligned}\langle \boldsymbol{k}_{\mathrm{f}} \mid V \mid \boldsymbol{k}_{\mathrm{i}}\rangle &= \int \mathrm{d}\boldsymbol{x}\int \mathrm{d}\boldsymbol{x}'\langle \boldsymbol{k}_{\mathrm{f}} \mid \boldsymbol{x}\rangle\langle \boldsymbol{x} \mid V \mid \boldsymbol{x}'\rangle\langle \boldsymbol{x}' \mid \boldsymbol{k}_{\mathrm{i}}\rangle \\ &= \frac{1}{L^3}\frac{2\pi\hbar^2}{m_{\mathrm{n}}}\sum_{l=1}^{N} b_l \iint \mathrm{d}\boldsymbol{x}\,\mathrm{d}\boldsymbol{x}'\,\mathrm{e}^{\mathrm{i}(\boldsymbol{k}_{\mathrm{i}}\cdot\boldsymbol{x}'-\boldsymbol{k}_{\mathrm{f}}\cdot\boldsymbol{x})}\delta(\boldsymbol{x}-\boldsymbol{r}_l)\delta(\boldsymbol{x}-\boldsymbol{x}') \\ &= \frac{1}{L^3}\frac{2\pi\hbar^2}{m_{\mathrm{n}}}\sum_{l=1}^{N} b_l \mathrm{e}^{\mathrm{i}\boldsymbol{Q}\cdot\boldsymbol{r}_l}\end{aligned} \tag{2.2.43}$$

式中，

$$\boldsymbol{Q}=\boldsymbol{k}_{\mathrm{i}}-\boldsymbol{k}_{\mathrm{f}} \tag{2.2.44}$$

即式(2.1.3)中定义的散射矢量，也称为中子的动量转移。

由式(2.2.43)可知

$$\mathrm{e}^{\frac{\mathrm{i}}{\hbar}H_{\mathrm{S}}t}\langle \boldsymbol{k}_{\mathrm{f}} \mid V \mid \boldsymbol{k}_{\mathrm{i}}\rangle \mathrm{e}^{-\frac{\mathrm{i}}{\hbar}H_{\mathrm{S}}t} = \frac{1}{L^3}\frac{2\pi\hbar^2}{m_{\mathrm{n}}}\sum_{l=1}^{N} b_l \mathrm{e}^{\mathrm{i}\boldsymbol{Q}\cdot\boldsymbol{r}_l(t)} \tag{2.2.45}$$

式中，

$$\boldsymbol{r}_l(t)=\mathrm{e}^{\frac{\mathrm{i}}{\hbar}H_{\mathrm{S}}t}\boldsymbol{r}_l \mathrm{e}^{-\frac{\mathrm{i}}{\hbar}H_{\mathrm{S}}t} \tag{2.2.46}$$

可见，$\boldsymbol{r}_l(t)$即海森堡绘景下，样品中第 l 个原子核的位置算符。注意，$\boldsymbol{r}_l(t)$与 $\boldsymbol{r}_{l'}(t')$是不对易的。因为 H_{S} 含有各个原子的动量算符，而同一原子的动量算符与位置算符是不对易的。

将式(2.2.45)与式(2.2.42)联立，并将结果代入式(2.2.39)，得

$$\frac{\mathrm{d}^2\sigma}{\mathrm{d}\Omega\,\mathrm{d}E_{\mathrm{f}}}=\frac{1}{2\pi\hbar}\frac{k_{\mathrm{f}}}{k_{\mathrm{i}}}\cdot \int_{-\infty}^{\infty}\mathrm{d}t\,\mathrm{e}^{-\mathrm{i}\omega t}\left\langle \sum_{l=1}^{N}\sum_{l'=1}^{N}\langle s_{\mathrm{i}} \mid b_l \mathrm{e}^{-\mathrm{i}\boldsymbol{Q}\cdot\boldsymbol{r}_l(0)} \mid s_{\mathrm{f}}\rangle\langle s_{\mathrm{f}} \mid b_{l'}\mathrm{e}^{\mathrm{i}\boldsymbol{Q}\cdot\boldsymbol{r}_{l'}(t)} \mid s_{\mathrm{i}}\rangle\right\rangle \tag{2.2.47}$$

大部分中子谱仪并不探测散射中子的自旋。因此，对于上式，应插入一个对于 s_{f} 的求和。由于有 $\sum_{s_{\mathrm{f}}} \mid s_{\mathrm{f}}\rangle\langle s_{\mathrm{f}} \mid = I$，上式化为

$$\frac{\mathrm{d}^2\sigma}{\mathrm{d}\Omega\,\mathrm{d}E_{\mathrm{f}}}=\frac{1}{2\pi\hbar}\frac{k_{\mathrm{f}}}{k_{\mathrm{i}}}\int_{-\infty}^{\infty}\mathrm{d}t\,\mathrm{e}^{-\mathrm{i}\omega t}\left\langle \sum_{l=1}^{N}\sum_{l'=1}^{N}\langle s_{\mathrm{i}} \mid b_l b_{l'}\mathrm{e}^{-\mathrm{i}\boldsymbol{Q}\cdot\boldsymbol{r}_l(0)}\mathrm{e}^{\mathrm{i}\boldsymbol{Q}\cdot\boldsymbol{r}_{l'}(t)} \mid s_{\mathrm{i}}\rangle\right\rangle \tag{2.2.48}$$

若未对入射中子的自旋作极化，则我们需要对入射中子的自旋作平均。用上画线表示对入射中子自旋的平均，双微分截面写为

$$\frac{\mathrm{d}^2\sigma}{\mathrm{d}\Omega\,\mathrm{d}E_{\mathrm{f}}}=\frac{1}{2\pi\hbar}\frac{k_{\mathrm{f}}}{k_{\mathrm{i}}}\int_{-\infty}^{\infty}\mathrm{d}t\,\mathrm{e}^{-\mathrm{i}\omega t}\left\langle \sum_{l=1}^{N}\sum_{l'=1}^{N}\overline{b_l b_{l'}\mathrm{e}^{-\mathrm{i}\boldsymbol{Q}\cdot\boldsymbol{r}_l(0)}\mathrm{e}^{\mathrm{i}\boldsymbol{Q}\cdot\boldsymbol{r}_{l'}(t)}}\right\rangle \tag{2.2.49}$$

4. 相干与非相干散射，动态结构因子

式(2.2.49)的形式仍然较为复杂，我们需要进行进一步的讨论，以明确其物理意义。

为简化问题，我们考虑由同一种元素构成的样品。注意，这并不意味着样品中的原子核都具有同样的散射长度。原因有以下两点。首先，中子与原子核的作用是依赖于二者的自旋排布的。因此，b_l 的具体数值与中子自旋和第 l 个原子核的自旋之间的相对方向有关。除此之外，在样品中，即使是同一种元素，还会包含不同的同位素，而不同的同位素对

应的散射长度也不相同。从这些角度考虑，式(2.2.49)中的上画线应代表对所有原子核的自旋排布以及同位素分布作平均。一般情况下，无论是中子自旋与原子核自旋的排布方式，还是同一种元素的不同同位素的分布，都不应该与原子位置有关联。因此，式(2.2.49)可化为

$$\frac{\mathrm{d}^2\sigma}{\mathrm{d}\Omega\mathrm{d}E_\mathrm{f}}=\frac{1}{2\pi\hbar}\frac{k_\mathrm{f}}{k_\mathrm{i}}\int_{-\infty}^{\infty}\mathrm{d}t\,\mathrm{e}^{-\mathrm{i}\omega t}\left\langle\sum_{l=1}^{N}\sum_{l'=1}^{N}\overline{b_l b_{l'}}\,\mathrm{e}^{-\mathrm{i}\boldsymbol{Q}\cdot\boldsymbol{r}_l(0)}\,\mathrm{e}^{\mathrm{i}\boldsymbol{Q}\cdot\boldsymbol{r}_{l'}(t)}\right\rangle \tag{2.2.50}$$

对于 $\overline{b_l b_{l'}}$，当 $l=l'$ 时，易知有如下结论：

$$\overline{b_l b_{l'}}=\overline{b_l^2}=\overline{b^2},\quad l=l' \tag{2.2.51}$$

一般而言，不同的原子核之间，散射长度的取值是独立的，因此当 $l\neq l'$ 时有

$$\overline{b_l b_{l'}}=\overline{b_l}\ \overline{b_{l'}}=\bar{b}^2,\quad l\neq l' \tag{2.2.52}$$

上面两式中，

$$\bar{b}=\frac{\sum\limits_{l=1}^{N}b_l}{N},\quad \overline{b^2}=\frac{\sum\limits_{l=1}^{N}b_l^2}{N} \tag{2.2.53}$$

根据式(2.2.51)和式(2.2.52)，可将式(2.2.50)化为

$$\begin{aligned}\frac{\mathrm{d}^2\sigma}{\mathrm{d}\Omega\mathrm{d}E_\mathrm{f}}&=\frac{1}{2\pi\hbar}\frac{k_\mathrm{f}}{k_\mathrm{i}}\int_{-\infty}^{\infty}\mathrm{d}t\,\mathrm{e}^{-\mathrm{i}\omega t}\left\langle\bar{b}^2\sum_{l=1}^{N}\sum_{l'\neq l}^{N}\mathrm{e}^{-\mathrm{i}\boldsymbol{Q}\cdot\boldsymbol{r}_l(0)}\,\mathrm{e}^{\mathrm{i}\boldsymbol{Q}\cdot\boldsymbol{r}_{l'}(t)}+\overline{b^2}\sum_{l=1}^{N}\mathrm{e}^{-\mathrm{i}\boldsymbol{Q}\cdot\boldsymbol{r}_l(0)}\,\mathrm{e}^{\mathrm{i}\boldsymbol{Q}\cdot\boldsymbol{r}_l(t)}\right\rangle\\&=\frac{1}{2\pi\hbar}\frac{k_\mathrm{f}}{k_\mathrm{i}}\int_{-\infty}^{\infty}\mathrm{d}t\,\mathrm{e}^{-\mathrm{i}\omega t}\left\langle\bar{b}^2\sum_{l=1}^{N}\sum_{l'=1}^{N}\mathrm{e}^{-\mathrm{i}\boldsymbol{Q}\cdot\boldsymbol{r}_l(0)}\,\mathrm{e}^{\mathrm{i}\boldsymbol{Q}\cdot\boldsymbol{r}_{l'}(t)}+\right.\\&\qquad\left.(\overline{b^2}-\bar{b}^2)\sum_{l=1}^{N}\mathrm{e}^{-\mathrm{i}\boldsymbol{Q}\cdot\boldsymbol{r}_l(0)}\,\mathrm{e}^{\mathrm{i}\boldsymbol{Q}\cdot\boldsymbol{r}_l(t)}\right\rangle\end{aligned} \tag{2.2.54}$$

记

$$b_{\mathrm{coh}}=\bar{b},\quad b_{\mathrm{inc}}=\sqrt{|\overline{b^2}-\bar{b}^2|} \tag{2.2.55}$$

式中，下标"coh"表示相干散射(coherent scattering)，"inc"表示非相干散射(incoherent scattering)。从定义上看，b_{coh} 为散射长度的平均值，b_{inc} 为散射长度的标准差。它们的物理意义将在后文中讨论。

利用上式，可将式(2.2.54)整理为

$$\begin{aligned}\frac{\mathrm{d}^2\sigma}{\mathrm{d}\Omega\mathrm{d}E_\mathrm{f}}=\frac{1}{2\pi\hbar}\frac{k_\mathrm{f}}{k_\mathrm{i}}\Bigg[&b_{\mathrm{coh}}^2\int_{-\infty}^{\infty}\mathrm{d}t\,\mathrm{e}^{-\mathrm{i}\omega t}\left\langle\sum_{l=1}^{N}\sum_{l'=1}^{N}\mathrm{e}^{-\mathrm{i}\boldsymbol{Q}\cdot\boldsymbol{r}_l(0)}\,\mathrm{e}^{\mathrm{i}\boldsymbol{Q}\cdot\boldsymbol{r}_{l'}(t)}\right\rangle+\\&b_{\mathrm{inc}}^2\int_{-\infty}^{\infty}\mathrm{d}t\,\mathrm{e}^{-\mathrm{i}\omega t}\left\langle\sum_{l=1}^{N}\mathrm{e}^{-\mathrm{i}\boldsymbol{Q}\cdot\boldsymbol{r}_l(0)}\,\mathrm{e}^{\mathrm{i}\boldsymbol{Q}\cdot\boldsymbol{r}_l(t)}\right\rangle\Bigg]\end{aligned}$$

因此，可将双微分截面分解为相干散射和非相干散射两个部分：

$$\frac{\mathrm{d}^2\sigma}{\mathrm{d}\Omega\mathrm{d}E_\mathrm{f}}=\left(\frac{\mathrm{d}^2\sigma}{\mathrm{d}\Omega\mathrm{d}E_\mathrm{f}}\right)_{\mathrm{coh}}+\left(\frac{\mathrm{d}^2\sigma}{\mathrm{d}\Omega\mathrm{d}E_\mathrm{f}}\right)_{\mathrm{inc}} \tag{2.2.56}$$

其中

$$\left(\frac{\mathrm{d}^2\sigma}{\mathrm{d}\Omega\mathrm{d}E_\mathrm{f}}\right)_{\mathrm{coh}}=\frac{1}{2\pi\hbar}\frac{k_\mathrm{f}}{k_\mathrm{i}}b_{\mathrm{coh}}^2\int_{-\infty}^{\infty}\mathrm{d}t\,\mathrm{e}^{-\mathrm{i}\omega t}\left\langle\sum_{l=1}^{N}\sum_{l'=1}^{N}\mathrm{e}^{-\mathrm{i}\boldsymbol{Q}\cdot\boldsymbol{r}_l(0)}\,\mathrm{e}^{\mathrm{i}\boldsymbol{Q}\cdot\boldsymbol{r}_{l'}(t)}\right\rangle \tag{2.2.57}$$

$$\left(\frac{\mathrm{d}^2\sigma}{\mathrm{d}\Omega\,\mathrm{d}E_\mathrm{f}}\right)_\mathrm{inc} = \frac{1}{2\pi\hbar}\frac{k_\mathrm{f}}{k_\mathrm{i}}b_\mathrm{inc}^2\int_{-\infty}^{\infty}\mathrm{d}t\,\mathrm{e}^{-\mathrm{i}\omega t}\left\langle\sum_{l=1}^{N}\mathrm{e}^{-\mathrm{i}\boldsymbol{Q}\cdot\boldsymbol{r}_l(0)}\mathrm{e}^{\mathrm{i}\boldsymbol{Q}\cdot\boldsymbol{r}_l(t)}\right\rangle \tag{2.2.58}$$

由上面两个表达式可见，相干散射部分主要源于不同原子造成的散射波的叠加，这样的叠加是波的干涉效应(interference)。而非相干部分，则源于同一个原子在不同时刻的位置关联。

引入下面两个量：

$$S(\boldsymbol{Q},\omega) = \frac{1}{2\pi}\int_{-\infty}^{\infty}\mathrm{d}t\,\mathrm{e}^{-\mathrm{i}\omega t}\left\langle\frac{1}{N}\sum_{l=1}^{N}\sum_{l'=1}^{N}\mathrm{e}^{-\mathrm{i}\boldsymbol{Q}\cdot\boldsymbol{r}_l(0)}\mathrm{e}^{\mathrm{i}\boldsymbol{Q}\cdot\boldsymbol{r}_{l'}(t)}\right\rangle \tag{2.2.59}$$

$$S_\mathrm{s}(\boldsymbol{Q},\omega) = \frac{1}{2\pi}\int_{-\infty}^{\infty}\mathrm{d}t\,\mathrm{e}^{-\mathrm{i}\omega t}\left\langle\frac{1}{N}\sum_{l=1}^{N}\mathrm{e}^{-\mathrm{i}\boldsymbol{Q}\cdot\boldsymbol{r}_l(0)}\mathrm{e}^{\mathrm{i}\boldsymbol{Q}\cdot\boldsymbol{r}_l(t)}\right\rangle \tag{2.2.60}$$

这两个量分别称为“动态结构因子”(dynamic structure factor)和“自动态结构因子”(self dynamic structure factor)。这两个量与样品的微观结构和动态有密切的关系，将在后续章节中详细讨论。利用这两个量，可将式(2.2.57)和式(2.2.58)写为

$$\left(\frac{\mathrm{d}^2\sigma}{\mathrm{d}\Omega\,\mathrm{d}E_\mathrm{f}}\right)_\mathrm{coh} = \frac{1}{\hbar}\frac{k_\mathrm{f}}{k_\mathrm{i}}Nb_\mathrm{coh}^2 S(\boldsymbol{Q},\omega) \tag{2.2.61}$$

$$\left(\frac{\mathrm{d}^2\sigma}{\mathrm{d}\Omega\,\mathrm{d}E_\mathrm{f}}\right)_\mathrm{inc} = \frac{1}{\hbar}\frac{k_\mathrm{f}}{k_\mathrm{i}}Nb_\mathrm{inc}^2 S_\mathrm{s}(\boldsymbol{Q},\omega) \tag{2.2.62}$$

样品的相干散射和非相干散射的总截面为相应双微分截面的积分：

$$\sigma_\mathrm{coh}^\mathrm{tot} = \iint\left(\frac{\mathrm{d}^2\sigma}{\mathrm{d}\Omega\,\mathrm{d}E_\mathrm{f}}\right)_\mathrm{coh}\mathrm{d}\Omega\,\mathrm{d}E_\mathrm{f},\quad \sigma_\mathrm{inc}^\mathrm{tot} = \iint\left(\frac{\mathrm{d}^2\sigma}{\mathrm{d}\Omega\,\mathrm{d}E_\mathrm{f}}\right)_\mathrm{inc}\mathrm{d}\Omega\,\mathrm{d}E_\mathrm{f} \tag{2.2.63}$$

下面讨论总截面与散射长度的关系。以非相干散射为例，计算 $\sigma_\mathrm{inc}^\mathrm{tot}$：

$$\sigma_\mathrm{inc}^\mathrm{tot} = \frac{b_\mathrm{inc}^2}{2\pi}\iint\mathrm{d}\Omega\,\mathrm{d}\omega\int_{-\infty}^{\infty}\mathrm{d}t\,\mathrm{e}^{-\mathrm{i}\omega t}\frac{k_\mathrm{f}}{k_\mathrm{i}}\left\langle\sum_{l=1}^{N}\mathrm{e}^{-\mathrm{i}\boldsymbol{Q}\cdot\boldsymbol{r}_l(0)}\mathrm{e}^{\mathrm{i}\boldsymbol{Q}\cdot\boldsymbol{r}_l(t)}\right\rangle$$

注意到有 $\int_{-\infty}^{\infty}\mathrm{e}^{-\mathrm{i}\omega t}\,\mathrm{d}\omega = 2\pi\delta(t)$，因此上式可化为

$$\sigma_\mathrm{inc}^\mathrm{tot} = b_\mathrm{inc}^2\int\mathrm{d}\Omega\int_{-\infty}^{\infty}\mathrm{d}t\delta(t)\left\langle\frac{k_\mathrm{f}}{k_\mathrm{i}}\right\rangle\left\langle\sum_{l=1}^{N}\mathrm{e}^{-\mathrm{i}\boldsymbol{Q}\cdot\boldsymbol{r}_l(0)}\mathrm{e}^{\mathrm{i}\boldsymbol{Q}\cdot\boldsymbol{r}_l(t)}\right\rangle$$

注意，$\frac{k_\mathrm{f}}{k_\mathrm{i}}$的取值是与能量转移 ω 相关的。上式中，为了简化计算，我们将这一项从对 ω 的积分中拿出来，并用一个平均值 $\left\langle\frac{k_\mathrm{f}}{k_\mathrm{i}}\right\rangle$ 表示。直观地说，这个平均值应为 1(这实际上是定态近似的结论，详见 2.5 节)。因此上式可化为

$$\sigma_\mathrm{inc}^\mathrm{tot} = b_\mathrm{inc}^2\int\mathrm{d}\Omega\left\langle\sum_{l=1}^{N}\mathrm{e}^{-\mathrm{i}\boldsymbol{Q}\cdot\boldsymbol{r}_l}\mathrm{e}^{\mathrm{i}\boldsymbol{Q}\cdot\boldsymbol{r}_l}\right\rangle = 4\pi Nb_\mathrm{inc}^2$$

定义 σ_inc 为样品组成原子的非相干散射截面，则

$$\sigma_\mathrm{inc} = \frac{\sigma_\mathrm{inc}^\mathrm{tot}}{N} = 4\pi b_\mathrm{inc}^2 \tag{2.2.64}$$

σ_{inc} 代表原子对于入射中子的(非相干)散射能力或"拦截"能力。

类似地,也可定义原子的相干散射截面 σ_{coh},其形式与上式类似:

$$\sigma_{coh} = 4\pi b_{coh}^2 \tag{2.2.65}$$

对于经典的散射问题,若入射粒子与固定靶核的半径之和为 r,则易知其截面积为 πr^2。与上面两式对比可见,散射长度可以理解为原子核对于入射中子的"拦截尺寸"。系数的差别则体现了量子与经典物理的区别。

表 2.2.1 给出了一些元素和核素对热中子的散射截面和散射长度。该表反映出如下几点信息:

(1) 有些核素的散射长度中含有虚部,这表示该核素对中子有吸收作用。从表中可见,^{10}B 和 ^{3}He 两种核素具有很大的热中子吸收截面。实际上,这两种核素也经常用于制作中子探测器。

(2) 大部分元素的相干散射截面差别不大,约在一个数量级之内。这是中子散射不同于 X 射线散射的一个重要特点。X 射线与原子的作用是通过与核外电子作用实现的。因此,X 射线光子与原子的散射截面强烈依赖于原子序数 Z。这使得利用 X 射线研究散射样品时,主要看到的是重元素,如金属,而较难辨别轻元素,如碳、氢等。利用中子散射则可以清晰地看到碳、氢等轻元素,因此它在研究有机物、生物材料等样品时有明显的优势。此外,X 射线对于原子序数接近的元素,例如 Fe 和 Co 元素,分辨能力较差。而这两个元素对应的中子散射截面有较大区别,因此可以利用中子区分出来。图 2.2.2 给出了一部分核素的相干散射长度与原子序数的关系。可以看到,二者并没有明显的关联。

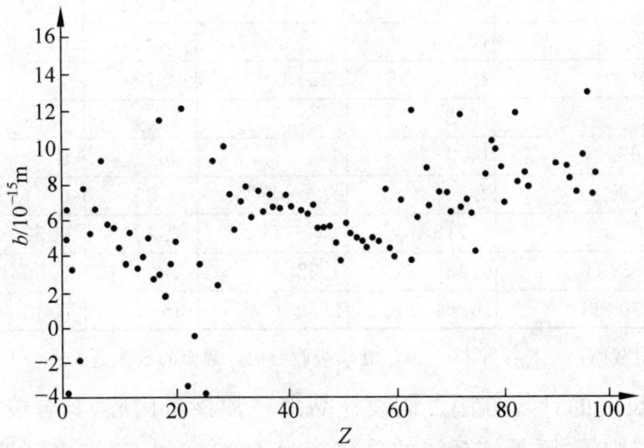

图 2.2.2 部分核素的相干散射长度与原子序数的关系(Higgins,1994)

(3) 同一元素的不同同位素之间,散射长度可以有较大的差异(例如 ^{1}H 和 ^{2}H)。因此,我们可以利用同位素替换的方法来研究样品中特定的成分或者区域,而不至于改变样品本身的物理特性和化学特性。

(4) H 的非相干散射长度异乎寻常的大。这一特点使得中子散射技术广泛应用于研究含氢样品的动态特征,如生物大分子或高分子的动态行为、水中的氢键动力学等。

表 2.2.1　常见元素和核素对热中子的散射长度和散射截面(Sears,1984)

核素	序数	质量数	丰度/%	$b_{coh}/10^{-15}$ m	$b_{inc}/10^{-15}$ m	σ_{coh}/barn	σ_{inc}/barn	σ_{scat}/barn	σ_{abs}/barn
H	1			−3.7409		1.7586	79.90	81.66	0.3326
^{1}H		1	99.985	−3.7423	25.217	1.7599	79.91	81.67	0.3326
^{2}H		2	0.015	6.674	4.033	5.597	2.04	7.64	0.0005
He	2			3.26		1.34	0.00	1.34	0.0075
^{3}He		3	0.00014	5.74−i1.48	−1.8+i2.56	4.42	1.2	5.6	5333
^{4}He		4	99.9998	3.26	0.00	1.34	0.00	1.34	0.00
B	5			5.30−i0.21		3.54	1.70	5.24	767
^{10}B		10	20	−0.1−i1.06	−4.7+i1.23	0.14	3.0	3.1	3837
^{11}B		11	80	6.65	−1.31	5.56	0.22	5.78	0.0055
C	6			6.6484		5.554	0.001	5.555	0.0035
^{12}C		12	98.9	6.6535	0.00	5.563	0.00	5.563	0.0035
N	7			9.36		11.01	0.49	11.50	1.90
^{14}N		14	99.63	9.37	1.98	11.03	0.49	11.52	1.91
O	8			5.805		4.235	0.00	4.235	0.0002
^{16}O		16	99.762	5.805	0	4.235	0.00	4.235	0.0001
Mg	12			5.375		3.631	0.077	3.708	0.063
^{24}Mg		24	78.99	5.68	0	4.05	0	4.05	0.051
Al	13	27	100	3.449	0.26	1.495	0.0085	1.504	0.231
Si	14			4.149		2.163	0.015	2.178	0.171
^{28}Si		28	92.23	4.106	0	2.119	0	2.119	0.177
V	23			−0.3824		0.0184	5.187	5.205	5.08
^{51}V		51	99.750	−0.4024	6.419	0.0203	5.178	5.198	4.9
Fe	26			9.54		11.44	0.39	11.83	2.56
^{56}Fe		56	91.7	10.03	0	12.64	0	12.64	2.59
Co	27	59	100	2.5	−6.2	0.79	4.8	5.6	37.18
Ni	28			10.3		13.3	5.2	18.5	4.49
^{58}Ni		58	68.27	14.4	0	26.1	0	26.1	4.6
^{60}Ni		60	26.10	2.8	0	0.99	0	0.99	2.9
Cu	29			7.718		7.486	0.52	8.01	3.78
^{63}Cu		63	69.17	6.43	0.22	5.2	0.0061	5.2	4.50
^{65}Cu		65	30.83	10.61	1.79	14.1	0.40	14.5	2.17

表中 σ_{scat} 代表总散射截面：$\sigma_{scat}=\sigma_{coh}+\sigma_{inc}$，$\sigma_{abs}$ 代表吸收截面。截面的单位是 barn($1\ \text{barn}=10^{-28}\ \text{m}^2$)。

下面介绍散射长度的计算方法。假设样品由一种核素构成，其自旋为 I，入射粒子为热中子，自旋为 1/2，则中子-原子核系统的总自旋为 $I+1/2$ 或 $I-1/2$。这两种情况分别代表中子与原子核自旋平行和自旋反平行。量子力学指出，系统自旋角动量的取值是离散的，若系统的自旋量子数为 m，则可能的取值共有 $2m+1$ 个，即从 $-m\sim m$ 这 $2m+1$ 个整数。因此，上述两种情况对应的可能的态的数量分别为 $2I+2$ 和 $2I$。记中子-原子核系统处于自旋平行状态的概率为 f^{+}，处于自旋反平行状态的概率为 f^{-}，则易知有

$$f^{+}=\frac{2I+2}{4I+2},\quad f^{-}=\frac{2I}{4I+2} \tag{2.2.66}$$

因此有

$$\overline{b}=f^{+}b^{+}+f^{-}b^{-}=\frac{(I+1)b^{+}+Ib^{-}}{2I+1},$$

$$\overline{b^{2}}=f^{+}(b^{+})^{2}+f^{-}(b^{-})^{2}=\frac{(I+1)(b^{+})^{2}+I(b^{-})^{2}}{2I+1} \tag{2.2.67}$$

若该元素具有不同的同位素，则还需要考虑不同的同位素带来的效应：

$$\overline{b}=\sum_{n}\frac{C_{n}}{2I_{n}+1}[(I_{n}+1)b_{n}^{+}+I_{n}b_{n}^{-}] \tag{2.2.68}$$

$$\overline{b^{2}}=\sum_{n}\frac{C_{n}}{2I_{n}+1}[(I_{n}+1)(b_{n}^{+})^{2}+I_{n}(b_{n}^{-})^{2}] \tag{2.2.69}$$

这里，下标"n"表示第 n 种同位素，C_n 表示第 n 种同位素的丰度。

我们以氢元素为例介绍上述公式的使用。氢元素主要有两种同位素：^{1}H 和^{2}H。实验测得二者的散射数据在表 2.2.2 中列出。

表 2.2.2 氢元素的一些散射数据

同 位 素	I	$b^{+}/10^{-14}$ m	$b^{-}/10^{-14}$ m
^{1}H	1/2	1.08	−4.74
^{2}H	1	0.95	0.10

对于同位素^{1}H，有

$$b_{\mathrm{coh}}(^{1}\mathrm{H})=\overline{b}(^{1}\mathrm{H})=\frac{\frac{3}{2}\times 1.08+\frac{1}{2}\times(-4.74)}{2}=-0.375(10^{-14}\,\mathrm{m})$$

$$\overline{b^{2}}(^{1}\mathrm{H})=\frac{\frac{3}{2}\times 1.08^{2}+\frac{1}{2}\times(-4.74)^{2}}{2}=6.49(10^{-28}\,\mathrm{m}^{2})$$

$$b_{\mathrm{inc}}(^{1}\mathrm{H})=\sqrt{\overline{b^{2}}-\overline{b}^{2}}=\sqrt{6.49-0.375^{2}}=2.52(10^{-14}\,\mathrm{m})$$

$$\sigma_{\mathrm{coh}}(^{1}\mathrm{H})=4\pi b_{\mathrm{coh}}^{2}(^{1}\mathrm{H})=1.76(\mathrm{barn})$$

$$\sigma_{\mathrm{inc}}(^{1}\mathrm{H})=4\pi b_{\mathrm{inc}}^{2}(^{1}\mathrm{H})=79.8(\mathrm{barn})$$

对于同位素^{2}H，有

$$b_{\mathrm{coh}}(^{2}\mathrm{H})=\overline{b}(^{2}\mathrm{H})=\frac{2\times 0.95+1\times 0.10}{3}=0.67(10^{-14}\,\mathrm{m})$$

$$\overline{b^{2}}(^{2}\mathrm{H})=\frac{2\times 0.95^{2}+1\times 0.10^{2}}{3}=0.61(10^{-28}\,\mathrm{m}^{2})$$

$$b_{\mathrm{inc}}(^{2}\mathrm{H})=\sqrt{\overline{b^{2}}-\overline{b}^{2}}=\sqrt{0.61-0.67^{2}}=0.40(10^{-14}\,\mathrm{m})$$

$$\sigma_{\mathrm{coh}}(^{2}\mathrm{H})=4\pi b_{\mathrm{coh}}^{2}(^{2}\mathrm{H})=5.6(\mathrm{barn})$$

$$\sigma_{\mathrm{inc}}(^{2}\mathrm{H})=4\pi b_{\mathrm{inc}}^{2}(^{2}\mathrm{H})=2.0(\mathrm{barn})$$

上述计算与表 2.2.1 中的数据在有效范围之内是一致的。有了各个同位素的数据，就可以计算氢元素的散射长度。例如，对于氢元素的相干散射长度，有

$$b_{\mathrm{coh}}(\mathrm{H})=0.99985\times(-0.37423)+0.00015\times 0.6674=-0.37409(10^{-14}\,\mathrm{m})$$

在实际研究中，样品往往包含分子，例如水。这时，我们需要求取分子的散射长度或散射截面。分子的相干散射长度为其组成原子的相干散射长度之和。对于水，有

$$b_{coh}(H_2O)=2b_{coh}(^1H)+b_{coh}(O)=2\times(-0.37423)+0.5805=-0.1680(10^{-14}\,m)$$

对于重水，则有

$$b_{coh}(D_2O)=2b_{coh}(^2H)+b_{coh}(O)=2\times0.6674+0.5805=1.9153(10^{-14}\,m)$$

得到分子的 b_{coh} 之后，可直接利用式(2.2.65)计算该分子的相干散射截面。

上面两式表明，可以通过混合 H_2O 和 D_2O 并控制混合比例，得到平均相干散射长度介于-0.1680×10^{-14} m 和 1.9153×10^{-14} m 之间的混合水。这一点在中子散射研究中有重要的应用。

分子的非相干散射截面的计算更为直接，将各组成原子的非相干散射截面相加即可。例如，对于水，有

$$\sigma_{inc}(H_2O)=2\times79.91+0=159.82(\text{barn})$$

2.3 关联函数

从 2.2 节的讨论中可以看到，中子散射实验直接测量的量是动态结构因子 $S(\boldsymbol{Q},\omega)$和自动态结构因子 $S_s(\boldsymbol{Q},\omega)$。由这两个量可衍生出一系列关联函数。这些关联函数反映了样品内部的结构和动态的特征，是凝聚态物理和材料学研究的重要对象。本节将介绍一部分关联函数的基本性质。

2.3.1 几种重要的关联函数

这一节引入两种重要的关联函数——中间散射函数(intermediate scattering function)和 van Hove 关联函数(van Hove correlation function)，以及它们的非相干散射对应量。

1. 定义

定义中间散射函数 $F(\boldsymbol{Q},t)$：

$$F(\boldsymbol{Q},t)=\left\langle\frac{1}{N}\sum_{l=1}^{N}\sum_{l'=1}^{N}e^{-i\boldsymbol{Q}\cdot\boldsymbol{r}_l(0)}e^{i\boldsymbol{Q}\cdot\boldsymbol{r}_{l'}(t)}\right\rangle \tag{2.3.1}$$

注意，式(2.2.59)给出了动态结构因子的定义：

$$S(\boldsymbol{Q},\omega)=\frac{1}{2\pi}\int_{-\infty}^{\infty}dt\,e^{-i\omega t}\left\langle\frac{1}{N}\sum_{l=1}^{N}\sum_{l'=1}^{N}e^{-i\boldsymbol{Q}\cdot\boldsymbol{r}_l(0)}e^{i\boldsymbol{Q}\cdot\boldsymbol{r}_{l'}(t)}\right\rangle$$

对比上面两式可见，$S(\boldsymbol{Q},\omega)$是 $F(\boldsymbol{Q},t)$关于时间的傅里叶变换：

$$S(\boldsymbol{Q},\omega)=\frac{1}{2\pi}\int_{-\infty}^{\infty}dt\,e^{-i\omega t}F(\boldsymbol{Q},t) \tag{2.3.2}$$

上式也可写为逆变换的形式：

$$F(\boldsymbol{Q},t)=\int_{-\infty}^{\infty}d\omega\,e^{i\omega t}S(\boldsymbol{Q},\omega) \tag{2.3.3}$$

下面引入 van Hove 关联函数 $G(\boldsymbol{r},t)$。$G(\boldsymbol{r},t)$与 $F(\boldsymbol{Q},t)$构成关于空间的傅里叶变换对：

$$G(\boldsymbol{r},t)=\left(\frac{1}{2\pi}\right)^3\int \mathrm{d}\boldsymbol{Q}\,\mathrm{e}^{-\mathrm{i}\boldsymbol{Q}\cdot\boldsymbol{r}}F(\boldsymbol{Q},t) \tag{2.3.4}$$

$$F(\boldsymbol{Q},t)=\int \mathrm{d}\boldsymbol{r}\,\mathrm{e}^{\mathrm{i}\boldsymbol{Q}\cdot\boldsymbol{r}}G(\boldsymbol{r},t) \tag{2.3.5}$$

由定义可见，$F(\boldsymbol{Q},t)$连接了$S(\boldsymbol{Q},\omega)$和$G(\boldsymbol{r},t)$，因此被命名为"中间"。

类似地，基于自动态结构因子$S_s(\boldsymbol{Q},\omega)$（见式(2.2.60)）：

$$S_s(\boldsymbol{Q},\omega)=\frac{1}{2\pi}\int_{-\infty}^{\infty}\mathrm{d}t\,\mathrm{e}^{-\mathrm{i}\omega t}\left\langle \frac{1}{N}\sum_{l=1}^{N}\mathrm{e}^{-\mathrm{i}\boldsymbol{Q}\cdot\boldsymbol{r}_l(0)}\mathrm{e}^{\mathrm{i}\boldsymbol{Q}\cdot\boldsymbol{r}_l(t)}\right\rangle$$

可以定义相应的自中间散射函数（self intermediate scattering function）$F_s(\boldsymbol{Q},t)$和 van Hove 自关联函数（van Hove self correlation function）$G_s(\boldsymbol{r},t)$。

$F_s(\boldsymbol{Q},t)$的定义式如下：

$$F_s(\boldsymbol{Q},t)=\left\langle \frac{1}{N}\sum_{l=1}^{N}\mathrm{e}^{-\mathrm{i}\boldsymbol{Q}\cdot\boldsymbol{r}_l(0)}\mathrm{e}^{\mathrm{i}\boldsymbol{Q}\cdot\boldsymbol{r}_l(t)}\right\rangle \tag{2.3.6}$$

$F_s(\boldsymbol{Q},t)$与$S_s(\boldsymbol{Q},\omega)$构成关于时间的傅里叶变换对：

$$S_s(\boldsymbol{Q},\omega)=\frac{1}{2\pi}\int_{-\infty}^{\infty}\mathrm{d}t\,\mathrm{e}^{-\mathrm{i}\omega t}F_s(\boldsymbol{Q},t) \tag{2.3.7}$$

$$F_s(\boldsymbol{Q},t)=\int_{-\infty}^{\infty}\mathrm{d}\omega\,\mathrm{e}^{\mathrm{i}\omega t}S_s(\boldsymbol{Q},\omega) \tag{2.3.8}$$

$G_s(\boldsymbol{r},t)$与$F_s(\boldsymbol{Q},t)$构成关于空间的傅里叶变换对：

$$G_s(\boldsymbol{r},t)=\left(\frac{1}{2\pi}\right)^3\int \mathrm{d}\boldsymbol{Q}\,\mathrm{e}^{-\mathrm{i}\boldsymbol{Q}\cdot\boldsymbol{r}}F_s(\boldsymbol{Q},t) \tag{2.3.9}$$

$$F_s(\boldsymbol{Q},t)=\int \mathrm{d}\boldsymbol{r}\,\mathrm{e}^{\mathrm{i}\boldsymbol{Q}\cdot\boldsymbol{r}}G_s(\boldsymbol{r},t) \tag{2.3.10}$$

van Hove 关联函数对于样品内部微观结构和动态的描述十分关键，下面进一步讨论其性质和物理意义。

2. van Hove 关联函数

为了更清晰地考察 van Hove 关联函数的物理意义，我们作如下考虑。由式(2.3.4)可知

$$G(\boldsymbol{r},t)=\frac{1}{N}\left(\frac{1}{2\pi}\right)^3\int \mathrm{d}\boldsymbol{Q}\,\mathrm{e}^{-\mathrm{i}\boldsymbol{Q}\cdot\boldsymbol{r}}\left\langle \sum_{l=1}^{N}\sum_{l'=1}^{N}\mathrm{e}^{-\mathrm{i}\boldsymbol{Q}\cdot\boldsymbol{r}_l(0)}\mathrm{e}^{\mathrm{i}\boldsymbol{Q}\cdot\boldsymbol{r}_{l'}(t)}\right\rangle \tag{2.3.11}$$

利用δ函数的积分性质，可得

$$\langle \mathrm{e}^{-\mathrm{i}\boldsymbol{Q}\cdot\boldsymbol{r}_l(0)}\mathrm{e}^{\mathrm{i}\boldsymbol{Q}\cdot\boldsymbol{r}_{l'}(t)}\rangle=\int\langle \mathrm{e}^{-\mathrm{i}\boldsymbol{Q}\cdot\boldsymbol{r}'}\mathrm{e}^{\mathrm{i}\boldsymbol{Q}\cdot\boldsymbol{r}_{l'}(t)}\delta[\boldsymbol{r}'-\boldsymbol{r}_l(0)]\rangle\mathrm{d}\boldsymbol{r}' \tag{2.3.12}$$

联立上面两式得

$$G(\boldsymbol{r},t)=\frac{1}{N}\left(\frac{1}{2\pi}\right)^3\sum_{l=1}^{N}\sum_{l'=1}^{N}\int \mathrm{d}\boldsymbol{r}'\langle\delta[\boldsymbol{r}'-\boldsymbol{r}_l(0)]\int \mathrm{d}\boldsymbol{Q}\exp\left[-\mathrm{i}\boldsymbol{Q}\cdot(\boldsymbol{r}'+\boldsymbol{r}-\boldsymbol{r}_{l'}(t))\right]\rangle$$

利用δ函数的性质：$\int \mathrm{d}\boldsymbol{Q}\,\mathrm{e}^{-\mathrm{i}\boldsymbol{Q}\cdot\boldsymbol{r}}=(2\pi)^3\delta(\boldsymbol{r})$，上式可化为

$$G(\boldsymbol{r},t)=\frac{1}{N}\sum_{l=1}^{N}\sum_{l'=1}^{N}\int \mathrm{d}\boldsymbol{r}'\langle\delta[\boldsymbol{r}'-\boldsymbol{r}_l(0)]\,\delta[\boldsymbol{r}'+\boldsymbol{r}-\boldsymbol{r}_{l'}(t)]\rangle \tag{2.3.13}$$

由上式可见，$\langle\cdots\rangle$中的表达式只在同时满足$\boldsymbol{r}_l(0)=\boldsymbol{r}'$且$\boldsymbol{r}_{l'}(t)=\boldsymbol{r}'+\boldsymbol{r}$的时候才不为

0。这意味着 $G(\boldsymbol{r},t)$ 描述的是如下两个事件的关联：①样品中某个粒子在 $t=0$ 时刻位于 $\boldsymbol{r}'$；②样品中某个粒子(这个粒子一般是不同的粒子，也可以是相同的粒子)在 t 时刻位于 $\boldsymbol{r}'+\boldsymbol{r}$。也就是说，$G(\boldsymbol{r},t)$ 描述了样品中的两个粒子在特定的时间间隔 t 和空间间隔 $\boldsymbol{r}$ 中的关联。正因如此，$G(\boldsymbol{r},t)$ 被认为是一种"两点关联函数"(two-point correlation function)。

类似地，可以得到 van Hove 自关联函数的表达式：

$$G_{\mathrm{s}}(\boldsymbol{r},t)=\frac{1}{N}\sum_{l=1}^{N}\int \mathrm{d}\boldsymbol{r}'\langle\delta[\boldsymbol{r}'-\boldsymbol{r}_l(0)]\,\delta[\boldsymbol{r}'+\boldsymbol{r}-\boldsymbol{r}_l(t)]\rangle \tag{2.3.14}$$

由上式可见，$G_{\mathrm{s}}(\boldsymbol{r},t)$ 描述了样品中某个粒子的位置在不同时间的关联。

由式(2.3.11)可知

$$\int G(\boldsymbol{r},t)\,\mathrm{d}\boldsymbol{r}=\frac{1}{N}\int \mathrm{d}\boldsymbol{Q}\left\langle \sum_{l=1}^{N}\sum_{l'=1}^{N}\mathrm{e}^{-\mathrm{i}\boldsymbol{Q}\cdot\boldsymbol{r}_l(0)}\,\mathrm{e}^{\mathrm{i}\boldsymbol{Q}\cdot\boldsymbol{r}_{l'}(t)}\right\rangle\left[\left(\frac{1}{2\pi}\right)^3\int \mathrm{d}\boldsymbol{r}\,\mathrm{e}^{-\mathrm{i}\boldsymbol{Q}\cdot\boldsymbol{r}}\right]$$

上式中[…]部分为 $\delta(\boldsymbol{Q})$，因此有

$$\int G(\boldsymbol{r},t)\,\mathrm{d}\boldsymbol{r}=N \tag{2.3.15}$$

同理可计算得到

$$\int G_{\mathrm{s}}(\boldsymbol{r},t)\,\mathrm{d}\boldsymbol{r}=1 \tag{2.3.16}$$

3. 经典情况下的关联函数

如果我们忽略 $\boldsymbol{r}_l(0)$ 和 $\boldsymbol{r}_{l'}(t)$ 的不对易性，则可以得到 $G(\boldsymbol{r},t)$ 和 $G_{\mathrm{s}}(\boldsymbol{r},t)$ 在经典情况下的形式。

由式(2.3.13)，有

$$\begin{aligned}G^{\mathrm{cl}}(\boldsymbol{r},t)&=\frac{1}{N}\sum_{l=1}^{N}\sum_{l'=1}^{N}\int \mathrm{d}\boldsymbol{r}'\langle\delta[\boldsymbol{r}'-\boldsymbol{r}_l(0)]\,\delta[\boldsymbol{r}_l(0)+\boldsymbol{r}-\boldsymbol{r}_{l'}(t)]\rangle\\&=\frac{1}{N}\sum_{l=1}^{N}\sum_{l'=1}^{N}\langle\delta[\boldsymbol{r}+\boldsymbol{r}_l(0)-\boldsymbol{r}_{l'}(t)]\rangle\\&=\frac{1}{N}\sum_{l=1}^{N}\sum_{l'=1}^{N}\langle\delta\{\boldsymbol{r}-[\boldsymbol{r}_{l'}(t)-\boldsymbol{r}_l(0)]\}\rangle\end{aligned} \tag{2.3.17}$$

这里，上标"cl"表示经典情况下的形式。同理可计算得到

$$\begin{aligned}G_{\mathrm{s}}^{\mathrm{cl}}(\boldsymbol{r},t)&=\frac{1}{N}\sum_{l=1}^{N}\langle\delta[\boldsymbol{r}+\boldsymbol{r}_l(0)-\boldsymbol{r}_l(t)]\rangle\\&=\frac{1}{N}\sum_{l=1}^{N}\langle\delta\{\boldsymbol{r}-[\boldsymbol{r}_l(t)-\boldsymbol{r}_l(0)]\}\rangle\end{aligned} \tag{2.3.18}$$

易知二者也满足

$$\int G^{\mathrm{cl}}(\boldsymbol{r},t)\,\mathrm{d}\boldsymbol{r}=N,\quad \int G_{\mathrm{s}}^{\mathrm{cl}}(\boldsymbol{r},t)\,\mathrm{d}\boldsymbol{r}=1 \tag{2.3.19}$$

式(2.3.17)和式(2.3.18)给出了非常清晰的物理意义：

(1) $G^{\mathrm{cl}}(\boldsymbol{r},t)\mathrm{d}\boldsymbol{r}$：若选取 $t=0$ 时某粒子的位置为坐标原点，则在 t 时刻，$\boldsymbol{r}$ 附近 $\mathrm{d}\boldsymbol{r}$ 范围内的粒子数的期望值即为 $G^{\mathrm{cl}}(\boldsymbol{r},t)\mathrm{d}\boldsymbol{r}$。可见 $G^{\mathrm{cl}}(\boldsymbol{r},t)$ 具有密度的意义，因此需满足 $\int G^{\mathrm{cl}}(\boldsymbol{r},t)\mathrm{d}\boldsymbol{r}=N$。

(2) $G_s^{cl}(\boldsymbol{r},t)\mathrm{d}\boldsymbol{r}$：若选取 $t=0$ 时某参考粒子的位置为坐标原点，则在 t 时刻，该粒子位于 $\boldsymbol{r}$ 附近 $\mathrm{d}\boldsymbol{r}$ 范围内的概率即为 $G_s^{cl}(\boldsymbol{r},t)\mathrm{d}\boldsymbol{r}$。可见 $G_s^{cl}(\boldsymbol{r},t)$ 具有条件概率密度的意义，因此需满足 $\int G_s^{cl}(\boldsymbol{r},t)\mathrm{d}\boldsymbol{r}=1$。

明确了 $G^{cl}(\boldsymbol{r},t)$ 和 $G_s^{cl}(\boldsymbol{r},t)$ 之后，可以定义中间散射函数的经典形式：

$$F^{cl}(\boldsymbol{Q},t)=\int \mathrm{d}\boldsymbol{r}\mathrm{e}^{\mathrm{i}\boldsymbol{Q}\cdot\boldsymbol{r}}G^{cl}(\boldsymbol{r},t)=\frac{1}{N}\sum_{l=1}^{N}\sum_{l'=1}^{N}\left\langle \mathrm{e}^{\mathrm{i}\boldsymbol{Q}\cdot[\boldsymbol{r}_{l'}(t)-\boldsymbol{r}_l(0)]}\right\rangle \tag{2.3.20}$$

$$F_s^{cl}(\boldsymbol{Q},t)=\int \mathrm{d}\boldsymbol{r}\mathrm{e}^{\mathrm{i}\boldsymbol{Q}\cdot\boldsymbol{r}}G_s^{cl}(\boldsymbol{r},t)=\frac{1}{N}\sum_{l=1}^{N}\left\langle \mathrm{e}^{\mathrm{i}\boldsymbol{Q}\cdot[\boldsymbol{r}_l(t)-\boldsymbol{r}_l(0)]}\right\rangle \tag{2.3.21}$$

再对上面两式作时域上的傅里叶变换，即可得到经典意义下的动态结构因子：

$$S^{cl}(\boldsymbol{Q},\omega)=\frac{1}{2\pi}\int_{-\infty}^{\infty}\mathrm{d}t\,\mathrm{e}^{-\mathrm{i}\omega t}F^{cl}(\boldsymbol{Q},t),\quad S_s^{cl}(\boldsymbol{Q},\omega)=\frac{1}{2\pi}\int_{-\infty}^{\infty}\mathrm{d}t\,\mathrm{e}^{-\mathrm{i}\omega t}F_s^{cl}(\boldsymbol{Q},t)$$

4. 利用粒子数密度表示关联函数

上述关联函数也可以利用粒子数密度表示。将会看到，这些关联函数代表了样品中局域密度涨落的关联。

在 t 时刻，样品中 $\boldsymbol{r}$ 附近的粒子数密度的表达式为

$$\rho(\boldsymbol{r},t)=\sum_{l=1}^{N}\delta[\boldsymbol{r}-\boldsymbol{r}_l(t)] \tag{2.3.22}$$

记 $\rho(\boldsymbol{r},t)$ 关于空间的傅里叶变换为 $\rho_{\boldsymbol{Q}}(t)$，易知有

$$\rho_{\boldsymbol{Q}}(t)=\int \mathrm{d}\boldsymbol{r}\mathrm{e}^{\mathrm{i}\boldsymbol{Q}\cdot\boldsymbol{r}}\rho(\boldsymbol{r},t)=\sum_{l=1}^{N}\mathrm{e}^{\mathrm{i}\boldsymbol{Q}\cdot\boldsymbol{r}_l(t)} \tag{2.3.23}$$

利用式(2.3.22)，可将 $G(\boldsymbol{r},t)$ 的表达式(2.3.13)写为

$$G(\boldsymbol{r},t)=\frac{1}{N}\int \mathrm{d}\boldsymbol{r}'\langle\rho(\boldsymbol{r}',0)\rho(\boldsymbol{r}+\boldsymbol{r}',t)\rangle \tag{2.3.24}$$

利用式(2.3.23)，可将 $F(\boldsymbol{Q},t)$ 的表达式(2.3.1)写为

$$F(\boldsymbol{Q},t)=\frac{1}{N}\langle\rho_{-\boldsymbol{Q}}(0)\rho_{\boldsymbol{Q}}(t)\rangle \tag{2.3.25}$$

我们可以定义如下物理量：

$$\Delta\rho(\boldsymbol{r},t)=\rho(\boldsymbol{r},t)-\rho \tag{2.3.26}$$

式中，$\rho=N/V$ 是样品中粒子的平均数密度。

容易证明下式成立：

$$G(\boldsymbol{r},t)-\rho=\frac{1}{N}\int \mathrm{d}\boldsymbol{r}'\langle\Delta\rho(\boldsymbol{r}',0)\Delta\rho(\boldsymbol{r}+\boldsymbol{r}',t)\rangle \tag{2.3.27}$$

由上式可见，$G(\boldsymbol{r},t)$ 的物理实质即为样品中空间相距为 $\boldsymbol{r}$、时间间隔为 t 的两处的局域密度涨落的关联。注意，等号左边虽然多出了一个常数 ρ，但这个常数对于中子散射实验没有任何观测意义。这是因为 $G(\boldsymbol{r},t)$ 和 $G(\boldsymbol{r},t)-\rho$ 的空间傅里叶变换仅相差一个 $\rho\delta(\boldsymbol{Q})$ 项。也就是说，二者对应的中间散射函数以及动态结构因子仅在 $\boldsymbol{Q}=\boldsymbol{0}$ 处有区别，而在 $\boldsymbol{Q}\neq\boldsymbol{0}$ 时则没有任何区别：

$$F(\boldsymbol{Q},t)=\int \mathrm{d}\boldsymbol{r}\mathrm{e}^{\mathrm{i}\boldsymbol{Q}\cdot\boldsymbol{r}}G(\boldsymbol{r},t)=\int \mathrm{d}\boldsymbol{r}\mathrm{e}^{\mathrm{i}\boldsymbol{Q}\cdot\boldsymbol{r}}[G(\boldsymbol{r},t)-\rho],\quad \boldsymbol{Q}\neq\boldsymbol{0}$$

在散射实验中，$\boldsymbol{Q}=\boldsymbol{0}$ 意味着中子未被散射，这没有实际意义。因此，二者在本质上无区别。

由上面讨论可见，$S(\boldsymbol{Q},\omega)$的物理实质来源于样品中不同时间和空间间隔的局域密度涨落的关联。

非相干散射部分也有类似的表达式。记某参考粒子(设其编号为1)在 t 时刻、$\boldsymbol{r}$ 附近 $\mathrm{d}\boldsymbol{r}$ 范围内出现的概率为 $\rho_{\mathrm{s}}(\boldsymbol{r},t)\mathrm{d}\boldsymbol{r}$，易知 $\rho_{\mathrm{s}}(\boldsymbol{r},t)$的表达式为

$$\rho_{\mathrm{s}}(\boldsymbol{r},t)=\delta[\boldsymbol{r}-\boldsymbol{r}_1(t)] \tag{2.3.28}$$

考虑 $G_{\mathrm{s}}(\boldsymbol{r},t)$的表达式(2.3.14)。当样品中所有组成粒子相同时，这些粒子之间在平均意义下是平权的，因此有

$$\begin{aligned}G_{\mathrm{s}}(\boldsymbol{r},t)&=\frac{1}{N}\sum_{l=1}^{N}\int\mathrm{d}\boldsymbol{r}'\langle\delta[\boldsymbol{r}'-\boldsymbol{r}_l(0)]\delta[\boldsymbol{r}'+\boldsymbol{r}-\boldsymbol{r}_l(t)]\rangle\\&=\int\mathrm{d}\boldsymbol{r}'\langle\delta[\boldsymbol{r}'-\boldsymbol{r}_1(0)]\delta[\boldsymbol{r}'+\boldsymbol{r}-\boldsymbol{r}_1(t)]\rangle\end{aligned}$$

上式意味着有

$$G_{\mathrm{s}}(\boldsymbol{r},t)=\int\mathrm{d}\boldsymbol{r}'\langle\rho_{\mathrm{s}}(\boldsymbol{r}',0)\rho_{\mathrm{s}}(\boldsymbol{r}'+\boldsymbol{r},t)\rangle \tag{2.3.29}$$

另外，易知有

$$F_{\mathrm{s}}(\boldsymbol{Q},t)=\langle\rho_{\mathrm{s},\boldsymbol{Q}}^{*}(0)\rho_{\mathrm{s},\boldsymbol{Q}}(t)\rangle=\langle\rho_{\mathrm{s},-\boldsymbol{Q}}(0)\rho_{\mathrm{s},\boldsymbol{Q}}(t)\rangle \tag{2.3.30}$$

式中，$\rho_{\mathrm{s},\boldsymbol{Q}}(t)$是 $\rho_{\mathrm{s}}(\boldsymbol{r},t)$的空间傅里叶变换：

$$\rho_{\mathrm{s},\boldsymbol{Q}}(t)=\int\mathrm{d}\boldsymbol{r}\,\mathrm{e}^{\mathrm{i}\boldsymbol{Q}\cdot\boldsymbol{r}}\rho_{\mathrm{s}}(\boldsymbol{r},t)=\mathrm{e}^{\mathrm{i}\boldsymbol{Q}\cdot\boldsymbol{r}_1(t)} \tag{2.3.31}$$

5. 对分布函数与结构因子

下面简要介绍对分布函数(pair distribution function)和结构因子(structure factor)，二者是描述样品微观结构的重要物理量。对分布函数 $g(\boldsymbol{r})$可利用 van Hove 关联函数引入：

$$\rho g(\boldsymbol{r})=G(\boldsymbol{r},0)-\delta(\boldsymbol{r}) \tag{2.3.32}$$

当取 $t=0$ 时，$\boldsymbol{r}_l(0)$和 $\boldsymbol{r}_{l'}(t=0)$不再有对易问题，因此可直接利用 $G^{\mathrm{cl}}(\boldsymbol{r},0)$得到 $g(\boldsymbol{r})$的表达式：

$$\rho g(\boldsymbol{r})=G^{\mathrm{cl}}(\boldsymbol{r},0)-\delta(\boldsymbol{r})=\frac{1}{N}\sum_{l=1}^{N}\sum_{l'\neq l}^{N}\langle\delta(\boldsymbol{r}+\boldsymbol{r}_l-\boldsymbol{r}_{l'})\rangle \tag{2.3.33}$$

若样品中的所有粒子相同，则这些粒子在统计意义上是平权的。此时上式可简化为

$$\rho g(\boldsymbol{r})=\sum_{l=2}^{N}\langle\delta(\boldsymbol{r}+\boldsymbol{r}_1-\boldsymbol{r}_l)\rangle=\sum_{l=2}^{N}\langle\delta[\boldsymbol{r}-(\boldsymbol{r}_l-\boldsymbol{r}_1)]\rangle \tag{2.3.34}$$

由上式可见，$\rho g(\boldsymbol{r})$的意义是：选取某个参考粒子的位置($\boldsymbol{r}_1$)为坐标原点，则在距离该参考粒子 $\boldsymbol{r}$ 处的粒子数密度即为 $\rho g(\boldsymbol{r})$。从这个角度讲，$g(\boldsymbol{r})$需满足 $\int\rho g(\boldsymbol{r})\mathrm{d}\boldsymbol{r}=N-1$。这一点由上面两式很容易验证。

下面考察 $g(\boldsymbol{r})$与散射截面的关系。易知在 $\boldsymbol{Q}\neq\boldsymbol{0}$ 时，有

$$S(\boldsymbol{Q},\omega)=\frac{1}{2\pi}\int_{-\infty}^{\infty}\mathrm{d}t\,\mathrm{e}^{-\mathrm{i}\omega t}\int\mathrm{d}\boldsymbol{r}\,\mathrm{e}^{\mathrm{i}\boldsymbol{Q}\cdot\boldsymbol{r}}[G(\boldsymbol{r},t)-\rho]$$

两边同时对 ω 作积分：

$$S(\boldsymbol{Q})=\int \mathrm{d}\omega S(\boldsymbol{Q},\omega)=\int_{-\infty}^{\infty}\mathrm{d}t\delta(t)\int \mathrm{d}\boldsymbol{r}\,\mathrm{e}^{\mathrm{i}\boldsymbol{Q}\cdot\boldsymbol{r}}[G(\boldsymbol{r},0)-\rho]=\int \mathrm{d}\boldsymbol{r}\,\mathrm{e}^{\mathrm{i}\boldsymbol{Q}\cdot\boldsymbol{r}}[G(\boldsymbol{r},0)-\rho]$$

将式(2.3.32)代入上式，经简单整理可得

$$S(\boldsymbol{Q})=1+\rho\int \mathrm{d}\boldsymbol{r}\,\mathrm{e}^{\mathrm{i}\boldsymbol{Q}\cdot\boldsymbol{r}}[g(\boldsymbol{r})-1],\quad \boldsymbol{Q}\neq\boldsymbol{0} \tag{2.3.35}$$

$S(\boldsymbol{Q})$称为结构因子(structure factor)，是反映材料微观结构的重要物理量。式(2.3.35)表明，$g(\boldsymbol{r})$与 $S(\boldsymbol{Q})$构成了关于空间的傅里叶变换对。该式是弹性散射实验的基本关系式之一。

$S(\boldsymbol{Q})$还有另一种常见形式，利用式(2.2.59)，得

$$S(\boldsymbol{Q})=\int \mathrm{d}\omega S(\boldsymbol{Q},\omega)=\int \mathrm{d}t\,\frac{1}{2\pi}\int \mathrm{d}\omega\,\mathrm{e}^{-\mathrm{i}\omega t}\left\langle\frac{1}{N}\sum_{l=1}^{N}\sum_{l'=1}^{N}\mathrm{e}^{-\mathrm{i}\boldsymbol{Q}\cdot\boldsymbol{r}_l(0)}\mathrm{e}^{\mathrm{i}\boldsymbol{Q}\cdot\boldsymbol{r}_{l'}(t)}\right\rangle \tag{2.3.36}$$

经整理可得

$$S(\boldsymbol{Q})=\frac{1}{N}\left\langle\sum_{l=1}^{N}\sum_{l'=1}^{N}\mathrm{e}^{-\mathrm{i}\boldsymbol{Q}\cdot\boldsymbol{r}_l}\mathrm{e}^{\mathrm{i}\boldsymbol{Q}\cdot\boldsymbol{r}_{l'}}\right\rangle \tag{2.3.37}$$

由上式易知，$S(\boldsymbol{Q})$还等于 $F(\boldsymbol{Q},t=0)$。

当样品各向同性时，$g(\boldsymbol{r})$不再依赖于 $\boldsymbol{r}$ 的方向，可简写为 $g(r)$。易知 $4\pi r^2\mathrm{d}r\rho g(r)$即为距某个参考粒子的距离为 r、厚度为 $\mathrm{d}r$ 的“球壳”内的粒子数的期望值。

利用式(2.3.35)，可得对于各向同性的样品，$g(r)$与 $S(Q)$的关系式为

$$S(Q)=1+\frac{4\pi\rho}{Q}\int[g(r)-1]r\sin(Qr)\,\mathrm{d}r \tag{2.3.38}$$

图 2.3.1 给出了典型的气体、液体和晶体中 $g(r)$的形式。以液体为例，可以看到，当 $r<d$ 时(d 为粒子直径)，$g(r)$约为 0，这体现了原子之间的近距离排斥作用，即原子之间在位置上无法重叠。当 $r\approx d$ 时，$g(r)$展现出非常明显的一个峰。这个峰代表与参考粒子最相近的一层粒子，这层“邻居”称为该参考粒子的第一配位层(first coordination shell)。在 $r\approx 2d$ 处，$g(r)$也展现出一个峰，但尖锐度有所下降。这个峰代表参考粒子的第二配位层。随着 r 增大，$g(r)$的波动性越来越小，并逐渐趋近于 1。站在参考粒子的角度，它可以清楚

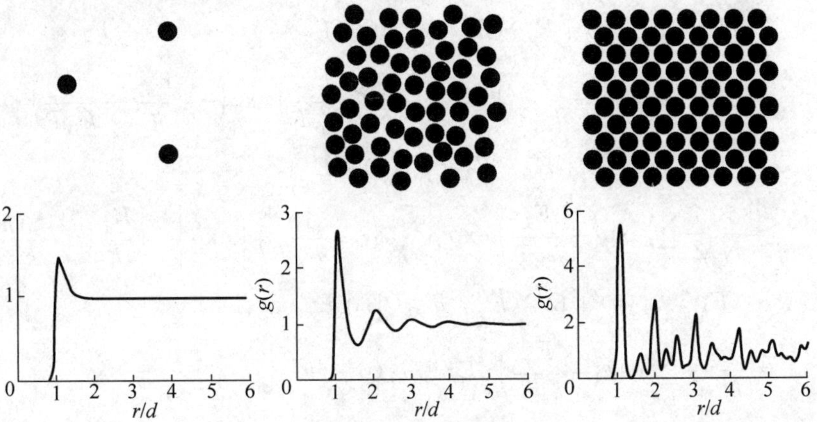

图 2.3.1 典型的气体(左)、液体(中)和晶体(右)的 $g(r)$的形式

地“分辨”出它的最近的一层邻居，并可以较为清楚地“分辨”它的第二层邻居。但是随着距离增加，这样的分辨能力会逐渐减弱。当距离很大时，远处的粒子看起来是连续均匀分布的，不再能区分出是第几层。

注意到，晶体的 $g(r)$ 比液体的 $g(r)$ 要更加尖锐，并且其结构在长距离上仍然清晰可辨。这是晶体在微观上长程有序的体现。

2.3.2 细致平衡原理

细致平衡原理(detailed balance principle)指处于热平衡的样品，其动态结构因子满足

$$S(\boldsymbol{Q},\omega)=\exp\left(\frac{\hbar\omega}{k_{\mathrm{B}}T}\right)S(-\boldsymbol{Q},-\omega) \tag{2.3.39}$$

式(2.3.39)的证明如下。由式(2.3.25)得

$$F(\boldsymbol{Q},t)=\frac{1}{N}\langle\rho_{-\boldsymbol{Q}}(0)\rho_{\boldsymbol{Q}}(t)\rangle=\frac{1}{N}\sum_{j}p_{j}\langle E_{j}\mid\rho_{-\boldsymbol{Q}}(0)\rho_{\boldsymbol{Q}}(t)\mid E_{j}\rangle$$

式中，p_j 是处于热平衡的样品，处于 $|E_j\rangle$ 态的概率：

$$p_{j}=\frac{\exp\left(-\frac{E_{j}}{k_{\mathrm{B}}T}\right)}{Z}$$

注意，$\rho_{\boldsymbol{Q}}(t)$ 的本质是海森堡绘景下的算符：

$$\begin{aligned}\rho_{\boldsymbol{Q}}(t)&=\sum_{l=1}^{N}\mathrm{e}^{\mathrm{i}\boldsymbol{Q}\cdot\boldsymbol{r}_{l}(t)}=\exp\left(\mathrm{i}\frac{H_{\mathrm{S}}}{\hbar}t\right)\left(\sum_{l=1}^{N}\mathrm{e}^{\mathrm{i}\boldsymbol{Q}\cdot\boldsymbol{r}_{l}}\right)\exp\left(-\mathrm{i}\frac{H_{\mathrm{S}}}{\hbar}t\right)\\&=\exp\left(\mathrm{i}\frac{H_{\mathrm{S}}}{\hbar}t\right)\rho_{\boldsymbol{Q}}(0)\exp\left(-\mathrm{i}\frac{H_{\mathrm{S}}}{\hbar}t\right)\end{aligned} \tag{2.3.40}$$

利用上面两式，以及 $\{|E_j\rangle\}$ 的完备性，可得

$$\begin{aligned}F(\boldsymbol{Q},t)&=\frac{1}{N}\frac{1}{Z}\sum_{j,k}\mathrm{e}^{-\frac{E_{j}}{k_{\mathrm{B}}T}}\langle E_{j}\mid\rho_{-\boldsymbol{Q}}(0)\mid E_{k}\rangle\left\langle E_{k}\mid\mathrm{e}^{\mathrm{i}\frac{H_{\mathrm{S}}}{\hbar}t}\rho_{\boldsymbol{Q}}(0)\mathrm{e}^{-\mathrm{i}\frac{H_{\mathrm{S}}}{\hbar}t}\mid E_{j}\right\rangle\\&=\frac{1}{N}\frac{1}{Z}\sum_{j,k}\exp\left(-\frac{E_{j}}{k_{\mathrm{B}}T}\right)\exp\left(\mathrm{i}\frac{E_{k}}{\hbar}t\right)\exp\left(-\mathrm{i}\frac{E_{j}}{\hbar}t\right)\cdot\\&\quad\langle E_{j}\mid\rho_{-\boldsymbol{Q}}(0)\mid E_{k}\rangle\langle E_{k}\mid\rho_{\boldsymbol{Q}}(0)\mid E_{j}\rangle\\&=\frac{1}{N}\frac{1}{Z}\sum_{j,k}\exp\left(-\frac{E_{k}}{k_{\mathrm{B}}T}\right)\exp\left(\mathrm{i}\frac{E_{k}}{\hbar}t+\frac{E_{k}}{k_{\mathrm{B}}T}\right)\exp\left(-\mathrm{i}\frac{E_{j}}{\hbar}t-\frac{E_{j}}{k_{\mathrm{B}}T}\right)\cdot\\&\quad\langle E_{j}\mid\rho_{-\boldsymbol{Q}}(0)\mid E_{k}\rangle\langle E_{k}\mid\rho_{\boldsymbol{Q}}(0)\mid E_{j}\rangle\\&=\frac{1}{N}\frac{1}{Z}\sum_{j,k}\exp\left(-\frac{E_{k}}{k_{\mathrm{B}}T}\right)\exp\left[\mathrm{i}\frac{E_{k}}{\hbar}\left(t-\frac{\mathrm{i}\hbar}{k_{\mathrm{B}}T}\right)\right]\exp\left[-\mathrm{i}\frac{E_{j}}{\hbar}\left(t-\frac{\mathrm{i}\hbar}{k_{\mathrm{B}}T}\right)\right]\cdot\\&\quad\langle E_{k}\mid\rho_{\boldsymbol{Q}}(0)\mid E_{j}\rangle\langle E_{j}\mid\rho_{-\boldsymbol{Q}}(0)\mid E_{k}\rangle\\&=\frac{1}{N}\frac{1}{Z}\sum_{j,k}\exp\left(-\frac{E_{k}}{k_{\mathrm{B}}T}\right)\langle E_{k}\mid\rho_{\boldsymbol{Q}}(0)\mid E_{j}\rangle\cdot\\&\quad\left\langle E_{j}\mid\exp\left[-\mathrm{i}\frac{H_{\mathrm{S}}}{\hbar}\left(t-\frac{\mathrm{i}\hbar}{k_{\mathrm{B}}T}\right)\right]\rho_{-\boldsymbol{Q}}(0)\exp\left[\mathrm{i}\frac{H_{\mathrm{S}}}{\hbar}\left(t-\frac{\mathrm{i}\hbar}{k_{\mathrm{B}}T}\right)\right]\mid E_{k}\right\rangle\end{aligned}$$

$$=\frac{1}{N}\sum_{j,k}p_k\langle E_k\mid\rho_{\boldsymbol{Q}}(0)\mid E_j\rangle\left\langle E_j\mid\rho_{-\boldsymbol{Q}}\left(-\left(t-\frac{\mathrm{i}\hbar}{k_{\mathrm{B}}T}\right)\right)\mid E_k\right\rangle$$

$$=\frac{1}{N}\sum_{k}p_k\left\langle E_k\mid\rho_{\boldsymbol{Q}}(0)\rho_{-\boldsymbol{Q}}\left(-t+\frac{\mathrm{i}\hbar}{k_{\mathrm{B}}T}\right)\mid E_k\right\rangle$$

上式意味着有

$$F(\boldsymbol{Q},t)=F\left(-\boldsymbol{Q},-t+\frac{\mathrm{i}\hbar}{k_{\mathrm{B}}T}\right) \tag{2.3.41}$$

将上式两侧作关于 t 的傅里叶变换，左侧即为 $S(\boldsymbol{Q},\omega)$，而右侧为

$$\frac{1}{2\pi}\int_{-\infty}^{\infty}\mathrm{d}t\,\mathrm{e}^{-\mathrm{i}\omega t}F\left(-\boldsymbol{Q},-t+\frac{\mathrm{i}\hbar}{k_{\mathrm{B}}T}\right)=\exp\left(\frac{\hbar\omega}{k_{\mathrm{B}}T}\right)\frac{1}{2\pi}\int_{-\infty}^{\infty}\mathrm{d}\tau\,\mathrm{e}^{\mathrm{i}\omega\tau}F(-\boldsymbol{Q},\tau)$$

$$=\exp\left(\frac{\hbar\omega}{k_{\mathrm{B}}T}\right)S(-\boldsymbol{Q},-\omega)$$

因此式(2.3.39)成立。不难看出，细致平衡原理对 $S_{\mathrm{s}}(\boldsymbol{Q},\omega)$也成立。

下面从散射实验的角度讨论细致平衡原理的物理意义。设由于中子的入射，导致样品从$|E_1\rangle$态跃迁到$|E_2\rangle$态(或者相反)。两个状态之间的跃迁速率是一样的，但样品本身处于$|E_1\rangle$态的概率与处于$|E_2\rangle$态的概率则不相同。这导致了细致平衡的现象。

假设 $E_1<E_2$。首先考虑中子入射导致样品从$|E_1\rangle$态跃迁到$|E_2\rangle$态的情况。此时，通过散射过程，中子传递给样品能量。根据能量守恒可知，中子的能量转移为$\hbar\omega=E_2-E_1>0$。另一种情况是由于中子的入射，导致样品从$|E_2\rangle$态跃迁到$|E_1\rangle$态。这个过程中，中子从样品吸收能量，因此能量转移为$-\hbar\omega$。在中子散射实验中，这两种过程的发生概率不同，且二者之比即为样品处于$|E_1\rangle$态的概率和处于$|E_2\rangle$态的概率之比：

$$\frac{p_1}{p_2}=\frac{\exp\left(-\dfrac{E_1}{k_{\mathrm{B}}T}\right)\Big/Z}{\exp\left(-\dfrac{E_2}{k_{\mathrm{B}}T}\right)\Big/Z}=\exp\left(\frac{E_2-E_1}{k_{\mathrm{B}}T}\right)=\exp\left(\frac{\hbar\omega}{k_{\mathrm{B}}T}\right)$$

上式表明，在进行散射实验时，中子能量转移为正的概率大于中子能量转移为负的概率，且比值为 $\exp\left(\frac{\hbar\omega}{k_{\mathrm{B}}T}\right)$。因此有

$$S(\boldsymbol{Q},\omega)=\exp\left(\frac{\hbar\omega}{k_{\mathrm{B}}T}\right)S(-\boldsymbol{Q},-\omega)$$

即细致平衡成立。对于绝大部分样品，$\boldsymbol{Q}$ 的方向的反转无实质影响，此时有

$$S(\boldsymbol{Q},\omega)=\exp\left(\frac{\hbar\omega}{k_{\mathrm{B}}T}\right)S(\boldsymbol{Q},-\omega) \tag{2.3.42}$$

图 2.3.2 给出了在 $T=300\mathrm{K}$ 时，利用散射实验测得的溶菌酶样品的 $S(Q,\omega)$与 ω 的函数关系(圆点)，可以看到，即便温度已经高达室温，细致平衡原理造成的 $S(Q,\omega)$关于 ω 的不对称仍然较为显著。在低温下，这种效应将更加明显。在科学研究中，我们经常碰到的是经典系统，其动态结构因子的推导是基于经典理论的，此时有

$$G^{\mathrm{cl}}(\boldsymbol{r},t)=G^{\mathrm{cl}}(\boldsymbol{r},-t) \tag{2.3.43}$$

$$S^{\mathrm{cl}}(\boldsymbol{Q},\omega)=S^{\mathrm{cl}}(\boldsymbol{Q},-\omega) \tag{2.3.44}$$

此时，无法直接用经典理论去拟合散射实验数据。为了克服这个困难，可以人为地将 $S^{\text{cl}}(\boldsymbol{Q},\omega)$ 乘以一个系数 $\exp\left(\frac{\hbar\omega}{2k_{\text{B}}T}\right)$（Hansen，2013）：

$$S'(\boldsymbol{Q},\omega)=\exp\left(\frac{\hbar\omega}{2k_{\text{B}}T}\right)S^{\text{cl}}(\boldsymbol{Q},\omega) \tag{2.3.45}$$

容易验证，$S'(\boldsymbol{Q},\omega)$ 满足细致平衡原理的要求。$\exp\left(\frac{\hbar\omega}{2k_{\text{B}}T}\right)$ 被称为细致平衡因子。图 2.3.2 中的实线是经典模型结合细致平衡因子的计算曲线。可以看到，上述方法很好地满足了数据分析的要求。

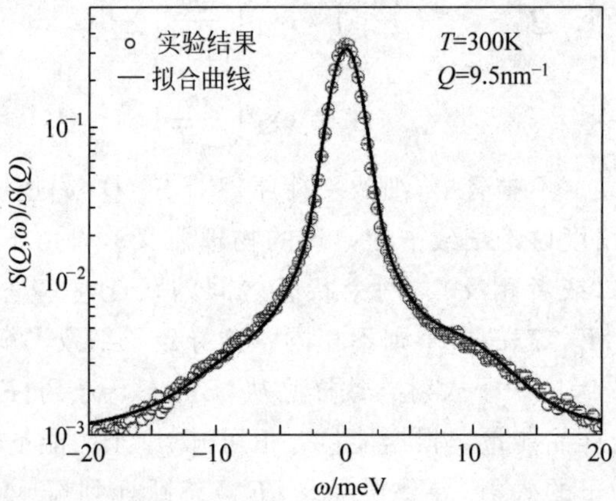

图 2.3.2 溶菌酶固体样品的 $S(Q,\omega)/S(Q)$ 与 ω 的函数关系（Wang，2013）

图中，圆圈表示实验结果，直线表示包含细致平衡因子的经典理论计算结果。工况为 $T=300\text{K}$，$Q=9.5\text{nm}^{-1}$。

除了式(2.3.45)之外，Schofield 曾提出了一个解决方案。注意到 $G^{\text{cl}}(\boldsymbol{r},t)$ 是关于时间的偶函数，这导致 $S^{\text{cl}}(\boldsymbol{Q},\omega)$ 不满足细致平衡原理。Schofield 指出，可以对经典的 van Hove 关联函数作如下修正（Schofield，1960）：

$$G^{\text{S}}(\boldsymbol{r},t)=G^{\text{cl}}\left(\boldsymbol{r},t-\frac{\mathrm{i}\hbar}{2k_{\text{B}}T}\right) \tag{2.3.46}$$

容易验证，由 $G^{\text{S}}(\boldsymbol{r},t)$ 计算得到的动态结构因子满足细致平衡原理的要求。

2.4 中子与理想气体的散射

在本章的前几节中，我们介绍了中子与样品的动态散射过程。需要指出的是，前文中提到的样品都是由大量粒子组成的凝聚态物质，如液体和固体等。

除凝聚态之外，另一大类物质的状态是气态。在理想气体中，粒子数密度是如此稀薄，以至于每一个粒子都可以视作孤立的。本节将讨论理想气体作为样品的情况。在 2.4.1 节中，将推导理想气体的中间散射函数和动态结构因子。理想气体的结论同时也是所谓的冲击近似，冲击近似可用于测量样品中原子的动量分布。在 2.4.2 节中，将介绍中子与静止的自由单核的散射。这个过程对于理解中子慢化十分重要。

2.4.1 理想气体的关联函数

1. 平衡态理想气体

在理想气体中,原子之间的相互作用可以忽略。每个原子都可以视为独立的。换言之,原子之间没有关联。此时,考虑完整的动态结构因子及其相关的关联函数没有实际意义。这里,我们仅考虑与非相干散射相关的关联函数:$F_s(\boldsymbol{Q},t)$、$S_s(\boldsymbol{Q},\omega)$和$G_s(\boldsymbol{r},t)$。

若气体的组成原子均为同一种原子,则各个原子之间平权,$F_s(\boldsymbol{Q},t)$可简化为

$$F_s(\boldsymbol{Q},t)=\langle \mathrm{e}^{-\mathrm{i}\boldsymbol{Q}\cdot\boldsymbol{r}(0)}\mathrm{e}^{\mathrm{i}\boldsymbol{Q}\cdot\boldsymbol{r}(t)}\rangle \tag{2.4.1}$$

式中,$\boldsymbol{r}(t)$表示某参考原子在t时刻的位置。为了继续处理上式,需要借助 Glauber 公式:

$$\mathrm{e}^A\mathrm{e}^B=\mathrm{e}^{A+B+[A,B]/2} \tag{2.4.2}$$

这个公式的详细证明附在本节末尾。由上式可见,我们需要计算$[-\mathrm{i}\boldsymbol{Q}\cdot\boldsymbol{r}(0),\mathrm{i}\boldsymbol{Q}\cdot\boldsymbol{r}(t)]$。注意到,理想气体中的原子做匀速直线运动,有

$$\boldsymbol{r}(t)=\boldsymbol{r}(0)+\frac{\boldsymbol{p}(0)}{m_t}t \tag{2.4.3}$$

式中,m_t为气体原子的质量。根据上式,有

$$[-\mathrm{i}\boldsymbol{Q}\cdot\boldsymbol{r}(0),\mathrm{i}\boldsymbol{Q}\cdot\boldsymbol{r}(t)]=\left[-\mathrm{i}\boldsymbol{Q}\cdot\boldsymbol{r}(0),\mathrm{i}\boldsymbol{Q}\cdot\frac{t}{m_t}\boldsymbol{p}(0)\right]=\frac{\mathrm{i}\hbar tQ^2}{m_t} \tag{2.4.4}$$

利用上式和式(2.4.2),可将式(2.4.1)化为

$$F_s(\boldsymbol{Q},t)=\mathrm{e}^{\mathrm{i}\hbar tQ^2/2m_t}\langle \mathrm{e}^{\mathrm{i}\boldsymbol{Q}\cdot[\boldsymbol{r}(t)-\boldsymbol{r}(0)]}\rangle=\mathrm{e}^{\mathrm{i}\hbar tQ^2/2m_t}\langle \mathrm{e}^{\mathrm{i}\boldsymbol{Q}\cdot\boldsymbol{v}t}\rangle \tag{2.4.5}$$

式中的⟨…⟩表示热平均。在热平衡时,气体原子速度的分布由麦克斯韦速度分布律给出:

$$p(\boldsymbol{v})\mathrm{d}\boldsymbol{v}=\left(\frac{1}{2\pi v_0^2}\right)^{\frac{3}{2}}\mathrm{e}^{-\frac{v^2}{2v_0^2}}\mathrm{d}\boldsymbol{v} \tag{2.4.6}$$

其中$v_0^2=k_BT/m_t$。因此有

$$\langle \mathrm{e}^{\mathrm{i}\boldsymbol{Q}\cdot\boldsymbol{v}t}\rangle=\left(\frac{1}{2\pi v_0^2}\right)^{\frac{3}{2}}\int \mathrm{e}^{\mathrm{i}\boldsymbol{Q}\cdot\boldsymbol{v}t}\mathrm{e}^{-\frac{v^2}{2v_0^2}}\mathrm{d}\boldsymbol{v}=\mathrm{e}^{-\frac{v_0^2Q^2t^2}{2}} \tag{2.4.7}$$

上式的计算用到了高斯函数积分:$\int_{-\infty}^{\infty}\mathrm{e}^{-x^2}\mathrm{d}x=\sqrt{\pi}$。将上式代入式(2.4.5)可得理想气体的中间散射函数:

$$F_s(\boldsymbol{Q},t)=\exp\left(\frac{\mathrm{i}\hbar tQ^2}{2m_t}-\frac{v_0^2Q^2t^2}{2}\right) \tag{2.4.8}$$

对式(2.4.8)作关于时间的傅里叶变换,可得到处于热平衡状态的理想气体的动态结构因子:

$$\begin{aligned}S_s(\boldsymbol{Q},\omega)&=\frac{1}{2\pi}\int_{-\infty}^{\infty}\mathrm{d}t\,\mathrm{e}^{-\mathrm{i}\omega t}\exp\left(\frac{\mathrm{i}\hbar tQ^2}{2m_t}-\frac{v_0^2Q^2t^2}{2}\right)\\&=\frac{1}{\sqrt{2\pi}\,v_0Q}\exp\left[-\frac{1}{2\hbar^2v_0^2Q^2}\left(\hbar\omega-\frac{\hbar^2Q^2}{2m_t}\right)^2\right]\end{aligned} \tag{2.4.9}$$

对式(2.4.8)作关于空间的傅里叶变换,可得相应的 van Hove 关联函数:

$$G_s(\boldsymbol{r},t)=\left(\frac{1}{2\pi}\right)^3\int \mathrm{d}\boldsymbol{Q}\,\mathrm{e}^{-\mathrm{i}\boldsymbol{Q}\cdot\boldsymbol{r}}\exp\left(\frac{\mathrm{i}\hbar t Q^2}{2m_t}-\frac{v_0^2Q^2t^2}{2}\right)$$
$$=\left[\frac{1}{2\pi(v_0^2t^2-\mathrm{i}\hbar t/m_t)}\right]^{3/2}\exp\left[-\frac{r^2}{2(v_0^2t^2-\mathrm{i}\hbar t/m_t)}\right] \qquad (2.4.10)$$

在经典情况下，忽略式(2.4.5)中的因子 $\mathrm{e}^{\mathrm{i}\hbar t Q^2/2m_t}$，易得如下表达式：

$$F_s^{\mathrm{cl}}(\boldsymbol{Q},t)=\exp\left(-\frac{v_0^2Q^2t^2}{2}\right)$$
$$S_s^{\mathrm{cl}}(\boldsymbol{Q},\omega)=\frac{1}{\sqrt{2\pi}\,v_0Q}\exp\left(-\frac{\omega^2}{2v_0^2Q^2}\right)$$
$$G_s^{\mathrm{cl}}(\boldsymbol{r},t)=\left(\frac{1}{2\pi v_0^2t^2}\right)^{3/2}\exp\left(-\frac{r^2}{2v_0^2t^2}\right)$$

上面三个式子都具有高斯函数的形式。

2. 脉冲近似

理想气体的结论在中子散射研究中具有重要的意义。设想，当入射中子的能量远高于样品中原子运动的特征能量时，我们有理由在计算关联函数的时候仅考虑原子在短时间尺度上的运动。换句话说，若中子经过样品中某一区域的时间远小于此处原子运动或碰撞的特征时间，那么只有短时间尺度上的运动特征会对关联函数有所贡献。在这种情况下，原子之间还来不及发生碰撞或明显的相互作用，其运动可视为相互之间没有关联的匀速直线运动。因此，系统的中间散射函数可以由式(2.4.5)近似地表示。这称为脉冲近似(impulse approximation)。将式(2.4.5)对时间作傅里叶变换，可得到脉冲近似下的动态结构因子的表达式：

$$S(Q,\omega)=\frac{1}{2\pi}\int \mathrm{d}t\exp\left(-\mathrm{i}\omega t+\frac{\mathrm{i}\hbar t Q^2}{2m}\right)\left\langle\exp\left(\mathrm{i}\frac{\boldsymbol{Q}\cdot\boldsymbol{p}}{m}t\right)\right\rangle \qquad (2.4.11)$$

注意到

$$\left\langle\exp\left(\mathrm{i}\frac{\boldsymbol{Q}\cdot\boldsymbol{p}}{m}t\right)\right\rangle=\sum_{\boldsymbol{p}}n_{\boldsymbol{p}}\exp\left(\mathrm{i}\frac{\boldsymbol{Q}\cdot\boldsymbol{p}}{m}t\right) \qquad (2.4.12)$$

式中，$n_{\boldsymbol{p}}$ 表示动量 $\boldsymbol{p}$ 的分布。将上式代入式(2.4.11)得

$$S(Q,\omega)=\sum_{\boldsymbol{p}}n_{\boldsymbol{p}}\delta\left(\omega-\frac{\hbar Q^2}{2m}-\frac{\boldsymbol{Q}\cdot\boldsymbol{p}}{m}\right) \qquad (2.4.13)$$

上式为冲击近似下的动态结构因子。可见，冲击近似可用于测量样品中原子的动量分布。若进一步考虑位移展开式(2.4.3)中的高阶项，则可提高冲击近似的准确性。

2.4.2 中子与单个静止的自由原子的散射

我们考虑这样的中子散射实验：质量为 m_n、能量为 E_i 的入射中子，与一个静止的、质量数为 A 的原子发生散射。由式(2.2.49)可知，其双微分截面为

$$\frac{\mathrm{d}^2\sigma}{\mathrm{d}\Omega\,\mathrm{d}E_f}=\frac{1}{2\pi\hbar}\frac{k_f}{k_i}b^2\int_{-\infty}^{\infty}\mathrm{d}t\,\mathrm{e}^{-\mathrm{i}\omega t}\left\langle\mathrm{e}^{-\mathrm{i}\boldsymbol{Q}\cdot\boldsymbol{r}(0)}\mathrm{e}^{\mathrm{i}\boldsymbol{Q}\cdot\boldsymbol{r}(t)}\right\rangle \qquad (2.4.14)$$

根据式(2.4.8)可知，对于静止的单粒子，其中间散射函数为

$$F(\boldsymbol{Q},t)=\langle \mathrm{e}^{-\mathrm{i}\boldsymbol{Q}\cdot\boldsymbol{r}(0)}\mathrm{e}^{\mathrm{i}\boldsymbol{Q}\cdot\boldsymbol{r}(t)}\rangle=\exp\left(\frac{\mathrm{i}\hbar t Q^2}{2Am_\mathrm{n}}\right) \tag{2.4.15}$$

联立上面两式可得

$$\begin{aligned}\frac{\mathrm{d}^2\sigma}{\mathrm{d}\Omega\mathrm{d}E_\mathrm{f}}&=\frac{b^2}{2\pi\hbar}\frac{k_\mathrm{f}}{k_\mathrm{i}}\int_{-\infty}^{\infty}\mathrm{d}t\exp\left(\frac{\mathrm{i}\hbar t Q^2}{2Am_\mathrm{n}}-\mathrm{i}\omega t\right)\\&=\frac{b^2}{\hbar}\frac{k_\mathrm{f}}{k_\mathrm{i}}\delta\left(\omega-\frac{\hbar Q^2}{2Am_\mathrm{n}}\right)=b^2\frac{k_\mathrm{f}}{k_\mathrm{i}}\delta\left(\hbar\omega-\frac{\hbar^2Q^2}{2Am_\mathrm{n}}\right)\end{aligned} \tag{2.4.16}$$

注意到：

$$\hbar\omega=E_\mathrm{i}-E_\mathrm{f},\quad Q^2=(\boldsymbol{k}_\mathrm{i}-\boldsymbol{k}_\mathrm{f})^2=\frac{2m_\mathrm{n}}{\hbar^2}(E_\mathrm{i}+E_\mathrm{f}-2\sqrt{E_\mathrm{i}E_\mathrm{f}}\cos\theta)$$

联立上面两式得

$$\frac{\mathrm{d}^2\sigma}{\mathrm{d}\Omega\mathrm{d}E_\mathrm{f}}=b^2\sqrt{\frac{E_\mathrm{f}}{E_\mathrm{i}}}\delta\left(E_\mathrm{i}-E_\mathrm{f}-\frac{E_\mathrm{i}+E_\mathrm{f}-2\sqrt{E_\mathrm{i}E_\mathrm{f}}\cos\theta}{A}\right) \tag{2.4.17}$$

在实际科研中，我们关心的往往是入射中子的能量如何被静止的靶核所改变。这是中子慢化的核心问题之一，下面考虑这个问题。

$$\begin{aligned}\frac{\mathrm{d}\sigma}{\mathrm{d}E_\mathrm{f}}&=\int\frac{\mathrm{d}^2\sigma}{\mathrm{d}\Omega\mathrm{d}E_\mathrm{f}}\mathrm{d}\Omega\\&=2\pi b^2\int_0^\pi\mathrm{d}\theta\sin\theta\sqrt{\frac{E_\mathrm{f}}{E_\mathrm{i}}}\delta\left(E_\mathrm{i}-E_\mathrm{f}-\frac{E_\mathrm{i}+E_\mathrm{f}-2\sqrt{E_\mathrm{i}E_\mathrm{f}}\cos\theta}{A}\right)\end{aligned} \tag{2.4.18}$$

作变量替换：$x=E_\mathrm{i}-E_\mathrm{f}-\dfrac{E_\mathrm{i}+E_\mathrm{f}-2\sqrt{E_\mathrm{i}E_\mathrm{f}}\cos\theta}{A}$，有

$$\frac{\mathrm{d}\sigma}{\mathrm{d}E_\mathrm{f}}=2\pi b^2\int_{x_-}^{x_+}\mathrm{d}x\,\frac{A}{2\sqrt{E_\mathrm{i}E_\mathrm{f}}}\sqrt{\frac{E_\mathrm{f}}{E_\mathrm{i}}}\delta(x)=\frac{\pi Ab^2}{E_\mathrm{i}}\int_{x_-}^{x_+}\mathrm{d}x\delta(x) \tag{2.4.19}$$

其中积分限为

$$\begin{aligned}x_\pm&=E_\mathrm{i}-E_\mathrm{f}-\frac{E_\mathrm{i}+E_\mathrm{f}\mp2\sqrt{E_\mathrm{i}E_\mathrm{f}}}{A}\\&=(\sqrt{E_\mathrm{i}}+\sqrt{E_\mathrm{f}})(\sqrt{E_\mathrm{i}}-\sqrt{E_\mathrm{f}})-\frac{1}{A}(\sqrt{E_\mathrm{i}}\mp\sqrt{E_\mathrm{f}})^2\end{aligned} \tag{2.4.20}$$

注意，仅当 $x_-\leqslant0\leqslant x_+$ 时，式(2.4.19)的积分才不为 0，这个条件要求

$$E_\mathrm{i}\left(\frac{A-1}{A+1}\right)^2\leqslant E_\mathrm{f}\leqslant E_\mathrm{i} \tag{2.4.21}$$

因此有

$$\frac{\mathrm{d}\sigma}{\mathrm{d}E_\mathrm{f}}=\begin{cases}\dfrac{\pi Ab^2}{E_\mathrm{i}}, & E_\mathrm{i}\left(\dfrac{A-1}{A+1}\right)^2\leqslant E_\mathrm{f}\leqslant E_\mathrm{i}\\0, & \text{其他情况}\end{cases} \tag{2.4.22}$$

由上式可见，入射中子与单个靶核发生散射之后，一定会损失能量。这也是中子慢化的原理。另外，A 越小，E_f 减小的可能性就越大。反之，若 A 很大，则 E_f 接近 E_i，慢化效果不佳。这也是在实际中往往采取轻核含量较多的材料做慢化剂的原因。

对式(2.4.22)积分，可得到中子与静止的自由原子散射的总截面：

$$\sigma_{\text{free}} = 4\pi b^2 \left(\frac{A}{A+1}\right)^2 \tag{2.4.23}$$

上式是一个有趣的结论。注意到：

$$\lim_{A\to\infty} \sigma_{\text{free}} = 4\pi b^2 \tag{2.4.24}$$

$A\to\infty$意味着靶核被固定。因此，式(2.2.64)和式(2.2.65)中给出的散射截面，都是描写靶核被束缚时的散射截面。正因如此，也将 b 称为束缚散射长度(bound scattering length)。我们也可以引入自由散射长度(free scattering length)a：

$$\sigma_{\text{free}} = 4\pi a^2 \tag{2.4.25}$$

容易发现

$$a = \frac{A}{A+1} b \tag{2.4.26}$$

当样品是凝聚态物质的时候，采用束缚散射长度来计算散射截面是合理的。这种情况下，样品的组成分子(或原子)的数密度很大。每一个分子都被其周围的分子紧密包围，如图 2.3.1 所示。因此，要"打走"一个分子，需要克服的能量是较大的。例如，典型的范德瓦尔斯力的键能为约 10meV。要将液体中的一个分子移动出其原有位置，需要破坏该分子与其所有邻居之间的范德瓦尔斯力。激发这个过程所需要的能量常常比键能大至少一个量级，也就是达到 100meV 或者更高。而在中子散射实验中，中子的能量往往小于 25meV，这个能量远不足以破坏凝聚态物质的局域结构。此时，靶粒子是被"束缚"的。

附：Glauber 公式的证明

记算符 A 和 B 的对易式为 c：$c=[A,B]$。若 c 是一个数，而非算符，则有以下结论成立：

$$e^A e^B = e^{A+B+c/2} \tag{2.4.27}$$

下面证明上式。首先需证明

$$AB^n - B^n A = cnB^{n-1} \tag{2.4.28}$$

利用归纳法证明。$n=1$ 时，上式显然成立。假设上式对于 n 成立，将其两边右乘 B，有

$$AB^{n+1} - B^n AB = cnB^n$$

另外易知有

$$c = AB - BA \Rightarrow cB^n = B^n AB - B^{n+1} A \Rightarrow B^n AB = B^{n+1} A + cB^n$$

联立上面两式可得

$$AB^{n+1} - B^{n+1} A - cB^n = cnB^n \Rightarrow AB^{n+1} - B^{n+1} A = c(n+1)B^n$$

即式(2.4.28)的形式对于 $n+1$ 也是成立的。至此我们用归纳法证明了式(2.4.28)。

利用式(2.4.28)，易知有如下计算成立(a 是一个数而非算符)：

$$\begin{aligned} A e^{aB} - e^{aB} A &= \sum_{n=0}^{\infty} \frac{a^n}{n!}(AB^n - B^n A) \\ &= \sum_{n=0}^{\infty} \frac{a^n}{n!} cnB^{n-1} = ca \sum_{n=1}^{\infty} \frac{a^{n-1}}{(n-1)!} B^{n-1} \\ &= ca\, e^{aB} \end{aligned} \tag{2.4.29}$$

定义函数 $f(a)$：

$$f(a) = e^{aA} e^{aB} e^{-a(A+B)}$$

其导数为

$$\begin{aligned}\frac{\mathrm{d}}{\mathrm{d}a}f(a)&=\mathrm{e}^{aA}A\mathrm{e}^{aB}\mathrm{e}^{-a(A+B)}+\mathrm{e}^{aA}\mathrm{e}^{aB}B\mathrm{e}^{-a(A+B)}-\mathrm{e}^{aA}\mathrm{e}^{aB}(A+B)\mathrm{e}^{-a(A+B)}\\&=\mathrm{e}^{aA}(A\mathrm{e}^{aB}-\mathrm{e}^{aB}A)\mathrm{e}^{-a(A+B)}\\&=ca\mathrm{e}^{aA}\mathrm{e}^{aB}\mathrm{e}^{-a(A+B)}\\&=caf(a)\end{aligned}$$

易知上述微分方程的解为

$$f(a)=\exp\left(\frac{1}{2}ca^2\right)$$

令 $a=1$,则得到 Glauber 公式:

$$f(1)=\mathrm{e}^{c/2}=\mathrm{e}^A\mathrm{e}^B\mathrm{e}^{-(A+B)}\Rightarrow\mathrm{e}^A\mathrm{e}^B=\mathrm{e}^{A+B+c/2}$$

2.5 定态近似

在中子散射实验之中,有相当数量的实验仅关心样品的结构,而对于动态特征不感兴趣。也就是说,需要测量的量是 $S(\boldsymbol{Q})$:

$$S(\boldsymbol{Q})=\int S(\boldsymbol{Q},\omega)\mathrm{d}\omega=\frac{1}{N}\left\langle\sum_{j=1}^{N}\sum_{k=1}^{N}\mathrm{e}^{-\mathrm{i}\boldsymbol{Q}\cdot\boldsymbol{r}_j}\mathrm{e}^{\mathrm{i}\boldsymbol{Q}\cdot\boldsymbol{r}_k}\right\rangle$$

本节讨论 $S(\boldsymbol{Q})$与微分截面 $\mathrm{d}\sigma/\mathrm{d}\Omega$ 之间的关系。先从 $S(\boldsymbol{Q},\omega)$与双微分截面的关系入手:

$$\left(\frac{\mathrm{d}^2\sigma}{\mathrm{d}\Omega\mathrm{d}E_\mathrm{f}}\right)_{\mathrm{coh}}=\frac{1}{\hbar}\frac{k_\mathrm{f}}{k_\mathrm{i}}Nb_{\mathrm{coh}}^2S(\boldsymbol{Q},\omega)$$

两边同时对 E_f 积分,有

$$\left(\frac{\mathrm{d}\sigma}{\mathrm{d}\Omega}\right)_{\mathrm{coh}}=Nb_{\mathrm{coh}}^2\int\frac{k_\mathrm{f}}{k_\mathrm{i}}S(\boldsymbol{Q},\omega)\mathrm{d}\omega$$

注意,k_f 是 ω 的函数,因此上式中的积分不好处理。为了进一步讨论 $S(\boldsymbol{Q})$与微分截面的关系,下面引入定态近似(static approximation)。

2.5.1 定态近似简介

这一节介绍定态近似,并讨论其适用范围。

考虑式(2.2.57):

$$\left(\frac{\mathrm{d}^2\sigma}{\mathrm{d}\Omega\mathrm{d}E_\mathrm{f}}\right)_{\mathrm{coh}}=\frac{1}{2\pi\hbar}\frac{k_\mathrm{f}}{k_\mathrm{i}}b_{\mathrm{coh}}^2\int_{-\infty}^{\infty}\mathrm{d}t\,\mathrm{e}^{-\mathrm{i}\omega t}\left\langle\sum_{j=1}^{N}\sum_{k=1}^{N}\mathrm{e}^{-\mathrm{i}\boldsymbol{Q}\cdot\boldsymbol{r}_j(0)}\mathrm{e}^{\mathrm{i}\boldsymbol{Q}\cdot\boldsymbol{r}_k(t)}\right\rangle$$

注意到有

$$\mathrm{e}^{-\mathrm{i}\omega t}=\exp\left[\frac{\mathrm{i}}{\hbar}t(E_\mathrm{f}-E_\mathrm{i})\right],\quad \mathrm{e}^{\mathrm{i}\boldsymbol{Q}\cdot\boldsymbol{r}_k(t)}=\exp\left(\mathrm{i}\frac{H_\mathrm{S}}{\hbar}t\right)\exp(\mathrm{i}\boldsymbol{Q}\cdot\boldsymbol{r}_k)\exp\left(-\mathrm{i}\frac{H_\mathrm{S}}{\hbar}t\right)$$

E_i 和 E_f 分别为入射中子和散射中子的能量。代入上式得

$$\begin{aligned}\left(\frac{\mathrm{d}^2\sigma}{\mathrm{d}\Omega\mathrm{d}E_\mathrm{f}}\right)_{\mathrm{coh}}&=\frac{1}{2\pi\hbar}\frac{k_\mathrm{f}}{k_\mathrm{i}}b_{\mathrm{coh}}^2\int_{-\infty}^{\infty}\mathrm{d}t\,\mathrm{e}^{\frac{\mathrm{i}}{\hbar}t(E_\mathrm{f}-E_\mathrm{i})}\left\langle\sum_j\sum_k\mathrm{e}^{-\mathrm{i}\boldsymbol{Q}\cdot\boldsymbol{r}_j}\mathrm{e}^{\mathrm{i}\frac{H_\mathrm{S}}{\hbar}t}\mathrm{e}^{\mathrm{i}\boldsymbol{Q}\cdot\boldsymbol{r}_k}\mathrm{e}^{-\mathrm{i}\frac{H_\mathrm{S}}{\hbar}t}\right\rangle\\&=\frac{1}{2\pi\hbar}\frac{k_\mathrm{f}}{k_\mathrm{i}}b_{\mathrm{coh}}^2\sum_{\mathrm{S,i}}P_{\mathrm{S,i}}\sum_{\mathrm{S,f}}\int_{-\infty}^{\infty}\mathrm{d}t\,\mathrm{e}^{\frac{\mathrm{i}}{\hbar}t(E_\mathrm{f}-E_\mathrm{i})}\cdot\end{aligned}$$

$$\sum_{j}\sum_{k}\langle E_{S,i}\mid e^{-i\boldsymbol{Q}\cdot\boldsymbol{r}_j}\mid E_{S,f}\rangle\left\langle E_{S,f}\left|e^{i\frac{H_s}{\hbar}t}e^{i\boldsymbol{Q}\cdot\boldsymbol{r}_k}e^{-i\frac{H_s}{\hbar}t}\right|E_{S,i}\right\rangle$$

$$=\frac{1}{2\pi\hbar}\frac{k_f}{k_i}b_{coh}^2\sum_{S,i}P_{S,i}\sum_{S,f}\sum_{j}\sum_{k}$$

$$\langle E_{S,i}\mid e^{-i\boldsymbol{Q}\cdot\boldsymbol{r}_j}\mid E_{S,f}\rangle\langle E_{S,f}\mid e^{i\boldsymbol{Q}\cdot\boldsymbol{r}_k}\mid E_{S,i}\rangle\int_{-\infty}^{\infty}dt\,e^{\frac{i}{\hbar}t(E_f-E_i+E_{S,f}-E_{S,i})}$$

$$=\frac{1}{2\pi\hbar}\frac{k_f}{k_i}b_{coh}^2\sum_{S,i}P_{S,i}\sum_{S,f}\sum_{j}\sum_{k}$$

$$\langle E_{S,i}\mid e^{-i\boldsymbol{Q}\cdot\boldsymbol{r}_j}\mid E_{S,f}\rangle\langle E_{S,f}\mid e^{i\boldsymbol{Q}\cdot\boldsymbol{r}_k}\mid E_{S,i}\rangle 2\pi\hbar\delta(E_f-E_i+E_{S,f}-E_{S,i})$$

$$=\frac{k_f}{k_i}b_{coh}^2\sum_{S,i}P_{S,i}\sum_{S,f}\left|\sum_{k}\langle E_{S,f}\,|\,e^{i\boldsymbol{Q}\cdot\boldsymbol{r}_k}\,|\,E_{S,i}\rangle\right|^2\cdot$$

$$\delta(E_f+E_{S,f}-E_i-E_{S,i}) \tag{2.5.1}$$

现引入定态近似(Squires,1978)：

$$E_{S,f}=E_{S,i}\quad(定态近似) \tag{2.5.2}$$

定态近似的直接后果就是 $k_f=k_i$，否则能量不守恒。注意到，在中子散射实验中，$\boldsymbol{k}_i$ 是已知的，$\boldsymbol{k}_f$ 的方向也是已知的，即为探测器相对于样品的方向。定态近似则给出了 $\boldsymbol{k}_f$ 的大小。因此可确定散射矢量 $\boldsymbol{Q}$。将定态近似下的散射矢量记为 $\boldsymbol{Q}_0$，易知 $\boldsymbol{Q}_0$ 的大小满足

$$Q_0^2=2k_i^2-2k_i^2\cos\theta$$

定态近似下，式(2.5.1)可简化为

$$\left(\frac{d^2\sigma}{d\Omega dE_f}\right)_{coh}^{sa}=b_{coh}^2\sum_{S,i}P_{S,i}\sum_{S,f}\left|\sum_{k=1}^{N}\langle E_{S,f}\,|\,e^{i\boldsymbol{Q}_0\cdot\boldsymbol{r}_k}\,|\,E_{S,i}\rangle\right|^2\delta(E_f-E_i)$$

$$=b_{coh}^2\left\langle\sum_{j=1}^{N}\sum_{k=1}^{N}e^{-i\boldsymbol{Q}_0\cdot\boldsymbol{r}_j}e^{i\boldsymbol{Q}_0\cdot\boldsymbol{r}_k}\right\rangle\delta(E_f-E_i) \tag{2.5.3}$$

上标“sa”表示定态近似。将上式两侧对 E_f 积分，可得

$$\left(\frac{d\sigma}{d\Omega}\right)_{coh}^{sa}=b_{coh}^2\left\langle\sum_{j=1}^{N}\sum_{k=1}^{N}e^{-i\boldsymbol{Q}_0\cdot\boldsymbol{r}_j}e^{i\boldsymbol{Q}_0\cdot\boldsymbol{r}_k}\right\rangle=Nb_{coh}^2S(\boldsymbol{Q}_0) \tag{2.5.4}$$

上式表明，在定态近似下，只需要探测散射中子的位置分布，而不需要对散射中子的能量加以任何区分，最后得到的中子谱即为 $S(\boldsymbol{Q})$。可见，若定态近似成立，将对实验测量 $S(\boldsymbol{Q})$带来很大的便利。

下面简单讨论定态近似的适用范围。容易发现，当 $k_f\approx k_i$ 时，定态近似显然是适用的，这也意味着有

$$\frac{\Delta E}{E_i}=\frac{|E_f-E_i|}{E_i}\ll 1$$

由上面的讨论可见，定态近似实质上是“弹性散射”近似。这意味着中子波在样品中相邻粒子之间传播的过程中，粒子未发生显著的运动。因此，若样品中的粒子质量较大，运动较慢(例如胶体粒子或者其他大分子)，定态近似显然适用。在晶体散射实验中，声子或其他激发态导致的非弹性散射的截面较小，若忽略这些非弹性散射信号，则也可利用定态近似测量晶体结构。但对于原子液体和分子液体，粒子的扩散运动显著，会导致较为明显的

非弹性散射。这里所涉及的能量转移可以达到 0.1meV 量级甚至更高，从而接近入射中子的能量。此时，为了精确地测量 $S(\boldsymbol{Q})$，往往会对定态近似进行修正。

2.5.2 Placzek 修正

Placzek 给出了定态近似的一级修正(Placzek，1952)，下面介绍其思路。

在实际的实验中，测得的微观截面为

$$\left(\frac{\mathrm{d}\sigma}{\mathrm{d}\Omega}\right)_{\mathrm{eff}}=\int_0^{\infty} f(E_{\mathrm{f}})\left(\frac{\mathrm{d}^2\sigma}{\mathrm{d}\Omega\,\mathrm{d}E_{\mathrm{f}}}\right)_{\mathrm{coh}}\mathrm{d}E_{\mathrm{f}}=Nb_{\mathrm{coh}}^2\int_{-\infty}^{E_{\mathrm{i}}/\hbar}\frac{k_{\mathrm{f}}}{k_{\mathrm{i}}}S(\boldsymbol{Q},\omega)f(E_{\mathrm{f}})\mathrm{d}\omega \tag{2.5.5}$$

其中 $f(E)$ 为探测器对于能量为 E 的中子的探测效率。

一般而言，中子的能量转移 $\hbar\omega$ 要小于入射能量 E_{i}。因此可以将二者之比视为小量：

$$x=\frac{\hbar\omega}{E_{\mathrm{i}}}=\frac{k_{\mathrm{i}}^2-k_{\mathrm{f}}^2}{k_{\mathrm{i}}^2} \tag{2.5.6}$$

如果 $f(E_{\mathrm{f}})$ 与 k_{f} 的关系满足 $1/k_{\mathrm{f}}$ 的形式(这可以人工设置或换算)，则计算可以进一步简化：

$$\left(\frac{\mathrm{d}\sigma}{\mathrm{d}\Omega}\right)_{\mathrm{eff}}=Nb_{\mathrm{coh}}^2 f_0\int_{-\infty}^{E_{\mathrm{i}}/\hbar}S(\boldsymbol{Q},\omega)\mathrm{d}\omega$$

一般情况下，$S(\boldsymbol{Q},\omega)$ 较为显著的 ω 的区间满足 $\hbar\omega\ll E_{\mathrm{i}}$，因此上式的积分上限可近似为∞：

$$\left(\frac{\mathrm{d}\sigma}{\mathrm{d}\Omega}\right)_{\mathrm{eff}}=Nb_{\mathrm{coh}}^2 f_0\int_{-\infty}^{\infty}S(\boldsymbol{Q},\omega)\mathrm{d}\omega \tag{2.5.7}$$

考虑到在绝大多数情况下，$S(\boldsymbol{Q},\omega)$ 是关于 $\boldsymbol{Q}$ 的偶函数，因此可将 $S(\boldsymbol{Q},\omega)$ 在 $\boldsymbol{Q}_0$ 附近作关于 Q^2 的展开：

$$S(\boldsymbol{Q},\omega)=S(\boldsymbol{Q}_0,\omega)+\Delta\left[\frac{\partial S(\boldsymbol{Q},\omega)}{\partial(Q^2)}\right]_{\boldsymbol{Q}=\boldsymbol{Q}_0}+\frac{\Delta^2}{2!}\left[\frac{\partial^2 S(\boldsymbol{Q},\omega)}{\partial(Q^2)^2}\right]_{\boldsymbol{Q}=\boldsymbol{Q}_0}+\cdots \tag{2.5.8}$$

式中，

$$\Delta=Q^2-Q_0^2$$

注意到有

$$Q^2=k_{\mathrm{f}}^2+k_{\mathrm{i}}^2-2k_{\mathrm{f}}k_{\mathrm{i}}\cos\theta=k_{\mathrm{i}}^2(1-x)+k_{\mathrm{i}}^2-2k_{\mathrm{i}}^2\sqrt{1-x}\cos\theta$$

$$Q_0^2=2k_{\mathrm{i}}^2-2k_{\mathrm{i}}^2\cos\theta$$

联立上面三式得

$$\Delta=2k_{\mathrm{i}}^2-xk_{\mathrm{i}}^2-(2k_{\mathrm{i}}^2-Q_0^2)\sqrt{1-x}-Q_0^2$$

将上式以 x 展开并保留到二阶：

$$\begin{aligned}\Delta&=2k_{\mathrm{i}}^2-xk_{\mathrm{i}}^2-(2k_{\mathrm{i}}^2-Q_0^2)\left(1-\frac{1}{2}x-\frac{1}{8}x^2+\cdots\right)-Q_0^2\\&=-\frac{1}{2}Q_0^2x+\frac{1}{8}(2k_{\mathrm{i}}^2-Q_0^2)x^2+\cdots\end{aligned}$$

$$=-\frac{1}{2}Q_0^2\frac{\hbar\omega}{E_i}+\frac{1}{8}(2k_i^2-Q_0^2)\left(\frac{\hbar\omega}{E_i}\right)^2+\cdots \tag{2.5.9}$$

将式 (2.5.8)代入式(2.5.7)得

$$\left(\frac{d\sigma}{d\Omega}\right)_{\text{eff}}=Nb_{\text{coh}}^2f_0\cdot$$
$$\int_{-\infty}^{\infty}d\omega\left\{S(\boldsymbol{Q}_0,\omega)+\Delta\left[\frac{\partial S(\boldsymbol{Q},\omega)}{\partial(Q^2)}\right]_{Q=Q_0}+\frac{\Delta^2}{2!}\left[\frac{\partial^2 S(\boldsymbol{Q},\omega)}{\partial(Q^2)^2}\right]_{Q=Q_0}+\cdots\right\} \tag{2.5.10}$$

记

$$S_n'(\boldsymbol{Q}_0)=\int\left[\frac{\partial S(\boldsymbol{Q},\omega)}{\partial(Q^2)}\right]_{Q=Q_0}(\hbar\omega)^n d\omega=\frac{\partial}{\partial(Q^2)}\left[\int S(\boldsymbol{Q},\omega)(\hbar\omega)^n d\omega\right]_{Q=Q_0}$$

结合式(2.5.9)，可将式(2.5.10)化为

$$\left(\frac{d\sigma}{d\Omega}\right)_{\text{eff}}=Nb_{\text{coh}}^2f_0\left\{S(\boldsymbol{Q}_0)-\frac{Q_0^2}{2E_i}S_1'(\boldsymbol{Q}_0)+\right.$$
$$\left.\frac{1}{8E_i^2}\left[(2k_i^2-Q_0^2)S_2'(\boldsymbol{Q}_0)+Q_0^4S_2''(\boldsymbol{Q}_0)\right]+\cdots\right\} \tag{2.5.11}$$

$S_n'(\boldsymbol{Q}_0)$可以利用理想气体的结论式(2.4.9)估算：

$$S(\boldsymbol{Q},\omega)=\frac{1}{\sqrt{2\pi}v_0Q}\exp\left[-\frac{1}{2\hbar^2v_0^2Q^2}\left(\hbar\omega-\frac{\hbar^2Q^2}{2m_t}\right)^2\right]$$

易知有

$$S_1(\boldsymbol{Q})=\int S(\boldsymbol{Q},\omega)\hbar\omega\,d\omega=\frac{\hbar^2Q^2}{2m_t} \tag{2.5.12}$$

$$S_2(\boldsymbol{Q})=\int S(\boldsymbol{Q},\omega)(\hbar\omega)^2d\omega=\hbar^2v_0^2Q^2+\left(\frac{\hbar^2Q^2}{2m_t}\right)^2 \tag{2.5.13}$$

由上面两式可得

$$S_1'(\boldsymbol{Q}_0)=\frac{\hbar^2}{2m_t}$$

$$S_2'(\boldsymbol{Q}_0)=\hbar^2v_0^2+2\left(\frac{\hbar^2}{2m_t}\right)^2Q_0^2$$

$$S_2''(\boldsymbol{Q}_0)=2\left(\frac{\hbar^2}{2m_t}\right)^2$$

将上面三式代入式(2.5.11)，并注意到有

$$v_0^2=\frac{k_BT}{m_t},\quad E_i=\frac{\hbar^2k_i^2}{2m_n}$$

可得

$$\left(\frac{d\sigma}{d\Omega}\right)_{\text{eff}}=Nb_{\text{coh}}^2f_0\left[S(\boldsymbol{Q}_0)+\frac{m_n}{m_t}\left(\frac{k_BT}{E_i}\frac{2k_i^2-Q_0^2}{4k_i^2}-\frac{Q_0^2}{2k_i^2}\right)+O\left(\frac{m_n}{m_t}\right)^2\right] \tag{2.5.14}$$

上式即为 Placzek 得到的关于 m_n/m_t 的展开式,其头项即为定态近似的结果。可见,样品中的原子质量越大,入射中子能量越高,定态近似就越准确。而当入射中子能量较低,且样品中的原子很轻的时候,定态近似会出现较大的偏差。

2.6 中子源简介

本节简要介绍中子散射依托的中子源技术。中子散射技术要求中子源能够在尽量小的体积内产生尽量多的中子,以提高中子的通量。因此,不容易生成大量中子的核反应,例如查德威克发现中子所利用的(α,n)反应,一般不宜用作中子散射的中子源。现今,中子散射技术依托的中子源主要有两类,一类是反应堆中子源,另一类是散裂中子源。这两类中子源也分别是连续中子源和脉冲中子源的代表。下面将简要介绍这两种中子源的原理。另外,聚变反应和激光也有望实现中子的大量产生,但这类技术尚不足以成为大型中子源的方案,此处就不作介绍了。

20 世纪伟大的物理学家费米领导建设了世界上第一台反应堆。这台反应堆于 1942 年在芝加哥诞生,被命名为 CP-1(意为 Chicago Pile number 1)。反应堆产生中子的原理是^{235}U 或^{239}Pu 等重核在中子诱导下发生裂变。以^{235}U 为例,一个典型的中子触发核裂变反应如下:

$$^{235}\mathrm{U}+\mathrm{n}\longrightarrow {}^{93}\mathrm{Rb}+{}^{141}\mathrm{Cs}+2\mathrm{n}$$

注意,上述反应只能由热中子或者能量更低的中子触发。另外,上述反应形式并不是^{235}U 裂变的唯一可能。反应生成的原子核的质量是有分布的,轻核的质量数均值约为 95,重核的质量数均值约为 140。裂变反应直接生成的中子称为瞬发中子(prompt neutron)。对于^{235}U 的裂变反应,瞬发中子数的平均值为 2.42。除了瞬发中子之外,裂变反应的产物,例如^{93}Rb,可能发生进一步的衰变,并释放中子。这一部分中子称为缓发中子(delayed neutron),约占裂变总生成中子的 1%。缓发中子的产生时间比最初的裂变反应要推迟数秒甚至更长,因此可实现控制。这是可控裂变技术的关键。注意到一次裂变反应可产生两个甚至更多的中子,这些中子经慢化后可以触发新的核裂变反应,从而实现自持的链式反应,使得反应堆可以稳定连续地输出中子。正因如此,反应堆被认为是连续中子源。

裂变生成的中子能量满足麦克斯韦分布:

$$n(E)=2\sqrt{\frac{E}{\pi E_{\mathrm{T}}^{3}}}\,\mathrm{e}^{-E/E_{\mathrm{T}}}$$

上式中,E_{T} 为裂变中子的平均能量,为 MeV 量级。裂变中子经过与堆芯外的反射层和慢化剂材料多次碰撞之后损失能量并达到热平衡状态,中子能谱的峰值位于热中子区,可用于中子散射研究。反应堆中子源输出的中子谱除了麦克斯韦部分之外,还有少量 $1/E$ 谱。前者主要为热中子贡献,后者主要为超热中子贡献。图 2.6.1 给出了一个典型的堆源产生的中子的能谱。

CP-1 采用^{235}U 作为核燃料,石墨作为慢化剂,其中子通量约为 $10^7\,\mathrm{n\cdot cm^{-2}\cdot s^{-1}}$。如今,世界上最著名的中子散射用反应堆位于法国的劳厄-郎之万研究院(Institut Laue-Langevin,ILL)。该反应堆于 20 世纪 70 年代建成,功率为 65MW,热中子通量约为 $1.5\times10^{15}\,\mathrm{n\cdot cm^{-2}\cdot s^{-1}}$。主流大型堆源的热中子通量一般在 $10^{14}\sim10^{15}\,\mathrm{n\cdot cm^{-2}\cdot s^{-1}}$ 量级。

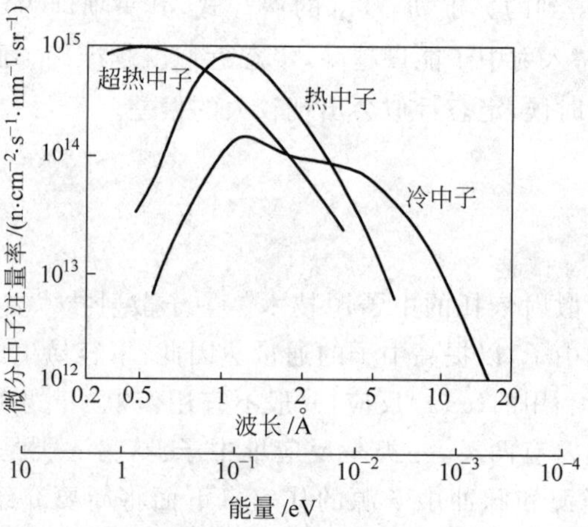

图 2.6.1 法国劳厄-郎之万研究院的反应堆中子源的中子能谱

进一步提升反应堆中子源的中子通量是非常困难的，最主要的原因在于大功率运行下堆芯的散热问题难以解决。

我国现在拥有两个大型研究反应堆。其中一个是隶属于中国原子能科学研究院的中国先进研究堆(China Advanced Research Reactor，CARR)。该堆的功率约为 60MW，热中子通量约为 $8\times10^{14}\,\mathrm{n\cdot cm^{-2}\cdot s^{-1}}$。另一个是隶属于中国工程物理研究院的中国绵阳研究堆(China Mianyang Research Reactor，CMRR)，该堆的功率约为 20MW，热中子通量约为 $2\times10^{14}\,\mathrm{n\cdot cm^{-2}\cdot s^{-1}}$。两个研究堆都具备生成冷中子的能力，并配备多条中子谱仪。

散裂中子源利用能量较高的粒子束轰击重金属靶发生的散裂反应来获得高强度中子束流。散裂(spallation)过程是指质子等轻带电粒子轰击重核(如 Hg、W 等元素)，造成重核“蒸发”(evaporation)，从而产生中子的过程。当入射粒子进入靶核之后，可与核内部的某个“子核”单独发生作用，并将大部分能量传递给这个“子核”。该“子核”得到能量之后，又会撞击同一个原子核内的其他“子核”。这个过程称为核内级联(intranuclear cascade)。核内级联导致入射粒子的能量较为平均地分配给靶核内的各个“子核”，使得靶核整体处于很高能量的激发态。此外，靶核内部能量较高的粒子会冲出靶核，并与其他靶核作用，形成核外级联(internuclear cascade)。处于高能激发态的靶核最终会“蒸发”，从而产生大量中子，并伴随产生数个轻核、中微子，以及 γ 射线等。一次入射引起的散裂反应可产生 20～40 个中子。其中 3% 的中子源于级联过程，这一部分中子携带的能量很高，一般与入射粒子能量相当。剩余中子产生于“蒸发”过程，这部分中子的能量较低，约为 10MeV。中子的释放在粒子入射之后的 10^{-15}s 之内即可完成。因此，散裂源产生中子的频率完全取决于带电粒子打靶的频率。正因如此，散裂源被认为是脉冲中子源。图 2.6.2 给出了散裂反应的过程。

位于美国橡树岭国家实验室的散裂中子源(Spallation Neutron Source，SNS)是当今最为典型的散裂源。该散裂源于 2006 年启用，方案是利用直线加速器将质子加速到约 1GeV，并轰击液态 Hg 靶。其频率为 60Hz，中子通量可达 $10^{17}\,\mathrm{n\cdot cm^{-2}\cdot s^{-1}}$。目前，我国已建成中国散裂中子源(China Spallation Neutron Source，CSNS)。该源采用固体 W 作为

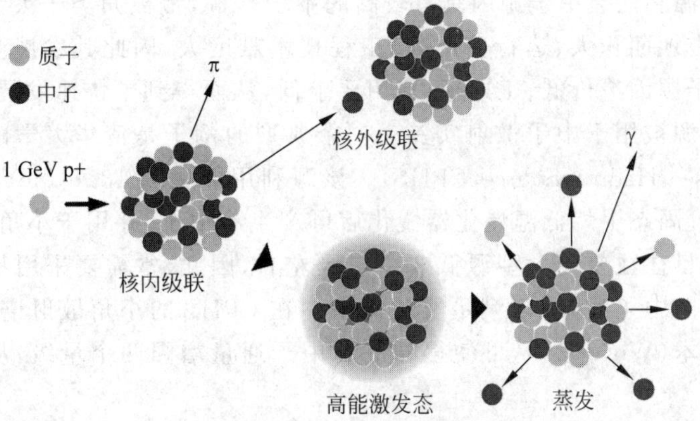

图 2.6.2 散裂反应的过程

靶材料,脉冲频率为 25Hz,中子通量可达 $10^{15}\,\mathrm{n\cdot cm^{-2}\cdot s^{-1}}$ 量级以上。

反应堆源和散裂源各有优劣,对于中子散射研究而言,二者同样重要。反应堆的技术更加成熟,运行更稳定,产生低能中子的总量较多。此外,对于弹性散射谱仪和三轴谱仪等仪器,反应堆源所提供的连续中子输出更有利于仪器遍历倒易空间。散裂源作为后起之秀,也有非常显著的优势,主要包括:①散裂源的中子产生具有脉冲特征,因此可结合飞行时间方法。这一特点使得散裂源非常适用于动态中子散射,即需要分辨时间或能量的散射技术。②由于脉冲特性,散裂源的散热可以得到很好的控制,因此可以获得更高的通量。③散裂源不需要用到核燃料,亦不产生核废料,使得其更容易被接受。另外,加速器也比反应堆更容易控制。④由于仅热中子才有较大的裂变反应截面,反应堆内部必须加入慢化器,以降低中子能量,维持链式核反应。散裂源不存在这个问题,因此在慢化器的设计上更为灵活。图 2.6.3 给出了中子源的发展历史。可见,散裂中子源得到了越来越多的关注和快速发展。

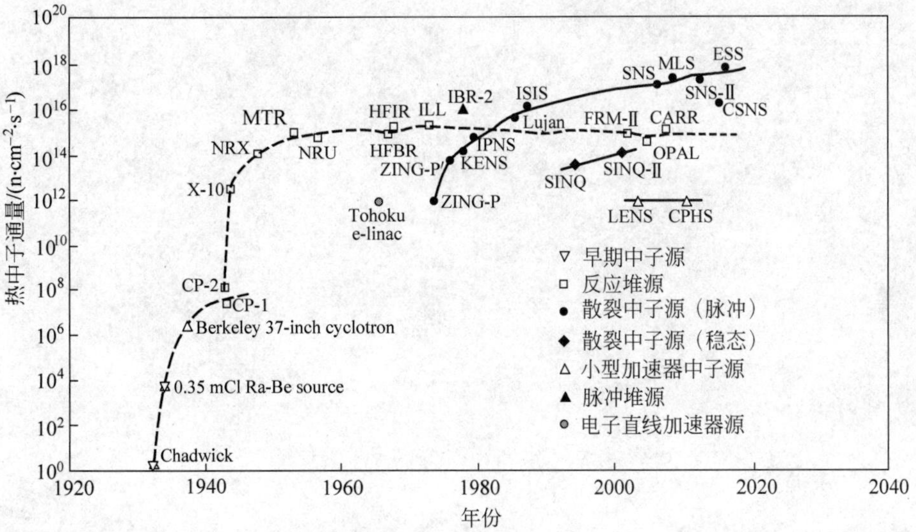

图 2.6.3 中子源发展历史

反应堆中子源和散裂中子源因具有较高的中子产额，常被归类于大型中子源。大型中子源造价高、占地面积大、运行费用高、工程技术难度大，因此其发展受到限制。近年来，各类小型中子源因造价低、工期短、费用要求低，从而得到了快速发展。其中，加速器驱动的小型中子源被用于中子散射实验。一个典型的例子是清华大学的微型脉冲强子源(Compact Pulsed Hadron Source，CPHS)。该源利用能量为 13.6 MeV 的质子轰击 Be 靶产生中子，经过固态甲烷低温慢化器慢化后可产生冷中子，并用于小角中子散射实验。这类源的中子通量往往要比大型源低 3 个量级左右，因此，常需要采用特殊的中子光学技术提升样品处的中子通量，以满足实验需求。在 CPHS 的小角散射谱仪中，通过掠入射中子聚焦镜技术(Wu，2020)，可使得样品处中子通量增强两个量级，从而大大提升谱仪的效率。

第 3 章

中子在经典液体中的散射

从本章开始，陆续介绍中子散射技术的一些基本应用。本章集中介绍中子散射技术在经典液体中的应用，主要包括测定液体的微观结构、液体原子的扩散和振动等内容。其中理论部分将以简单液体（或原子液体）为例加以介绍。除此之外，还将详细介绍中子散射技术在液态水研究中的应用。水是一种常见且极为重要的分子液体，对于水的介绍有助于理解简单液体中的概念和研究方法如何推广到对分子液体的研究之中。

3.1 简单液体模型

本章的理论介绍部分将围绕所谓的“简单液体”(simple liquid)展开讨论。简单液体是研究液态性质的基本物理模型(Hansen,2013)。这是一种经典模型（不考虑量子效应）。在该模型中我们假设：①所有液体分子都是一样的，或者说，所有液体分子在统计意义上是平权的；②液体分子为球形，更确切地说，液体分子之间的相互作用是各向同性的(isotropic)；③液体分子之间的作用有“对可加性”(pair additivity)，即系统由于分子间的相互作用而产生的总的势能为分子对之间的相互作用势能之和：

$$V_N = \sum_{i=1}^{N}\sum_{j>i}^{N} v(\boldsymbol{r}_i, \boldsymbol{r}_j) \tag{3.1.1}$$

式中，N 为分子总数，$v(\boldsymbol{r}_i, \boldsymbol{r}_j)$为分子 i 和分子 j 之间的相互作用势能，$\boldsymbol{r}_i$ 表示分子 i 的位置。由于我们假设分子对之间的相互作用各向同性，因此 v 仅依赖于两个分子之间的距离：

$$v(\boldsymbol{r}_i, \boldsymbol{r}_j) = v(|\boldsymbol{r}_i - \boldsymbol{r}_j|) = v(r) \tag{3.1.2}$$

式中，r 表示两个液体分子之间的距离。由上述定义可见，简单液体更像真实世界中的原子液体，例如惰性元素的液体。另外，在实验中发现，有些有机小分子组成的液体也具备简单液体的特征。因此，在后文中，对于简单液体，我们将不再使用“分子”或“原子”，而是用“粒子”来表示其微观单元。

容易理解，$v(r)$的形式对于液体的性质有决定性的影响。其最简单的形式被称为“硬球”(hard sphere)作用。顾名思义，其表达式为

$$v(r) = \begin{cases} \infty, & r < d \\ 0, & r > d \end{cases} \tag{3.1.3}$$

式中，d 为“硬球”粒子的直径。显然，该模型完全忽略了粒子间的相互吸引作用。另外，该表达式中假设粒子之间的排斥作用是无限陡峭的，这一点似乎也违背直觉。尽管如此，硬球模型仍然可以较好地描述高密度液体的很多性质，因此得到广泛的使用。

对于中性原子，由于内部电荷作用，会产生电多级矩，从而与其他原子产生吸引作用。量子力学计算表明，在两粒子距离较远时，这样的吸引作用具有反比幂函数的形式，且头项为 r^{-6}。综合这些考虑，兰纳-琼斯(Lennard-Jones)给出了一个实用的 $v(r)$ 的形式，被称为兰纳-琼斯作用势：

$$v(r)=4\varepsilon\left[\left(\frac{\sigma}{r}\right)^{12}-\left(\frac{\sigma}{r}\right)^{6}\right] \tag{3.1.4}$$

式中，σ 可视为粒子的“直径”(注意，这里没有严格意义上的直径定义了)，ε 为势阱的深度。易知，当 $r=2^{1/6}\sigma\approx1.1225\sigma$ 时，$v(r)$ 取最小值 $-\varepsilon$。兰纳-琼斯势可以较好地描述一些简单系统中分子或原子的相互作用，如惰性元素原子组成的系统。

图 3.1.1 给出了 Ar 的原子作用势能的实验曲线和兰纳-琼斯势近似的曲线。可以看到，二者的符合度还是较好的。

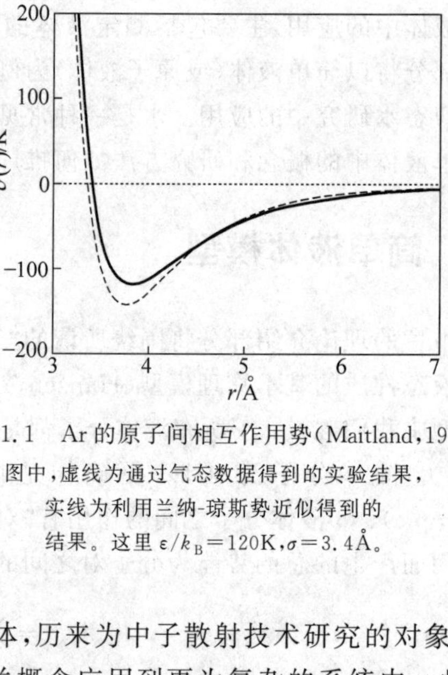

图 3.1.1　Ar 的原子间相互作用势(Maitland，1981)
图中，虚线为通过气态数据得到的实验结果，实线为利用兰纳-琼斯势近似得到的结果。这里 $\varepsilon/k_B=120\mathrm{K}$，$\sigma=3.4\text{Å}$。

大多数真实的液体，例如分子液体、胶体溶液、聚合物熔体等，都远比简单液体复杂。但简单液体的相关概念和理论仍然是研究这些复杂液体的基础。

本章前几节将分别在非相干散射部分和相干散射部分介绍中子散射技术在简单液体中的应用。在非相干散射部分，将介绍单粒子的运动，如扩散、振动等。在相干散射部分，将介绍液体粒子的集体运动和液体的微观结构。在介绍完这些基本知识之后，将着重介绍中子散射技术在液态水研究中的应用。水作为地球上最常见和重要的液体，历来为中子散射技术研究的对象。通过这一实例，读者将体会到如何将简单液体的相关概念应用到更为复杂的系统中。此外，本章也将为下一章内容——中子散射在复杂流体中的应用，打下必要的基础。

3.2 非相干散射部分

非相干散射的可测量是 $S_s(\boldsymbol{Q},\omega)$，它描述了液体中的单粒子的运动。本节将首先讨论 $S_s(\boldsymbol{Q},\omega)$ 以及与 $S_s(\boldsymbol{Q},\omega)$ 直接相关的量，如 $F_s(\boldsymbol{Q},t)$ 和 $G_s(\boldsymbol{r},t)$。随后将讨论液体的速度关联函数及其频谱函数，这些量也可以被散射方法所测量，且对于描述液体中粒子的短时间行为非常有用。

3.2.1 密度关联函数

由 2.3 节内容可知，$S(\boldsymbol{Q},\omega)$、$F(\boldsymbol{Q},t)$ 和 $G(\boldsymbol{r},t)$ 代表局域粒子数密度的关联；$S_s(\boldsymbol{Q},\omega)$、

$F_s(\boldsymbol{Q},t)$和$G_s(\boldsymbol{r},t)$代表单粒子密度(或单粒子出现概率)的关联,因此,我们将这些关联函数称为密度关联函数,以区分下一节要介绍的速度关联函数。本节将详细介绍简单液体中非相干散射部分的密度关联函数的性质。

在经典的简单液体中,$G_s(\boldsymbol{r},t)$、$F_s(\boldsymbol{Q},t)$和$S_s(\boldsymbol{Q},\omega)$分别具有如下形式:

$$G_s(\boldsymbol{r},t)=\langle\delta[\boldsymbol{r}+\boldsymbol{r}(0)-\boldsymbol{r}(t)]\rangle=\langle\delta[(\boldsymbol{r}(t)-\boldsymbol{r}(0))-\boldsymbol{r}]\rangle \tag{3.2.1}$$

$$F_s(\boldsymbol{Q},t)=\langle e^{i\boldsymbol{Q}\cdot[\boldsymbol{r}(t)-\boldsymbol{r}(0)]}\rangle \tag{3.2.2}$$

$$S_s(\boldsymbol{Q},\omega)=\frac{1}{2\pi}\int_{-\infty}^{\infty}\mathrm{d}t\,e^{-i\omega t}\langle e^{i\boldsymbol{Q}\cdot[\boldsymbol{r}(t)-\boldsymbol{r}(0)]}\rangle \tag{3.2.3}$$

其中,$\boldsymbol{r}(t)$表示参考粒子在t时刻的位置。注意,这里略去了上标“cl”。

从上面的表达式中,可以立刻得到几个性质:

$$\int G_s(\boldsymbol{r},t)\mathrm{d}\boldsymbol{r}=1 \tag{3.2.4}$$

$$F_s(\boldsymbol{Q},0)=1 \tag{3.2.5}$$

$$\int S_s(\boldsymbol{Q},\omega)\mathrm{d}\omega=1 \tag{3.2.6}$$

1. 短时间极限:理想气体

首先考虑t很小时的情况。此时,液体中的粒子来不及发生碰撞,因此,其行为与自由粒子类似。如果记τ_c为粒子间的特征碰撞时间,则短时间极限意味着有$t\ll\tau_c$。对于一般的简单液体,τ_c约为10^{-13} s。需要强调的是,任何关于时间的要求都对应于空间上的要求。例如此处,既然要求$t\ll\tau_c$,那也意味着在空间上取小尺度的极限:$l\ll l_c$(l_c为粒子的平均自由程)。在倒易空间中,这些条件意味着ω和Q需满足:$\omega\gg\tau_c^{-1}$,$Q\gg l_c^{-1}$。

短时间极限下,液体中的粒子尚未发生碰撞而作匀速直线运动,因此$F_s(\boldsymbol{Q},t)$可写为

$$F_s(\boldsymbol{Q},t)=\langle e^{i\boldsymbol{Q}\cdot\boldsymbol{p}t/m}\rangle$$

式中,$\boldsymbol{p}$为粒子的动量,m为粒子质量。在热平衡时,动量分布满足麦克斯韦分布:

$$f(\boldsymbol{p})\mathrm{d}\boldsymbol{p}=\left(\frac{1}{2\pi mk_BT}\right)^{3/2}\exp\left(-\frac{p^2}{2mk_BT}\right)\mathrm{d}\boldsymbol{p} \tag{3.2.7}$$

联立上面两式得

$$F_s(Q,t)=\int e^{i\boldsymbol{Q}\cdot\boldsymbol{p}t/m}f(\boldsymbol{p})\mathrm{d}\boldsymbol{p}=\exp\left(-\frac{k_BTt^2}{2m}Q^2\right) \tag{3.2.8}$$

将上式分别对$\boldsymbol{Q}$和t做傅里叶变换,可得到短时间极限下的$G_s(\boldsymbol{r},t)$和$S_s(\boldsymbol{Q},\omega)$:

$$G_s(r,t)=\left(\frac{1}{2\pi}\right)^3\int\mathrm{d}\boldsymbol{Q}\,e^{-i\boldsymbol{Q}\cdot\boldsymbol{r}}F_s(\boldsymbol{Q},t)=\left(\frac{m}{2\pi k_BTt^2}\right)^{3/2}\exp\left(-\frac{m}{2k_BTt^2}r^2\right) \tag{3.2.9}$$

$$S_s(Q,\omega)=\frac{1}{2\pi}\int_{-\infty}^{\infty}\mathrm{d}t\,e^{-i\omega t}F_s(\boldsymbol{Q},t)=\left(\frac{m}{2\pi k_BTQ^2}\right)^{1/2}\exp\left(-\frac{m}{2k_BTQ^2}\omega^2\right) \tag{3.2.10}$$

由于系统各向同性,上述函数不再依赖$\boldsymbol{r}$和$\boldsymbol{Q}$的方向,因此写为标量r和Q。与2.4.1节内容对比可知,上面几个式子与经典理想气体的结论相同。所以短时间极限也被称为理想气体极限。

2. 长时间极限:自扩散

当时间尺度远大于τ_c时,液体粒子可以历经足够多次的碰撞,使得粒子的路径呈现出

随机性。该物理过程称为自扩散。下面讨论这种情况下液体的粒子运动。

由式(3.2.1)可见，$G_s(\boldsymbol{r},t)$代表了一种概率密度：将参考粒子在 $t=0$ 时刻的位置设置为坐标系的原点，则在 t 时刻，该粒子位于 $\boldsymbol{r}$ 附近 $\mathrm{d}\boldsymbol{r}$ 范围内的概率即为 $G_s(\boldsymbol{r},t)\mathrm{d}\boldsymbol{r}$。作为概率密度，其满足守恒条件，因此满足连续性方程

$$\frac{\mathrm{d}}{\mathrm{d}t}\int G_s(\boldsymbol{r},t)\mathrm{d}\boldsymbol{r}=-\oiint \boldsymbol{j}_s(\boldsymbol{r},t)\cdot\mathrm{d}\boldsymbol{S}$$

式中，$\boldsymbol{j}_s$ 为概率流，即单位时间通过单位面积的概率，亦可认为是单粒子的密度流，代表参考粒子的流动。利用高斯定理，将上式写为微分形式：

$$\frac{\partial}{\partial t}G_s(\boldsymbol{r},t)+\nabla\cdot\boldsymbol{j}_s(\boldsymbol{r},t)=0 \tag{3.2.11}$$

在长时间尺度下，$\boldsymbol{j}_s$ 的大小正比于概率的梯度，方向相反：

$$\boldsymbol{j}_s(\boldsymbol{r},t)=-D\nabla G_s(\boldsymbol{r},t) \tag{3.2.12}$$

式中 D 称为自扩散系数(self-diffusion coefficient)。联立上面两式可得

$$\frac{\partial}{\partial t}G_s(\boldsymbol{r},t)=D\nabla^2 G_s(\boldsymbol{r},t) \tag{3.2.13}$$

将上式两侧做关于 $\boldsymbol{r}$ 的傅里叶变换：

$$\frac{\partial}{\partial t}F_s(\boldsymbol{Q},t)=D\int\nabla^2 G_s(\boldsymbol{r},t)\mathrm{e}^{\mathrm{i}\boldsymbol{Q}\cdot\boldsymbol{r}}\mathrm{d}\boldsymbol{r}=-DQ^2F_s(\boldsymbol{Q},t) \tag{3.2.14}$$

上式用到了分部积分。利用初始条件 $F_s(\boldsymbol{Q},0)=1$，可解得自扩散情形下 $F_s(\boldsymbol{Q},t)$的表达式：

$$F_s(Q,t)=\mathrm{e}^{-DQ^2t} \tag{3.2.15}$$

由上式可见，自扩散情形下 $F_s(Q,t)$随时间呈指数衰减，且衰减系数正比于 D。这说明，液体的流动性越好，$F_s(Q,t)$衰减得越快。反之，若系统的粒子不流动(如玻璃态物质中的粒子)，则 $F_s(Q,t)$不衰减。此时易知对应的 $S_s(Q,\omega)$为 $\delta(\omega)$，即仅有弹性散射发生。

将上式对 $\boldsymbol{Q}$ 做傅里叶变换，可得到自扩散情形下的 $G_s(r,t)$：

$$G_s(r,t)=\left(\frac{1}{2\pi}\right)^3\int\mathrm{d}\boldsymbol{Q}\,\mathrm{e}^{-\mathrm{i}\boldsymbol{Q}\cdot\boldsymbol{r}}F_s(\boldsymbol{Q},t)=\left(\frac{1}{4\pi Dt}\right)^{3/2}\exp\left(-\frac{1}{4Dt}r^2\right) \tag{3.2.16}$$

由上式可见，在 $t=0$ 附近，$G_s(\boldsymbol{r},t)$在 $\boldsymbol{r}=\boldsymbol{0}$ 附近非常尖锐，而在其他位置几乎为零。这表明粒子尚未离开初始位置。随着时间的推移，粒子在空间中的分布逐渐被展平，体现了粒子的自扩散效应。图 3.2.1(a)给出了 $G_s(\boldsymbol{r},t)$随时间的演化示意。

将式(3.2.15)对 t 做傅里叶变换即可得到 $S_s(\boldsymbol{Q},\omega)$。注意，这里对 t 的积分限是 $-\infty\to\infty$，而式(3.2.15)的定义域则是 $t\geqslant0$。因此，要对式(3.2.15)中的 $F_s(Q,t)$做延拓以完成积分。利用得到式 (2.3.41)的方法，容易得知，对于各向同性的系统有

$$F_s(Q,t)=F_s\left(Q,-t+\frac{\mathrm{i}\hbar}{k_BT}\right) \tag{3.2.17}$$

在经典极限下，$\mathrm{i}\hbar/k_BT\to0$，因此有

$$F_s(Q,t)=F_s(Q,-t) \tag{3.2.18}$$

利用上式可得自扩散情形下的 $S_s(Q,\omega)$为

$$S_s(Q,\omega)=\frac{1}{2\pi}\int_{-\infty}^{\infty}\mathrm{d}t\,\mathrm{e}^{-\mathrm{i}\omega t}\,\mathrm{e}^{-DQ^2|t|}=\frac{1}{\pi}\frac{DQ^2}{(DQ^2)^2+\omega^2} \tag{3.2.19}$$

此时，$S_s(Q,\omega)$关于ω的函数具有洛伦兹函数的形式。其半高半宽为DQ^2，即$F_s(Q,t)$的衰减系数。图 3.2.1(b)给出了自扩散情形下的$S_s(Q,\omega)$示例。

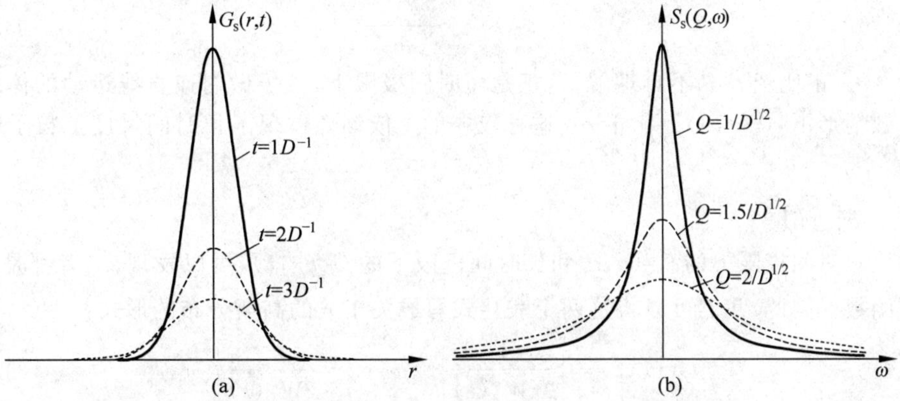

图 3.2.1 液体中粒子的自扩散运动的$G_s(r,t)$和$S_s(Q,\omega)$

(a) 自扩散运动的$G_s(r,t)$。此处，$G_s(r,t)$是关于r的高斯函数。随着时间的推移，$G_s(r,t)$逐渐展平，体现了粒子在空间中的扩散；(b) 自扩散运动的$S_s(Q,\omega)$。此处，$S_s(Q,\omega)$是关于ω的洛伦兹函数。可以看到，随着Q的减小，$S_s(Q,\omega)$变得越发尖锐。

注意，上面三个式子仅在$t\gg\tau_c$时才成立。在倒易空间中，该条件意味着ω和Q满足：$\omega\tau_c\ll1, Ql_c\ll1$。在较短的时间尺度上(但仍长于$\tau_c$，液体粒子可与其相邻粒子发生少量碰撞)，液体粒子会在其相邻粒子组成的"笼子"中振荡，而非在空间中做连续性的自扩散。

描述液体流动性的一个重要指标是均方位移(mean square displacement)$\langle r^2(t)\rangle$。其意义是：设某个参考粒子在0时刻位于坐标原点，则在t时刻，其相距原点的距离$|\boldsymbol{r}(t)|$的平方的期望值即为$\langle r^2(t)\rangle$。从概念出发，可知$\langle r^2(t)\rangle$与$G_s(\boldsymbol{r},t)$有如下关系：

$$\langle r^2(t)\rangle=\int G_s(\boldsymbol{r},t)r^2\mathrm{d}\boldsymbol{r} \tag{3.2.20}$$

利用式(3.2.16)，可得

$$\langle r^2(t)\rangle=\left(\frac{1}{4\pi Dt}\right)^{3/2}\int\exp\left(-\frac{1}{4Dt}r^2\right)r^2\mathrm{d}\boldsymbol{r}=\left(\frac{1}{4\pi Dt}\right)^{3/2}4\pi\int_0^\infty\exp\left(-\frac{1}{4Dt}r^2\right)r^4\mathrm{d}r$$

利用高斯积分

$$\int_0^\infty\exp(-ar^2)r^4\mathrm{d}r=\frac{3\sqrt{\pi}}{8a^{5/2}} \tag{3.2.21}$$

可得自扩散情形下液体粒子的$\langle r^2(t)\rangle$：

$$\langle r^2(t)\rangle=6Dt \tag{3.2.22}$$

一般而言，可以将上式写为如下形式：

$$D=\lim_{t\to\infty}\frac{\langle r^2(t)\rangle}{6t} \tag{3.2.23}$$

可以与短时间极限的结果做一个对比。在短时间极限下，$\langle r^2(t)\rangle$的计算如下：

$$\langle r^2(t)\rangle=\int\left(\frac{\boldsymbol{p}t}{m}\right)^2f(\boldsymbol{p})\mathrm{d}\boldsymbol{p}$$

将麦克斯韦分布式(3.2.7)代入上式，并利用高斯积分式(3.2.21)，可得短时间极限下$\langle r^2(t)\rangle$的表达式：

$$\langle r^2(t)\rangle=\frac{3k_{\mathrm{B}}T}{m}t^2 \tag{3.2.24}$$

式中$\langle r^2(t)\rangle$正比于t^2。不难理解，这正是短时间极限下，粒子做匀速直线运动的体现。而在自扩散情形下，$\langle r^2(t)\rangle$正比于t。这种较弱的t依赖性体现了长时间尺度上粒子运动的随机性。

3. 高斯近似

对比短时间极限下的$G_{\mathrm{s}}(r,t)$和长时间极限下的$G_{\mathrm{s}}(r,t)$，可以发现，二者都是关于r的高斯函数。因此，我们可以将这两个表达式写成关于r的高斯分布的形式：

$$G_{\mathrm{s}}(r,t)=\left[\frac{1}{2\pi W^2(t)}\right]^{3/2}\exp\left[-\frac{r^2}{2W^2(t)}\right] \tag{3.2.25}$$

$W(t)$即为上述高斯分布的"标准差"(或者说，$W^2(t)$是参考粒子在某个方向上的均方位移：$W^2(t)=\langle r_x^2(t)\rangle$)，其在两个极限下的表达式为

$$W^2(t)=\begin{cases}\dfrac{k_{\mathrm{B}}Tt^2}{m}, & t\to 0\\ 2Dt, & t\to\infty\end{cases} \tag{3.2.26}$$

我们假设，在任何时间尺度上，$G_{\mathrm{s}}(r,t)$都可以由如式(3.2.25)所示的高斯分布形式来描述。这样的近似称为高斯近似。

易得高斯近似下，$F_{\mathrm{s}}(Q,t)$的表达式为关于Q的高斯函数：

$$\begin{aligned}F_{\mathrm{s}}(Q,t)&=\left[\frac{1}{2\pi W^2(t)}\right]^{3/2}\int\mathrm{d}\boldsymbol{r}\,\mathrm{e}^{\mathrm{i}\boldsymbol{Q}\cdot\boldsymbol{r}}\exp\left[-\frac{r^2}{2W^2(t)}\right]\\&=\exp\left[-\frac{1}{2}Q^2W^2(t)\right]\end{aligned} \tag{3.2.27}$$

高斯近似下，均方位移的表达式为

$$\langle r^2(t)\rangle=\left[\frac{1}{2\pi W^2(t)}\right]^{3/2}\int\exp\left[-\frac{r^2}{2W^2(t)}\right]r^2\,\mathrm{d}\boldsymbol{r}=3W^2(t) \tag{3.2.28}$$

高斯近似是形式化的。并无明确的理论依据表明，当时间尺度不在短时间或长时间极限时，$G_{\mathrm{s}}(r,t)$可写为关于r的高斯分布。实际上，当时间尺度不在极限情况下时，高斯近似的效果并不理想。此时，往往增加一个非高斯因子$\alpha(t)$来描述实验数据(Nijboer，1966)：

$$F_{\mathrm{s}}(Q,t)=\exp\left[-\frac{1}{2}Q^2W^2(t)\right]\left[1+\frac{1}{8}\alpha(t)Q^4W^4(t)\right] \tag{3.2.29}$$

理论计算表明$\alpha(t)$具有如下形式：

$$\alpha(t)=\frac{3\langle r^4(t)\rangle}{5\langle r^2(t)\rangle^2}-1,\quad \text{或等效的：}\quad \alpha(t)=\frac{\langle r_x^4(t)\rangle}{3\langle r_x^2(t)\rangle^2}-1 \tag{3.2.30}$$

式(3.2.29)实际上是对高斯近似在二阶展开上的一个修正，详细的计算可参考本节附注。当$\alpha(t)=0$时，$F_{\mathrm{s}}(Q,t)$恢复高斯形式。在实验上测得$S_{\mathrm{s}}(Q,\omega)$之后，将其做关于ω的傅里叶变换求出$F_{\mathrm{s}}(Q,t)$，利用式(3.2.29)拟合实验得到的$F_{\mathrm{s}}(Q,t)$，即可得到$W^2(t)$和$\alpha(t)$。

图 3.2.2 给出了液态 Ar 在 85K 时 $W^2(t)$和 $\alpha(t)$的实验结果。可以看到，当在 $t<\sim10^{-13}$ s①时，有 $W^2(t)\propto t^2$，意味着系统处于理想气体极限。当 $t>\sim10^{-11}$ s 时，有 $W^2(t)\propto t$，意味着系统已经处于自扩散情形。在这两种情况下，高斯近似可以较好地描述系统。而当 $10^{-13}\,\text{s}<t<10^{-11}$ s 时，$\alpha(t)$较为明显，意味着系统已经不能用高斯近似描述了。

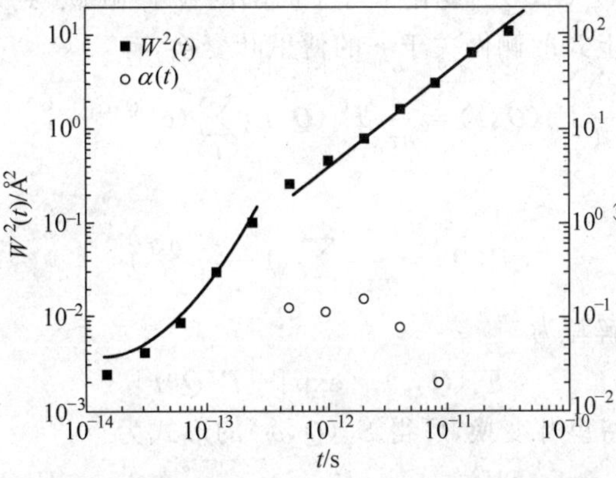

图 3.2.2 液态 Ar 在 85K 时 $W^2(t)$和 $\alpha(t)$的中子散射实验结果(Sköld,1972)

图中，点表示实验数据，线代表高斯形式。当时间尺度适中时，$\alpha(t)$较为显著，高斯近似不再适用。

4. 跳扩散

当时间和空间尺度适中时，理想气体近似和自扩散理论一般都无法满意地描述液体中单粒子的运动。这里介绍一种唯象模型：跳扩散(jump diffusion)。在很多时候，跳扩散模型可以较好地描述时间和空间尺度适中的时候液体单粒子的运动。

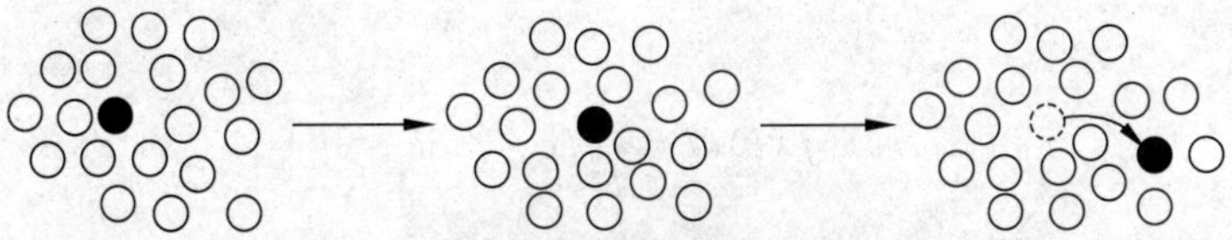

图 3.2.3 液体粒子的跳扩散示意图

考虑黑色的参考粒子，该粒子位于其相邻粒子组成的"笼子"之中。在短时间尺度上，由于相邻粒子的约束，参考粒子将在"笼子"中作平衡位置附近的振荡。随着时间的行进，参考粒子将最终冲破"笼子"，扩散出去。这一过程如同"跳跃"，因此称为跳扩散。

跳扩散模型的物理图像是这样的：由于液体的粒子数密度较高，对于某参考粒子，它不会立刻扩散到其他地方，而是会先在由其相邻粒子组成的"笼子"中做平衡位置附近的振荡。在与"邻居"发生几次碰撞之后，参考粒子最终将冲破"笼子"，扩散到其他的地方。在这个图像中，参考粒子的行为像是不断从一个地点"跳跃"到另一个地点，因此也称为"跳扩散"。图 3.2.3 给出了跳扩散的示意图。

下面推导液体的跳扩散模型的非相干散射关联函数(Chudley,1961)。假设参考粒子在其相邻粒子组成的"笼子"中"暂住"的时间为 τ_0，历经 τ_0 之后，参考粒子冲破"笼子"，迅速移动到新的地点。新地点与原平衡位置之间的位移为 $\boldsymbol{l}$。在这个图像下有

① 这里，"～"表示数量级一致。

$$\frac{\partial}{\partial t}G_s(\boldsymbol{r},t)=\frac{\frac{1}{n}\sum_{\boldsymbol{l}}[G_s(\boldsymbol{r}+\boldsymbol{l},t)-G_s(\boldsymbol{r},t)]}{\tau_0} \tag{3.2.31}$$

式中，n 为参考粒子可能“跳跃”到的地点的数量，等号右侧的作和是对所有这些可能的地点作和。上式的意义是指 $G_s(\boldsymbol{r},t)$ 的变化率等于周围的粒子“跳跃”到 $\boldsymbol{r}$ 处的概率减去 $\boldsymbol{r}$ 处的粒子跳出去的概率。对上式两侧做关于 $\boldsymbol{r}$ 的傅里叶变换，有

$$\frac{\partial}{\partial t}F_s(\boldsymbol{Q},t)=\frac{1}{n\tau_0}F_s(\boldsymbol{Q},t)\sum_{\boldsymbol{l}}(e^{-i\boldsymbol{Q}\cdot\boldsymbol{l}}-1) \tag{3.2.32}$$

记

$$\Gamma(\boldsymbol{Q})=\frac{1}{n\tau_0}\sum_{\boldsymbol{l}}(1-e^{-i\boldsymbol{Q}\cdot\boldsymbol{l}}) \tag{3.2.33}$$

可将式(3.2.32)的解写为

$$F_s(\boldsymbol{Q},t)=\exp[-\Gamma(\boldsymbol{Q})t] \tag{3.2.34}$$

将上式做关于 t 的傅里叶变换，可得 $S_s(\boldsymbol{Q},\omega)$ 的形式为

$$S_s(\boldsymbol{Q},\omega)=\frac{1}{2\pi}\int_{-\infty}^{\infty}dt\,e^{-i\omega t}F_s(\boldsymbol{Q},|t|)=\frac{1}{\pi}\frac{\Gamma(\boldsymbol{Q})}{\Gamma^2(\boldsymbol{Q})+\omega^2} \tag{3.2.35}$$

从形式上看，这里的结论与前文介绍的连续性的自扩散的结论相似。$F_s(\boldsymbol{Q},t)$ 呈指数衰减，且衰减系数即为 $S_s(\boldsymbol{Q},\omega)$ 的半高半宽。因此，重要的是得到衰减系数 $\Gamma(\boldsymbol{Q})$ 的形式。根据式(3.2.33)可得

$$\Gamma(\boldsymbol{Q})=\frac{1}{n\tau_0}\sum_{\boldsymbol{l}}(1-e^{-i\boldsymbol{Q}\cdot\boldsymbol{l}})=\frac{1}{\tau_0}[1-\langle e^{-i\boldsymbol{Q}\cdot\boldsymbol{l}}\rangle] \tag{3.2.36}$$

关键是求取 $\langle e^{-i\boldsymbol{Q}\cdot\boldsymbol{l}}\rangle$。在液体中，$\boldsymbol{l}$ 的方向分布是各向同性的，我们假设 $|\boldsymbol{l}|$ 满足随机分布：

$$f(l)\,dl=\frac{1}{l_0^2}l\,e^{-l/l_0}\,dl \tag{3.2.37}$$

在求取 $\langle e^{-i\boldsymbol{Q}\cdot\boldsymbol{l}}\rangle$ 时，需先对空间角分布作平均：

$$\langle e^{-i\boldsymbol{Q}\cdot\boldsymbol{l}}\rangle_\Omega=\frac{1}{4\pi}\int d\phi\int d\theta\sin\theta\,e^{-iQl\cos\theta}=\frac{\sin(Ql)}{Ql}$$

再对 l 作平均，即可得到 $\langle e^{-i\boldsymbol{Q}\cdot\boldsymbol{l}}\rangle$ 的表达式：

$$\langle e^{-i\boldsymbol{Q}\cdot\boldsymbol{l}}\rangle=\int_0^\infty\langle e^{-i\boldsymbol{Q}\cdot\boldsymbol{l}}\rangle_\Omega f(l)\,dl=\frac{1}{Ql_0^2}\int_0^\infty\sin(Ql)\,e^{-l/l_0}\,dl$$

利用分部积分，上式可化为

$$\langle e^{-i\boldsymbol{Q}\cdot\boldsymbol{l}}\rangle=\frac{1}{1+(Ql_0)^2} \tag{3.2.38}$$

将上式代入式(3.2.36)，可得

$$\Gamma(Q)=\frac{1}{\tau_0}\frac{(Ql_0)^2}{1+(Ql_0)^2} \tag{3.2.39}$$

当 $Q\to0$ 时，上式需趋近于连续自扩散的结论 $\Gamma(Q)=DQ^2$，因此可得

$$D=\frac{l_0^2}{\tau_0} \tag{3.2.40}$$

利用上式，可将式(3.2.39)写为

$$\Gamma(Q)=\frac{DQ^2}{1+DQ^2\tau_0} \tag{3.2.41}$$

根据上面讨论，还可以求得跳跃长度的均方值：

$$\langle l^2\rangle=\int_0^\infty f(l)l^2\mathrm{d}l=6l_0^2=6D\tau_0 \tag{3.2.42}$$

上式的形式与式(3.2.22)类似。

图3.2.4给出了液态水的 $S_s(Q,\omega)$ 的半高半宽与 Q^2 的函数关系。从图中可以看出：①跳扩散模型很好地描述了液态水分子的运动，尤其是当空间尺度较小(这意味着在倒易空间中 Q 较大)时的行为；②当 $Q<\sim0.6\text{Å}^{-1}$ 时，$\Gamma(Q)$ 对于 Q 的依赖性可以用连续性自扩散的结论描述。注意到水分子的线度为 $d\approx2\text{Å}$，可见，自扩散情形成立的要求是 $Q<\sim1/d$。

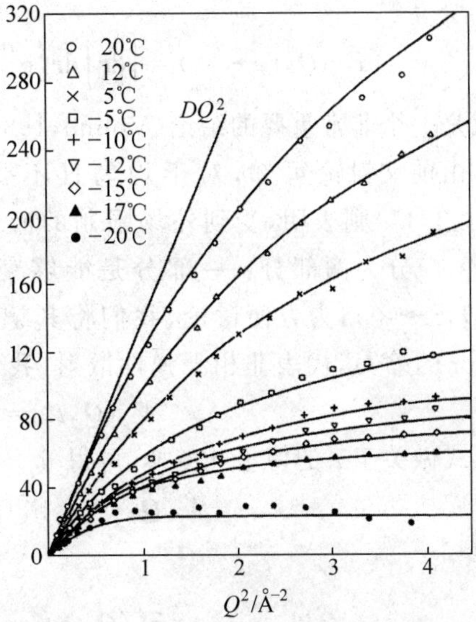

图3.2.4 液态水的 $S_s(Q,\omega)$ 的半高半宽 $\Gamma(Q)$ 与 Q^2 的函数关系(Teixeira,1985a)

图中，散点为非相干中子散射实验结果；实线为利用跳扩散模型式(3.2.41)拟合得到的曲线。

跳扩散模型还广泛地用于研究固体中缺陷存在导致的原子的扩散运动(Bée,1988)。

5. 空间受限的情况

这一部分讨论一种在材料学研究中非常常见的情况，即受限空间中液体单粒子的运动。在上面的讨论中，都假设液体系统是无限大的，或者说液体系统的尺度是宏观的。然而对于很多液体，例如附着于蛋白质表面的水，以及水泥中微空隙中的水，它们所处的空间是高度受限的，其尺度甚至可能小到纳米量级。这种空间上的限制会产生弹性散射。而利用这种效应，可以得到受限空间本身的结构信息。下面具体介绍。

对于没有外场限制的液体，其粒子的分布是均匀的。我们之前讨论的内容都属于这一情况。此时有

$$F_s(\boldsymbol{Q},t)=\int\mathrm{d}\boldsymbol{r}\,\mathrm{e}^{\mathrm{i}\boldsymbol{Q}\cdot\boldsymbol{r}}G_s(\boldsymbol{r},t) \tag{3.2.43}$$

若液体样品处于外场 $V(\boldsymbol{r})$ 之中，则液体粒子的分布可能不均匀。此时 $F_s(\boldsymbol{Q},t)$ 的表达式不再有上述简单形式。我们首先定义一个新的函数：$G_s(\boldsymbol{r},t|\boldsymbol{r}_0)$。这是一个条件关联函数，意义是对于某参考粒子，若其在0时刻位于 $\boldsymbol{r}_0$ 处，则其在 t 时刻位于 $\boldsymbol{r}$ 处附近 $\mathrm{d}\boldsymbol{r}$ 范围内的概率即为 $G_s(\boldsymbol{r},t|\boldsymbol{r}_0)\mathrm{d}\boldsymbol{r}$。$G_s(\boldsymbol{r},t|\boldsymbol{r}_0)$ 的引入对于刻画不均匀系统是必需的。若在0时刻系统处于热平衡，则可知参考粒子位于 $\boldsymbol{r}_0$ 处的概率符合玻尔兹曼分布：

$$p(\boldsymbol{r}_0)=\frac{1}{Z}\mathrm{e}^{-\frac{V(r_0)}{k_\mathrm{B}T}} \tag{3.2.44}$$

综合这些考虑，可知当有外场 $V(\boldsymbol{r})$ 存在时，系统的 $F_s(\boldsymbol{Q},t)$ 应写为

$$F_s(\boldsymbol{Q},t)=\int \mathrm{d}\boldsymbol{r}\int \mathrm{d}\boldsymbol{r}_0\,\mathrm{e}^{\mathrm{i}\boldsymbol{Q}\cdot(\boldsymbol{r}-\boldsymbol{r}_0)}\,G_s(\boldsymbol{r},t\mid \boldsymbol{r}_0)\,p(\boldsymbol{r}_0) \tag{3.2.45}$$

注意到，当 $t\to\infty$ 时，系统的情况不应该再跟 0 时刻有任何关联，此时参考粒子的位置应由平衡态时的分布决定：

$$G_s(\boldsymbol{r},t\to\infty\mid \boldsymbol{r}_0)=p(\boldsymbol{r})=\frac{1}{Z}\mathrm{e}^{-\frac{V(\boldsymbol{r})}{k_B T}} \tag{3.2.46}$$

由上式可知

$$F_s(\boldsymbol{Q},t\to\infty)=\int \mathrm{d}\boldsymbol{r}\int \mathrm{d}\boldsymbol{r}_0\,\mathrm{e}^{\mathrm{i}\boldsymbol{Q}\cdot(\boldsymbol{r}-\boldsymbol{r}_0)}\,p(\boldsymbol{r})p(\boldsymbol{r}_0)=\left|\int p(\boldsymbol{r})\mathrm{e}^{\mathrm{i}\boldsymbol{Q}\cdot\boldsymbol{r}}\,\mathrm{d}\boldsymbol{r}\right|^2 \tag{3.2.47}$$

上式是一个非常重要的结论(Volino，1980)。

由前文讨论可知，对于均匀且不受限制的液体系统，都有 $F_s(\boldsymbol{Q},t\to\infty)=0$。而式(3.2.47)则表明，受到外场限制的液体，$F_s(\boldsymbol{Q},t\to\infty)$ 可能不为 0。因此，我们可以将 $F_s(\boldsymbol{Q},t)$ 分为两部分：一部分是能够衰减到 0 的部分，记为 $F_s'(\boldsymbol{Q},t)$；另一部分则是 $F_s(\boldsymbol{Q},t\to\infty)$，为方便讨论，我们将其记为 EISF($\boldsymbol{Q}$)(EISF 是 Elastic Incoherent Structure Factor 的缩写，代表非相干弹性散射，我们将很快看到这一点)：

$$F_s(\boldsymbol{Q},t)=F_s'(\boldsymbol{Q},t)+\mathrm{EISF}(\boldsymbol{Q}) \tag{3.2.48}$$

将上式做关于 t 的傅里叶变换，可得

$$S_s(\boldsymbol{Q},\omega)=S_s'(\boldsymbol{Q},\omega)+\mathrm{EISF}(\boldsymbol{Q})\cdot\delta(\omega) \tag{3.2.49}$$

式中

$$S_s'(\boldsymbol{Q},\omega)=\frac{1}{2\pi}\int_{-\infty}^{\infty}\mathrm{d}t\,\mathrm{e}^{-\mathrm{i}\omega t}F_s'(\boldsymbol{Q},t)$$

由式(3.2.49)可知，由于受到外场限制，液体的 $S_s(\boldsymbol{Q},\omega)$ 会产生弹性散射，其强度正是 EISF($\boldsymbol{Q}$)。

下面考虑一种常见的情况，即液体被约束在一个半径为 a 的球形体积之内。此时外场可写为

$$V(\boldsymbol{r})=\begin{cases}0, & |\boldsymbol{r}|\leqslant a\\ \infty, & |\boldsymbol{r}|>a\end{cases} \tag{3.2.50}$$

易知有

$$p(\boldsymbol{r})=\begin{cases}\dfrac{3}{4\pi a^3}, & |\boldsymbol{r}|\leqslant a\\ 0, & |\boldsymbol{r}|>a\end{cases} \tag{3.2.51}$$

再利用式(3.2.47)，可得

$$\begin{aligned}\mathrm{EISF}(Q)&=\left|\frac{3}{4\pi a^3}\int \mathrm{e}^{\mathrm{i}\boldsymbol{Q}\cdot\boldsymbol{r}}\,\mathrm{d}\boldsymbol{r}\right|^2=\left|\frac{3}{4\pi a^3}2\pi\int_0^a r^2\,\mathrm{d}r\int \mathrm{e}^{\mathrm{i}Qr\cos\theta}\sin\theta\,\mathrm{d}\theta\right|^2\\&=\left|3\,\frac{\sin(Qa)-Qa\cos(Qa)}{(Qa)^3}\right|^2\end{aligned} \tag{3.2.52}$$

利用一阶第一类球贝塞尔函数的表达式：

$$\mathrm{j}_1(x)=\frac{\sin x}{x^2}-\frac{\cos x}{x}$$

EISF(Q)的表达式还可写为

$$\mathrm{EISF}(Q)=\left[\frac{3\mathrm{j}_1(Qa)}{Qa}\right]^2 \tag{3.2.53}$$

上面的表达式又称为球形的结构因子(form factor)。下一章将更详细地讨论结构因子的概念。图 3.2.5(a)给出了上式的形式。

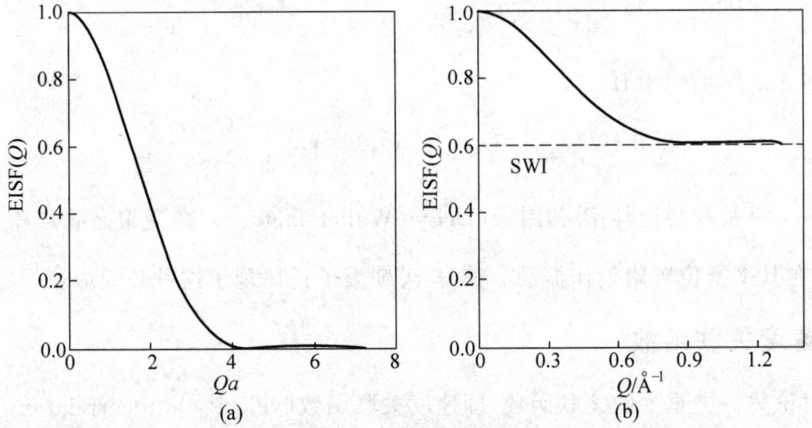

图 3.2.5 EISF(Q)的示例

(a) 半径为 a 的球形受限空间对应的 EISF(Q)；(b) 水泥材料 calcium-silicate-hydrate 中的 EISF(Q)(Le，2017)

下面以水泥材料为例给出一个 EISF(Q)在材料学研究中的应用。水泥材料中的水分为两部分：一部分水与材料发生水合作用，被固定在特定位置，这部分水称为结构水(structural water)；而另一部分水位于微空隙之中，可以在空隙内流动，这部分水称为流动水。结构水在所有水中的占比是一个非常重要的量，称为结构水指数(structural water index)，记为 SWI。此外，水泥的力学性能也与微空隙的尺寸 l 相关。通过分析 EISF(Q)，我们即可得到 SWI 和 l。

在水泥样品中，非相干散射的弹性散射部分由两部分组成：第一部分来自于结构水。这部分水不能够移动，因此产生弹性散射。这部分弹性散射的强度是不依赖于 Q 的。另外，流动水由于空间受限，也会产生弹性散射。这部分弹性散射的强度依赖于 Q。综合这些考虑，可知有

$$\mathrm{EISF}(Q)=\mathrm{SWI}+(1-\mathrm{SWI})\times\left[\frac{3\mathrm{j}_1(Ql)}{Ql}\right]^2 \tag{3.2.54}$$

图 3.2.5(b)中给出了中子散射实验测得的一种水泥材料的 EISF(Q)。利用上式分析实验数据，就可以得到 SWI 和 l 这两个重要的量。本例中，SWI＝60.7%，$l=(4.80\pm0.12)$Å。

另一个重要的受限例子是液体粒子被限制在简谐势中。一维的简谐势如下：

$$V(x)=\frac{1}{2}m\omega^2x^2 \tag{3.2.55}$$

式中，m 为粒子的质量；x 为粒子偏离平衡位置的位移；ω 为经典固有频率。简谐势是一种非常重要的外场。实际上，对于任何空间上较为对称的外场(即 $V(\boldsymbol{r})\approx V(-\boldsymbol{r})$，这个条件在一般的势阱底部附近都是近似满足的)，在粒子(或系统)偏离平衡位置较小时，都可以视为简谐势。

首先引入一个定理，即对于谐振子，有

$$\langle e^{x}\rangle = e^{\langle x^2\rangle/2} \tag{3.2.56}$$

其中$\langle\cdots\rangle$表示热平均。上式称为布洛赫(Bloch)定理，是处理谐振子问题时常用到的一个结论，其证明附在本节末尾。由该定理可知，对于一维谐振子有

$$\left|\int p(x)e^{iQ_x x}dx\right|^2 = |\langle e^{iQ_x x}\rangle|^2 = |e^{-Q_x^2\langle x^2\rangle/2}|^2 = e^{-Q_x^2\langle x^2\rangle} \tag{3.2.57}$$

易知对于三维谐振子有

$$\mathrm{EISF}(Q) = \left|\int p(\boldsymbol{r})e^{i\boldsymbol{Q}\cdot\boldsymbol{r}}d\boldsymbol{r}\right|^2 = \exp\left[-\frac{Q^2\langle r^2\rangle}{3}\right] \tag{3.2.58}$$

$\exp\left[-\frac{Q^2\langle r^2\rangle}{3}\right]$被称为德拜-沃勒因子(Debye-Waller factor)。在凝聚态物质中，原子由于热效应，会在其平衡位置附近作振动。德拜-沃勒因子正体现了这种热效应。

3.2.2 速度关联函数

本节讨论另一类重要的关联函数，即速度关联函数(velocity autocorrelation function)。速度关联函数关于时间的傅里叶变换称为速度频率函数(velocity frequency function)，可用非弹性中子散射测得。速度频率函数对于描述液体粒子在短时间尺度上的运动(例如在平衡位置附近的振动)非常有用。此外，速度频率函数还常用于研究化学键或氢键等作用的性质。

1. 定义

速度关联函数描述某一个粒子的速度在不同时刻的关联，其定义为

$$Z(t) = \frac{1}{3}\langle\boldsymbol{v}(t)\cdot\boldsymbol{v}(0)\rangle = \langle v_x(t)v_x(0)\rangle \tag{3.2.59}$$

根据能量均分定理可知

$$Z(0) = \frac{1}{3}\langle v^2\rangle = \frac{k_B T}{m} \tag{3.2.60}$$

下面讨论$Z(t)$与t时刻的均方位移$\langle r^2(t)\rangle$的关系。首先注意到

$$\boldsymbol{r}(t) - \boldsymbol{r}(0) = \int_0^t \boldsymbol{v}(t')dt'$$

对上式两侧的平方求热平均，并注意到经典系统的$Z(t)$满足$Z(t)=Z(-t)$，有

$$\begin{aligned}\langle r^2(t)\rangle &= \left\langle\int_0^t \boldsymbol{v}(t_1)dt_1\cdot\int_0^t \boldsymbol{v}(t_2)dt_2\right\rangle = 2\int_0^t dt_1\int_0^{t_1}dt_2\langle\boldsymbol{v}(t_1)\cdot\boldsymbol{v}(t_2)\rangle\\ &= 6\int_0^t dt_1\int_0^{t_1}dt_2 Z(t_1-t_2)\\ &= 6\int_0^t dt_1\int_0^{t_1}ds Z(s)\\ &= 6t\int_0^1 dx\int_0^{tx}ds Z(s)\\ &= 6t^2\int_0^1 dx\int_0^x dx' Z(tx')\end{aligned}$$

利用如下数学关系：

$$\int_0^1 \mathrm{d}x \int_0^x y(x')\mathrm{d}x' = \int_0^1 (1-x)y(x)\mathrm{d}x \tag{3.2.61}$$

可将$\langle r^2(t)\rangle$化为

$$\langle r^2(t)\rangle = 6t^2\int_0^1 (1-x)Z(tx)\,\mathrm{d}x = 6\int_0^t (t-s)Z(s)\mathrm{d}s \tag{3.2.62}$$

若将上式对于 t 做微分，有

$$\frac{\mathrm{d}}{\mathrm{d}t}\langle r^2(t)\rangle = 6\,\frac{\mathrm{d}}{\mathrm{d}t}\left[t\int_0^t Z(s)\mathrm{d}s - \int_0^t sZ(s)\mathrm{d}s\right] = 6\int_0^t Z(s)\mathrm{d}s \tag{3.2.63}$$

再做一次对于 t 的微分，可以得到$\langle r^2(t)\rangle$和 $Z(t)$的一个有用的关系式：

$$\frac{\mathrm{d}^2}{\mathrm{d}t^2}\langle r^2(t)\rangle = 6Z(t) \tag{3.2.64}$$

另外，联立式(3.2.62)与式(3.2.23)，可得 $Z(t)$与自扩散系数 D 的关系：

$$D = \lim_{t\to\infty}\int_0^t \left(1-\frac{s}{t}\right)Z(s)\mathrm{d}s = \int_0^\infty Z(s)\mathrm{d}s \tag{3.2.65}$$

$Z(t)$对于考察单粒子的运动十分有用。图 3.2.6 给出了粒子间相互作用势为 $v(r)\propto r^{-12}$ 的液体系统的 $Z(t)$。可以看到，$Z(t)$随时间变化的关系并不是单调的，而是在短时间尺度上表现出振荡。这是高密度液体的一个共同特点。由于粒子数密度较大，使得参考粒子被约束在其相邻粒子组成的“笼子”中。参考粒子会与其相邻粒子发生多次碰撞，导致 $Z(t)$会有振荡出现。粒子浓度越高，或系统温度越低，短时间尺度上的振荡现象就越明显。

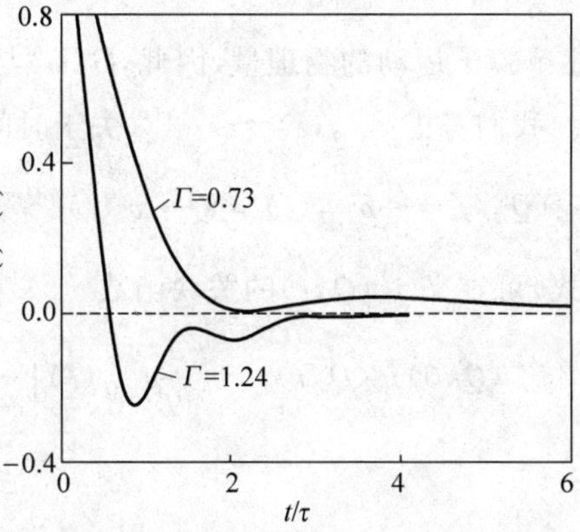

图 3.2.6 粒子间相互作用势为 $v(r)=4\varepsilon(\sigma/r)^{12}$ 的液体系统的速度关联函数(Heyes，2002)

参数 Γ 表示系统的数密度和温度：$\Gamma=\rho\sigma^3(\varepsilon/k_\mathrm{B}T)^{1/4}$；

时间单位为 $\tau=(m\sigma^2/48\varepsilon)^{1/2}$。$\Gamma=1.24$ 时，系统接近液态—固态相变。

2. 速度频率函数

速度频率函数是速度关联函数 $Z(t)$在时域的傅里叶变换：

$$G(\omega) = \frac{m}{\pi k_\mathrm{B}T}\int_{-\infty}^{\infty} Z(t)\mathrm{e}^{-\mathrm{i}\omega t}\,\mathrm{d}t \tag{3.2.66}$$

由于 $Z(t)$是偶函数，易知 $G(\omega)$也是偶函数。式(3.2.66)中，系数 $m/\pi k_\mathrm{B}T$ 是为了使得$G(\omega)$满足如下归一化条件：

$$\int_0^\infty G(\omega)\mathrm{d}\omega = 1 \tag{3.2.67}$$

注意，上述归一化条件中的积分下限是 0 而非 $-\infty$。这样的规定是因为 $G(\omega)$ 对应于晶体中的振动态的密度分布。我们将在 5.4 节中讨论这一点。

考察式(3.2.66)的逆变换，有

$$Z(t)=\frac{1}{2\pi}\frac{\pi k_{\mathrm{B}}T}{m}\int_{-\infty}^{\infty}G(\omega)\mathrm{e}^{\mathrm{i}\omega t}\mathrm{d}\omega=\frac{k_{\mathrm{B}}T}{m}\int_{0}^{\infty}G(\omega)\cos(\omega t)\mathrm{d}\omega \tag{3.2.68}$$

利用式(3.2.64)，可得

$$\frac{\mathrm{d}^2}{\mathrm{d}t^2}\langle r^2(t)\rangle=6\frac{k_{\mathrm{B}}T}{m}\int_{0}^{\infty}G(\omega)\cos(\omega t)\mathrm{d}\omega$$

对上式做两次关于 t 的积分，并注意到初始条件

$$\langle r^2(t=0)\rangle=\frac{\mathrm{d}}{\mathrm{d}t}\langle r^2(t=0)\rangle=0$$

可以得到 $\langle r^2(t)\rangle$ 与 $G(\omega)$ 的关系式

$$\langle r^2(t)\rangle=6\frac{k_{\mathrm{B}}T}{m}\int_{0}^{\infty}G(\omega)\frac{1-\cos(\omega t)}{\omega^2}\mathrm{d}\omega \tag{3.2.69}$$

由式(3.2.65)容易发现 $G(\omega)$ 与自扩散系数 D 有如下关系：

$$D=\frac{1}{2}\int_{-\infty}^{\infty}Z(t)\mathrm{d}t=\frac{\pi k_{\mathrm{B}}T}{2m}G(0) \tag{3.2.70}$$

D 是刻画液体粒子在长时间极限下的行为的物理量，因此，它对应于倒易空间中的低频极限。上式表述了这一情况。

考虑到 $G(\omega)$ 也是描述单粒子运动的物理量，因此，$G(\omega)$ 与 $S_{\mathrm{s}}(\boldsymbol{Q},\omega)$ 之间应存在定量关系。下面讨论这一问题。我们考虑 $\rho_{\mathrm{s},\boldsymbol{Q}}(t)=\mathrm{e}^{\mathrm{i}\boldsymbol{Q}\cdot\boldsymbol{r}(t)}$ 关于时间的导数：

$$j_{\mathrm{s}}(\boldsymbol{Q},t)=\frac{\partial}{\partial t}\rho_{\mathrm{s},\boldsymbol{Q}}(t)=\mathrm{i}\boldsymbol{Q}\cdot\boldsymbol{v}(t)\mathrm{e}^{\mathrm{i}\boldsymbol{Q}\cdot\boldsymbol{r}(t)} \tag{3.2.71}$$

仿照式(2.3.30)的形式，可定义 $j_{\mathrm{s}}(\boldsymbol{Q},t)$ 的关联函数

$$J_{\mathrm{s}}(\boldsymbol{Q},t)=\langle j_{\mathrm{s}}^{*}(\boldsymbol{Q},0)j_{\mathrm{s}}(\boldsymbol{Q},t)\rangle=\left\langle\frac{\partial}{\partial t}\rho_{\mathrm{s},\boldsymbol{Q}}^{*}(t)\bigg|_{t=0}\frac{\partial}{\partial t}\rho_{\mathrm{s},\boldsymbol{Q}}(t)\right\rangle \tag{3.2.72}$$

利用如下关系式：

$$\frac{\mathrm{d}^2}{\mathrm{d}t^2}\langle B(0)A(t)\rangle=-\langle\dot{B}(0)\dot{A}(t)\rangle \tag{3.2.73}$$

可将式(3.2.72)化为

$$J_{\mathrm{s}}(\boldsymbol{Q},t)=-\frac{\partial^2}{\partial t^2}\langle\rho_{\mathrm{s},\boldsymbol{Q}}^{*}(0)\rho_{\mathrm{s},\boldsymbol{Q}}(t)\rangle=-\frac{\partial^2}{\partial t^2}F_{\mathrm{s}}(\boldsymbol{Q},t) \tag{3.2.74}$$

式(3.2.73)是液体物理中常用到的一个公式，其证明附注在本节末尾。

对式(3.2.74)两侧做关于 t 的傅里叶变换：

$$\frac{1}{2\pi}\int J_{\mathrm{s}}(\boldsymbol{Q},t)\mathrm{e}^{-\mathrm{i}\omega t}\mathrm{d}t=-\frac{1}{2\pi}\int\frac{\partial^2}{\partial t^2}F_{\mathrm{s}}(\boldsymbol{Q},t)\mathrm{e}^{-\mathrm{i}\omega t}\mathrm{d}t=\omega^2S_{\mathrm{s}}(\boldsymbol{Q},\omega) \tag{3.2.75}$$

上式的计算利用了两次分部积分。利用上式易得

$$\lim_{Q\to0}\frac{\omega^2}{Q^2}S_{\mathrm{s}}(\boldsymbol{Q},\omega)=\lim_{Q\to0}\frac{1}{2\pi}\int\frac{\langle\boldsymbol{Q}\cdot\boldsymbol{v}(0)\mathrm{e}^{-\mathrm{i}\boldsymbol{Q}\cdot\boldsymbol{r}(0)}\boldsymbol{Q}\cdot\boldsymbol{v}(t)\mathrm{e}^{\mathrm{i}\boldsymbol{Q}\cdot\boldsymbol{r}(t)}\rangle}{Q^2}\mathrm{e}^{-\mathrm{i}\omega t}\mathrm{d}t$$

$$=\frac{1}{2\pi}\int Z(t)\mathrm{e}^{-\mathrm{i}\omega t}\mathrm{d}t$$

将上式与式(3.2.66)对比可得

$$G(\omega)=\frac{2m}{k_{\mathrm{B}}T}\lim_{Q\to 0}\frac{\omega^2}{Q^2}S_{\mathrm{s}}(Q,\omega) \tag{3.2.76}$$

至此,我们得到了 $G(\omega)$ 与非相干中子散射的测量量 $S_{\mathrm{s}}(Q,\omega)$ 之间的关系。

另外,由式(3.2.74),有

$$\begin{aligned}-\lim_{Q\to 0}\frac{1}{Q^2}\frac{\partial^2}{\partial t^2}F_{\mathrm{s}}(Q,t)&=\lim_{Q\to 0}\frac{1}{Q^2}J_{\mathrm{s}}(\boldsymbol{Q},t)\\&=\lim_{Q\to 0}\frac{1}{Q^2}\langle\boldsymbol{Q}\cdot\boldsymbol{v}(0)\mathrm{e}^{-\mathrm{i}\boldsymbol{Q}\cdot\boldsymbol{r}(0)}\boldsymbol{Q}\cdot\boldsymbol{v}(t)\mathrm{e}^{\mathrm{i}\boldsymbol{Q}\cdot\boldsymbol{r}(t)}\rangle\\&=\langle\hat{\boldsymbol{Q}}\cdot\boldsymbol{v}(0)\hat{\boldsymbol{Q}}\cdot\boldsymbol{v}(t)\rangle\end{aligned}$$

由上式易得 $Z(t)$ 与 $F_{\mathrm{s}}(Q,t)$ 之间的关系:

$$Z(t)=-\lim_{Q\to 0}\frac{1}{Q^2}\frac{\partial^2}{\partial t^2}F_{\mathrm{s}}(Q,t) \tag{3.2.77}$$

由式(3.2.76)可见,在数学形式上,$G(\omega)$ 突出的是 ω 较大的运动。在液体物理中,这对应于一些高频或者快速的运动,例如液体粒子在"笼子"中的振动。而对于一些慢速或者低频的运动,比如液体粒子的自扩散,用 $S_{\mathrm{s}}(Q,\omega)$ 来体现更为适合。

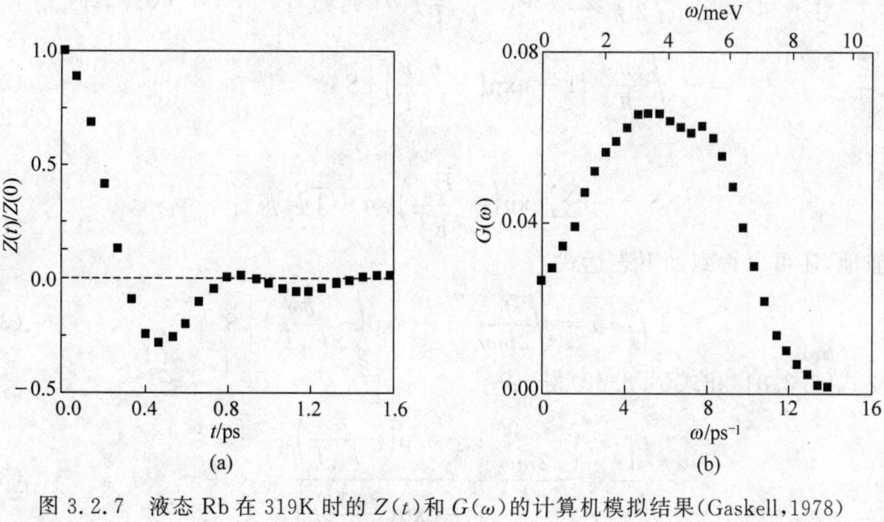

图 3.2.7 液态 Rb 在 319K 时的 $Z(t)$ 和 $G(\omega)$ 的计算机模拟结果(Gaskell,1978)

图 3.2.7 给出了液态 Rb 在 319K 时的 $Z(t)$ 和 $G(\omega)$ 的计算机模拟结果。可以看到,$Z(t)$ 的振荡周期约为 1ps,其相应的圆频率约为 $2\pi\mathrm{ps}^{-1}$。与之对应的是,$G(\omega)$ 在 5～10ps^{-1} 之间有一个显著的峰。由此可见,$G(\omega)$ 可以清晰地反映出液体粒子的高频振动。

附:布洛赫(Bloch)定理的证明

若 x 为谐振子的位移,则有下式成立:

$$\langle\mathrm{e}^{x}\rangle=\mathrm{e}^{\langle x^2\rangle/2}$$

其中 $\langle\cdots\rangle$ 表示热平均。

下面证明该定理。记热平衡时，谐振子在 x 和 $x+\mathrm{d}x$ 之间出现的概率为 $f(x)\mathrm{d}x$：

$$f(x)=\sum_n p_n\,|\psi_n(x)|^2 \tag{3.2.78}$$

式(3.2.78)中，p_n 为热平衡时谐振子处于能级 E_n 的概率：

$$p_n=\frac{1}{Z}\exp\left(-\frac{E_n}{k_\mathrm{B}T}\right)=\frac{1}{Z}\exp\left[-\frac{\hbar\,\omega}{k_\mathrm{B}T}\left(n+\frac{1}{2}\right)\right] \tag{3.2.79}$$

对式(3.2.78)微分得

$$\frac{\mathrm{d}}{\mathrm{d}x}f(x)=\frac{2}{Z}\sum_n\exp\left(-\frac{E_n}{k_\mathrm{B}T}\right)\psi_n(x)\,\frac{\mathrm{d}\psi_n(x)}{\mathrm{d}x} \tag{3.2.80}$$

注意到在位置表象中有 $p=-\mathrm{i}\,\hbar\partial_x$，因此

$$\frac{\mathrm{d}}{\mathrm{d}x}=\frac{\mathrm{i}}{\hbar}p=\sqrt{\frac{m\omega}{2\,\hbar}}\,(A-A^\dagger)$$

另外，注意到升降算符有如下性质：

$$A^\dagger\psi_n=\sqrt{n+1}\,\psi_{n+1},\quad A\psi_n=\sqrt{n}\,\psi_{n-1}$$

利用上面两式，可得

$$\psi_n\,\frac{\mathrm{d}\psi_n}{\mathrm{d}x}=\sqrt{\frac{m\omega}{2\,\hbar}}\,(\sqrt{n}\,\psi_n\psi_{n-1}-\sqrt{n+1}\,\psi_n\psi_{n+1})$$

将上式代入式(3.2.80)，可得

$$\begin{aligned}\frac{\mathrm{d}}{\mathrm{d}x}f(x)&=\frac{2}{Z}\sqrt{\frac{m\omega}{2\,\hbar}}\sum_n\exp\left(-\frac{E_n}{k_\mathrm{B}T}\right)(\sqrt{n}\,\psi_n\psi_{n-1}-\sqrt{n+1}\,\psi_n\psi_{n+1})\\&=-\sqrt{\frac{2m\omega}{\hbar}}\left[1-\exp\left(-\frac{\hbar\,\omega}{k_\mathrm{B}T}\right)\right]S\end{aligned} \tag{3.2.81}$$

上式中，

$$S=\frac{1}{Z}\sum_n\exp\left(-\frac{E_n}{k_\mathrm{B}T}\right)\sqrt{n+1}\,\psi_n\psi_{n+1}$$

类似地，还可以得到如下表达式：

$$xf(x)=\sqrt{\frac{\hbar}{2m\omega}}\left[1+\exp\left(-\frac{\hbar\omega}{k_\mathrm{B}T}\right)\right]S \tag{3.2.82}$$

联立式(3.2.81)和式(3.2.82)得

$$\frac{\mathrm{d}f/\mathrm{d}x}{xf}=-\frac{2m\omega}{\hbar}\,\frac{1-\exp\left(-\frac{\hbar\omega}{k_\mathrm{B}T}\right)}{1+\exp\left(-\frac{\hbar\omega}{k_\mathrm{B}T}\right)}=-\frac{1}{\sigma^2} \tag{3.2.83}$$

其中

$$\sigma^2=\frac{\hbar}{2m\omega}\,\frac{1+\exp\left(-\frac{\hbar\omega}{k_\mathrm{B}T}\right)}{1-\exp\left(-\frac{\hbar\omega}{k_\mathrm{B}T}\right)}$$

可以验证，满足式(3.2.83)的归一化的解为

$$f(x)=\sqrt{\frac{1}{2\pi\sigma^2}}\exp\left(-\frac{x^2}{2\sigma^2}\right) \tag{3.2.84}$$

因此

$$\langle x^2\rangle=\int x^2 f(x)\mathrm{d}x=\sigma^2 \tag{3.2.85}$$

$$\langle \mathrm{e}^x\rangle=\int \mathrm{e}^x f(x)\mathrm{d}x=\mathrm{e}^{\sigma^2/2} \tag{3.2.86}$$

联立上面两式,即可得到结论:$\langle \mathrm{e}^x\rangle=\mathrm{e}^{\langle x^2\rangle/2}$。

附:式(3.2.73)的证明

$$\frac{\mathrm{d}^2}{\mathrm{d}t^2}\langle B(0)A(t)\rangle=-\langle \dot{B}(0)\dot{A}(t)\rangle$$

下面证明该式。在热平衡时,物理量的热平均值可以表示为该物理量在足够长的时间内的平均值,因此有

$$\begin{aligned}\frac{\mathrm{d}^2}{\mathrm{d}t^2}\langle B(0)A(t)\rangle&=\lim_{\tau\to\infty}\frac{1}{\tau}\int_0^\tau B(t')\ddot{A}(t+t')\,\mathrm{d}t'\\&=-\lim_{\tau\to\infty}\frac{1}{\tau}\int_0^\tau \dot{B}(t')\dot{A}(t+t')\,\mathrm{d}t'\\&=-\langle \dot{B}(0)\dot{A}(t)\rangle\end{aligned}$$

附:非高斯因子的由来

本节中指出,液体粒子的 $G_s(r,t)$ 在长时间极限和短时间极限下,均可写成关于 r 的高斯分布。但当时间尺度不在这两个极限时,高斯近似并不理想,往往增加一个非高斯因子 $\alpha(t)$ 来描述实验数据:

$$F_s(\boldsymbol{Q},t)=\exp\left[-\frac{1}{2}\boldsymbol{Q}^2\boldsymbol{W}^2(t)\right]\left[1+\frac{1}{8}\alpha(t)\boldsymbol{Q}^4\boldsymbol{W}^4(t)\right]$$

理论计算表明 $\alpha(t)$ 具有如下形式:

$$\alpha(t)=\frac{3\langle r^4(t)\rangle}{5\langle r^2(t)\rangle^2}-1$$

下面计算上面两个表达式。首先注意到经典液体中的 $F_s(\boldsymbol{Q},t)$ 可写为如下形式:

$$F_s(\boldsymbol{Q},t)=\langle \mathrm{e}^{\mathrm{i}\boldsymbol{Q}\cdot\Delta\boldsymbol{r}(t)}\rangle=\int \mathrm{e}^{\mathrm{i}\boldsymbol{Q}\cdot\Delta\boldsymbol{r}(t)}p(\Delta\boldsymbol{r}(t))\,\mathrm{d}\Delta\boldsymbol{r}(t)$$

考虑到体系是各向同性的,$p(\Delta\boldsymbol{r}(t))$ 仅依赖于 $|\Delta\boldsymbol{r}(t)|$,可对上述积分中的空间角部分积分:

$$F_s(\boldsymbol{Q},t)=4\pi\int p(\Delta\boldsymbol{r})\frac{\sin(\boldsymbol{Q}\Delta r)}{\boldsymbol{Q}\Delta r}(\Delta r)^2\mathrm{d}\Delta r$$

上式可进一步化为

$$\begin{aligned}F_s(\boldsymbol{Q},t)&=\int p(\Delta\boldsymbol{r})\frac{\sin(\boldsymbol{Q}\Delta r)}{\boldsymbol{Q}\Delta r}(\Delta r)^2\mathrm{d}\Delta r\sin\theta\mathrm{d}\theta\mathrm{d}\phi\\&=\int p(\Delta\boldsymbol{r})\frac{\sin(\boldsymbol{Q}\Delta r)}{\boldsymbol{Q}\Delta r}\mathrm{d}\Delta\boldsymbol{r}=\left\langle\frac{\sin(\boldsymbol{Q}\Delta r)}{\boldsymbol{Q}\Delta r}\right\rangle\end{aligned}$$

注意到有 $\sin x=x-\frac{x^3}{6}+\frac{x^5}{120}+\cdots$,上式可展开为

$$F_s(Q,t)=1-\frac{1}{6}Q^2\langle|\Delta\boldsymbol{r}(t)|^2\rangle+\frac{1}{120}Q^4\langle|\Delta\boldsymbol{r}(t)|^4\rangle+\cdots \tag{3.2.87}$$

我们回到高斯近似。在该近似中，$F_s(Q,t)$的表达式为

$$F_s(Q,t)=\exp\left[-\frac{1}{2}Q^2W^2(t)\right]=\exp\left[-\frac{1}{6}Q^2\langle|\Delta\boldsymbol{r}(t)|^2\rangle\right]$$

若将上式也做小量展开，会发现其与式(3.2.87)仅在$O(Q^2)$量级一致。从$O(Q^4)$开始，二者不再相等。我们希望对上式进行改造，使得其展开式与式(3.2.87)的一致性延伸到$O(Q^4)$。不难验证，如下形式的$F_s(Q,t)$满足这一要求：

$$F_s(Q,t)=\exp\left[-\frac{1}{6}Q^2\langle|\Delta\boldsymbol{r}(t)|^2\rangle+Q^4\left(\frac{1}{120}\langle|\Delta\boldsymbol{r}(t)|^4\rangle-\frac{1}{72}\langle|\Delta\boldsymbol{r}(t)|^2\rangle^2\right)\right] \tag{3.2.88}$$

上式偏离了高斯形式，将偏离的部分展开：

$$\begin{aligned}&\exp\left[Q^4\left(\frac{1}{120}\langle|\Delta\boldsymbol{r}(t)|^4\rangle-\frac{1}{72}\langle|\Delta\boldsymbol{r}(t)|^2\rangle^2\right)\right]\\&=1+Q^4\left(\frac{1}{120}\langle|\Delta\boldsymbol{r}(t)|^4\rangle-\frac{1}{72}\langle|\Delta\boldsymbol{r}(t)|^2\rangle^2\right)+\cdots\\&=1+\frac{1}{72}Q^4\langle|\Delta\boldsymbol{r}(t)|^2\rangle^2\left(\frac{3}{5}\frac{\langle|\Delta\boldsymbol{r}(t)|^4\rangle}{\langle|\Delta\boldsymbol{r}(t)|^2\rangle^2}-1\right)+\cdots\\&=1+\frac{1}{8}Q^4W^4(t)\left(\frac{3}{5}\frac{\langle|\Delta\boldsymbol{r}(t)|^4\rangle}{\langle|\Delta\boldsymbol{r}(t)|^2\rangle^2}-1\right)+\cdots\end{aligned}$$

因此，可得式(3.2.30)：

$$\alpha(t)=\frac{3}{5}\frac{\langle|\Delta\boldsymbol{r}(t)|^4\rangle}{\langle|\Delta\boldsymbol{r}(t)|^2\rangle^2}-1$$

不难验证，若系统可由高斯近似式(3.2.25)描述，则利用式(A.1.5)和式(A.1.7)可得

$$\langle|\Delta\boldsymbol{r}(t)|^2\rangle=3W^2(t),\quad \langle|\Delta\boldsymbol{r}(t)|^4\rangle=15W^4(t)$$

此时，$\alpha(t)=0$，这说明$\alpha(t)$的形式是合理的。

在文献中，高斯因子还常写为如下形式：

$$\alpha_2(t)=\frac{1}{3}\frac{\langle|\Delta x(t)|^4\rangle}{\langle|\Delta x(t)|^2\rangle^2}-1$$

上式与式(3.2.30)是一致的，验证如下：注意到对于各向同性系统有

$$\langle|\Delta\boldsymbol{r}|^4\rangle=\langle|(\Delta x)^2+(\Delta y)^2+(\Delta z)^2|^2\rangle=3\langle|\Delta x|^4\rangle+6\langle|\Delta x|^2\rangle^2$$

可见，$\alpha(t)$可写为

$$\alpha(t)=\frac{3}{5}\frac{3\langle|(\Delta x)|^4\rangle+6\langle|\Delta x|^2\rangle^2}{9\langle|\Delta x(t)|^2\rangle^2}-1=\frac{3}{5}\left[\frac{1}{3}\frac{\langle|\Delta x(t)|^4\rangle}{\langle|\Delta x(t)|^2\rangle^2}-1\right]=\frac{3}{5}\alpha_2(t)$$

由上式可见，$\alpha(t)$与$\alpha_2(t)$的物理意义是一致的，差别仅在于一个常系数。

3.3 相干散射部分

相干散射源于不同原子造成的散射波的叠加。因此，相干散射部分对应于液体粒子的集体行为：$S(\boldsymbol{Q},\omega)$表示液体粒子的集体运动，$S(\boldsymbol{Q})$表示液体的微观结构。本节将分别围

绕这两个量展开讨论。

3.3.1 液体的微观结构

液体在分子尺度上的微观结构由结构因子 $S(\boldsymbol{Q})$以及对分布函数 $g(\boldsymbol{r})$体现，在 2.3.1 节中已有相关讨论。本节将进一步讨论这两个量在简单液体中的性质和意义。

1. 对分布函数与结构因子

在 2.3.1 节中，我们已经引入了 $g(\boldsymbol{r})$和 $S(\boldsymbol{Q})$的概念。这里先做一个回顾。二者的定义式如下：

$$\rho g(\boldsymbol{r})=\frac{1}{N}\sum_{l=1}^{N}\sum_{l'\neq l}^{N}\langle\delta[\boldsymbol{r}+\boldsymbol{r}_l-\boldsymbol{r}_{l'}]\rangle \tag{3.3.1}$$

$$S(\boldsymbol{Q})=\left\langle\frac{1}{N}\sum_{l=1}^{N}\sum_{l'=1}^{N}\mathrm{e}^{-\mathrm{i}\boldsymbol{Q}\cdot\boldsymbol{r}_l}\mathrm{e}^{\mathrm{i}\boldsymbol{Q}\cdot\boldsymbol{r}_{l'}}\right\rangle \tag{3.3.2}$$

其中，$\rho=N/V$ 为平均粒子数密度，$\boldsymbol{r}_l$ 表示粒子 l 的位置。$g(\boldsymbol{r})$和 $S(\boldsymbol{Q})$有如下转换关系：

$$S(\boldsymbol{Q})=1+\rho\int\mathrm{d}\boldsymbol{r}\,\mathrm{e}^{\mathrm{i}\boldsymbol{Q}\cdot\boldsymbol{r}}[g(\boldsymbol{r})-1] \tag{3.3.3}$$

本章主要讨论的是经典的简单液体。在简单液体中，各个粒子在统计上是平权的。此外，在无外场作用时，液体粒子的空间分布是均匀且各向同性的。因此，对分布函数可写为

$$\rho g(r)=\sum_{l=2}^{N}\langle\delta(\boldsymbol{r}+\boldsymbol{r}_1-\boldsymbol{r}_l)\rangle=\sum_{l=2}^{N}\langle\delta[\boldsymbol{r}-(\boldsymbol{r}_l-\boldsymbol{r}_1)]\rangle \tag{3.3.4}$$

式中，$\boldsymbol{r}_1$ 是参考粒子的位置。由上式可见，$4\pi r^2\mathrm{d}r\rho g(r)$的物理意义即为在热平衡时，距离参考粒子为 r，且厚度为 $\mathrm{d}r$ 的“薄球壳”内的粒子数。

图 3.3.1 给出了一个典型的简单液体的 $g(r)$的函数形式，并通过一个二维示意图表示其物理意义。可以看到，当 $r<d$ 时(d 为粒子直径)，$g(r)$约为 0，这体现了原子之间的近距离排斥作用，即原子之间在位置上无法重叠。当 $r\approx d$ 时，$g(r)$展现出非常明显的一个峰。这个峰代表与参考粒子最相近的一层粒子，这层“邻居”称为该参考粒子的第一配位层(first coordination shell)。在 $r\approx 2d$ 处，$g(r)$也展现出一个峰，但尖锐度有所下降。这个峰代表参考粒子的第二配位层。随着 r 增大，$g(r)$的波动性越来越小，并逐渐趋近于 1。站在参考粒子的角度，它可以清楚地

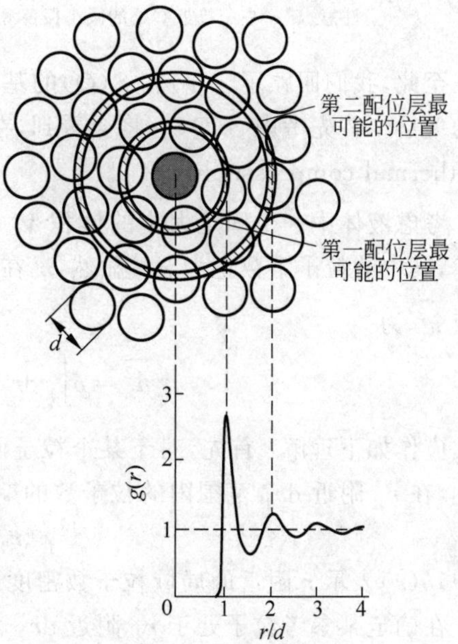

图 3.3.1 典型液体的 $g(r)$的函数形式及其物理意义

“分辨”出它的最近的一层邻居，并可以较为清楚地“分辨”它的第二层邻居。但是随着距离增加，这样的分辨能力会逐渐减弱。当距离很大时，远处的粒子看起来是连续均匀分布的，不再能区分出是第几层。

对于简单液体，由于系统各向同性，式(3.3.3)可化为

$$S(Q)=1+\frac{4\pi\rho}{Q}\int[g(r)-1]r\sin(Qr)\,\mathrm{d}r \tag{3.3.5}$$

图 3.3.2 给出了液态 Ar 在 85K 时的 $g(r)$和 $S(Q)$。由式(3.3.3)可见，$S(\boldsymbol{Q})$和 $g(\boldsymbol{r})$组成关于空间的一个傅里叶变换对。注意，$S(Q)$的主峰位置 $Q_{\max}$ 与 $g(r)$的主峰位置 $r_{\max}$ 之间的关系并非如布拉格衍射条件中的 $r_{\max}=2\pi/Q_{\max}$。本例中 $r_{\max}=3.7\text{Å}$，而 $Q_{\max}=2.0\text{Å}^{-1}$，也就是说有 $r_{\max}\approx 2.36\pi/Q_{\max}$。实际上，在液体以及无序系统中，$Q_{\max}$ 和 $r_{\max}$ 没有严格的定量关系(Boon,1980)。一般而言，在用散射方法测得液体的 $S(Q)$之后，我们可通过 $r_{\max}\approx 2.36\pi/Q_{\max}$ 来估计 $r_{\max}$ 的大小。

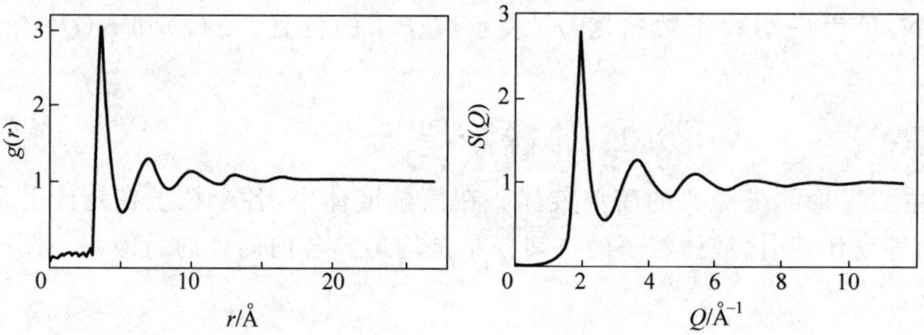

图 3.3.2 液态 Ar 在 85K 时的 $g(r)$和 $S(Q)$(Yarnell,1973)

$S(Q)$通过中子散射实验测得，$g(r)$则通过对 $S(Q)$进行傅里叶反变换得到。

注意，$g(r)$在 r 接近 0 处的微小振荡源于做傅里叶反变换时的截断效应，而非物理实在。

至此，我们回顾了 $g(r)$和 $S(Q)$的基本概念。下面着重讨论这两个量与其他物理量之间的关系。首先考虑 $S(Q)$。将会看到，在 $Q\to 0$ 极限下，$S(Q)$正比于系统的等温压缩系数(isothermal compressibility)χ_T。

考虑液体中一个固定大小的体积 $\bar{V}$。$\bar{V}$ 中需包含足够多的粒子以便运用统计物理的规律，其中的粒子个数记为 n。显然，n 在其平均值 $\bar{n}=\rho\bar{V}$ 上下波动。对于 n^2 而言，其平均值 $\overline{n^2}$ 为

$$\overline{n^2}=\rho\int_{\bar{V}}\mathrm{d}\boldsymbol{r}_2\int_{\bar{V}}\mathrm{d}\boldsymbol{r}_1 G(\boldsymbol{r}_2-\boldsymbol{r}_1,0) \tag{3.3.6}$$

上式应作如下理解：首先，对于某个粒子而言，它在 $\bar{V}$ 内任何地方出现的概率都是一样的。因此，在 $\boldsymbol{r}_1$ 附近 $\mathrm{d}\boldsymbol{r}_1$ 范围内的粒子数的期望值即为

$$\rho(\boldsymbol{r}_1)\mathrm{d}\boldsymbol{r}_1=\rho\mathrm{d}\boldsymbol{r}_1$$

式中，$\rho(\boldsymbol{r})$表示 $\boldsymbol{r}$ 附近的局域粒子数密度。对于均匀系统显然有 $\rho(\boldsymbol{r})=\rho$。

在确定某参考粒子处于 $\boldsymbol{r}_1$ 附近 $\mathrm{d}\boldsymbol{r}_1$ 范围内之后，位于 $\boldsymbol{r}_2$ 附近 $\mathrm{d}\boldsymbol{r}_2$ 范围内的粒子数的期望值即为

$$\rho(\boldsymbol{r}_2\mid\boldsymbol{r}_1)\mathrm{d}\boldsymbol{r}_2=G(\boldsymbol{r}_2-\boldsymbol{r}_1,0)\mathrm{d}\boldsymbol{r}_2$$

因此，热平衡时，在 $\boldsymbol{r}_1$ 附近 $\mathrm{d}\boldsymbol{r}_1$ 范围内的粒子数，与同一时刻在 $\boldsymbol{r}_2$ 附近 $\mathrm{d}\boldsymbol{r}_2$ 范围内的

粒子数的乘积的期望值为[①]

$$\rho(\boldsymbol{r}_1)\rho(\boldsymbol{r}_2 \mid \boldsymbol{r}_1)\,\mathrm{d}\boldsymbol{r}_1\mathrm{d}\boldsymbol{r}_2 = \rho G(\boldsymbol{r}_2 - \boldsymbol{r}_1, 0)\,\mathrm{d}\boldsymbol{r}_1\mathrm{d}\boldsymbol{r}_2$$

将上式对 $\boldsymbol{r}_1$ 和 $\boldsymbol{r}_2$ 积分，且积分限取为 $\bar{V}$，即可得到 $\overline{n^2}$。

利用式(2.3.32)：$\rho g(\boldsymbol{r}) = G(\boldsymbol{r}, 0) - \delta(\boldsymbol{r})$，式(3.3.6)可化为

$$\begin{aligned}\overline{n^2} &= \rho\int_{\bar{V}}\mathrm{d}\boldsymbol{r}_2\int_{\bar{V}}\mathrm{d}\boldsymbol{r}_1\left[\rho g(\boldsymbol{r}_2 - \boldsymbol{r}_1) + \delta(\boldsymbol{r}_2 - \boldsymbol{r}_1)\right] \\ &= \bar{n}\left[\frac{1}{\bar{V}}\int_{\bar{V}}\mathrm{d}\boldsymbol{r}_2\int_{\bar{V}}\rho g(\boldsymbol{r}_2 - \boldsymbol{r}_1)\,\mathrm{d}\boldsymbol{r}_1 + 1\right]\end{aligned}$$

对于上式中的积分，可作变量替换：$\boldsymbol{r} = \boldsymbol{r}_2 - \boldsymbol{r}_1$，$\boldsymbol{R} = (\boldsymbol{r}_2 + \boldsymbol{r}_1)/2$。上式可进一步化为

$$\overline{n^2} = \bar{n}\left[\int_{\bar{V}}\rho g(\boldsymbol{r})\,\mathrm{d}\boldsymbol{r} + 1\right] \tag{3.3.7}$$

由式(3.3.3)可知有

$$\lim_{Q\to 0} S(Q) = 1 + \rho\int\mathrm{d}\boldsymbol{r}\left[g(\boldsymbol{r}) - 1\right] \tag{3.3.8}$$

对比上面两式可得

$$\lim_{Q\to 0} S(Q) = \frac{\overline{n^2}}{\bar{n}} - \bar{n} = \frac{\overline{n^2} - \bar{n}^2}{\bar{n}} = \frac{\overline{(\Delta n)^2}}{\bar{n}} \tag{3.3.9}$$

其中 $\Delta n = n - \bar{n}$。上式表明，$S(Q\to 0)$的值与固定体积中的粒子数的涨落直接相关。

我们也可以做另一种考虑。取液体中一个含有 $\bar{n}$ 个粒子的子系统，$\bar{n}$ 的值是固定的。这个子系统所占体积 V 会由于压强的变化而产生涨落。从这个角度，可以将上式中粒子数的涨落形式表示为体积的涨落：

$$\lim_{Q\to 0} S(Q) = \frac{\overline{(\Delta n)^2}}{\bar{n}} = \rho\,\frac{\overline{(\Delta V)^2}}{\bar{V}} \tag{3.3.10}$$

可见，$S(Q\to 0)$的值与系统体积的涨落是直接相关的。一般而言，热力学系统的物理量的涨落与一个特定的热力学响应函数对应。在特定温度下，由于压强导致的体积涨落是与等温压缩系数 χ_T 对应的[②]：

$$\chi_T = -\frac{1}{V}\frac{\partial V}{\partial P}\bigg|_T = \frac{1}{k_\mathrm{B}T}\,\frac{\overline{(\Delta V)^2}}{\bar{V}} \tag{3.3.11}$$

联立式(3.3.10)和式(3.3.11)得

$$\lim_{Q\to 0} S(Q) = \rho k_\mathrm{B} T\chi_T \tag{3.3.12}$$

式(3.3.12)是一个经常用到的关系式。

利用 $g(\boldsymbol{r})$，也可以方便地表示一些热力学量。我们先考虑简单液体系统的总势能：

$$V_N = \sum_{i=1}^{N}\sum_{j>i}^{N} v(|\boldsymbol{r}_i - \boldsymbol{r}_j|) \tag{3.3.13}$$

---

① 这是条件概率公式的推广。条件概率公式为：$P(A\cap B) = P(A|B)P(B)$。其中 $P(A\cap B)$ 意为事件 A 和事件 B 都发生的概率，$P(B)$为事件 B 发生的概率，$P(A|B)$为在事件 B 发生的前提下事件 A 发生的概率。

② 这个结论在直观上不难理解，但具体的推导需要借助统计物理的方法。感兴趣的读者可参考任何一本统计物理学教材。

对于一个参考粒子，它与距其为 r 且厚度为 $\mathrm{d}r$ 的“薄球壳”内的粒子之间的总的相互作用势能为 $4\pi r^2\mathrm{d}r\rho g(r)v(r)$。因此，该参考粒子与其他所有粒子之间的相互作用势能即为积分：

$$\int 4\pi r^2 \rho g(r) v(r)\mathrm{d}r$$

考虑到系统中共有 N 个粒子，上式需要乘以 N。此外，由于每一对粒子之间的势能计算了两次，需要再除以 2，最后得到 $\langle V_N\rangle$ 的表达式为

$$\langle V_N\rangle = 2\pi N\rho\int r^2 g(r)v(r)\mathrm{d}r \tag{3.3.14}$$

上式被称为能量方程。

下面我们考虑利用 $g(r)$ 表示简单液体的压强。首先引入克劳修斯位力(Clausius virial)：

$$\mathcal{V} = \sum_{l=1}^{N} \boldsymbol{r}_l \cdot \boldsymbol{F}_l \tag{3.3.15}$$

其中 $\boldsymbol{F}_l$ 为粒子 l 受到的力。下面考虑 $\mathcal{V}$ 的热平均值。系统在热平衡时，只要时间足够长，就可以遍历所有可能的微观态。因此热平均值可写为足够长时间内的平均：

$$\begin{aligned}\langle\mathcal{V}\rangle &= \lim_{\tau\to\infty}\frac{1}{\tau}\int_0^{\tau}\sum_l \boldsymbol{r}_l(t)\cdot\boldsymbol{F}_l(t)\mathrm{d}t = \lim_{\tau\to\infty}\frac{1}{\tau}\int_0^{\tau}\sum_l \boldsymbol{r}_l(t)\cdot m\ddot{\boldsymbol{r}}_l(t)\mathrm{d}t \\ &= -\lim_{\tau\to\infty}\frac{1}{\tau}\int_0^{\tau}\sum_l m\,|\dot{\boldsymbol{r}}_l(t)|^2\mathrm{d}t = -m\sum_l\langle|\boldsymbol{v}_l|^2\rangle \\ &= -3Nk_{\mathrm{B}}T\end{aligned} \tag{3.3.16}$$

对于位力，我们可以将其分为两部分：一部分是由于外力作用产生的，记为 $\mathcal{V}_{\text{ext}}$；另一部分是由于粒子间相互作用产生的，记为 $\mathcal{V}_{\text{int}}$。对于液体系统，$\mathcal{V}_{\text{ext}}$ 源于外界的压强 P，即外压强对于系统表面的作用。因此 $\mathcal{V}_{\text{ext}}$ 的热平均值可写为

$$\langle\mathcal{V}_{\text{ext}}\rangle = \oiint \boldsymbol{r}\cdot(-P\mathrm{d}\boldsymbol{S}) = -P\oiint \boldsymbol{r}\cdot\mathrm{d}\boldsymbol{S} = -P\iiint \nabla\cdot\boldsymbol{r}\,\mathrm{d}\boldsymbol{r} = -3PV \tag{3.3.17}$$

式中 $\mathrm{d}\boldsymbol{S}$ 为系统表面的矢量面元，方向指向系统外侧。

下面考虑 $\mathcal{V}_{\text{int}}$。其表达式可写为

$$\mathcal{V}_{\text{int}} = \sum_{i=1}^{N}\boldsymbol{r}_i\cdot\sum_{j\neq i}^{N}\boldsymbol{F}_{ij} = -\sum_{i=1}^{N}\boldsymbol{r}_i\cdot\sum_{j\neq i}^{N}\frac{\mathrm{d}v(r_{ij})}{\mathrm{d}r_{ij}}\hat{\boldsymbol{r}}_{ij} \tag{3.3.18}$$

式中 $\boldsymbol{r}_{ij}=\boldsymbol{r}_i-\boldsymbol{r}_j$，$\boldsymbol{F}_{ij}$ 表示粒子 j 对粒子 i 施加的力。注意到，粒子 i 和粒子 j 在上式最右侧各出现两次，因此有

$$\begin{aligned}-\left[\boldsymbol{r}_i\cdot\hat{\boldsymbol{r}}_{ij}\frac{\mathrm{d}v(r_{ij})}{\mathrm{d}r_{ij}}+\boldsymbol{r}_j\cdot\hat{\boldsymbol{r}}_{ji}\frac{\mathrm{d}v(r_{ij})}{\mathrm{d}r_{ij}}\right] &= -\left[\boldsymbol{r}_i\cdot\hat{\boldsymbol{r}}_{ij}\frac{\mathrm{d}v(r_{ij})}{\mathrm{d}r_{ij}}-\boldsymbol{r}_j\cdot\hat{\boldsymbol{r}}_{ij}\frac{\mathrm{d}v(r_{ij})}{\mathrm{d}r_{ij}}\right] \\ &= -r_{ij}\frac{\mathrm{d}v(r_{ij})}{\mathrm{d}r_{ij}}\end{aligned}$$

因此，式(3.3.18)可化为

$$\mathcal{V}_{\text{int}} = -\sum_{i=1}^{N}\sum_{j>i}^{N} r_{ij}\frac{\mathrm{d}v(r_{ij})}{\mathrm{d}r_{ij}} \tag{3.3.19}$$

利用 $g(r)$，可写出 $\mathcal{V}_{\text{int}}$ 的热平均值：

$$\langle\mathcal{V}_{\text{int}}\rangle = -\frac{1}{2}N\int 4\pi r^2\rho g(r) r\frac{\mathrm{d}v(r)}{\mathrm{d}r}\mathrm{d}r$$

$$= -2\pi N\rho\int r^3 g(r)\,\frac{\mathrm{d}v(r)}{\mathrm{d}r}\mathrm{d}r \tag{3.3.20}$$

综合上述讨论有

$$\langle\mathcal{V}\rangle = \langle\mathcal{V}_{\text{int}}\rangle + \langle\mathcal{V}_{\text{ext}}\rangle \Rightarrow -3Nk_{\mathrm{B}}T = -2\pi N\rho\int r^3 g(r)\,\frac{\mathrm{d}v(r)}{\mathrm{d}r}\mathrm{d}r - 3PV$$

经整理可得 P 的表达式如下：

$$P = \rho k_{\mathrm{B}}T - \frac{2}{3}\pi\rho^2\int r^3 g(r)\,\frac{\mathrm{d}v(r)}{\mathrm{d}r}\mathrm{d}r \tag{3.3.21}$$

上式称为压强方程。等号右侧的第一项代表理想气体的状态方程，第二项则是引入粒子间相互作用势能所导致的压强变化。由上面两个例子可见，涉及"对可加性"的物理量，均有可能用 $g(r)$ 表示。

2. 粒子间相互作用势能的影响

从上文中的分析可知，$g(r)$ 和 $S(Q)$ 的形式取决于液体粒子之间的相互作用 $v(r)$。一个自然的问题就是，$v(r)$ 的形式对于 $g(r)$ 和 $S(Q)$ 的形式究竟有多大影响？为了更方便地讨论这个问题，我们首先设定一个"参考"系统，即硬球系统。硬球系统中相互作用势 $v(r)$ 的表达式为

$$v(r) = \begin{cases}\infty, & r < d\\ 0, & r > d\end{cases} \tag{3.3.22}$$

硬球系统是一个理想化的物理模型。一个更为真实的相互作用是兰纳-琼斯作用势：

$$v(r) = 4\varepsilon\left[\left(\frac{d}{r}\right)^{12} - \left(\frac{d}{r}\right)^{6}\right] \tag{3.3.23}$$

图 3.3.3(a) 给出了这两个作用势的函数形式。可以看到，兰纳-琼斯作用势在 r 较小的地方表现出很强的排斥性。这与硬球势的特点是相同的，只是没有硬球势的排斥作用那么陡峭。此外，兰纳-琼斯作用势在 r 较大的地方表现出较弱，且随空间变化缓慢的吸引作用。这个作用是硬球势完全忽略的。

图 3.3.3(b) 给出了一个接近液态—固态相变条件的兰纳-琼斯系统的 $S(Q)$。为了考查 $v(r)$ 对于 $S(Q)$ 的影响，我们可以尝试使用硬球系统的 $S(Q)$ 去"逼近"这个兰纳-琼斯系

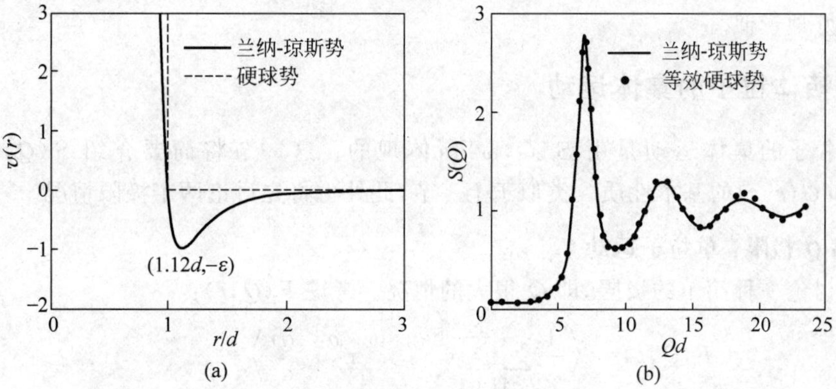

图 3.3.3 硬球势与兰纳-琼斯势

(a) 硬球势和兰纳-琼斯势的函数形式；(b) 实线为一个典型的兰纳-琼斯系统的 $S(Q)$，点代表利用硬球模型来"模拟"兰纳-琼斯系统得到的 $S(Q)$（Verlet，1968）。

统的 $S(Q)$。具体而言，我们可以调整硬球系统的填充率 η：

$$\eta = \frac{\frac{4}{3}\pi\left(\frac{d}{2}\right)^3 N}{V} = \frac{\pi}{6}\rho d^3 \tag{3.3.24}$$

来调整硬球系统的 $S(Q)$ 的形式。这个"逼近"操作的最佳解也在图 3.3.3(b)中给出。

图 3.3.3(b)所示的结果可能会让人感到惊讶：填充率选取适当的硬球系统可以非常好地近似兰纳-琼斯系统的微观结构。可以看到，硬球系统的 $S(Q)$ 的前两个峰很好地描述了兰纳-琼斯系统的 $S(Q)$。从第三个峰开始，二者开始有微小的偏离。在 Q 更大的区域，这个偏离仍然存在。这种在高 Q 区域的偏差，在数学上会导致二者对应的 $g(r)$ 在低 r 区域的偏差。图 3.3.4 反映了这个偏差，可以看到，硬球系统的 $g(r)$ 在 $r=d$ 附近是不连续的：$g(r)$ 的值从 0 直接跳跃到最大值；而对于兰纳-琼斯系统，$g(r)$ 全程连续。在 $r>d$ 的区域，两个系统的 $g(r)$ 符合得较好。$g(r)$ 在 $r=d$ 附近的不连续是硬球系统的重要特征。

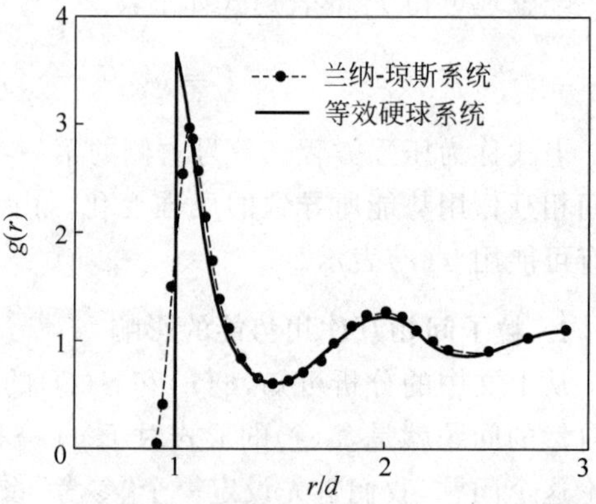

图 3.3.4　兰纳-琼斯系统和其对应的等效硬球系统的 $g(r)$

从图中可见，二者在 $r=d$ 附近存在一定的偏差，但在 r 较大的地方符合得很好。

Weeks、Chandler 与 Andersen 通过理论计算和计算机模拟指出，$v(r)$ 中短程的强排斥作用对于液体的微观结构有决定性的影响，而长程的弱吸引作用则相对不重要（Weeks，1971）。从直观的角度讲，这是因为液体的粒子数密度较高，因此，相邻粒子之间的距离往往位于 $v(r)$ 中强排斥的区域。这也是能够使用硬球模型近似兰纳-琼斯液体的微观结构的重要原因。

需要指出的是，只有系统的 $v(r)$ 在短程存在较强的排斥作用时，系统的微观结构才与硬球系统有较强的相似度。某些复杂的液体系统，粒子间相互作用呈现出短程的强吸引作用（Liu，2005），或者排斥作用非常"柔软"（Likos，2001），这类系统的微观结构往往不能用硬球系统很好地近似。

3.3.2　液体粒子的集体运动

液体粒子的集体运动是由 $S(Q,\omega)$ 所体现的。这一节将简要介绍 $S(\boldsymbol{Q},\omega)$，以及 $F(\boldsymbol{Q},t)$ 和 $G(\boldsymbol{r},t)$ 的基本性质。类似于上一节，此处也将先讨论两个极限情况。

1. 高 Q 极限：单粒子运动

首先讨论一种简单的极限，即 Q 很大的情况。考虑 $F(\boldsymbol{Q},t)$：

$$F(\boldsymbol{Q},t) = \left\langle \frac{1}{N}\sum_{l=1}^{N}\sum_{l'=1}^{N} \mathrm{e}^{-\mathrm{i}\boldsymbol{Q}\cdot\boldsymbol{r}_l(0)}\mathrm{e}^{\mathrm{i}\boldsymbol{Q}\cdot\boldsymbol{r}_{l'}(t)} \right\rangle$$

$$= F_s(\boldsymbol{Q},t) + \frac{1}{N}\sum_{l=1}^{N}\sum_{l'\neq l}^{N}\langle \mathrm{e}^{-\mathrm{i}\boldsymbol{Q}\cdot\boldsymbol{r}_l(0)}\mathrm{e}^{\mathrm{i}\boldsymbol{Q}\cdot\boldsymbol{r}_{l'}(t)}\rangle \tag{3.3.25}$$

对于经典系统，上式可化简为

$$F(\boldsymbol{Q},t)=F_s(\boldsymbol{Q},t)+\frac{1}{N}\sum_{l=1}^{N}\sum_{l'\neq l}^{N}\langle e^{i\boldsymbol{Q}\cdot[\boldsymbol{r}_{l'}(t)-\boldsymbol{r}_l(0)]}\rangle \tag{3.3.26}$$

可见，当 $Qd\gg1$ 时（d 为粒子直径，约等于相邻粒子的间距），上式右侧中的指数项会产生快速振荡，从而导致其平均值趋近于 0。此时有

$$\lim_{Q\to\infty}F(\boldsymbol{Q},t)=F_s(\boldsymbol{Q},t) \tag{3.3.27}$$

因此，当 Q 很大时，$F(\boldsymbol{Q},t)$ 以及 $S(\boldsymbol{Q},\omega)$ 和 $G(\boldsymbol{Q},r)$ 均趋近于单粒子运动的极限。实际上，高 Q 极限对应于空间尺度很小的情况，因此不可能有粒子的集体效应。

2. 低 Q 极限：连续性极限

低 Q 极限（$Qd\ll1$）对应于空间尺度很大的情况。此时，液体在分子尺度上的微观结构已经不再重要，其物理性质趋近于连续性极限，或称流体力学极限（hydrodynamic limit）。在连续性极限下，$S(\boldsymbol{Q},\omega)$ 的性质取决于宏观的热力学量和输运系数，而与微观量没有直接关系。

在低 Q 极限下，液体的 $S(Q,\omega)$ 的表达式为（Hansen，2013）

$$\frac{S(Q,\omega)}{S(Q)}=\frac{1}{2\pi}\left[\left(\frac{\gamma-1}{\gamma}\right)\frac{2D_TQ^2}{\omega^2+(D_TQ^2)^2}+\frac{1}{\gamma}\left(\frac{\Gamma Q^2}{(\omega+c_sQ)^2+(\Gamma Q^2)^2}+\frac{\Gamma Q^2}{(\omega-c_sQ)^2+(\Gamma Q^2)^2}\right)\right] \tag{3.3.28}$$

式中，γ 为等压比热容与等容比热容的比值，

$$\gamma=C_p/C_V$$

D_T 为热扩散系数；c_s 为绝热声速，

$$c_s^2=\frac{\gamma}{\rho m\chi_T}$$

Γ 为声波的衰减系数，

$$\Gamma=\frac{D_T}{2}(\gamma-1)+\frac{\frac{4}{3}\eta+\zeta}{2\rho m}$$

其中 η 为剪切黏度，ζ 为体黏度。

式（3.3.28）可通过对纳维-斯托克斯（Navier-Stokes）方程进行线性化近似得到，这个过程涉及较多流体力学的背景知识，不再展开介绍。下面定性地讨论其意义。图 3.3.5 给出了典型的式（3.3.28）的图像。从形式上看，$S(Q,\omega)$ 含有三个峰，峰的位置分别在 $\omega=0$ 和 $\omega=\pm c_sQ$。中间的峰称为瑞利峰（Rayleigh line），其具有洛伦兹函数的形式，且半高半宽为 D_TQ^2。这个形式与自扩散情形下的 $S_s(Q,\omega)$ 是类似的。区别仅在于后者的半高半宽为 DQ^2。这是由于 $S_s(Q,\omega)$ 体

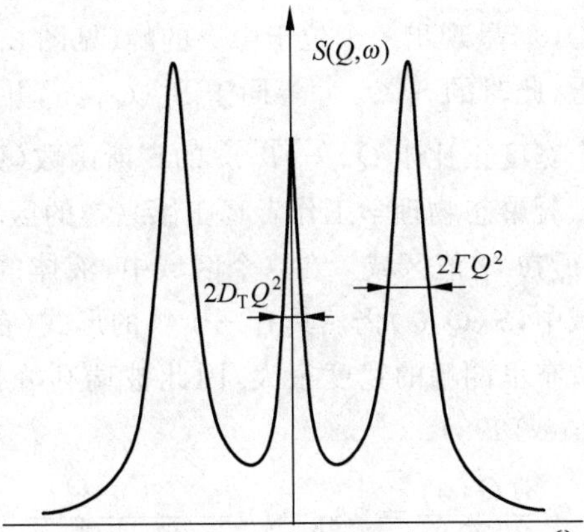

图 3.3.5 低 Q 极限下典型的 $S(Q,\omega)$ 的形式

现的是单粒子的运动，因此相关的系数是自扩散系数 D；而 $S(Q,\omega)$ 体现的是粒子的集体运动，因此相关的系数必须与粒子的集体输运相关。热扩散系数 D_T 正体现了粒子的集体运动。

$S(Q,\omega)$ 在 $\omega=\pm c_s Q$ 处有一对对称的峰，称为布里渊峰(Brillouin line)。这个峰代表的是液体中机械振动的传播，也就是声波。这是液体粒子集体振动的反映。c_s 即为声速。布里渊峰的半高半宽为 ΓQ^2，代表了声波的衰减。

将式(3.3.28)做关于时间的傅里叶变换，可得到低 Q 极限下的 $F(Q,t)$：

$$\frac{F(Q,t)}{S(Q)}=\frac{1}{\gamma}e^{-\Gamma Q^2 t}\cos(c_s Qt)+\frac{\gamma-1}{\gamma}e^{-D_T Q^2 t} \tag{3.3.29}$$

可见，在时域上，布里渊峰代表了频率为 $c_s Q$、衰减系数为 ΓQ^2 的振荡。

3. 其他情况

下面简要介绍 Q 值适中的情况。此时，$S(Q,\omega)$ 的形式与液体的微观结构有显著的关联。在理论上预测 Q 值适中时的 $S(Q,\omega)$ 或 $F(Q,t)$ 是统计物理的重大挑战。其中，由 Götze 及其合作者提出的“模耦合理论”(mode coupling theory)(Bengtzelius，1984)是目前影响力较大的一个理论。该理论适用于过冷液体，其结论指出，较长时间尺度上的 $F(Q,t)$ 的形式直接由 $S(Q)$ 所决定。这个理论的推导需用到大量液态物理的基础知识，数学上较为繁杂，这里就不展开介绍了。

Egelstaff 总结了 $S(Q,\omega)$ 在不同 Q 值区域的形式，见图 3.3.6(Egelstaff，1992)。当在低 Q 极限时，$S(Q,\omega)$ 的形式由式(3.3.28)给出。此时，声波对应的布里渊峰是非常清晰的(见图 3.3.6(a))。当 Q 值逐渐变大，到了图 3.3.6(b)所对应的区域时，瑞利峰和布里渊峰的宽度(或衰减系数)均随着 Q 增大。此外，瑞利峰变得更加明显，而布里渊峰减弱。在这种情况下，虽然 $S(Q,\omega)$ 仍然有三个峰的形式，但这些峰的强度以及相关的参数均与液体在分子尺度上的结构有关，而不再可以用宏观的热力学量和输运系数表示，式(3.3.28)不再适用。当 Q 值继续增大，Rayleigh 峰的宽度开始出现下降，并在 Q_{max} 附近时达到最小值，同时，布里渊峰不再出现。这种情况称为 de Gennes 变窄(de Gennes narrowing)(de Gennes，1959)(见图 3.3.6(c))。当 Q 值超过 Q_{max} 并继续增大时，瑞利峰的宽度又开始增长。另外，由于代表粒子集体振动的激发态高度衰减，所以看不到两侧的布里渊峰了，$S(Q,\omega)$ 呈现出一个位于中央的峰(见图 3.3.6(d))。在 $Q\gg Q_{max}$ 时，$S(Q,\omega)$ 达到单粒子极限，此时的 $S(Q,\omega)$ 等同于 $S_s(Q,\omega)$，并且可以用理想气体极限描述(式(3.2.10))，成为一个宽度正比于 $Q\sqrt{k_B T/m}$ 的高斯函数(见图 3.3.6(e))。

凝聚态物理学工作者真正感兴趣的区域是 Q_{max} 附近的区域，对应于图 3.3.6(b)、(c)、(d)所在 Q 值区域。在这个区域中，液体的动态特征与微观结构强烈地耦合。考虑到这个区域中，$S(Q,\omega)$ 仍然具有三个峰的形式(在图 3.3.6(c)所示区域中，由于振动的衰减强烈，导致布里渊峰的宽度很大，因此被瑞利峰掩盖)，因此实验数据可以用以下唯象模型拟合(Sette，1998)：

$$\frac{S(Q,\omega)}{S(Q)}=\left[A_R(Q)\frac{1}{\pi}\frac{\Gamma_R(Q)}{\omega^2+\Gamma_R^2(Q)}+\right.$$
$$\left.[1-A_R(Q)]\frac{1}{\pi}\frac{\Gamma_B(Q)\Omega^2(Q)}{[\omega^2-\Omega^2(Q)]^2+[\omega\Gamma_B(Q)]^2}\right]\exp\left(\frac{\hbar\omega}{2k_B T}\right) \tag{3.3.30}$$

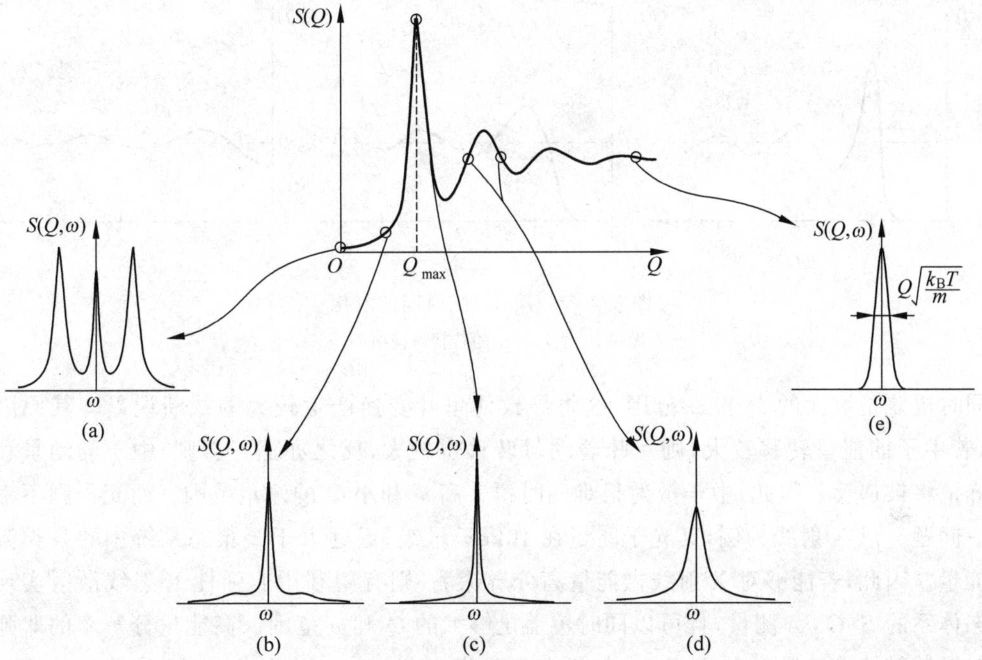

图 3.3.6 $S(Q,\omega)$在不同的 Q 值区域的形式(Egelstaff,1992)

上式右侧中的 $\exp\left(\frac{\hbar\omega}{2k_{B}T}\right)$ 为细致平衡因子,用来修正细致平衡原理导致的不对称。右侧括号内第一项是一个位于 $\omega=0$ 附近的洛伦兹函数,代表瑞利峰。其强度为 A_R,宽度为 $2\Gamma_R$。第二项称为"衰减谐振子"(damped harmonic oscillator,DHO)模型(Fåk,1997),代表布里渊峰。注意,DHO 模型的数学形式与式(3.3.28)中的对应项略有不同,但仍然代表了一对出现在 $\omega=\pm\Omega$ 且宽度约为 $2\Gamma_B$ 的布里渊峰。在时域上,它代表频率为 Ω、衰减为 Γ_B 的振荡模式。

通过式(3.3.30)拟合实验数据,可以得到拟合参数:$A_R(Q)$、$\Gamma_R(Q)$、$\Omega(Q)$和 $\Gamma_B(Q)$。通过分析这些参数对于 Q 的依赖性,可以得到丰富的微观动态信息。式(3.3.30)在液态和玻璃态物质的非弹性散射谱分析中有广泛应用。

4. van Hove 关联函数

van Hove 关联函数 $G(\boldsymbol{r},t)$与 $S(\boldsymbol{Q},\omega)$是关于时间和空间的傅里叶对。由式(2.3.32)可知,在零时刻有

$$G(\boldsymbol{r},0)=\rho g(\boldsymbol{r}) \tag{3.3.31}$$

随着时间的推移,液体的 $G(r,t)$在空间中的有序程度逐渐降低。如图 3.3.7 所示,当$t\sim t_c$ 时,粒子将与其相邻粒子发生碰撞,同时,这些相邻粒子也在经历运动。这导致 $G(\boldsymbol{r},t)$的峰开始变得平缓。而当 $t\gg t_c$ 时,粒子历经了多次碰撞,并扩散到较远的地方。此时,零时刻的一对相邻粒子之间的距离可能变得很远。这会导致 $G(\boldsymbol{r},t)$进一步衰减,并最终趋向于均匀。

从原则上讲,利用中子散射测定 $G(r,t)$是困难的。这是因为,中子散射测得的 $S(Q,\omega)$不

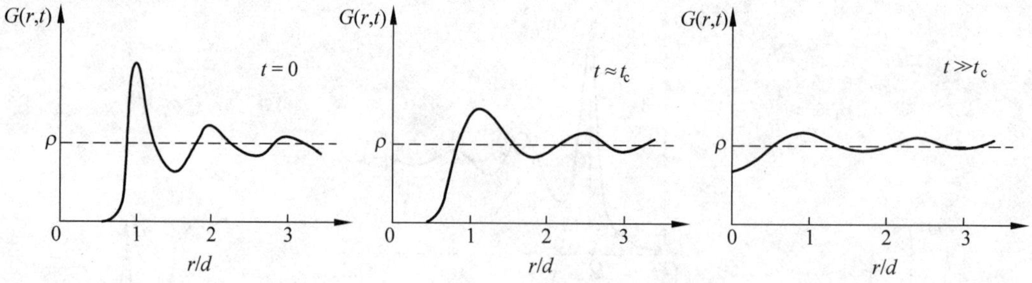

图 3.3.7　$G(r,t)$随时间的演化

图中，t_c 表示粒子的特征碰撞时间。

能同时覆盖足够大的 Q 和 ω 范围，这将导致傅里叶变换产生较大的截断误差。其原因在于，若中子的能量转移较大，则意味着动量转移也较大，反之亦然。否则，中子的动量和能量守恒将被违反。因此，中子散射很难同时覆盖高 ω 和小 Q 的测量范围。而光子则不存在这一问题。以 X 射线为例，其光子能量在 10keV 量级，远远大于凝聚态系统中的各类激发态能量。因此，若能够对 X 射线做能量高分辨探测，则有望利用非弹性 X 射线散射实现凝聚态体系的 $S(Q,\omega)$测量，且可以同时覆盖足够大的 Q 和 ω 范围。高能量分辨率的非弹性 X 射线散射技术已经于 20 世纪 90 年代末实现(Ruocco，1999)，并广泛用于各类液体和玻璃态物质的研究。这也为实验测量液体的 van Hove 关联函数打下基础。图 3.3.8 给出了实验测得的水的 $G(r,t)$。该研究先利用非弹性 X 射线散射技术测得 $S(Q,\omega)$，再通过傅里叶变换得到 $G(r,t)$。

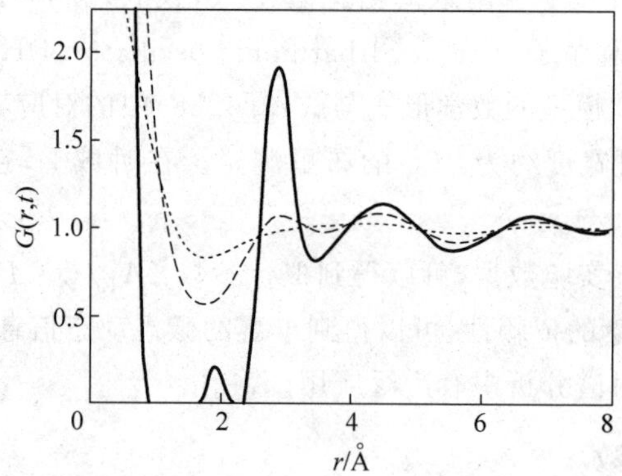

图 3.3.8　水在 285K 温度下的 $G(r,t)$(Shinohara，2018)

此处，时间 t 的范围为 0.12～2ps，不同线型代表不同时间 t 对应的结果。

3.4　频率和法则

本节介绍 $F(Q,t)$与 $S(Q,\omega)$(以及 $F_s(Q,t)$与 $S_s(Q,\omega)$)的一个常用的关系，即频率和法则(frequency sum rule)。

注意到 $F_s(Q,t)$是关于 t 的偶函数，因此，若 $F_s(Q,t)$在 $t=0$ 附近是解析的，则有如下展开：

$$F_{\mathrm{s}}(Q,t)=\sum_{n=0}^{\infty}\frac{1}{(2n)!}\frac{\partial^{2n}}{\partial t^{2n}}F_{\mathrm{s}}(Q,t)\bigg|_{t=0}t^{2n}\tag{3.4.1}$$

利用分部积分，有

$$\begin{aligned}\frac{1}{2\pi}\int\frac{\partial^{2n}}{\partial t^{2n}}F_{\mathrm{s}}(Q,t)\mathrm{e}^{-\mathrm{i}\omega t}\,\mathrm{d}t&=(-1)^{n}\omega^{2n}\ \frac{1}{2\pi}\int F_{\mathrm{s}}(Q,t)\mathrm{e}^{-\mathrm{i}\omega t}\,\mathrm{d}t\\&=(-1)^{n}\omega^{2n}S_{\mathrm{s}}(Q,\omega)\end{aligned}\tag{3.4.2}$$

将上式取反变换，并令 $t=0$，有

$$\frac{\partial^{2n}}{\partial t^{2n}}F_{\mathrm{s}}(Q,t)\bigg|_{t=0}=(-1)^{n}\int\omega^{2n}S_{\mathrm{s}}(Q,\omega)\mathrm{d}\omega\tag{3.4.3}$$

引入“矩”(moment)的概念：

$$\langle\omega_{\mathrm{s}}^{n}\rangle=\int\omega^{n}S_{\mathrm{s}}(Q,\omega)\mathrm{d}\omega\tag{3.4.4}$$

称$\langle\omega_{\mathrm{s}}^{n}\rangle$为 ω 的 n 级矩。对于 0 级矩，易知有

$$\langle\omega_{\mathrm{s}}^{0}\rangle=\int S_{\mathrm{s}}(Q,\omega)\mathrm{d}\omega=F_{\mathrm{s}}(Q,0)=1\tag{3.4.5}$$

利用$\langle\omega_{\mathrm{s}}^{n}\rangle$，可将式(3.4.1)写为

$$F_{\mathrm{s}}(Q,t)=\sum_{n=0}^{\infty}\frac{(-1)^{n}}{(2n)!}\langle\omega_{\mathrm{s}}^{2n}\rangle t^{2n}=1-\frac{\langle\omega_{\mathrm{s}}^{2}\rangle}{2!}t^{2}+\frac{\langle\omega_{\mathrm{s}}^{4}\rangle}{4!}t^{4}-\cdots\tag{3.4.6}$$

上式称为频率和法则，它揭示了 $F_{\mathrm{s}}(Q,t)$的短时间展开(short-time expansion)系数与 ω 的 n 级矩之间的关系。

式(3.2.8)说明，在短时间极限下，$F_{\mathrm{s}}(Q,t)$有如下形式：

$$F_{\mathrm{s}}(Q,t)=\exp\left(-\frac{k_{\mathrm{B}}Tt^{2}}{2m}Q^{2}\right)=1-\frac{1}{2}\frac{k_{\mathrm{B}}TQ^{2}}{m}t^{2}+\cdots$$

对比上面两式，可得

$$\langle\omega_{\mathrm{s}}^{2}\rangle=\frac{k_{\mathrm{B}}TQ^{2}}{m}\tag{3.4.7}$$

此外，液体理论进一步指出(Hansen，2013)：

$$\langle\omega_{4}^{2}\rangle=\frac{k_{\mathrm{B}}TQ^{2}}{m}\left(3\frac{k_{\mathrm{B}}TQ^{2}}{m}+\Omega_{0}^{2}\right)\tag{3.4.8}$$

其中

$$\Omega_{0}^{2}=\frac{\rho}{3m}\int\nabla^{2}v(r)g(r)\mathrm{d}\boldsymbol{r}\tag{3.4.9}$$

Ω_{0} 称为爱因斯坦(Einstein)频率。下面考察 Ω_{0} 的物理意义。将式(3.4.6)与式(3.2.77)联立，易得

$$Z(t)=-\lim_{Q\to0}\frac{1}{Q^{2}}\frac{\partial^{2}}{\partial t^{2}}F_{\mathrm{s}}(Q,t)=\lim_{Q\to0}\frac{1}{Q^{2}}\left(\langle\omega_{\mathrm{s}}^{2}\rangle-\frac{\langle\omega_{\mathrm{s}}^{4}\rangle}{2}t^{2}+\cdots\right)\tag{3.4.10}$$

利用式(3.4.7)和式(3.4.8)，可将上式整理为

$$Z(t)=\lim_{Q\to0}\left[\frac{k_{\mathrm{B}}T}{m}-\frac{k_{\mathrm{B}}T}{m}\left(3\frac{k_{\mathrm{B}}TQ^{2}}{m}+\Omega_{0}^{2}\right)\frac{1}{2}t^{2}+\cdots\right]$$

$$=\frac{k_B T}{m}\left(1-\frac{1}{2}\Omega_0^2 t^2+\cdots\right) \tag{3.4.11}$$

图 3.2.7 显示，液体分子在较短的时间尺度上会在相邻分子组成的“笼子”内振动。由上式可见，Ω_0 即为这种振动的频率。

对于相干散射部分，也有类似的讨论。不难得到

$$F(Q,t)=\sum_{n=0}^{\infty}\frac{(-1)^n}{(2n)!}\langle\omega^{2n}\rangle t^{2n}=\langle\omega^0\rangle-\frac{\langle\omega^2\rangle}{2!}t^2+\frac{\langle\omega^4\rangle}{4!}t^4-\cdots \tag{3.4.12}$$

其中

$$\langle\omega^n\rangle=\int\omega^n S(Q,\omega)\mathrm{d}\omega \tag{3.4.13}$$

易知有

$$\langle\omega^0\rangle=\int S(Q,\omega)\mathrm{d}\omega=S(Q) \tag{3.4.14}$$

此外，液体理论给出(Hansen，2013)

$$\langle\omega^2\rangle=\frac{Q^2 k_B T}{m},\quad \langle\omega^4\rangle=\frac{Q^2 k_B T}{m}\omega_{1l}^2 \tag{3.4.15}$$

其中

$$\omega_{1l}^2=3\frac{Q^2 k_B T}{m}+\frac{\rho}{m}\int(1-\cos Qz)\frac{\partial^2 v(r)}{\partial z^2}g(r)\mathrm{d}\boldsymbol{r} \tag{3.4.16}$$

注意，对于某些相互作用势不连续的系统，如硬球系统，式(3.4.10)是不成立的，因为此时 $Z(t)$在 $t=0$ 附近不解析。此时 $Z(t)$的短时间展开式应写为

$$Z(t)=\frac{k_B T}{m}(1-\Omega_0'|t|+a_2|t|^2+\cdots) \tag{3.4.17}$$

硬球体系中，系数 Ω_0' 的表达式可由动理学理论计算得到(Hansen，2013)：

$$\Omega_0'=\frac{8\rho d^2 g(d)}{3}\sqrt{\frac{\pi k_B T}{m}} \tag{3.4.18}$$

3.5 水：最常见的分子液体

本章前面的内容系统地介绍了中子散射技术在简单液体研究中的理论基础。本节将介绍中子散射技术在研究水的微观动态和结构方面的方法和结论，其目的是帮助读者理解如何将前文中讲授的方法运用到真实系统的研究中。此外，水作为一种分子液体，与之前介绍的简单液体有明显区别。因此，通过这一节内容，读者也可以了解如何将前文中的概念和方法推广到更复杂的系统中。

本节的内容安排与前文的主线一致。首先介绍非相干散射部分，即水分子的单分子运动。随后介绍相干散射部分，包括水分子的集体运动，以及水的微观结构。

3.5.1 单分子运动

众所周知，水分子由两个 H 原子和一个 O 原子组成。O 原子通过 H—O 键与两个 H 原子连接，键角为 104.5°。从表 2.2.1 中可见，H 原子的非相干散射截面高达 79.9barn。

这个数值超过绝大部分核素的散射截面至少一个数量级。因此,水的非弹性散射信号基本来源于H原子的非相干散射。这使得非弹性中子散射非常适于测量水分子的单分子运动。下面将分别介绍水分子的自扩散测量和一些高频运动的测量。

1. 水分子的自扩散

记某个水分子的一个H原子在t时刻的位置为$\boldsymbol{r}(t)$。$\boldsymbol{r}(t)$可分解为水分子的重心位置$\boldsymbol{r}_{\mathrm{T}}(t)$及这个H原子在水分子中相对于重心的位置$\boldsymbol{r}_{\mathrm{R}}(t)$:

$$\boldsymbol{r}(t)=\boldsymbol{r}_{\mathrm{T}}(t)+\boldsymbol{r}_{\mathrm{R}}(t) \tag{3.5.1}$$

容易理解,$\boldsymbol{r}_{\mathrm{T}}(t)$代表水分子整体的位置,其随时间的变化代表水分子的平动(translation);$\boldsymbol{r}_{\mathrm{R}}(t)$随时间的变化则代表H原子围绕水分子重心的转动(rotation)。注意,这里我们忽略了H原子在平衡位置附近的热振动——这一部分往往不具有特别的时间依赖性。

利用式(3.5.1),可写出H原子的中间散射函数:

$$F_{\mathrm{H}}(Q,t)=\langle \mathrm{e}^{\mathrm{i}\boldsymbol{Q}\cdot[\boldsymbol{r}_{\mathrm{T}}(t)-\boldsymbol{r}_{\mathrm{T}}(0)]}\mathrm{e}^{\mathrm{i}\boldsymbol{Q}\cdot[\boldsymbol{r}_{\mathrm{R}}(t)-\boldsymbol{r}_{\mathrm{R}}(0)]}\rangle$$

若假设水分子的平动与转动不相关,上式可化为

$$F_{\mathrm{H}}(Q,t)=\langle \mathrm{e}^{\mathrm{i}\boldsymbol{Q}\cdot[\boldsymbol{r}_{\mathrm{T}}(t)-\boldsymbol{r}_{\mathrm{T}}(0)]}\rangle\langle \mathrm{e}^{\mathrm{i}\boldsymbol{Q}\cdot[\boldsymbol{r}_{\mathrm{R}}(t)-\boldsymbol{r}_{\mathrm{R}}(0)]}\rangle \tag{3.5.2}$$

记

$$F_{\mathrm{T}}(Q,t)=\langle \mathrm{e}^{\mathrm{i}\boldsymbol{Q}\cdot[\boldsymbol{r}_{\mathrm{T}}(t)-\boldsymbol{r}_{\mathrm{T}}(0)]}\rangle \tag{3.5.3}$$

$$F_{\mathrm{R}}(Q,t)=\langle \mathrm{e}^{\mathrm{i}\boldsymbol{Q}\cdot[\boldsymbol{r}_{\mathrm{R}}(t)-\boldsymbol{r}_{\mathrm{R}}(0)]}\rangle \tag{3.5.4}$$

二者分别代表水分子的平动和转动。在较长的时间尺度上,$F_{\mathrm{T}}(Q,t)$具备指数衰减形式:

$$F_{\mathrm{T}}(Q,t)=\mathrm{e}^{-\Gamma(Q)t} \tag{3.5.5}$$

$F_{\mathrm{R}}(Q,t)$部分可使用球面扩散(spherical diffusion)模型近似。球面扩散是指一个粒子在球面上的随机游走,其对应的自中间散射函数为(Sears,1966):

$$F_{\mathrm{R}}(Q,t)=\sum_{l=0}^{\infty}(2l+1)\mathrm{j}_l^2(Qb)\mathrm{e}^{-l(l+1)D_{\mathrm{R}}t} \tag{3.5.6}$$

式中,j_l为第l阶球贝塞尔函数;b为转动半径,在本例中,b的值可取为H—O键的长度0.98Å;D_{R}为转动扩散系数,用于描述球面扩散的快慢。考虑到此处Q值的测量范围在2Å^{-1}以内,因此,在本例中,上式中的级数取到$l=2$就足够精确了。

在得到$F_{\mathrm{H}}(Q,t)$的理论模型之后,将其做关于t的傅里叶变换,并将变换的结果与谱仪的能量分辨率函数$R(Q,\omega)$作卷积,可得到能与实验数据拟合的形式:

$$S_{\mathrm{H,model}}(Q,\omega)=\mathcal{F}[F_{\mathrm{T}}(Q,t)F_{\mathrm{R}}(Q,t)]\otimes R(Q,\omega) \tag{3.5.7}$$

通过将上式与实验数据进行非线性拟合,即可得到拟合参数$\Gamma(Q)$和D_{R}。

图3.5.1(a)给出了利用式(3.5.7)拟合得到的自动态结构因子的曲线,图3.5.1(b)给出了拟合得到的不同温度下$\Gamma(Q)$与Q^2的函数关系。

从图3.5.1(b)中可见,当$Q^2\lesssim 0.4\text{Å}^{-2}$时,$\Gamma(Q)$与$Q^2$呈线性关系,意味着处于自扩散极限。当$Q$值逐渐增大时,$\Gamma(Q)$与$Q^2$逐渐偏离线性关系。注意到,水分子之间的主要作用为氢键作用。氢键作用比一般的范德瓦尔斯作用要强,这导致水分子较难冲破其相邻分子组成的"笼子"。因此,采用跳扩散模型比连续扩散模型来描述水分子的平动更为合

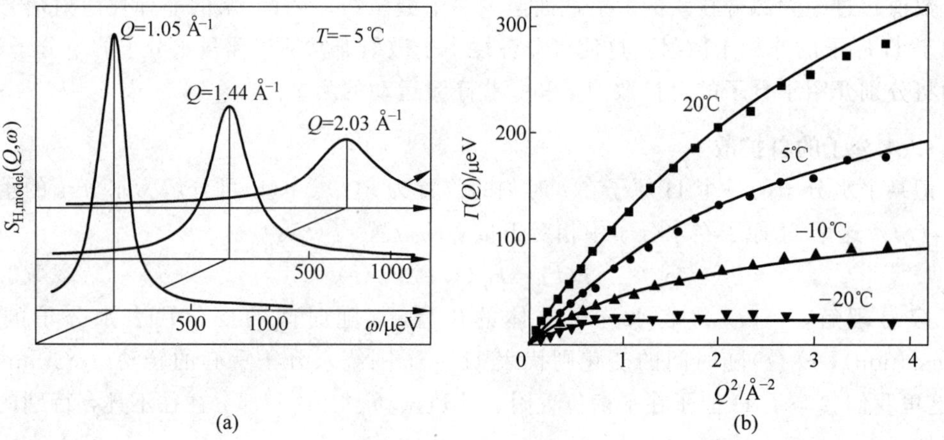

图 3.5.1 H_2O 的非相干散射谱(Teixeira,1985a)

(a) 在 5℃时,不同 Q 值对应的 $S_{H,model}(Q,\omega)$；(b) 不同测量温度下的 $\Gamma(Q)$与 Q^2 的函数关系

其中点为实验结果,实线为利用跳扩散模型式(3.5.8)拟合得到的曲线。

理。这意味着水的$\Gamma(Q)$可能有如下形式(见式(3.2.41))：

$$\Gamma(Q)=\frac{DQ^2}{1+DQ^2\tau_0} \tag{3.5.8}$$

式中,D 为水分子的自扩散系数；τ_0 为水分子冲破“笼子”需要的时间,也就是水的局域结构的弛豫时间(relaxation time)。图 3.5.1(b)中的实线给出了利用式(3.5.8)拟合$\Gamma(Q)$的结果。可见跳扩散模型很好地描述了水分子的平动,这是水分子跳扩散运动的重要实验证据。

图 3.5.2 给出了利用式(3.5.8)拟合得到的弛豫时间 τ_0 与温度的关系。可以看到,温度在−20℃之上时,$\ln\tau_0$ 与 $1/T$ 大概成正比关系,也就意味着二者满足阿伦尼乌斯(Arrhenius)关系：

$$\tau_0 \propto \exp\left(\frac{E_A}{k_B T}\right) \tag{3.5.9}$$

其中,E_A 称为激发能(activated energy),表示水分子冲破“笼子”需要克服的能量壁垒。阿伦尼乌斯关系背后的物理图像是指,若某个过程被激发所需要克服的能量壁垒为 E_A,则由统计物理的结论可知,该过程发生的概率或频率正比于玻尔兹曼因子 $\exp(-E_A/k_BT)$,这也意味着该过程的特征时间正比于 $\exp(E_A/k_BT)$。从图 3.5.2 中可见,当温度低至−20℃时,τ_0 明显偏离了阿伦尼乌斯关系。此时温度已经显著低于水的结冰点,系统处于高度过冷状态。这导致水的局域结构更加趋近于冰的局域结构,使得水分子难以扩散,且激发能增加。

2. 水分子的高频运动

上一部分讨论了水分子在较长时间尺度上的平动。由图 3.5.2 可见,该运动的特征时间在 ps 量级。在频域中,则对应于 $\omega<1$meV 的低频范围(见图 3.5.1(a))。这一部分将简要介绍水分子在更快时间尺度上的一些运动。这些运动对应于 $\omega>1$meV 的高频范围。为了突出这些高频特征,我们将讨论速度频率函数 $G(\omega)$。

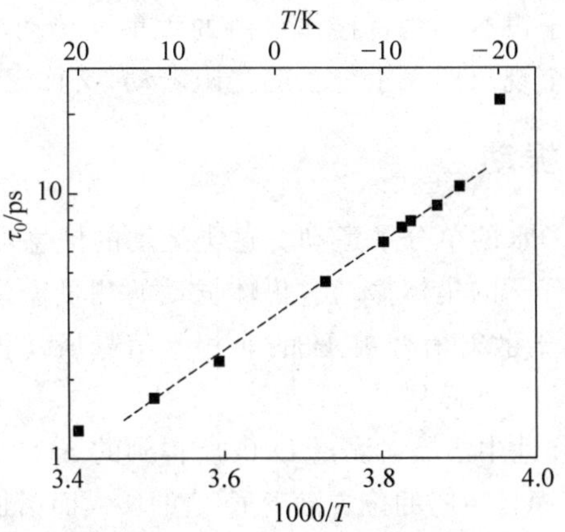

图 3.5.2 H_2O 的局域结构弛豫时间 τ_0 与温度的函数关系(Teixeira,1985a)

当温度高于 0℃时,水分子的扩散运动显著。在这种情况下,散射谱中的低频特征占有主导地位。当液态水进入过冷区域(supercooled region)之后,水分子的扩散运动被强烈抑制。因此,水分子的高频运动往往在水的过冷区测量。实验表明,当把水分子约束在纳米尺度的孔洞中时,水可以在－100℃甚至更低的温度下保持液体状态。这部分介绍的内容即为水分子在强受限空间和低温环境中的高频运动。

图 3.5.3(a)给出了受限水在 $T=170\text{K}$ 时的速度频率函数 $G(\omega)$。可见图中有两个显著的特征峰,第一个位于 6～7meV,这一特征峰描述的是水分子整体的振动。在文献中,往往用约化的速度频率函数 $g(\omega)$来表示这一个特征峰:

$$g(\omega)=\frac{G(\omega)}{\omega^2} \tag{3.5.10}$$

图 3.5.3(b)中给出了受限水在 $T=170\text{K}$ 时的 $g(\omega)$。可以看到,在 6meV 附近,$g(\omega)$表现为一个峰,这个峰被称为玻色峰(Boson peak)。玻色峰是无定型态物质中的普遍现象。研究表明,玻色峰是物质中原子的集体振动造成的,其频率和宽度与物质的密度和局域结构都有密切的关系(Chumakov,2015)。

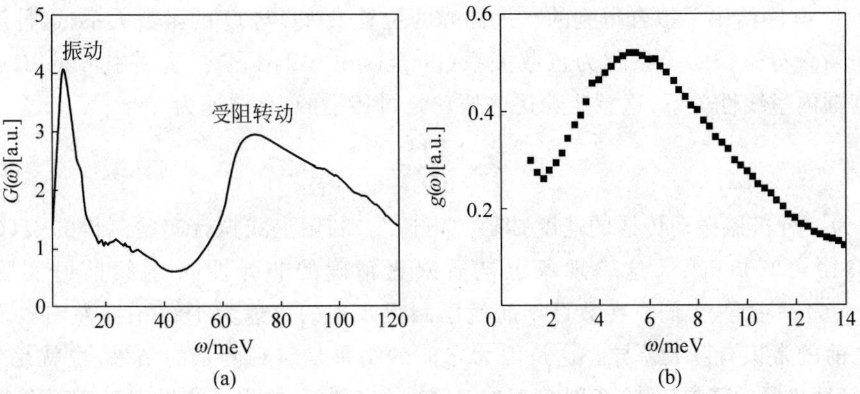

图 3.5.3 受限水在 $T=170\text{K}$ 时的 $G(\omega)$和 $g(\omega)$(Wang,2015)

图 3.5.3(a)中的另一个特征峰位于 70meV 附近,这一特征峰描述的是水分子的受阻转动(hindered rotation)(Yip,1963)。水分子中的两个 H 原子分别与相邻的两个水分子通

过氢键作用。这导致水分子没有办法直接作自由的大角度转动，而是会先在平衡位置附近作小角度的来回转动。这个现象即为水分子的受阻转动，又称天平动(libration)。

3.5.2 水分子的集体振动

在3.5.1节我们介绍了水的单分子运动。这类运动的信息可通过测量水的非相干散射来获得。这一节将介绍水分子的集体振动。集体振动的测量需借助相干散射。由表2.2.1可知，若样品是 H_2O，则相干散射信号被H的非相干信号所淹没。因此，为了测量水分子的集体运动，我们需要测量 D_2O 样品。

图3.5.4(a)给出了非弹性中子散射测量 D_2O 所得到的 $S(Q,\omega)$。可以看到，在 $S(Q,\omega)$ 的两翼有一对"肩膀"出现，而且肩膀的位置随着 Q 值的增大而增加。这对"肩膀"即为布里渊峰，它代表水分子的集体振动。将式(3.3.30)与谱仪能量分辨率函数作卷积之后，用来拟合实验数据，得到的拟合曲线也在图3.5.4(a)中给出。

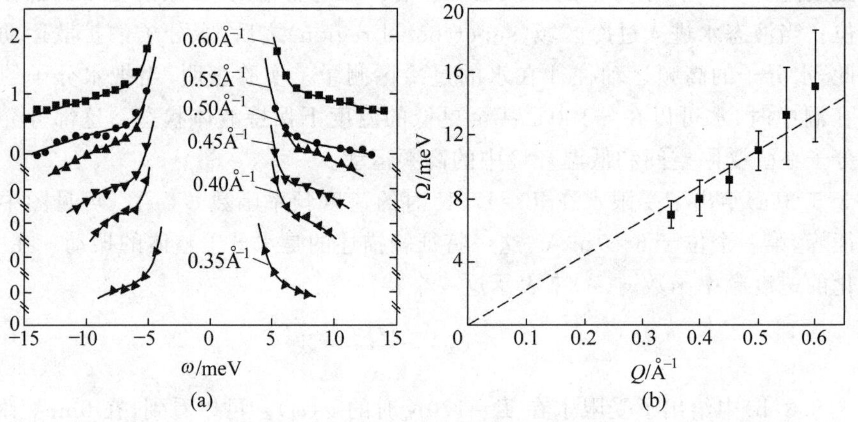

图3.5.4 D_2O 的非弹性中子散射实验结果(Teixeira,1985b)

(a) 散点为 D_2O 的非弹性散射谱，其主要构成为 D_2O 的 $S(Q,\omega)$，实线为利用式(3.3.30)拟合的曲线；(b) 散点为散射实验给出的 D_2O 的色散关系，虚线为利用式(3.5.11)拟合的结果

图3.5.4(b)给出了拟合得到的布里渊峰的位置 $\Omega(Q)$ 与 Q 的函数关系，这种激发态能量或振动频率与波长的关系称为色散关系(dispersion relation)。从图中可见，$\Omega(Q)$ 与 Q 在误差范围内呈线性关系，这意味着这些振动是可传播的，且波速为

$$c=\frac{\mathrm{d}\Omega}{\mathrm{d}Q}=\frac{\Omega}{Q} \tag{3.5.11}$$

c 作为一种机械振动传播的速度，即为"声速"。利用上式拟合实验测得的 $\Omega(Q)$，可得到 $c=(3310\pm250)$ m/s。这一现象也被后来更精确的非弹性X射线散射实验所证实(Sette,1996)。注意，人们早在数百年前就已测得水中的声速为1500m/s左右。而此处的结果与之前的常识有巨大差异。这是因为之前的结果是宏观测量的结果，也就是 $Q\to0$ 极限，或连续性极限的结果，对应于图3.3.6(a)区域。而中子的测量结果则对应于图3.3.6(b)区域。此时，系统的动态特征与系统的局域结构以及分子间的相互作用有密切的关系。水在微观尺度上的快声速被认为与局域氢键网络结构有关。在下一节中将介绍水的微观结构。我们将会看到，水的局域结构深受氢键作用的影响。

3.5.3 水的微观结构

这一节简要介绍利用中子散射技术测量液态水的微观结构。首先注意到水是一种分子液体，且组成原子具有不同的散射长度，因此，需要将前文中的一些表达式稍作推广。

式(2.5.4)给出了定态近似下单元素系统中微分截面的表达式：

$$\left(\frac{d\sigma}{d\Omega}\right)_{coh}=Nb_{coh}^2S(\boldsymbol{Q})=\left\langle\sum_{j=1}^{N}\sum_{k=1}^{N}b_{coh}^2e^{-i\boldsymbol{Q}\cdot\boldsymbol{r}_j}e^{i\boldsymbol{Q}\cdot\boldsymbol{r}_k}\right\rangle=\left\langle\left|\sum_{k=1}^{N}b_{coh}e^{i\boldsymbol{Q}\cdot\boldsymbol{r}_k}\right|^2\right\rangle$$

在分子液体或者其他混合系统中，元素的种类不止一种，因此上式需要推广为如下形式：

$$\left(\frac{d\sigma}{d\Omega}\right)_{coh}=\left\langle\sum_{j=1}^{N}\sum_{k=1}^{N}b_jb_ke^{-i\boldsymbol{Q}\cdot\boldsymbol{r}_j}e^{i\boldsymbol{Q}\cdot\boldsymbol{r}_k}\right\rangle=\left\langle\left|\sum_{k=1}^{N}b_ke^{i\boldsymbol{Q}\cdot\boldsymbol{r}_k}\right|^2\right\rangle \tag{3.5.12}$$

其中，b_j 为原子 j 的相干散射长度。对于水，上式可写为

$$\begin{aligned}\left(\frac{d\sigma}{d\Omega}\right)_{coh}&=\left\langle\left|\sum_{j=1}^{N_H}b_He^{i\boldsymbol{Q}\cdot\boldsymbol{r}_j}+\sum_{k=1}^{N_O}b_Oe^{i\boldsymbol{Q}\cdot\boldsymbol{r}_k}\right|^2\right\rangle\\&=b_H^2\left\langle\sum_{j=1}^{N_H}\sum_{k=1}^{N_H}e^{-i\boldsymbol{Q}\cdot\boldsymbol{r}_j}e^{i\boldsymbol{Q}\cdot\boldsymbol{r}_k}\right\rangle+b_O^2\left\langle\sum_{j=1}^{N_O}\sum_{k=1}^{N_O}e^{-i\boldsymbol{Q}\cdot\boldsymbol{r}_j}e^{i\boldsymbol{Q}\cdot\boldsymbol{r}_k}\right\rangle+\\&\quad b_Hb_O\left\langle\sum_{j=1}^{N_H}\sum_{k=1}^{N_O}e^{-i\boldsymbol{Q}\cdot\boldsymbol{r}_j}e^{i\boldsymbol{Q}\cdot\boldsymbol{r}_k}\right\rangle+b_Hb_O\left\langle\sum_{j=1}^{N_H}\sum_{k=1}^{N_O}e^{i\boldsymbol{Q}\cdot\boldsymbol{r}_j}e^{-i\boldsymbol{Q}\cdot\boldsymbol{r}_k}\right\rangle\end{aligned}$$

式中，N_H 和 N_O 分别为系统中 H 原子和 O 原子的数量。

若系统为各向同性的，则散射谱不依赖于 $\boldsymbol{Q}$ 的方向，上式后面两项应该是相等的，因此有

$$\begin{aligned}\left(\frac{d\sigma}{d\Omega}\right)_{coh}=&b_H^2\left\langle\sum_{j=1}^{N_H}\sum_{k=1}^{N_H}e^{-i\boldsymbol{Q}\cdot\boldsymbol{r}_j}e^{i\boldsymbol{Q}\cdot\boldsymbol{r}_k}\right\rangle+b_O^2\left\langle\sum_{j=1}^{N_O}\sum_{k=1}^{N_O}e^{-i\boldsymbol{Q}\cdot\boldsymbol{r}_j}e^{i\boldsymbol{Q}\cdot\boldsymbol{r}_k}\right\rangle+\\&2b_Hb_O\left\langle\sum_{j=1}^{N_H}\sum_{k=1}^{N_O}e^{-i\boldsymbol{Q}\cdot\boldsymbol{r}_j}e^{i\boldsymbol{Q}\cdot\boldsymbol{r}_k}\right\rangle\end{aligned} \tag{3.5.13}$$

1. 分子液体的部分结构因子

式(3.5.13)的形式较为复杂。为了更方便地研究水或者其他种类的分子液体，下面我们遵循 Faber 等人提出的方法(Faber，1965)定义部分结构因子(partial structure factor)。

我们从对分布函数开始。式(2.3.33)给出了对分布函数的定义：

$$\rho g(\boldsymbol{r})=\frac{1}{N}\sum_{j=1}^{N}\sum_{k\neq j}^{N}\langle\delta(\boldsymbol{r}+\boldsymbol{r}_j-\boldsymbol{r}_k)\rangle$$

式中，N 为原子数，ρ 为原子的数密度。由于水中含有 H 原子和 O 原子，因此上式化为

$$\begin{aligned}\rho g(\boldsymbol{r})=&\frac{1}{N}\sum_{j_H=1}^{N_H}\sum_{k_H\neq j_H}^{N_H}\langle\delta(\boldsymbol{r}+\boldsymbol{r}_{j_H}-\boldsymbol{r}_{k_H})\rangle+\frac{1}{N}\sum_{j_O=1}^{N_O}\sum_{k_O\neq j_O}^{N_O}\langle\delta(\boldsymbol{r}+\boldsymbol{r}_{j_O}-\boldsymbol{r}_{k_O})\rangle+\\&\frac{1}{N}\sum_{j_H=1}^{N_H}\sum_{k_O=1}^{N_O}\langle\delta(\boldsymbol{r}+\boldsymbol{r}_{j_H}-\boldsymbol{r}_{k_O})\rangle+\frac{1}{N}\sum_{j_O=1}^{N_O}\sum_{k_H=1}^{N_H}\langle\delta(\boldsymbol{r}+\boldsymbol{r}_{j_O}-\boldsymbol{r}_{k_H})\rangle\end{aligned} \tag{3.5.14}$$

下面依次分析上式等号右侧的几项。其中第一项可写为

$$\frac{1}{N}\sum_{j_H=1}^{N_H}\sum_{k_H\neq j_H}^{N_H}\langle\delta(\boldsymbol{r}+\boldsymbol{r}_{j_H}-\boldsymbol{r}_{k_H})\rangle=c_H\left[\frac{1}{N_H}\sum_{j_H=1}^{N_H}\sum_{k_H\neq j_H}^{N_H}\langle\delta(\boldsymbol{r}+\boldsymbol{r}_{j_H}-\boldsymbol{r}_{k_H})\rangle\right]\tag{3.5.15}$$

其中 $c_H=N_H/N$ 为 H 原子的数量分数。记

$$\rho_H g_{HH}(\boldsymbol{r})=\rho c_H g_{HH}(\boldsymbol{r})=\frac{1}{N_H}\sum_{j_H=1}^{N_H}\sum_{k_H\neq j_H}^{N_H}\langle\delta(\boldsymbol{r}+\boldsymbol{r}_{j_H}-\boldsymbol{r}_{k_H})\rangle\tag{3.5.16}$$

可见，$\rho_H g_{HH}(\boldsymbol{r})$的意义为：若某个参考 H 原子位于坐标原点，则在 $\boldsymbol{r}$ 处附近的 H 原子的数密度即为 $\rho_H g_{HH}(\boldsymbol{r})$。利用 $\rho_H g_{HH}(\boldsymbol{r})$，可将式(3.5.14)等号右侧的第一项写为

$$\frac{1}{N}\sum_{j_H=1}^{N_H}\sum_{k_H\neq j_H}^{N_H}\langle\delta(\boldsymbol{r}+\boldsymbol{r}_{j_H}-\boldsymbol{r}_{k_H})\rangle=\rho c_H^2 g_{HH}(\boldsymbol{r})$$

类似地，式(3.5.14)等号右侧的第二项可写为

$$\frac{1}{N}\sum_{j_O=1}^{N_O}\sum_{k_O\neq j_O}^{N_O}\langle\delta(\boldsymbol{r}+\boldsymbol{r}_{j_O}-\boldsymbol{r}_{k_O})\rangle=c_O\rho_O g_{OO}(\boldsymbol{r})=\rho c_O^2 g_{OO}(\boldsymbol{r})\tag{3.5.17}$$

其中

$$\rho_O g_{OO}(\boldsymbol{r})=\rho c_O g_{OO}(\boldsymbol{r})=\frac{1}{N_O}\sum_{j_O=1}^{N_O}\sum_{k_O\neq j_O}^{N_O}\langle\delta(\boldsymbol{r}+\boldsymbol{r}_{j_O}-\boldsymbol{r}_{k_O})\rangle\tag{3.5.18}$$

其意义为：若某个参考 O 原子位于坐标原点，则在 $\boldsymbol{r}$ 处附近的 O 原子的数密度即 $\rho_O g_{OO}(\boldsymbol{r})$。

式(3.5.14)等号右侧的第三项可写为

$$\frac{1}{N}\sum_{j_H=1}^{N_H}\sum_{k_O=1}^{N_O}\langle\delta(\boldsymbol{r}+\boldsymbol{r}_{j_H}-\boldsymbol{r}_{k_O})\rangle=c_H\left[\frac{1}{N_H}\sum_{j_H=1}^{N_H}\sum_{k_O=1}^{N_O}\langle\delta[\boldsymbol{r}-(\boldsymbol{r}_{k_O}-\boldsymbol{r}_{j_H})]\rangle\right]\tag{3.5.19}$$

记上式等号右侧括号中的项为

$$\rho_O g_{HO}(\boldsymbol{r})=\rho c_O g_{HO}(\boldsymbol{r})=\frac{1}{N_H}\sum_{j_H=1}^{N_H}\sum_{k_O=1}^{N_O}\langle\delta[\boldsymbol{r}-(\boldsymbol{r}_{k_O}-\boldsymbol{r}_{j_H})]\rangle\tag{3.5.20}$$

其意义为：若某个参考 H 原子位于坐标原点，则在 $\boldsymbol{r}$ 处附近的 O 原子的数密度即 $\rho_O g_{HO}(\boldsymbol{r})$。利用 $\rho_O g_{HO}(\boldsymbol{r})$，可将式(3.5.14)等号右侧的第三项写为

$$\frac{1}{N}\sum_{j_H=1}^{N_H}\sum_{k_O=1}^{N_O}\langle\delta(\boldsymbol{r}+\boldsymbol{r}_{j_H}-\boldsymbol{r}_{k_O})\rangle=\rho c_H c_O g_{HO}(\boldsymbol{r})$$

类似地，可将式(3.5.14)等号右侧的最后一项写为

$$\frac{1}{N}\sum_{j_O=1}^{N_O}\sum_{k_H=1}^{N_H}\langle\delta(\boldsymbol{r}+\boldsymbol{r}_{j_O}-\boldsymbol{r}_{k_H})\rangle=\rho c_O c_H g_{OH}(\boldsymbol{r})\tag{3.5.21}$$

其中

$$\rho_H g_{OH}(\boldsymbol{r})=\rho c_H g_{OH}(\boldsymbol{r})=\frac{1}{N_O}\sum_{j_O=1}^{N_O}\sum_{k_H=1}^{N_H}\langle\delta[\boldsymbol{r}-(\boldsymbol{r}_{k_H}-\boldsymbol{r}_{j_O})]\rangle\tag{3.5.22}$$

其意义为：若某个参考 O 原子位于原点，则在 $\boldsymbol{r}$ 处附近的 H 原子的数密度即 $\rho_H g_{OH}(\boldsymbol{r})$。

由于式(3.5.14)等号右侧的最后两项相等，因此有

$$g_{HO}(\boldsymbol{r})=g_{OH}(\boldsymbol{r})\tag{3.5.23}$$

综合上述讨论可知，$\rho_\beta g_{\alpha\beta}(\boldsymbol{r})$有如下意义：在热平衡的系统中，若取某参考 α 原子的位置为原点，则在 $\boldsymbol{r}$ 附近 β 原子的数密度即为 $\rho_\beta g_{\alpha\beta}(\boldsymbol{r})$。$g_{\alpha\beta}(\boldsymbol{r})$称为部分对分布函数(partial pair distribution function)，其表达式为

$$\rho_\beta g_{\alpha\beta}(\boldsymbol{r})=\begin{cases}\dfrac{1}{N_\alpha}\sum\limits_{j=1}^{N_\alpha}\sum\limits_{k\neq j}^{N_\alpha}\langle\delta[\boldsymbol{r}-(\boldsymbol{r}_k-\boldsymbol{r}_j)]\rangle, & \alpha=\beta\\ \dfrac{1}{N_\alpha}\sum\limits_{j_\alpha=1}^{N_\alpha}\sum\limits_{k_\beta=1}^{N_\beta}\langle\delta[\boldsymbol{r}-(\boldsymbol{r}_{k_\beta}-\boldsymbol{r}_{j_\alpha})]\rangle, & \alpha\neq\beta\end{cases}\tag{3.5.24}$$

注意有：$g_{\alpha\beta}(\boldsymbol{r})=g_{\beta\alpha}(\boldsymbol{r})$。

在明确了 $g_{\alpha\beta}(\boldsymbol{r})$的定义之后，我们可以定义部分结构因子。注意到在单元素系统中有

$$S(\boldsymbol{Q})-1=\rho\int \mathrm{d}\boldsymbol{r}\,\mathrm{e}^{\mathrm{i}\boldsymbol{Q}\cdot\boldsymbol{r}}[g(\boldsymbol{r})-1]$$

上式等号左侧的-1项源于原子和其自身的关联。这一部分没有对于 $\boldsymbol{Q}$ 的依赖性，没有物理意义。因此可定义不含原子与自身关联的结构因子

$$S^{\mathrm{d}}(\boldsymbol{Q})=\rho\int \mathrm{d}\boldsymbol{r}\,\mathrm{e}^{\mathrm{i}\boldsymbol{Q}\cdot\boldsymbol{r}}[g(\boldsymbol{r})-1]\tag{3.5.25}$$

参照上式，定义

$$S_{\alpha\beta}^{\mathrm{d}}(\boldsymbol{Q})=\rho\int \mathrm{d}\boldsymbol{r}\,\mathrm{e}^{\mathrm{i}\boldsymbol{Q}\cdot\boldsymbol{r}}[g_{\alpha\beta}(\boldsymbol{r})-1]\tag{3.5.26}$$

对于各向同性的系统，上式可写为

$$S_{\alpha\beta}^{\mathrm{d}}(Q)=\frac{4\pi}{Q}\rho\int[g_{\alpha\beta}(r)-1]r\sin(Qr)\,\mathrm{d}r\tag{3.5.27}$$

将式(3.5.24)代入式(3.5.26)，有(忽略 $Q=0$ 处的值)

$$\begin{aligned}S_{\alpha\beta}^{\mathrm{d}}(\boldsymbol{Q})&=\frac{\rho}{\rho_\beta}\int \mathrm{d}\boldsymbol{r}\,\mathrm{e}^{\mathrm{i}\boldsymbol{Q}\cdot\boldsymbol{r}}\rho_\beta g_{\alpha\beta}(\boldsymbol{r})\\&=\begin{cases}\dfrac{N}{N_\alpha^2}\sum\limits_{j=1}^{N_\alpha}\sum\limits_{k\neq j}^{N_\alpha}\langle\exp[\mathrm{i}\boldsymbol{Q}\cdot(\boldsymbol{r}_k-\boldsymbol{r}_j)]\rangle, & \alpha=\beta\\ \dfrac{N}{N_\alpha N_\beta}\sum\limits_{j_\alpha=1}^{N_\alpha}\sum\limits_{k_\beta=1}^{N_\beta}\langle\exp[\mathrm{i}\boldsymbol{Q}\cdot(\boldsymbol{r}_{k_\beta}-\boldsymbol{r}_{j_\alpha})]\rangle, & \alpha\neq\beta\end{cases}\end{aligned}\tag{3.5.28}$$

将上式与式(3.5.13)结合，可知有

$$\begin{aligned}\left(\frac{\mathrm{d}\sigma}{\mathrm{d}\Omega}\right)_{\mathrm{coh}}&=N(c_{\mathrm{H}}b_{\mathrm{H}}^2+c_{\mathrm{O}}b_{\mathrm{O}}^2)+N[b_{\mathrm{H}}^2c_{\mathrm{H}}^2S_{\mathrm{HH}}^{\mathrm{d}}(\boldsymbol{Q})+\\&\quad b_{\mathrm{O}}^2c_{\mathrm{O}}^2S_{\mathrm{OO}}^{\mathrm{d}}(\boldsymbol{Q})+2b_{\mathrm{H}}b_{\mathrm{O}}c_{\mathrm{H}}c_{\mathrm{O}}S_{\mathrm{HO}}^{\mathrm{d}}(\boldsymbol{Q})]\end{aligned}\tag{3.5.29}$$

上式可以推广到其他分子液体之中：

$$\frac{1}{N}\left(\frac{\mathrm{d}\sigma}{\mathrm{d}\Omega}\right)_{\mathrm{coh}}=\sum_\alpha c_\alpha b_\alpha^2+\sum_\alpha\sum_{\beta\geqslant\alpha}(2-\delta_{\alpha\beta})c_\alpha c_\beta b_\alpha b_\beta S_{\alpha\beta}^{\mathrm{d}}(\boldsymbol{Q})\tag{3.5.30}$$

2. 水的微观结构

由式(3.5.29)可见，水的散射信号包含了 OO、OH 以及 HH 三种关联。因此，不可能根据一次测量就直接获得水的微观结构。从原则上讲，如果假设 H_2O 与 D_2O 在微观结构

上的差别可忽略，那么可以配置三种不同比例的 H_2O 与 D_2O 的混合物来解出 $S_{HH}^{d}(Q)$、$S_{OO}^{d}(Q)$ 和 $S_{HO}^{d}(Q)$，然后通过傅里叶变换得到 $g_{HH}(r)$、$g_{OO}(r)$ 和 $g_{HO}(r)$。更为有效的办法是利用计算机模拟的方法来拟合实验数据，从而得到这些部分对分布函数。该方法的细节可参考文献(Soper，2000)。图 3.5.5 给出了利用该方法得到的结果。

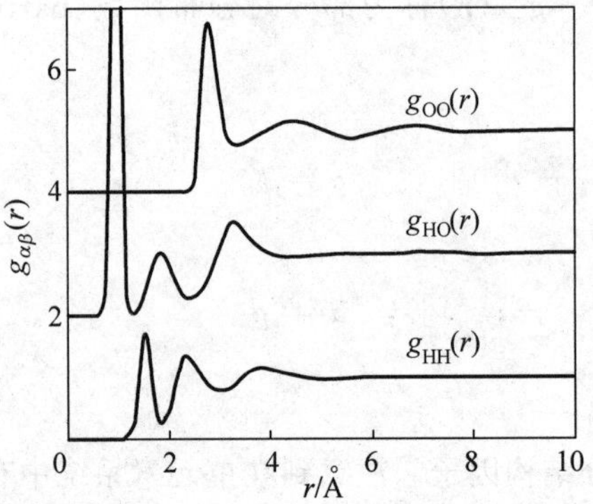

图 3.5.5 常温常压下水的部分对分布函数 $g_{\alpha\beta}(r)$(Soper，2000)

为清晰起见，不同函数的纵坐标有所移动。

可以看到，$g_{OO}(r)$ 在 2.8Å 附近表现出第一个峰，这个峰代表水分子的第一配位层，其内部所含有的分子数可由下式计算得到：

$$N_{\alpha\beta}(r_{\min},r_{\max})=4\pi\rho c_{\beta}\int_{r_{\min}}^{r_{\max}}r^2 g_{\alpha\beta}(r)\mathrm{d}r \tag{3.5.31}$$

取 $\alpha=\beta=O$，$r_{\min}=0$，$r_{\max}=3.4$Å，可得水的第一配位层含有的水分子数约为 4.8。这一数字远小于简单液体的第一配位数(一般都大于 10)。原因在于，水分子之间的作用主要为氢键作用。一个 O 原子可以与两个其他水分子中的 H 原子形成氢键。而一个 H 原子也可与另外一个水分子中的 O 原子形成氢键。因此，稳定的第一配位层应包含 4 个水分子，并形成正四面体结构，见图 3.5.6(a)。实际上这也是最常见的冰的局域结构。

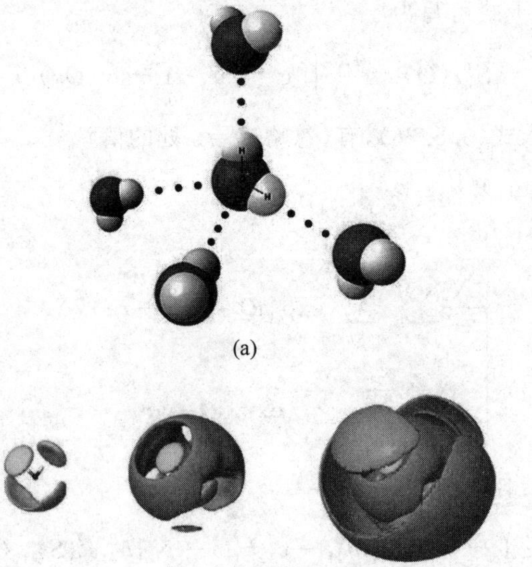

(a)

(b)

图 3.5.6 水的微观结构(Soper，2017)

(a) 晶态水中的正四面体氢键网络；(b) 液态水的局域结构

其中，图(b)的左图为参考水分子和第一配位层(0～3.1Å)，可以看到，液态水的局域结构大致为正四面体；图(b)的中图增加的位置范围为 3.1～4.9Å(第二配位层)；图(b)的右图增加的位置范围为 4.9～7.3Å(第三配位层)。

在 $g_{HO}(r)$ 中，第一个峰位于 1Å 附近，代表 O—H 化学键。在 $g_{HH}(r)$ 中，第一个峰位于 1.58Å 附近，代表一个水分子内部的两个 H 原子的间距。

3.6 蛋白分子的内部运动

中子的一大特点是穿透性好，不会造成在样品中的能量沉积。因此，中子散射技术对样品的损伤极小，很适于研究脆弱的生物材料。中子散射技术在研究生物材料的微观动态方面取得了丰富的成果。这里介绍一个著名的例子，即测量蛋白质中 H 原子的均方位移。

蛋白的动态特征对于蛋白质的功能实现非常重要。蛋白分子的内部运动可通过其组成原子的均方位移来考察。由于蛋白分子中含有大量 H 原子，因此其中子散射信号主要为 H 的非相干散射。根据式(3.2.58)可知，假设 H 原子所处的作用势可近似为简谐势，则有如下关系成立：

$$\mathrm{EISF}(Q)=\exp\left[-\frac{Q^2\langle r^2\rangle}{3}\right]\Rightarrow -\ln\left[\mathrm{EISF}(Q)\right]=\frac{\langle r^2\rangle}{3}Q^2 \tag{3.6.1}$$

可见，作出 $-\ln\left[S_s(Q,\omega=0)\right]$ 与 Q^2 的函数关系曲线，其斜率即为 H 原子的均方位移（注意，这是一个简化的处理，但结果可接受）。对于结合水含量约 30% 的肌红蛋白(myglobin)，其均方位移与温度的关系如图 3.6.1 所示。

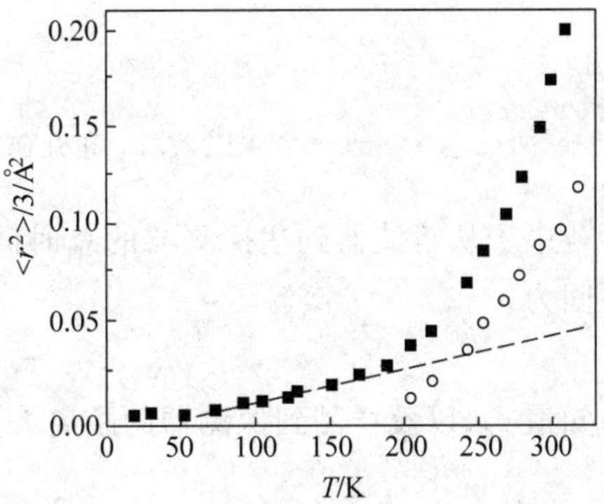

图 3.6.1 肌红蛋白的均方位移 $\langle r^2\rangle/3$ 与温度 T 之间的关系(Doster, 1989)

图中，实心方块代表中子散射实验测得的 $\langle r^2\rangle/3$；虚线为低温时 $\langle r^2\rangle/3$ 与 T 的线性关系的外推；空心圆代表偏离线性关系的部分。

可以看到，当温度低于约 200K 时，$\langle r^2\rangle/3$ 与 T 呈线性关系。这意味着蛋白中原子的运动为平衡位置附近的振动。此时，蛋白分子类似于固体，内部没有扩散等液体特征。而当温度大于约 200K 时，均方位移有明显的提升，并显著偏离线性关系。这表明分子内部出现了较大尺度上的原子运动，例如扩散或者其他大幅振动。这种均方位移在 200K 附近的转变称为蛋白的动态转变(dynamical transition)。

动态转变现象自发现之后就引起了人们大规模的讨论。有研究认为，正是蛋白分子在 200K 附近的"融化"，激发了蛋白的生物效应。该现象背后的物理被认为类似于液体的玻璃态—液态转变。转变的内因也被广泛地讨论。

需要注意的是，蛋白的动态转变现象的很多相关问题至今未有定论。但该现象的发现仍对于蛋白动态和功能的研究具有启发意义。

3.7 飞行时间谱仪简介

本章内容多涉及非弹性中子散射测量。这里简要介绍一种典型的非弹性中子散射谱仪，即飞行时间谱仪(time-of-flight spectrometer)。

飞行时间谱仪要求入射中子必须是脉冲。对于散裂源而言，这是自然的。而对于反应堆源，则需要通过斩波器来生成入射中子脉冲，这会导致中子的通量下降约两个量级。一般而言，基于散裂源的飞行时间谱仪的效率远高过基于反应堆源的同类谱仪。

飞行时间谱仪按构造可分为两类，一类是正几何(direct geometry)，另一类是反几何(indirect geometry)。首先介绍正几何构造。图 3.7.1 给出了正几何构造的飞行时间谱仪的示意图。经过单色的一束中子脉冲，其动能记为 E_i，动量记为 $\hbar \boldsymbol{k}_i$。它们从斩波器到样品需经过的路程为 L_1。易知，入射中子从斩波器到样品经历的飞行时间为

$$\tau_i = \frac{L_1 m_n}{\hbar k_i} \tag{3.7.1}$$

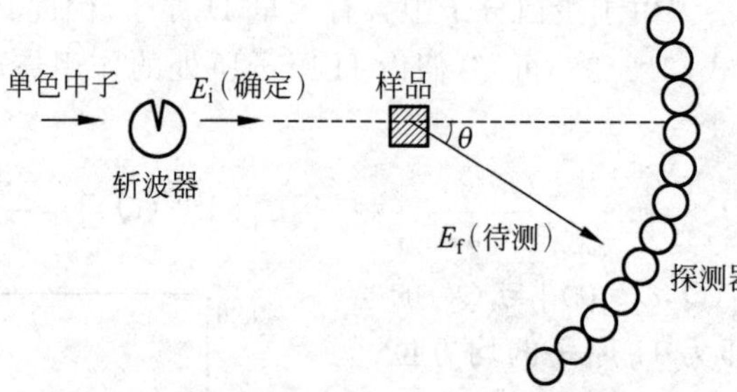

图 3.7.1 正几何构造的飞行时间谱仪示意图

若中子从斩波器到达探测器的总时间为 τ_{tot}，则可知散射中子从样品到达探测器的飞行时间为

$$\tau_f = \tau_{tot} - \tau_i \tag{3.7.2}$$

知道 τ_f，以及样品到探测器的距离 L_2，即可求得散射中子的能量为

$$E_f = \frac{1}{2} m_n \left(\frac{L_2}{\tau_f}\right)^2 \tag{3.7.3}$$

从而可得到中子的能量转移为

$$\omega = \frac{E_i - E_f}{\hbar} \tag{3.7.4}$$

利用余弦公式可求得散射矢量的大小：

$$Q^2 = k_i^2 + k_f^2 - 2k_i k_f \cos\theta = \frac{2m_n}{\hbar^2}(E_i + E_f - 2\sqrt{E_i E_f}\cos\theta)$$

对于确定的入射能量 E_i，以及测量得到的能量转移 ω，可知有

$$\frac{\hbar^2 Q^2}{2m_n} = 2E_i - \hbar\omega - 2[E_i(E_i - \hbar\omega)]^{1/2}\cos\theta \tag{3.7.5}$$

正几何构造的优点在于可同时收集不同的$(\boldsymbol{Q},\omega)$值，有较高的效率。

下面介绍反几何构造。其原理是固定测量单一的散射中子能量 E_f，而对入射中子谱进行飞行时间扫描。图 3.7.2 给出了反几何构造的飞行时间谱仪的示意图。入射中子为白光，经过样品散射之后，利用一个单晶分析器来选出特定能量的散射中子。记单晶的晶面间距为 d_A，布拉格角为 θ_A，则可知被选择的中子波长为

$$\lambda_A = 2d_A \sin\theta_A \tag{3.7.6}$$

因此，被选择的散射中子的波数为

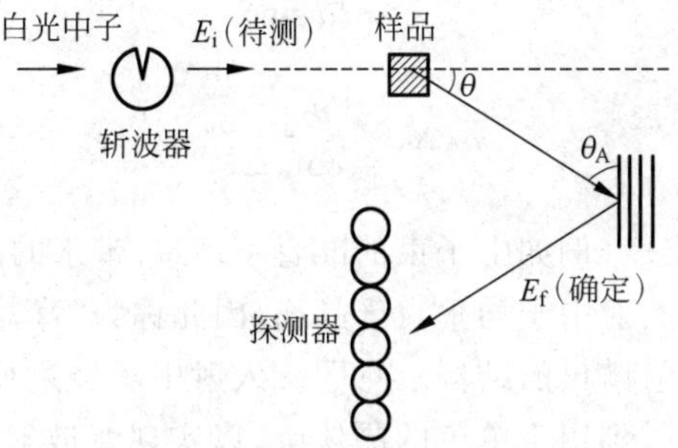

图 3.7.2 反几何构造的飞行时间谱仪示意图

$$k_f=\frac{2\pi}{2d_A\sin\theta_A}=\frac{\pi}{d_A\sin\theta_A} \tag{3.7.7}$$

散射中子从样品出来，经过分析器，最终到达探测器的时间为

$$\tau_f=\frac{m_nL_2}{\hbar k_f} \tag{3.7.8}$$

其中 L_2 为散射中子从样品到探测器经过的总路程。知道 τ_f 之后，利用中子的总飞行时间 τ_{tot} 减去 τ_f，即可得到对应的入射中子的飞行时间 τ_i。利用 τ_i，可知对应的入射中子波数为

$$k_i=\frac{m_nL_1}{\hbar\tau_i} \tag{3.7.9}$$

其中 L_1 为中子源到样品的距离。求得 k_i 之后，可计算得到能量转移

$$\omega=\frac{E_i-E_f}{\hbar}=\frac{\hbar k_i^2}{2m_n}-\frac{E_f}{\hbar} \tag{3.7.10}$$

利用余弦定理，在已知 E_f 和 ω 时，可求得 Q 的表达式

$$\frac{\hbar^2Q^2}{2m_n}=2E_f+\hbar\omega-2[E_f(E_f+\hbar\omega)]^{1/2}\cos\theta \tag{3.7.11}$$

反几何谱仪的优点是无须对入射中子做严格的单色，可以最大限度地利用一个脉冲之内的中子。

一般的飞行时间谱仪可测量的能量范围约在 0.01meV 到几百 meV。如此宽广的频率范围不太可能由一台谱仪达到。针对不同的能量范围，有不同的谱仪可供选择。

传统的飞行时间谱仪的能量分辨率最高可达到入射中子能量的约 1/100。例如，若入射中子能量为 1meV(波长约 9Å)，则能量分辨率最高可达到约 10μeV。以正几何构造为例，制约飞行时间谱仪能量分辨率提高的主要因素是入射中子并非理想单色，而是具有波长分布。记该分布的半高宽为 $\Delta\lambda$。为了提高能量分辨率，显然需要尽量减小 $\Delta\lambda$。然而，减小 $\Delta\lambda$ 会相应地导致入射中子通量的减小。当能量分辨率已经达到入射中子能量的约 1/100 之后，继续通过速度选择器减少 $\Delta\lambda$ 会导致中子通量的剧烈下降，因此并不经济。

采用背散射(backscattering)技术可进一步提升飞行时间谱仪的能量分辨率。当前，采用背散射技术的飞行时间谱仪的能量分辨率可达到入射中子能量的 1/1000。下面简要介绍该技术。

当采用晶体材料作为单色器时，单色的效果 $\Delta\lambda/\lambda$ 与入射角的不确定度有关。记入射中子与晶面夹角为 α，晶面间隔为 d，则布拉格条件写为

$$\lambda = 2d\sin\alpha$$

因此有

$$\frac{\Delta\lambda}{\lambda} = \cot\alpha\,\Delta\alpha$$

可见，由于入射角的不确定度（例如中子束的准直不理想）带来的波长的不确定度在 $\alpha=\pi/2$ 时最小。此时入射中子和反射中子均垂直于晶面，因此称为“背散射”。

图 3.7.3 给出了背散射谱仪的结构示意图。入射中子经过反射晶体反射之后（同时也做了初步的单色），垂直入射到用于单色的晶体上，以实现背散射。经背散射过程的出射中子具有良好的单色性，这些中子将与样品发生散射。样品周围有一圈呈球面分布的分析晶体，与样品发生一次散射的中子将与这些分析晶体再次发生背散射，随后，散射中子将最终到达探测器。注意，从分析晶体出射的中子可能与样品发生二次散射。为了防止这种情况，此处的背散射条件往往不是严格满足的，以避开与样品的二次散射。

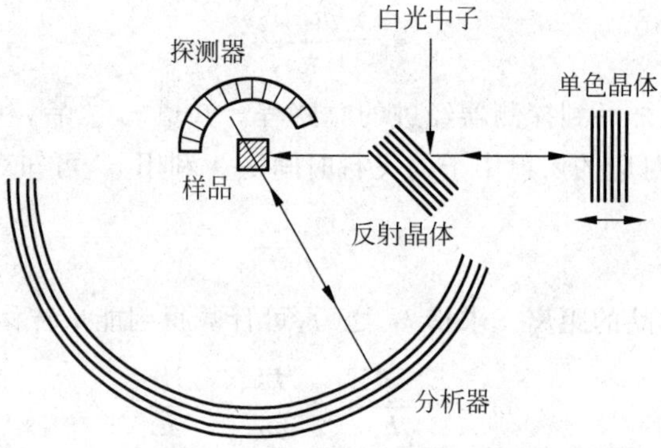

图 3.7.3　背散射谱仪结构示意图

若单色晶体与分析晶体完全相同，则最后仅能探测到发生弹性散射的中子。为了实现非弹性中子散射，可让单色晶体沿着中子路线方向移动，产生多普勒（Doppler）效应。这样可使得从单色晶体出射的中子具有不同的出射能量，从而最终可探测到发生非弹性散射的中子。

飞行时间谱仪的种类较多，不同种类的谱仪，其可探测的能量转移 ω 的范围和 Q 的范围，以及能量分辨率均可能有较大差别。一般而言，将能量转移范围小于 1meV 的非弹性散射称为“准弹性散射”（quasielastic scattering）。这类实验研究的微观运动往往是液体分子的扩散。另外，将能量转移范围大于 1meV 的散射称为“非弹性散射”。这类实验研究的微观运动则包含分子或原子的集体振动、分子局域结构的运动甚至分子内部的运动。图 3.7.4 给出了一个典型的凝聚态物质的准弹性与非弹性中子散射谱。

在利用飞行时间谱仪进行研究时，研究人员应明确研究对象，并对需要研究的运动的能量范围和空间范围有较好的估计，以便选择合适的谱仪进行测量。以美国橡树岭国家实验室的散裂中子源为例，该实验室建设有多台飞行时间谱仪。其中，背散射谱仪（backscattering spectrometer，BASIS）由于采用了背散射技术，能量分辨率最高，可达 3μeV。为了实现较好的时间分辨能力，慢化器到探测器的距离长达 84m。该谱仪可测的最大能量转移为 200μeV，动量转移探测范围为 0.2～2.0Å^{-1}。冷中子斩波谱仪（cold neutron

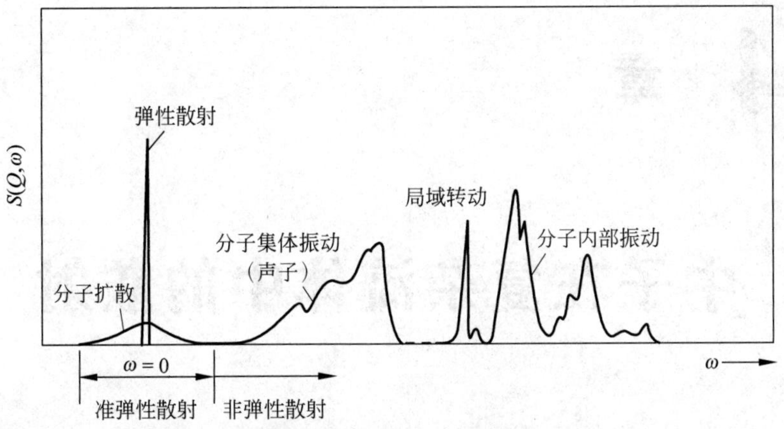

图 3.7.4 典型的凝聚态物质的准弹性与非弹性中子散射谱(Eckert,1992)

chopper spectrometer,CNCS)采用正几何结构,慢化器到探测器的距离约为 40m,选取的入射中子能量为 0.5～80meV。根据不同的入射中子能量和工作模式,该谱仪可实现的能量分辨率为 10～500μeV,可测的最大能量转移与入射中子能量相当,动量转移探测范围为 0.02～10$\mathring{A}^{-1}$。振动谱仪(vibrational spectrometer,VISION)采用反几何结构,可测的能量转移范围为 5～600meV,动量转移探测范围为 1.3～30$\mathring{A}^{-1}$。这三台谱仪采用不同的设计方案,覆盖的能量转移范围跨 5 个数量级,可满足多种科研需要。

第 4 章

中子在复杂流体中的散射

在第 3 章中，我们详细介绍了中子散射技术在简单液体中的应用。这类液体由一种原子构成，且原子之间的作用是各向同性的。液态 Ar 即为典型的简单液体。Ar 原子之间的作用是严格各向同性的，原子之间的作用势可以用兰纳-琼斯势描述。此外，液态甲烷(CH_4)和液态氨(NH_3)等液体，其分子间相互作用可近似视为各向同性，它们的结构和动态特征也可以用简单液体模型较好地描述(Barrat，2003)。

第 3 章还较为详细地介绍了中子散射在液态水研究中的应用。水是分子液体，其结构和动态特征均与一般的简单液体有较大区别。利用中子散射研究这类液体时，简单液体中的概念和方法需要进行一定的推广。注意，无论是典型的简单液体，还是液态水这样的小分子液体，其组成都是单质，且分子的尺度均在 10^{-10}m 量级。而在自然界和工业界中存在大量液体，如胶体分散体、乳液、胶束以及高分子等，它们的组分复杂，且主要构成粒子或分子的空间尺度较大，往往在 $10^{-9}\sim10^{-6}$m 量级。这类物质常被称为“复杂流体”。它们的特征尺度介于微观和宏观尺度之间，称为介观(mesoscopic)。利用中子散射技术研究这类系统的结构和动态时，需要用到新的方法。其中，测量其结构特征，需要运用小角中子散射(small-angle neutron scattering)技术；对于动态特性的研究，则需要运用中子自旋回波(neutron spin echo)技术。

本章前 4 节介绍小角中子散射。小角中子散射是一种弹性散射方法，Q 的测量范围一般在 $0.001\sim0.7Å^{-1}$。注意，该数值远小于一般的中子衍射谱仪的测量 Q 值，而较小的 Q 意味着较小的散射角度，这也是该技术被称为“小角散射”的原因。上述 Q 的范围对应的空间尺度约为 10～6000Å，刚好对应于介观空间尺度，例如溶液中溶质粒子的结构，高分子链的构象等。这里，将通过介绍对胶体分散体和高分子熔体的研究，引入小角中子散射在复杂流体和介观物质研究中的概念和方法。

介观材料的分子或组成粒子的空间尺度较大，导致其动态过程所涉及的时间尺度较长，往往可达到 100ns 量级。而传统的飞行时间谱仪，即使结合背散射技术，其最长时间分辨能力也很难突破 10ns。中子自旋回波技术极大地增加了中子散射技术的时间分辨能力，从而使得对这类物质的动态特征的研究成为可能。本章后两节将介绍该技术的原理，以及在复杂流体和介观物质的动态特征研究中的应用。

4.1 小角中子散射与胶体系统

4.1.1 基本方法

首先介绍利用小角中子散射技术研究胶体分散体的方法。胶体分散体一般为溶液。溶质称为胶体粒子,一般是一些紧凑且质量较大的颗粒。溶剂则一般为小分子液体或有机液体。由于溶质粒子与溶剂分子在体积和质量上有很大差距,因此,一般将胶体粒子视作离散的,而将溶剂视为连续的。图 4.1.1(a)给出了胶体分散体的示意图。

作为弹性散射技术,小角中子散射测量的是样品的微分截面。在定态近似下,相干散射微观截面的表达式如下(见式(3.5.12)):

$$\left(\frac{\mathrm{d}\sigma}{\mathrm{d}\Omega}\right)_{\mathrm{coh}}=\left\langle\sum_{j=1}^{N}\sum_{k=1}^{N}b_j b_k \mathrm{e}^{-\mathrm{i}\boldsymbol{Q}\cdot\boldsymbol{r}_j}\mathrm{e}^{\mathrm{i}\boldsymbol{Q}\cdot\boldsymbol{r}_k}\right\rangle=\left\langle\left|\sum_{k=1}^{N}b_k \mathrm{e}^{\mathrm{i}\boldsymbol{Q}\cdot\boldsymbol{r}_k}\right|^2\right\rangle \tag{4.1.1}$$

小角散射所研究的粒子往往具有较大的分子量,可满足定态近似的要求。上式中,N 为系统中的原子总数,b_j 为原子 j 的相干散射长度,$\boldsymbol{r}_j$ 为原子 j 的位置。

设溶液样品中有 N_{p} 个溶质粒子,我们可以将样品划分为 N_{p} 个部分,每个部分有且仅有一个溶质粒子,如图 4.1.1(b)所示。根据这一图像,上式可化为

$$\left(\frac{\mathrm{d}\sigma}{\mathrm{d}\Omega}\right)_{\mathrm{coh}}=\left\langle\left|\sum_{j=1}^{N_{\mathrm{p}}}\sum_{k=1}^{N_j}b_{jk}\mathrm{e}^{\mathrm{i}\boldsymbol{Q}\cdot\boldsymbol{r}_{jk}}\right|^2\right\rangle \tag{4.1.2}$$

其中 $\boldsymbol{r}_{jk}$ 和 b_{jk} 分别为第 j 个部分中第 k 个原子的位置和相干散射长度,N_j 为第 j 个部分中的原子总数。设溶质粒子 j 的重心位置为 $\boldsymbol{R}_j$,位于 $\boldsymbol{r}_{jk}$ 的原子相对于 $\boldsymbol{R}_j$ 的位置为 $\boldsymbol{X}_k$,则有 $\boldsymbol{r}_{jk}=\boldsymbol{R}_j+\boldsymbol{X}_k$。因此,可将上式写为

$$\left(\frac{\mathrm{d}\sigma}{\mathrm{d}\Omega}\right)_{\mathrm{coh}}=\left\langle\left|\sum_{j=1}^{N_{\mathrm{p}}}\mathrm{e}^{\mathrm{i}\boldsymbol{Q}\cdot\boldsymbol{R}_j}\sum_{k=1}^{N_j}b_{jk}\mathrm{e}^{\mathrm{i}\boldsymbol{Q}\cdot\boldsymbol{X}_k}\right|^2\right\rangle \tag{4.1.3}$$

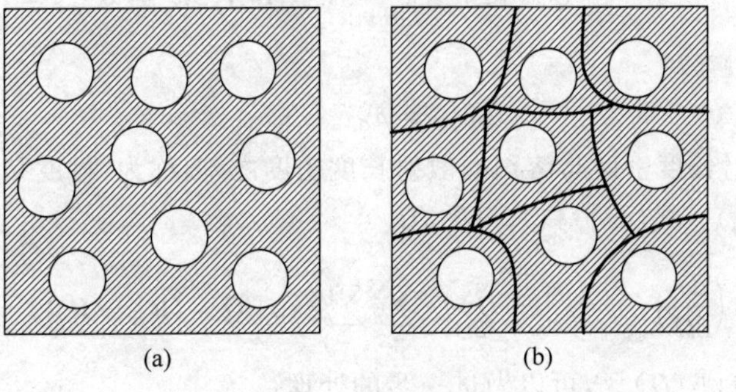

图 4.1.1 胶体分散体

(a) 胶体分散体示意图,其中,圆表示胶体颗粒,画线背景表示溶剂;
(b) 将系统划分为 N_{p} 个部分,每个部分含有一个胶体颗粒

对于溶质粒子 j,定义如下函数:

$$F_j(\boldsymbol{Q})=\sum_{k=1}^{N_j}b_{jk}\mathrm{e}^{\mathrm{i}\boldsymbol{Q}\cdot\boldsymbol{X}_k} \tag{4.1.4}$$

则有

$$\left(\frac{\mathrm{d}\sigma}{\mathrm{d}\Omega}\right)_{\mathrm{coh}}=\left\langle \sum_{j=1}^{N_{\mathrm{p}}}\sum_{j'=1}^{N_{\mathrm{p}}}F_{j'}^{*}(\boldsymbol{Q})F_{j}(\boldsymbol{Q})\exp[\mathrm{i}\boldsymbol{Q}\cdot(\boldsymbol{R}_{j}-\boldsymbol{R}_{j'})]\right\rangle \tag{4.1.5}$$

$F_j(\boldsymbol{Q})$通常写为积分的形式：

$$F_j(\boldsymbol{Q})=\int_{\mathrm{cell}\,j}\mathrm{e}^{\mathrm{i}\boldsymbol{Q}\cdot\boldsymbol{r}}\sum_{k=1}^{N_j}b_{jk}\delta(\boldsymbol{r}-\boldsymbol{X}_k)\,\mathrm{d}\boldsymbol{r}=\int_{\mathrm{cell}\,j}\mathrm{e}^{\mathrm{i}\boldsymbol{Q}\cdot\boldsymbol{r}}\rho_{\mathrm{sld},j}(\boldsymbol{r})\,\mathrm{d}\boldsymbol{r} \tag{4.1.6}$$

上式中体积分的积分限为第 j 个部分的空间范围；$\rho_{\mathrm{sld},j}(\boldsymbol{r})$称为散射长度密度(scattering length density)，其表达式如下：

$$\rho_{\mathrm{sld},j}(\boldsymbol{r})=\sum_{k=1}^{N_j}b_{jk}\delta(\boldsymbol{r}-\boldsymbol{X}_k) \tag{4.1.7}$$

可见，散射长度密度表示单位体积内的相干散射长度。

注意，在式(4.1.6)的积分中，积分限为第 j 个部分的空间范围。考虑到我们所做的划分具有任意性，这将导致该积分式的意义不够明确。我们希望将式(4.1.6)中的积分限变为溶质粒子 j 所占的体积。该式可重写为

$$F_j(\boldsymbol{Q})=\int_{\mathrm{particle}\,j}\mathrm{e}^{\mathrm{i}\boldsymbol{Q}\cdot\boldsymbol{r}}[\rho_{\mathrm{sld},j}(\boldsymbol{r})-\rho_{\mathrm{sld,s}}]\,\mathrm{d}\boldsymbol{r}+\rho_{\mathrm{sld,s}}\int_{\mathrm{cell}\,j}\mathrm{e}^{\mathrm{i}\boldsymbol{Q}\cdot\boldsymbol{r}}\mathrm{d}\boldsymbol{r} \tag{4.1.8}$$

式中，第一个积分的积分限为溶质粒子 j 所占的体积，$\rho_{\mathrm{sld,s}}$ 为溶剂的散射长度密度。对于均匀的溶剂，$\rho_{\mathrm{sld,s}}$ 是常数。注意到上式等号右侧第二个积分是一个关于 Q 的 δ 函数，因此有

$$F_j(\boldsymbol{Q})=\int_{\mathrm{particle}\,j}\mathrm{e}^{\mathrm{i}\boldsymbol{Q}\cdot\boldsymbol{r}}[\rho_{\mathrm{sld},j}(\boldsymbol{r})-\rho_{\mathrm{sld,s}}]\,\mathrm{d}\boldsymbol{r},\quad Q\neq 0 \tag{4.1.9}$$

以上讨论是通用的，下面我们对系统做一定的限制，以进一步简化问题。我们假设样品中的溶质粒子都是一样的，且内部的元素分布和密度分布较为均匀。此时，溶质粒子的散射长度密度函数可近似地写为常数：$\rho_{\mathrm{sld,p}}$。因此，式(4.1.9)可写为

$$F(\boldsymbol{Q})=\Delta\rho_{\mathrm{sld}}\int_{\mathrm{particle}}\mathrm{e}^{\mathrm{i}\boldsymbol{Q}\cdot\boldsymbol{r}}\mathrm{d}\boldsymbol{r},\quad Q\neq 0 \tag{4.1.10}$$

式中

$$\Delta\rho_{\mathrm{sld}}=\rho_{\mathrm{sld,p}}-\rho_{\mathrm{sld,s}} \tag{4.1.11}$$

$\Delta\rho_{\mathrm{sld}}$ 是粒子的散射长度密度与溶剂的散射长度密度之差，称为"衬度"(contrast)。

综合式(4.1.5)～式(4.1.11)，可知有

$$\left(\frac{\mathrm{d}\sigma}{\mathrm{d}\Omega}\right)_{\mathrm{coh}}=\left\langle |F(\boldsymbol{Q})|^2\sum_{j=1}^{N_{\mathrm{p}}}\sum_{j'=1}^{N_{\mathrm{p}}}\exp[\mathrm{i}\boldsymbol{Q}\cdot(\boldsymbol{R}_j-\boldsymbol{R}_{j'})]\right\rangle \tag{4.1.12}$$

对于上式中的$|F(\boldsymbol{Q})|^2$，可以做进一步的处理：

$$|F(\boldsymbol{Q})|^2=\Delta\rho_{\mathrm{sld}}^2\left|\int_{\mathrm{particle}}\mathrm{e}^{\mathrm{i}\boldsymbol{Q}\cdot\boldsymbol{r}}\mathrm{d}\boldsymbol{r}\right|^2=V_{\mathrm{p}}^2\Delta\rho_{\mathrm{sld}}^2\left|\frac{1}{V_{\mathrm{p}}}\int_{\mathrm{particle}}\mathrm{e}^{\mathrm{i}\boldsymbol{Q}\cdot\boldsymbol{r}}\mathrm{d}\boldsymbol{r}\right|^2$$

式中，V_{p} 是一个溶质粒子的体积。记

$$P(\boldsymbol{Q})=\left|\frac{1}{V_{\mathrm{p}}}\int_{\mathrm{particle}}\mathrm{e}^{\mathrm{i}\boldsymbol{Q}\cdot\boldsymbol{r}}\mathrm{d}\boldsymbol{r}\right|^2 \tag{4.1.13}$$

易知 $P(\boldsymbol{Q})$满足 $P(\boldsymbol{Q}=\boldsymbol{0})=1$。由上式可见，$P(\boldsymbol{Q})$仅描写溶质粒子的形状或组成原子的分布，而不包含衬度信息，因此被称为形状因子(form factor)。利用 $P(\boldsymbol{Q})$，可将式(4.1.12)化为

$$\left(\frac{d\sigma}{d\Omega}\right)_{coh}=V_p^2\Delta\rho_{sld}^2P(\boldsymbol{Q})\left\langle\sum_{j=1}^{N_p}\sum_{j'=1}^{N_p}\exp\left[i\boldsymbol{Q}\cdot(\boldsymbol{R}_j-\boldsymbol{R}_{j'})\right]\right\rangle \tag{4.1.14}$$

引入描述溶质粒子之间位置关系的结构因子：

$$S(\boldsymbol{Q})=\frac{1}{N_p}\left\langle\sum_{j=1}^{N_p}\sum_{j'=1}^{N_p}\exp\left[i\boldsymbol{Q}\cdot(\boldsymbol{R}_j-\boldsymbol{R}_{j'})\right]\right\rangle \tag{4.1.15}$$

可最终得到微分散射截面的表达式：

$$\left(\frac{d\sigma}{d\Omega}\right)_{coh}=N_pV_p^2\Delta\rho_{sld}^2P(\boldsymbol{Q})S(\boldsymbol{Q}) \tag{4.1.16}$$

注意，这里有三个非常关键的物理量：第一个是衬度项 $\Delta\rho_{sld}^2$，该项与溶质粒子的密度和化学成分有密切关系；第二个是形状因子 $P(\boldsymbol{Q})$，它描述了溶质粒子的形状；第三个是结构因子 $S(\boldsymbol{Q})$，它描述了溶质粒子的空间分布。小角中子散射的研究一般均基于这几项来展开。

在实际的小角中子散射实验中，我们得到的是单位体积样品对于中子的散射：

$$I(\boldsymbol{Q})=\frac{1}{V}\left(\frac{d\sigma}{d\Omega}\right)_{coh}+B_{inc}=n_pV_p^2\Delta\rho_{sld}^2P(\boldsymbol{Q})S(\boldsymbol{Q})+B_{inc} \tag{4.1.17}$$

式中 n_p 为溶质粒子的数密度，B_{inc} 为非相干散射造成的常散射信号。$I(\boldsymbol{Q})$称为绝对强度(absolute intensity)，或宏观微分截面。其量纲为长度的倒数，通常采用 cm^{-1} 做单位。绝对强度的优点是排除了样品大小对于强度的影响，从而使我们可以只关注样品的微观结构。图 4.1.2(a)中给出了一种树状大分子(dendrimer)溶液的小角中子散射绝对强度 $I(Q)$。图 4.1.2(b)给出了计算得到的 $P(Q)$和 $S(Q)$，二者相乘即得到 $I(Q)$的形状。

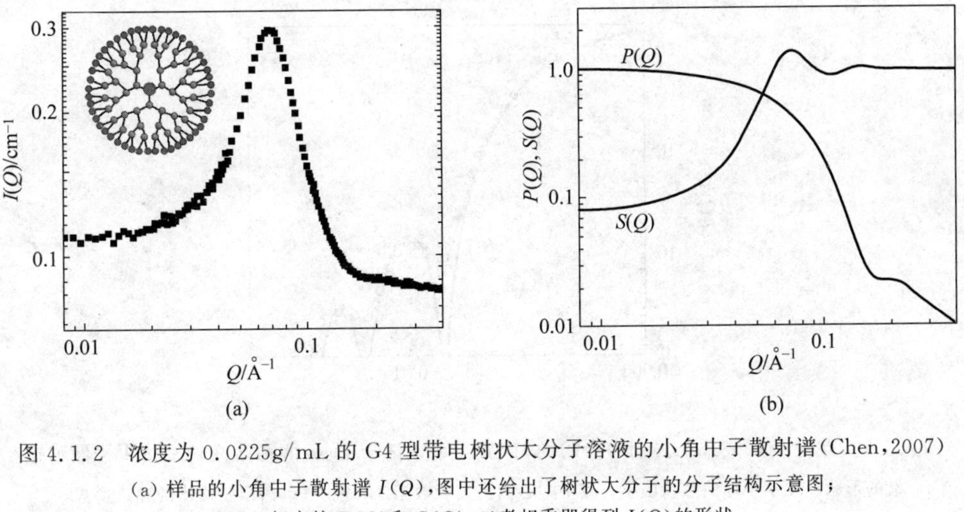

图 4.1.2 浓度为 0.0225g/mL 的 G4 型带电树状大分子溶液的小角中子散射谱(Chen，2007)
(a) 样品的小角中子散射谱 $I(Q)$，图中还给出了树状大分子的分子结构示意图；
(b) 相应的 $P(Q)$和 $S(Q)$，二者相乘即得到 $I(Q)$的形状

注意，在后文的讨论中，我们将略去 B_{inc}，因其并不提供有效的结构信息，对讨论无益。但在实际实验中，这一项往往不能直接忽略。通常的处理方法是在拟合实验曲线的时候加入一个常参数来表示非相干散射信号。

在前文中引出 $\Delta\rho_{sld}$ 概念的时候，我们曾要求溶质粒子的密度和元素的分布较为均匀。实际上这并不是必需的，我们总可以找到一个平均散射长度密度 $\bar{\rho}_{sld,p}$ 来体现溶质粒子的

散射长度。因此，式(4.1.16)的形式仍然是有效的。当然，更明确的计算需要在计算形状因子的时候考虑到粒子内部散射长度的分布：

$$P(Q)=\left|\frac{1}{V_{\mathrm{p}}}\int_{\text{particle}}\mathrm{e}^{\mathrm{i}\boldsymbol{Q}\cdot\boldsymbol{r}}\left[\rho_{\mathrm{sld,p}}(\boldsymbol{r})-\rho_{\mathrm{sld,s}}\right]\mathrm{d}\boldsymbol{r}\right|^{2}$$

此时，小角中子散射的绝对强度表达式写为

$$I(Q)=n_{\mathrm{p}}V_{\mathrm{p}}^{2}S(Q)\left|\frac{1}{V_{\mathrm{p}}}\int_{\text{particle}}\mathrm{e}^{\mathrm{i}\boldsymbol{Q}\cdot\boldsymbol{r}}\left[\rho_{\mathrm{sld,p}}(\boldsymbol{r})-\rho_{\mathrm{sld,s}}\right]\mathrm{d}\boldsymbol{r}\right|^{2}+B_{\mathrm{inc}} \tag{4.1.18}$$

4.1.2 形状因子

当样品中溶质粒子的浓度很低时(一般要求填充率小于1%)，溶质粒子间的关联可忽略，$S(Q)$可近似视为1，此时的小角散射谱反映的是形状因子$P(Q)$。$P(Q)$可直接由式(4.1.13)计算。例如，对于半径为R的均匀球体，其形状因子为

$$\begin{aligned}P(Q)&=\left|\frac{1}{V_{\mathrm{p}}}\int_{\text{particle}}\mathrm{e}^{\mathrm{i}\boldsymbol{Q}\cdot\boldsymbol{r}}\mathrm{d}\boldsymbol{r}\right|^{2}=\left|\left(\frac{4}{3}\pi R^{3}\right)^{-1}\int\mathrm{e}^{\mathrm{i}Qr\cos\theta}\sin\theta\mathrm{d}\theta\mathrm{d}\phi r^{2}\mathrm{d}r\right|^{2}\\&=\left(\frac{3\left[\sin(QR)-QR\cos(QR)\right]}{(QR)^{3}}\right)^{2}\\&=\left[\frac{3}{QR}\mathrm{j}_{1}(QR)\right]^{2}\end{aligned} \tag{4.1.19}$$

图4.1.3给出了球形粒子的$P(Q)$。实际上，在很多时候，并不需要具体地计算$P(Q)$的表达式，而是通过考察其在低Q极限和高Q极限的渐近行为，就可以得到很多关于粒子形状的有用信息。下面分别介绍。

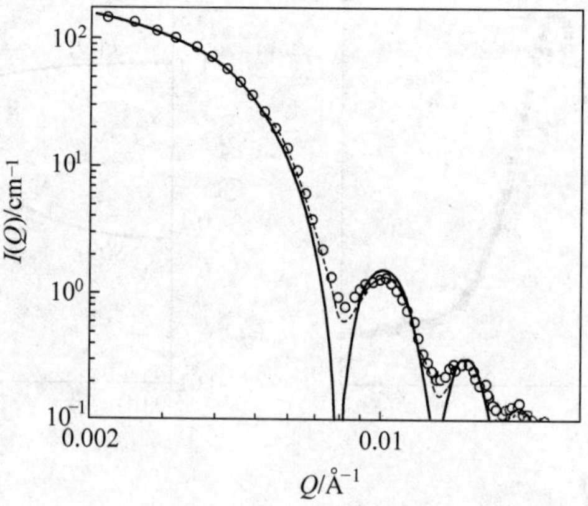

图4.1.3 半径为(563.51±0.45)Å的均匀SiO_2小球溶于D_2O的稀溶液的小角中子散射谱

谱的形状反映了小球的形状因子。其中空心圆为实验数据，实线为式(4.1.19)给出的理论形式，虚线为式(4.1.19)与空间分辨率函数卷积后得到的拟合结果。

1. 低Q极限：Guinier图

当$Q\to 0$时，由式(4.1.13)可知

$$P(Q)=\left|\frac{1}{V_{\mathrm{p}}}\int_{\text{particle}}\left[1+\mathrm{i}\boldsymbol{Q}\cdot\boldsymbol{r}-\frac{1}{2}(\boldsymbol{Q}\cdot\boldsymbol{r})^{2}+\cdots\right]\mathrm{d}\boldsymbol{r}\right|^{2}$$

若溶质粒子在 $\boldsymbol{r}\to-\boldsymbol{r}$ 变换下是对称的，则上式中 $\boldsymbol{Q}\cdot\boldsymbol{r}$ 的积分为 0。因此上式可化简为

$$\lim_{Q\to 0}P(Q)\approx\left|\frac{1}{V_{\mathrm{p}}}\int_{\text{particle}}\left[1-\frac{1}{2}(\boldsymbol{Q}\cdot\boldsymbol{r})^2\right]\mathrm{d}\boldsymbol{r}\right|^2$$

若 $\boldsymbol{Q}$ 的方向没有特殊的取向，需要对 $\boldsymbol{Q}$ 的方向作平均，则有

$$\lim_{Q\to 0}P(Q)\approx\left|\frac{1}{V_{\mathrm{p}}}\int_{\text{particle}}\left[1-\frac{1}{2}\overline{(\boldsymbol{Q}\cdot\boldsymbol{r})^2}\right]\mathrm{d}\boldsymbol{r}\right|^2$$

其中上画线表示对于 $\boldsymbol{Q}$ 的方向的平均：

$$\overline{(\boldsymbol{Q}\cdot\boldsymbol{r})^2}=\frac{Q^2r^2}{4\pi}\iint\cos^2\theta\sin\theta\mathrm{d}\theta\mathrm{d}\phi=\frac{Q^2r^2}{3}$$

因此有

$$\begin{aligned}\lim_{Q\to 0}P(Q)&\approx\left|\frac{1}{V_{\mathrm{p}}}\int_{\text{particle}}\left[1-\frac{1}{2}\frac{Q^2r^2}{3}\right]\mathrm{d}\boldsymbol{r}\right|^2\\&=\left|1-\frac{1}{2}\frac{Q^2}{3}\frac{1}{V_{\mathrm{p}}}\int_{\text{particle}}r^2\mathrm{d}\boldsymbol{r}\right|^2\end{aligned}\tag{4.1.20}$$

引入回转半径(radius of gyration)R_{g}：

$$R_{\mathrm{g}}^2=\frac{\int_{\text{particle}}r^2\mathrm{d}\boldsymbol{r}}{\int_{\text{particle}}\mathrm{d}\boldsymbol{r}}=\frac{\int_{V_{\mathrm{p}}}r^2\mathrm{d}\boldsymbol{r}}{V_{\mathrm{p}}}\tag{4.1.21}$$

易知对于半径为 R 的均匀球体有 $R_{\mathrm{g}}^2=\frac{3}{5}R^2$。利用 R_{g}，式(4.1.20)可写为

$$\lim_{Q\to 0}P(Q)\approx\left|1-\frac{1}{2}\frac{Q^2R_{\mathrm{g}}^2}{3}\right|^2\approx\exp\left(-\frac{R_{\mathrm{g}}^2}{3}Q^2\right)\tag{4.1.22}$$

式(4.1.22)是一个极为常用的表达式(Guinier，1955)。它表明在稀溶液中，将小角散射谱 $I(Q)$的低 Q 部分(满足 $R_{\mathrm{g}}Q<1$ 的部分)取出，并作 $\ln I(Q)$和 Q^2 的函数关系图，可得到线性关系，且其斜率即为 $R_{\mathrm{g}}^2/3$。这样的图称为 Guinier 图(Guinier plot)，作出该图是获取粒子大小的简便方法。一般将满足 $R_{\mathrm{g}}Q<1$ 的区域称为 Guinier 区域。图 4.1.4 给出了芜菁黄花叶病毒样品的 Guinier 图，该病毒为球形。通过式(4.1.22)拟合低 Q 数据，可得 $R_{\mathrm{g}}=123\text{Å}$，因此病毒的半径为 159Å。

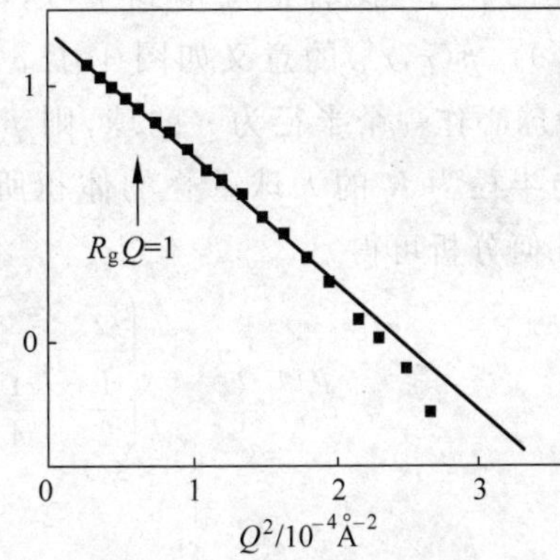

图 4.1.4 芜菁黄花叶病毒(turnip yellow mosaic virus)样品的 Guinier 图(Jacrot，1976)

注意，当 Q 值约小于R_{g}^{-1} 时(箭头标出)，进入 Guinier 区域。

2. 高 Q 极限：Porod 法则

下面考察当 Q 值满足 $R_{\mathrm{g}}Q\gg 1$ 时的情况(一般需满足 $R_{\mathrm{g}}Q>5$)。注意，当 Q 值较大时，$S(Q)\to 1$(正因如此，Porod 法则并不需要样品为稀溶液)，根据式(4.1.18)可知

$$I(\boldsymbol{Q})\xrightarrow{R_{\mathrm{g}}Q\gg 1}n_{\mathrm{p}}\left|\int_{\text{particle}}\mathrm{e}^{\mathrm{i}\boldsymbol{Q}\cdot\boldsymbol{r}}\Delta\rho_{\text{sld}}(\boldsymbol{r})\mathrm{d}\boldsymbol{r}\right|^2\tag{4.1.23}$$

其中

$$\Delta\rho_{\mathrm{sld}}(\boldsymbol{r})=\rho_{\mathrm{sld,p}}(\boldsymbol{r})-\rho_{\mathrm{sld,s}} \tag{4.1.24}$$

式(4.1.23)可写为

$$I(\boldsymbol{Q})=n_{\mathrm{p}}\iint\limits_{\mathrm{particle}}\mathrm{e}^{\mathrm{i}\boldsymbol{Q}\cdot(\boldsymbol{r}_1-\boldsymbol{r}_2)}\Delta\rho_{\mathrm{sld}}(\boldsymbol{r}_1)\Delta\rho_{\mathrm{sld}}(\boldsymbol{r}_2)\mathrm{d}\boldsymbol{r}_1\mathrm{d}\boldsymbol{r}_2$$

作代换：$\boldsymbol{r}=\boldsymbol{r}_1-\boldsymbol{r}_2$，$\boldsymbol{r}'=\boldsymbol{r}_2$，上式化为

$$\begin{aligned}I(\boldsymbol{Q})&=n_{\mathrm{p}}\iint\limits_{\mathrm{particle}}\mathrm{e}^{\mathrm{i}\boldsymbol{Q}\cdot\boldsymbol{r}}\Delta\rho_{\mathrm{sld}}(\boldsymbol{r}+\boldsymbol{r}')\Delta\rho_{\mathrm{sld}}(\boldsymbol{r}')\mathrm{d}\boldsymbol{r}\mathrm{d}\boldsymbol{r}'\\&=n_{\mathrm{p}}\int_{\mathrm{particle}}\mathrm{d}\boldsymbol{r}\,\mathrm{e}^{\mathrm{i}\boldsymbol{Q}\cdot\boldsymbol{r}}\int_{\mathrm{particle}}\Delta\rho_{\mathrm{sld}}(\boldsymbol{r}+\boldsymbol{r}')\Delta\rho_{\mathrm{sld}}(\boldsymbol{r}')\mathrm{d}\boldsymbol{r}'\end{aligned} \tag{4.1.25}$$

记

$$P(\boldsymbol{r})=\int_{\mathrm{particle}}\Delta\rho_{\mathrm{sld}}(\boldsymbol{r}+\boldsymbol{r}')\Delta\rho_{\mathrm{sld}}(\boldsymbol{r}')\mathrm{d}\boldsymbol{r}'=\Delta\rho_{\mathrm{sld}}^2\int_{\mathrm{particle}}p(\boldsymbol{r},\boldsymbol{r}')\mathrm{d}\boldsymbol{r}' \tag{4.1.26}$$

其中 $p(\boldsymbol{r},\boldsymbol{r}')$ 为

$$p(\boldsymbol{r},\boldsymbol{r}')=\frac{\Delta\rho_{\mathrm{sld}}(\boldsymbol{r}+\boldsymbol{r}')\Delta\rho_{\mathrm{sld}}(\boldsymbol{r}')}{\Delta\rho_{\mathrm{sld}}^2} \tag{4.1.27}$$

则式(4.1.25)可写为

$$I(\boldsymbol{Q})=n_{\mathrm{p}}\int_{\mathrm{particle}}P(\boldsymbol{r})\mathrm{e}^{\mathrm{i}\boldsymbol{Q}\cdot\boldsymbol{r}}\mathrm{d}\boldsymbol{r} \tag{4.1.28}$$

在进一步处理之前，需要明确 $P(\boldsymbol{r})$ 的表达式。为方便起见，我们假定粒子为一个半径为 R 的球形。不难发现，当 $|\boldsymbol{r}+\boldsymbol{r}'|<R$ 成立时，$p(\boldsymbol{r},\boldsymbol{r}')=1$，否则为 0。对于各向同性的粒子，我们希望得到 $p(\boldsymbol{r},\boldsymbol{r}')$ 的标量形式，即 $p(r,r')$。$p(r,r')$ 的意义如图 4.1.5 所示：在距离原点 r' 处为球心作一个半径为 r 的球，则 $p(r,r')$ 表示的是这个球与半径为 R 的大球重叠的体积所占总体积的比例。通过几何分析可得

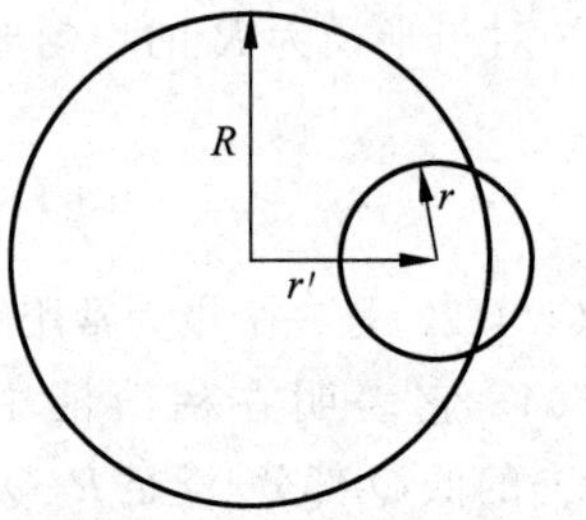

图 4.1.5　$p(r,r')$ 的意义

$$p(r,r')=\begin{cases}1, & r'<R-r\\ \dfrac{1}{2}+\dfrac{1}{4}\left(\dfrac{R^2-r^2-r'^2}{rr'}\right), & r'\geqslant R-r\end{cases} \tag{4.1.29}$$

因此

$$P(r)=4\pi\Delta\rho_{\mathrm{sld}}^2\int_0^R p(r,r')r'^2\mathrm{d}r'=V_{\mathrm{p}}\Delta\rho_{\mathrm{sld}}^2\left[1-\frac{3}{4}\frac{r}{R}+\frac{1}{16}\left(\frac{r}{R}\right)^3\right] \tag{4.1.30}$$

对于半径为 R 的球形粒子，式(4.1.28)可化为

$$I(Q)=n_{\mathrm{p}}\frac{4\pi}{Q}\int_0^R\sin(Qr)P(r)r\,\mathrm{d}r$$

将上式中的积分进行 3 次分部积分运算。另外，注意到我们仅关注 Q 值满足 $R_{\mathrm{g}}Q\gg1$ 时的情况，此时含有 $\sin(Qr)$ 或 $\cos(Qr)$ 的项均可视为小量(这些量包含快速振荡，可等效视为 0)，因此得

$$I(Q) \xrightarrow{R_g Q \gg 1} n_p \frac{4\pi}{Q^4}(-2)P'(0) = \frac{N_p}{V}\Delta\rho_{sld}^2 \frac{2\pi}{Q^4}S_p$$

$$= \eta_p \Delta\rho_{sld}^2 \frac{2\pi}{Q^4}\frac{S_p}{V_p} \tag{4.1.31}$$

式中，S_p 为一个溶质粒子的表面积，$\eta_p = N_p V_p / V$ 为溶质粒子的填充率。上式表明，高 Q 区域给出了溶质粒子的表面积与体积之比，这即为 Porod 法则(Porod，1951)。满足 Porod 法则的高 Q 区域称为 Porod 区域。

Porod 法则还有一个重要的理解。由式(4.1.31)可知

$$I(Q) \xrightarrow{R_g Q \gg 1} \frac{1}{V}\Delta\rho_{sld}^2 \frac{2\pi}{Q^4}N_p S_p = \frac{1}{V}\Delta\rho_{sld}^2 \frac{2\pi}{Q^4}S_{tot} \tag{4.1.32}$$

可见，在 Porod 区域，$I(Q)$的强度正比于第二相(或析出相)的表面积 S_{tot}。这一点对于研究相分离现象很有意义。

应再次强调，式(4.1.31)在浓度较高的时候仍然是成立的。因为在 Q 值较大时，有 $S(Q)\to 1$，因此，高浓度并不影响 Porod 法则的使用。这是 Porod 法则与 Guinier 方法的不同之处。

图 4.1.6 给出了 Porod 法则的例子。图的纵坐标为 $I(Q)Q^4$，横坐标为 Q。可见，当 Q 值足够大时，$I(Q)Q^4$ 趋向于常数。这个常数的大小取决于溶质粒子的表面积。

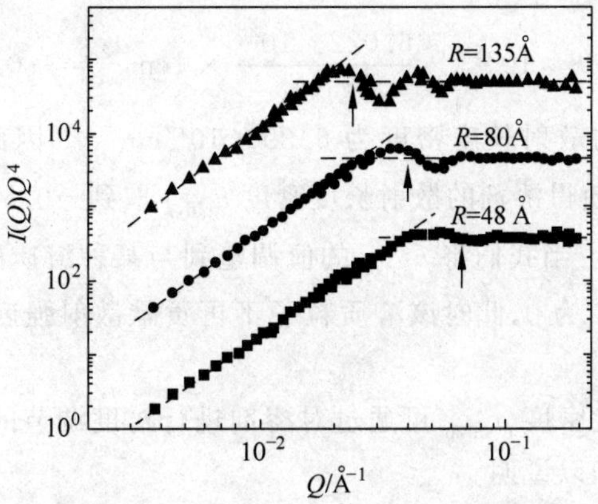

图 4.1.6 SiO_2 小球溶液的 Porod 法则示例(Foret，1992)

注意，图的纵坐标为 $I(Q)Q^4$，横坐标为 Q。当 Q 值大于 $2\pi/2R$ 时(箭头标出)，进入 Porod 区域，$I(Q)Q^4$ 近似为常数。

一般而言，当 Q 值足够大时，会有 $I(Q)\propto Q^{-k}$ 这样的形式出现，k 的数值取决于粒子的形状。例如，当 $k=4$ 时，粒子为表面光滑的球形；当 $k=1$ 时，粒子为细长柱形。需注意的是，分形(fractal)结构也会在特定 Q 区域产生 Q^{-k} 形式的谱。我们将在后文中介绍分形系统的小角中子散射。图 4.1.7 给出了几个在特定 Q 区域中，粒子的形状和表面特征与相应 k 值的例子。

4.1.3 衬度

中子散射的一个重要而独特的优势是可较为容易地进行衬度调节(contrast variation)。

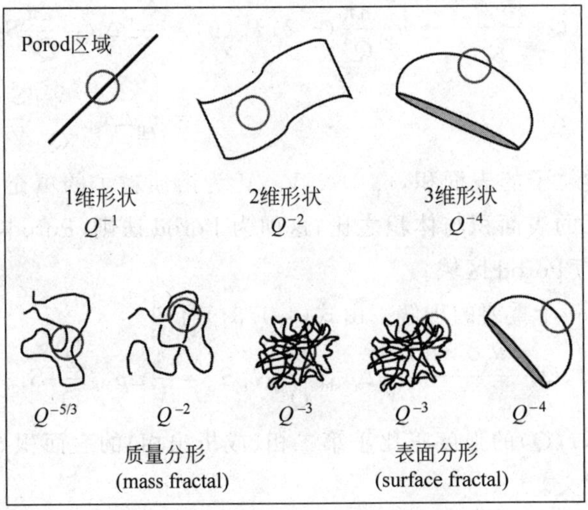

图 4.1.7 粒子的几何构造与 k 值的例子(Hammouda,2016)

衬度调节指的是通过改变溶剂或者溶质粒子的 H/D 比例，来调节衬度项 $\Delta\rho^2_{\mathrm{sld}}$，从而使得测量更加灵活。

水是最常见的溶剂。对于 H_2O，已知一个 H_2O 分子的散射长度为 -0.168×10^{-12} cm，密度为 1g/cm^3，摩尔质量为 18.015，因此可得 H_2O 的散射长度密度为

$$\rho_{\mathrm{sld},H_2O}=-0.168\times10^{-12}\times\frac{6.022\times10^{23}}{18.015}\times1\mathrm{cm}^{-2}=-0.562\times10^{10}\mathrm{cm}^{-2}$$

同理，可得到 D_2O 的散射长度密度为 $6.39\times10^{10}\mathrm{cm}^{-2}$。因此，通过配置不同比例的 H_2O/D_2O 混合溶剂，可使得溶剂的散射长度密度 $\rho_{\mathrm{sld,s}}$ 取到 $-0.562\times10^{10}\mathrm{cm}^{-2}$ 和 $6.39\times10^{10}\mathrm{cm}^{-2}$ 之间的任何值。当我们将 $\rho_{\mathrm{sld,s}}$ 的值调整到与某种溶质的散射长度密度 $\rho_{\mathrm{sld,p}}$ 相等时，相应的衬度项 $\Delta\rho^2_{\mathrm{sld}}$ 为 0，此时该溶质粒子不再贡献散射强度。这样的情况称为衬度匹配(contrast match)。

溶质粒子的散射长度密度 $\rho_{\mathrm{sld,p}}$ 可通过对溶剂进行衬度调节的方法获得。我们将在下文中胶束研究的例子中加以说明。

表 4.1.1 给出了几种常见溶剂的散射长度密度。

表 4.1.1 常见溶剂的散射长度密度(Schurtenberger,2002)

溶　剂	化学式	摩尔质量/(g/mol)	散射长度密度/$10^{10}\mathrm{cm}^{-2}$
H-环乙烷(H-cyclohexane)	C_6H_{12}	84.16	−0.24
D-环乙烷(D-cyclohexane)	C_6D_{12}	96.23	6.01
H-苯(H-benzene)	C_6H_6	78.12	1.19
D-苯(D-benzene)	C_6D_6	84.15	5.44
轻水(H_2O)	H_2O	18.015	−0.562
重水(D_2O)	D_2O	20.028	6.39

图 4.1.8 给出了衬度调节的两种常见的思路。

下面介绍一个利用衬度调节研究样品结构的例子，即测定胶束(micelle)的结构。胶束

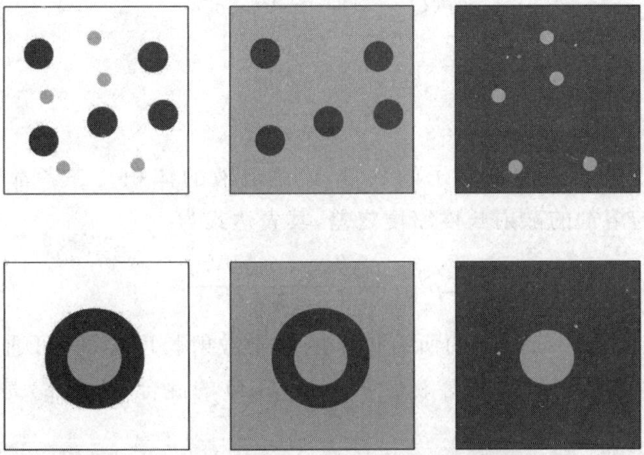

图 4.1.8 衬度调节的两个典型思路

图中不同的灰度表示不同的散射长度。在本图上方的例子中，有两种溶质粒子，具有不同的散射长度密度。
通过调节溶剂衬度，可分别实现对二者的衬度匹配，从而可以方便地研究某种粒子的性质。
在本图下方的例子中，溶质粒子具有内部结构。可通过衬度调节和匹配，实现对不同部分的研究。

粒子由表面活性剂分子组成。表面活性剂分子由一个亲水的“头部”和一个疏水的“尾部”组成。当把表面活性剂分子溶于水，且浓度足够高时，由于头尾的亲水程度不同，会导致疏水部分缔合在一起，形成缔合体。这样的缔合体称为胶束。图 4.1.9(a)给出了一种典型的球形胶束的结构。

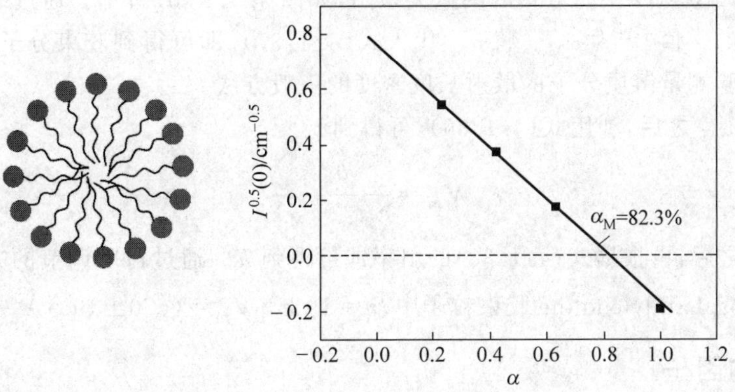

(a) (b)

图 4.1.9 球形胶束溶液的小角中子散射实验研究(Chen，1986a)

(a) 球形胶束的结构示意图；(b) Dihexanoylphosphatidylcholine 胶束稀溶液的衬度调节
图中点为实验数据，实线为利用式(4.1.38)作线性拟合的结果。衬度匹配点由箭头标出。

利用衬度调节方法，可以定出一个胶束粒子所含有的表面活性剂分子数量 $\bar{n}$，以及一个表面活性剂分子在溶液中所占体积 V_m。下面具体分析。

在稀溶液中，可忽略结构因子 $S(Q)$，胶束溶液的小角散射强度可写为

$$I(Q)=n_\mathrm{p}V_\mathrm{p}^2\Delta\rho_\mathrm{sld}^2P(Q) \tag{4.1.33}$$

式中，n_p 为溶液中胶束粒子的数密度，V_p 为一个胶束粒子在溶液中所占体积，$P(Q)$为胶束粒子的归一化形状因子。当 $Q\to 0$ 时，$P(Q)$的值趋近于 1，因此上式化为

$$I(Q \to 0) = n_p V_p^2 \Delta\rho_{sld}^2 \tag{4.1.34}$$

对于 n_p，易知其表达式为

$$n_p = \frac{N_m}{V\bar{n}} \tag{4.1.35}$$

式中，N_m 为溶液中表面活性剂分子的数量，V 是溶液的体积。二者都是实验的已知量。$\Delta\rho_{sld}$ 为胶束分子与溶剂的散射长度密度之差，其表达式为

$$\Delta\rho_{sld} = \bar{n}\frac{b_m - \rho_{sld,s}V_m}{V_p} \tag{4.1.36}$$

式中，b_m 为一个表面活性剂分子的所有原子的相干散射长度之和，可通过其化学式求得；$\rho_{sld,s}$ 为溶剂的散射长度密度。若溶液是 H_2O 和 D_2O 的混合，则 $\rho_{sld,s}$ 是溶液中 H_2O 的摩尔分数 α 的函数：

$$\rho_{sld,s}(\alpha) = (1-\alpha)\rho_{sld,D_2O} + \alpha\rho_{sld,H_2O} \tag{4.1.37}$$

综合上述考虑可得

$$I(Q \to 0) = n_m\bar{n}(b_m - \rho_{sld,s}V_m)^2$$

其中，n_m 是表面活性剂分子的数密度。上式可进一步化为

$$\pm\sqrt{I(Q \to 0)} = \sqrt{n_m}\sqrt{\bar{n}}\,[V_m(\rho_{sld,H_2O} - \rho_{sld,D_2O})\alpha + V_m\rho_{sld,D_2O} - b_m] \tag{4.1.38}$$

可见 $\pm\sqrt{I(Q\to 0)}$ 是关于 α 的线性函数。我们可以配制不同 α 的溶液，测量相应的 $I(Q\to 0)$，并作 $\pm\sqrt{I(Q\to 0)}$ 与 α 的函数关系图，如图 4.1.9(b)所示。通过线性内插，可得到衬度匹配点的 α 值，记为 α_M。将 α_M 代入式(4.1.37)，即可得到胶束分子的散射长度密度。这也是实验测量溶质分子的散射长度密度的一般方法。

实验得到 α_M 之后，利用式(4.1.36)，可得到 V_m：

$$V_m = \frac{b_m}{\rho_{sld,s}(\alpha_M)}$$

得到 V_m 之后，再根据式(4.1.38)的斜率即可得到 $\bar{n}$。通过衬度调节的方法，可得到在 Dihexanoylphosphatidylcholine 胶束粒子中，$\bar{n} = 19 \pm 1$，$V_m = (670 \pm 100)\,\text{Å}^3$。

4.1.4 结构因子

结构因子描述的是溶质粒子的空间关联。其表达式由式(4.1.15)给出：

$$S(\boldsymbol{Q}) = \frac{1}{N_p}\left\langle \sum_{j=1}^{N_p}\sum_{j'=1}^{N_p} \exp[\mathrm{i}\boldsymbol{Q}\cdot(\boldsymbol{r}_j - \boldsymbol{r}_{j'})] \right\rangle$$

式中 $\boldsymbol{r}_j$ 表示溶质粒子 j 的位置。从形式上看，胶体溶液的结构因子与简单液体中的结构因子是一致的。也可以定义溶质粒子的对分布函数 $g_p(\boldsymbol{r})$：

$$n_p g_p(\boldsymbol{r}) = \frac{1}{N_p}\sum_{i=1}^{N_p}\sum_{j=1}^{N_p}\langle\delta(\boldsymbol{r} + \boldsymbol{r}_i - \boldsymbol{r}_j)\rangle \tag{4.1.39}$$

$S(\boldsymbol{Q})$ 与 $g_p(\boldsymbol{r})$ 之间有如下转换关系：

$$S(\boldsymbol{Q}) = 1 + n_p\int \mathrm{d}\boldsymbol{r}\,\mathrm{e}^{\mathrm{i}\boldsymbol{Q}\cdot\boldsymbol{r}}[g_p(\boldsymbol{r}) - 1] \tag{4.1.40}$$

对于各向同性的系统，上式写为

$$S(Q)=1+\frac{4\pi n_{\mathrm{p}}}{Q}\int[g_{\mathrm{p}}(r)-1]r\sin(Qr)\,\mathrm{d}r \tag{4.1.41}$$

上述这些定义和关系式与简单液体中的情况是完全一致的。求取 $S(Q)$的方法是通过假设溶质粒子之间存在有效相互作用，然后利用统计物理理论求解 Ornstein-Zernike 方程。对这方面感兴趣的读者可参看液体理论的经典教科书(Hansen，2013)。

下面讨论一个很有用的极限情况，即低 Q 极限。3.3 节中的讨论指出，在简单液体中，$S(Q)$在 $Q\to 0$ 极限下的值与系统的等温压缩系数 χ_T 直接相关(见式(3.3.12))：

$$\lim_{Q\to 0}S(Q)=\rho k_{\mathrm{B}}T\chi_T$$

其中 χ_T 的表达式为

$$\chi_T=-\frac{1}{V}\frac{\partial V}{\partial P}\bigg|_T$$

在复杂流体中，也有类似的结论：

$$\lim_{Q\to 0}S(Q)=n_{\mathrm{p}}k_{\mathrm{B}}T\kappa_T \tag{4.1.42}$$

其中 κ_T 为粒子的渗透压缩系数(particle osmotic compressibility)：

$$\kappa_T=-\frac{1}{V}\frac{\partial V}{\partial \Pi}\bigg|_T \tag{4.1.43}$$

式中，Π 为溶液的渗透压。

利用小角中子散射，可以方便地得到 $S(Q)$在 $Q\to 0$ 极限下的值，从而得到 κ_T。下面介绍具体方法。首先考虑简单的情况，即溶质粒子为刚体(例如 SiO_2 小球)。这意味着溶质粒子的形状和散射长度密度不会随着溶液浓度的变化而改变。

在 $Q\to 0$ 极限下，小角散射的绝对强度为

$$I(Q\to 0)=n_{\mathrm{p}}V_{\mathrm{p}}^2\Delta\rho_{\mathrm{sld}}^2S(Q\to 0) \tag{4.1.44}$$

当溶液处于低浓度极限时，$S(Q)$趋于 1，因此有

$$I_{\mathrm{d}}(Q\to 0)=n_{\mathrm{p,d}}V_{\mathrm{p}}^2\Delta\rho_{\mathrm{sld}}^2 \tag{4.1.45}$$

下标“d”表示低浓度极限。联立上面两式可得

$$S(Q\to 0)=\frac{I(Q\to 0)}{I_{\mathrm{d}}(Q\to 0)}\frac{n_{\mathrm{p,d}}}{n_{\mathrm{p}}} \tag{4.1.46}$$

即得到了 $S(Q\to 0)$。若已知 V_{p}，还可通过衬度调节的方法得到 $\Delta\rho_{\mathrm{sld}}^2$，从而得到 $S(Q\to 0)$。

当溶质粒子是柔性分子时，上述方法就不能再使用了。此时粒子的体积与浓度相关。因此，当浓度改变之后，V_{p} 和 $\Delta\rho_{\mathrm{sld}}^2$ 都会发生变化。这类样品包括胶束、树状大分子、星型高分子等。下面以星型高分子溶液为例介绍此类样品中 $S(Q\to 0)$的确定方法。

星型高分子的结构见图 4.1.10(a)，是从一个枝化点呈放射状连接出数条线性链的高分子。星型高分子是柔软的。当浓度升高时，星型高分子在溶液中所占体积会由于分子间的斥力而收缩。确定此类样品的 $S(Q\to 0)$需用到衬度调节的方法。记溶剂中氘化部分所占比例为 γ，则在 $Q\to 0$ 极限下，溶液的小角散射强度可写为

$$I_\gamma(Q\to 0)=n_{\mathrm{p}}V_{\mathrm{p}}^2\Delta\rho_{\mathrm{sld}}^2(\gamma)S(Q\to 0) \tag{4.1.47}$$

对于一个星型高分子而言，其体积 V_{p} 包含两部分：一部分是分子在干燥时自身的体积 V_{polymer}，这一部分不随着浓度的变化而改变；另一部分是在溶液中分子内部空隙的体积 V_{cavity}，这部分体积是依赖于浓度 n_{p} 的。图 4.1.10(a)给出了分子体积 V_{p} 的示意图。注意

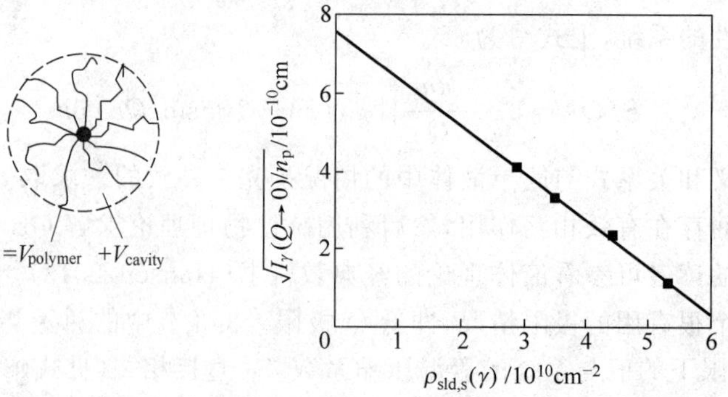

(a) (b)

图 4.1.10　星型高分子溶液的衬度调节小角中子散射实验研究(Wang,2019)

(a) 溶液中的星型高分子的结构和体积构成；(b) 利用式(4.1.50)确定 $S(Q\to 0)$。这里共配制了 4 种不同 H/D 比例的溶剂。点为实验数据，实线为利用式(4.1.50)作线性拟合的结果。为了减小非相干信号，对星型高分子做了全氘化处理。溶质的质量分数为 15%。

到，溶剂小分子可以浸入到空隙体积 V_{cavity} 之中。记空隙体积中的溶剂小分子的数密度为 h，h 也是依赖于浓度 n_p 的。此外，记一个溶剂小分子的体积为 V_{sm}。

综合这些考虑，可得到溶液中的一个星型高分子的衬度为

$$V_p\Delta\rho_{sld} = b_{polymer} + V_{cavity}(n_p)h(n_p)V_{sm}f(n_p)\rho_{sld,s}(\gamma) - V_p(n_p)\rho_{sld,s}(\gamma) \quad (4.1.48)$$

式中，$b_{polymer}$ 为一个星型高分子中所有原子的散射长度之和。等式右侧第二项代表浸入 V_{cavity} 之中的溶剂小分子对于散射长度的贡献。这里 $f(n_p)$ 用来表示浸入相溶剂的散射长度密度与体相溶剂的散射长度密度的区别。等式右侧最后一项代表体相溶剂的散射长度。上式可简写为(Wang,2019)

$$V_p\Delta\rho_{sld} = b_{polymer} - \rho_{sld,s}(\gamma)L(n_p) \quad (4.1.49)$$

其中 $L(n_p) = V_p(n_p) - V_{sm}V_{cavity}(n_p)h(n_p)f(n_p)$。

将式(4.1.47)与式(4.1.49)联立，可得

$$\sqrt{I_\gamma(Q\to 0)/n_p} = -\rho_{sld,s}(\gamma)L(n_p)\sqrt{S(Q\to 0)} + b_{polymer}\sqrt{S(Q\to 0)} \quad (4.1.50)$$

可见，在特定浓度下，$\sqrt{I_\gamma(Q\to 0)/n_p}$ 与 $\rho_{sld,s}(\gamma)$ 之间为线性关系。因此，只需要改变系统衬度，并作 $\sqrt{I_\gamma(Q\to 0)/n_p}$ 与 $\rho_{sld,s}(\gamma)$ 的函数关系图，则截距即为 $b_{polymer}\sqrt{S(Q\to 0)}$。注意到，$b_{polymer}$ 的值可通过星型高分子的化学式计算得到，因此最终可得到 $S(Q\to 0)$ 的值。图 4.1.10(b) 给出了式(4.1.50)应用的一个例子。这个例子中，星型高分子的质量分数为 15%，通过式(4.1.50)计算得到的 $S(Q\to 0)$ 的值为 0.143。

4.1.5　多分散体系

在式(4.1.17)的推导中，我们假设系统中所有溶质粒子均相同。这样的情况称为单分散(monodispersity)。而在实际科研中，遇到的体系往往不能很好地满足单分散要求。溶质粒子的大小或形状不同的体系称为多分散(polydispersity)体系。这里介绍处理多分散体系小角散射谱的方法。

利用式(4.1.5)易得

$$I(\boldsymbol{Q}) = \frac{1}{V}\left\langle \sum_{j=1}^{N_p}\sum_{j'=1}^{N_p} F_{j'}^*(\boldsymbol{Q})F_j(\boldsymbol{Q})\exp[\mathrm{i}\boldsymbol{Q}\cdot(\boldsymbol{R}_j - \boldsymbol{R}_{j'})]\right\rangle \quad (4.1.51)$$

$F_j(\boldsymbol{Q})$的表达式由式(4.1.9)给出：

$$F_j(\boldsymbol{Q})=\int_{\text{particle}\,j}\mathrm{e}^{\mathrm{i}\boldsymbol{Q}\cdot\boldsymbol{r}}\left[\rho_{\text{sld},j}(\boldsymbol{r})-\rho_{\text{sld,s}}\right]\mathrm{d}\boldsymbol{r}$$

注意，式(4.1.5)和式(4.1.51)的推导并未引入任何假设。当系统为多分散体系时，不同粒子对应的$F_j(\boldsymbol{Q})$将不再相同。此处，假设粒子的尺寸和取向与粒子位置无关，则式(4.1.51)可化为(Kotlarchyk，1983)

$$I(\boldsymbol{Q})=\frac{1}{V}\left\langle\sum_{j=1}^{N_p}\sum_{j'=1}^{N_p}\langle F_{j'}^{*}(\boldsymbol{Q})F_j(\boldsymbol{Q})\rangle\exp\left[\mathrm{i}\boldsymbol{Q}\cdot(\boldsymbol{R}_j-\boldsymbol{R}_{j'})\right]\right\rangle \tag{4.1.52}$$

式中，内部的$\langle\cdots\rangle$表示对粒子大小或取向的平均。该平均式可分解为如下形式：

$$\langle F_{j'}^{*}(\boldsymbol{Q})F_j(\boldsymbol{Q})\rangle=\left[\langle|F(\boldsymbol{Q})|^2\rangle-|\langle F(\boldsymbol{Q})\rangle|^2\right]\delta_{jj'}+|\langle F(\boldsymbol{Q})\rangle|^2 \tag{4.1.53}$$

将式(4.1.53)代入式(4.1.52)可得

$$I(\boldsymbol{Q})=n_{\mathrm{p}}\left[\langle|F(\boldsymbol{Q})|^2\rangle-|\langle F(\boldsymbol{Q})\rangle|^2\right]+n_{\mathrm{p}}|\langle F(\boldsymbol{Q})\rangle|^2S(\boldsymbol{Q}) \tag{4.1.54}$$

上式可进一步写为如下紧凑形式：

$$\begin{aligned}I(\boldsymbol{Q})&=n_{\mathrm{p}}\langle|F(\boldsymbol{Q})|^2\rangle\left[1-\frac{|\langle F(\boldsymbol{Q})\rangle|^2}{\langle|F(\boldsymbol{Q})|^2\rangle}+\frac{|\langle F(\boldsymbol{Q})\rangle|^2}{\langle|F(\boldsymbol{Q})|^2\rangle}S(\boldsymbol{Q})\right]\\&=n_{\mathrm{p}}P(\boldsymbol{Q})S'(\boldsymbol{Q})\end{aligned} \tag{4.1.55}$$

其中$P(\boldsymbol{Q})$为溶质粒子的平均形状因子：

$$P(\boldsymbol{Q})=\langle|F(\boldsymbol{Q})|^2\rangle \tag{4.1.56}$$

注意，上式中的$P(\boldsymbol{Q})$未在$Q=0$处做归一化。这与4.1.1节中的形式有所不同。$S'(\boldsymbol{Q})$为等效结构因子：

$$S'(\boldsymbol{Q})=1+\beta(\boldsymbol{Q})\left[S(\boldsymbol{Q})-1\right] \tag{4.1.57}$$

其中

$$\beta(\boldsymbol{Q})=\frac{|\langle F(\boldsymbol{Q})\rangle|^2}{\langle|F(\boldsymbol{Q})|^2\rangle} \tag{4.1.58}$$

上述方法称为解耦合近似(decoupling approximation)，是处理多分散体系小角散射谱的基础。下面通过一个简单的例子来考察该方法的应用。我们考虑一个由球形粒子组成的多分散溶液。粒子的半径R满足舒尔茨分布：

$$f(R)=\left(\frac{Z+1}{R_0}\right)^{Z+1}R^Z\exp\left[-\left(\frac{Z+1}{R_0}\right)R\right]/\Gamma(Z+1),\quad Z>-1 \tag{4.1.59}$$

式中，R_0为分布的平均值，Z为控制分布宽度的参数。分布的标准偏差为$\sigma_{\mathrm{R}}=R_0/\sqrt{Z+1}$。定义系统的多分散度$\xi=\sigma_{\mathrm{R}}/R_0$。图4.1.11(a)给出了$\xi$为0.1和0.3时的舒尔茨分布。图4.1.11(b)给出了在该分布下，球形粒子的平均形状因子，表示为

$$P(Q)=\langle|F(Q)|^2\rangle=\int_0^{\infty}|F(Q)|^2f(R)\mathrm{d}R$$

与单分散系统的形状因子相比，多分散系统的平均形状因子在高Q部分的振荡减弱甚至消失。这是多分散效应的直接体现。

图4.1.12(a)给出了$\beta(Q)$在不同分散度下的函数形式，图4.1.12(b)给出了填充率为0.3的硬球系统的$S'(Q)$的形式。可以看到，随着多分散性的增加，$\beta(Q)$逐渐偏离1，同时$S'(Q)$也逐渐偏离$S(Q)$。

由上面的分析可见，多分散性的存在可能使得小角散射谱发生较为显著的变化。图4.1.13体现了这种效应。因此，恰当地处理系统的多分散性，是正确分析小角散射谱的

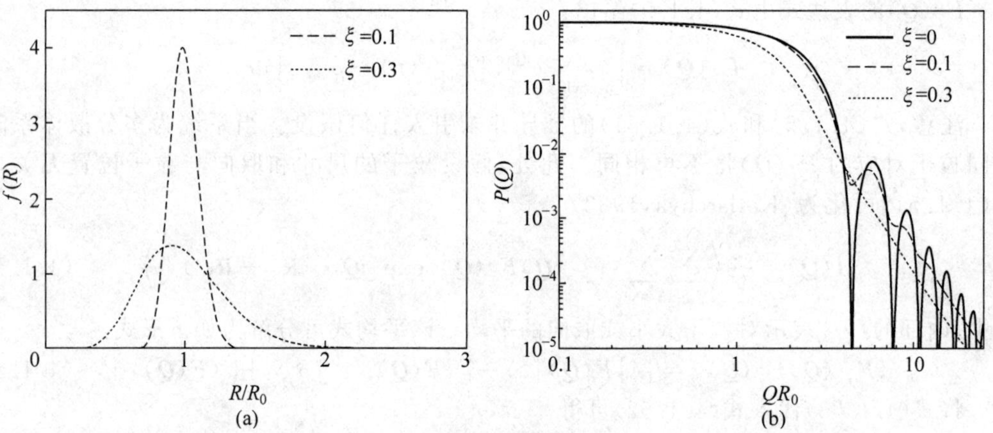

图 4.1.11　具有体积多分散性的球形粒子体系的半径分布和形状因子

(a) ξ 为 0.1 和 0.3 时的半径的舒尔茨分布；(b) 该分布下溶质粒子的平均形状因子。作为对比，此处还给出了单分散系统中球形粒子的形状因子。这里的形状因子均进行了归一化。

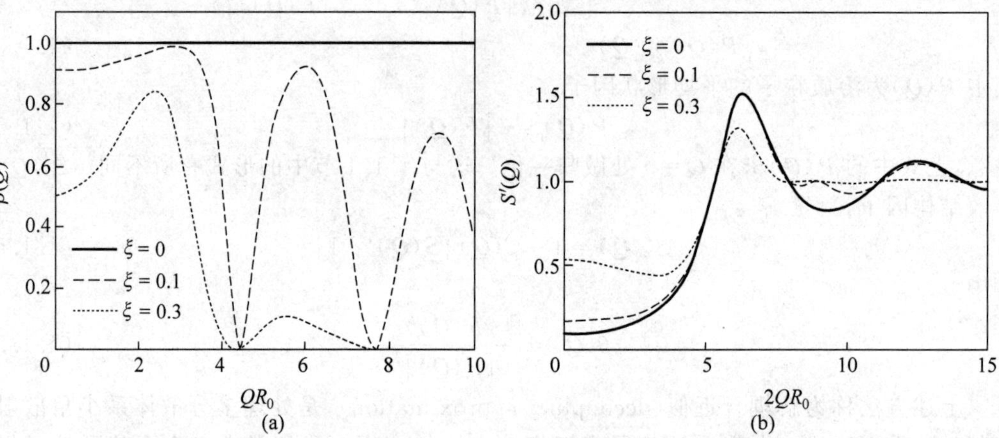

图 4.1.12　具有体积多分散性的球形粒子体系的 $\beta(Q)$ 和 $S'(Q)$

(a) 当球形粒子的半径满足舒尔茨分布时，不同多分散度 ξ 对应的 $\beta(Q)$；

(b) 硬球系统在填充率为 0.3 时，相应的 $S'(Q)$ 的形式

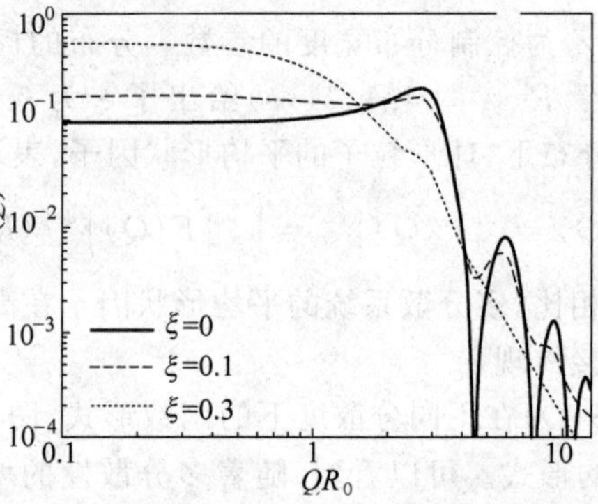

图 4.1.13　填充率为 0.3 的硬球系统在不同多分散度 ξ 下的小角散射谱 ($I(Q)\propto P(Q)S'(Q)$)

从图中可见，多分散性能够显著影响谱的形状。

前提。解耦合近似提供了一种简单有效的处理多分散性的思路，在实际研究中被广为采用。

4.2 小角中子散射与高分子

这一节讨论小角中子散射在高分子材料研究中的基本方法。最常见的高分子是由小分子聚合而成的柔性长链分子。这些长链分子在不同的分子量和外部条件下，可以熔融态、玻璃态或晶态的形式存在，也可以溶解在特定溶剂中，以溶液形式存在。本节以熔融态高分子系统为例，介绍利用小角中子散射技术研究高分子链构象的方法。

4.2.1 基本方法

高分子材料的性能与其单分子链的构象有直接的关系。因此，测定高分子链的构象对于高分子科学非常关键。结合同位素替换的方法，利用小角中子散射可直接测定高分子单链的形状因子，这里具体介绍。注意，在下面讨论中我们假设高分子样品处于熔融态，且分子量单分散。

1. 形状因子的测量

若高分子材料中所有分子都是一样的，那么系统的衬度项 $\Delta\rho_{\text{sld}}^2$ 为 0，此时不会有有效散射信号。为了产生非零的衬度项，我们需要对样品中的一部分高分子链做氘化。记样品中氘化高分子链占高分子链总数的比例为 x，样品中单体的总数为 N，则样品的小角中子散射谱可写为

$$I(Q)=\frac{1}{V}\left\langle \left| \sum_{k=1}^{N} b_k \mathrm{e}^{\mathrm{i}\boldsymbol{Q}\cdot\boldsymbol{r}_k} \right|^2 \right\rangle = \frac{1}{V}\left\langle \left| \sum_{j=1}^{Nx} b_{\mathrm{D}} \mathrm{e}^{\mathrm{i}\boldsymbol{Q}\cdot\boldsymbol{r}_j} + \sum_{k=1}^{N(1-x)} b_{\mathrm{H}} \mathrm{e}^{\mathrm{i}\boldsymbol{Q}\cdot\boldsymbol{r}_k} \right|^2 \right\rangle$$

式中，$\boldsymbol{r}_j$ 表示单体单元 j 的位置，b_{H} 和 b_{D} 分别为普通单体与氘化单体的相干散射长度。将等号右侧展开，有

$$I(Q)=\frac{b_{\mathrm{D}}^2}{V}\left\langle \sum_{j,k=1}^{Nx} \mathrm{e}^{\mathrm{i}\boldsymbol{Q}\cdot(\boldsymbol{r}_j-\boldsymbol{r}_k)} \right\rangle + \frac{b_{\mathrm{H}}^2}{V}\left\langle \sum_{j,k=1}^{N(1-x)} \mathrm{e}^{\mathrm{i}\boldsymbol{Q}\cdot(\boldsymbol{r}_j-\boldsymbol{r}_k)} \right\rangle + \frac{2b_{\mathrm{D}}b_{\mathrm{H}}}{V}\left\langle \sum_{j=1}^{Nx}\sum_{k=1}^{N(1-x)} \mathrm{e}^{\mathrm{i}\boldsymbol{Q}\cdot(\boldsymbol{r}_j-\boldsymbol{r}_k)} \right\rangle \tag{4.2.1}$$

可以引入如下部分结构因子：

$$S_{\mathrm{HH}}(Q)=\frac{1}{N_{\mathrm{H}}}\left\langle \sum_{j=1}^{N_{\mathrm{H}}}\sum_{k=1}^{N_{\mathrm{H}}} \mathrm{e}^{\mathrm{i}\boldsymbol{Q}\cdot(\boldsymbol{r}_j-\boldsymbol{r}_k)} \right\rangle$$

$$S_{\mathrm{DD}}(Q)=\frac{1}{N_{\mathrm{D}}}\left\langle \sum_{j=1}^{N_{\mathrm{D}}}\sum_{k=1}^{N_{\mathrm{D}}} \mathrm{e}^{\mathrm{i}\boldsymbol{Q}\cdot(\boldsymbol{r}_j-\boldsymbol{r}_k)} \right\rangle$$

$$S_{\mathrm{HD}}(Q)=\frac{1}{\sqrt{N_{\mathrm{H}}N_{\mathrm{D}}}}\left\langle \sum_{j=1}^{N_{\mathrm{D}}}\sum_{k=1}^{N_{\mathrm{H}}} \mathrm{e}^{\mathrm{i}\boldsymbol{Q}\cdot(\boldsymbol{r}_j-\boldsymbol{r}_k)} \right\rangle$$

其中 N_{H} 和 N_{D} 分别为样品中普通单体和氘化单体的数量。由此，式(4.2.1)可简写为

$$I(Q)=n_{\mathrm{D}}b_{\mathrm{D}}^2S_{\mathrm{DD}}(Q)+n_{\mathrm{H}}b_{\mathrm{H}}^2S_{\mathrm{HH}}(Q)+2\sqrt{n_{\mathrm{H}}n_{\mathrm{D}}}\,b_{\mathrm{H}}b_{\mathrm{D}}S_{\mathrm{HD}}(Q) \tag{4.2.2}$$

式中 n_{H} 和 n_{D} 分别为普通单体和氘化单体在样品中的平均数密度。

我们可以将式(4.2.1)写为单体数密度涨落的形式。引入单体的微观数密度：

$$n_{\mathrm{H}}(\boldsymbol{r})=\sum_{j=1}^{N_{\mathrm{H}}}\delta(\boldsymbol{r}-\boldsymbol{r}_j),\quad n_{\mathrm{D}}(\boldsymbol{r})=\sum_{j=1}^{N_{\mathrm{D}}}\delta(\boldsymbol{r}-\boldsymbol{r}_j) \tag{4.2.3}$$

以及单体的微观数密度偏离平均数密度的涨落：

$$\Delta n_{\mathrm{H}}(\boldsymbol{r})=n_{\mathrm{H}}(\boldsymbol{r})-n_{\mathrm{H}},\quad \Delta n_{\mathrm{D}}(\boldsymbol{r})=n_{\mathrm{D}}(\boldsymbol{r})-n_{\mathrm{D}} \tag{4.2.4}$$

易知有

$$\iint\Delta n_{\mathrm{D}}(\boldsymbol{r}_1)\Delta n_{\mathrm{D}}(\boldsymbol{r}_2)\mathrm{e}^{\mathrm{i}\boldsymbol{Q}\cdot(\boldsymbol{r}_1-\boldsymbol{r}_2)}\mathrm{d}\boldsymbol{r}_1\mathrm{d}\boldsymbol{r}_2=\sum_{j,k=1}^{N_{\mathrm{D}}}\mathrm{e}^{\mathrm{i}\boldsymbol{Q}\cdot(\boldsymbol{r}_j-\boldsymbol{r}_k)},\quad Q\neq 0 \tag{4.2.5}$$

在实际的散射实验中，$Q=0$ 处的直穿中子束总是被挡住的，因此我们并不关心 $Q=0$ 处的散射信号。后文中将略去 $Q\neq 0$。

利用式(4.2.5)，可将式(4.2.1)写为

$$\begin{aligned}I(Q)=&\frac{b_{\mathrm{D}}^2}{V}\iint\langle\Delta n_{\mathrm{D}}(\boldsymbol{r}_1)\Delta n_{\mathrm{D}}(\boldsymbol{r}_2)\rangle\mathrm{e}^{\mathrm{i}\boldsymbol{Q}\cdot(\boldsymbol{r}_1-\boldsymbol{r}_2)}\mathrm{d}\boldsymbol{r}_1\mathrm{d}\boldsymbol{r}_2+\\&\frac{b_{\mathrm{H}}^2}{V}\iint\langle\Delta n_{\mathrm{H}}(\boldsymbol{r}_1)\Delta n_{\mathrm{H}}(\boldsymbol{r}_2)\rangle\mathrm{e}^{\mathrm{i}\boldsymbol{Q}\cdot(\boldsymbol{r}_1-\boldsymbol{r}_2)}\mathrm{d}\boldsymbol{r}_1\mathrm{d}\boldsymbol{r}_2+\\&\frac{2b_{\mathrm{D}}b_{\mathrm{H}}}{V}\iint\langle\Delta n_{\mathrm{D}}(\boldsymbol{r}_1)\Delta n_{\mathrm{H}}(\boldsymbol{r}_2)\rangle\mathrm{e}^{\mathrm{i}\boldsymbol{Q}\cdot(\boldsymbol{r}_1-\boldsymbol{r}_2)}\mathrm{d}\boldsymbol{r}_1\mathrm{d}\boldsymbol{r}_2\end{aligned} \tag{4.2.6}$$

在一定的空间范围内(尤其是小角散射对应的空间范围)，高分子样品的密度是一定的：

$$\Delta n_{\mathrm{D}}(\boldsymbol{r})+\Delta n_{\mathrm{H}}(\boldsymbol{r})=0 \tag{4.2.7}$$

因此有

$$\begin{aligned}&\iint\langle\Delta n_{\mathrm{D}}(\boldsymbol{r}_1)\Delta n_{\mathrm{D}}(\boldsymbol{r}_2)\rangle\mathrm{e}^{\mathrm{i}\boldsymbol{Q}\cdot(\boldsymbol{r}_1-\boldsymbol{r}_2)}\mathrm{d}\boldsymbol{r}_1\mathrm{d}\boldsymbol{r}_2\\=&\iint\langle\Delta n_{\mathrm{H}}(\boldsymbol{r}_1)\Delta n_{\mathrm{H}}(\boldsymbol{r}_2)\rangle\mathrm{e}^{\mathrm{i}\boldsymbol{Q}\cdot(\boldsymbol{r}_1-\boldsymbol{r}_2)}\mathrm{d}\boldsymbol{r}_1\mathrm{d}\boldsymbol{r}_2\\=&-\iint\langle\Delta n_{\mathrm{D}}(\boldsymbol{r}_1)\Delta n_{\mathrm{H}}(\boldsymbol{r}_2)\rangle\mathrm{e}^{\mathrm{i}\boldsymbol{Q}\cdot(\boldsymbol{r}_1-\boldsymbol{r}_2)}\mathrm{d}\boldsymbol{r}_1\mathrm{d}\boldsymbol{r}_2\end{aligned} \tag{4.2.8}$$

上式还可写为

$$N_{\mathrm{D}}S_{\mathrm{DD}}(Q)=N_{\mathrm{H}}S_{\mathrm{HH}}(Q)=-\sqrt{N_{\mathrm{H}}N_{\mathrm{D}}}S_{\mathrm{HD}}(Q) \tag{4.2.9}$$

联立式(4.2.9)与式(4.2.2)可得

$$\begin{aligned}I(Q)&=(b_{\mathrm{D}}-b_{\mathrm{H}})^2n_{\mathrm{D}}S_{\mathrm{DD}}(Q)=(b_{\mathrm{D}}-b_{\mathrm{H}})^2n_{\mathrm{H}}S_{\mathrm{HH}}(Q)\\&=-(b_{\mathrm{D}}-b_{\mathrm{H}})^2\sqrt{n_{\mathrm{H}}n_{\mathrm{D}}}S_{\mathrm{HD}}(Q)\end{aligned} \tag{4.2.10}$$

下面考虑高分子样品的结构因子：

$$S(Q)=\frac{1}{N}\left\langle\left|\sum_{j=1}^{N}\mathrm{e}^{\mathrm{i}\boldsymbol{Q}\cdot\boldsymbol{r}_j}\right|^2\right\rangle \tag{4.2.11}$$

式中，N 为样品中的单体数量。记每个高分子链所含有的单体数量为 z，样品中高分子链的总数为 $N_{\mathrm{c}}(N_{\mathrm{c}}=N/z)$。对于某个单体，其位置 $\boldsymbol{r}$ 可分解为其所在高分子链的质心位置 $\boldsymbol{R}$ 与该单体相对于质心的位置 $\boldsymbol{X}$：$\boldsymbol{r}=\boldsymbol{R}+\boldsymbol{X}$。因此，上式可写为

$$S(Q)=\frac{1}{N}\left\langle\left|\sum_{p=1}^{N_{\mathrm{c}}}\mathrm{e}^{\mathrm{i}\boldsymbol{Q}\cdot\boldsymbol{R}_p}\sum_{j=1}^{z}\mathrm{e}^{\mathrm{i}\boldsymbol{Q}\cdot\boldsymbol{X}_j}\right|^2\right\rangle$$

$$=\frac{1}{zN_c}\sum_{p=1}^{N_c}\sum_{q=1}^{N_c}\sum_{j=1}^{z}\sum_{k=1}^{z}\langle e^{i\boldsymbol{Q}\cdot(\boldsymbol{R}_p-\boldsymbol{R}_q)}e^{i\boldsymbol{Q}\cdot(\boldsymbol{X}_j-\boldsymbol{X}_k)}\rangle$$

式中，$\boldsymbol{R}_p$ 为高分子链 p 的质心位置，$\boldsymbol{X}_j$ 为单体 j 相对于其所在高分子链的质心的位置。上式可分为 $p=q$ 和 $p\neq q$ 两个部分。注意到样品中所有的链在统计上平权，因此有

$$S(Q)=\frac{1}{z}\left\langle\sum_{j_1=1}^{z}\sum_{k_1=1}^{z}\exp\left[i\boldsymbol{Q}\cdot(\boldsymbol{X}_{j_1}-\boldsymbol{X}_{k_1})\right]\right\rangle+$$
$$\frac{1}{z}(N_c-1)\left\langle\sum_{j_1=1}^{z}\sum_{k_2=1}^{z}\exp\left[i\boldsymbol{Q}\cdot(\boldsymbol{r}_{j_1}-\boldsymbol{r}_{k_2})\right]\right\rangle$$

注意到 $1/z$ 是一个小量，上式可简化为

$$S(Q)=\frac{1}{z}\left\langle\sum_{j_1=1}^{z}\sum_{k_1=1}^{z}\exp\left[i\boldsymbol{Q}\cdot(\boldsymbol{X}_{j_1}-\boldsymbol{X}_{k_1})\right]\right\rangle+$$
$$\frac{N_c}{z}\left\langle\sum_{j_1=1}^{z}\sum_{k_2=1}^{z}\exp\left[i\boldsymbol{Q}\cdot(\boldsymbol{r}_{j_1}-\boldsymbol{r}_{k_2})\right]\right\rangle$$

引入高分子单链的归一化形状因子 $P(Q)$：

$$P(Q)=\frac{1}{z^2}\left\langle\sum_{j=1}^{z}\sum_{k=1}^{z}\exp\left[i\boldsymbol{Q}\cdot(\boldsymbol{X}_j-\boldsymbol{X}_k)\right]\right\rangle \tag{4.2.12}$$

$P(Q)$即为描述高分子链构象的物理量，也是我们想要从实验中得到的量。

另外，引入如下函数：

$$R(Q)=\frac{1}{z^2}\left\langle\sum_{j_1=1}^{z}\sum_{k_2=1}^{z}\exp\left[i\boldsymbol{Q}\cdot(\boldsymbol{r}_{j_1}-\boldsymbol{r}_{k_2})\right]\right\rangle \tag{4.2.13}$$

$R(Q)$描述两条不同链中单体位置的关联。

利用 $P(Q)$和 $R(Q)$，可将 $S(Q)$简写为

$$S(Q)=zP(Q)+NR(Q) \tag{4.2.14}$$

考虑式(4.2.9)：$N_DS_{DD}(Q)=N_HS_{HH}(Q)$。与上式联立，可得

$$N_D\left[zP(Q)+N_DR(Q)\right]=N_H\left[zP(Q)+N_HR(Q)\right]$$
$$\Rightarrow R(Q)=-\frac{1}{N_c}P(Q) \tag{4.2.15}$$

利用上面两式，有

$$S_{DD}(Q)=zP(Q)+N_DR(Q)=z(1-x)P(Q)$$

将上式代入式(4.2.10)得

$$I(Q)=(b_D-b_H)^2n_DS_{DD}(Q)=(b_D-b_H)^2\frac{N_c}{V}z^2x(1-x)P(Q)$$

引入高分子链的数密度 $n_c=N_c/V$，最终得到(Higgins，1994)

$$I(Q)=n_c(b_D-b_H)^2z^2x(1-x)P(Q) \tag{4.2.16}$$

上式表明，利用同位素替换方法制备的单分散样品，其中子散射谱直接反映出单分子链的构象 $P(Q)$。这即为利用小角中子散射技术测量高分子链构象的原理。

2. 高斯链模型

描述柔性高分子链构象最常用的模型是高斯链模型。熔融状态下的高分子链的构象

可以由高斯链模型很好地表示(Doi,1986),这里具体介绍。

高斯链模型假设两个相邻的单体质心之间的距离满足高斯分布：

$$\psi(\boldsymbol{R})=\left(\frac{3}{2\pi b^2}\right)^{3/2}\exp\left(-\frac{3\boldsymbol{R}^2}{2b^2}\right) \tag{4.2.17}$$

式中,$\boldsymbol{R}$ 为相邻的两个单体质心之间的位移矢量,代表单体之间的化学键；b 称为有效键长(effective bond length)。利用式(A.1.5),计算可得

$$\langle R^2\rangle=b^2 \tag{4.2.18}$$

注意,式(4.2.17)仅规定了键长的分布,而未规定键的方向。因此,键的方向是完全随机的。另外,不同键之间相互独立。图 4.2.1 给出了高斯链的示意图。

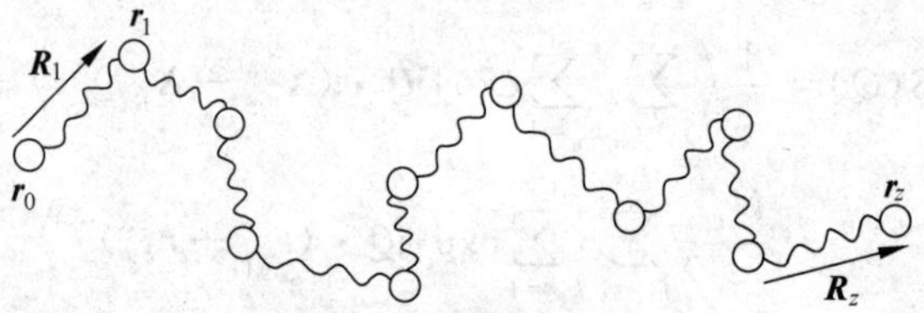

图 4.2.1　高斯链示意图

图中,珠子代表单体的质心位置,弹簧代表两个相邻单体之间的化学键。

高斯链中所有化学键的联合分布为

$$\Psi(\{\boldsymbol{R}_n\})=\left(\frac{3}{2\pi b^2}\right)^{3z/2}\prod_{n=1}^{z}\exp\left(-\frac{3\boldsymbol{R}_n^2}{2b^2}\right) \tag{4.2.19}$$

一个重要的物理量是单体 m 到单体 n 的位移 $\boldsymbol{r}_n-\boldsymbol{r}_m$。下面计算其分布函数：

$$\begin{aligned}\Phi(\boldsymbol{r}_n-\boldsymbol{r}_m)&=\int \mathrm{d}\boldsymbol{R}_{m+1}\mathrm{d}\boldsymbol{R}_{m+2}\cdots\mathrm{d}\boldsymbol{R}_n\Psi(\{\boldsymbol{R}_n\})\delta\left[(\boldsymbol{r}_n-\boldsymbol{r}_m)-\sum_{i=m+1}^{n}\boldsymbol{R}_i\right]\\&=\left(\frac{1}{2\pi}\right)^3\int \mathrm{d}\boldsymbol{R}_{m+1}\mathrm{d}\boldsymbol{R}_{m+2}\cdots\mathrm{d}\boldsymbol{R}_n\Psi(\{\boldsymbol{R}_i\})\cdot\\&\quad\int \mathrm{d}\boldsymbol{k}\exp\left\{\mathrm{i}\boldsymbol{k}\cdot\left[(\boldsymbol{r}_n-\boldsymbol{r}_m)-\sum_{i=m+1}^{n}\boldsymbol{R}_i\right]\right\}\end{aligned}$$

先对 $\boldsymbol{R}_i$ 积分得

$$\int \mathrm{d}\boldsymbol{R}_i\left(\frac{3}{2\pi b^2}\right)^{3/2}\exp\left(-\frac{3\boldsymbol{R}_i^2}{2b^2}-\mathrm{i}\boldsymbol{k}\cdot\boldsymbol{R}_i\right)=\exp\left(-\frac{k^2b^2}{6}\right)$$

将上式代回前式,有

$$\begin{aligned}\Phi(\boldsymbol{r}_n-\boldsymbol{r}_m)&=\left(\frac{1}{2\pi}\right)^3\int \mathrm{d}\boldsymbol{k}\exp\left[-\frac{k^2b^2(n-m)}{6}\right]\exp\left[\mathrm{i}\boldsymbol{k}\cdot(\boldsymbol{r}_n-\boldsymbol{r}_m)\right]\\&=\left(\frac{3}{2\pi b^2|n-m|}\right)^{3/2}\exp\left[-\frac{3(\boldsymbol{r}_n-\boldsymbol{r}_m)^2}{2|n-m|b^2}\right]\end{aligned} \tag{4.2.20}$$

可见,任意两个单体之间位移的分布也满足高斯分布,且

$$\langle(\boldsymbol{r}_n-\boldsymbol{r}_m)^2\rangle=|n-m|b^2 \tag{4.2.21}$$

下面计算高斯链的形状因子。形状因子的定义由式(4.2.12)给出：

$$P(Q)=\frac{1}{z^2}\sum_{m=1}^{z}\sum_{n=1}^{z}\langle\exp[\mathrm{i}\boldsymbol{Q}\cdot(\boldsymbol{r}_n-\boldsymbol{r}_m)]\rangle$$

首先计算 $\langle \exp(\mathrm{i}\boldsymbol{Q}\cdot\boldsymbol{r})\rangle$：

$$\langle \exp(\mathrm{i}\boldsymbol{Q}\cdot\boldsymbol{r})\big|_{\boldsymbol{r}=\boldsymbol{r}_n-\boldsymbol{r}_m}\rangle = \int \exp(\mathrm{i}\boldsymbol{Q}\cdot\boldsymbol{r})\Phi(\boldsymbol{r})\mathrm{d}\boldsymbol{r}$$

$$= \exp\left(-\frac{b^2Q^2\,|n-m|}{6}\right) \tag{4.2.22}$$

因此有

$$\begin{aligned} P(Q) &= \frac{1}{z^2}\sum_{m=1}^{z}\sum_{n=1}^{z}\exp\left(-\frac{b^2Q^2\,|n-m|}{6}\right) \\ &= \frac{1}{z^2}\int_0^z \mathrm{d}n\int_0^z \mathrm{d}m\exp\left(-\frac{b^2Q^2\,|n-m|}{6}\right) \\ &= \frac{2}{z^2}\int_0^z \mathrm{d}n\int_0^n \mathrm{d}m\exp\left[-\frac{b^2Q^2}{6}(n-m)\right] \end{aligned}$$

最后可得高斯链的形状因子：

$$P(Q) = f\left(\frac{zb^2Q^2}{6}\right) \tag{4.2.23}$$

式中，$f(x)$ 称为德拜函数(Debye Function)，其表达式如下：

$$f(x) = \frac{2}{x^2}(\mathrm{e}^{-x} - 1 + x) \tag{4.2.24}$$

图 4.2.2 给出了聚苯乙烯样品的小角中子散射谱以及利用高斯链模型式(4.2.23)的拟合曲线。可以看到，高斯链模型很好地描述了该样品中高分子链的构象。

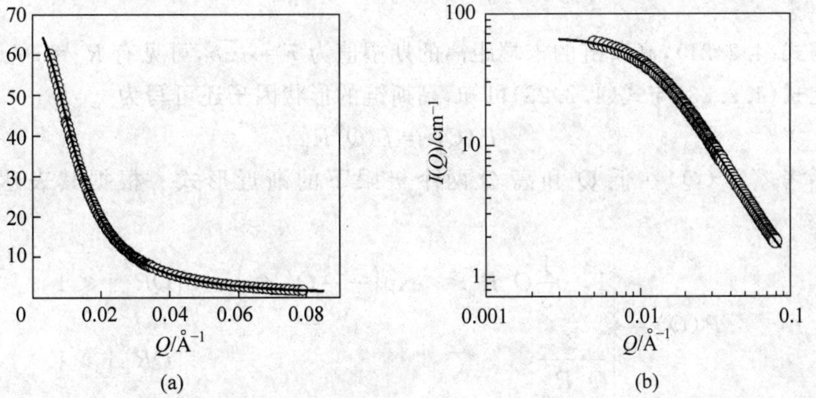

图 4.2.2 聚苯乙烯样品的小角中子散射谱，(a)和(b)分别为线性坐标和双对数坐标的展示

样品的分子量为 20 万，其组成为 90% 的普通样品和 10% 的氘化样品。圆圈表示小角中子散射实验测量结果，实线为利用高斯链模型式(4.2.23)或式(4.2.29)拟合的曲线。拟合得到链的回转半径为 120Å。

下面计算高斯链的回转半径。回转半径的定义由式(4.1.21)给出：

$$R_{\mathrm{g}}^2 = \frac{\int_{V_{\mathrm{p}}} r^2\,\mathrm{d}\boldsymbol{r}}{\int_{V_{\mathrm{p}}} \mathrm{d}\boldsymbol{r}}$$

对于高分子链而言，由于其组成为一个个单体，因此上式中的积分需写为作和的形式：

$$R_{\mathrm{g}}^2=\frac{\sum_{n=1}^{z}\langle(\boldsymbol{r}_n-\boldsymbol{r}_{\mathrm{G}})^2\rangle}{z} \tag{4.2.25}$$

其中 $\boldsymbol{r}_{\mathrm{G}}$ 为链的重心：

$$\boldsymbol{r}_{\mathrm{G}}=\frac{1}{z}\sum_{m=1}^{z}\boldsymbol{r}_m \tag{4.2.26}$$

联立上面两式得

$$\begin{aligned}R_{\mathrm{g}}^2&=\frac{1}{z}\sum_{n=1}^{z}\langle\boldsymbol{r}_n^2-2\boldsymbol{r}_n\cdot\boldsymbol{r}_{\mathrm{G}}+\boldsymbol{r}_{\mathrm{G}}^2\rangle=\frac{1}{z}\sum_{n=1}^{z}\langle\boldsymbol{r}_n^2-\frac{2}{z}\sum_{m=1}^{z}\boldsymbol{r}_n\cdot\boldsymbol{r}_m\rangle+\frac{1}{z^2}\sum_{m,i}\langle\boldsymbol{r}_m\cdot\boldsymbol{r}_i\rangle\\&=\frac{1}{z}\sum_{n=1}^{z}\langle\boldsymbol{r}_n^2\rangle-\frac{1}{z^2}\sum_{m,n}\langle\boldsymbol{r}_m\cdot\boldsymbol{r}_n\rangle\\&=\frac{1}{2}\left[\frac{1}{z}\sum_{n=1}^{z}\langle\boldsymbol{r}_n^2\rangle-\frac{2}{z^2}\sum_{m,n}\langle\boldsymbol{r}_m\cdot\boldsymbol{r}_n\rangle+\frac{1}{z}\sum_{m=1}^{z}\langle\boldsymbol{r}_m^2\rangle\right]\\&=\frac{1}{2z^2}\sum_{m,n}^{z}\langle(\boldsymbol{r}_m-\boldsymbol{r}_n)^2\rangle\end{aligned} \tag{4.2.27}$$

利用式(4.2.21)，有

$$\begin{aligned}R_{\mathrm{g}}^2&=\frac{b^2}{2z^2}\sum_{m,n}|n-m|=\frac{b^2}{2z^2}\int_0^z\mathrm{d}n\int_0^z\mathrm{d}m\,|n-m|\\&=\frac{b^2}{z^2}\int_0^z\mathrm{d}n\int_0^n\mathrm{d}m\,(n-m)=\frac{zb^2}{6}\end{aligned} \tag{4.2.28}$$

根据式(4.2.21)，高斯链的末端距离的期望值为 $\bar{r}=\sqrt{z}b$，可见有 $R_{\mathrm{g}}=\bar{r}/\sqrt{6}$。

联立式(4.2.23)与式(4.2.28)可知，高斯链的形状因子还可写为

$$P(Q)=f(Q^2R_{\mathrm{g}}^2) \tag{4.2.29}$$

最后考察 $P(Q)$ 在低 Q 和高 Q 两个极限下的渐近形式。根据其表达式，不难发现有

$$P(Q)=\begin{cases}1-\dfrac{1}{3}Q^2R_{\mathrm{g}}^2\approx\exp\left(-\dfrac{1}{3}Q^2R_{\mathrm{g}}^2\right), & |QR_{\mathrm{g}}|\ll 1\\ \dfrac{2}{Q^2R_{\mathrm{g}}^2}, & |QR_{\mathrm{g}}|\gg 1\end{cases} \tag{4.2.30}$$

可见，低 Q 极限下的情况与前文一致，可通过 Guinier 图得到链的 R_{g}。在高 Q 极限下，有 Q^{-2} 的渐近形式，这是与球形粒子所不同的。

4.2.2 形变高分子

高分子的形变和流动特征是高分子物理的重要方向，其应用涉及高分子加工成型的各个方面。高分子材料在流动中的宏观特性取决于其微观尺度上的分子构象。因此，小角中子散射非常适于在微观尺度上研究高分子材料的流变行为。

在流变研究中，最简单的情况是单轴拉伸。图 4.2.3(a)给出了单轴拉伸情况下的中子散射实验的示意图。此时，由于高分子链的取向发生变化，其形状因子 $P(Q)$ 也不再各向同

性，而是呈现出类似椭球的轮廓。从图中可以看出，探测器并不能探测到所有方向上的 $P(\boldsymbol{Q})$，而是只能探测到 $P(\boldsymbol{Q})$ 在 Q_x-Q_z 平面上的二维截面。图 4.2.3(b)给出了几个拉伸高分子材料的二维中子谱。可以看到，随着拉伸比 λ（拉伸后样品长度与原长之比）的增加，二维中子谱的各向异性有所增强。

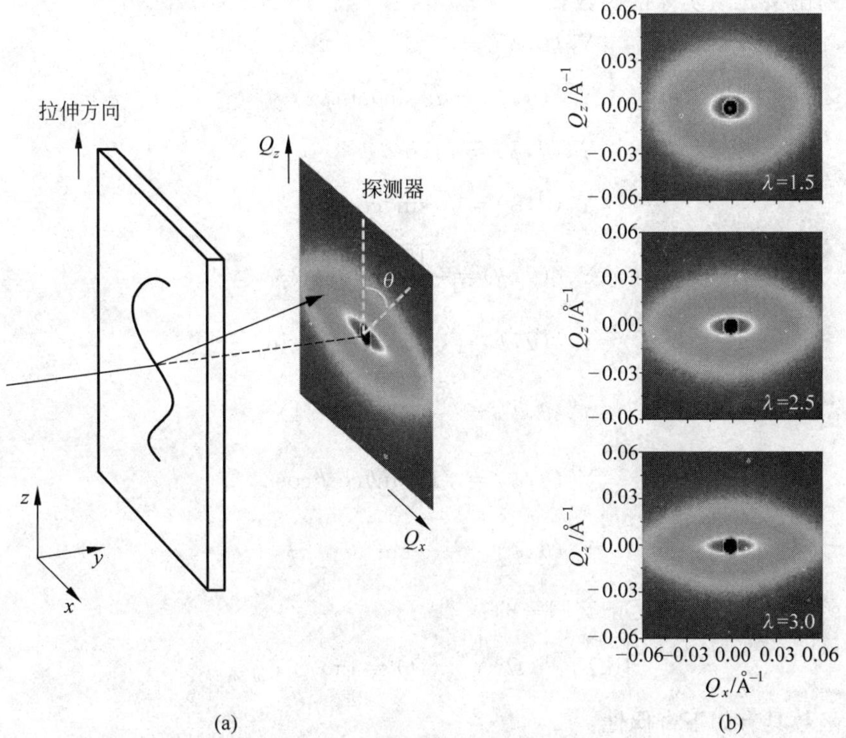

图 4.2.3 高分子拉伸形变的小角中子散射实验研究

(a) 高分子单轴拉伸小角中子散射实验示意图。高分子样品所在平面与探测器平面平行。习惯上取拉伸方向为 z 方向，直角坐标的设立如图所示；(b) 不同拉伸比 λ 的样品的小角中子散射谱，不同灰度表示不同的散射信号强度。可见，随着拉伸比 λ 升高，谱的形状逐渐偏离各向同性。样品为聚苯乙烯，分子量约为 50 万。其组成为 95%氘化样品与 5%的普通样品。注意，在拉伸样品时，样品处于熔融状态。当样品长度被拉伸至预定的拉伸比时，利用冷气体骤冷样品，使其处于玻璃态。再将玻璃态样品置于小角中子散射谱仪中进行测量。

对于拉伸样品的小角中子谱的分析有几个问题，包括如何重建完整的三维 $P(\boldsymbol{Q})$，以及哪些物理量对于流变行为有最直接的影响等。下面具体分析。

对于各向异性的空间角分布，我们可以尝试利用球谐函数展开。实球谐函数的表达式如下：

$$\mathrm{Y}_l^m(\Omega)=\mathrm{Y}_l^m(\theta,\phi)$$
$$=\begin{cases}\sqrt{2(2l+1)\dfrac{(l-|m|)!}{(l+|m|)!}}\mathrm{P}_l^{|m|}(\cos\theta)\sin(|m|\phi), & m<0\\ \sqrt{2l+1}\,\mathrm{P}_l^0(\cos\theta), & m=0\\ \sqrt{2(2l+1)\dfrac{(l-m)!}{(l+m)!}}\mathrm{P}_l^m(\cos\theta)\cos(m\phi), & m>0\end{cases} \tag{4.2.31}$$

式中，$\mathrm{P}_l^m(x)$为伴随勒让德多项式(associated Legendre polymomials)，其表达式为

$$\mathrm{P}_l^m(x)=\frac{(-1)^m}{2^l l!}(1-x^2)^{\frac{m}{2}}\frac{\mathrm{d}^{l+m}}{\mathrm{d}x^{l+m}}(x^2-1)^l$$

注意，我们用斜体“P”表示链的形状因子，用正体“P”表示伴随勒让德多项式。

下面列出头几项实球谐函数：

$$\mathrm{Y}_0^0(\theta,\phi)=1$$

$$\mathrm{Y}_1^{-1}(\theta,\phi)=\sqrt{3}\sin\theta\sin\phi$$

$$\mathrm{Y}_1^0(\theta,\phi)=\sqrt{3}\cos\theta$$

$$\mathrm{Y}_1^1(\theta,\phi)=\sqrt{3}\sin\theta\cos\phi$$

$$\mathrm{Y}_2^{-2}(\theta,\phi)=\frac{\sqrt{15}}{2}\sin^2\theta\sin2\phi$$

$$\mathrm{Y}_2^{-1}(\theta,\phi)=\sqrt{15}\sin\theta\cos\theta\sin\phi$$

$$\mathrm{Y}_2^0(\theta,\phi)=\frac{\sqrt{5}}{2}(3\cos^2\theta-1)$$

$$\mathrm{Y}_2^1(\theta,\phi)=\sqrt{15}\sin\theta\cos\theta\cos\phi$$

$$\mathrm{Y}_2^2(\theta,\phi)=\frac{\sqrt{15}}{2}\sin^2\theta\cos2\phi$$

球谐函数对于空间角是正交归一的：

$$\int\mathrm{d}\Omega\,\mathrm{Y}_{l_1}^{m_1}(\Omega)\mathrm{Y}_{l_2}^{m_2}(\Omega)=4\pi\delta_{l_1l_2}\delta_{m_1m_2} \tag{4.2.32}$$

球谐函数具有如下奇偶性：

$$\mathrm{Y}_l^m(\pi-\theta,\pi+\phi)=(-1)^l\mathrm{Y}_l^m(\theta,\phi) \tag{4.2.33}$$

由于$P(\boldsymbol{Q})$具备单轴对称性，因此不依赖于ϕ。此外，容易发现$P(\boldsymbol{Q})$满足$P(\boldsymbol{Q})=P(-\boldsymbol{Q})$。综合这些考虑，可将$P(\boldsymbol{Q})$展开为如下形式：

$$P(\boldsymbol{Q})=\sum_{l;\mathrm{even}}P_l^0(Q)\mathrm{Y}_l^0(\Omega)=\sum_{l;\mathrm{even}}P_l^0(Q)\mathrm{Y}_l^0(\theta) \tag{4.2.34}$$

上式中仅对偶数的l作和，$P_l^0(Q)$为展开系数，仅依赖于标量$|\boldsymbol{Q}|=Q$。要重建三维的$P(\boldsymbol{Q})$，必须获悉所有的$P_l^0(Q)$。

在实验中，我们仅能测得$P(\boldsymbol{Q})$在Q_x-Q_z平面上的二维截面$P(Q_x,Q_y=0,Q_z)$。根据式(4.2.34)可知

$$P(Q_x,Q_y=0,Q_z)=P(Q,\theta,\phi=0)=\sum_{l;\mathrm{even}}P_l^0(Q)\mathrm{Y}_l^0(\theta) \tag{4.2.35}$$

对于$\mathrm{Y}_l^0(\theta)$，在Q_x-Q_z平面上有

$$\int_0^\pi\mathrm{Y}_l^0(\theta)\mathrm{Y}_{l'}^0(\theta)\sin\theta\,\mathrm{d}\theta=(2l+1)\int_{-1}^1\mathrm{P}_l^0(x)\mathrm{P}_{l'}^0(x)\mathrm{d}x$$

注意到$\int_{-1}^1\mathrm{P}_l^0(x)\mathrm{P}_{l'}^0(x)\mathrm{d}x=2\delta_{ll'}/(2l+1)$，上式化简为

$$\int_0^\pi\mathrm{Y}_l^0(\theta)\mathrm{Y}_{l'}^0(\theta)\sin\theta\,\mathrm{d}\theta=2\delta_{ll'} \tag{4.2.36}$$

上式表明，$Y_l^0(\theta)$在 Q_x-Q_z 平面上仍然是相互正交的。利用这一点，将式(4.2.35)等号两侧作内积，可得(Wang，2017)

$$P_l^0(Q)=\frac{1}{2}\int_0^{\pi} Y_l^0(\theta)P(Q,\theta,\phi=0)\sin\theta \mathrm{d}\theta \tag{4.2.37}$$

利用上式，即可通过实验测得的二维谱 $P(Q,\theta,\phi=0)$计算得到 $P_l^0(Q)$，从而完成 $P(\boldsymbol{Q})$的重建。图 4.2.4 给出了式(4.2.35)展开式的例子。通过球谐函数展开，可将三维中子散射谱转换为一系列一维曲线 $P_l^0(Q)$。这些一维曲线与三维散射谱在数学上是等价的，但去除了球谐函数所包含的已知信息，而且更容易作定量分析。不同 l 对应的展开项有明确的物理意义。例如 $l=0$ 项是各向同性项，主要标识高分子链的尺寸；$l=2$ 项是各向异性项中的头项，其对称性与样品形变一致，包含了最多的与宏观流变现象相关的微观结构信息。下面具体介绍。首先讨论各向同性项。从 R_g^2 的表达式(4.2.27)入手：

$$R_g^2=\frac{1}{2z^2}\sum_{m,n}^{z}\langle(\boldsymbol{r}_m-\boldsymbol{r}_n)^2\rangle=\frac{1}{2z^2}\sum_{m,n}^{z}\int \boldsymbol{r}^2\Phi(m,n;\boldsymbol{r})\,\mathrm{d}\boldsymbol{r} \tag{4.2.38}$$

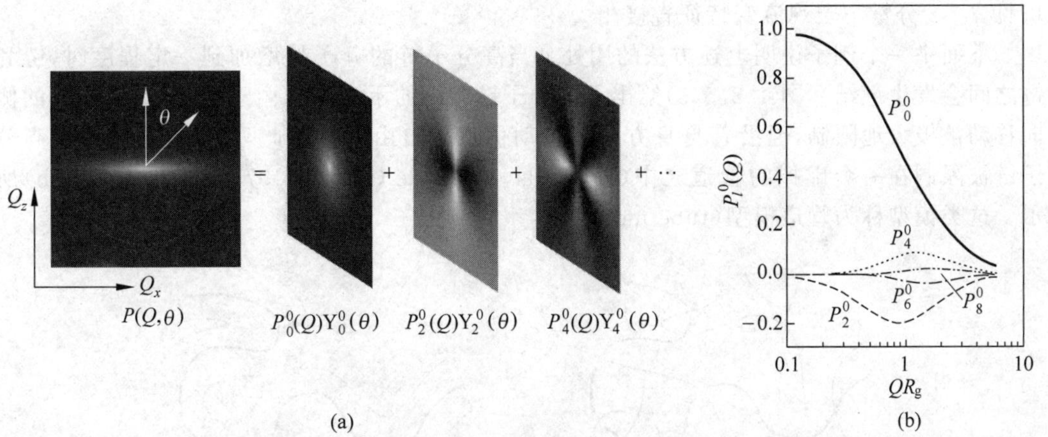

图 4.2.4 形变高分子的小角散射谱的球谐函数展开示例(Wang，2017)

(a) 将高斯链做仿射拉伸形变，拉伸比 $\lambda=3$，此处给出了该情况对应的二维小角散射谱。根据式(4.2.35)可知，其可以作球谐函数展开。展开式第一项为各向同性项，第二项所代表的对称性与单轴拉伸的对称性一致，因此包含了最多的与宏观流变特性相关的信息；(b) 展开系数 $P_l^0(Q)$

式中，$\Phi(m,n;\boldsymbol{r})$为分布函数：

$$\Phi(m,n;\boldsymbol{r})=\Phi(\boldsymbol{r}_n-\boldsymbol{r}_m)\big|_{\boldsymbol{r}_n-\boldsymbol{r}_m=\boldsymbol{r}}$$

注意到 $\Phi(m,n;\boldsymbol{r})$也具有形如式(4.2.34)的展开式：

$$\Phi(m,n;\boldsymbol{r})=\sum_{l:\text{even}}\Phi_l^0(m,n;r)Y_l^0(\theta) \tag{4.2.39}$$

再利用式(4.2.36)，易知有(Wang，2018)

$$R_g^2=\frac{1}{2z^2}4\pi\sum_{m,n}^{z}\int r^4\Phi(m,n;\boldsymbol{r})\,\mathrm{d}r=\frac{2\pi}{z^2}\sum_{m,n}^{z}\int r^4\Phi_0^0(m,n;r)\,\mathrm{d}r \tag{4.2.40}$$

可见，链的 R_g^2 仅与各向同性分量有关。下面讨论 $l=2$ 项。注意到高分子体系的应力张量 $\boldsymbol{\sigma}$ 写为(Doi，1986)

$$\boldsymbol{\sigma}=\frac{3k_{\mathrm{B}}Tn_{\mathrm{c}}}{zb^2}\langle\boldsymbol{R}_{\mathrm{e}}\boldsymbol{R}_{\mathrm{e}}\rangle=\frac{3k_{\mathrm{B}}Tn_{\mathrm{c}}}{zb^2}\int\boldsymbol{R}_{\mathrm{e}}\boldsymbol{R}_{\mathrm{e}}\Phi(\boldsymbol{R}_{\mathrm{e}})\mathrm{d}\boldsymbol{R}_{\mathrm{e}} \tag{4.2.41}$$

式中，$\boldsymbol{R}_{\mathrm{e}}$ 为连接一个链两端的向量，即端对端向量(end-to-end vector of a chain)；$\Phi(\boldsymbol{R}_{\mathrm{e}})$为 $\boldsymbol{R}_{\mathrm{e}}$ 的分布函数：

$$\Phi(\boldsymbol{R}_{\mathrm{e}})=\Phi(\boldsymbol{r}_z-\boldsymbol{r}_1)\big|_{\boldsymbol{r}_z-\boldsymbol{r}_1=\boldsymbol{R}_{\mathrm{e}}}$$

在单轴拉伸的情况下，最重要的应力分量是第一法向应力差 $\sigma_{zz}-\sigma_{xx}$：

$$\begin{aligned}\sigma_{zz}-\sigma_{xx}&=\frac{3k_{\mathrm{B}}Tn_{\mathrm{c}}}{zb^2}\int(R_{\mathrm{e},z}^2-R_{\mathrm{e},x}^2)\sum_{l:\mathrm{even}}\Phi_l^0(R_{\mathrm{e}})\mathrm{Y}_l^0(\theta)R_{\mathrm{e}}^2\mathrm{d}R_{\mathrm{e}}\sin\theta\mathrm{d}\theta\mathrm{d}\phi\\&=\frac{3k_{\mathrm{B}}Tn_{\mathrm{c}}}{zb^2}\int(\cos^2\theta-\sin^2\theta\cos^2\phi)\sum_{l:\mathrm{even}}\Phi_l^0(R_{\mathrm{e}})\mathrm{Y}_l^0(\theta)R_{\mathrm{e}}^4\mathrm{d}R_{\mathrm{e}}\sin\theta\mathrm{d}\theta\mathrm{d}\phi\end{aligned}$$

再利用式(4.2.36)，易知有(Wang,2018)

$$\sigma_{zz}-\sigma_{xx}=\frac{12\pi}{\sqrt{5}}\frac{n_{\mathrm{c}}k_{\mathrm{B}}T}{zb^2}\int\Phi_2^0(R)R_{\mathrm{e}}^4\mathrm{d}R_{\mathrm{e}} \tag{4.2.42}$$

可见，$l=2$ 分量与宏观流变特征直接相关。

下面举一个例子说明上述方法的用处。当高分子链的分子量增加到一定程度时，链和链之间会发生缠结。图 4.2.5(a)给出了高分子链缠结的示意图。由于缠结，高分子链的侧向移动被极大地限制，但沿着自身方向的运动仍然是自由的。因此，可以合理地假设高分子链被限制在一个虚拟的管道之中(Edwards,1967；de Gennes,1971)，如图 4.2.5(b)所示。这类模型称为管道模型(tube model)。

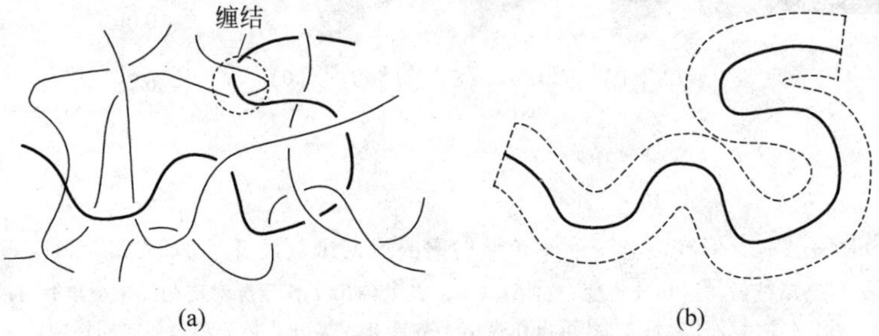

图 4.2.5
(a) 高分子链的拓扑缠结；(b) 描述缠结效应的管道模型

当高分子材料突发形变之后，会朝向平衡态做松弛。经典的管道模型认为，松弛的过程分为两步(Doi,1986)：首先，高分子链会在管道中进行快速收缩，收缩过程的时间尺度记为 τ_{R}。接下来，高分子链做进一步松弛，这一过程称为"蛇行"(reptation)，直到恢复平衡状态。图 4.2.6(a)给出了这一物理过程。这里，第一步，即快速收缩过程，对于管道模型预测宏观流变现象非常关键。该过程被提出后，立即被实验工作者关注，但长期以来，实验未给出该过程是否存在的确切证据。利用球谐函数展开方法，可以直观清晰地检验这一理论预测。由前文分析可知，展开式中的 $l=2$ 项与拉伸系统的对称性一致，因此有望通过$P_2^0(Q)$项来判断。若如理论预测，高分子链会出现快速收缩，则 $P_2^0(Q)$的特征峰应向高 Q 方向移动。这是因为，Q 空间是实空间的倒空间。因此，实空间的收缩应对应于 Q 空间的扩张。图 4.2.6(b)给出了管道理论预测的 $P_2^0(Q)$随时间变化的情况。可以看到，在 τ_{R} 处，$P_2^0(Q)$的特征峰的确向高 Q 方向有明显移动。图 4.2.6(c)给出了实验测得的 $P_2^0(Q)$。可以看到，$P_2^0(Q)$的特征峰的位置在整个松弛过程中并未发生显著的移动，也就是说相关的理论预测是不完备的。可见，通过上述方法，我们清晰地检验了相关理论。

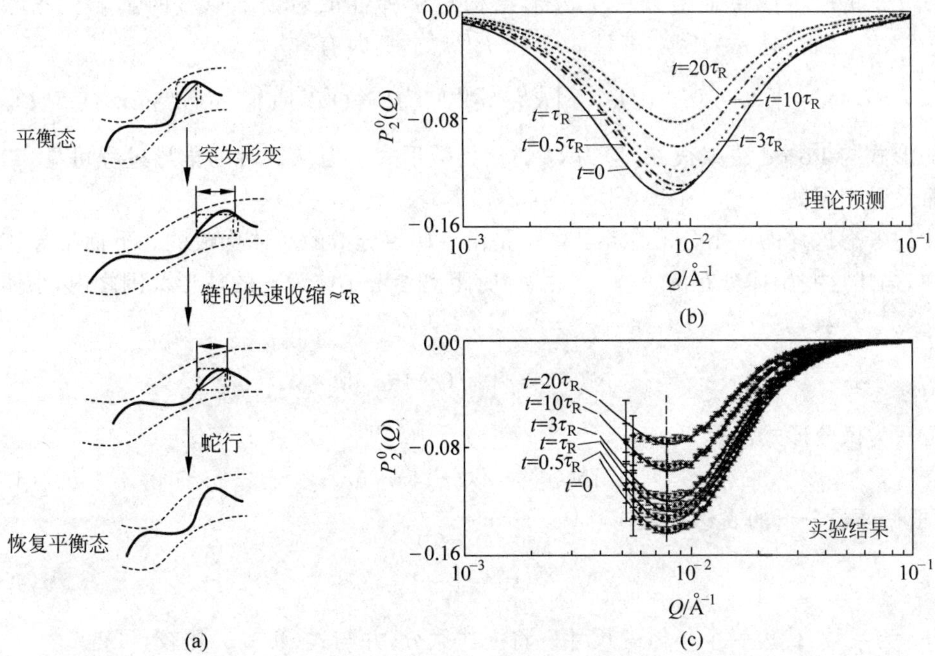

图 4.2.6　管道模型中高分子链的快速收缩假设及实验验证（Wang，2017）

(a) 经典管道模型中，形变高分子链的松弛过程；(b) 管道模型预测的 $P_2^0(Q)$的松弛过程。在 $t=0$ 时刻，高分子链被突发拉伸到 $\lambda=1.8$，并开始松弛过程。可以看到，当 $t=\tau_R$ 时，$P_2^0(Q)$的特征峰向高 Q 方向有明显移动，代表了高分子链在管道中的快速收缩；(c) 小角中子散射实验结果。其中点表示中子小角散射实验数据。可见，在松弛过程中，$P_2^0(Q)$的特征峰没有发生可观测的移动。样品为聚苯乙烯，分子量约为 50 万。其组成为 95%氘化样品与 5%的普通样品。

4.3 分形结构的小角中子散射

分形(fractal)结构是指具有自相似性的结构(Mandelbrot，1977)。海岸线是典型的分形结构：从远处看，其整体形状是不规则的。但在近距离观察，其局域形状又和整体形态相似。分形结构在复杂流体中广泛存在，其结构尺度往往与小角中子散射的测量范围重合。本节介绍分形结构的小角散射谱的分析。需要注意的是，分形结构的自相似性是在一定的空间范围之内存在的。换言之，若观察的空间尺度过小或过大，这种自相似性终将消失。因此，下文介绍的结论，仅适用于分形结构成立的空间尺度范围。

4.3.1 基本方法

在分形结构中，一个重要的物理量即分形维度(fractal dimension)D。其定义如下：

$$m(R)\sim\left(\frac{R}{r_0}\right)^D \tag{4.3.1}$$

式中，m 为分形体系的质量，R 代表分形结构的线性尺度，r_0 为系数，指数 D 即为分形维度。D 刻画了体系的质量分形(mass fractal)。易知，D 的数值应不大于分形结构存在的空间维度 d。我们可简单地检查一下分形结构对于弹性散射谱 $S(Q)$ 的影响。考虑到有 $m(R)\sim R^D$，因此，体系的密度满足 $\rho(R)\sim R^{D-d}$。此时有

$$S(Q)\sim\int\rho(R)\mathrm{e}^{\mathrm{i}\boldsymbol{Q}\cdot\boldsymbol{R}}\mathrm{d}^dR\sim\int R^{D-d}\mathrm{e}^{\mathrm{i}\boldsymbol{Q}\cdot\boldsymbol{R}}\mathrm{d}^dR=Q^{-D}\int x^{D-d}\mathrm{e}^{\mathrm{i}x}\mathrm{d}^dx\propto Q^{-D} \tag{4.3.2}$$

上式的形式与 Porod 法则很像，均为 Q 的负指数形式。但从二者的推导过程可见，二者的物理意义是不同的。

我们考虑这样的一个分形体系：体系是由一些单分散的小体构成的。下面推导该分形体系中，描述这些小体分布的 $g(r)$。注意到，距离参考小体为 r 的球形范围之内，小体的数量为

$$N(r)=\rho\int_0^r g(r)4\pi r^2\mathrm{d}r$$

上式可写为微分形式：

$$\mathrm{d}N(r)=\rho g(r)4\pi r^2\mathrm{d}r \tag{4.3.3}$$

另外，根据质量分形的表达式，有

$$N(r)=\left(\frac{r}{r_0}\right)^D \tag{4.3.4}$$

式中，r_0 为系数，代表一个小体的尺寸。将上式微分，并与式(4.3.3)比较，可得

$$\rho g(r)=\frac{D}{4\pi r_0^D}r^{D-3} \tag{4.3.5}$$

从上式可见，若有 $D<3$，则 $g(r)$ 在 r 较大时将趋于零，这显然是不合理的。在实际中，当 r 较大时，体系的密度将达到一个宏观密度，分形结构将不再有效。可引入一个衰减因子 $\exp(-r/\xi)$ 表示这一效应，此处 ξ 为一个截断长度。当尺度大于 ξ 时，分形结构不再有效。通常有 $\xi\gg r_0$。另外，类比液态系统可知，为了得到正确的 $S(Q)$，在积分时，我们应考虑 $\rho[g(r)-1]$。综合这些考虑，可得

$$\rho[g(r)-1]=\frac{D}{4\pi r_0^D}r^{D-3}\exp\left(-\frac{r}{\xi}\right) \tag{4.3.6}$$

利用上式，经过一番较为烦琐的计算，可得如下 $S(Q)$ 的表达式(Chen，1986b)：

$$S(Q)=1+\frac{1}{(Qr_0)^D}\frac{D\Gamma(D-1)}{[1+1/(Q^2\xi^2)]^{(D-1)/2}}\sin[(D-1)\arctan(Q\xi)] \tag{4.3.7}$$

图 4.3.1 给出了上式的函数形式。可见，在 $\xi^{-1}\lesssim Q\lesssim r_0^{-1}$ 范围内，有 $S(Q)\sim Q^{-D}$，这样就得到了与式(4.3.2)一致的形式。

当 $Q\gg r_0^{-1}$ 时，$S(Q)$ 趋近于 1，散射谱反映小体的形状因子 $P(Q)$。此时可利用 Porod 法则分析体系的散射谱。

当 $Q\ll\xi$ 时，$P(Q)$ 趋近于 1，散射谱反映体系的 $S(Q)$。此时 $S(Q)$ 有如下形式(Teixeira，1988)：

$$\lim_{Q\to 0}S(Q)=\Gamma(D+1)\left(\frac{\xi}{r_0}\right)^D\left[1-\frac{D(D+1)}{6}Q^2\xi^2\right]\sim\left[1-\frac{Q^2}{3}\frac{D(D+1)}{2}\xi^2\right] \tag{4.3.8}$$

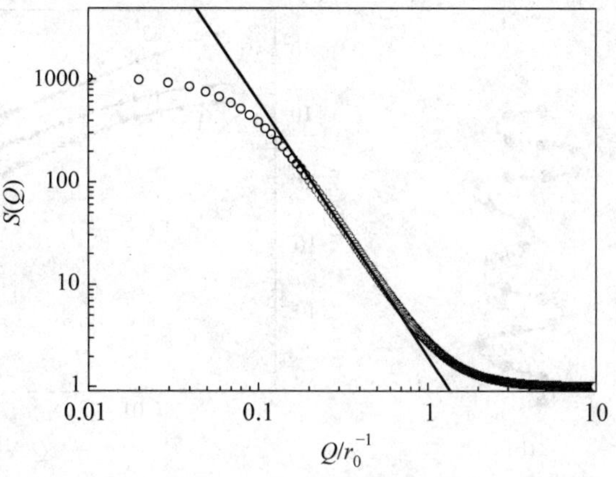

图 4.3.1 分型体系的 $S(Q)$

散点为式(4.3.7)给出的 $S(Q)$,实线表示 $S(Q) \sim Q^{-D}$。此处设 $\xi=10r_0$,$D=2.5$。

对照 Guinier 分析的形式,可得分形体系的回转半径如下:

$$R_g^2 = \frac{D(D+1)}{2}\xi^2 \tag{4.3.9}$$

一般来讲,$S(Q)$可视为一个分形体系的形状因子。

4.3.2 应用举例

下面介绍一个例子,以说明分型体系的数据分析。样品为牛血清白蛋白(bovine serum albumin,BSA)。在 BSA 溶液中加入洗涤剂会导致该蛋白变性。实验发现,将一种简称为 LDS 的洗涤剂加入 BSA 溶液之后,BSA 蛋白分子由折叠状态(或称自然状态,native state)变为肽链的无规则卷曲状态(random coil)。也就是说,BSA 的三级结构解体。同时,由 LDS 形成的小的胶束颗粒将会随机附着在肽链上。图 4.3.2 给出了相关图示。这种由胶束颗粒串成的无规则线团是一种典型的分形结构,其对应的分形维度 D 则体现了蛋白质大分子的解折叠程度。显然,D 越小,说明添加剂对于蛋白分子折叠结构的破坏越大。

在该体系中,由 LDS 形成的胶束颗粒即为构成分形结构的小体,其形状因子可由球形粒子的形状因子给出:

$$P(Q) = \left[\frac{3}{Qr_0}\mathrm{j}_1(Qr_0)\right]^2 \tag{4.3.10}$$

式中,r_0 为胶束粒子的半径。体系的 $S(Q)$由式(4.3.7)给出。通过与实验谱拟合,即可得到体系的 r_0、ξ 和 D。

图 4.3.3 给出了三种不同样品的小角中子散射谱。样品均为 BSA 稀溶液,LDS 添加剂的质量分数分别为 1%、2%和 3%。经拟合,可得三个样品中胶束粒子的半径 r_0 均为 18Å 左右,而 ξ 和 D 的值则展现出对于 LDS 用量的强烈依赖。随着 LDS 添加剂的增多,D 值分别为 2.30、1.91 和 1.76,这表明 LDS 导致的蛋白结构的解折叠随着添加剂的增多而越发显著。同时,ξ 的值分别为 84Å、108Å 和 338Å。这表明随着解折叠的加强,分形结构愈发松散。这些结论定量揭示了 LDS 对于蛋白结构的影响。

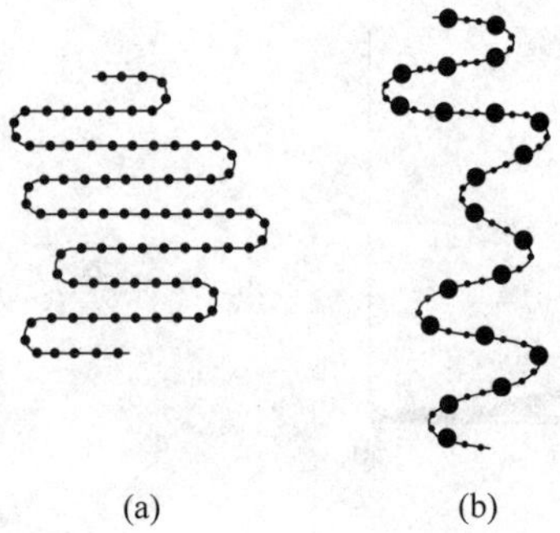

图 4.3.2 蛋白质分子结构示意图
(a) 自然状态下的蛋白质分子；
(b) 无规则卷曲态下的蛋白质分子
图中小黑点表示氨基酸残基，
大黑点表示胶束粒子。

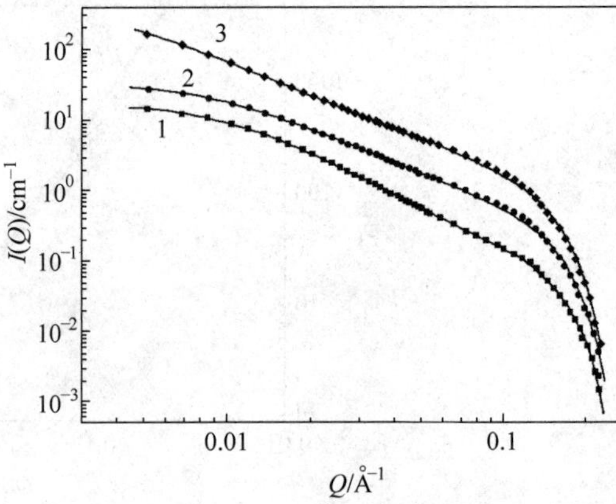

图 4.3.3 三种蛋白样品的小角中子散射谱(Chen，1986b)
图中，散点表示实验数据，实线表示拟合曲线，序号 1、2、3 分别代表 LDS 的质量分数为 1%、2%和 3%的样品。

4.4 小角中子散射谱仪简介

小角中子散射技术的实现原理非常直观，见图 4.4.1。具有特定波矢量 $\boldsymbol{k}$ 的单色中子与样品作用之后，发生弹性散射，散射角记为 θ。易知在小角近似下有 $Q\approx k\theta$。通过二维探测器记录不同 Q 值对应的中子散射强度，即可得到一个二维的小角散射谱。对于各向同性样品，可再进行环向平均，从而得到一维小角散射谱。

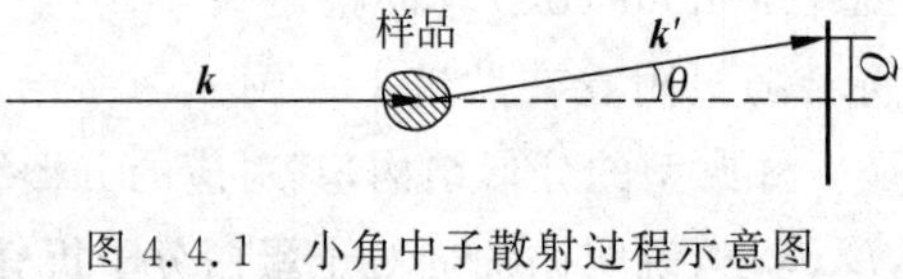

图 4.4.1 小角中子散射过程示意图

图 4.4.2 给出了一个典型的基于反应堆中子源的小角中子散射设施的构造。冷中子从慢化器出来之后，由中子导管引到相应束线站。中子束首先进入速度选择器，以选取特定能量的中子。在速度选择器后方放置一个监视器，以测量中子通量。注意，反应堆产生中子的效率并不总是恒定的，因此，在测量样品之前测定中子的通量对于得到正确的透过率和绝对强度非常必要。下一步是中子束的准直。经过准直之后，中子束斑的直径会被控制在 1cm 左右。一般而言，准直器是可调节的，以适应不同空间分辨率的要求。经过单色和准直之后的中子束即可用于中子散射实验。与样品发生作用之后的散射中子会被一个位置敏感的探测器阵列所探测，从而生成所需要的小角中子散射谱。样品与探测器之间的距离往往在 10m 以上，以实现低 Q 测量。在探测器的中央，也就是 $Q=0$ 附近，会放置一个中子束阻挡器(由对中子吸收率较高的元素制成，如 Cd)，以防止直穿中子束直接打到探测器，从而影响探测器寿命。考虑到空气对于中子有较为明显的衰减(经过 1m 厚的空气损失约 10%的冷中子)，因此，需保证中子束处于真空环境之中。

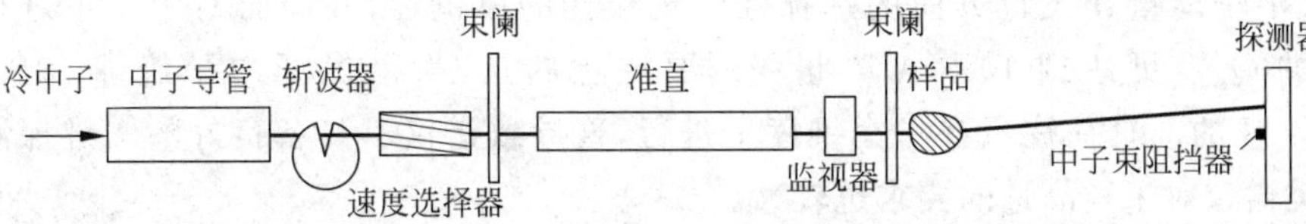

图 4.4.2 基于反应堆中子源的小角中子散射设施示意图

与小角 X 射线散射或光散射相比，小角中子散射的一个突出优点是可以准确地测得样品的绝对强度，从而为高度定量的数据分析提供了可能性。在实验中，特定位置的探测器在单位时间内探测到的中子计数 $I_m(\boldsymbol{Q})$可表示为如下形式：

$$I_m(\boldsymbol{Q}) = I_0\Omega_0\varepsilon ATd\ \frac{1}{V}\left(\frac{d\sigma}{d\Omega}\right)_{tot} + I_b$$

式中，I_0 为入射中子的通量；Ω_0 为该探测器对应的立体角大小；ε 为探测器的探测效率；A 为中子束斑的面积。这 4 个量是与仪器相关的。I_0 可通过样品前的束流监视器得到，Ω_0、ε 和 A 在实验之前便已经标定完成。此外，d 为样品的厚度；T 为样品的透过率(transmission)，即穿过样品之后的中子数量与穿过样品之前的中子数量之比；$\frac{1}{V}\left(\frac{d\sigma}{d\Omega}\right)_{tot}$ 描述单位体积的样品对中子的散射，即绝对强度，是实验需要测得的量。T 和 d 都是与样品相关的量，需要在测量绝对强度之前确定。注意，虽然我们可以选取更大的样品厚度 d 以改善散射谱的统计，但 d 值过大会导致样品对中子的多次散射显著，从而影响到散射谱的正确性。一般而言，我们希望样品的透过率 T 至少在 85%以上。上式右侧最后一项 I_b 为本底信号。该项包括环境中存在的散漫中子的信号贡献以及探测器的电子学噪声。这些信号可通过相应测量加以确定。

从探测器探测到的原始数据 $I_m(\boldsymbol{Q})$提取出绝对强度$\frac{1}{V}\left(\frac{d\sigma}{d\Omega}\right)_{tot}$ 的过程称为数据还原或数据归约(data reduction)。

在小角中子散射技术的发展历程中，人们总是努力追求更小的最小可测 Q 值(记为 Q_{min})，以探测更大的空间尺度，并获取更好的空间分辨率。从原则上讲，这可以通过使用波长更长的中子，以及对中子束流做更好的准直和单色来实现。但这些手段必然导致中子流强的下降。目前，基于反应堆源的 SANS 谱仪能够实现的 Q_{min} 为 10^{-3}Å^{-1} 量级。以美国国家标准与技术研究院的 30m 小角散射谱仪为例，在常规小孔准直构造下，其可测 Q 范围约为 0.003～0.7Å^{-1}。若采用透镜方法对中子束聚焦，则 Q_{min} 可达 0.001Å^{-1}。注意，在小孔准直方案中，中子流强与 Q_{min}^4 成正比。Q_{min} 下降一个量级，将导致流强下降 4 个量级。因此，对于此方案，追求比 0.001Å^{-1} 更小的 Q_{min} 已不具有实际意义。

探测更小 Q 范围的中子衍射方案包括微小角中子散射(very small-angle neutron scattering，VSANS)和超小角中子散射(ultra small-angle neutron scattering，USANS)。VSANS 的改进主要体现在准直技术上。采用多孔准直或者多缝准直方案，可将样品处中子流强提升将近一个量级。VSANS 谱仪的 Q_{min} 可达到 10^{-4}Å^{-1} 量级。USANS 技术与传统 SANS 和 VSANS 在思路上有较大的不同。后者是利用波长很长的冷中子($\lambda>4$Å)和较长的样品到探测器距离实现小 Q 测量，而 USANS 则是利用热中子进行实验。该方案利用单晶(一般是单晶 Si(220)，对应的中子波长为 2.4Å)对热中子进行多次反射。利用布拉格衍射对中子能量和飞行方向的选择性实现极佳的单色性，并同时对中子束进行准直。USANS 的 Q_{min} 可达到 10^{-5} Å^{-1} 量级。要注意的是，为了保证中子流强，VSANS 和 USANS 谱仪的准直往往只在一个维度上进行，这导致谱仪不具备良好的二维探测能力。另外，这类谱仪对于样品量的要求也较大。

4.5 中子自旋回波技术原理

复杂流体中溶质粒子的运动，以及高分子系统中的链段的运动，其对应的时间尺度往往可达到 100ns 甚至更大。同时，这些运动对应的空间尺度也往往较大，相应的 Q 值与小角散射的 Q 值范围相当，可达到 10^{-2} Å^{-1} 量级。而传统的非弹性中子散射技术，如飞行时间谱仪技术，其可测量的最长时间尺度约为几纳秒，最小的 Q 值也仅为约 0.2Å^{-1}。可见，为了研究复杂流体和高分子系统的动态特征，需要全新的中子散射技术。中子自旋回波技术因此应运而生。该技术由 Mezei 于 20 世纪 70 年代发明(Mezei，1972)。作为一种非弹性中子散射技术，其原理与传统的飞行时间方法有本质不同：飞行时间方法测量的是能量域的谱，也就是 $S(Q,\omega)$，而自旋回波技术测量的则是时域的关联，即 $F(Q,t)$。这一节将介绍自旋回波技术的物理原理。对物理原理不感兴趣的读者可直接阅读下一节，即该技术的应用。

4.5.1 中子在磁场中的进动

我们首先考虑进动问题。运动粒子的角动量 $\boldsymbol{L}$ 定义如下：

$$\boldsymbol{L}=\boldsymbol{r}\times\boldsymbol{p}$$

式中，$\boldsymbol{r}$ 和 $\boldsymbol{p}$ 分别为粒子的位置和动量。力矩 $\boldsymbol{M}$ 定义为角动量随时间变化的变化率：

$$\boldsymbol{M}=\frac{\mathrm{d}\boldsymbol{L}}{\mathrm{d}t}=\boldsymbol{r}\times\frac{\mathrm{d}\boldsymbol{p}}{\mathrm{d}t}=\boldsymbol{r}\times\boldsymbol{f}$$

其中 $\boldsymbol{f}$ 为粒子所受外力。当研究对象受到非零的外力矩时，其角动量将发生变化。其中，进动是一种常见的角动量在外力矩作用下发生变化的现象。图 4.5.1(a)给出了陀螺进动的示意图。图中的陀螺作逆时针自转，因此具有自旋角动量 $\boldsymbol{L}$。从图中可见，由于受到重力 $m\boldsymbol{g}$ 的作用，陀螺受到一个外力矩 $\boldsymbol{r}\times m\boldsymbol{g}$。该外力矩使得陀螺的角动量 $\boldsymbol{L}$ 产生逆时针的转动，这种运动即称为进动。

由于中子具有磁矩，因此，在磁场的作用下，中子也会产生进动。记中子的自旋为 $\boldsymbol{S}$，则其在磁场中受到的外力矩为

$$\boldsymbol{M}=\boldsymbol{\mu}_{\mathrm{n}}\times\boldsymbol{B}$$

式中，$\boldsymbol{B}$ 为磁感应强度；$\boldsymbol{\mu}_{\mathrm{n}}$ 为中子的磁矩，它与中子自旋的关系为

$$\boldsymbol{\mu}_{\mathrm{n}}=\frac{1}{\hbar}2\gamma\mu_{\mathrm{N}}\boldsymbol{S}$$

式中，γ 为中子的磁旋比(gyromagnetic ratio)，$\gamma=-1.913$；μ_{N} 为核磁子，$\mu_{\mathrm{N}}=5.051\times10^{-27}\mathrm{J}\cdot\mathrm{T}^{-1}$。利用上面两式，可写出中子自旋的运动方程：

$$\frac{\mathrm{d}}{\mathrm{d}t}\boldsymbol{S}=\frac{1}{\hbar}2\gamma\mu_{\mathrm{N}}\boldsymbol{S}\times\boldsymbol{B} \tag{4.5.1}$$

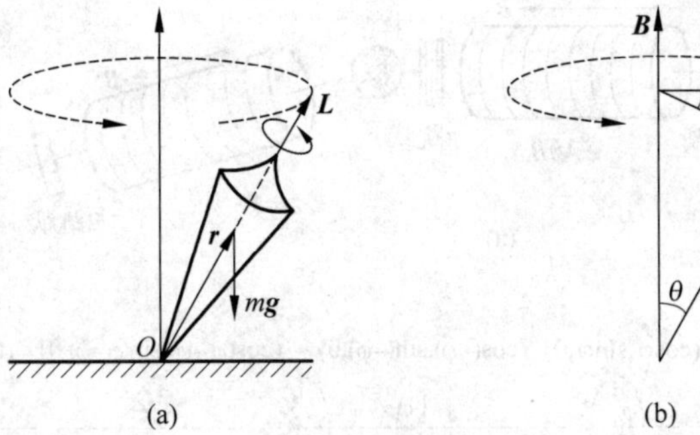

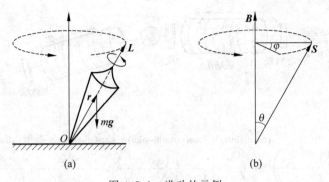

图 4.5.1 进动的示例

(a) 陀螺的进动；(b) 中子自旋在磁场中的进动。二者均为逆时针方向。

由上式可知，中子的自旋在磁场中亦会产生进动，如图 4.5.1(b)所示。由于此处 γ 为负，因此图中的进动方向为逆时针。不难得到，自旋进动的角速度为

$$\omega_{\mathrm{L}}=\frac{\mathrm{d}\varphi}{\mathrm{d}t}=\left|\frac{\mathrm{d}S/\mathrm{d}t}{S\sin\theta}\right|=\frac{1}{\hbar}2|\gamma|\mu_{\mathrm{N}}B \tag{4.5.2}$$

考虑速度为 v 的中子在磁场中的进动。当中子在磁场中的飞行距离为 l 时，其进动角度为

$$\varphi=\omega_{\mathrm{L}}\frac{l}{v}$$

利用式(4.5.2)，并注意到 v 与波长 λ 的关系为 $v=h/m_{\mathrm{n}}\lambda$，上式可写为

$$\varphi=\frac{4\pi|\gamma|\mu_{\mathrm{N}}m_{\mathrm{n}}}{h^2}\lambda Bl \tag{4.5.3}$$

当磁场不均匀时，上式中的 Bl 需用积分代替：$J=\int_0^l B\,\mathrm{d}l$。$J$ 称为磁场路径(field path)。

4.5.2 中子自旋回波技术

1. 基本原理

图 4.5.2(a)给出了一个典型的中子自旋回波谱仪的结构。为讨论方便，我们将中子飞行的方向设为 z 方向。经过准直的中子束首先通过速度选择器，以选定特定波长的入射中子。随后，中子束进入极化器，将中子束的自旋进行极化。经极化后，中子的自旋方向指向 z 方向。极化中子束首先通过一个 $\pi/2$ 跳跃装置，该装置使得中子的自旋方向变化 $\pi/2$。此处，它将中子的自旋方向从 z 方向调整到 x 方向。也就是说，此时中子自旋的方向与中子前进的方向是垂直的。随后，中子进入第一个磁场 B，并开始进动。从第一个磁场出来之后，中子束的进动角度记为 φ。在与样品散射之前，中子束将通过一个 π 跳跃装置，该装置使得中子自旋进动角变号：$\varphi\rightarrow-\varphi$。$\pi/2$ 跳跃和 π 跳跃可通过进动实现，见图 4.5.2(c)、(d)。与样品发生散射之后，散射中子将进入第二个磁场 B'。最后，散射中子束将历经第二次 $\pi/2$ 跳跃，并最终被分析器和探测器接收。为了明确每一个装置的意义，图 4.5.2(b)给出了中子自旋的方向变化的示意图。

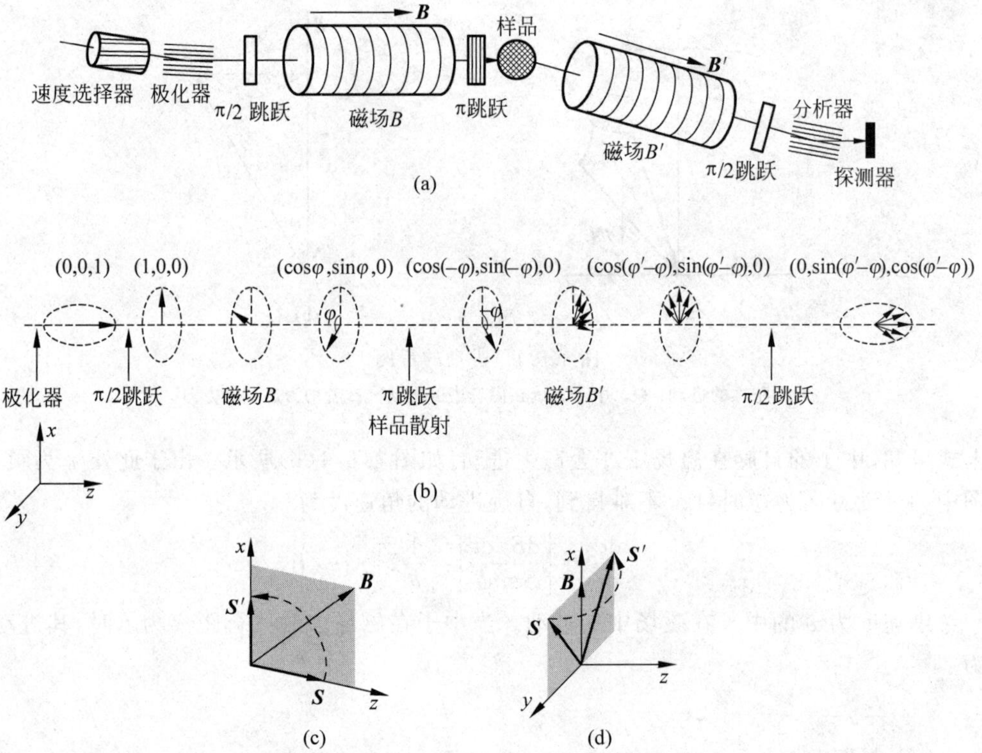

图 4.5.2　中子自旋回波技术原理

(a) 中子自旋回波谱仪示意图。(b) 中子自旋方向变化示意图。φ 表示中子自旋在磁场 B 中的进动角度，φ'表示中子自旋在磁场 B'中的进动角度。表示中子自旋方向的三维矢量的单位为$\hbar/2$。(c)和(d) 分别给出 $\pi/2$ 跳跃和 π 跳跃的实现方法。

图 4.5.2(b)中，φ 和 φ'分别表示中子自旋在磁场 B 和 B'中进动的角度。由式(4.5.3)可知

$$\varphi=\frac{4\pi|\gamma|\mu_{\mathrm{N}}m_{\mathrm{n}}}{h^2}\lambda_{\mathrm{i}}J,\quad \varphi'=\frac{4\pi|\gamma|\mu_{\mathrm{N}}m_{\mathrm{n}}}{h^2}\lambda_{\mathrm{f}}J' \tag{4.5.4}$$

注意，中子的自旋在磁场中的进动可达数千圈，这里提到的进动角度，均为对 2π 取模之后的结果。上式中，λ_{i} 和 λ_{f} 分别表示入射中子和散射中子的波长。由图 4.5.2(b)可知，这一系列操作的最终效果是将中子的自旋方向绕 x 轴转动了 $\varphi'-\varphi$ 角度。容易发现，当两个磁场的情况完全一样时($J=J'$)，若发生弹性散射，则有 $\varphi'-\varphi=0$。这样的情况称为“自旋回波”。注意，自旋回波条件的形成并不依赖于中子的能量。当发生非弹性散射时，会有非零的 $\varphi'-\varphi$：

$$\varphi'-\varphi=\frac{4\pi|\gamma|\mu_{\mathrm{N}}m_{\mathrm{n}}}{h^2}J(\lambda_{\mathrm{f}}-\lambda_{\mathrm{i}})$$

考虑到我们感兴趣的是能量转移非常小的情况(对应于长时间尺度)，此时能量转移可写为

$$\hbar\omega=\Delta E\approx\frac{\partial E}{\partial\lambda}\Delta\lambda=\frac{h^2}{m_{\mathrm{n}}}\frac{1}{\lambda_{\mathrm{i}}^3}(\lambda_{\mathrm{f}}-\lambda_{\mathrm{i}})$$

联立上面两式可得

$$\varphi' - \varphi = \frac{2|\gamma|\mu_N m_n^2 J\lambda_i^3}{h^3}\omega \tag{4.5.5}$$

由上式可见，我们可以通过测定 $\varphi'-\varphi$，从而得到能量转移 ω。上式中 ω 的系数具有时间的量纲，可将其记为 t_{NSE}：

$$t_{NSE} = \frac{2|\gamma|\mu_N m_n^2}{h^3} J\lambda_i^3 \tag{4.5.6}$$

在如图 4.5.2(a)所示装置中，最后经过分析器和探测器，我们得到的是中子在 z 方向上的极化 $P=\frac{2}{\hbar}\langle S_z\rangle$。因此

$$P(Q,t_{NSE}) = \frac{2}{\hbar}\langle S_z\rangle = \langle\cos(\varphi'-\varphi)\rangle = \langle\cos\omega t_{NSE}\rangle$$

ω 的概率分布 $P(\omega)$正比于相应的双微分截面。在中子自旋回波实验中，有 $k_i \approx k_f$，因此有 $P(\omega)\propto S(Q,\omega)$。上式化为

$$P(Q,t_{NSE}) = \frac{\int_{-\infty}^{\infty} S(Q,\omega)\cos(\omega t_{NSE})\mathrm{d}\omega}{\int_{-\infty}^{\infty} S(Q,\omega)\mathrm{d}\omega}$$

考虑到中子自旋回波技术所研究的系统均为温度较高和空间尺度较大的系统，因此，可忽略细致平衡因子的影响，从而可将 $S(Q,\omega)$视为关于 ω 的偶函数，因此上式可写为

$$P(Q,t_{NSE}) = \frac{\int_{-\infty}^{\infty} S(Q,\omega)\exp(\mathrm{i}\omega t_{NSE})\mathrm{d}\omega}{\int_{-\infty}^{\infty} S(Q,\omega)\mathrm{d}\omega} \tag{4.5.7}$$

注意到 $S(Q,\omega)$与中间散射函数 $F(Q,t)$是傅里叶变换的关系，因此上式可写为

$$P(Q,t_{NSE}) = \frac{F(Q,t_{NSE})}{F(Q,0)} \tag{4.5.8}$$

可见，中子自旋回波技术测量的物理量即为 $F(Q,t)$。通过改变磁场或入射中子波长，可选取不同的 t_{NSE} 进行测量。例如选取 $B=B'=2000\text{Gs}$，$l=l'=2\text{m}$，$\lambda_i=10\text{Å}$，则相应的 t_{NSE} 值约为 100ns。

2. 中子自旋回波散射实验

上文中的结论是理想的情况，而实际实验条件会偏离理想情况。例如，入射中子的波长不可能是理想的单色，而是会有一个分布。设该分布为高斯分布：

$$P(\lambda) = \frac{1}{\sqrt{2\pi}\Lambda}\exp\left[-\frac{(\lambda-\lambda_0)^2}{2\Lambda^2}\right]$$

易知 Λ 与分布半高宽 $\Delta\lambda$ 的关系为

$$\Lambda = \frac{\Delta\lambda}{2\sqrt{2\ln 2}} \approx \frac{\Delta\lambda}{2.355}$$

下面考察入射中子波长分布对于 $F(Q,t)$测量的影响。首先注意到 $F(Q,t)$的两个变量均与中子波长 λ 有关：$Q\sim\lambda^{-1}$，$t\sim\lambda^3$。在形式上，我们可以将 $F(Q,t)$在 λ_0 附近展开：

$$F(Q,t)=F(Q_0,t_0)+\left(\Delta Q\frac{\partial}{\partial Q}+\Delta t\frac{\partial}{\partial t}\right)_{\lambda_0}F+\frac{1}{2}\left(\Delta Q\frac{\partial}{\partial Q}+\Delta t\frac{\partial}{\partial t}\right)^2_{\lambda_0}F+\cdots$$

注意到

$$\Delta Q\sim\left(\frac{\partial Q}{\partial\lambda}\right)_{\lambda_0}(\lambda-\lambda_0)\sim -Q_0\frac{\lambda-\lambda_0}{\lambda_0},\quad \Delta t\sim\left(\frac{\partial t}{\partial\lambda}\right)_{\lambda_0}(\lambda-\lambda_0)\sim 3t_0\frac{\lambda-\lambda_0}{\lambda_0}$$

$F(Q,t)$可写为

$$F(Q,t)\sim F(Q_0,t_0)+F_1\frac{\lambda-\lambda_0}{\lambda_0}+F_2\left(\frac{\lambda-\lambda_0}{\lambda_0}\right)^2+\cdots$$

其中

$$F_1=-Q_0\left(\frac{\partial F}{\partial Q}\right)_{\lambda_0}+3t_0\left(\frac{\partial F}{\partial t}\right)_{\lambda_0}$$

$$F_2=\frac{1}{2}\left[Q_0^2\left(\frac{\partial^2 F}{\partial Q^2}\right)_{\lambda_0}+9t_0^2\left(\frac{\partial^2 F}{\partial t^2}\right)_{\lambda_0}-6Q_0t_0\left(\frac{\partial^2 F}{\partial Q\partial t}\right)_{\lambda_0}\right]$$

因此，当考虑到入射中子波长分布之后，测量结果需写为

$$\begin{aligned}P(Q,t)&\approx\frac{1}{F(Q_0,0)}\int F(Q,t)P(\lambda)\mathrm{d}\lambda\\&\approx\frac{1}{F(Q_0,0)}\int \mathrm{d}\lambda P(\lambda)\left[F(Q_0,t_0)+F_1\frac{\lambda-\lambda_0}{\lambda_0}+F_2\left(\frac{\lambda-\lambda_0}{\lambda_0}\right)^2+\cdots\right]\end{aligned}$$

注意，F_1 对应的项在积分后为 0，上式最终化为

$$P(Q,t)\approx\frac{1}{F(Q_0,0)}\left[F(Q_0,t_0)+F_2\left(\frac{\Lambda}{\lambda_0}\right)^2+\cdots\right]$$

在一般的中子自旋回波谱仪中，有 $\Delta\lambda/\lambda\approx 10\%$，这意味着

$$\left(\frac{\Lambda}{\lambda_0}\right)^2\approx 0.002$$

可见，由于入射中子波长分布带来的相对误差低于 1%量级。也就是说，入射中子波长分布对于中子自旋回波谱仪的时间分辨能力的影响是很小的。

对于传统的飞行时间谱仪，其可实现的能量分辨率约为入射中子能量的 1/100。例如，若入射中子能量为 1meV(波长约 9Å)，则能量分辨率最高可达到约 10μeV。制约飞行时间谱仪能量分辨率提高的一个重要因素是入射中子具有波长分布。为了提高能量分辨率，显然需要尽量减小 $\Delta\lambda$。然而，减小 $\Delta\lambda$ 会相应地导致入射中子通量的减小。当能量分辨率与入射中子能量之比已经小于 1%时，再将能量分辨率提升 f 倍，可导致入射中子的通量减小至原来的 $1/f^2$ 甚至更低(Mezei，2002)。背散射技术可进一步将飞行时间谱仪的能量分辨率提高一个量级，达到约 1μeV。这样的能量分辨率对应的时间尺度在数个 ns 量级，仍然无法满足对介观尺度材料动态特性的研究。

中子自旋回波技术巧妙地将能量分辨率(或最长探测时间)与入射中子波长分布解耦合，从而将能量分辨率大幅提升了至少两个量级。法国劳厄-郎之万研究院的 IN15 谱仪是当今最具代表性的中子自旋回波谱仪之一。其最长探测时间可达近 1000ns，对应的能量分辨率为 neV 量级。可测的最小动量转移为 0.01$\mathrm{Å}^{-1}$。中子自旋回波谱仪的发明极大地推动了介观尺度材料(如高分子和胶体分散体)动态特征的研究。

4.6 中子自旋回波技术应用

本节将介绍中子自旋回波技术在胶体溶液和高分子材料研究中的一些典型应用。

4.6.1 胶体系统

胶体溶液中溶质粒子的运动比简单液体中的原子运动要复杂。溶质粒子除可以在溶液中平动之外，还可以作转动。此外，对于树状大分子、蛋白分子和胶束等“软物质”来讲，其分子内部还具有其他形式的运动自由度。这一节将讨论如何利用中子自旋回波技术测量这些运动。

1. 基本方法

由 4.5 节内容可知，中子自旋回波谱仪测量的是样品在时域上的关联：

$$I(\boldsymbol{Q},t)=\frac{1}{V}\left\langle\sum_{j=1}^{N}\sum_{k=1}^{N}b_j b_k \mathrm{e}^{-\mathrm{i}\boldsymbol{Q}\cdot\boldsymbol{r}_j(0)}\mathrm{e}^{\mathrm{i}\boldsymbol{Q}\cdot\boldsymbol{r}_k(t)}\right\rangle=\frac{1}{V}\left\langle\left[\sum_{j=1}^{N}b_j\mathrm{e}^{\mathrm{i}\boldsymbol{Q}\cdot\boldsymbol{r}_j(0)}\right]^*\left[\sum_{k=1}^{N}b_k\mathrm{e}^{\mathrm{i}\boldsymbol{Q}\cdot\boldsymbol{r}_k(t)}\right]\right\rangle \tag{4.6.1}$$

式中，V 为样品体积；N 为样品中的原子总数；$\boldsymbol{r}_k(t)$为原子 k 在 t 时刻的位置；b_k 为原子 k 的散射长度。

胶体系统的中子自旋回波信号为时域上的衰减。其衰减形式一般可用一个指数衰减函数 $\mathrm{e}^{-\Gamma t}$（或稍加修正）来表示。图 4.6.1 给出了胶束系统的中子自旋回波信号。

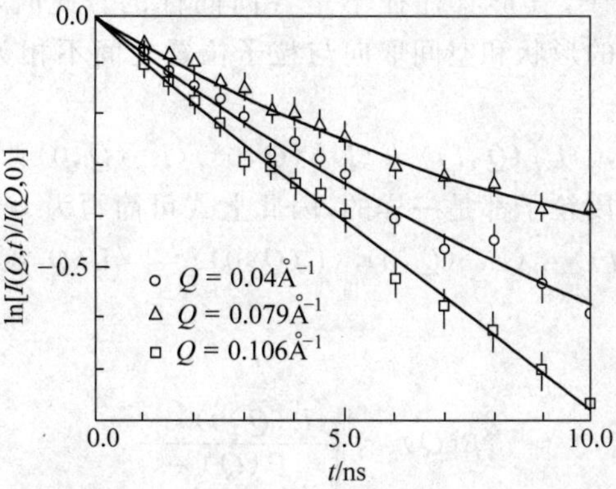

图 4.6.1 Sodium dodecyl sulphate 胶束溶液的中子自旋回波散射谱(Hayter,1981a)

图中，散点为实验数据，实线为利用式(4.6.25)拟合的结果。溶液浓度为 0.4mol/dm^3。

为了进一步明确式(4.6.1)的物理意义，我们采用如图 4.1.1(b)所示的方法分割系统。假设样品中有 N_p 个溶质粒子，则有

$$\sum_{m=1}^{N}b_m\mathrm{e}^{\mathrm{i}\boldsymbol{Q}\cdot\boldsymbol{r}_m(t)}=\sum_{j=1}^{N_\mathrm{p}}\mathrm{e}^{\mathrm{i}\boldsymbol{Q}\cdot\boldsymbol{R}_j(t)}\sum_{k=1}^{N_j}b_{jk}\mathrm{e}^{\mathrm{i}\boldsymbol{Q}\cdot\boldsymbol{X}_k(t)} \tag{4.6.2}$$

式中，$\boldsymbol{R}_j(t)$为溶质粒子 j 的重心在 t 时刻的位置，$\boldsymbol{X}_k(t)$为在 t 时刻，划分 j 中的原子 k 相对于$\boldsymbol{R}_j(t)$的位置，该原子的散射长度记为 b_{jk}。类似于式(4.1.9)，引入如下函数：

$$L_j(\boldsymbol{Q},t)=\int_{\mathrm{particle}\,j}\mathrm{e}^{\mathrm{i}\boldsymbol{Q}\cdot\boldsymbol{r}}\left[\rho_{\mathrm{sld},j}(\boldsymbol{r},t)-\rho_{\mathrm{sld,s}}\right]\mathrm{d}\boldsymbol{r} \tag{4.6.3}$$

式中，$\rho_{\mathrm{sld},j}(\boldsymbol{r},t)$的表达式为

$$\rho_{\mathrm{sld},j}(\boldsymbol{r},t)=\sum_{k=1}^{N_j}b_{jk}\delta[\boldsymbol{r}-\boldsymbol{X}_k(t)]$$

可见

$$L_j(\boldsymbol{Q},t)=\sum_{k=1}^{N_j}b_{jk}\mathrm{e}^{\mathrm{i}\boldsymbol{Q}\cdot\boldsymbol{X}_k(t)}$$

利用 $L_j(\boldsymbol{Q},t)$，可将式(4.6.2)重写为

$$\sum_{m=1}^{N}b_m\mathrm{e}^{\mathrm{i}\boldsymbol{Q}\cdot\boldsymbol{r}_m(t)}=\sum_{j=1}^{N_\mathrm{p}}L_j(\boldsymbol{Q},t)\mathrm{e}^{\mathrm{i}\boldsymbol{Q}\cdot\boldsymbol{R}_j(t)}$$

利用上式，可将式(4.6.1)写为

$$I(\boldsymbol{Q},t)=\frac{1}{V}\left\langle\sum_{j=1}^{N_\mathrm{p}}\sum_{k=1}^{N_\mathrm{p}}L_j^*(\boldsymbol{Q},0)L_k(\boldsymbol{Q},t)\mathrm{e}^{\mathrm{i}\boldsymbol{Q}\cdot[\boldsymbol{R}_k(t)-\boldsymbol{R}_j(0)]}\right\rangle \tag{4.6.4}$$

式中，$L_k(\boldsymbol{Q},t)$表示在 t 时刻，溶质粒子 k 本身的结构、取向和元素分布等性质。为了进一步处理上式，可借鉴处理多分散体系小角散射谱的思路，假设粒子的这些性质与粒子位置之间不相关(Liu,2017)：

$$\begin{aligned}&\langle L_j^*(\boldsymbol{Q},0)L_k(\boldsymbol{Q},t)\mathrm{e}^{\mathrm{i}\boldsymbol{Q}\cdot[\boldsymbol{R}_k(t)-\boldsymbol{R}_j(0)]}\rangle\\&=\langle L_j^*(\boldsymbol{Q},0)L_k(\boldsymbol{Q},t)\rangle\langle\mathrm{e}^{\mathrm{i}\boldsymbol{Q}\cdot[\boldsymbol{R}_k(t)-\boldsymbol{R}_j(0)]}\rangle,\quad j\neq k\end{aligned} \tag{4.6.5}$$

我们考虑单分散体系。此时，$\langle L_j^*(\boldsymbol{Q},0)L_k(\boldsymbol{Q},t)\rangle$中的$\langle\cdots\rangle$表示对溶质粒子的空间取向的平均。当溶质粒子的形状各向同性时，此处并不需要作这样的平均。然而，实际研究中的很多粒子，如蛋白分子，其形状往往不是各向同性的。此时，上述平均是必要的。此外，由于我们假设了粒子的形状和空间取向与粒子位置之间不相关，因此，对于不同的溶质粒子，有

$$\langle L_j^*(\boldsymbol{Q},0)L_k(\boldsymbol{Q},t)\rangle=\langle L_j^*(\boldsymbol{Q},0)\rangle\langle L_k(\boldsymbol{Q},0)\rangle,\quad j\neq k$$

在单分散体系中，所有溶质粒子都是一样的，因此上式可简写为

$$\langle L_j^*(\boldsymbol{Q},0)L_k(\boldsymbol{Q},t)\rangle=\langle L^*(\boldsymbol{Q},0)\rangle\langle L(\boldsymbol{Q},0)\rangle=|\langle L(\boldsymbol{Q},0)\rangle|^2,\quad j\neq k \tag{4.6.6}$$

记

$$\beta(Q)=\frac{|\langle L(\boldsymbol{Q},0)\rangle|^2}{P(Q)} \tag{4.6.7}$$

其中 $P(Q)$为溶质粒子未作归一化的形状因子：

$$P(Q)=\langle|L(\boldsymbol{Q},0)|^2\rangle \tag{4.6.8}$$

根据式(4.6.5)～式(4.6.8)可知有

$$\langle L_j^*(\boldsymbol{Q},0)L_k(\boldsymbol{Q},t)\mathrm{e}^{\mathrm{i}\boldsymbol{Q}\cdot[\boldsymbol{R}_k(t)-\boldsymbol{R}_j(0)]}\rangle=P(Q)\beta(Q)\langle\mathrm{e}^{\mathrm{i}\boldsymbol{Q}\cdot[\boldsymbol{R}_k(t)-\boldsymbol{R}_j(0)]}\rangle,\quad j\neq k \tag{4.6.9}$$

上面的讨论是针对 $j\neq k$ 的情况的。对于 $j=k$ 的部分，在单分散体系中，有

$$\begin{aligned}\frac{1}{V}\left\langle\sum_{j=1}^{N_\mathrm{p}}L_j^*(\boldsymbol{Q},0)L_j(\boldsymbol{Q},t)\mathrm{e}^{\mathrm{i}\boldsymbol{Q}\cdot[\boldsymbol{R}_j(t)-\boldsymbol{R}_j(0)]}\right\rangle&=\frac{N_\mathrm{p}}{V}\left\langle L_j^*(\boldsymbol{Q},0)L_j(\boldsymbol{Q},t)\mathrm{e}^{\mathrm{i}\boldsymbol{Q}\cdot[\boldsymbol{R}_j(t)-\boldsymbol{R}_j(0)]}\right\rangle\\&=\frac{N_\mathrm{p}}{V}P(Q)S_\mathrm{self}(Q,t)\end{aligned}$$

其中

$$S_{\text{self}}(Q,t)=\frac{1}{P(Q)}\langle L_j^*(\boldsymbol{Q},0)L_j(\boldsymbol{Q},t)\mathrm{e}^{\mathrm{i}\boldsymbol{Q}\cdot[\boldsymbol{R}_j(t)-\boldsymbol{R}_j(0)]}\rangle \tag{4.6.10}$$

注意,上式中的下标"j"代表某个参考溶质粒子。由上式可见,$S_{\text{self}}(Q,t)$包含了参考粒子的平动信息,以及各种局域运动的信息。综合上述考虑,得到式(4.6.4)在解耦合近似下的表达式:

$$I(Q,t)=n_{\mathrm{p}}P(Q)S_{\text{self}}(Q,t)+n_{\mathrm{p}}P(Q)\beta(Q)\left\langle\frac{1}{N_{\mathrm{p}}}\sum_{j=1}^{N_{\mathrm{p}}}\sum_{k\neq j}^{N_{\mathrm{p}}}\mathrm{e}^{\mathrm{i}\boldsymbol{Q}\cdot[\boldsymbol{R}_k(t)-\boldsymbol{R}_j(0)]}\right\rangle$$

引入描述胶体粒子平动的中间散射函数:

$$F(Q,t)=\frac{1}{N_{\mathrm{p}}}\left\langle\sum_{j=1}^{N_{\mathrm{p}}}\sum_{k=1}^{N_{\mathrm{p}}}\mathrm{e}^{\mathrm{i}\boldsymbol{Q}\cdot[\boldsymbol{R}_k(t)-\boldsymbol{R}_j(0)]}\right\rangle,\quad F_{\mathrm{s}}(Q,t)=\frac{1}{N_{\mathrm{p}}}\left\langle\sum_{l=1}^{N_{\mathrm{p}}}\mathrm{e}^{\mathrm{i}\boldsymbol{Q}\cdot[\boldsymbol{R}_l(t)-\boldsymbol{R}_j(0)]}\right\rangle$$

结合上面几个式子,可得

$$I(Q,t)=n_{\mathrm{p}}P(Q)\{S_{\text{self}}(Q,t)+\beta(Q)[F(Q,t)-F_{\mathrm{s}}(Q,t)]\} \tag{4.6.11}$$

当 $t=0$ 时,有

$$I(Q,0)=n_{\mathrm{p}}P(Q)\{1+\beta(Q)[S(Q)-1]\} \tag{4.6.12}$$

$S(Q)$为描述胶体粒子位置关联的结构因子。容易发现,上式实际上等同于小角中子散射测量的绝对强度,即式(4.1.55)。

中子自旋回波谱仪测得的结果是在 $t=0$ 处归一化的,即(Liu,2017)

$$\frac{I(Q,t)}{I(Q,0)}=\frac{S_{\text{self}}(Q,t)+\beta(Q)[F(Q,t)-F_{\mathrm{s}}(Q,t)]}{1+\beta(Q)[S(Q)-1]} \tag{4.6.13}$$

上式为下文讨论的基础。

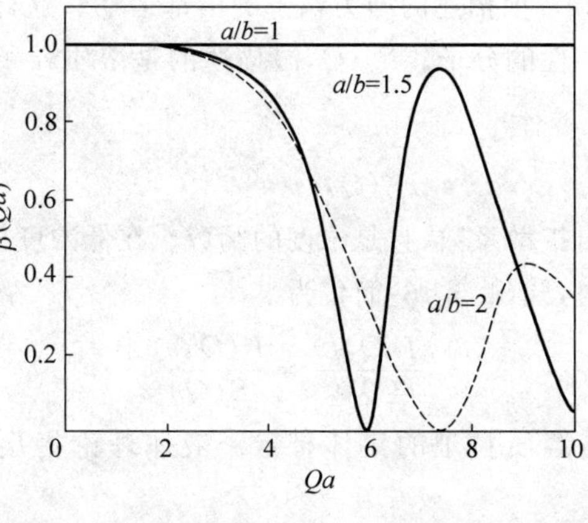

图 4.6.2 溶质粒子为椭球时,$\beta(Q)$的形式,其中 a 为半长轴,b 为半短轴(Kotlarchyk,1983)

在进一步讨论之前,首先需要明确 $\beta(Q)$的函数形式。容易发现,若溶质粒子都相同,且均为各向同性时,$\beta(Q)=1$。原则上讲,只要知道了粒子的形状或密度分布,$\beta(Q)$可以直接计算得到。图 4.6.2 给出了溶质粒子为椭球时的 $\beta(Q)$。此外,由 4.1.5 节内容可知,若溶质粒子存在体积多分散性,也会造成不等于 1 的 $\beta(Q)$。

我们继续讨论单分散系统。在式(4.6.13)中,$F(Q,t)$与 $F_{\mathrm{s}}(Q,t)$两项描述的均为溶质粒子的平动,前者描述粒子的集体运动,后者描述单粒子的运动。$S_{\text{self}}(Q,t)$则包含了溶质粒子的转动和内部运动等局域运动。

在稀溶液极限下，$S(Q)\to 1$，$F(Q,t)\approx F_s(Q,t)$，式(4.6.13)化为

$$\frac{I(Q,t)}{I(Q,0)}\to S_{\text{self}}(Q,t)=\frac{1}{P(Q)}\langle L_j^*(\boldsymbol{Q},0)L_j(\boldsymbol{Q},t)\mathrm{e}^{\mathrm{i}\boldsymbol{Q}\cdot[\boldsymbol{R}_j(t)-\boldsymbol{R}_j(0)]}\rangle \tag{4.6.14}$$

此时，仪器测量的结果仅反映单个溶质粒子的运动，包括其平动、转动以及内部运动，而无溶质粒子的集体运动。若溶质粒子无内部运动，则上式简化为$\langle \mathrm{e}^{\mathrm{i}\boldsymbol{Q}\cdot[\boldsymbol{R}_j(t)-\boldsymbol{R}_j(0)]}\rangle$。此时，仪器测量的结果反映的是稀溶液中溶质粒子的自扩散，其中间散射函数可由指数衰减的形式表示：

$$\langle \mathrm{e}^{\mathrm{i}\boldsymbol{Q}\cdot[\boldsymbol{R}_j(t)-\boldsymbol{R}_j(0)]}\rangle=F_s(Q,t)=\mathrm{e}^{-D_0Q^2t} \tag{4.6.15}$$

式中，D_0 为溶质粒子在稀溶液极限下的扩散系数。它是溶质粒子作布朗运动的直接反映。下文中，我们的讨论将涉及高浓度的样品。

2. 溶质粒子各向同性

溶质粒子的密度分布各向同性时，有 $\beta(Q)=1$。此时式(4.6.13)简化为

$$\begin{aligned}\frac{I(Q,t)}{I(Q,0)}&=\frac{S_{\text{self}}(Q,t)+F(Q,t)-F_s(Q,t)}{S(Q)}\\&=\frac{1}{S(Q)}\left[\frac{\langle L_j^*(\boldsymbol{Q},0)L_j(\boldsymbol{Q},t)\rangle}{P(Q)}\langle \mathrm{e}^{\mathrm{i}\boldsymbol{Q}\cdot[\boldsymbol{R}_j(t)-\boldsymbol{R}_j(0)]}\rangle+F(Q,t)-F_s(Q,t)\right]\\&=\frac{1}{S(Q)}\left[\frac{\langle L_j^*(\boldsymbol{Q},0)L_j(\boldsymbol{Q},t)\rangle}{P(Q)}F_s(Q,t)+F(Q,t)-F_s(Q,t)\right]\end{aligned} \tag{4.6.16}$$

由于粒子的密度及密度涨落均为各向同性，因此粒子的转动对散射信号没有贡献。上式中的$\langle L_j^*(\boldsymbol{Q},0)L_j(\boldsymbol{Q},t)\rangle$项描述的即为粒子的内部运动。这样的内部运动是径向的，适用于胶束分子这类各向同性的分子。$F_s(Q,t)$描述的是溶质粒子的自扩散运动，在时间尺度较长时有如下形式：

$$F_s(Q,t)=\mathrm{e}^{-D_sQ^2t} \tag{4.6.17}$$

式中，D_s 为溶质粒子的自扩散系数，它是浓度的函数。在低浓度极限时，D_s 趋于 D_0。

当粒子无内部运动时，式(4.6.16)简化为

$$\frac{I(Q,t)}{I(Q,0)}=\frac{F(Q,t)}{S(Q)} \tag{4.6.18}$$

此时，散射信号反映的是溶质粒子的集体扩散。液体理论指出，$F(Q,t)$具有如下形式(Nägele，1996)：

$$\frac{F(Q,t)}{S(Q)}=\exp\left[-D_0Q^2\frac{H(Q)}{S(Q)}t\right] \tag{4.6.19}$$

式中，$H(Q)$称为流体动力学函数(hydrodynamic function)，用于描述溶剂流动对于溶质粒子运动的影响。

3. 高 Q 极限

由图 4.6.2 可知，对于粒子各向异性的系统，当 Q 值较大时，适当选取 Q 值，可使得 $\beta(Q)=0$。实际上，对于这类系统，只要 Q 值足够大，$\beta(Q)$的值总会趋近于 0。此时，式(4.6.13)简化为

$$\frac{I(Q,t)}{I(Q,0)}=S_{\mathrm{self}}(Q,t)=\frac{1}{P(Q)}\langle L_j^*(\boldsymbol{Q},0)L_j(\boldsymbol{Q},t)\mathrm{e}^{\mathrm{i}\boldsymbol{Q}\cdot[\boldsymbol{R}_j(t)-\boldsymbol{R}_j(0)]}\rangle \tag{4.6.20}$$

可见，散射信号中不包含粒子集体运动的贡献。若进一步假设参考粒子的内部运动与其所处位置无关，则可得

$$\frac{I(Q,t)}{I(Q,0)}=\frac{\langle L_j^*(\boldsymbol{Q},0)L_j(\boldsymbol{Q},t)\rangle}{P(Q)}F_{\mathrm{s}}(Q,t) \tag{4.6.21}$$

此时，表达式包含了描述粒子内部运动的项$\langle L_j^*(\boldsymbol{Q},0)L_j(\boldsymbol{Q},t)\rangle$。在知道单粒子的自扩散信息之后，就可以利用上式计算粒子内部的运动。

对于粒子各向同性的系统，总有$\beta(Q)=1$。同时，注意到高Q极限下，有$S(Q)\to 1$，且$F(Q,t)\to F_{\mathrm{s}}(Q,t)$（见式(3.3.27)），因此，式(4.6.13)化为

$$\frac{I(Q,t)}{I(Q,0)}=S_{\mathrm{self}}(Q,t)$$

得到了与式(4.6.20)相同的结果。若粒子无内部运动，则上式和式(4.6.21)化为

$$\frac{I(Q,t)}{I(Q,0)}=F_{\mathrm{s}}(Q,t)=\mathrm{e}^{-D_{\mathrm{s}}Q^2t} \tag{4.6.22}$$

此时，信号反映的是粒子的自扩散运动。

4. 低Q极限

当Q值很小时，$\beta(Q)\to 1$，式(4.6.13)化为

$$\frac{I(Q,t)}{I(Q,0)}=\frac{S_{\mathrm{self}}(Q,t)+F(Q,t)-F_{\mathrm{s}}(Q,t)}{S(Q)}$$

同时，注意到

$$\lim_{Q\to 0}S_{\mathrm{self}}(Q,t)=F_{\mathrm{s}}(Q,t)\lim_{Q\to 0}\frac{\langle L_j^*(\boldsymbol{Q},0)L_j(\boldsymbol{Q},t)\rangle}{P(Q)}\approx F_{\mathrm{s}}(Q,t)$$

实际上，由于粒子转动和内部运动所涉及的空间尺度较小，在低Q极限下（对应于大尺度极限），这类运动不应显著贡献散射信号。因此，$I(Q,t)$可化为

$$\frac{I(Q,t)}{I(Q,0)}=\frac{F(Q,t)}{S(Q)} \tag{4.6.23}$$

此时信号反映的是溶质粒子的集体运动，一般可用扩散方程描述：

$$\frac{F(Q,t)}{S(Q)}=\exp[-D_{\mathrm{T}}(Q)Q^2t]=\exp\left[-D_0Q^2\frac{H(Q)}{S(Q)}t\right] \tag{4.6.24}$$

若信号中包含其他运动自由度的贡献，或者粒子的扩散行为有畸变，可在形式上将上式推广到时间的更高阶项(Hayter，1981a)：

$$\frac{F(Q,t)}{S(Q)}=\exp[-D_{\mathrm{T}}(Q)Q^2t-C_2(Q)t^2+\cdots] \tag{4.6.25}$$

图4.6.2展示了利用上式拟合中子自旋回波散射实验数据的结果。

需要指出的是，在有限浓度的胶体溶液中，胶体粒子存在两种自扩散过程：短时间自扩散和长时间自扩散。短时间自扩散是指胶体粒子由于溶剂小分子的随机热运动而产生的自扩散运动，又称为布朗运动(Brownian motion)。在较长的时间尺度上，胶体粒子还可以“冲破”由其相邻的胶体粒子组成的“笼子”，从而扩散到远离原平衡位置的地方。这即为长时间自扩散。这两类过程分别由短时间自扩散系数和长时间自扩散系数描述。当溶液浓

度很低时，这两个自扩散系数没有分别。随着溶液浓度的提高，两类过程的特征时间往往都会增长，相应的自扩散系数减小。但长时间自扩散运动的时间尺度增长得更为迅速。若溶液处于过冷状态，长时间自扩散的特征时间将比短时间自扩散大数十倍甚至更高。这将导致中子自旋回波谱仪也无法测量到这类长时间过程。此时，长时间自扩散系数需要借助动态光散射或者核磁共振等其他手段才有可能测量。

4.6.2 高分子

这一节介绍中子自旋回波技术在高分子物理中的一些应用。与4.2节类似，这一节我们将讨论高分子熔体。

高分子作为整体，其空间尺度在介观量级，往往可达到100nm甚至更大。而其组成单体的空间尺度则在0.1nm量级。这种空间尺度上的巨大差异，必然会导致其各种运动在时间尺度上的巨大差别。最局域的运动，如甲基的转动，其周期小于1ps，而整链发生显著移动的特征时间则可能达到宏观时间量级。

在这一节中，将介绍两个重要的表征高分子链动态的物理量，以及如何利用中子自旋回波谱仪进行测量。

首先介绍高分子链的动态对关联函数(dynamic pair-correlation function)。记一个高分子链的单体数为 z，其动态对关联函数定义为

$$P(Q,t)=\frac{1}{z^2}\left\langle \sum_{j=1}^{z}\sum_{k=1}^{z} e^{iQ\cdot[r_j(t)-r_k(0)]}\right\rangle \tag{4.6.26}$$

式中，$\boldsymbol{r}_j(t)$表示单体 j 在 t 时刻的位置。容易发现有

$$P(Q,0)=P(Q)$$

$P(Q)$即为高分子链的形状因子，其定义由式(4.2.12)给出。$P(Q,t)$描述的是一个高分子链中单体的集体运动，它对应于简单液体或胶体悬浮液的中间散射函数。为了利用中子自旋回波技术测量高分子熔体的 $P(Q,t)$，需要对样品进行化学上的处理。在4.2节中我们曾证明，如果对高分子熔体中的一部分高分子链进行氘化，则小角中子散射给出的信号即正比于 $P(Q)$(见式(4.2.16))：

$$I(Q)=n_c(b_D-b_H)^2z^2x(1-x)P(Q)$$

式中，n_c 为样品中高分子链的数密度，x 为氘化高分子链所占比例，b_H 和 b_D 分别为普通单体与氘化单体的相干散射长度。考虑到中子自旋回波与小角中子散射在思路上的相似性，我们猜测，可以通过同样的化学处理，以实现对于 $P(Q,t)$的测量。实际上的确有这样的结论：

$$I(Q,t)=n_c(b_D-b_H)^2z^2x(1-x)P(Q,t) \tag{4.6.27}$$

上式的证明与式(4.2.16)的证明类似，这里不再赘述。由上式可知，对于这类样品，中子自旋回波得到的信号即为

$$\frac{I(Q,t)}{I(Q)}=\frac{P(Q,t)}{P(Q)} \tag{4.6.28}$$

另一个重要的描述高分子运动的物理量是动态自关联函数(dynamic self-correlation function)，其定义如下：

$$P_s(Q,t)=\frac{1}{z}\left\langle \sum_{j=1}^{z} e^{iQ\cdot[\boldsymbol{r}_j(t)-\boldsymbol{r}_j(0)]} \right\rangle \tag{4.6.29}$$

$P_s(Q,t)$描述的是一个单体的运动。由第2章的讨论可知,自运动由非相干散射信号反映。当样品中含有较多H原子时,由于H原子巨大的非相干散射截面,最后得到的中子散射信号主要由H原子的非相干散射信号所占据。这一特征也常被用于利用准弹性或非弹性散射研究含氢材料的动态特征。然而在中子自旋回波技术中,中子是高度极化的,这导致该技术很难测量非相干散射信号。因此,要测量$P_s(Q,t)$,也需要对高分子样品进行化学处理。具体方法如下:在氘化高分子链上面随机地"标记"一些氢化的单体或者短的单体序列。若不考虑单体之间的拓扑连接,这样处理的效果即为在氘化单体的"溶剂"中"漂浮"着浓度很低的氢化"溶质分子"。因此,中子测量到的信号即为这些氢化单体(或短序列)的集体运动信号。但由于这些氢化单元浓度较低,且取向和运动几乎不相关,因此,它们之间可以被认为没有关联,最后得到的信号反映的是单体的自运动。

在4.2.2节中曾指出,当高分子链的分子量增加到一定程度时,链和链之间会发生拓扑缠结(见图4.2.5(a))。由于缠结,高分子链的侧向移动被限制,但沿着自身方向的运动仍然是自由的。因此,可以合理地假设高分子链被限制在一个虚拟的管道之中,如图4.2.5(b)所示。

"管道"是有一定宽度的,因此,在短时间尺度上,高分子链的运动并不会显著受到管道存在的影响,而可以自由地作扩散运动。这样的运动称为Rouse运动(Rouse,1953)。理论指出,Rouse运动中,单体的均方位移为(Doi,1986)

$$\langle [\Delta R(t)]^2 \rangle = 2b\sqrt{\frac{3k_B T}{\pi\xi}t} \tag{4.6.30}$$

式中,b表示高分子链中一个结构单元的长度,ξ为单体在局域空间的摩擦系数。

由式(3.2.27)和式(3.2.28)可知,在高斯近似下,有

$$P_s(Q,t)=\exp\left[-\frac{1}{6}Q^2\langle [\Delta R(t)]^2 \rangle\right]$$

联立上面两式,可得Rouse运动中单体的$P_s(Q,t)$为

$$P_s(Q,t)=\exp\left[-Q^2 b\sqrt{\frac{k_B T}{3\pi\xi}t}\right] \tag{4.6.31}$$

由上式可见,Rouse理论预测:若采用约化变量$Q^2 b\sqrt{\frac{k_B T}{3\pi\xi}t}$做自变量,并将$P_s(Q,t)$用对数坐标表示,则不同$Q$值测得的结果将归化到一条线性的叠合曲线上。图4.6.3(a)给出了熔融状态下的PDMS高分子的$P_s(Q,t)$的中子自旋回波测量结果。可见实验与理论预测符合得很好。图4.6.3(b)给出了$P(Q,t)$的实验结果。$P(Q,t)$表达式的理论计算较为复杂。但从图中可见,不同Q值测得的结果仍然可以归化到一条叠合曲线。这意味着Rouse模型很好地描述了相关的高分子的运动。

需要特别指出的是,对于高分子量的高分子熔体,Rouse理论一般仅适于描述时间尺度很短的运动特征。而图4.6.3所示结果显示在更长的时间尺度上,Rouse理论仍然适用。这种情况仅是个例,原因在于所选样品的ξ很小,且链非常柔软。一般而言,当分子量足够大时,拓扑缠结的出现导致链的运动不再自由,而是强烈地被缠结影响,因此Rouse理论不

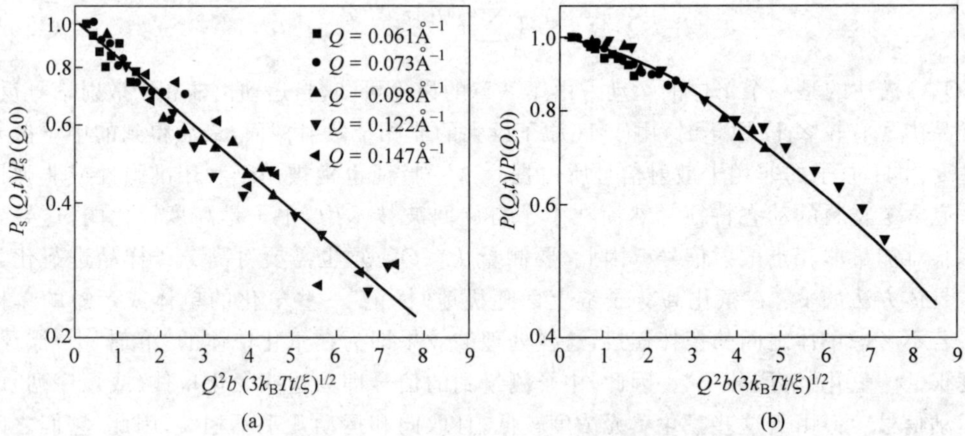

图 4.6.3 PDMS 高分子熔体在 100℃ 下的中子自旋回波散射实验结果(Richter,1989)

(a) $P_s(Q,t)$的测量结果,样品分子量为10^5;(b) $P(Q,t)$的测量结果,样品分子量为 1.5×10^5

其中点为实验数据,实线为 Rouse 理论预测结果

再适用。根据管道模型,由于虚拟管道的限制,高分子链将沿着管道方向作蛇行运动。通过蛇行运动,高分子链的构象仍然可以实现松弛,但松弛时间 τ_d 远大于 Rouse 运动的特征时间 τ_R。对于分子量为 10^5 量级的高分子熔体,τ_d 比 τ_R 大至少一个量级。一般而言,τ_d 超出了中子散射的测量范围,这也意味着如果管道模型成立,那么 $P(Q,t)$将不会一直连续地衰减,而是会先衰减到一个平台值并保持很长时间。理论指出,管道模型中,$P(Q,t)$具有如下形式(de Gennes,1981):

$$\frac{P(Q,t)}{P(Q,0)}=\left[1-\mathrm{e}^{-\left(\frac{Qd}{6}\right)^2}\right]\mathrm{e}^{\frac{k_BTb^2Q^4t}{12}}\operatorname{erfc}\sqrt{\frac{k_BTb^2Q^4t}{12}}+\mathrm{e}^{-\left(\frac{Qd}{6}\right)^2}\frac{8}{\pi^2}\sum_{p=1,3,\cdots}^{\infty}\frac{1}{p^2}\mathrm{e}^{-\frac{p^2t}{\tau_d}} \tag{4.6.32}$$

式中,d 为管道直径。上式的正确性得到了中子自旋回波实验的验证(Richter,1990;Schleger,1998),部分实验结果见图 4.6.4。

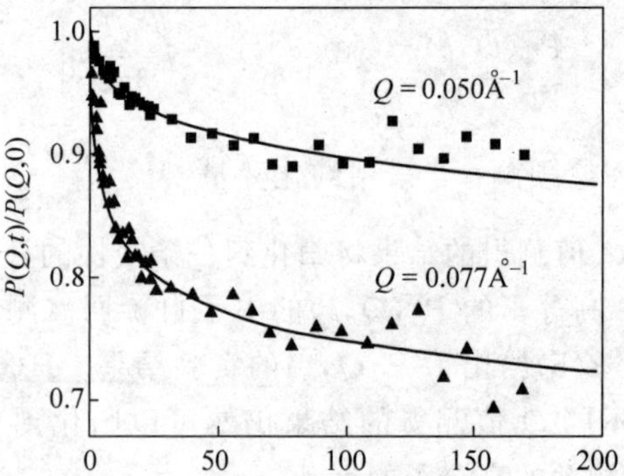

图 4.6.4 聚乙烯高分子熔体在 509℃ 下的中子自旋回波散射实验结果(Schleger,1998)

图中,点为实验测得的 $P(Q,t)$,实线为利用管道模型式(4.6.32)的拟合结果,

拟合得到的管道直径约为 46Å。样品分子量为 3.6×10^4。

第 5 章

中子在固体中的散射

本章将介绍中子散射技术在固体研究中的基本应用。在自然界中，相当一部分的固态物质内部的原子排列都有长程周期性，这类物质称为晶体。中子散射技术的开端即 Mitchell 等人利用中子进行晶体衍射实验(Mitchell, 1936)。与第 3 章介绍液体中的应用类似，本章也将分别介绍相干散射和非相干散射在固体研究中的应用。其中相干散射可用于测定晶体结构和原子的集体振动(声子)，而非相干散射则可用于测定原子集体振动激发态的态密度。本章的内容将从介绍晶体结构开始。

5.1 晶体结构

5.1.1 基本概念

1. 布拉菲点阵

描述晶体结构的基本概念是布拉菲点阵(Bravais lattice)。在三维布拉菲点阵中，任意一个阵点的位置 $\boldsymbol{R}$ 均可由下式表示：

$$\boldsymbol{R}=n_1\boldsymbol{a}_1+n_2\boldsymbol{a}_2+n_3\boldsymbol{a}_3 \tag{5.1.1}$$

式中，$\boldsymbol{a}_1$、$\boldsymbol{a}_2$ 和 $\boldsymbol{a}_3$ 是三个不共面的矢量，被称为初基矢量(primitive vector)；n_1、n_2 和 n_3 为三个整数，其取值范围为正负无穷。图 5.1.1(a)给出了一个二维布拉菲点阵的例子；图 5.1.1(b)给出了一个三维布拉菲点阵的例子。注意，对于一个确定的点阵，初基矢量的取法可以不止一种。

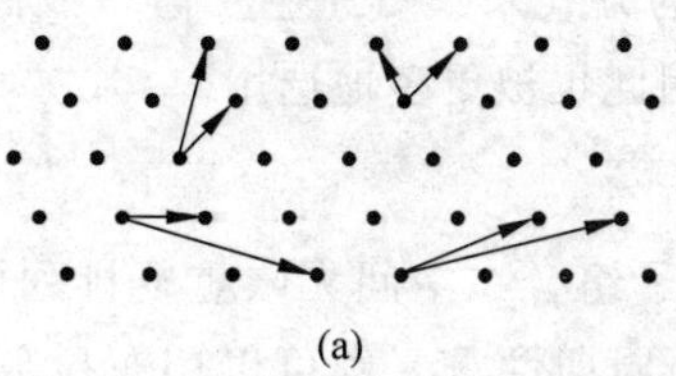
(a)

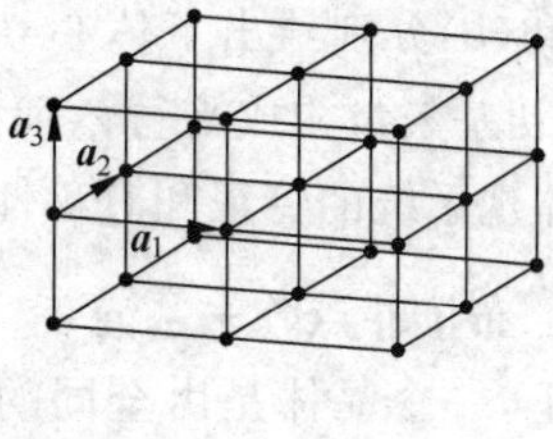

(b)

图 5.1.1 布拉菲点阵示例

(a) 一个二维布拉菲点阵的例子，其中用箭头标出了几种不同的初基矢量的取法；

(b) 一个三维布拉菲点阵的例子，其中 $\boldsymbol{a}_1$、$\boldsymbol{a}_2$ 和 $\boldsymbol{a}_3$ 是一组初基矢量

由上述定义可知，布拉菲点阵中的任意两点之间的位移，均可以写为 $n_1\boldsymbol{a}_1+n_2\boldsymbol{a}_2+n_3\boldsymbol{a}_3$ 的形式，我们称两个阵点之间的位移为平移矢量(translation vector)。

由初基矢量 $\boldsymbol{a}_1$、$\boldsymbol{a}_2$ 和 $\boldsymbol{a}_3$ 所确定的平行六面体构成了原胞(primitive cell)。原胞还可以有其他的获取方式，图 5.1.2(a)～(c)给出了几种二维布拉菲点阵中原胞的取法。一种常见的原胞是魏格纳-赛兹(Wigner-Seitz)原胞，图 5.1.2(d)给出了其示意图。

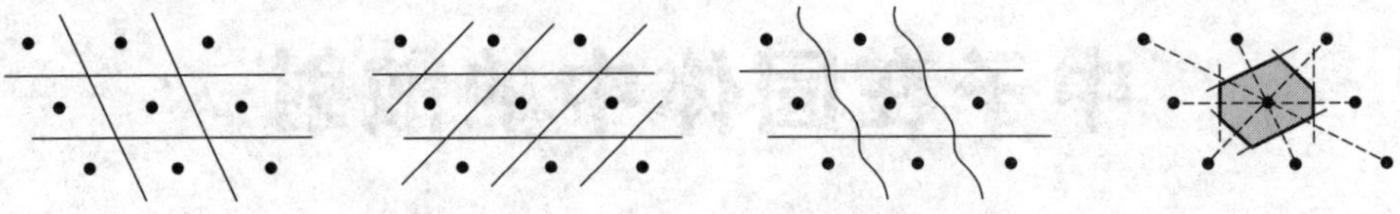

图 5.1.2　几种原胞的取法

(a)和(b)所示的原胞均为利用初基矢量确定的平行四边形；(d)为魏格纳-赛兹原胞，其取法如下：① 先将一个阵点与其所有相邻阵点用直线连接；②在这些连接线的中点作垂线或垂面。以这种方式围成的最小的面积或体积即为魏格纳-赛兹原胞

利用矢量分析易知，三维布拉菲点阵的原胞的体积 v_0 为

$$v_0=|\boldsymbol{a}_1\cdot(\boldsymbol{a}_2\times\boldsymbol{a}_3)| \tag{5.1.2}$$

容易发现，在一个布拉菲点阵中，原胞的数量与阵点的数量是相等的。这也意味着每个原胞仅含有一个阵点。

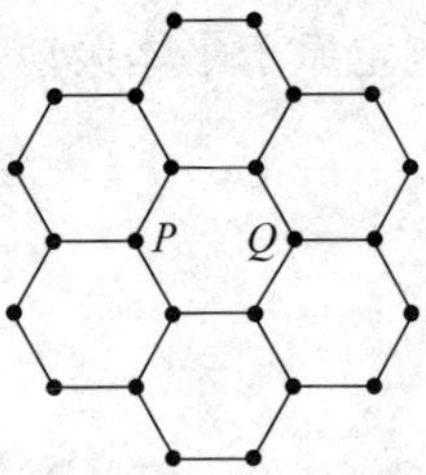

图 5.1.3　图中的二维点阵不是布拉菲点阵，因为 P 点周围的环境与 Q 点周围的环境不同

布拉菲点阵还有一种定义，即在任意的阵点观察周围环境，得到的观察结果均相同。这一定义在很多时候很方便用来判定一个点阵是否为布拉菲点阵。例如在图 5.1.3 中，P 点周围的环境与 Q 点周围的环境显然是不同的，因此该点阵不是布拉菲点阵。

最简单的三维布拉菲点阵是简单立方(simple cubic)点阵。除此之外，体心立方(body-centered cubic)点阵和面心立方(face-centered cubic)点阵也是常见的三维布拉菲点阵。图 5.1.4(a)～(c)给出了三者的局域结构，同时给出了初基矢量。

图 5.1.4 所示的三种局域结构做周期性的堆砌即可形成布拉菲点阵。但要注意的是，图 5.1.4(b)和(c)两个示意图中的阵胞不是原胞，因为每个阵胞中含有不止一个阵点。这种类型的阵胞称为惯用阵胞(conventional cell)，使用惯用阵胞往往可以更清晰地描述点阵的局域结构和对称性。例如在这两个例子中，阵胞清晰地反映出点阵的立方对称性。

图 5.1.5(a)和(b)分别给出了体心立方点阵和面心立方点阵的魏格纳-赛兹原胞。实际上，也可以利用初基矢量构成平行六面体的方式来获得原胞。但一般而言，魏格纳-赛兹原胞可以更好地体现系统的特征和对称性，因此也被更多地选用。

2. 晶体结构：布拉菲点阵＋基元

在理想情况下，一个晶体是由全同的原子组合在空间无限重复排列而构成的，这样的原子组合称为基元(basis)。基元在空间中的周期性重复则可以用布拉菲点阵来描写。因此，我们可以认为晶体结构由布拉菲点阵和基元构成。图 5.1.6 给出了一个二维布拉菲点阵以及两种相应的二维晶体结构。当基元数为 1 时，晶体称为布拉菲晶体。

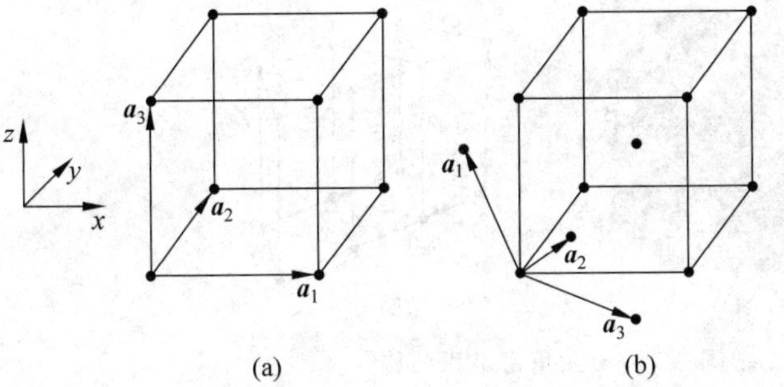

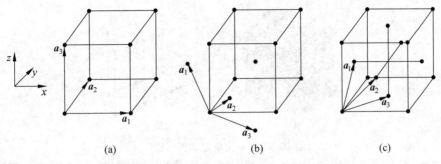

图 5.1.4　三种常见的三维布拉菲点阵的局域结构

(a) 简单立方点阵；(b) 体心立方点阵；(c) 面心立方点阵。记图中阵胞的边长为 a，则(a)中简单立方点阵的初基矢量分别为：$\boldsymbol{a}_1 = a\hat{x}, \boldsymbol{a}_2 = a\hat{y}, \boldsymbol{a}_3 = a\hat{z}$；(b)中体心立方点阵的初基矢量为：$\boldsymbol{a}_1 = \frac{a}{2}(-\hat{x}+\hat{y}+\hat{z})$，$\boldsymbol{a}_2 = \frac{a}{2}(\hat{x}-\hat{y}+\hat{z}), \boldsymbol{a}_3 = \frac{a}{2}(\hat{x}+\hat{y}-\hat{z})$；(c)中面心立方点阵的初基矢量为：$\boldsymbol{a}_1 = \frac{a}{2}(\hat{y}+\hat{z}), \boldsymbol{a}_2 = \frac{a}{2}(\hat{x}+\hat{z}), \boldsymbol{a}_3 = \frac{a}{2}(\hat{x}+\hat{y})$。

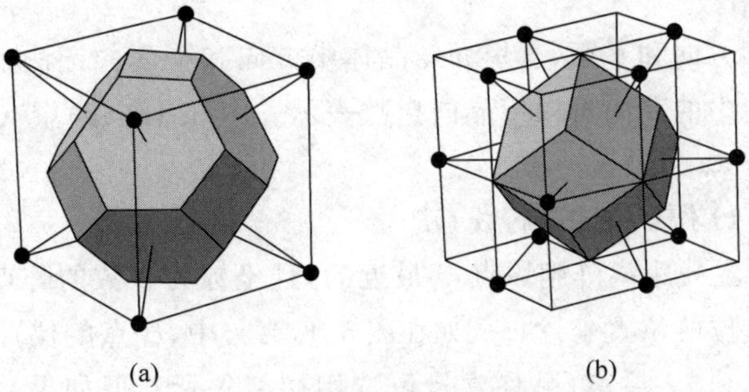

图 5.1.5　两个三维魏格纳-赛兹原胞的例子

(a) 体心立方点阵的魏格纳-赛兹原胞，原胞的体积为惯用阵胞体积的一半；
(b) 面心立方点阵的魏格纳-赛兹原胞，原胞的体积为惯用阵胞体积的 1/4

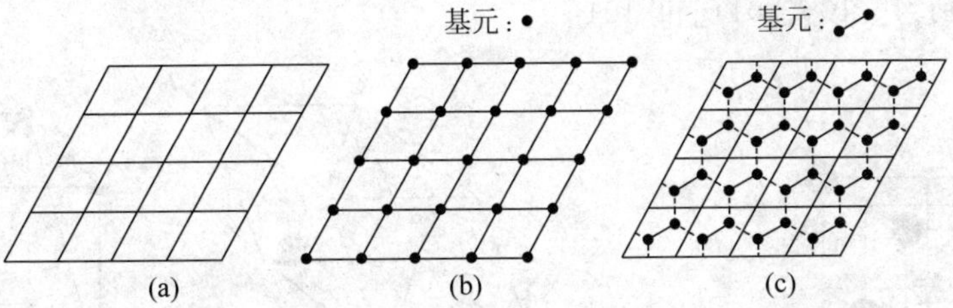

图 5.1.6　晶体结构的构成

(a)为一个二维布拉菲点阵；在图(b)中，基元为一个原子，形成的晶体称为布拉菲晶体。在图(c)中，基元为两个原子，形成了非布拉菲晶体。可见，晶体结构可以由布拉菲点阵加上基元来描写。

六角密堆积(hexagonal close-packed)结构是自然界中一种很常见的三维非布拉菲晶体结构。图 5.1.7 给出了其微观结构和相应的布拉菲点阵。

化学成分的不同也可以导致非布拉菲晶体的产生，一个典型的例子即 NaCl 晶体。图 5.1.8 给出了 NaCl 晶体的局域结构。NaCl 晶体对应的布拉菲点阵为面心立方。两个

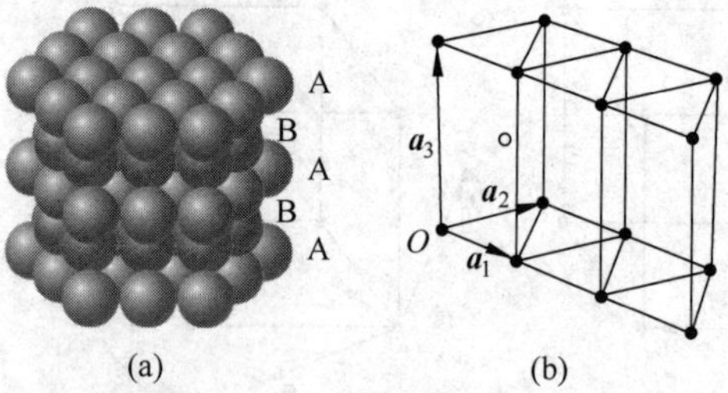

图 5.1.7 六角密堆积结构

(a) 六角密堆积结构示意图。注意，该结构中，周围环境相同的原子不会同时出现在 A 层或者 B 层中，因此不是布拉菲晶体。(b) 该结构的布拉菲点阵以及初基矢量。三个初基矢量的长度满足 $|\boldsymbol{a}_1|=|\boldsymbol{a}_2|=\frac{\sqrt{6}}{4}|\boldsymbol{a}_3|$。基元有两个，其中一个位于原点 O，另一个在 $\frac{1}{3}(\boldsymbol{a}_1+\boldsymbol{a}_2)+\frac{1}{2}\boldsymbol{a}_3$ 处(由一个空心圆标出)。

基元分别位于 $\mathbf{0}$ 和 $\frac{a}{2}(\hat{\boldsymbol{x}}+\hat{\boldsymbol{y}}+\hat{\boldsymbol{z}})$，其中 a 为惯用立方晶胞的边长。

3. 晶向和晶面指数

在晶体中有各种方向和平面，这里介绍晶体中方向和平面的记法。晶体中平移矢量的方向称为晶向。晶胞中的晶向可以用晶向指数表示。图 5.1.9(a)中，CP 方向的晶向指数的确定方法如下：

(1) 过晶胞原点 O 作 CP 的平行线 OP'。

(2) 在直线 OP' 上找距离阵胞原点 O 最近的，且坐标为整数的阵点。这里的坐标是指阵点以晶格常量为单位的位置坐标。例如在图 5.1.9(a)中，B 点的位置为 $1\cdot\boldsymbol{a}_1+1\cdot\boldsymbol{a}_2+0\cdot\boldsymbol{a}_3$，则其坐标为 1,1,0。注意，晶格常量可选用初基矢量。但如果系统具有简单立方对称性，如面心立方和体心立方晶体，则可以选用惯用晶胞的基矢量来作为晶格常量。

(3) 将(2)中得到的坐标写在一起，并加上方括号，即得到 CP 方向的晶向指数[110]。注意，若坐标为负数，则需用上画线标出。例如在图 5.1.9(b)中，三个方向 AB、BC 和 CA，其晶向指数分别为$[\bar{1}10]$、$[0\bar{1}1]$和$[10\bar{1}]$。

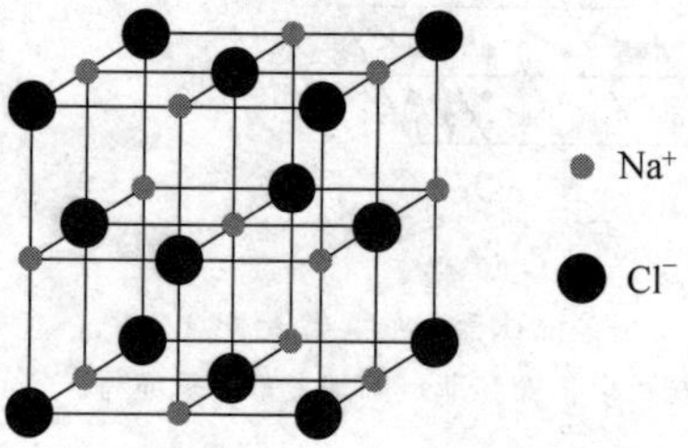

图 5.1.8 NaCl 晶体的惯用晶胞

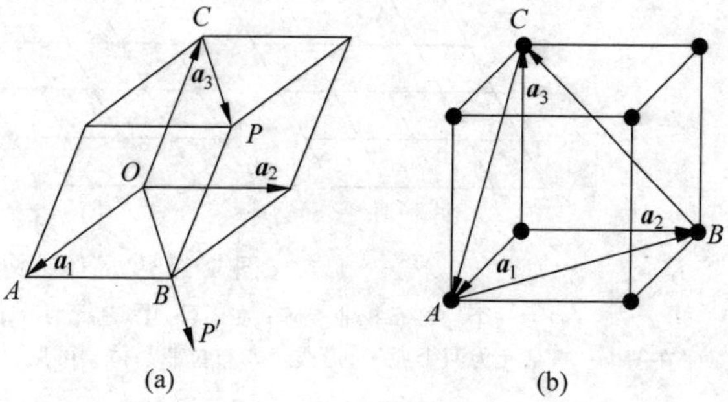

图 5.1.9 晶向指数

下面介绍晶体中的平面。晶体学中常用的平面是特定的阵点面，称为晶面。图 5.1.10 给出了简单立方晶体中的两种不同方向的晶面取法。由于布拉菲点阵的周期性，对于某一个晶面，必然存在与之平行的无数个晶面，且这些晶面包含了所有阵点。我们将这样相互等距、平行,且包含了布拉菲点阵中所有阵点的晶面的集合称为晶面族。图 5.1.10 中的两个例子即不同的两族晶面。

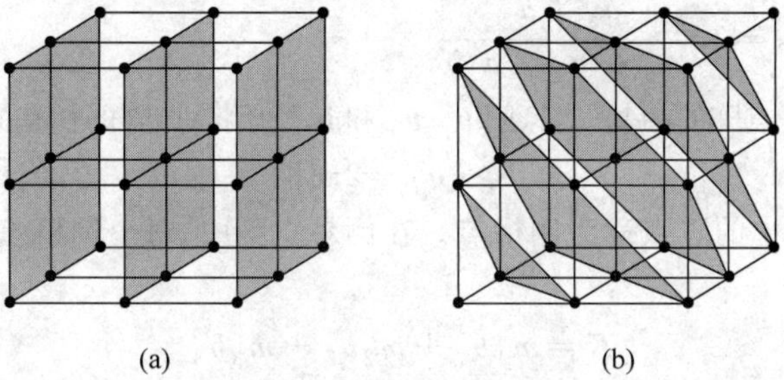

图 5.1.10 简单立方点阵中两种不同方向的晶面族

晶面或晶面族的方向也用一组数来表示,称为晶面指数。下面以图 5.1.11(a)中的 ABC 面为例,给出晶面指数的确定方法:

(1) 找出平面在三个坐标轴上的截距,截距的长度以三个基矢量为单位。例如图 5.1.11(a)中 ABC 面的截距分别为 3、2 和 2。这里基矢量可以选取点阵的初基矢量。但对于有简单立方对称性的点阵,如面心点阵和体心点阵,往往选取其惯用晶胞的基矢量,这样更加直观。

(2) 取截距的倒数 1/3、1/2、1/2,并将其化为互质的最小整数 2、3、3。

(3) 将(2)中得到的数组加上圆括号,即为晶面指数(233),又称为米勒(Miller)指数。负数仍然用上画线表示。

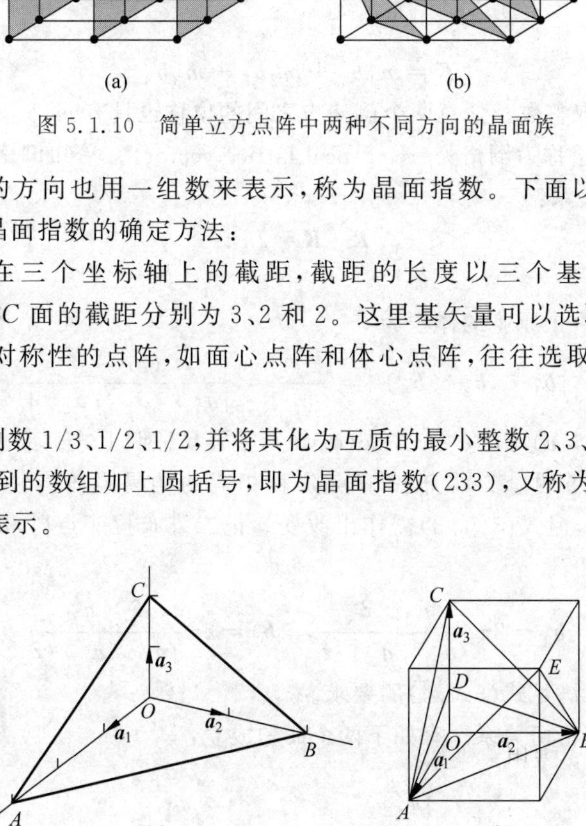

图 5.1.11 晶面指数

利用上述方法,可确定图 5.1.11(b)中的三个面 ABC、ABD 和 ABE 的米勒指数分别为(111)、(113)和$(11\bar{1})$。注意到,这三个面都平行于方向 AB。定义平行于同一方向的一系列晶面为晶带,称这个方向为晶带轴,它同时也是晶带的名称。这里列举的一系列晶面属于$[\bar{1}10]$晶带。

5.1.2 倒易点阵

1. 定义

对于一个具有空间周期性的点阵,我们可以定义它的倒易点阵(reciprocal lattice)。倒易点阵中的晶格常量的定义如下:

$$\boldsymbol{b}_1 = 2\pi \frac{\boldsymbol{a}_2 \times \boldsymbol{a}_3}{\boldsymbol{a}_1 \cdot (\boldsymbol{a}_2 \times \boldsymbol{a}_3)}, \quad \boldsymbol{b}_2 = 2\pi \frac{\boldsymbol{a}_3 \times \boldsymbol{a}_1}{\boldsymbol{a}_1 \cdot (\boldsymbol{a}_2 \times \boldsymbol{a}_3)},$$

$$\boldsymbol{b}_3 = 2\pi \frac{\boldsymbol{a}_1 \times \boldsymbol{a}_2}{\boldsymbol{a}_1 \cdot (\boldsymbol{a}_2 \times \boldsymbol{a}_3)} \tag{5.1.3}$$

若 $\boldsymbol{a}_1$、$\boldsymbol{a}_2$ 和 $\boldsymbol{a}_3$ 是点阵的初基矢量，则 $\boldsymbol{b}_1$、$\boldsymbol{b}_2$ 和 $\boldsymbol{b}_3$ 为倒易点阵的初基矢量。由上式易知有

$$\boldsymbol{b}_i \cdot \boldsymbol{a}_j = 2\pi\delta_{ij} \tag{5.1.4}$$

我们将倒易点阵中的阵点称为倒格点。在倒易点阵中，每个倒格点的位置 $\boldsymbol{K}$ 都可以表示为以下形式：

$$\boldsymbol{K} = m_1\boldsymbol{b}_1 + m_2\boldsymbol{b}_2 + m_3\boldsymbol{b}_3 \tag{5.1.5}$$

式中 m_1、m_2 和 m_3 取整数。任意两个倒格点之间的位移也具有 $m_1\boldsymbol{b}_1 + m_2\boldsymbol{b}_2 + m_3\boldsymbol{b}_3$ 的形式，我们将这样的矢量称为倒格矢（reciprocal lattice vector）。易知倒格矢与点阵中的平移矢量 $\boldsymbol{R}$ 之间有如下关系：

$$\boldsymbol{R} \cdot \boldsymbol{K} = 2n\pi \tag{5.1.6}$$

式中 n 为整数。

在倒易点阵中，一个原胞的体积为

$$|\boldsymbol{b}_1 \cdot (\boldsymbol{b}_2 \times \boldsymbol{b}_3)| = \frac{(2\pi)^3}{v_0} = \frac{(2\pi)^3}{|\boldsymbol{a}_1 \cdot (\boldsymbol{a}_2 \times \boldsymbol{a}_3)|} \tag{5.1.7}$$

利用关系 $\boldsymbol{a} \times (\boldsymbol{b} \times \boldsymbol{c}) = \boldsymbol{b}(\boldsymbol{a} \cdot \boldsymbol{c}) - \boldsymbol{c}(\boldsymbol{a} \cdot \boldsymbol{b})$，很容易证明上式。

图 5.1.12 给出了两个二维布拉菲点阵和相应的倒易点阵。注意，在二维情况下，式(5.1.4)仍然成立，但式(5.1.3)需作出改变。记二维布拉菲点阵和其倒易点阵均位于 $\boldsymbol{x}$-$\boldsymbol{y}$ 平面，则有

$$\boldsymbol{b}_1 = 2\pi \frac{\boldsymbol{a}_2 \times \hat{\boldsymbol{z}}}{(\boldsymbol{a}_1 \times \boldsymbol{a}_2) \cdot \hat{\boldsymbol{z}}}, \quad \boldsymbol{b}_2 = 2\pi \frac{\hat{\boldsymbol{z}} \times \boldsymbol{a}_1}{(\boldsymbol{a}_1 \times \boldsymbol{a}_2) \cdot \hat{\boldsymbol{z}}} \tag{5.1.8}$$

易验证上述定义满足式(5.1.4)的要求。

倒格矢与晶面有密切关系。有如下两个命题成立：

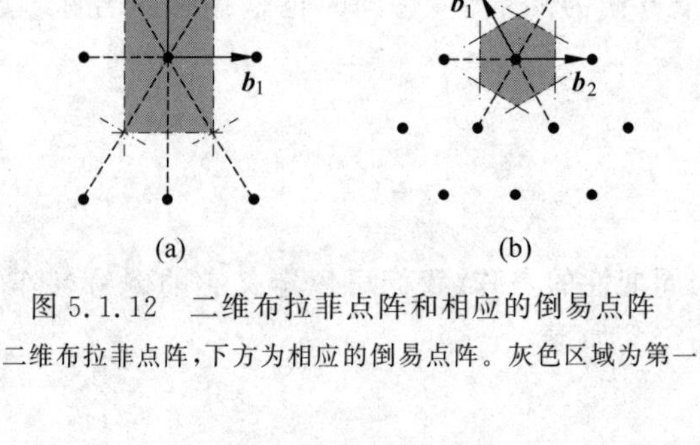

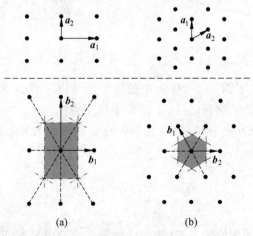

图 5.1.12　二维布拉菲点阵和相应的倒易点阵

上方为两个二维布拉菲点阵，下方为相应的倒易点阵。灰色区域为第一布里渊区。

(1) 对于布拉菲点阵中的任意晶面,都可以找到一个倒格矢与之垂直。

证明:点阵中的任意晶面,均包含两个不平行的平移矢量:

$$\boldsymbol{R}_1 = u_1\boldsymbol{a}_1 + u_2\boldsymbol{a}_2 + u_3\boldsymbol{a}_3$$

$$\boldsymbol{R}_2 = v_1\boldsymbol{a}_1 + v_2\boldsymbol{a}_2 + v_3\boldsymbol{a}_3$$

若存在倒格矢 $\boldsymbol{K} = x_1\boldsymbol{b}_1 + x_2\boldsymbol{b}_2 + x_3\boldsymbol{b}_3$ 垂直于上述晶面,则意味着 $\boldsymbol{K}\cdot\boldsymbol{R}_1$ 和 $\boldsymbol{K}\cdot\boldsymbol{R}_2$ 同时为零。利用式(5.1.4)可知有

$$\begin{cases} u_1x_1 + u_2x_2 + u_3x_3 = 0 \\ v_1x_1 + v_2x_2 + v_3x_3 = 0 \end{cases}$$

上述方程组有三个未知量 x_1、x_2 和 x_3,但仅有两个约束,可见一定有非零解且解的个数不唯一。另外,注意到系数均为整数,所以一定可以构造整数解。因此,满足条件的倒格矢 $\boldsymbol{K}$ 一定存在。

(2) 若一族相互平行的晶面之间的最短距离为 d,则与之垂直的倒格矢的最短长度为 $2\pi/d$。

证明:图 5.1.13 给出了一族相互平行的晶面。平移矢量 $\boldsymbol{R}'$ 连接了两个相邻晶面上的两个阵点,$\boldsymbol{K}$ 为垂直于这一族晶面的倒格矢。由式(5.1.4)可知有

$$\boldsymbol{K}\cdot\boldsymbol{R}' = 2n\pi \Rightarrow d\,|\boldsymbol{K}| = 2\,|n|\,\pi \Rightarrow |\boldsymbol{K}| = \frac{2\pi}{d}|n|$$

式中,n 为整数。由上式可见,倒格矢 $\boldsymbol{K}$ 的最短长度为 $2\pi/d$。

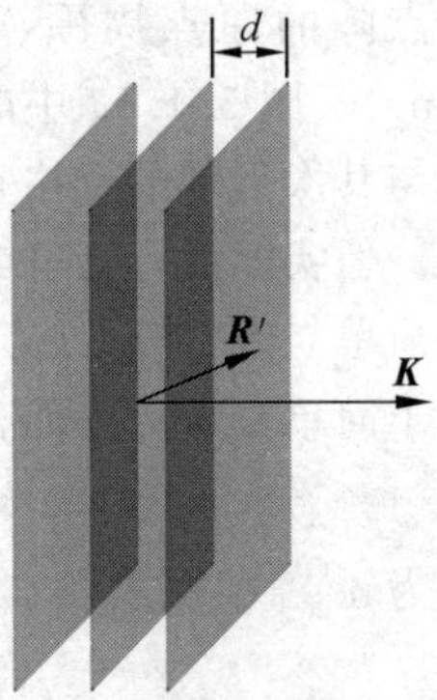

图 5.1.13 点阵中的一族相互平行的平面
图中,平面间的最短距离为 d,平移矢量 $\boldsymbol{R}'$ 连接了两个相邻晶面上的两个阵点,$\boldsymbol{K}$ 为垂直于这一族晶面的倒格矢。

一般而言,我们用法向量来标记一个平面的方向。由上面讨论可知,可以利用倒格矢来标记晶面的方向。下面以图 5.1.11(a)为例具体讨论。平面 ABC 可以由其中两个不平行的方向 AB 和 AC 来标记:

$$\overrightarrow{AB} = -3\boldsymbol{a}_1 + 2\boldsymbol{a}_2,\quad \overrightarrow{AC} = -3\boldsymbol{a}_1 + 2\boldsymbol{a}_3$$

注意到,上面两式右侧的系数,若忽略符号,均为该平面与三个坐标轴的截距(见图 5.1.11(a))。记与平面 ABC 垂直的倒格矢为 $\boldsymbol{K} = x_1\boldsymbol{b}_1 + x_2\boldsymbol{b}_2 + x_3\boldsymbol{b}_3$。由式(5.1.4)可知,$\boldsymbol{K}$ 与 $\overrightarrow{AB}$ 和 $\overrightarrow{AC}$ 都垂直,需要满足

$$\begin{cases} -3x_1 + 2x_2 = 0 \\ -3x_1 + 2x_3 = 0 \end{cases}$$

因此有

$$x_1 = \frac{c}{3},\quad x_2 = x_3 = \frac{c}{2}$$

式中 c 为使得 x_1、x_2 和 x_3 取整数的因子。c 的最小值显然是 2 和 3 的最小公倍数 6。因此,满足与平面 ABC 垂直的最短倒格矢即为

$$\boldsymbol{K} = 2\boldsymbol{b}_1 + 3\boldsymbol{b}_2 + 3\boldsymbol{b}_3$$

由上式可见,与平面 ABC 垂直的最短倒格矢的坐标(以倒易点阵的初基矢量为单位)

即为该平面的米勒指数(233)。这也是米勒指数的一个重要的物理意义。

注意，对于简单立方点阵而言，其倒易点阵也是简单立方，且二者的初基矢量方向相同。因此，对于具有简单立方对称性的点阵，如面心立方和体心立方点阵，在标记其晶面时，往往不使用初基矢量，而是使用其惯用晶胞(惯用晶胞为简单立方)的基矢量来计算米勒指数。这样做的优点是非常直观。此时，倒格矢(hkl)与正点阵中的晶向$[hkl]$是平行的。因此，我们可以直接用$[hkl]$来标记晶面的方向。注意，当点阵不具有简单立方对称性时，不能采取这种方法。

2. 布里渊区

在倒易点阵的原点周围，取魏格纳-赛兹原胞，得到的区域称为第一布里渊区(1st Brillouin zone)。图5.1.12中的灰色区域即为二维倒易点阵中的第一布里渊区。若作倒易点阵的原点与其次近邻的倒格点的中垂面，所得区域称为第二布里渊区。更高阶的布里渊区以此类推。但实际上，高阶的布里渊区并不常用到。

下面以简单立方、体心立方和面心立方结构为例说明三维空间中的倒易点阵和第一布里渊区。对于简单立方点阵而言，其初基矢量为

$$\boldsymbol{a}_1=a\hat{\boldsymbol{x}},\quad \boldsymbol{a}_2=a\hat{\boldsymbol{y}},\quad \boldsymbol{a}_3=a\hat{\boldsymbol{z}}$$

其原胞体积为a^3。根据式(5.1.3)可知，倒易点阵的初基矢量为

$$\boldsymbol{b}_1=\frac{2\pi}{a}\hat{\boldsymbol{x}},\quad \boldsymbol{b}_2=\frac{2\pi}{a}\hat{\boldsymbol{y}},\quad \boldsymbol{b}_3=\frac{2\pi}{a}\hat{\boldsymbol{z}}$$

可见，简单立方点阵的倒易点阵也是简单立方结构，且原胞体积为$\left(\frac{2\pi}{a}\right)^3$。

由图5.1.4可知，体心立方点阵和面心立方点阵的初基矢量分别为

$$\boldsymbol{a}_1=\frac{a}{2}(-\hat{\boldsymbol{x}}+\hat{\boldsymbol{y}}+\hat{\boldsymbol{z}}),\quad \boldsymbol{a}_2=\frac{a}{2}(\hat{\boldsymbol{x}}-\hat{\boldsymbol{y}}+\hat{\boldsymbol{z}}),\quad \boldsymbol{a}_3=\frac{a}{2}(\hat{\boldsymbol{x}}+\hat{\boldsymbol{y}}-\hat{\boldsymbol{z}})\text{(体心立方)} \tag{5.1.9}$$

$$\boldsymbol{a}_1=\frac{a}{2}(\hat{\boldsymbol{y}}+\hat{\boldsymbol{z}}),\quad \boldsymbol{a}_2=\frac{a}{2}(\hat{\boldsymbol{x}}+\hat{\boldsymbol{z}}),\quad \boldsymbol{a}_3=\frac{a}{2}(\hat{\boldsymbol{x}}+\hat{\boldsymbol{y}})\text{(面心立方)} \tag{5.1.10}$$

式中a为惯用晶胞的边长。根据式(5.1.4)，二者倒易点阵的初基矢量分别为

$$\boldsymbol{b}_1=\frac{2\pi}{a}(\hat{\boldsymbol{y}}+\hat{\boldsymbol{z}}),\quad \boldsymbol{b}_2=\frac{2\pi}{a}(\hat{\boldsymbol{x}}+\hat{\boldsymbol{z}}),\quad \boldsymbol{b}_3=\frac{2\pi}{a}(\hat{\boldsymbol{x}}+\hat{\boldsymbol{y}})\text{(体心立方)} \tag{5.1.11}$$

$$\boldsymbol{b}_1=\frac{2\pi}{a}(-\hat{\boldsymbol{x}}+\hat{\boldsymbol{y}}+\hat{\boldsymbol{z}}),\quad \boldsymbol{b}_2=\frac{2\pi}{a}(\hat{\boldsymbol{x}}-\hat{\boldsymbol{y}}+\hat{\boldsymbol{z}}),\quad \boldsymbol{b}_3=\frac{2\pi}{a}(\hat{\boldsymbol{x}}+\hat{\boldsymbol{y}}-\hat{\boldsymbol{z}})\text{(面心立方)} \tag{5.1.12}$$

对比上面四式可见，体心立方点阵和面心立方点阵互为倒易点阵。二者的第一布里渊区的形状可参考图5.1.5。

由上述分析可见，每一个晶体结构都对应两个点阵，一个是正点阵，描述晶体在实空间中的周期结构；另一个是倒易点阵。倒易点阵的概念在固体物理中有非常重要的地位。

5.2 晶体结构的测量

通过弹性中子散射，可以测量晶体的微观结构。本节将具体介绍利用中子散射技术测量晶体结构的原理和方法。

5.2.1 基本原理

1. 布拉格定律

1913 年,英国物理学家布拉格父子通过研究 X 射线与晶体作用,得到了描述辐射与晶体的衍射规律的简单表达式,称为布拉格定律(Bragg,1913)。布拉格认为,入射波与晶体作用时,会与晶体中的晶面做镜面反射。当来自平行晶面的反射发生相干干涉时,就可得出衍射束。

图 5.2.1 给出了布拉格衍射的示意图。图中有间距为 d 的一组平行晶面。相邻平行晶面的反射束的行程差为 $2d\sin(\theta/2)$,当行程差为波长 λ 的整数倍时,来自这两个平面的辐射就会发生相干干涉,此时有

$$2d\sin\left(\frac{\theta}{2}\right)=n\lambda,\quad n=1,2,3,\cdots \tag{5.2.1}$$

上式即布拉格条件。由上式可见,发生布拉格衍射要求 $\lambda\leqslant 2d$。

2. 劳厄定律

在布拉格父子提出布拉格定律之前一年,德国物理学家劳厄(Laue)就得到了辐射与固体发生衍射的条件,称为劳厄定律。劳厄认为,晶体中的每一个原子均可以将入射波散射为各向同性的散射波。仅当从所有原子散射出来的散射波形成相干叠加时,才能形成衍射束。

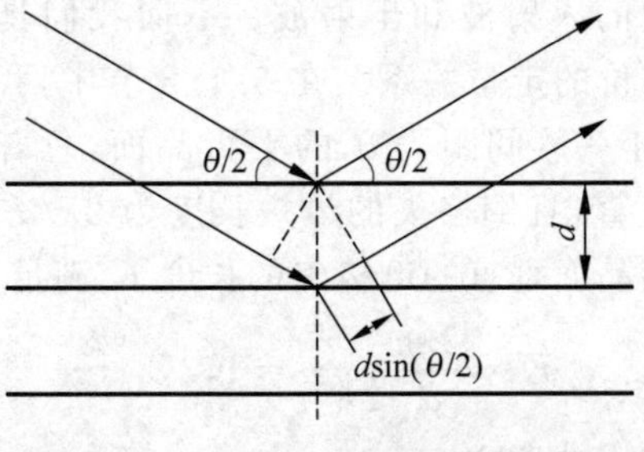

图 5.2.1 晶体的布拉格衍射示意图

注意,此处用 $\theta/2$ 表示入射波与晶面的夹角,因此散射角为 θ,与前文中的记法一致。在一些晶体学文献中,入射波与晶面的夹角常用 θ 表示。

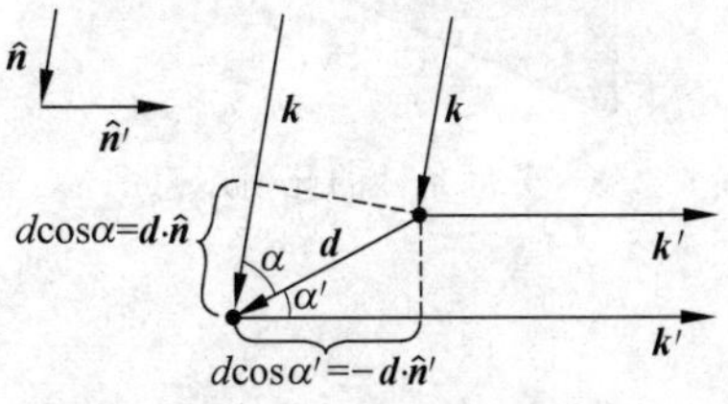

图 5.2.2 劳厄衍射示意图

我们首先考虑两个原子的情况。图 5.2.2 中有两个原子,相距为 d。一束波矢量为 $\boldsymbol{k}=2\pi\hat{\boldsymbol{n}}/\lambda$ 的入射波被这两个原子散射。我们考虑某个方向 $\hat{\boldsymbol{n}}'$。如图所示,在该方向上,两束波的行程差为

$$d\cos\alpha+d\cos\alpha'=\boldsymbol{d}\cdot(\hat{\boldsymbol{n}}-\hat{\boldsymbol{n}}')$$

根据劳厄的假设,仅当行程差为波长的整数倍时,在 $\hat{\boldsymbol{n}}'$方向上才能观测到衍射束,即

$$\boldsymbol{d}\cdot(\hat{\boldsymbol{n}}-\hat{\boldsymbol{n}}')=n\lambda$$

将上式两边同乘以 $2\pi/\lambda$,可得

$$\boldsymbol{d}\cdot(\boldsymbol{k}-\boldsymbol{k}')=2\pi n \tag{5.2.2}$$

若我们考虑一个布拉菲晶体中所有原子的散射,上式需写为

$$\boldsymbol{R}\cdot(\boldsymbol{k}-\boldsymbol{k}')=2\pi n$$

其中,$\boldsymbol{R}$ 为布拉菲点阵中的平移矢量。上式即为劳厄条件。

在前文中，我们定义了入射波与散射波的波矢量之差（或动量转移）为 $\boldsymbol{Q}=\boldsymbol{k}-\boldsymbol{k}'$。因此上式还可以写为

$$\boldsymbol{R}\cdot\boldsymbol{Q}=2\pi n \tag{5.2.3}$$

对比式(5.1.6)可见，劳厄条件意味着当且仅当入射波的动量转移 $\boldsymbol{Q}$ 为倒格矢的时候，会形成衍射束：

$$\boldsymbol{Q}=\boldsymbol{K}=m_1\boldsymbol{b}_1+m_2\boldsymbol{b}_2+m_3\boldsymbol{b}_3\quad（劳厄衍射条件）\tag{5.2.4}$$

这一结论对于实验测量晶体结构具有重要意义。

注意，上文中分析的基础均为弹性散射，也就是入射波与散射波的能量（或波长）相同。由上面分析可见，布拉格条件是从晶面出发得到的，而劳厄条件是从原子出发得到的。但实际上，二者本质是一样的。劳厄条件可写为

$$\boldsymbol{k}-\boldsymbol{k}'=\boldsymbol{K}$$

式中 $\boldsymbol{K}$ 为某个倒格矢。注意到有 $|\boldsymbol{k}|=|\boldsymbol{k}'|=k$，因此上式可化为

$$\boldsymbol{k}\cdot\hat{\boldsymbol{K}}=\frac{1}{2}K \tag{5.2.5}$$

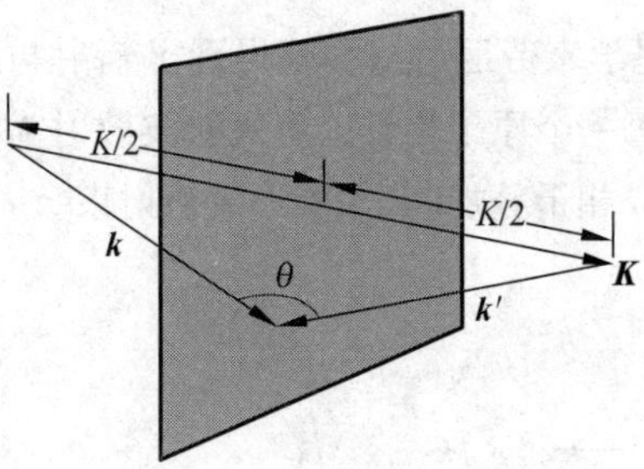

图 5.2.3　劳厄条件的几何示意图

上式的几何示意如图 5.2.3 所示。可见，仅当 $|\boldsymbol{k}|=|\boldsymbol{k}'|$，且 $\boldsymbol{k}$ 的尖端位于 $\boldsymbol{K}$ 的中垂面上时，才会发生衍射。实际上，这里的 $\boldsymbol{K}$ 的中垂面即平行于布拉格定律中的晶面，而 $\boldsymbol{k}$ 和 $\boldsymbol{k}'$ 即代表布拉格衍射中的入射波和出射波。下面我们具体证明二者等价的定量关系。在 5.1.2 节中，我们曾证明，对于一族间距为 d 的平行晶面，总有倒格矢与之垂直，且倒格矢的最短长度为 $2\pi/d$。因此，与一族晶面垂直的倒格矢的长度 K 满足

$$K=\frac{2\pi n}{d},\quad n=1,2,3,\cdots$$

由图 5.2.3 可知，K 满足 $K=2k\sin(\theta/2)$，将其与上式联立，有

$$2k\sin\left(\frac{\theta}{2}\right)=\frac{2\pi n}{d}\Rightarrow 2d\sin\left(\frac{\theta}{2}\right)=n\lambda,\quad n=1,2,3,\cdots$$

这样，我们从劳厄条件得到了布拉格条件。

5.2.2　中子散射测量晶体结构

在这一节中，我们将根据 5.2.1 节的内容，介绍中子散射技术测量晶体结构的方法。

1. Ewald 图

由 5.2.1 节内容可知，入射中子与晶体发生衍射的条件是相当苛刻的，需要入射中子的能量和方向，以及晶面间距之间的关系达到布拉格条件或劳厄条件的要求。劳厄条件可以通过 Ewald 图直观地表示出来，详见图 5.2.4。

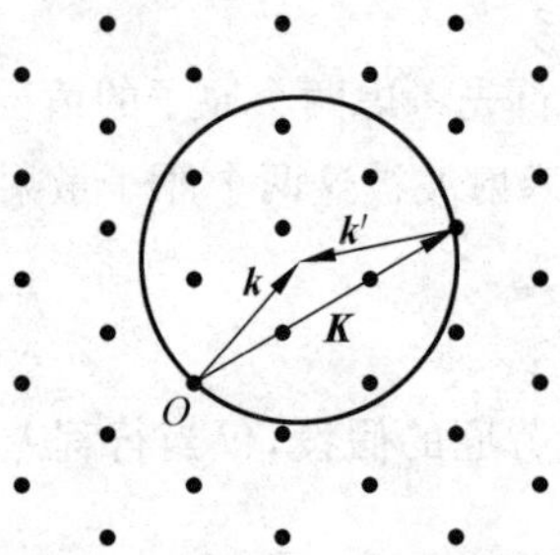

图 5.2.4　Ewald 图

注意，图中的点阵是倒易点阵。Ewald 图的作图顺序如下：① 以倒易点阵中某个倒格点为原点 O 作入射波矢量 $\boldsymbol{k}$；② 以 $\boldsymbol{k}$ 的尖端为球心，作半径为 k 的球面，这个球面称为 Ewald 球面。

在 Ewald 图中，若有倒格点与 Ewald 球面

重合，则意味着劳厄条件可以满足，此时会发生衍射。否则不会有衍射发生。利用 Ewald 图，可以方便地判断实验条件是否可以产生衍射信号。下面将以 Ewald 图为基础，给出三种常见的晶体结构测量方法。

2. 劳厄法、转动晶体法和粉末法

对于任意的入射中子和晶体取向，Ewald 球面与倒格点一般是不重合的。为了使得 Ewald 球面与倒格点重合，从而测定晶体的结构参数，可以通过调整入射中子的能量和方向，或者旋转晶体的角度来实现。

(1) 劳厄法。在该方法中，入射中子的方向和晶体的方向是固定的，但入射中子的能量不是单能，而是具有一定的范围。记入射中子的波长范围为 $\lambda_1 \sim \lambda_0$（这里约定 $\lambda_1 < \lambda_0$），则波数的范围在 $k_0 = 2\pi/\lambda_0$ 和 $k_1 = 2\pi/\lambda_1$ 之间。不同波长的入射中子对应于一系列半径连续变化的 Ewald 球面。只要波长范围的选取合理，这一系列 Ewald 球面总可以经过一些倒格点，从而测得衍射信号。图 5.2.5(a)给出了劳厄法的 Ewald 图。

(2) 转动晶体法。在该方法中，入射中子的方向和能量保持不变，但晶体方向可以作定轴转动。当晶体转动时，其相应的倒易点阵也会围绕同一转动轴转动，且转动角度相同。在 Ewald 图中，Ewald 球面是不变的，但倒易点阵会发生定轴转动。当倒格点穿过 Ewald 球面时，就会产生衍射信号。图 5.2.5(b)给出了转动晶体法的 Ewald 图。

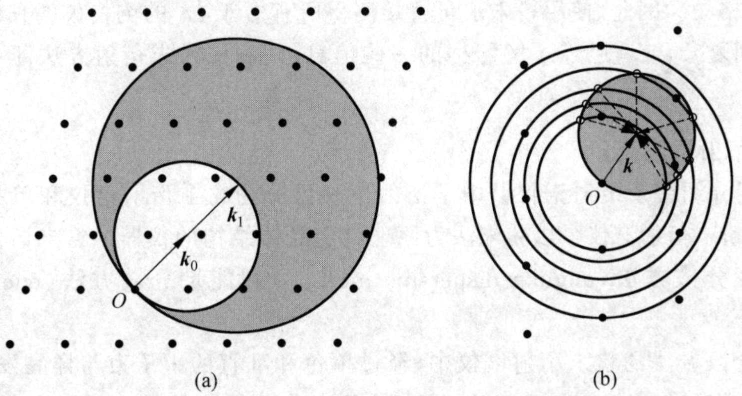

图 5.2.5 劳厄法与转动晶体法的 Ewald 图

(a) 劳厄法的 Ewald 图。此处，入射中子的方向是固定的，但波数连续地分布于 k_0 和 k_1 之间。图中阴影部分内部的倒格点均可形成衍射；(b) 转动晶体法的 Ewald 图。此处，入射中子的方向和能量均固定，但样品方向可以作定轴转动，也就意味着倒易点阵可转动。图中转动轴垂直于纸面，实线给出倒格点的转动轨迹，虚线给出散射中子的波矢量 $\boldsymbol{k}'$，空心符号标记出倒格点转动之后与 Ewald 球面的重合点。

(3) 粉末法。在该方法中，入射中子的能量和方向是确定的，但样品不再是一块单晶，而是一堆细小的单晶颗粒构成的粉末。单晶颗粒的取向是随机分布的，因此，粉末法相当于对晶体的取向作了各向同性的平均。粉末法可视为转动晶体法的发展：即允许转动晶体法中的转动轴的方向作任意改变。图 5.2.6 给出了粉末法的 Ewald 图。

在 Ewald 图中，Ewald 球面不变，但倒易点阵可围绕原点 O 作任意的转动。因此，每一个倒格矢 $\boldsymbol{K}$ 均可以形成一个球心位于原点 O，且半径为 K 的球面。当 K 满足 $K \leqslant 2k$ 时，这个球面就可以与 Ewald 球面相交，从而形成衍射。这两个球面的交线圆上的任意一点与 Ewald 球心 O' 的连线均为散射波矢量。这些散射波矢量组成的锥形称为德拜-谢勒锥

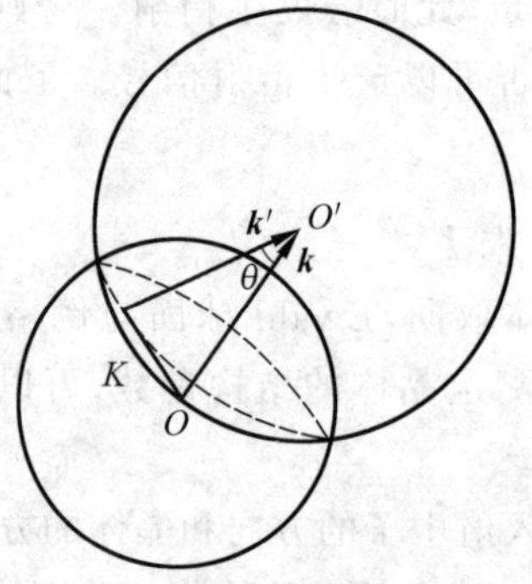

图 5.2.6 粉末法的 Ewald 图

图中，Ewald 球面的球心位于 O'，长度为 K 的倒格矢以 O 为球心，可构成另一个球面。这两个球面的交线圆用虚线表示。交线圆上任意一点与 O' 的连线均构成散射波矢量。

(Debye-Scherrer cone)。注意到这些散射波矢量与 $\boldsymbol{k}$ 的夹角是一样的，记为 θ。实际上，θ 即为相应的散射角。由几何知识可知有

$$K = 2k\sin\frac{\theta}{2}$$

在粉末法实验中，可观测到不同的散射角 θ 对应的衍射环。这些衍射信号对应于长度小于 $2k$ 的倒格矢。因此，使用粉末法可直接测得所有短于 $2k$ 的倒格矢的长度。若晶体的结构不是特别复杂，或者已经了解结构的一些信息，则利用粉末衍射方法即可方便地得到晶体结构。

3. 中子衍射谱仪简介

下面简要介绍中子衍射谱仪。中子衍射谱仪可分为粉末衍射谱仪和单晶衍射谱仪两大类。其中，粉末衍射谱仪是以粉末法为原理测定晶体结构的仪器。粉末谱仪的设计思路分两类：角度分散方法（angular-dispersive method）和能量分散方法（energy-dispersive method）。

在角度分散方法的粉末衍射谱仪中，经过单色和准直的中子束与样品发生作用，散射中子由探测器阵列收集。图 5.2.7(a)给出了角度分散方法的粉末衍射谱仪的几何结构。角度分散方法的谱仪往往适用于反应堆源。目前，世界上的主流反应堆源均建有这类谱仪。中国工程物理研究院的中国绵阳研究堆配备有一台高分辨粉末衍射谱仪，采用 Ge(115)单色器得到波长为 1.886Å 的中子束，最佳分辨率可达 2×10^{-3}，散射角测量范围为 3.8°～173.2°。

图 5.2.7(b)给出了能量分散方法谱仪的几何结构。这类谱仪往往基于脉冲中子源。在该方法中，入射中子无须进行单色化，但散射角是确定的。中子与粉末样品发生作用，不同波长的入射中子可与不同间距的晶面族发生衍射。最后，通过测定中子到达探测器的飞行时间来确定中子的波长，从而确定该波长对应的晶面间距。在该方法中，为了更准确地测定中子飞行时间，飞行距离一般比较长，可达 50～100m。目前，世界上最先进的基于飞行时间法的超高分辨率粉末衍射谱仪的分辨率可达 10^{-4} 量级。

若样品可以制备成体积较大的单晶(体积需达到数十立方毫米)，则可利用单晶衍射谱仪测定其结构。四圆衍射谱仪是一种常见的单晶衍射谱仪。图 5.2.8 给出了四圆谱仪的样

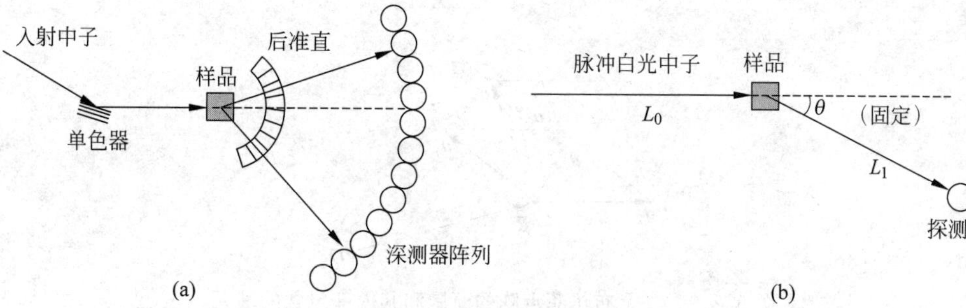

图 5.2.7 两种粉末中子衍射谱仪的几何构造

(a) 角度分散粉末衍射谱仪的几何构造；(b) 能量分散粉末衍射谱仪的几何构造

在该方法中，需通过中子在飞行路径 L_0+L_1 上的飞行时间来确定中子波长，从而确定对应的晶面间距。

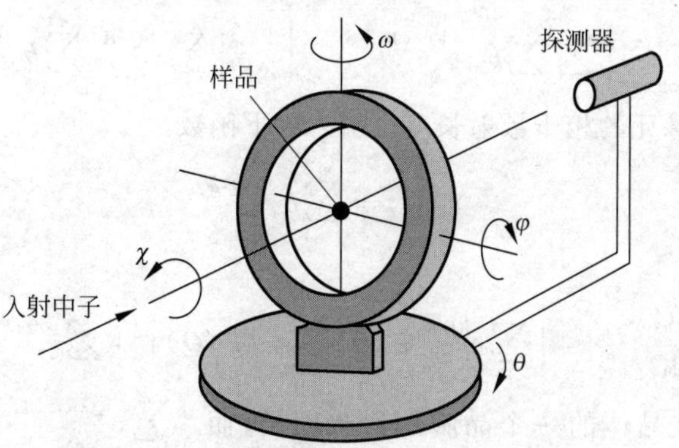

图 5.2.8 四圆衍射谱仪的样品台示意图

品台结构示意图。在样品周围有三个圆，分别对应 φ、χ 和 ω 三个转动角度。这三个转动角称为欧拉(Euler)角，用以描述固体的定点转动。除此之外，还有第四个独立的圆(θ)，用以水平转动探测器。利用这四种转动，可以遍历倒易空间中的各个方向，从而实现对于衍射信号的探测。一般而言，第四个圆上会连接一个或多个探测器。此外，新近的谱仪还可能配备对位置敏感的二维平面探测器。

除了四圆谱仪，还有以劳厄法为原理的劳厄衍射谱仪，可用于研究单晶样品的结构。

5.2.3 微分截面

1. 基本表达式

我们考虑中子与晶体发生弹性散射的微分截面。在定态近似下，弹性相干散射微分截面的表达式如下(见式(2.5.4))：

$$\left(\frac{\mathrm{d}\sigma}{\mathrm{d}\Omega}\right)_{\mathrm{coh}}=\left\langle\sum_{j=1}^{N}\sum_{k=1}^{N}b_j b_k \mathrm{e}^{-\mathrm{i}\boldsymbol{Q}\cdot\boldsymbol{r}_j}\mathrm{e}^{\mathrm{i}\boldsymbol{Q}\cdot\boldsymbol{r}_k}\right\rangle=\left\langle\left|\sum_{k=1}^{N}b_k\mathrm{e}^{\mathrm{i}\boldsymbol{Q}\cdot\boldsymbol{r}_k}\right|^2\right\rangle \tag{5.2.6}$$

式中，N 为系统中的原子总数；b_j 为原子 j 的相干散射长度；$\boldsymbol{r}_j$ 为原子 j 的位置。

5.1.1 节曾介绍，晶体的结构可以由布拉菲点阵加上基元来描述。考虑某个晶体，其布拉菲原胞中含有 n 个基元，这 n 个基元的平衡位置相对于原胞原点的位移分别为 $\boldsymbol{d}_1$，$\boldsymbol{d}_2$，…，$\boldsymbol{d}_n$。图 5.2.9 给出了一个含有三个基元的布拉菲原胞的例子。对于晶体中第 i 个

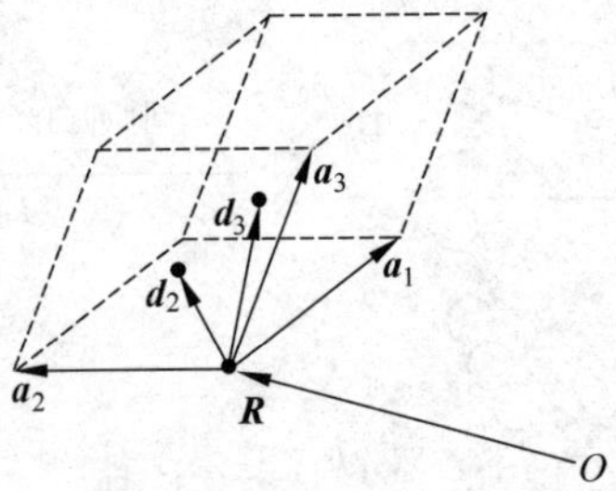

图 5.2.9　一个布拉菲点阵的原胞和其内部包含的基元

此例中共有三个基元，为方便起见，将第一个基元的位置取为原胞原点。

原胞中的第 j 个基元，其位置向量可写为 $\boldsymbol{R}_i+\boldsymbol{d}_j$。若忽略原子在平衡位置附近的热振动，则上式可写为

$$\left(\frac{\mathrm{d}\sigma}{\mathrm{d}\Omega}\right)_{\mathrm{coh}}=\left|\sum_l\sum_{m=1}^n b_m \mathrm{e}^{\mathrm{i}\boldsymbol{Q}\cdot(\boldsymbol{R}_l+\boldsymbol{d}_m)}\right|^2=\left|\sum_l \mathrm{e}^{\mathrm{i}\boldsymbol{Q}\cdot\boldsymbol{R}_l}\sum_{m=1}^n b_m \mathrm{e}^{\mathrm{i}\boldsymbol{Q}\cdot\boldsymbol{d}_m}\right|^2 \tag{5.2.7}$$

式中，b_m 为第 m 个基元的相干散射长度。引入如下函数：

$$F(\boldsymbol{Q})=\sum_{j=1}^n b_j \mathrm{e}^{\mathrm{i}\boldsymbol{Q}\cdot\boldsymbol{d}_j} \tag{5.2.8}$$

则式(5.2.7)可写为

$$\left(\frac{\mathrm{d}\sigma}{\mathrm{d}\Omega}\right)_{\mathrm{coh}}=\left|\sum_l \mathrm{e}^{\mathrm{i}\boldsymbol{Q}\cdot\boldsymbol{R}_l}F(\boldsymbol{Q})\right|^2=|F(\boldsymbol{Q})|^2\left|\sum_l \mathrm{e}^{\mathrm{i}\boldsymbol{Q}\cdot\boldsymbol{R}_l}\right|^2 \tag{5.2.9}$$

式中，$|F(\boldsymbol{Q})|^2$ 为该晶体的一个晶胞的形状因子，而 $\left|\sum_l \mathrm{e}^{\mathrm{i}\boldsymbol{Q}\cdot\boldsymbol{R}_l}\right|^2$ 则描述布拉菲点阵的结构：

$$\left|\sum_l \mathrm{e}^{\mathrm{i}\boldsymbol{Q}\cdot\boldsymbol{R}_l}\right|^2=\sum_j\sum_k \mathrm{e}^{\mathrm{i}\boldsymbol{Q}\cdot(\boldsymbol{R}_j-\boldsymbol{R}_k)}$$

注意到 $\boldsymbol{R}_j$ 和 $\boldsymbol{R}_k$ 均为平移矢量，它们的差仍然是平移矢量，因此上式可化为

$$\left|\sum_l \mathrm{e}^{\mathrm{i}\boldsymbol{Q}\cdot\boldsymbol{R}_l}\right|^2=N_{\mathrm{c}}\sum_j \mathrm{e}^{\mathrm{i}\boldsymbol{Q}\cdot\boldsymbol{R}_j}$$

其中 N_{c} 是布拉菲原胞的数量。可以证明，对于布拉菲点阵，有下式成立：

$$\sum_j \mathrm{e}^{\mathrm{i}\boldsymbol{Q}\cdot\boldsymbol{R}_j}=\frac{(2\pi)^3}{v_0}\sum_{\boldsymbol{K}}\delta(\boldsymbol{Q}-\boldsymbol{K}) \tag{5.2.10}$$

上式等号右侧的作和是指对倒易点阵中的所有倒格矢作和。该式的证明详见本节末附注。联立上面两式可得

$$\left|\sum_l \mathrm{e}^{\mathrm{i}\boldsymbol{Q}\cdot\boldsymbol{R}_l}\right|^2=N_{\mathrm{c}}\frac{(2\pi)^3}{v_0}\sum_{\boldsymbol{K}}\delta(\boldsymbol{Q}-\boldsymbol{K}) \tag{5.2.11}$$

将上式代入式(5.2.9)，即可得到中子对于晶体样品的弹性散射截面的表达式(忽略原子在平衡位置附近的热振动)：

$$\left(\frac{\mathrm{d}\sigma}{\mathrm{d}\Omega}\right)_{\mathrm{coh}}=N_{\mathrm{c}}\frac{(2\pi)^3}{v_0}|F(\boldsymbol{Q})|^2\sum_{\boldsymbol{K}}\delta(\boldsymbol{Q}-\boldsymbol{K}) \tag{5.2.12}$$

由上式的形式可见，当且仅当动量转移 $\boldsymbol{Q}$ 为某个倒格矢的时候，才会形成有效的衍射信号。这个结果与劳厄条件是完全一致的。衍射亮斑的空间分布由晶体对应的布拉菲点阵的结构决定，而基元的分布则可决定不同位置的衍射亮斑的亮度。

Shull 等人曾做过一个有趣的中子衍射实验(Shull,1948),该实验能够很好地体现中子衍射的特点,下面加以介绍。NaH 晶体的局域结构如图 5.2.10(a)所示。NaH 的晶体结构可以由一个面心立方布拉菲点阵加上两个基元刻画。从图 5.2.10(a)中可见,一个基元是 Na 离子,位于 $\boldsymbol{d}_{\mathrm{Na}}=\boldsymbol{0}$;另一个基元是 H 离子,位于 $\boldsymbol{d}_{\mathrm{H}}=\frac{1}{2}(\boldsymbol{a}_1+\boldsymbol{a}_2+\boldsymbol{a}_3)$。因此,NaH 晶胞的形状因子为

$$
\begin{aligned}
|F(\boldsymbol{Q})|^2 &= |b_{\mathrm{Na}}\mathrm{e}^{\mathrm{i}\boldsymbol{Q}\cdot\boldsymbol{d}_{\mathrm{Na}}}+b_{\mathrm{H}}\mathrm{e}^{\mathrm{i}\boldsymbol{Q}\cdot\boldsymbol{d}_{\mathrm{H}}}|^2 \\
&= \left|b_{\mathrm{Na}}+b_{\mathrm{H}}\exp\left[\mathrm{i}\frac{\boldsymbol{Q}\cdot(\boldsymbol{a}_1+\boldsymbol{a}_2+\boldsymbol{a}_3)}{2}\right]\right|^2
\end{aligned}
\tag{5.2.13}
$$

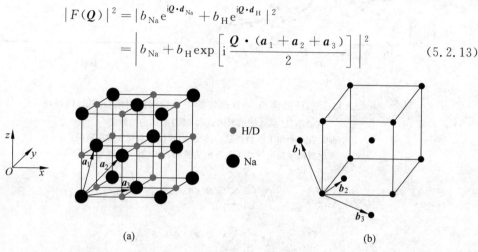

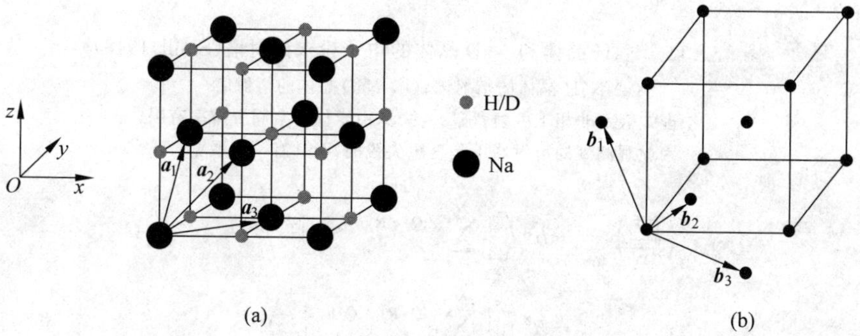

图 5.2.10 NaH 晶体的微观结构

(a) NaH 晶体的局域结构。该晶体结构是由一个面心立方布拉菲点阵加上两个基元构成;
(b) NaH 晶体对应的倒易点阵。由于 NaH 晶体的布拉菲点阵是面心立方点阵,因此其倒易点阵为体心立方点阵。图中同时给出了初基矢量。

我们考虑(111)和(200)这两个晶面族所产生的衍射。二者对应的 $|F(\boldsymbol{Q})|^2$ 分别为

$$|F_{111}|^2=|F(\boldsymbol{b}_1+\boldsymbol{b}_2+\boldsymbol{b}_3)|^2=|b_{\mathrm{Na}}-b_{\mathrm{H}}|^2 \tag{5.2.14}$$

$$|F_{200}|^2=|F(2\boldsymbol{b}_1)|^2=|b_{\mathrm{Na}}+b_{\mathrm{H}}|^2 \tag{5.2.15}$$

注意到有

$$b_{\mathrm{H}}=-3.74\times10^{-15}\,\mathrm{m},\quad b_{\mathrm{Na}}=3.63\times10^{-15}\,\mathrm{m}$$

代入上面两式得:$|F_{111}|^2=54.32\times10^{-30}\,\mathrm{m}$,$|F_{200}|^2=0.01\times10^{-30}\,\mathrm{m}$。可见,由于晶胞形状因子的存在,导致在(111)方向可观测到很强的衍射强度,而在(200)方向则几乎无法观测到有效的信号。这一点也被实验所证实,见图 5.2.11(a)。

我们可以将样品中的 H 原子用 D 原子置换。由于 $b_{\mathrm{D}}=6.67\times10^{-15}\,\mathrm{m}$,因此在本例中,有:$|F_{111}|^2=9.24\times10^{-30}\,\mathrm{m}$,$|F_{200}|^2=106.09\times10^{-30}\,\mathrm{m}$。可见在本例中,(200)方向得到的强度远强于(111)方向得到的强度。这一结论也与实验结果相符,见图 5.2.11(b)。

2. 原子热振动的影响

上文的讨论中,我们假设晶体中的原子是静止的。而实际上,由于热效应,原子会在其平衡位置附近作热振动。下面以布拉菲晶体为例,考察原子热振动对于衍射的影响。记晶体中第 i 个原子偏离平衡位置的位移为 $\boldsymbol{u}_i$,则其位置向量可写为 $\boldsymbol{R}_i+\boldsymbol{u}_i$。此时,中子与晶体的微分散射截面需写为

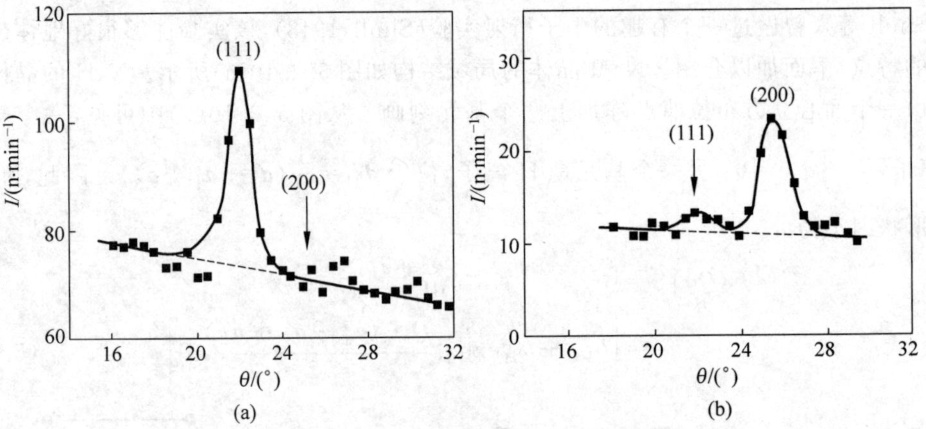

图 5.2.11 NaH 晶体和 NaD 晶体的中子粉末衍射谱(Shull,1948)

(a) NaH 晶体的衍射谱；(b) NaD 晶体的衍射谱

图中虚线表示非相干散射背景。注意，由于仪器空间分辨率有限，因此观测到的衍射峰不是理想尖锐的，而是有一定展宽。

$$
\begin{aligned}
\left(\frac{\mathrm{d}\sigma}{\mathrm{d}\Omega}\right)_{\mathrm{coh}} &= b^2\left\langle\left|\sum_{l=1}^{N}\mathrm{e}^{\mathrm{i}\boldsymbol{Q}\cdot(\boldsymbol{R}_l+\boldsymbol{u}_l)}\right|^2\right\rangle \\
&= b^2\left\langle\left|\sum_{l=1}^{N}\mathrm{e}^{\mathrm{i}\boldsymbol{Q}\cdot\boldsymbol{R}_l}\mathrm{e}^{\mathrm{i}\boldsymbol{Q}\cdot\boldsymbol{u}_l}\right|^2\right\rangle \\
&= b^2\sum_{j=1}^{N}\sum_{k=1}^{N}\mathrm{e}^{\mathrm{i}\boldsymbol{Q}\cdot(\boldsymbol{R}_j-\boldsymbol{R}_k)}\langle\mathrm{e}^{\mathrm{i}\boldsymbol{Q}\cdot(\boldsymbol{u}_j-\boldsymbol{u}_k)}\rangle
\end{aligned}
\tag{5.2.16}
$$

对于高斯分布的随机变量 a，易证明有如下关系成立：

$$\langle\mathrm{e}^{\mathrm{i}a}\rangle=\mathrm{e}^{-\frac{1}{2}\langle a^2\rangle}$$

若假设 $\boldsymbol{u}_j-\boldsymbol{u}_k$ 具有高斯分布，则利用上式可得

$$
\begin{aligned}
\langle\mathrm{e}^{\mathrm{i}\boldsymbol{Q}\cdot(\boldsymbol{u}_j-\boldsymbol{u}_k)}\rangle &= \mathrm{e}^{-\frac{1}{2}\langle[\boldsymbol{Q}\cdot(\boldsymbol{u}_j-\boldsymbol{u}_k)]^2\rangle}=\mathrm{e}^{-\frac{1}{2}\langle(\boldsymbol{Q}\cdot\boldsymbol{u}_j-\boldsymbol{Q}\cdot\boldsymbol{u}_k)^2\rangle} \\
&= \mathrm{e}^{-\langle(\boldsymbol{Q}\cdot\boldsymbol{u})^2\rangle}\mathrm{e}^{\langle(\boldsymbol{Q}\cdot\boldsymbol{u}_j)(\boldsymbol{Q}\cdot\boldsymbol{u}_k)\rangle}
\end{aligned}
\tag{5.2.17}
$$

将上式代入式(5.2.16)，得

$$\left(\frac{\mathrm{d}\sigma}{\mathrm{d}\Omega}\right)_{\mathrm{coh}}=b^2\mathrm{e}^{-\langle(\boldsymbol{Q}\cdot\boldsymbol{u})^2\rangle}\sum_{j=1}^{N}\sum_{k=1}^{N}\mathrm{e}^{\mathrm{i}\boldsymbol{Q}\cdot(\boldsymbol{R}_j-\boldsymbol{R}_k)}\mathrm{e}^{\langle(\boldsymbol{Q}\cdot\boldsymbol{u}_j)(\boldsymbol{Q}\cdot\boldsymbol{u}_k)\rangle}$$

式中，$\langle(\boldsymbol{Q}\cdot\boldsymbol{u}_j)(\boldsymbol{Q}\cdot\boldsymbol{u}_k)\rangle$是原子 i 和原子 j 偏离平衡位置的位移之间的关联。当两个原子相距较远时(例如不相邻时)，二者的关联很小，该项可视为 0。注意，绝大部分情况均为相距较远的情况，因此可近似地忽略上式右侧最后一个指数项，可以得到

$$\left(\frac{\mathrm{d}\sigma}{\mathrm{d}\Omega}\right)_{\mathrm{coh}}=b^2\mathrm{e}^{-\langle(\boldsymbol{Q}\cdot\boldsymbol{u})^2\rangle}\sum_{j=1}^{N}\sum_{k=1}^{N}\mathrm{e}^{\mathrm{i}\boldsymbol{Q}\cdot(\boldsymbol{R}_j-\boldsymbol{R}_k)}\tag{5.2.18}$$

式中，$\mathrm{e}^{-\langle(\boldsymbol{Q}\cdot\boldsymbol{u})^2\rangle}$称为德拜-沃勒因子①。若晶胞的空间对称性较好，原子的振动没有特别的取向性，则该项可化为 $\exp\left[-\frac{Q^2\langle u^2\rangle}{3}\right]$。可见，德拜-沃勒因子是刻画原子热振动效应的

① 德拜-沃勒因子的概念在 3.2 节已经提及。

量。习惯上，我们将德拜-沃勒因子写为 $e^{-2W(Q)}$，在本例中有

$$2W(\boldsymbol{Q})=2W(Q)=\frac{Q^2\langle u^2\rangle}{3} \tag{5.2.19}$$

利用上式和式(5.2.11)，可将式(5.2.18)化为

$$\left(\frac{d\sigma}{d\Omega}\right)_{coh}=N_c\frac{(2\pi)^3}{v_0}e^{-2W(Q)}b^2\sum_{\boldsymbol{K}}\delta(\boldsymbol{Q}-\boldsymbol{K}) \tag{5.2.20}$$

可见，原子在平衡位置的热振动将使得衍射亮斑的亮度减少，且越偏离直穿束(Q 值越大)，减少的程度就越大。

对于基元数大于1的晶体，也有类似上式形式的结论：

$$\left(\frac{d\sigma}{d\Omega}\right)_{coh}=N_c\frac{(2\pi)^3}{v_0}|F_V(\boldsymbol{Q})|^2\sum_{\boldsymbol{K}}\delta(\boldsymbol{Q}-\boldsymbol{K}) \tag{5.2.21}$$

式中

$$F_V(\boldsymbol{Q})=\sum_{j=1}^{n}b_j e^{i\boldsymbol{Q}\cdot\boldsymbol{d}_j}e^{-W^{(j)}(\boldsymbol{Q})}$$

其中，$W^{(j)}(\boldsymbol{Q})$表示第 j 个基元的热振动效应，n 为基元的数量。

3. 实验散射强度

在上面的讨论中，微分截面的表达式仅在严格满足 $\boldsymbol{Q}=\boldsymbol{K}$ 时才不为零。而在实际的衍射实验中，由于样品本身不是理想晶体，具有嵌镶晶体(mosaic crystal)效应，以及仪器的分辨率有限，实际探测到的布拉格衍射信号会被展宽。因此，在实验中，某个布拉格峰的散射强度是理想峰位附近的强度的积分。为了能够与实验测得的散射强度比较，我们需要对上面得到的微分截面也做积分。下面介绍这一问题。

在计算微分截面关于角分布的积分时，需计算如下量：$\int\delta(\boldsymbol{Q}-\boldsymbol{K})d\Omega$。这里，$d\Omega$ 对应散射中子波矢量 $\boldsymbol{k}_f$ 的方向，而被积函数中的变量则是 $\boldsymbol{Q}$。因此，我们需对该式稍作处理。取$\boldsymbol{\rho}=\boldsymbol{k}_i-\boldsymbol{K}$，有

$$\rho^2=k_i^2+K^2-2k_iK\cos\psi \tag{5.2.22}$$

其中，ψ 是 $\boldsymbol{k}_i$ 与 $\boldsymbol{K}$ 的夹角。在积分 $\int\delta(\boldsymbol{Q}-\boldsymbol{K})d\Omega$ 中，$\boldsymbol{\rho}$ 是不变的。易知有

$$\boldsymbol{\rho}-\boldsymbol{k}_f=\boldsymbol{Q}-\boldsymbol{K}$$

因此

$$\int\delta(\boldsymbol{Q}-\boldsymbol{K})d\Omega=\int\delta(\boldsymbol{\rho}-\boldsymbol{k}_f)d\Omega \tag{5.2.23}$$

上式右侧积分不为零的前提是满足 $\rho=k_f$，因此上式可写为

$$\int\delta(\boldsymbol{\rho}-\boldsymbol{k}_f)d\Omega=c\delta(\rho^2-k_f^2) \tag{5.2.24}$$

其中，c 是一个待定因子。注意到

$$\int\delta(\boldsymbol{\rho}-\boldsymbol{k}_f)d\boldsymbol{k}_f=\int k_f^2dk_f\int d\Omega\delta(\boldsymbol{\rho}-\boldsymbol{k}_f)=1$$

联立上面两式，可得

$$c\int k_f^2dk_f\delta(\rho^2-k_f^2)=1\Rightarrow\frac{1}{2}c\rho\int dk_f^2\delta(\rho^2-k_f^2)=1\Rightarrow c=\frac{2}{\rho} \tag{5.2.25}$$

综合上面计算，可知

$$\int \delta(\boldsymbol{Q}-\boldsymbol{K})\mathrm{d}\Omega=\frac{2}{\rho}\delta(\rho^2-k_\mathrm{f}^2)=\frac{2}{\rho}\delta(K^2-2k_\mathrm{i}K\cos\psi) \tag{5.2.26}$$

将上式与式(5.2.21)联立，可得某个布拉格峰 $\boldsymbol{K}$ 的积分强度为

$$\sigma_{\mathrm{tot},\boldsymbol{K}}=N_\mathrm{c}\frac{(2\pi)^3}{v_0}\frac{2}{\rho}|F_\mathrm{V}(\boldsymbol{K})|^2\delta(K^2-2k_\mathrm{i}K\cos\psi) \tag{5.2.27}$$

下面结合不同的衍射方法，计算衍射实验的散射强度。在劳厄法中，入射中子的方向和样品的方向都是确定的，因此 ψ 为定值。当满足劳厄关系时，结合图 5.2.3，不难发现有

$$\theta=\pi-2\psi,\quad k=k_\mathrm{i}=k_\mathrm{f}=\frac{K}{2\cos\psi} \tag{5.2.28}$$

此处，θ 和 k 分别为满足劳厄关系时的散射角和中子波数。在劳厄法中，入射中子的能量不是单色的，而是具有一定的分布。记入射中子通量的波长分布为 $\phi(\lambda)$：$\phi(\lambda)\mathrm{d}\lambda$ 的意义即为单位时间内，通过单位面积，且波长在 $\lambda\sim\lambda+\mathrm{d}\lambda$ 范围内的中子数。可见，布拉格峰 $\boldsymbol{K}$ 对应的散射强度(即单位时间内的散射中子数)为

$$\begin{aligned}P&=\int\phi(\lambda)\sigma_{\mathrm{tot},\boldsymbol{K}}\mathrm{d}\lambda\\&=N_\mathrm{c}\frac{(2\pi)^3}{v_0}|F_\mathrm{V}(\boldsymbol{K})|^2\int\frac{2}{\rho}\delta(K^2-2k_\mathrm{i}K\cos\psi)\phi(\lambda)\mathrm{d}\lambda\end{aligned} \tag{5.2.29}$$

作替换：$x=2k_\mathrm{i}K\cos\psi$，并注意到 $\lambda=2\pi/k_\mathrm{i}$，有

$$\mathrm{d}\lambda=-\frac{2\pi}{k_\mathrm{i}^2}\mathrm{d}k_\mathrm{i}=-\frac{2\pi}{k_\mathrm{i}^2}\frac{\mathrm{d}x}{2K\cos\psi}$$

另外，δ 函数要求积分内有：$K=2k_\mathrm{i}\cos\psi$。对比式(5.2.28)可知，该式意味着劳厄关系得到满足，因此有

$$K=2k\cos\psi,\quad k_\mathrm{i}=k \tag{5.2.30}$$

也意味着

$$\rho=\sqrt{k_\mathrm{i}^2+K^2-2k_\mathrm{i}K\cos\psi}=\sqrt{k_\mathrm{i}^2+K^2-K^2}=k_\mathrm{i}=k \tag{5.2.31}$$

将上面三式代入式(5.2.29)，可得

$$\begin{aligned}P&=-N_\mathrm{c}\frac{(2\pi)^3}{v_0}|F_\mathrm{V}(\boldsymbol{K})|^2\int\frac{2}{k}\delta(K^2-x)\phi(\lambda)\frac{2\pi}{k^2}\frac{\mathrm{d}x}{4k\cos^2\psi}\\&=-N_\mathrm{c}\frac{(2\pi)^3}{v_0}|F_\mathrm{V}(\boldsymbol{K})|^2\frac{\pi}{k^4\cos^2\psi}\int\phi(\lambda)\delta(K^2-x)\,\mathrm{d}x\end{aligned}$$

上式中，对 x 的积分方向与对 λ 的积分方向是相反的，即从大到小积分。调整积分顺序，可去除前面的负号，最后得到

$$P=N_\mathrm{c}\frac{(2\pi)^3}{v_0}|F_\mathrm{V}(\boldsymbol{K})|^2\frac{\pi}{k^4\cos^2\psi}\phi(\lambda) \tag{5.2.32}$$

上式中的波长 λ 为劳厄条件得到满足时的散射中子波长。利用式(5.2.28)，上式还可写为

$$P=\frac{V}{v_0^2}|F_\mathrm{V}(\boldsymbol{K})|^2\frac{\lambda^4}{2\sin^2\dfrac{\theta}{2}}\phi(\lambda) \tag{5.2.33}$$

在转动晶体法中，入射中子的波矢量 $\boldsymbol{k}_\mathrm{i}$ 不变。晶体可旋转，意味着 ψ 是可以改变的。

记入射中子束通量为 Φ，利用式(5.2.27)可得布拉格峰 $\boldsymbol{K}$ 对应的散射强度：

$$P=\Phi\int\sigma_{\mathrm{tot},\boldsymbol{K}}\mathrm{d}\psi=\Phi N_{\mathrm{c}}\frac{(2\pi)^3}{v_0}|F_{\mathrm{V}}(\boldsymbol{K})|^2\int\frac{2}{\rho}\delta(K^2-2k_{\mathrm{i}}K\cos\psi)\mathrm{d}\psi$$

作变量替换：$x=2k_{\mathrm{i}}K\cos\psi$，可知有 $\mathrm{d}x=-2k_{\mathrm{i}}K\sin\psi\mathrm{d}\psi$。另外，$\delta$ 函数要求积分内满足式(5.2.30)和式(5.2.31)，因此，上式可化为

$$\begin{aligned}P&=\Phi N_{\mathrm{c}}\frac{(2\pi)^3}{v_0}|F_{\mathrm{V}}(\boldsymbol{K})|^2\frac{1}{k_{\mathrm{i}}^2K\sin\psi}\int\delta(K^2-x)\mathrm{d}x\\&=\Phi N_{\mathrm{c}}\frac{(2\pi)^3}{v_0}|F_{\mathrm{V}}(\boldsymbol{K})|^2\frac{1}{k_{\mathrm{i}}^2K\sin\psi}\end{aligned}\tag{5.2.34}$$

式中，积分外的 ψ 是满足劳厄条件的值。再利用式(5.2.28)，上式可化为

$$\begin{aligned}P&=\Phi N_{\mathrm{c}}\frac{(2\pi)^3}{v_0}|F_{\mathrm{V}}(\boldsymbol{K})|^2\frac{1}{k_{\mathrm{i}}^3\sin\theta}\\&=\Phi\frac{V}{v_0^2}|F_{\mathrm{V}}(\boldsymbol{K})|^2\frac{\lambda^3}{\sin\theta}\end{aligned}\tag{5.2.35}$$

其中，λ 为入射中子的波长。

在粉末法中，入射中子的波矢量 $\boldsymbol{k}_{\mathrm{i}}$ 不变。但样品不再是单晶，而是一堆小单晶组成的粉末。我们考察一个特定的德拜-谢勒锥。对于一个小晶粒，它的 $\boldsymbol{K}$ 与 $\boldsymbol{k}_{\mathrm{i}}$ 的夹角处于 $\psi\sim\psi+\mathrm{d}\psi$ 的概率为 $2\pi\sin\psi\mathrm{d}\psi/4\pi$。因此有

$$\begin{aligned}\sigma_{\mathrm{tot},K}(\mathrm{cone})&=N_{\mathrm{c}}\frac{(2\pi)^3}{v_0}\frac{2}{k}\sum_{|\boldsymbol{K}|=K}|F_{\mathrm{V}}(\boldsymbol{K})|^2\int\delta(K^2-2kK\cos\psi)\frac{\sin\psi}{2}\mathrm{d}\psi\\&=N_{\mathrm{c}}\frac{(2\pi)^3}{v_0}\frac{2}{k}\frac{1}{2kK}\frac{1}{2}\sum_{|\boldsymbol{K}|=K}|F_{\mathrm{V}}(\boldsymbol{K})|^2\int\delta\left(\frac{K^2}{2kK}-\cos\psi\right)\mathrm{d}\cos\psi\\&=N_{\mathrm{c}}\frac{(2\pi)^3}{v_0}\frac{1}{4k^3\cos\psi}\sum_{|\boldsymbol{K}|=K}|F_{\mathrm{V}}(\boldsymbol{K})|^2\\&=\frac{V}{v_0^2}\frac{\lambda^3}{4\sin\frac{\theta}{2}}\sum_{|\boldsymbol{K}|=K}|F_{\mathrm{V}}(\boldsymbol{K})|^2\end{aligned}\tag{5.2.36}$$

记探测器与样品的距离为 r，探测器有效探测直径为 d。在探测器所在平面上，该德拜-谢勒锥对应的散射环长度为 $2\pi r\sin\theta$。因此，探测器截取的散射环部分的比例为 $d/2\pi r\sin\theta$。由此可知，该探测器的计数率为

$$P=\Phi\frac{d}{2\pi r\sin\theta}\sigma_{\mathrm{tot},K}(\mathrm{cone})\tag{5.2.37}$$

注意，这里求取的散射强度适用于尺寸很小的样品。当样品较大时，会出现消光现象，使得散射信号有一定程度的衰减。消光现象的理论介绍可参考6.2.3节。

附：式(5.2.10)的证明

$$\sum_j\mathrm{e}^{\mathrm{i}\boldsymbol{Q}\cdot\boldsymbol{R}_j}=\frac{(2\pi)^3}{v_0}\sum_{\boldsymbol{K}}\delta(\boldsymbol{Q}-\boldsymbol{K})$$

其中，$\boldsymbol{R}_j$ 为布拉菲点阵中第 j 个阵点的位置，$\boldsymbol{K}$ 为倒格矢。

在证明该式之前，我们需证明下面的等式：

$$\int_{\text{cell}} e^{i\boldsymbol{K}\cdot\boldsymbol{r}} d\boldsymbol{r} = v_0 \delta_{\boldsymbol{K}\boldsymbol{0}} \tag{5.2.38}$$

上式的积分限为布拉菲点阵中的一个原胞。

首先证明式(5.2.38)。先将倒格矢 $\boldsymbol{K}$ 用倒易点阵中的初基矢量 $\boldsymbol{b}_1$、$\boldsymbol{b}_2$ 和 $\boldsymbol{b}_3$ 表示：

$$\boldsymbol{K} = m_1\boldsymbol{b}_1 + m_2\boldsymbol{b}_2 + m_3\boldsymbol{b}_3$$

展开系数 m_1、m_2 和 m_3 均为整数。

$\boldsymbol{r}$ 可以利用布拉菲点阵的初基矢量 $\boldsymbol{a}_1$、$\boldsymbol{a}_2$ 和 $\boldsymbol{a}_3$ 展开：

$$\boldsymbol{r} = l_1\boldsymbol{a}_1 + l_2\boldsymbol{a}_2 + l_3\boldsymbol{a}_3$$

因此，式(5.2.38)等号左侧积分可写为

$$\int_{\text{cell}} e^{i\boldsymbol{K}\cdot\boldsymbol{r}} d\boldsymbol{r} = \int_0^1 e^{i2\pi m_1 l_1} dl_1 \int_0^1 e^{i2\pi m_2 l_2} dl_2 \int_0^1 e^{i2\pi m_3 l_3} dl_3$$

若 $\boldsymbol{K}=\boldsymbol{0}$，则易知等号左侧积分等于 v_0。若 $\boldsymbol{K}\neq\boldsymbol{0}$，注意到 m_1 为整数，则有

$$\int_0^1 e^{i2\pi m_1 l_1} dl_1 = \frac{1}{i2\pi m_1}(e^{i2\pi m_1} - 1) = 0$$

此时积分为 0。因此式(5.2.38)成立。

与式(5.2.38)类似，有下面表达式成立：

$$\int_{\text{r-cell}} e^{i\boldsymbol{R}\cdot\boldsymbol{Q}} d\boldsymbol{Q} = \frac{(2\pi)^3}{v_0}\delta_{\boldsymbol{R}\boldsymbol{0}} \tag{5.2.39}$$

上式的积分限为倒易点阵中的一个原胞，$\boldsymbol{R}$ 为一个平移矢量。该式的证明与式(5.2.38)证明思路相同，不再赘述。

下面证明式(5.2.10)。我们可以将 $\boldsymbol{Q}$ 用倒易点阵中的初基矢量 $\boldsymbol{b}_1$、$\boldsymbol{b}_2$ 和 $\boldsymbol{b}_3$ 来展开：

$$\boldsymbol{Q} = q_1\boldsymbol{b}_1 + q_2\boldsymbol{b}_2 + q_3\boldsymbol{b}_3$$

注意，当展开系数 q_1、q_2 和 q_3 均为整数时，$\boldsymbol{Q}$ 即为一个倒格矢。

此外，$\boldsymbol{R}$ 可以写为

$$\boldsymbol{R} = n_1\boldsymbol{a}_1 + n_2\boldsymbol{a}_2 + n_3\boldsymbol{a}_3$$

展开系数 n_1、n_2 和 n_3 均为整数。利用上面两式，等号左侧可写为

$$\sum_j e^{i\boldsymbol{Q}\cdot\boldsymbol{R}_j} = \sum_{n_1} e^{i2\pi q_1 n_1} \sum_{n_2} e^{i2\pi q_2 n_2} \sum_{n_3} e^{i2\pi q_3 n_3}$$

首先考虑对 n_1 的作和。若点阵在 $\boldsymbol{a}_1$ 方向上共有 N_1 个阵点，则 n_1 的上下限分别为 $\frac{N_1-1}{2}$ 和 $-\frac{N_1-1}{2}$。利用等比数列求和公式可知有

$$\begin{aligned}
\sum_{n_1} e^{i2\pi q_1 n_1} &= \exp\left[i2\pi q_1\left(-\frac{N_1-1}{2}\right)\right]\frac{1-\exp(i2\pi q_1 N_1)}{1-\exp(i2\pi q_1)} \\
&= \frac{\exp[-i\pi q_1(N_1-1)] - \exp[i\pi q_1(N_1+1)]}{1-\exp(i2\pi q_1)} \\
&= \frac{\exp(i\pi q_1)(-2i)\sin(\pi N_1 q_1)}{\exp(i\pi q_1)(-2i)\sin(\pi q_1)} \\
&= \frac{\sin(\pi N_1 q_1)}{\sin(\pi q_1)}
\end{aligned}$$

由于 N_1 是一个很大的整数，上式的值会随着 q_1 的变化而快速变化。当 q_1 的取值趋近于整数时，分母的值趋近于 0，上式的值会趋于一个很大的数。而当 q_1 的取值远离整数

时，分母的绝对值较大，上式的值较小且随着 q_1 的变化在 0 附近快速振荡，可等效地视为 0。根据这些讨论，我们可以将 $\sum_j \mathrm{e}^{\mathrm{i}\boldsymbol{Q}\cdot\boldsymbol{R}_j}$ 写为如下形式：

$$\sum_j \mathrm{e}^{\mathrm{i}\boldsymbol{Q}\cdot\boldsymbol{R}_j}=c\sum_{m_1}\delta(q_1-m_1)\sum_{m_2}\delta(q_2-m_2)\sum_{m_3}\delta(q_3-m_3)$$

式中 m_1、m_2 和 m_3 为整数，c 为待定系数。考虑到倒格矢 $\boldsymbol{K}$ 可写为 $\boldsymbol{K}=m_1\boldsymbol{b}_1+m_2\boldsymbol{b}_2+m_3\boldsymbol{b}_3$ 的形式，上式可简写为

$$\sum_j \mathrm{e}^{\mathrm{i}\boldsymbol{Q}\cdot\boldsymbol{R}_j}=c\sum_{\boldsymbol{K}}\delta(\boldsymbol{Q}-\boldsymbol{K})$$

上式两侧同时对 $\boldsymbol{Q}$ 进行积分，积分体积为倒易点阵中的一个原胞。则等式右侧在积分之后等于 c。这是因为倒易点阵也是布拉菲点阵，在一个原胞内部有且仅有一个倒格点。对于等式左侧的积分，利用式(5.2.39)可得

$$\int_{\text{r-cell}}\sum_j \mathrm{e}^{\mathrm{i}\boldsymbol{Q}\cdot\boldsymbol{R}_j}\mathrm{d}\boldsymbol{Q}=\sum_j\frac{(2\pi)^3}{v_0}\delta_{\boldsymbol{R}_j\boldsymbol{0}}=\frac{(2\pi)^3}{v_0}$$

因此，有

$$c=\frac{(2\pi)^3}{v_0}$$

式(5.2.10)成立。

5.3 晶格振动与声子

从本节开始，我们考察晶体中原子的运动及测量。在理想晶体中，原子无法在空间中扩散，只能在自身平衡位置附近作热振动。本节将介绍晶体中原子振动的动力学。

5.3.1 一维晶体

1. 一维布拉菲晶体

考虑一个一维布拉菲晶体，晶体中原子的质量为 M。设第 n 个原子的平衡位置为 $R_n=na$。当所有原子均位于平衡位置时，系统处于能量最低的状态，每个原子都不受力。由于热效应，原子不可能总是处于平衡位置，而是会在平衡位置附近作热振动。记第 n 个原子偏离平衡位置的位移为 u_n。

当有原子偏离平衡位置之后，该原子及其周围原子会受到力的作用。在一般情况下，晶体中原子偏离平衡位置的幅度是很小的，我们可以合理地假设：①原子仅与其相邻的原子发生相互作用；②某原子与其相邻原子之间的相互作用力正比于二者之间的距离与平衡距离之差，例如，第 n 个原子与第 $n+1$ 个原子之间的作用力正比于 $R_{n+1}+u_{n+1}-(R_n+u_n)-a=u_{n+1}-u_n$。这样的模型称为弹簧振子链模型。图 5.3.1 给出了该模型的示意图。

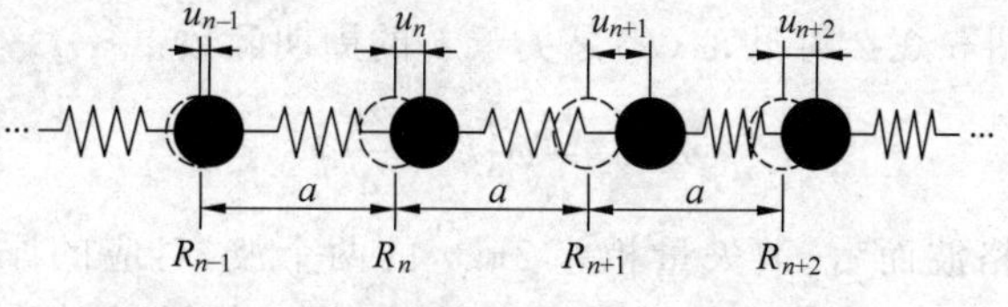

图 5.3.1 一维晶格振动的弹簧振子链模型

虚线圆表示振子的平衡位置，实心圆表示实际位置。

在弹簧振子链模型中，每个原子都可视为一个谐振子。第 n 个原子受到的力 f_n 可写为如下形式：

$$f_n = \kappa(u_{n+1} - u_n) + \kappa(u_{n-1} - u_n) \tag{5.3.1}$$

式中，κ 用于表示相邻原子间相互作用的大小，称为力常量。它相当于“弹簧”的“劲度系数”。κ 与振子的经典固有频率 ω_0 之间有如下关系：

$$\kappa = M\omega_0^2$$

利用上面两式，可写出第 n 个原子的运动方程：

$$\frac{\partial^2 u_n}{\partial t^2} = \omega_0^2 [(u_{n+1} - u_n) + (u_{n-1} - u_n)] \tag{5.3.2}$$

上式等号右侧是一个差分形式，相当于位置坐标的二阶导数。因此，上式类似于波动方程，应具有行波形式的特解：

$$u_n = c(k)\mathrm{e}^{\mathrm{i}[kR_n - \omega(k)t]} = c(k)\mathrm{e}^{\mathrm{i}[kna - \omega(k)t]} \tag{5.3.3}$$

其中，$c(k)$为波幅；k 为一维波矢量；$\omega(k)$为相应的圆频率。与一般的波相比，上式描述的波的空间坐标是离散的，因此也称为格波。当确定了振幅、波矢量以及频率之后(对于更高维度的情况还有波的偏振或极化)，我们就确定了一种晶格的正弦振动模式，称为简正模(normal mode)。

将式(5.3.3)代入式(5.3.2)，可得 $\omega(k)$有如下形式：

$$\omega^2(k) = 4\omega_0^2 \sin^2\left(\frac{ka}{2}\right), \quad 或 \quad \omega(k) = 2\omega_0 \left|\sin\left(\frac{ka}{2}\right)\right| \tag{5.3.4}$$

波的频率 ω 与波矢量 k 之间的函数关系称为色散关系(dispersion relation)。图 5.3.2 给出了上述色散关系。

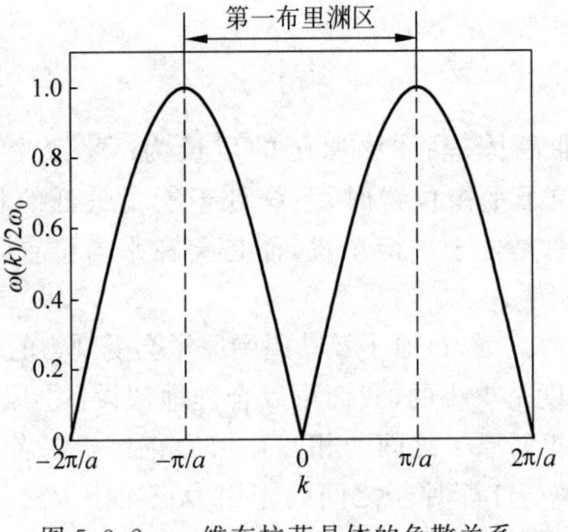

图 5.3.2　一维布拉菲晶体的色散关系

由式(5.3.4)和图 5.3.2 可见，$\omega(k)$是关于 k 的周期函数：

$$\omega(k) = \omega\left(k + \frac{2\pi}{a}\right) \tag{5.3.5}$$

上式说明，对于格波而言，波矢量相差 $2\pi/a$ 的两个波，对应的原子的运动是一样的。图 5.3.3 给出了一个例子。其中短波的波数为 $9\pi/4a$，长波的波数为 $\pi/4a$。二者相差 $2\pi/a$，但描述的原子位移是相同的。此外，式(5.3.5)表明，二者的振动频率也相同。因此，这两个格波对应的原子运动情况是完全一样的。这意味着我们仅需要考虑一个周期内的波矢量，就可以完整地了解格波的运动情况了。通常，我们取 $-\pi/a<k\leqslant\pi/a$ 这个范围。注意到 $2\pi/a$ 是一维倒易点阵的初基矢量长度，同时也是一维倒易点阵原胞的一维体积。此外，上述范围具有对称性，因此该范围即为一维晶体的第一布里渊区。

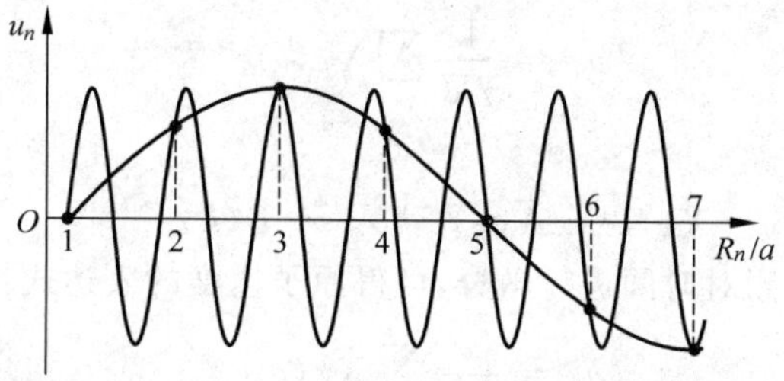

图 5.3.3　波数相差 $2\pi/a$ 的两个格波
可见，二者对应的原子位移是一样的

注意到，在第一布里渊区的边界上有

$$u_n\propto\cos(n\pi)=(-1)^n$$

可见，此时相邻的两个原子的位移或振动相位是相反的，这个波既不向左传播也不向右传播，而是以驻波的形式存在。

在 $k=0$ 附近，色散关系式(5.3.4)约化为如下形式：

$$\lim_{k\to 0}\omega(k)=a\omega_0\mid k\mid=a\sqrt{\frac{\kappa}{M}}\mid k\mid \tag{5.3.6}$$

注意，波包的群速度(也就是能量传播的速度)的表达式为

$$v_g=\frac{\mathrm{d}\omega(k)}{\mathrm{d}k}$$

式(5.3.6)表明，在长波极限下，波的群速度为一个不依赖于波矢量的常数 $a\omega_0$。这个速度是微小振动传播的速度，也就是声速。$\omega(k)$具有线性的形式是连续性介质的普遍结果。当波长很长时，晶体可视为连续性介质。而当波长较小，达到与晶格间距 a 相当的大小时，晶体不再可视为连续媒介，$\omega(k)$不再具有线性形式。在第一布里渊区的边界处易知有 $v_g=0$，此时的波不具备传播特征。

下面讨论波矢量 k 的取值问题。设一维晶体中共有 N 个原子，即 $n=1,2,\cdots,N$。为了保证端点处的平移不变性，通常采用玻恩-冯卡门边界条件：

$$u_{N+1}=u_1 \tag{5.3.7}$$

将该条件与式(5.3.3)联立，可得

$$k=\frac{2\pi}{Na}l \tag{5.3.8}$$

其中 l 为任意整数。在第一布里渊区内，k 有如下 N 个取值：

$$k=0,\pm\frac{2\pi}{Na},\pm 2\frac{2\pi}{Na},\cdots,\pm\left(\frac{N}{2}-1\right)\frac{2\pi}{Na},\frac{N}{2}\frac{2\pi}{Na} \tag{5.3.9}$$

由上文分析可知，这 N 个取值已经足够描述格波的运动了。在下文中，如无特别指明，我们总是默认 k 的取值范围在第一布里渊区内部。

2. 简正坐标

上文中已经验证式(5.3.3)是一维布拉菲晶体中原子运动方程的特解。不难验证，$e^{i[kna+\omega(k)t]}$也是运动方程的一个特解，且与式(5.3.3)具有相同的色散关系。二者的区别在于波的传播方向相反。因此，运动方程的解可写为如下形式：

$$u_n = \frac{1}{\sqrt{N}} \sum_k X_k(t) e^{ikna} \tag{5.3.10}$$

其中

$$X_k(t) = A(k) e^{-i\omega(k)t} + B(k) e^{i\omega(k)t} \tag{5.3.11}$$

式(5.3.10)等号两侧对时间进行微分，可得原子速度的表达式：

$$\dot{u}_n = \frac{1}{\sqrt{N}} \sum_k \dot{X}_k(t) e^{ikna} \tag{5.3.12}$$

注意，系数 $A(k)$和 $B(k)$均为复数。由于 u_n 须为实数，因此，$X_k(t)$须满足如下条件：

$$X_{-k}(t) = X_k^*(t)$$

上式意味着 $A(k)$和 $B(k)$须满足

$$A(-k) = A^*(k), \quad B(-k) = B^*(k) \tag{5.3.13}$$

观察式(5.3.10)或式(5.3.12)的右侧，可发现共包含 $2N$ 个独立变量。首先，由于$A(k)$和 $B(k)$均为复数，二者各包含两个变量，对 k 求和之后，总变量数为 $4N$。但由于式(5.3.13)的约束，这 $4N$ 个变量中只有 $2N$ 个是独立的，因此独立变量个数为 $2N$。这个结果是合理的。因为在该系统中，每个原子具有两个独立变量：位置和速度。因此，系统的自由度即为 $2N$。

由上述讨论可知，通过坐标变换，可以利用 $X_k(t)$和 $\dot{X}_k(t)$代替 u_n 和 $\dot{u}_n$ 来研究系统的运动。$X_k(t)$即为系统的简正坐标。

不难发现，系统的能量有如下形式：

$$H = \frac{1}{2} M \sum_{n=1}^{N} \dot{u}_n^2 + \frac{1}{2} M\omega_0^2 \sum_{n=1}^{N} (u_{n+1} - u_n)^2 \tag{5.3.14}$$

我们可以将能量用 $X_k(t)$表示。其中动能项为

$$T = \frac{1}{2} M \sum_{n=1}^{N} \dot{u}_n^2 = \frac{1}{2} M \frac{1}{N} \sum_{n=1}^{N} \sum_k \sum_{k'} \dot{X}_k \dot{X}_{k'} e^{i(k+k')na}$$

注意到有如下关系式：

$$\frac{1}{N} \sum_{n=1}^{N} e^{i(k-k')na} = \delta_{kk'} \tag{5.3.15}$$

上式的证明见本节末附注。利用上式，可将动能项写为

$$T = \frac{1}{2} M \sum_k \sum_{k'} \dot{X}_k \dot{X}_{k'} \delta_{k(-k')} = \frac{1}{2} M \sum_k \dot{X}_k \dot{X}_{-k} = \frac{1}{2} M \sum_k |\dot{X}_k|^2 \tag{5.3.16}$$

下面计算势能项：

$$\begin{aligned} V &= \frac{1}{2} M\omega_0^2 \sum_{n=1}^{N} (u_{n+1} - u_n)^2 = \frac{1}{2} M\omega_0^2 \frac{1}{N} \sum_{n=1}^{N} \left[\sum_k X_k e^{ikna} (e^{ika} - 1) \right]^2 \\ &= \frac{1}{2} M\omega_0^2 \frac{1}{N} \sum_{n=1}^{N} \left[\sum_k \sum_{k'} X_k X_{k'} e^{i(k+k')na} (e^{i(k+k')a} - e^{ika} - e^{ik'a} + 1) \right] \end{aligned}$$

利用式(5.3.15)，上式可化为

$$V=\frac{1}{2}M\omega_0^2\sum_k\sum_{k'}X_kX_{k'}(\mathrm{e}^{\mathrm{i}(k+k')a}-\mathrm{e}^{\mathrm{i}ka}-\mathrm{e}^{\mathrm{i}k'a}+1)\delta_{k(-k')}$$

$$=\frac{1}{2}M\omega_0^2\sum_k|X_k|^2(2-\mathrm{e}^{\mathrm{i}ka}-\mathrm{e}^{-\mathrm{i}ka})$$

$$=\frac{1}{2}M\omega_0^2\sum_k|X_k|^2 4\sin^2\left(\frac{ka}{2}\right)$$

利用色散关系式(5.3.4),上式可化为

$$V=\frac{1}{2}M\sum_k\omega^2(k)|X_k|^2 \tag{5.3.17}$$

由上述讨论可见,我们可利用简正坐标将系统的能量写为如下形式:

$$H=\sum_k\left[\frac{1}{2}M|\dot{X}_k|^2+\frac{1}{2}M\omega^2(k)|X_k|^2\right] \tag{5.3.18}$$

上式的形式类似于 N 个相互独立的谐振子的叠加,这种彼此独立的特征是式(5.3.14)所没有的。这将大大简化后面的计算。

3. 格波的量子化

到目前为止,讨论都是针对经典系统的。但客观上,微观粒子的运动遵循量子力学规律。因此,我们需对上面的结果进行量子化。

对于原子,其位移算符和动量算符满足对易关系:

$$[u_{n'},p_n]=\mathrm{i}\hbar\delta_{nn'} \tag{5.3.19}$$

下面考虑算符 X_k 和 $P_k=M\dot{X}_{-k}$ 的对易关系。首先需要明确这两个算符的表达式。由式(5.3.10)可知,X_k 具有如下表达式:

$$X_k=\frac{1}{\sqrt{N}}\sum_{n=1}^N u_n\mathrm{e}^{-\mathrm{i}kna} \tag{5.3.20}$$

上式的正确性可利用式(5.3.15)验证。由上式可知 P_k 具有如下形式:

$$P_k=M\dot{X}_{-k}=M\frac{1}{\sqrt{N}}\sum_{n=1}^N\dot{u}_n\mathrm{e}^{\mathrm{i}kna}=\frac{1}{\sqrt{N}}\sum_{n=1}^N p_n\mathrm{e}^{\mathrm{i}kna} \tag{5.3.21}$$

将上面两式中的变量 u_n 和 p_n 利用相应的算符代替,就得到了算符 X_k 和 P_k 的表达式。二者的对易关系如下:

$$[X_k,P_{k'}]=\frac{1}{N}\sum_{n=1}^N\sum_{n'=1}^N[u_n,p_{n'}]\mathrm{e}^{\mathrm{i}(k'n'-kn)a}$$

$$=\frac{\mathrm{i}\hbar}{N}\sum_{n=1}^N\mathrm{e}^{\mathrm{i}(k'-k)na}=\mathrm{i}\hbar\delta_{kk'} \tag{5.3.22}$$

此外,容易验证有

$$[X_k,X_{k'}]=[P_k,P_{k'}]=0 \tag{5.3.23}$$

可见,算符 X_k 和 P_k 具备坐标算符和动量算符的对易特征。但要注意,二者不是厄米算符,因为

$$X_k^\dagger=X_{-k},\quad P_k^\dagger=P_{-k} \tag{5.3.24}$$

仿照1.2节中谐振子的内容,引入算符:

$$A_k=\frac{1}{\sqrt{2M\hbar\omega(k)}}[M\omega(k)X_k+\mathrm{i}P_{-k}] \tag{5.3.25}$$

利用式(5.3.24)，可知其伴算符为

$$A_k^{\dagger}=\frac{1}{\sqrt{2M\hbar\omega(k)}}[M\omega(k)X_{-k}-\mathrm{i}P_k] \tag{5.3.26}$$

从对易关系式(5.3.22)和式(5.3.23)出发，可得到 A_k 和 $A_{k'}^{\dagger}$ 的对易关系如下：

$$[A_k, A_{k'}^{\dagger}]=\delta_{kk'} \tag{5.3.27}$$

X_k 和 P_k 可利用 A_k 和 $A_k^{\dagger}$ 表示为如下形式：

$$X_k=\sqrt{\frac{\hbar}{2M\omega(k)}}(A_{-k}^{\dagger}+A_k) \tag{5.3.28}$$

$$P_k=\mathrm{i}\sqrt{\frac{M\omega(k)\hbar}{2}}(A_k^{\dagger}-A_{-k}) \tag{5.3.29}$$

由式(5.3.18)可知，系统的哈密顿量为

$$H=\sum_k\left[\frac{1}{2M}P_kP_{-k}+\frac{1}{2}M\omega^2(k)X_kX_{-k}\right] \tag{5.3.30}$$

利用式(5.3.28)和式(5.3.29)，可将哈密顿量写为

$$H=\sum_k\frac{1}{2}\hbar\omega(k)(A_k^{\dagger}A_k+A_kA_k^{\dagger}) \tag{5.3.31}$$

注意，在上式的计算中，要利用 $\omega(k)$ 的偶函数特性，以及 k 的取值范围的对称性。例如有

$$\sum_k\frac{1}{2}\hbar\omega(k)A_{-k}^{\dagger}A_{-k}=\sum_k\frac{1}{2}\hbar\omega(-k)A_k^{\dagger}A_k=\sum_k\frac{1}{2}\hbar\omega(k)A_k^{\dagger}A_k$$

利用式(5.3.27)，式(5.3.31)还可写为

$$H=\sum_k\hbar\omega(k)\left(A_k^{\dagger}A_k+\frac{1}{2}\right) \tag{5.3.32}$$

A_k 和 $A_k^{\dagger}$ 与哈密顿量中 k 分量之间的关系与谐振子中的内容是完全一样的。因此，A_k 和 $A_k^{\dagger}$ 也具有下降算符和上升算符的性质。我们可以直接套用 1.2 节中关于谐振子的升降算符的相关结论。引入算符 N_k：

$$N_k=A_k^{\dagger}A_k \tag{5.3.33}$$

其本征值为

$$n_k=0,1,2,3,\cdots \tag{5.3.34}$$

可见，系统能量的本征值即为

$$H=\sum_k\hbar\omega(k)\left(n_k+\frac{1}{2}\right) \tag{5.3.35}$$

由上面的分析可见，格波的能量也是量子化的。每个波矢量对应的能量由 n_k 决定。N_k 可视为一种粒子数算符。A_k 和 $A_k^{\dagger}$ 则对应这种粒子的湮灭和产生，因此也被称为湮灭算符和产生算符。这种粒子的数量 n_k 决定了波矢量为 k 的格波(也就是声波)的能量，因此被称为声子(phonon)。换句话说，声子代表了量子化的格波。注意到，在同一量子态上，声子的数量可以是任意的，因此声子是一种玻色子。

4. 基元数多于 1 的一维晶体

下面考虑有两个基元的一维晶体。两个基元的平衡位置分别位于 na 和 $na+d$。假设两个基元的质量相等，但 $d<a/2$。此外，设原子与其左右两侧的相邻原子之间的力常量不同，且分别记为 κ 和 γ。此处约定 $\kappa>\gamma$：γ 表示两个相距较长的相邻原子之间的作用，而 κ

表示两个相距较短的相邻原子之间的作用。该系统的一维弹簧振子链模型如图 5.3.4 所示。

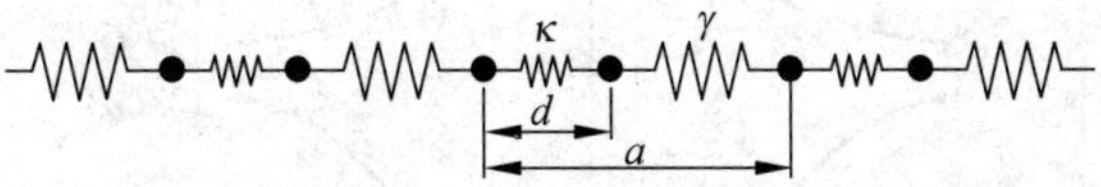

图 5.3.4 基元数为 2 的一维弹簧振子链模型

记平衡位置位于 na 的原子偏离平衡位置的位移为 u_n，平衡位置为 $na+d$ 的原子偏离平衡位置的位移为 h_n。二者的运动方程分别为

$$M\ddot{u}_n=\kappa(h_n-u_n)-\gamma(u_n-h_{n-1}) \tag{5.3.36}$$

$$M\ddot{h}_n=\gamma(u_{n+1}-h_n)-\kappa(h_n-u_n) \tag{5.3.37}$$

仍然寻找具有行波形式的解：

$$u_n=c_1(k)\mathrm{e}^{\mathrm{i}(kna-\omega t)} \tag{5.3.38}$$

$$h_n=c_2(k)\mathrm{e}^{\mathrm{i}(kna-\omega t)} \tag{5.3.39}$$

运用玻恩-冯卡门边界条件，可得 k 的取值在第一布里渊区之内就已足够描述格波。

将上面两式代入运动方程，可得

$$-Mc_1\omega^2=\kappa(c_2-c_1)-\gamma(c_1-c_2\mathrm{e}^{-\mathrm{i}ka}) \tag{5.3.40}$$

$$-Mc_2\omega^2=\gamma(c_1\mathrm{e}^{\mathrm{i}ka}-c_2)-\kappa(c_2-c_1) \tag{5.3.41}$$

将上面两式联立写为矩阵形式，有

$$\begin{pmatrix} M\omega^2-(\kappa+\gamma) & \kappa+\gamma\mathrm{e}^{-\mathrm{i}ka} \\ \kappa+\gamma\mathrm{e}^{\mathrm{i}ka} & M\omega^2-(\kappa+\gamma)\end{pmatrix}\begin{pmatrix}c_1\\c_2\end{pmatrix}=\begin{pmatrix}0\\0\end{pmatrix} \tag{5.3.42}$$

该方程组有非零解的条件是系数行列式为零：

$$[M\omega^2-(\kappa+\gamma)]^2-|\kappa+\gamma\mathrm{e}^{-\mathrm{i}ka}|^2=0$$

上式为 ω^2 的二元一次方程，其解为

$$\omega^2=\frac{\kappa+\gamma}{M}\pm\frac{1}{M}\sqrt{\kappa^2+\gamma^2+2\kappa\gamma\cos(ka)} \tag{5.3.43}$$

上式即为本例的色散关系。可见，此时有两支曲线。其中一个分支为

$$\omega_-^2(k)=\frac{\kappa+\gamma}{M}-\frac{1}{M}\sqrt{\kappa^2+\gamma^2+2\kappa\gamma\cos(ka)} \tag{5.3.44}$$

该分支与前文中一维布拉菲晶体的色散关系具有相同的特点：在 $k\to0$ 处趋于 0 且呈线性关系；在第一布里渊区边界表现出驻波特征。这一分支色散关系称为声学支(acoustic branch)。它代表了可传播的集体振动模式。

色散关系的另外一个分支为

$$\omega_+^2(k)=\frac{\kappa+\gamma}{M}+\frac{1}{M}\sqrt{\kappa^2+\gamma^2+2\kappa\gamma\cos(ka)} \tag{5.3.45}$$

该分支在 $k=0$ 处不为 0，且随着 $|k|$ 的增大而减少。这一分支色散关系称为光学支(optical branch)。图 5.3.5 给出了系统的色散关系示意图。

两个基元对应的格波的波幅可利用式(5.3.42)得到：

$$[M\omega^2-(\kappa+\gamma)]c_1+[\kappa+\gamma\mathrm{e}^{-\mathrm{i}ka}]c_2=0\Rightarrow\frac{c_2}{c_1}=-\frac{M\omega^2-(\kappa+\gamma)}{\kappa+\gamma\mathrm{e}^{-\mathrm{i}ka}}$$

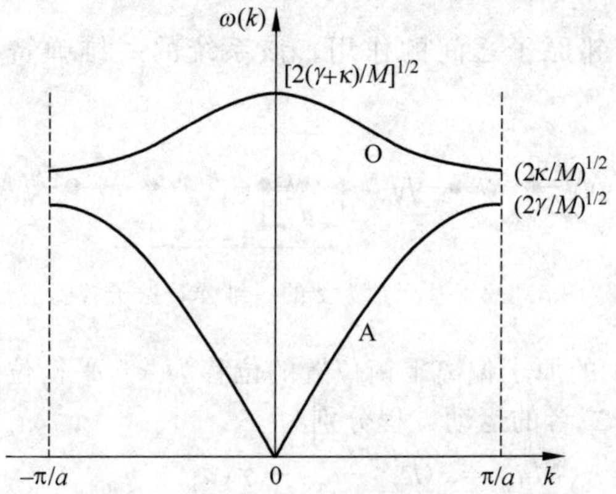

图 5.3.5 基元数为 2 的一维晶体的色散关系

图中,“A”表示声学支,“O”表示光学支

将上式与式(5.3.43)联立,可得

$$\frac{c_2}{c_1}=-\frac{M\omega^2-(\kappa+\gamma)}{\kappa+\gamma e^{-ika}}=\mp\frac{\sqrt{\kappa^2+\gamma^2+2\kappa\gamma\cos(ka)}}{\kappa+\gamma e^{-ika}}=\mp\frac{|\kappa+\gamma e^{-ika}|}{\kappa+\gamma e^{-ika}} \tag{5.3.46}$$

下面讨论两个特殊的 k 值：

(1) $k\to 0$。此时有 $\cos(ka)\to 1-(ka)^2/2$。对于声学支,有

$$\omega_A^2(k)\to\frac{\kappa+\gamma}{M}-\frac{1}{M}\sqrt{\kappa^2+\gamma^2+2\kappa\gamma-\kappa\gamma(ka)^2}\to$$

$$\frac{\kappa+\gamma}{M}-\frac{\kappa+\gamma}{M}\left[1-\frac{1}{2}\frac{\kappa\gamma}{(\kappa+\gamma)^2}(ka)^2\right]$$

$$\frac{c_2}{c_1}\to 1$$

经整理可得

$$\omega_A(k)\to\sqrt{\frac{\kappa\gamma}{2M(\kappa+\gamma)}}ka,\quad c_1\approx c_2,\quad \frac{u_n}{u_{n+1}}=\frac{h_n}{h_{n+1}}\approx 1 \tag{5.3.47}$$

而对于光学支,则有

$$\omega_O^2(k)\to\frac{\kappa+\gamma}{M}+\frac{\kappa+\gamma}{M}\left[1-\frac{1}{2}\frac{\kappa\gamma}{(\kappa+\gamma)^2}(ka)^2\right]$$

$$\frac{c_2}{c_1}\to -1$$

即

$$\omega_O(k)\to\sqrt{\frac{2(\kappa+\gamma)}{M}}-O(ka)^2,\quad c_1\approx -c_2,\quad \frac{u_n}{u_{n+1}}=\frac{h_n}{h_{n+1}}\approx 1 \tag{5.3.48}$$

可见,声学支中,同一原胞内的两个原子的振动是同相的；而在光学支中,同一原胞内的两个原子作高频振动,且相位相差 π。此外,不同原胞内的基元运动是一致的。图 5.3.6 给出了这两种情况的示意图。

(2) $k=\pi/a$。此时,声学支和光学支分别有

$$\omega_A=\sqrt{\frac{2\gamma}{M}},\quad c_1=c_2,\quad \frac{u_n}{u_{n+1}}=\frac{h_n}{h_{n+1}}=-1 \tag{5.3.49}$$

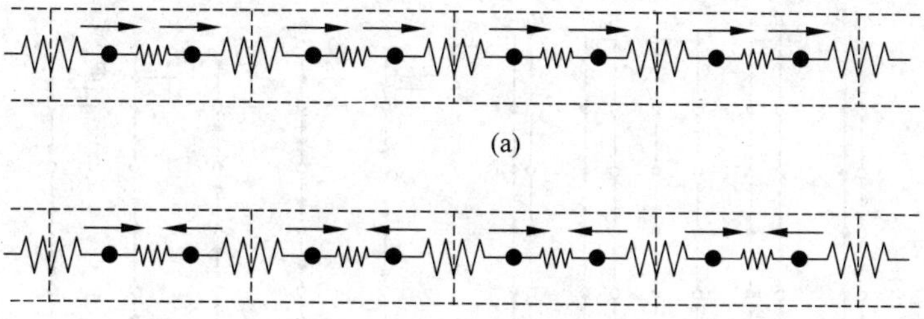

图 5.3.6 $k\to 0$ 时，声学支(a)和光学支(b)对应的晶格微观运动(虚线框标识晶胞)

$$\omega_{O}=\sqrt{\frac{2\kappa}{M}},\quad c_1=-c_2,\quad \frac{u_n}{u_{n+1}}=\frac{h_n}{h_{n+1}}=-1 \tag{5.3.50}$$

在声学支中，一个原胞内的两个原子的振动是同相的，但是相邻原胞的原子的振动相位相差 π。在光学支中，一个原胞内的两个原子的振动相位相差 π，相邻原胞的同一个基元的振动相位也相差 π。图 5.3.7 给出了这两种情况的示意图。这两种情况下，都仅有一种“弹簧”被拉伸或压缩，而另一种则保持不变。

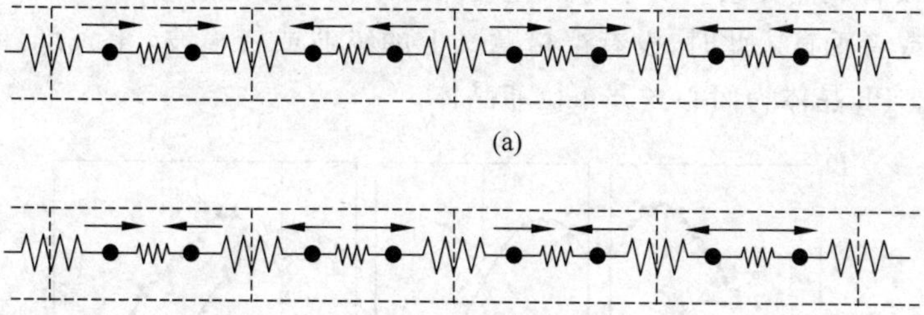

图 5.3.7 $k=\pi/a$ 时，声学支(a)和光学支(b)对应的晶格微观运动(虚线框标识晶胞)

由上面的分析可见，通过增加一个基元，使得系统的运动自由度增加了 $2N$(N 为原胞数)，这导致新的色散关系出现(光学支)。这种新增的运动自由度体现在一个原胞内的两个原子之间的相对运动。在光学支中，同一个原胞内的两个原子的振动相位是不一致的，甚至是相反的。而在固有的声学支中，同一原胞内的原子的振动相位是一致的。

对于一维晶体，若基元个数为 d，则色散关系共有 d 支，其中 1 支为声学支，其余 $d-1$ 支为光学支。声学支代表同一原胞内所有原子的振动相位一致的情况。

5.3.2 三维晶体

1. 三维布拉菲晶体

在三维晶体中，简正模代表了平面波。设想在一个简单立方晶体中有两个在(100)方向传播的波，二者具有同样的波长，因此，这两个波的波矢量相同。其中一个波的位移平行于波的传播方向，称为纵波；另一个波的位移垂直于波的传播方向，称为横波。图 5.3.8 表示出了这两种情况。同一个波矢量，独立的横波可以有两个，且二者对应的位移方向相互垂直。平面波或简正模的位移方向称为极化(polarization)。

因此，在三维布拉菲晶体中，一个波矢量 $\boldsymbol{k}$ 对应三个简正模。每个简正模都具有自己的频率 $\omega_{\boldsymbol{k},j}$ 和极化矢量 $\boldsymbol{e}_{\boldsymbol{k},j}$ ($j=1,2,3$)。极化矢量是一个单位矢量，标明原子位移的方

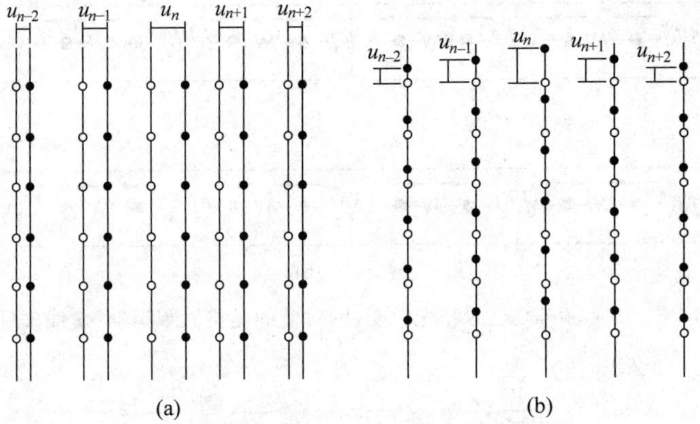

图 5.3.8 简单立方晶体中的平面波

(a) 纵波；(b) 横波

二者具有相同的波矢量。空心圆表示原子的平衡位置，实心圆表示原子的实际位置。

向。同一个波矢量对应的三个极化矢量是相互正交的。需要注意的是，三个极化矢量的方向与 $\boldsymbol{k}$ 的方向没有必然关系。对于对称性较低的系统或者传播方向，三个极化矢量可以不与 $\boldsymbol{k}$ 方向平行或者垂直。此时，没有严格意义上的纵波或者横波。图 5.3.9 给出了 Pb 晶体的色散关系。Pb 晶体为面心立方布拉菲晶体。

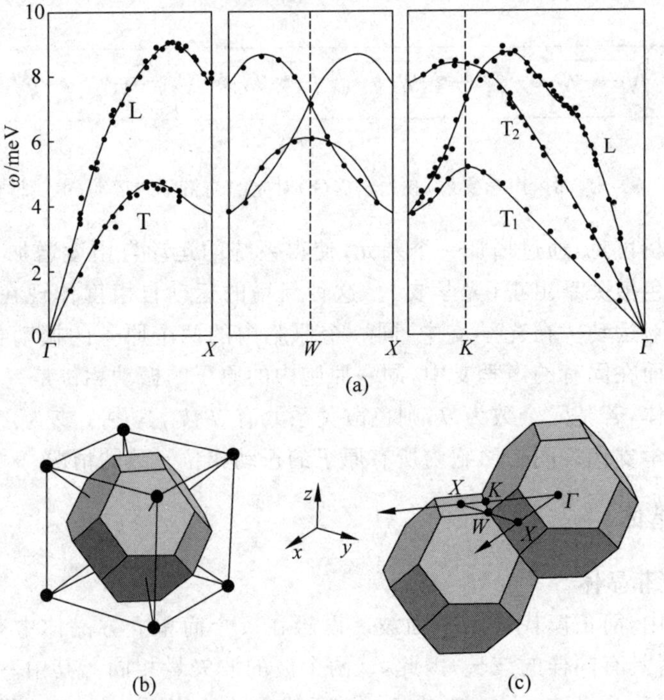

图 5.3.9 Pb 晶体色散关系的中子散射测量结果(Brockhouse,1962)

Pb 晶体是一种面心立方布拉菲晶体，其倒易点阵为体心立方结构。(a)为测量结果，(b)给出了系统的第一布里渊区，(c)给出了测量路径：从第一布里渊区的中心 Γ 点出发，先到达边界 X 点；然后在边界上继续测量，途经 W 点，到达另一个 X 点；最后途经 K 点，返回 Γ 点。实验结果清晰地揭示了声学支的三个分支。其中"L"表示纵波，"T"表示横波。注意，系统在[100]方向上具备四重旋转对称性，因此在该方向上的两个横波分支是简并的。

我们仍然对原子位移采用玻恩-冯卡门边界条件，可得与一维系统同样的结论：我们只需要考虑 $\boldsymbol{k}$ 在第一布里渊区内的 N 个值就足够描述晶格运动了（N 为系统的原胞数）。记平衡位置位于 $\boldsymbol{R}=n_1\boldsymbol{a}_1+n_2\boldsymbol{a}_2+n_3\boldsymbol{a}_3$ 处的原子偏离平衡位置的位移为 $\boldsymbol{u}_{\boldsymbol{R}}$，$\boldsymbol{u}_{\boldsymbol{R}}$ 由所有简正模造成的位移叠加而成：

$$\boldsymbol{u}_{\boldsymbol{R}}=\frac{1}{\sqrt{N}}\sum_{\boldsymbol{k}}\sum_{j=1}^{3}X_{\boldsymbol{k},j}(t)\mathrm{e}^{\mathrm{i}\boldsymbol{k}\cdot\boldsymbol{R}}\boldsymbol{e}_{\boldsymbol{k},j} \tag{5.3.51}$$

式中，$X_{\boldsymbol{k},j}(t)$ 为简正坐标。为了保证 $\boldsymbol{u}_{\boldsymbol{R}}$ 为实数，$X_{\boldsymbol{k},j}(t)$ 须满足

$$X_{-\boldsymbol{k},j}=X_{\boldsymbol{k},j}^{*} \tag{5.3.52}$$

$\omega_{\boldsymbol{k},j}$ 和 $\boldsymbol{e}_{\boldsymbol{k},j}$ 须满足

$$\omega_{-\boldsymbol{k},j}=\omega_{\boldsymbol{k},j} \tag{5.3.53}$$

$$\boldsymbol{e}_{-\boldsymbol{k},j}=\boldsymbol{e}_{\boldsymbol{k},j},\quad \boldsymbol{e}_{\boldsymbol{k},j}\cdot\boldsymbol{e}_{\boldsymbol{k},j'}=\delta_{jj'} \tag{5.3.54}$$

利用简正坐标，可将系统能量写为

$$H=\sum_{\boldsymbol{k},j}\left[\frac{1}{2}M|\dot{X}_{\boldsymbol{k},j}|^2+\frac{1}{2}M\omega_{\boldsymbol{k},j}^2|X_{\boldsymbol{k},j}|^2\right] \tag{5.3.55}$$

上述三维布拉菲晶体中的结论与一维情况一致。这里从一维情况到三维情况的推广是直接的，对细节感兴趣的读者可参考（Ashcroft，1976）中相关章节。

利用式（5.3.15）易知有

$$\frac{1}{N}\sum_{\boldsymbol{R}}\mathrm{e}^{\mathrm{i}(\boldsymbol{k}-\boldsymbol{k}')\cdot\boldsymbol{R}}=\delta_{\boldsymbol{k}\boldsymbol{k}'} \tag{5.3.56}$$

利用上式，可验证 $X_{\boldsymbol{k},j}$ 有如下形式：

$$X_{\boldsymbol{k},j}=\frac{1}{\sqrt{N}}\sum_{\boldsymbol{R}}(\boldsymbol{u}_{\boldsymbol{R}}\cdot\boldsymbol{e}_{\boldsymbol{k},j})\mathrm{e}^{-\mathrm{i}\boldsymbol{k}\cdot\boldsymbol{R}} \tag{5.3.57}$$

上式的形式与式（5.3.20）是完全一致的。因此，对其进行量子化，有与前文一致的结论。这里不再重复计算过程，而是直接罗列结论如下。

引入算符 $P_{\boldsymbol{k},j}=M\dot{X}_{-\boldsymbol{k},j}$。由式（5.3.52）可知，算符 $X_{\boldsymbol{k},j}$ 与 $P_{\boldsymbol{k},j}$ 满足如下关系：

$$X_{-\boldsymbol{k},j}=X_{\boldsymbol{k},j}^{\dagger},\quad P_{-\boldsymbol{k},j}=P_{\boldsymbol{k},j}^{\dagger} \tag{5.3.58}$$

$X_{\boldsymbol{k},j}$ 与 $P_{\boldsymbol{k},j}$ 具有对易关系：

$$[X_{\boldsymbol{k},j},P_{\boldsymbol{k}',j'}]=\mathrm{i}\hbar\delta_{\boldsymbol{k}\boldsymbol{k}'}\delta_{jj'} \tag{5.3.59}$$

$$[X_{\boldsymbol{k},j},X_{\boldsymbol{k}',j'}]=[P_{\boldsymbol{k},j},P_{\boldsymbol{k}',j'}]=0 \tag{5.3.60}$$

引入湮灭和产生算符：

$$A_{\boldsymbol{k},j}=\frac{1}{\sqrt{2M\hbar\omega_{\boldsymbol{k},j}}}(M\omega_{\boldsymbol{k},j}X_{\boldsymbol{k},j}+\mathrm{i}P_{-\boldsymbol{k},j}) \tag{5.3.61}$$

$$A_{\boldsymbol{k},j}^{\dagger}=\frac{1}{\sqrt{2M\hbar\omega_{\boldsymbol{k},j}}}(M\omega_{\boldsymbol{k},j}X_{-\boldsymbol{k},j}-\mathrm{i}P_{\boldsymbol{k},j}) \tag{5.3.62}$$

二者具有对易关系：

$$[A_{\boldsymbol{k},j},A_{\boldsymbol{k}',j'}^{\dagger}]=\delta_{\boldsymbol{k}\boldsymbol{k}'}\delta_{jj'} \tag{5.3.63}$$

系统的哈密顿量可写为 $3N$ 个独立的谐振子的叠加形式：

$$H=\sum_{\boldsymbol{k},j}\hbar\omega_{\boldsymbol{k},j}\left(A_{\boldsymbol{k},j}^{\dagger}A_{\boldsymbol{k},j}+\frac{1}{2}\right) \tag{5.3.64}$$

利用式(5.3.61)和式(5.3.62)，可得

$$X_{k,j}=\sqrt{\frac{\hbar}{2M\omega_{k,j}}}(A_{-k,j}^{\dagger}+A_{k,j}) \tag{5.3.65}$$

$$P_{k,j}=\mathrm{i}\sqrt{\frac{M\omega_{k,j}\hbar}{2}}(A_{k,j}^{\dagger}-A_{-k,j}) \tag{5.3.66}$$

将式(5.3.65)代入式(5.3.51)，可得

$$\boldsymbol{u}_{\boldsymbol{R}}=\frac{1}{\sqrt{N}}\sum_{\boldsymbol{k}}\sum_{j=1}^{3}\sqrt{\frac{\hbar}{2M\omega_{k,j}}}(A_{-k,j}^{\dagger}+A_{k,j})\mathrm{e}^{\mathrm{i}\boldsymbol{k}\cdot\boldsymbol{R}}\boldsymbol{e}_{k,j} \tag{5.3.67}$$

注意到 $\boldsymbol{k}$ 的取值范围具有对称性，因此有

$$\sum_{\boldsymbol{k}}\sqrt{\frac{1}{\omega_{k,j}}}A_{-k,j}^{\dagger}\mathrm{e}^{\mathrm{i}\boldsymbol{k}\cdot\boldsymbol{R}}\boldsymbol{e}_{k,j}=\sum_{\boldsymbol{k}}\sqrt{\frac{1}{\omega_{-k,j}}}A_{k,j}^{\dagger}\mathrm{e}^{-\mathrm{i}\boldsymbol{k}\cdot\boldsymbol{R}}\boldsymbol{e}_{-k,j}=\sum_{\boldsymbol{k}}\sqrt{\frac{1}{\omega_{k,j}}}A_{k,j}^{\dagger}\mathrm{e}^{-\mathrm{i}\boldsymbol{k}\cdot\boldsymbol{R}}\boldsymbol{e}_{k,j}$$

利用上式，可将式(5.3.67)写为

$$\boldsymbol{u}_{\boldsymbol{R}}=\sqrt{\frac{\hbar}{2MN}}\sum_{\boldsymbol{k}}\sum_{j=1}^{3}\omega_{k,j}^{-1/2}(A_{k,j}^{\dagger}\mathrm{e}^{-\mathrm{i}\boldsymbol{k}\cdot\boldsymbol{R}}+A_{k,j}\mathrm{e}^{\mathrm{i}\boldsymbol{k}\cdot\boldsymbol{R}})\boldsymbol{e}_{k,j} \tag{5.3.68}$$

上式为后文中讨论的基础。

2. 基元数多于1的三维晶体

当基元数多于1时，系统的自由度增加。设每个原胞中含有 g 个原子，则其色散关系应含有 $3g$ 个分支。其中3个分支为声学支，代表原胞内的原子振动相位相同的情况。其余 $3g-3$ 个分支为光学支，代表原胞内原子的振动相位不一致的情况。记位于 $\boldsymbol{R}$ 处的原胞中，第 s 个基元的位移为 $\boldsymbol{u}_{\boldsymbol{R}}^{(s)}$。$\boldsymbol{u}_{\boldsymbol{R}}^{(s)}$ 具有简正模叠加的形式：

$$\boldsymbol{u}_{\boldsymbol{R}}^{(s)}=\sqrt{\frac{1}{M^{(s)}N}}\sum_{\boldsymbol{k}}\sum_{j=1}^{3g}X_{k,j}\mathrm{e}^{\mathrm{i}\boldsymbol{k}\cdot\boldsymbol{R}}\boldsymbol{\sigma}_{k,j}^{(s)} \tag{5.3.69}$$

式中，$M^{(s)}$ 为第 s 个基元的质量。上式与式(5.3.51)相比，主要有两点不同。第一，对 j 的作和增加到 $3g$。这是因为系统的自由度增加，导致简正坐标或简正模数量相应地增加。第二，$\boldsymbol{\sigma}_{k,j}^{(s)}$ 代替了极化矢量 $\boldsymbol{e}_{k,j}$。$\boldsymbol{\sigma}_{k,j}^{(s)}$ 不但包含极化方向的信息，还描述一个原胞内不同原子的振动幅度和相位之差。由于 $\boldsymbol{u}_{\boldsymbol{R}}^{(s)}$ 为实数，意味着有

$$X_{-k,j}=X_{k,j}^{*},\quad \boldsymbol{\sigma}_{-k,j}^{(s)}=(\boldsymbol{\sigma}_{k,j}^{(s)})^{*}$$

$\boldsymbol{\sigma}_{k,j}^{(s)}$ 的选取具有一定的任意性。为计算方便，要求其满足如下条件：

$$\sum_{s=1}^{g}(\boldsymbol{\sigma}_{k,j}^{(s)})^{*}\cdot\boldsymbol{\sigma}_{k,j'}^{(s)}=\delta_{jj'},\quad \sum_{j=1}^{3g}\sigma_{k,j,\alpha}^{(s)}(\sigma_{k,j,\beta}^{(s')})^{*}=\delta_{\alpha\beta}\delta_{ss'} \tag{5.3.70}$$

其中，$\sigma_{k,j,\alpha}^{(s)}$ 表示$\boldsymbol{\sigma}_{k,j}^{(s)}$ 在 α 方向上的分量。$\boldsymbol{\sigma}_{k,j}^{(s)}$ 可以取为如下形式：

$$\boldsymbol{\sigma}_{k,j}^{(s)}=\mathrm{e}^{\mathrm{i}\boldsymbol{k}\cdot\boldsymbol{d}_s}\boldsymbol{e}_{k,j}^{(s)} \tag{5.3.71}$$

式中，$\boldsymbol{d}_s$ 表示第 s 个基元在原胞中的位置。$\boldsymbol{e}_{k,j}^{(s)}$ 须满足类似式(5.3.70)中的条件。对于具备空间反转对称性的系统，$\boldsymbol{e}_{k,j}^{(s)}$ 是实向量(Lovesey，1984)。

容易验证，简正坐标的表达式如下：

$$X_{k,j}=\sqrt{\frac{1}{N}}\sum_{\boldsymbol{R}}\sum_{s=1}^{g}\sqrt{M^{(s)}}\boldsymbol{u}_{\boldsymbol{R}}^{(s)}\cdot(\boldsymbol{\sigma}_{k,j}^{(s)})^{*}\mathrm{e}^{-\mathrm{i}\boldsymbol{k}\cdot\boldsymbol{R}}$$

系统能量可利用简正坐标写为

$$H=\sum_{\boldsymbol{k}}\sum_{j=1}^{3g}\left(\frac{1}{2}|\dot{X}_{\boldsymbol{k},j}|^2+\frac{1}{2}\omega_{\boldsymbol{k},j}^2|X_{\boldsymbol{k},j}|^2\right)$$

简正坐标可根据与前文相同的方法进行量子化,并可定义湮灭算符和产生算符:

$$A_{\boldsymbol{k},j}=\frac{1}{\sqrt{2\hbar\omega_{\boldsymbol{k},j}}}(\omega_{\boldsymbol{k},j}X_{\boldsymbol{k},j}+\mathrm{i}P_{-\boldsymbol{k},j})$$

$$A_{\boldsymbol{k},j}^{\dagger}=\frac{1}{\sqrt{2\hbar\omega_{\boldsymbol{k},j}}}(\omega_{\boldsymbol{k},j}X_{-\boldsymbol{k},j}-\mathrm{i}P_{\boldsymbol{k},j})$$

利用上面两式,可得

$$X_{\boldsymbol{k},j}=\sqrt{\frac{\hbar}{2\omega_{\boldsymbol{k},j}}}(A_{-\boldsymbol{k},j}^{\dagger}+A_{\boldsymbol{k},j})$$

将上式代入式(5.3.69),可将位移算符写为如下形式:

$$\boldsymbol{u}_{\boldsymbol{R}}^{(s)}=\sqrt{\frac{\hbar}{2M^{(s)}N}}\sum_{\boldsymbol{k}}\sum_{j=1}^{3g}\omega_{\boldsymbol{k},j}^{-1/2}\left[A_{\boldsymbol{k},j}^{\dagger}\mathrm{e}^{-\mathrm{i}\boldsymbol{k}\cdot\boldsymbol{R}}(\boldsymbol{\sigma}_{\boldsymbol{k},j}^{(s)})^{*}+A_{\boldsymbol{k},j}\mathrm{e}^{\mathrm{i}\boldsymbol{k}\cdot\boldsymbol{R}}\boldsymbol{\sigma}_{\boldsymbol{k},j}^{(s)}\right] \quad (5.3.72)$$

上式与式(5.3.68)有类似的形式。

附:式(5.3.15)的证明

$$\frac{1}{N}\sum_{n=1}^{N}\mathrm{e}^{\mathrm{i}(k-k')na}=\delta_{kk'}$$

式中,k 的取值范围限于第一布里渊区之内。

下面证明该式。注意到,$k-k'$ 的取值可写为 $\frac{2\pi}{Na}m$,其中 m 为整数且取值范围在 $-N\sim N$。当 $k=k'$ 时,易知等式左侧等于1。而当 $k\neq k'$ 时,等式左侧对 n 的作和刚好跨越 m 个整周期,因此结果为0,结论成立。

5.4 声子的测量

本节介绍利用中子散射技术测量声子的原理和方法。

5.4.1 相干散射部分

利用中子的相干非弹性散射可直接测量声子。我们首先以布拉菲晶体为例说明中子散射技术测量声子的原理。

1. 声子展开

对于布拉菲晶体,相干散射的双微分截面为(见式(2.2.57))

$$\left(\frac{\mathrm{d}^2\sigma}{\mathrm{d}\Omega\mathrm{d}E_{\mathrm{f}}}\right)_{\mathrm{coh}}=\frac{1}{2\pi\hbar}\frac{k_{\mathrm{f}}}{k_{\mathrm{i}}}b^2\int_{-\infty}^{\infty}\mathrm{d}t\,\mathrm{e}^{-\mathrm{i}\omega t}\left\langle\sum_{l=1}^{N}\sum_{l'=1}^{N}\mathrm{e}^{-\mathrm{i}\boldsymbol{Q}\cdot\boldsymbol{r}_l(0)}\mathrm{e}^{\mathrm{i}\boldsymbol{Q}\cdot\boldsymbol{r}_{l'}(t)}\right\rangle \quad (5.4.1)$$

其中,N 为原子个数,b 为原子的相干散射长度,$\boldsymbol{r}_l$ 为原子 l 的位置。$\boldsymbol{r}_l$ 可写为原子的平衡位置 $\boldsymbol{R}_l$ 与偏离平衡位置的位移 $\boldsymbol{u}_l$ 之和:

$$\boldsymbol{r}_l=\boldsymbol{R}_l+\boldsymbol{u}_l$$

因此,式(5.4.1)可写为

$$\left(\frac{\mathrm{d}^2\sigma}{\mathrm{d}\Omega\mathrm{d}E_\mathrm{f}}\right)_{\mathrm{coh}}=\frac{1}{2\pi\hbar}\frac{k_\mathrm{f}}{k_\mathrm{i}}b^2\sum_{l=1}^{N}\sum_{l'=1}^{N}\mathrm{e}^{\mathrm{i}\boldsymbol{Q}\cdot(\boldsymbol{R}_{l'}-\boldsymbol{R}_l)}\int_{-\infty}^{\infty}\mathrm{d}t\,\mathrm{e}^{-\mathrm{i}\omega t}\langle\mathrm{e}^{-\mathrm{i}\boldsymbol{Q}\cdot\boldsymbol{u}_l(0)}\mathrm{e}^{\mathrm{i}\boldsymbol{Q}\cdot\boldsymbol{u}_{l'}(t)}\rangle$$

注意，上式中，$\mathrm{e}^{\mathrm{i}\boldsymbol{Q}\cdot(\boldsymbol{R}_{l'}-\boldsymbol{R}_l)}$ 和 $\langle\mathrm{e}^{-\mathrm{i}\boldsymbol{Q}\cdot\boldsymbol{u}_l(0)}\mathrm{e}^{\mathrm{i}\boldsymbol{Q}\cdot\boldsymbol{u}_{l'}(t)}\rangle$ 两项均只与原子 l 和原子 l' 的相对位置有关。因此，上式可简化为

$$\left(\frac{\mathrm{d}^2\sigma}{\mathrm{d}\Omega\mathrm{d}E_\mathrm{f}}\right)_{\mathrm{coh}}=\frac{N}{2\pi\hbar}\frac{k_\mathrm{f}}{k_\mathrm{i}}b^2\sum_{l=1}^{N}\mathrm{e}^{\mathrm{i}\boldsymbol{Q}\cdot\boldsymbol{R}_l}\int_{-\infty}^{\infty}\mathrm{d}t\,\mathrm{e}^{-\mathrm{i}\omega t}\langle\mathrm{e}^{-\mathrm{i}\boldsymbol{Q}\cdot\boldsymbol{u}_0(0)}\mathrm{e}^{\mathrm{i}\boldsymbol{Q}\cdot\boldsymbol{u}_l(t)}\rangle \tag{5.4.2}$$

为了进一步计算微分截面，我们需要得到 $\boldsymbol{Q}\cdot\boldsymbol{u}_l(t)$ 的形式。$\boldsymbol{Q}\cdot\boldsymbol{u}_l(t)$ 是算符 $\boldsymbol{Q}\cdot\boldsymbol{u}_l$ 在海森堡绘景下的形式。根据式(5.3.68)可知

$$\boldsymbol{Q}\cdot\boldsymbol{u}_l(t)=\sqrt{\frac{\hbar}{2MN}}\sum_{\boldsymbol{k},j}\omega_{\boldsymbol{k},j}^{-1/2}\left[A_{\boldsymbol{k},j}^{\dagger}(t)\mathrm{e}^{-\mathrm{i}\boldsymbol{k}\cdot\boldsymbol{R}_l}+A_{\boldsymbol{k},j}(t)\mathrm{e}^{\mathrm{i}\boldsymbol{k}\cdot\boldsymbol{R}_l}\right]\boldsymbol{Q}\cdot\boldsymbol{e}_{\boldsymbol{k},j} \tag{5.4.3}$$

利用海森堡绘景下的运动方程，有

$$\frac{\mathrm{d}}{\mathrm{d}t}A_{\boldsymbol{k},j}(t)=\frac{1}{\mathrm{i}\hbar}[A_{\boldsymbol{k},j}(t),H]=\frac{1}{\mathrm{i}\hbar}\exp\left(\mathrm{i}\frac{Ht}{\hbar}\right)[A_{\boldsymbol{k},j},H]\exp\left(-\mathrm{i}\frac{Ht}{\hbar}\right)$$

注意到 $[A_{\boldsymbol{k},j},H]=\hbar\omega_{\boldsymbol{k},j}[A_{\boldsymbol{k},j},A_{\boldsymbol{k},j}^{\dagger}A_{\boldsymbol{k},j}]=\hbar\omega_{\boldsymbol{k},j}A_{\boldsymbol{k},j}$，上式可化为

$$\frac{\mathrm{d}}{\mathrm{d}t}A_{\boldsymbol{k},j}(t)=\frac{1}{\mathrm{i}\hbar}\hbar\omega_{\boldsymbol{k},j}A_{\boldsymbol{k},j}(t)$$

因此有

$$A_{\boldsymbol{k},j}(t)=A_{\boldsymbol{k},j}\mathrm{e}^{-\mathrm{i}\omega_{\boldsymbol{k},j}t} \tag{5.4.4}$$

同理可得

$$A_{\boldsymbol{k},j}^{\dagger}(t)=A_{\boldsymbol{k},j}^{\dagger}\mathrm{e}^{\mathrm{i}\omega_{\boldsymbol{k},j}t} \tag{5.4.5}$$

将上面两式代入式(5.4.3)，可得 $\boldsymbol{Q}\cdot\boldsymbol{u}_l(t)$ 有如下表达式：

$$\boldsymbol{Q}\cdot\boldsymbol{u}_l(t)=\sqrt{\frac{\hbar}{2MN}}\sum_{\boldsymbol{k},j}\frac{\boldsymbol{Q}\cdot\boldsymbol{e}_{\boldsymbol{k},j}}{\sqrt{\omega_{\boldsymbol{k},j}}}\left[A_{\boldsymbol{k},j}^{\dagger}\mathrm{e}^{-\mathrm{i}(\boldsymbol{k}\cdot\boldsymbol{R}_l-\omega_{\boldsymbol{k},j}t)}+A_{\boldsymbol{k},j}\mathrm{e}^{\mathrm{i}(\boldsymbol{k}\cdot\boldsymbol{R}_l-\omega_{\boldsymbol{k},j}t)}\right] \tag{5.4.6}$$

引入如下记法：

$$U=-\mathrm{i}\boldsymbol{Q}\cdot\boldsymbol{u}_0(0)=-\mathrm{i}\sum_{\boldsymbol{k},j}(g_{\boldsymbol{k},j}A_{\boldsymbol{k},j}+g_{\boldsymbol{k},j}A_{\boldsymbol{k},j}^{\dagger}) \tag{5.4.7}$$

$$V=\mathrm{i}\boldsymbol{Q}\cdot\boldsymbol{u}_l(t)=\mathrm{i}\sum_{\boldsymbol{k},j}(h_{\boldsymbol{k},j}A_{\boldsymbol{k},j}+h_{\boldsymbol{k},j}^{*}A_{\boldsymbol{k},j}^{\dagger}) \tag{5.4.8}$$

其中

$$g_{\boldsymbol{k},j}=\sqrt{\frac{\hbar}{2MN}}\frac{\boldsymbol{Q}\cdot\boldsymbol{e}_{\boldsymbol{k},j}}{\sqrt{\omega_{\boldsymbol{k},j}}} \tag{5.4.9}$$

$$h_{\boldsymbol{k},j}=\sqrt{\frac{\hbar}{2MN}}\frac{\boldsymbol{Q}\cdot\boldsymbol{e}_{\boldsymbol{k},j}}{\sqrt{\omega_{\boldsymbol{k},j}}}\mathrm{e}^{\mathrm{i}(\boldsymbol{k}\cdot\boldsymbol{R}_l-\omega_{\boldsymbol{k},j}t)} \tag{5.4.10}$$

利用上面的记法，可将相干散射的双微分截面写为

$$\left(\frac{\mathrm{d}^2\sigma}{\mathrm{d}\Omega\mathrm{d}E_\mathrm{f}}\right)_{\mathrm{coh}}=\frac{N}{2\pi\hbar}\frac{k_\mathrm{f}}{k_\mathrm{i}}b^2\sum_{l=1}^{N}\mathrm{e}^{\mathrm{i}\boldsymbol{Q}\cdot\boldsymbol{R}_l}\int_{-\infty}^{\infty}\mathrm{d}t\,\mathrm{e}^{-\mathrm{i}\omega t}\langle\mathrm{e}^{U}\mathrm{e}^{V}\rangle \tag{5.4.11}$$

我们将问题转化为求取 $\langle\mathrm{e}^U\mathrm{e}^V\rangle$。进一步计算可利用 Glauber 公式①：

① Glauber 公式的证明见 2.4 节末附注。

$$e^A e^B = e^{A+B+[A,B]/2}$$

公式成立的条件是$[A,B]$是一个数而非算符。为了利用上式,首先需计算$[U,V]$:

$$[U,V] = \sum_{\boldsymbol{k},j}\sum_{\boldsymbol{k}',j'}(g_{\boldsymbol{k},j}A_{\boldsymbol{k},j} + g_{\boldsymbol{k},j}A^{\dagger}_{\boldsymbol{k},j})(h_{\boldsymbol{k}',j'}A_{\boldsymbol{k}',j'} + h^{*}_{\boldsymbol{k}',j'}A^{\dagger}_{\boldsymbol{k}',j'}) - \sum_{\boldsymbol{k},j}\sum_{\boldsymbol{k}',j'}(h_{\boldsymbol{k}',j'}A_{\boldsymbol{k}',j'} + h^{*}_{\boldsymbol{k}',j'}A^{\dagger}_{\boldsymbol{k}',j'})(g_{\boldsymbol{k},j}A_{\boldsymbol{k},j} + g_{\boldsymbol{k},j}A^{\dagger}_{\boldsymbol{k},j})$$

利用对易关系

$$[A_{\boldsymbol{k},j}, A^{\dagger}_{\boldsymbol{k}',j'}] = \delta_{\boldsymbol{k}\boldsymbol{k}'}\delta_{jj'}, \quad [A_{\boldsymbol{k},j}, A_{\boldsymbol{k}',j'}] = [A^{\dagger}_{\boldsymbol{k},j}, A^{\dagger}_{\boldsymbol{k}',j'}] = 0$$

可得

$$\begin{aligned}[U,V] &= \sum_{\boldsymbol{k},j} g_{\boldsymbol{k},j}h^{*}_{\boldsymbol{k},j}A_{\boldsymbol{k},j}A^{\dagger}_{\boldsymbol{k},j} + g_{\boldsymbol{k},j}h_{\boldsymbol{k},j}A^{\dagger}_{\boldsymbol{k},j}A_{\boldsymbol{k},j} - g_{\boldsymbol{k},j}h_{\boldsymbol{k},j}A_{\boldsymbol{k},j}A^{\dagger}_{\boldsymbol{k},j} - g_{\boldsymbol{k},j}h^{*}_{\boldsymbol{k},j}A^{\dagger}_{\boldsymbol{k},j}A_{\boldsymbol{k},j} \\ &= \sum_{\boldsymbol{k},j}(g_{\boldsymbol{k},j}h^{*}_{\boldsymbol{k},j} - g_{\boldsymbol{k},j}h_{\boldsymbol{k},j})(A_{\boldsymbol{k},j}A^{\dagger}_{\boldsymbol{k},j} - A^{\dagger}_{\boldsymbol{k},j}A_{\boldsymbol{k},j}) \\ &= \sum_{\boldsymbol{k},j}(g_{\boldsymbol{k},j}h^{*}_{\boldsymbol{k},j} - g_{\boldsymbol{k},j}h_{\boldsymbol{k},j})\end{aligned}$$

可见,$[U,V]$的确不包含算符。利用 Glauber 公式可得

$$\langle e^U e^V \rangle = \langle e^{U+V} \rangle e^{[U,V]/2} \tag{5.4.12}$$

由U和V的定义可知,二者均为位移算符的线性函数。因此,可利用布洛赫定理[①]进行计算:

$$\langle e^x \rangle = e^{\langle x^2 \rangle/2}$$

式中,x为谐振子在某个方向上的位移算符。利用该定理可得

$$\langle e^{U+V} \rangle = \exp\left[\frac{1}{2}\langle (U+V)^2 \rangle\right] \tag{5.4.13}$$

联立式(5.4.12)和式(5.4.13)可得

$$\begin{aligned}\langle e^U e^V \rangle &= \exp\left[\frac{1}{2}\langle (U+V)^2 \rangle + \frac{1}{2}[U,V]\right] = \exp\left[\frac{1}{2}\langle (U+V)^2 + [U,V] \rangle\right] \\ &= \exp\left[\frac{1}{2}\langle U^2 \rangle + \frac{1}{2}\langle V^2 \rangle + \langle UV \rangle\right]\end{aligned}$$

由于系统中各原子之间在统计上的平权,因此有$\langle U^2 \rangle = \langle V^2 \rangle$,上式可化为

$$\langle e^U e^V \rangle = e^{\langle U^2 \rangle} e^{\langle UV \rangle} \tag{5.4.14}$$

将上式代入式(5.4.11),可得

$$\left(\frac{d^2\sigma}{d\Omega dE_f}\right)_{coh} = \frac{N}{2\pi\hbar}\frac{k_f}{k_i}b^2 e^{\langle U^2 \rangle}\sum_{l=1}^{N} e^{i\boldsymbol{Q}\cdot\boldsymbol{R}_l}\int_{-\infty}^{\infty} dt\, e^{-i\omega t} e^{\langle UV \rangle} \tag{5.4.15}$$

进一步处理上式的难点在于$e^{\langle UV \rangle}$。考虑到简谐晶体中原子的振动幅度总是较小,因此可以对其做小量展开:

$$e^{\langle UV \rangle} = 1 + \langle UV \rangle + \frac{1}{2!}\langle UV \rangle^2 + \frac{1}{3!}\langle UV \rangle^3 + \cdots \tag{5.4.16}$$

上式称为声子展开(phonon expansion)。在本节后续部分,将明确各个展开项的意义。

---

① 布洛赫定理的证明见 3.2 节末附注。

2. 弹性散射与德拜-沃勒因子

首先考察声子展开的头项对于双微分截面的贡献：

$$\left(\frac{\mathrm{d}^2\sigma}{\mathrm{d}\Omega\mathrm{d}E_\mathrm{f}}\right)_{\mathrm{coh\ el}}=\frac{N}{\hbar}\frac{k_\mathrm{f}}{k_\mathrm{i}}b^2\mathrm{e}^{\langle U^2\rangle}\sum_{l=1}^{N}\mathrm{e}^{\mathrm{i}\boldsymbol{Q}\cdot\boldsymbol{R}_l}\delta(\omega)$$

可见，仅当能量转移 ω 为零时，存在非零的散射截面。因此，头项对应的散射是弹性散射，用下标“el”表示。将上式两侧对能量积分，可得相干弹性散射的微分截面：

$$\left(\frac{\mathrm{d}\sigma}{\mathrm{d}\Omega}\right)_{\mathrm{coh\ el}}=Nb^2\mathrm{e}^{\langle U^2\rangle}\sum_{l=1}^{N}\mathrm{e}^{\mathrm{i}\boldsymbol{Q}\cdot\boldsymbol{R}_l}\tag{5.4.17}$$

利用式(5.2.10)，可将上式化为

$$\left(\frac{\mathrm{d}\sigma}{\mathrm{d}\Omega}\right)_{\mathrm{coh\ el}}=N\frac{(2\pi)^3}{v_0}b^2\mathrm{e}^{\langle U^2\rangle}\sum_{\boldsymbol{K}}\delta(\boldsymbol{Q}-\boldsymbol{K})\tag{5.4.18}$$

这样我们得到了与定态近似的结果式(5.2.20)一样的结论。上式的意义在5.2节已有较为充分的讨论，此处不再赘述。

式(5.4.18)中，$\mathrm{e}^{\langle U^2\rangle}=\mathrm{e}^{-\langle(\boldsymbol{Q}\cdot\boldsymbol{u}_0)^2\rangle}=\mathrm{e}^{-2W(\boldsymbol{Q})}$ 为德拜-沃勒因子。在5.2节中已指出，该项刻画原子的热振动。下面对其作进一步介绍。

利用 U 的定义式(5.4.7)，可得

$$\begin{aligned}2W(\boldsymbol{Q})&=-\langle U^2\rangle=\sum_{\boldsymbol{k},j}\sum_{\boldsymbol{k}',j'}g_{\boldsymbol{k},j}g_{\boldsymbol{k}',j'}\langle(A_{\boldsymbol{k},j}+A^\dagger_{\boldsymbol{k},j})(A_{\boldsymbol{k}',j'}+A^\dagger_{\boldsymbol{k}',j'})\rangle\\&=\sum_{\boldsymbol{k},j}\sum_{\boldsymbol{k}',j'}g_{\boldsymbol{k},j}g_{\boldsymbol{k}',j'}\langle A_{\boldsymbol{k},j}A_{\boldsymbol{k}',j'}+A_{\boldsymbol{k},j}A^\dagger_{\boldsymbol{k}',j'}+A^\dagger_{\boldsymbol{k},j}A_{\boldsymbol{k}',j'}+A^\dagger_{\boldsymbol{k},j}A^\dagger_{\boldsymbol{k}',j'}\rangle\end{aligned}$$

注意到，$A_{\boldsymbol{k},j}$ 和 $A^\dagger_{\boldsymbol{k},j}$ 均为简正坐标 $X_{\boldsymbol{k},j}$ 和 $P_{\boldsymbol{k},j}$ 的线性组合。不同的$(\boldsymbol{k},j)$对应的简正坐标具有独立性。因此，上式可简化为

$$2W(\boldsymbol{Q})=\sum_{\boldsymbol{k},j}g^2_{\boldsymbol{k},j}\langle A_{\boldsymbol{k},j}A_{\boldsymbol{k},j}+A_{\boldsymbol{k},j}A^\dagger_{\boldsymbol{k},j}+A^\dagger_{\boldsymbol{k},j}A_{\boldsymbol{k},j}+A^\dagger_{\boldsymbol{k},j}A^\dagger_{\boldsymbol{k},j}\rangle$$

注意，对于谐振子而言，有

$$\langle AA\rangle=\langle A^\dagger A^\dagger\rangle=0\tag{5.4.19}$$

这是因为

$$\langle n\mid AA\mid n\rangle\propto\langle n+1\mid n-1\rangle=0$$

上式对于$\langle n|A^\dagger A^\dagger|n\rangle$亦然。可见 $2W(\boldsymbol{Q})$具有如下形式：

$$\begin{aligned}2W(\boldsymbol{Q})&=\sum_{\boldsymbol{k},j}g^2_{\boldsymbol{k},j}\langle A_{\boldsymbol{k},j}A^\dagger_{\boldsymbol{k},j}+A^\dagger_{\boldsymbol{k},j}A_{\boldsymbol{k},j}\rangle=\sum_{\boldsymbol{k},j}g^2_{\boldsymbol{k},j}\langle 2A^\dagger_{\boldsymbol{k},j}A_{\boldsymbol{k},j}+1\rangle\\&=\sum_{\boldsymbol{k},j}g^2_{\boldsymbol{k},j}(2\langle n_{\boldsymbol{k},j}\rangle+1)\end{aligned}\tag{5.4.20}$$

式中，$\langle n_{\boldsymbol{k},j}\rangle$为$(\boldsymbol{k},j)$对应的简正模的声子数在热平衡时的均值：

$$\begin{aligned}\langle n\rangle&=\sum_{n=0}^{\infty}n\exp\left[-\frac{\hbar\omega(n+1/2)}{k_\mathrm{B}T}\right]\Bigg/\sum_{n=0}^{\infty}\exp\left[-\frac{\hbar\omega(n+1/2)}{k_\mathrm{B}T}\right]\\&=\sum_{n=0}^{\infty}n\exp\left(-\frac{\hbar\omega n}{k_\mathrm{B}T}\right)\Bigg/\sum_{n=0}^{\infty}\exp\left(-\frac{\hbar\omega n}{k_\mathrm{B}T}\right)\end{aligned}$$

其中，分母可由等比级数求和公式得到。而分子则可通过分母对 $\hbar\omega/k_\mathrm{B}T$ 求导得到。因此有

$$\langle n\rangle=\frac{1}{\exp\left(\frac{\hbar\omega}{k_{\mathrm{B}}T}\right)-1} \tag{5.4.21}$$

将上式代入式(5.4.20),可得

$$2W(\boldsymbol{Q})=\sum_{\boldsymbol{k},j}g_{\boldsymbol{k},j}^{2}\left[\frac{2}{\exp\left(\frac{\hbar\omega_{\boldsymbol{k},j}}{k_{\mathrm{B}}T}\right)-1}+1\right]$$

$$=\frac{\hbar}{2MN}\sum_{\boldsymbol{k},j}\frac{(\boldsymbol{Q}\cdot\boldsymbol{e}_{\boldsymbol{k},j})^{2}}{\omega_{\boldsymbol{k},j}}\coth\left(\frac{\hbar\omega_{\boldsymbol{k},j}}{2k_{\mathrm{B}}T}\right) \tag{5.4.22}$$

至此,我们得到了德拜-沃勒因子与简正模之间的关系。

当晶体的基元数为 g 时($g>1$),每一个基元都有相应的 $W(\boldsymbol{Q})$,以表征其热振动。其表达式与上式具有相同的形式:

$$2W^{(s)}(\boldsymbol{Q})=\frac{\hbar}{2M^{(s)}N}\sum_{\boldsymbol{k},j}\frac{|\boldsymbol{Q}\cdot\boldsymbol{\sigma}_{\boldsymbol{k},j}^{(s)}|^{2}}{\omega_{\boldsymbol{k},j}}\coth\left(\frac{\hbar\omega_{\boldsymbol{k},j}}{2k_{\mathrm{B}}T}\right) \tag{5.4.23}$$

注意,上式中对 j 的作和范围是 $1\sim3g$。此时,相干弹性散射的微分截面为

$$\left(\frac{\mathrm{d}\sigma}{\mathrm{d}\Omega}\right)_{\mathrm{coh\ el}}=N\frac{(2\pi)^{3}}{v_{0}}|F_{\mathrm{V}}(\boldsymbol{Q})|^{2}\sum_{\boldsymbol{K}}\delta(\boldsymbol{Q}-\boldsymbol{K}) \tag{5.4.24}$$

其中

$$F_{\mathrm{V}}(\boldsymbol{Q})=\sum_{s=1}^{g}b_{s}\mathrm{e}^{\mathrm{i}\boldsymbol{Q}\cdot\boldsymbol{d}_{s}}\mathrm{e}^{-W^{(s)}(\boldsymbol{Q})} \tag{5.4.25}$$

可见,我们从理论上得到了与5.2.3节中一样的结论。

3. 单声子散射

下面讨论声子展开式(5.4.16)中第二项的意义。将其代入双微分截面的表达式,可得

$$\left(\frac{\mathrm{d}^{2}\sigma}{\mathrm{d}\Omega\mathrm{d}E_{\mathrm{f}}}\right)_{\mathrm{coh\ 1p}}=\frac{N}{2\pi\hbar}\frac{k_{\mathrm{f}}}{k_{\mathrm{i}}}b^{2}\mathrm{e}^{-2W}\sum_{l=1}^{N}\mathrm{e}^{\mathrm{i}\boldsymbol{Q}\cdot\boldsymbol{R}_{l}}\int_{-\infty}^{\infty}\mathrm{d}t\,\mathrm{e}^{-\mathrm{i}\omega t}\langle UV\rangle \tag{5.4.26}$$

这里,下标"1p"表示单声子过程。下文将明确其意义。注意到

$$\langle UV\rangle=\sum_{\boldsymbol{k},j}\sum_{\boldsymbol{k}',j'}\langle(g_{\boldsymbol{k},j}A_{\boldsymbol{k},j}+g_{\boldsymbol{k},j}A_{\boldsymbol{k},j}^{\dagger})(h_{\boldsymbol{k}',j'}A_{\boldsymbol{k}',j'}+h_{\boldsymbol{k}',j'}^{*}A_{\boldsymbol{k}',j'}^{\dagger})\rangle$$

$$=\sum_{\boldsymbol{k},j}\langle(g_{\boldsymbol{k},j}A_{\boldsymbol{k},j}+g_{\boldsymbol{k},j}A_{\boldsymbol{k},j}^{\dagger})(h_{\boldsymbol{k},j}A_{\boldsymbol{k},j}+h_{\boldsymbol{k},j}^{*}A_{\boldsymbol{k},j}^{\dagger})\rangle$$

$$=\frac{\hbar}{2MN}\sum_{\boldsymbol{k},j}\frac{(\boldsymbol{Q}\cdot\boldsymbol{e}_{\boldsymbol{k},j})^{2}}{\omega_{\boldsymbol{k},j}}[\mathrm{e}^{\mathrm{i}(\boldsymbol{k}\cdot\boldsymbol{R}_{l}-\omega_{\boldsymbol{k},j}t)}\langle A_{\boldsymbol{k},j}^{\dagger}A_{\boldsymbol{k},j}\rangle+\mathrm{e}^{-\mathrm{i}(\boldsymbol{k}\cdot\boldsymbol{R}_{l}-\omega_{\boldsymbol{k},j}t)}\langle A_{\boldsymbol{k},j}A_{\boldsymbol{k},j}^{\dagger}\rangle]$$

上式最后一步计算用到了式(5.4.19)。注意到有 $N_{\boldsymbol{k},j}=A_{\boldsymbol{k},j}^{\dagger}A_{\boldsymbol{k},j}$,且有对易关系式(5.3.63),上式可进一步化为

$$\langle UV\rangle=\frac{\hbar}{2MN}\sum_{\boldsymbol{k},j}\frac{(\boldsymbol{Q}\cdot\boldsymbol{e}_{\boldsymbol{k},j})^{2}}{\omega_{\boldsymbol{k},j}}[\mathrm{e}^{\mathrm{i}(\boldsymbol{k}\cdot\boldsymbol{R}_{l}-\omega_{\boldsymbol{k},j}t)}\langle N_{\boldsymbol{k},j}\rangle+$$
$$\mathrm{e}^{-\mathrm{i}(\boldsymbol{k}\cdot\boldsymbol{R}_{l}-\omega_{\boldsymbol{k},j}t)}(\langle N_{\boldsymbol{k},j}\rangle+1)] \tag{5.4.27}$$

将上式代入式(5.4.26),并利用式(5.2.10),可得

$$\left(\frac{d^2\sigma}{d\Omega dE_f}\right)_{coh\ 1p}=\left(\frac{d^2\sigma}{d\Omega dE_f}\right)_{coh+1}+\left(\frac{d^2\sigma}{d\Omega dE_f}\right)_{coh-1} \tag{5.4.28}$$

其中

$$\left(\frac{d^2\sigma}{d\Omega dE_f}\right)_{coh+1}=\frac{4\pi^3}{Mv_0}\frac{k_f}{k_i}b^2e^{-2W}\sum_{\boldsymbol{k},j}\frac{(\boldsymbol{Q}\cdot\boldsymbol{e}_{\boldsymbol{k},j})^2}{\omega_{\boldsymbol{k},j}}\cdot (\langle N_{\boldsymbol{k},j}\rangle+1)\delta(\omega-\omega_{\boldsymbol{k},j})\sum_{\boldsymbol{K}}\delta(\boldsymbol{Q}-\boldsymbol{k}-\boldsymbol{K}) \tag{5.4.29}$$

$$\left(\frac{d^2\sigma}{d\Omega dE_f}\right)_{coh-1}=\frac{4\pi^3}{Mv_0}\frac{k_f}{k_i}b^2e^{-2W}\sum_{\boldsymbol{k},j}\frac{(\boldsymbol{Q}\cdot\boldsymbol{e}_{\boldsymbol{k},j})^2}{\omega_{\boldsymbol{k},j}}\cdot \langle N_{\boldsymbol{k},j}\rangle\delta(\omega+\omega_{\boldsymbol{k},j})\sum_{\boldsymbol{K}}\delta(\boldsymbol{Q}+\boldsymbol{k}-\boldsymbol{K}) \tag{5.4.30}$$

由式(5.4.29)可见，若相应的双微分截面不为零，须满足

$$\omega=\omega_{\boldsymbol{k},j},\quad \boldsymbol{Q}=\boldsymbol{K}+\boldsymbol{k} \tag{5.4.31}$$

上式表明，中子传递给晶体的能量恰好为某个简正模的一个声子的能量时，散射才有可能发生。此时，晶体吸收中子的一部分能量，并产生了一个相应能量的声子。该过程称为声子发射(phonon emission)。

由式(5.4.30)可见，若相应的双微分截面不为零，须满足

$$\omega=-\omega_{\boldsymbol{k},j},\quad \boldsymbol{Q}=\boldsymbol{K}-\boldsymbol{k} \tag{5.4.32}$$

上式表明，中子从晶体吸收的能量恰好为某个简正模的一个声子的能量时，散射才可能发生。此时，相应的简正模的声子减少一个。该过程称为声子吸收(phonon absorption)。

由上面的分析可见，声子展开式的第二项对应的散射过程是中子与一个声子的作用，因此，被称为单声子散射。单声子散射过程是利用中子散射方法测量声子的理论基础，在凝聚态物理和材料学研究中有非常重要的意义。

当基元数为 g 时($g>1$)，单声子散射的截面有类似的表达式。例如，对于声子发生过程有

$$\left(\frac{d^2\sigma}{d\Omega dE_f}\right)_{coh+1}=\frac{4\pi^3}{v_0}\frac{k_f}{k_i}\sum_{\boldsymbol{k},j}\frac{1}{\omega_{\boldsymbol{k},j}}\left|\sum_{s=1}^{g}\frac{b_s e^{-W^{(s)}}}{\sqrt{M^{(s)}}}e^{i\boldsymbol{Q}\cdot\boldsymbol{d}_s}(\boldsymbol{Q}\cdot\boldsymbol{\sigma}_{\boldsymbol{k},j}^{(s)})\right|^2\cdot (\langle N_{\boldsymbol{k},j}\rangle+1)\delta(\omega-\omega_{\boldsymbol{k},j})\sum_{\boldsymbol{K}}\delta(\boldsymbol{Q}-\boldsymbol{k}-\boldsymbol{K}) \tag{5.4.33}$$

上式中符号的意义与上一节中相关内容一致。

4. 多声子散射

将声子展开式(5.4.16)的第三项或更高阶的项代入双微分截面表达式，可得多声子散射的截面。下面以 2 声子过程为例进行讨论。声子展开式中第三项对于双微分截面的贡献如下：

$$\left(\frac{d^2\sigma}{d\Omega dE_f}\right)_{coh\ 2p}=\frac{N}{2\pi\hbar}\frac{k_f}{k_i}b^2e^{-2W}\sum_{l=1}^{N}e^{i\boldsymbol{Q}\cdot\boldsymbol{R}_l}\int_{-\infty}^{\infty}dt\,e^{-i\omega t}\,\frac{1}{2}\langle UV\rangle^2 \tag{5.4.34}$$

利用式(5.4.27)求得 $\langle UV\rangle^2$，并代入上式。在对 t 积分并对 l 作和之后，得到的表达式含有如下四项：

$$\delta(\boldsymbol{Q}-\boldsymbol{k}_1-\boldsymbol{k}_2-\boldsymbol{K})\delta(\omega-\omega_{\boldsymbol{k}_1,j_1}-\omega_{\boldsymbol{k}_2,j_2})$$

$$\delta(\boldsymbol{Q}-\boldsymbol{k}_1+\boldsymbol{k}_2-\boldsymbol{K})\delta(\omega-\omega_{\boldsymbol{k}_1,j_1}+\omega_{\boldsymbol{k}_2,j_2})$$

$$\delta(\boldsymbol{Q}+\boldsymbol{k}_1-\boldsymbol{k}_2-\boldsymbol{K})\delta(\omega+\omega_{\boldsymbol{k}_1,j_1}-\omega_{\boldsymbol{k}_2,j_2})$$
$$\delta(\boldsymbol{Q}+\boldsymbol{k}_1+\boldsymbol{k}_2-\boldsymbol{K})\delta(\omega+\omega_{\boldsymbol{k}_1,j_1}+\omega_{\boldsymbol{k}_2,j_2})$$

上式意味着发生 2 声子散射须满足如下条件：

$$\omega=\pm\omega_{\boldsymbol{k}_1,j_1}\pm\omega_{\boldsymbol{k}_2,j_2},\quad \boldsymbol{Q}=\boldsymbol{K}\pm\boldsymbol{k}_1\pm\boldsymbol{k}_2 \tag{5.4.35}$$

对于更高阶的声子散射过程，用类似的计算方法，可以得到类似上式的散射发生条件。区别仅在于要在相应的表达式后面追加$\pm\omega_{\boldsymbol{k}_3,j_3}$、$\boldsymbol{k}_3$ 等。

在单声子散射中，散射发生的条件由式(5.4.31)和式(5.4.32)给出。这样的条件是较为苛刻的。而对于多声子散射，其散射发生条件大为放宽。对于一定范围内的 $\boldsymbol{Q}$ 和ω，我们总能找到两个或多个简正模对应的波矢量和能量来满足式(5.4.35)或相应的多声子散射条件。因此，多声子散射不会在特定的角度形成尖锐的声子峰，而是会形成一个连续的“本底”。也就是说，多声子散射过程并不会严重影响我们对于声子的分辨。这一点对于测量声子的色散关系非常重要。

5.4.2 声子测量与三轴谱仪

声子测量的原理即单声子散射，其散射条件由式(5.4.31)和式(5.4.32)给出。原则上讲，利用飞行时间谱仪就可以完成对于声子的测量。但实际应用中最常见的工具则是三轴谱仪(triple-axis spectrometer)。三轴谱仪的使用非常灵活，可以方便地遍历$(\boldsymbol{Q},\omega)$空间。下面对该谱仪的原理作简要介绍。

这里，“三轴”指的是实验中如下三个部分的轴向：单色器、分析器和样品。图 5.4.1 给出了三轴谱仪的几何结构。单色器由一块单晶构成。通过布拉格衍射，可选择特定波长和方向的入射中子束，也就是可以选定 $\boldsymbol{k}_\mathrm{i}$。将入射中子通过单色器之前和之后的角度变化记为 θ_M。由布拉格定律可知

$$k_\mathrm{i}=\frac{\pi}{d_\mathrm{M}\sin\dfrac{\theta_\mathrm{M}}{2}}$$

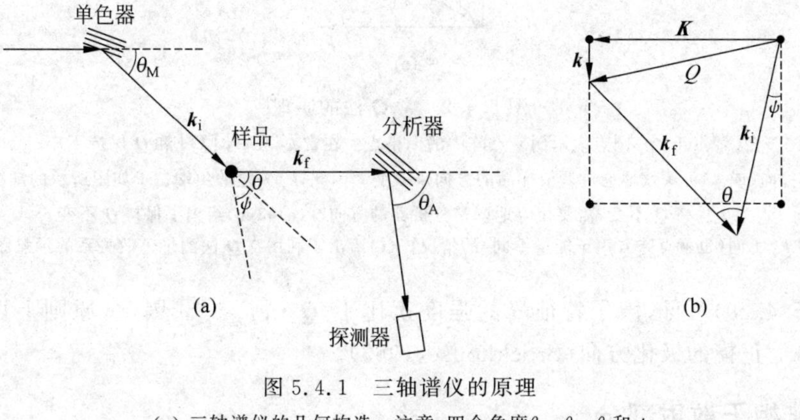

图 5.4.1 三轴谱仪的原理

(a) 三轴谱仪的几何构造。注意，四个角度θ_M、θ_A、θ 和 ψ 分别代表单色器对入射中子的反射角度、分析器对于出射中子的反射角度、中子的散射角，以及样品中的某个特定取向与入射中子的夹角。(b) 单声子散射条件式(5.4.31)在倒易空间中的示意图

此处 d_M 为单色器的晶面间距。分析器也是由一块单晶构成的，其作用在于对散射中子的方向和能量进行甄选。最后，探测器收集到的散射中子的波数即为

$$k_f = \frac{\pi}{d_A \sin\dfrac{\theta_A}{2}}$$

式中，d_A 为分析器的晶面间距；θ_A 为散射中子通过分析器之前和之后的角度变化。

除了 θ_M 和 θ_A 之外，实验中还有两个角度，分别为中子的散射角 θ 和样品的取向角度 ψ。再看单声子散射的条件式(5.4.31)(此处以声子发射过程为例)：

$$\omega = \omega_{\boldsymbol{k},j}, \quad \boldsymbol{Q} = \boldsymbol{K} + \boldsymbol{k}$$

对于在二维水平面上发生的散射过程，上式中有三个变量是可变的：Q_x、Q_y 和 $\omega_{\boldsymbol{k},j}$。原则上讲，我们可通过变换上述四个角度中的三个角度，来遍历一定范围之内的任何 Q_x、Q_y 和 $\omega_{\boldsymbol{k},j}$ 的组合。这也是三轴谱仪测量声子的基本原理。

三轴谱仪的常见工作模式包括常 Q 法和常 E 法，以及二者的组合模式。在常 Q 法中，k_i 和 $\boldsymbol{Q}$ 保持不变，通过对 E_f(实际上是 k_f)进行扫描，从而确定声子的能量。图 5.4.2 给出了常 Q 法的示意图。注意，在常 Q 法中，也可以选择保持 k_f 不变。在常 E 法中，保持 ω 不变，而对 $\boldsymbol{Q}$ 进行扫描。这两种方法均可实现对色散关系的测量。实际使用时，可根据分辨率的要求，或者色散关系的形状，来选取特定的方法。

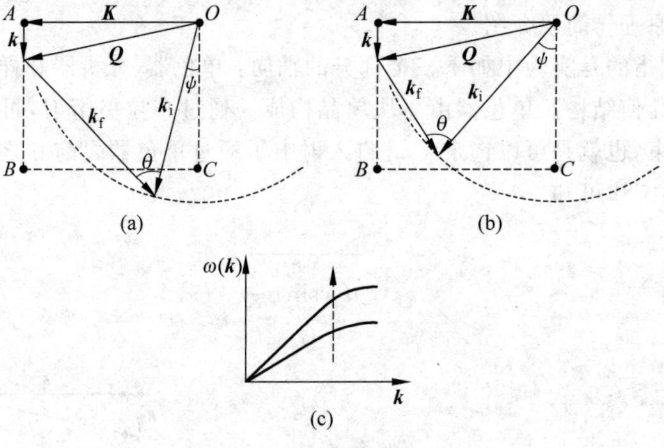

图 5.4.2 常 Q 法的原理

在(a)和(b)中，圆点表示倒易点阵中的倒格点。在常 Q 法中，$|\boldsymbol{k}_i|$ 和 $\boldsymbol{Q}$ 保持不变。$\boldsymbol{k}_i$ 的方向(或 ψ)可等效地通过调节样品的方向来改变。因此，$\boldsymbol{k}_i$ 矢量的尖端位于如图所示的虚线上。为了保持 $\boldsymbol{Q}$ 不变，需要相应地调整分析器的方向。(a)和(b)给出了保持 $\boldsymbol{Q}$ 不变，但 $\boldsymbol{k}_f$ 不同(也就意味着声子能量不同)的情况。(c)给出了利用常 Q 法测量色散关系的示意图。

由式(5.4.29)可见，声子特征峰的强度正比于 $(\boldsymbol{Q}\cdot\boldsymbol{e}_{\boldsymbol{k},j})^2$。因此，原则上可以利用这一点来测量简正模的极化方向(Brockhouse，1963)。

5.4.3 非相干散射部分

这一节讨论晶体对中子的非相干散射。以布拉非晶体为例，相应的双微分截面为(见式(2.2.58))

$$\left(\frac{\mathrm{d}^2\sigma}{\mathrm{d}\Omega\mathrm{d}E_{\mathrm{f}}}\right)_{\mathrm{inc}}=\frac{N}{2\pi\hbar}\frac{k_{\mathrm{f}}}{k_{\mathrm{i}}}b_{\mathrm{inc}}^2\int_{-\infty}^{\infty}\mathrm{d}t\,\mathrm{e}^{-\mathrm{i}\omega t}\langle\mathrm{e}^{-\mathrm{i}\boldsymbol{Q}\cdot\boldsymbol{r}_0(0)}\mathrm{e}^{\mathrm{i}\boldsymbol{Q}\cdot\boldsymbol{r}_0(t)}\rangle$$
$$=\frac{N}{2\pi\hbar}\frac{k_{\mathrm{f}}}{k_{\mathrm{i}}}b_{\mathrm{inc}}^2\int_{-\infty}^{\infty}\mathrm{d}t\,\mathrm{e}^{-\mathrm{i}\omega t}\langle\mathrm{e}^{U}\mathrm{e}^{V_0}\rangle \tag{5.4.36}$$

式中，下标“0”表示某参考原子。U 和 V_0 的定义与式(5.4.7)和式(5.4.8)一致：

$$U=-\mathrm{i}\boldsymbol{Q}\cdot\boldsymbol{u}_0(0),\quad V_0=\mathrm{i}\boldsymbol{Q}\cdot\boldsymbol{u}_0(t) \tag{5.4.37}$$

利用式(5.4.14)即$\langle\mathrm{e}^U\mathrm{e}^V\rangle=\mathrm{e}^{\langle U^2\rangle}\mathrm{e}^{\langle UV\rangle}$，式(5.4.36)可化为

$$\left(\frac{\mathrm{d}^2\sigma}{\mathrm{d}\Omega\mathrm{d}E_{\mathrm{f}}}\right)_{\mathrm{inc}}=\frac{N}{2\pi\hbar}\frac{k_{\mathrm{f}}}{k_{\mathrm{i}}}b_{\mathrm{inc}}^2\mathrm{e}^{\langle U^2\rangle}\int_{-\infty}^{\infty}\mathrm{d}t\,\mathrm{e}^{-\mathrm{i}\omega t}\mathrm{e}^{\langle UV_0\rangle} \tag{5.4.38}$$

与前文中处理思路一致，我们可将 $\mathrm{e}^{\langle UV_0\rangle}$ 展开得

$$\mathrm{e}^{\langle UV_0\rangle}=1+\langle UV_0\rangle+\frac{1}{2!}\langle UV_0\rangle^2+\frac{1}{3!}\langle UV_0\rangle^3+\cdots \tag{5.4.39}$$

其中，头项仍然代表弹性散射。将 1 代替 $\mathrm{e}^{\langle UV_0\rangle}$ 代入式(5.4.38)，并对 E_{f} 积分，有

$$\left(\frac{\mathrm{d}\sigma}{\mathrm{d}\Omega}\right)_{\mathrm{inc\ el}}=Nb_{\mathrm{inc}}^2\mathrm{e}^{\langle U^2\rangle}=Nb_{\mathrm{inc}}^2\mathrm{e}^{\langle -2W\rangle} \tag{5.4.40}$$

可见，非相干弹性散射对于 $\boldsymbol{Q}$ 的依赖性仅存在于德拜-沃勒因子中。

式(5.4.39)中的第二项$\langle UV_0\rangle$对应于单声子散射。其双微分截面为

$$\left(\frac{\mathrm{d}^2\sigma}{\mathrm{d}\Omega\mathrm{d}E_{\mathrm{f}}}\right)_{\mathrm{inc\ 1p}}=\frac{N}{2\pi\hbar}\frac{k_{\mathrm{f}}}{k_{\mathrm{i}}}b_{\mathrm{inc}}^2\mathrm{e}^{\langle -2W\rangle}\int_{-\infty}^{\infty}\mathrm{d}t\,\mathrm{e}^{-\mathrm{i}\omega t}\langle UV_0\rangle \tag{5.4.41}$$

利用式(5.4.27)可得

$$\langle UV_0\rangle=\frac{\hbar}{2MN}\sum_{\boldsymbol{k},j}\frac{(\boldsymbol{Q}\cdot\boldsymbol{e}_{\boldsymbol{k},j})^2}{\omega_{\boldsymbol{k},j}}\left[\mathrm{e}^{-\mathrm{i}\omega_{\boldsymbol{k},j}t}\langle N_{\boldsymbol{k},j}\rangle+\mathrm{e}^{\mathrm{i}\omega_{\boldsymbol{k},j}t}(\langle N_{\boldsymbol{k},j}\rangle+1)\right]$$

联立上面两式得

$$\left(\frac{\mathrm{d}^2\sigma}{\mathrm{d}\Omega\mathrm{d}E_{\mathrm{f}}}\right)_{\mathrm{inc\ 1p}}=\frac{b_{\mathrm{inc}}^2}{2M}\frac{k_{\mathrm{f}}}{k_{\mathrm{i}}}\mathrm{e}^{\langle -2W\rangle}\sum_{\boldsymbol{k},j}\frac{(\boldsymbol{Q}\cdot\boldsymbol{e}_{\boldsymbol{k},j})^2}{\omega_{\boldsymbol{k},j}}\cdot$$
$$\left[\langle N_{\boldsymbol{k},j}\rangle\delta(\omega+\omega_{\boldsymbol{k},j})+(\langle N_{\boldsymbol{k},j}\rangle+1)\delta(\omega-\omega_{\boldsymbol{k},j})\right] \tag{5.4.42}$$

上式分为两部分，方括号中的第一项对应于声子吸收；第二项对应于声子发射。单声子散射发生的条件为

$$\omega=-\omega_{\boldsymbol{k},j}\,(\text{声子吸收}),\quad \omega=\omega_{\boldsymbol{k},j}\,(\text{声子发射}) \tag{5.4.43}$$

注意，与相干散射部分相比，上述条件并未对 $\boldsymbol{Q}$ 做任何要求。对于某一个特定的简正模，散射截面的大小在忽略德拜-沃勒因子的情况下与 Q^2 成正比。非相干的单声子散射的重要应用是测量晶体的振动态密度(vibrational density of state)$G(\omega)$。$G(\omega)\mathrm{d}\omega$ 表示频率在 ω 附近 $\mathrm{d}\omega$ 范围内的简正模的数量占简正模总数的比例，它满足归一化条件：

$$\int_0^{\omega_{\mathrm{D}}}G(\omega)\mathrm{d}\omega=1 \tag{5.4.44}$$

式中 ω_{D} 为简正模可能取到的最大频率。利用振动态密度，可将非相干单声子散射的双微分截面写为如下形式(以声子发射过程为例)：

$$\left(\frac{\mathrm{d}^2\sigma}{\mathrm{d}\Omega\mathrm{d}E_{\mathrm{f}}}\right)_{\mathrm{inc+1}}=\frac{b_{\mathrm{inc}}^2}{2M}\frac{k_{\mathrm{f}}}{k_{\mathrm{i}}}\mathrm{e}^{\langle -2W\rangle}\sum_{\boldsymbol{k},j}\frac{(\boldsymbol{Q}\cdot\boldsymbol{e}_{\boldsymbol{k},j})^2}{\omega_{\boldsymbol{k},j}}(\langle N_{\boldsymbol{k},j}\rangle+1)\delta(\omega-\omega_{\boldsymbol{k},j})$$

$$=\frac{b_{\text{inc}}^2}{2M}\frac{k_{\mathrm{f}}}{k_{\mathrm{i}}}\mathrm{e}^{\langle -2W\rangle}3N\int_0^{\omega_{\mathrm{D}}}\frac{(\boldsymbol{Q}\cdot\boldsymbol{e}_{\boldsymbol{k},j})^2}{\omega_{\boldsymbol{k},j}}(\langle N_{\boldsymbol{k},j}\rangle+1)\delta(\omega-\omega_{\boldsymbol{k},j})G(\omega_{\boldsymbol{k},j})\mathrm{d}\omega_{\boldsymbol{k},j}$$

$$=\frac{b_{\text{inc}}^2}{2M}\frac{k_{\mathrm{f}}}{k_{\mathrm{i}}}3N\mathrm{e}^{\langle -2W\rangle}\frac{\langle(\boldsymbol{Q}\cdot\boldsymbol{e}_{\boldsymbol{k},j})^2\rangle}{\omega}G(\omega)(\langle N\rangle+1) \tag{5.4.45}$$

利用式(5.4.21)，可知

$$\langle N\rangle+1=\frac{1}{\exp\left(\frac{\hbar\omega}{k_{\mathrm{B}}T}\right)-1}+1=\frac{1}{2}\left[\coth\left(\frac{\hbar\omega}{2k_{\mathrm{B}}T}\right)+1\right]$$

联立上面两式，可得

$$\left(\frac{\mathrm{d}^2\sigma}{\mathrm{d}\Omega\mathrm{d}E_{\mathrm{f}}}\right)_{\text{inc}+1}=\frac{b_{\text{inc}}^2}{4M}\frac{k_{\mathrm{f}}}{k_{\mathrm{i}}}3N\mathrm{e}^{\langle -2W\rangle}\frac{\langle(\boldsymbol{Q}\cdot\boldsymbol{e}_{\boldsymbol{k},j})^2\rangle}{\omega}G(\omega)\left[\coth\left(\frac{\hbar\omega}{2k_{\mathrm{B}}T}\right)+1\right] \tag{5.4.46}$$

若晶体具备很好的空间对称性，例如简单立方对称性，则有$\langle(\boldsymbol{Q}\cdot\boldsymbol{e}_{\boldsymbol{k},j})^2\rangle=Q^2/3$，此时上式可简化为

$$\left(\frac{\mathrm{d}^2\sigma}{\mathrm{d}\Omega\mathrm{d}E_{\mathrm{f}}}\right)_{\text{inc}+1}=\frac{b_{\text{inc}}^2}{4M}\frac{k_{\mathrm{f}}}{k_{\mathrm{i}}}NQ^2\mathrm{e}^{\langle -2W\rangle}\frac{G(\omega)}{\omega}\left[\coth\left(\frac{\hbar\omega}{2k_{\mathrm{B}}T}\right)+1\right] \tag{5.4.47}$$

当样品中含有非相干散射截面较大的元素时，式(5.4.46)可用于测量样品的振动态密度。例如V元素的非相干散射截面为$5.0\times10^{-28}\,\mathrm{m}^2$，而其相干散射截面仅为$0.02\times10^{-28}\,\mathrm{m}^2$。因此，V晶体的非弹性中子散射谱基本上是非相干信号，可直接反映样品的振动态密度。图5.4.3给出了V晶体的振动态密度的中子测量结果。

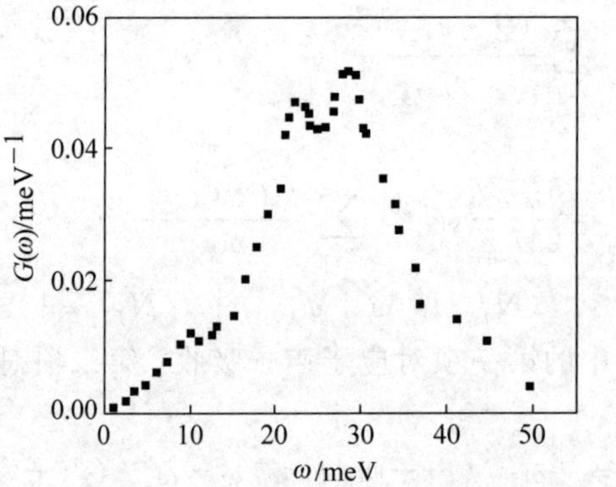

图5.4.3 V晶体的振动态密度的中子散射测量结果(Gläser，1965)

需要注意的是，非相干的单声子散射过程对$\boldsymbol{Q}$没有要求。非相干的多声子散射过程对于$\boldsymbol{Q}$也无要求。这与相干散射的情况是不同的，对于我们区分出单声子过程非常不利。文献(Squires，1978)中的相关章节简要介绍了估算非相干的多声子散射信号的方法。

当基元数为g时($g>1$)，非相干单声子散射的双微分散射截面为

$$\left(\frac{\mathrm{d}^2\sigma}{\mathrm{d}\Omega\mathrm{d}E_{\mathrm{f}}}\right)_{\text{inc}+1}=\frac{k_{\mathrm{f}}}{k_{\mathrm{i}}}\sum_{s=1}^{g}\frac{b_{\text{inc},s}^2}{2M^{(s)}}\mathrm{e}^{\langle -2W^{(s)}\rangle}\sum_{\boldsymbol{k},j}\frac{|\boldsymbol{Q}\cdot\boldsymbol{\sigma}_{\boldsymbol{k},j}^{(s)}|^2}{\omega_{\boldsymbol{k},j}}(\langle N_{\boldsymbol{k},j}\rangle+1)\delta(\omega-\omega_{\boldsymbol{k},j}) \tag{5.4.48}$$

上式中各符号的意义与前文一致。

下面对振动态密度的高温极限稍作讨论。注意到非相干散射的双微分截面可写为如下形式(见式(2.2.62)):

$$\left(\frac{d^2\sigma}{d\Omega dE_f}\right)_{inc}=\frac{1}{\hbar}\frac{k_f}{k_i}Nb_{inc}^2S_s(\boldsymbol{Q},\omega)$$

联立上式与式(5.4.47),可得(忽略多声子散射)

$$G(\omega)=\frac{4M}{\hbar e^{\langle -2W\rangle}}\frac{\omega S_s(\boldsymbol{Q},\omega)}{Q^2}\left[\coth\left(\frac{\hbar\omega}{2k_BT}\right)+1\right]^{-1} \tag{5.4.49}$$

在 $Q\to 0$ 极限下,德拜-沃勒因子趋于1,此时有

$$\lim_{Q\to 0}G(\omega)=\frac{4M}{\hbar}\omega\left[\coth\left(\frac{\hbar\omega}{2k_BT}\right)+1\right]^{-1}\lim_{Q\to 0}\frac{S_s(\boldsymbol{Q},\omega)}{Q^2}$$

在高温时,$k_BT\gg\hbar\omega$,有

$$\frac{\hbar\omega}{k_BT}\left[\coth\left(\frac{\hbar\omega}{2k_BT}\right)+1\right]^{-1}\to\frac{1}{2}\left(\frac{\hbar\omega}{k_BT}\right)^2$$

因此有

$$\lim_{k_BT\gg\hbar\omega}\lim_{Q\to 0}G(\omega)=\frac{2M}{k_BT}\lim_{Q\to 0}\frac{\omega^2S_s(\boldsymbol{Q},\omega)}{Q^2} \tag{5.4.50}$$

与式(3.2.76)对比可见,高温极限下晶体的振动态密度与液体粒子的速度自关联函数的频谱函数有相同的表达式。因此,后者也被称为液体的振动态密度函数。

第 6 章

中子光学

在实验中，人们发现，低能中子的传播特性与光学有很多相似之处。例如，中子通过不同的介质时会发生折射，中子可发生全反射和衍射，等等。本章将介绍中子光学的基本理论。中子光学是中子导管等中子器件的理论基础。

6.1 折射与全反射

6.1.1 折射

折射现象是光学中的常见现象，指的是光从一种介质进入另一种介质时，传播方向会发生改变。图 6.1.1 给出了折射现象的示意图。

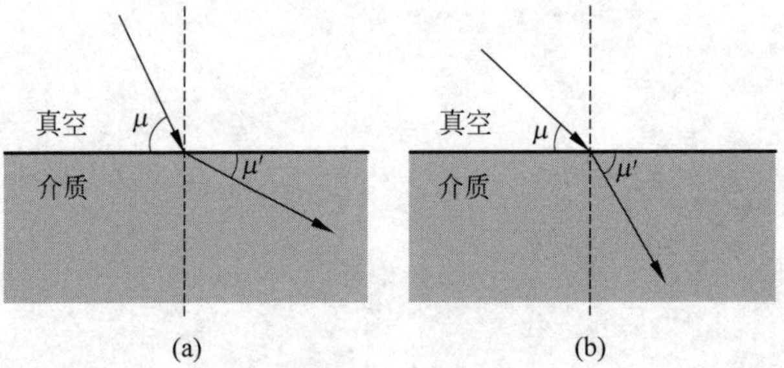

图 6.1.1 折射现象

(a) 折射率小于 1；(b) 折射率大于 1，这也是光对应的情况

介质的折射能力由折射率(refractive index)n 反映，其定义为

$$n=\frac{\cos\mu}{\cos\mu'} \tag{6.1.1}$$

角度 μ 和 μ' 称为掠射角，其定义见图 6.1.1。光学理论指出，折射率还可由光速定义：

$$n=\frac{c}{v} \tag{6.1.2}$$

式中 c 为真空中的光速，v 为介质中的光速。由于光在真空中传播速度最大，因此介质的折射率总是大于 1 的。

热中子的传播也存在折射现象。下面计算中子在介质中的折射率与介质的物性参数(原子数密度、原子组成)之间的关系。我们考虑这样一个问题：有一个薄板，其厚度为 $\mathrm{d}t$，组成原子的数密度为 ρ，原子的相干散射长度为 b。入射中子垂直射入薄板。图 6.1.2 示出了这一情形。下面计算在入射方向正前方 P 点的情况。

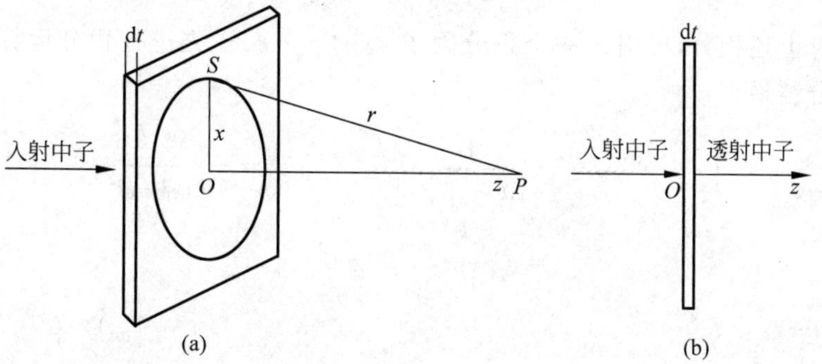

图 6.1.2 中子垂直入射薄板

我们首先从波动光学的思路考虑该问题。设中子在真空中的波数为 k，则在介质中，中子的波数为 $k'=2\pi/\lambda'=2\pi/(\lambda/n)=nk$。在真空中，中子的波函数满足如下薛定谔方程：

$$-\frac{\hbar^2}{2m_{\mathrm{n}}}\nabla^2\psi=E\psi \tag{6.1.3}$$

对于飞行方向平行于 z 方向的中子，易知其波函数具有如下平面波的形式：

$$\psi=\mathrm{e}^{\mathrm{i}kz},\quad k=\sqrt{\frac{2m_{\mathrm{n}}E}{\hbar^2}} \tag{6.1.4}$$

注意，此处略去了归一化系数。将中子入射薄板处取为坐标原点 O，则在中子透射处(即 $z=\mathrm{d}t$ 处)，中子波函数的相位为 $k'\mathrm{d}t$。因此，透射中子的波函数可写为

$$\psi'=\exp\left[\mathrm{i}(kz+k'\mathrm{d}t-k\mathrm{d}t)\right]=\mathrm{e}^{\mathrm{i}kz}\,\mathrm{e}^{\mathrm{i}k(n-1)\mathrm{d}t},\quad z\geqslant \mathrm{d}t \tag{6.1.5}$$

可见，薄板使得中子波函数的相位改变了 $k(n-1)\mathrm{d}t$。

下面再从量子力学的角度考虑同样的问题。先考虑入射中子与一个固定原子的散射。在散射发生之前，入射中子可由平面波式(6.1.4)表示。散射之后，散射中子的波函数为球面波①：

$$\psi_{\mathrm{sc}}=-b\,\frac{\mathrm{e}^{\mathrm{i}kr}}{r} \tag{6.1.6}$$

式中，下标“sc”表示散射波，r 为中子与靶核的距离，b 为靶核的相干散射长度。可以验证，上式也是薛定谔方程(6.1.3)的解。

下面考虑中子与薄板的透射问题。在图 6.1.2(a)中，我们考虑半径为 x、宽度为 $\mathrm{d}x$、厚度为 $\mathrm{d}t$ 的圆环内部的原子对于入射中子的散射。这些原子所形成的散射波在 P 点处形成叠加：

$$-2\pi x\,\mathrm{d}x\,\mathrm{d}t\cdot\rho\cdot b\,\frac{\mathrm{e}^{\mathrm{i}kr}}{r}$$

---

① 式(6.1.6)是定态散射理论的结论。低能中子的定态散射理论可参考附录 A.4 节。

注意到 $x\mathrm{d}x=r\mathrm{d}r$，上式可写为

$$-2\pi\mathrm{d}r\mathrm{d}t\cdot\rho\cdot b\mathrm{e}^{\mathrm{i}kr}$$

整个薄板所产生的散射波在 P 点处的波函数写为

$$\psi_{\mathrm{sc}}=-\int_z^{\infty}2\pi\mathrm{d}r\mathrm{d}t\cdot\rho\cdot b\mathrm{e}^{\mathrm{i}kr} \tag{6.1.7}$$

为了计算上述积分，可引入一个积分因子 $\exp(-\beta^2 r)$。先进行积分运算，再令 $\beta\to0$，则可得到积分结果：

$$\int_z^{\infty}\mathrm{d}r\mathrm{e}^{\mathrm{i}kr}\mathrm{e}^{-\beta^2 r}=\frac{1}{\mathrm{i}k-\beta^2}\mathrm{e}^{(\mathrm{i}k-\beta^2)r}\Big|_z^{\infty}=-\frac{\mathrm{e}^{(\mathrm{i}k-\beta^2)z}}{\mathrm{i}k-\beta^2}$$
$$=-\frac{\mathrm{e}^{\mathrm{i}kz}}{\mathrm{i}k},\quad \beta\to0$$

因此有

$$\psi_{\mathrm{sc}}=2\pi\rho b\,\mathrm{d}t\,\frac{\mathrm{e}^{\mathrm{i}kz}}{\mathrm{i}k} \tag{6.1.8}$$

注意，在 P 点处的波函数应为散射波与入射波的叠加，因此有

$$\psi'=\mathrm{e}^{\mathrm{i}kz}+2\pi\rho b\,\mathrm{d}t\,\frac{\mathrm{e}^{\mathrm{i}kz}}{\mathrm{i}k}=\mathrm{e}^{\mathrm{i}kz}\left(1-\frac{\mathrm{i}2\pi\rho b}{k}\mathrm{d}t\right) \tag{6.1.9}$$

联立式(6.1.5)与式(6.1.9)，并注意到 $\mathrm{d}t$ 为一个小量，有

$$1-\frac{\mathrm{i}2\pi\rho b}{k}\mathrm{d}t\approx\mathrm{e}^{-\mathrm{i}2\pi\rho b\,\mathrm{d}t/k}=\mathrm{e}^{\mathrm{i}k(n-1)\mathrm{d}t}$$

上式经简单整理可得

$$n=1-\frac{2\pi\rho b}{k^2}=1-\frac{\lambda^2\rho b}{2\pi} \tag{6.1.10}$$

注意，若样品由多种元素组成，则上式中的 b 代表组成元素的平均相干散射长度。我们可对 n 的数值进行大致估算：λ^2 约为 $1\sim10\text{Å}^2$；对于大多数元素，b 的量级为 10^{-4}Å；$\rho\sim\frac{1}{a^3}$，其中 a 为样品中相邻原子的间距。对于固体或液体，有 $a\sim1\text{Å}$。由此可见，n 为一个非常接近于 1 的数。例如对于 Ni 固体，当入射中子波长为 5Å 时，n 的数值为 $1-3.7\times10^{-5}$。

需要指出的是，式(6.1.10)的形式不依赖于样品的状态。对于固态、液态或玻璃态的样品，该式都成立。

6.1.2 全反射

由式(6.1.10)可见，对于正值的 b，相应的折射率小于 1。这也意味着当中子从真空入射介质，且掠入射角小于一定的临界值时，可发生全反射。临界掠入射角为

$$\mu_{\mathrm{c}}=\arccos n \tag{6.1.11}$$

由于 n 的值接近于 1，可见 μ_{c} 的值很小。因此有

$$\cos\mu_{\mathrm{c}}\approx1-\frac{1}{2}\mu_{\mathrm{c}}^2\approx n=1-\frac{\lambda^2\rho b}{2\pi}$$

由上式可知有

$$\mu_c = \lambda \sqrt{\frac{\rho b}{\pi}} \tag{6.1.12}$$

表 6.1.1 给出了 $\lambda = 1\text{Å}$ 时一些常见材料的临界掠入射角的值。

表 6.1.1 $\lambda = 1\text{Å}$ 时一些常见材料的临界掠入射角 μ_c 的值(Willis,2009)

材　料	$\rho/10^{29}\,m^{-3}$	$b/10^{-14}\,m$	$\mu_c/10^{-3}\,rad$
^{58}Ni	9.0	1.44	2.03
Be	12.3	0.77	1.73
Ni	9.0	1.03	1.70
Fe	8.5	0.96	1.62
C	11.1	0.66	1.61
Cu	8.5	0.79	1.39
Co	8.9	0.25	0.86
Al	6.1	0.35	0.81

中子全反射的一个重要的应用即中子导管(neutron guide tube)。中子导管是现今大型中子源不可缺少的器件。它可以传导中子,从而使得中子谱仪可建在距中子源一定距离的地方。同时,中子导管还具有过滤高能中子的作用(见图 6.1.3)。

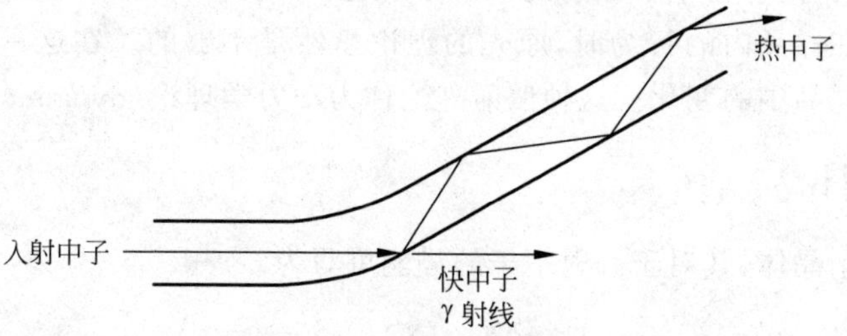

图 6.1.3 中子导管示意图

注意,中子导管略微弯曲,可过滤高能中子和 γ 射线。

从表 6.1.1 中可见,天然 Ni 材料的 μ_c 值较大,适于制作中子导管。一般采用在平整的表面上镀 Ni 的方法来制作中子导管。Be 的 μ_c 值更大,但因为其有剧毒,因此不使用。

一种大幅提升 μ_c 值的方案称为中子超镜(neutron supermirror)(Schoenborn,1974)。其制作方法是将两种不同的元素(通常采用 ^{58}Ni 和 Ti)交替地镀膜在平整的表面上。一层膜的厚度约几百 Å。这样,便可通过布拉格原理反射中子。Mezei 进一步指出,在镀膜的过程中,可逐渐增加膜的厚度,从而大幅增强对中子的反射能力(Mezei,1976)。这是因为,不同的膜厚对应的布拉格反射的角度不同。因此,这样做可使得不同的布拉格反射角形成重叠,从而提升镜子对于中子的反射能力。图 6.1.4 给出了全反射镜和超镜的反射率与掠入射角之间的关系。可见,超镜可将 μ_c 值提升数倍。现在,最大的提升倍数可达 7 倍。为了达到这样的效果,一般需要镀数百层这样的双层膜。

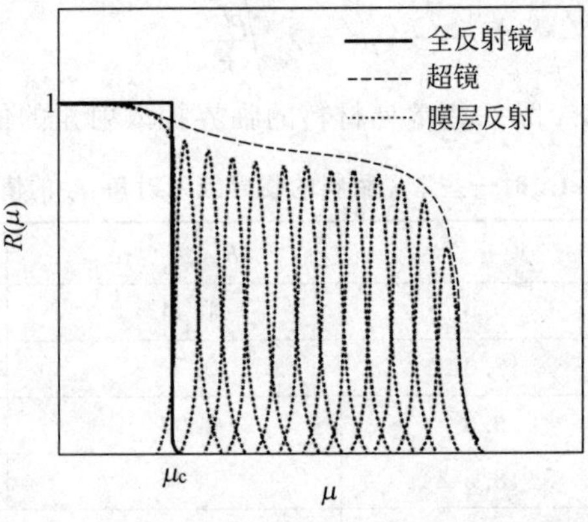

图 6.1.4　全反射镜与超镜的反射率 R 与掠入射角 μ 之间的关系(Mezei,1976)
注意,超镜的反射率曲线由各个膜层的反射率曲线叠加而成

6.2　中子散射的动力学理论

在前 5 章的讨论中,我们并不关心中子在样品中的情况。实际上,前文的理论暗含了一个近似,即样品内的中子的波函数与样品外的入射中子的波函数相同。这样的近似称为玻恩近似,前文的理论则称为中子散射的动理学理论(kinematic theory of scattering)。当我们需要考虑中子在样品内的行为时,原先的理论显然是不够的。在这一节中,我们将考虑中子的波函数在样品中的变化。这种散射理论称为动力学理论(dynamical theory)。

6.2.1　基本理论

我们考虑一个晶体,其对于入射中子的势能可写为

$$V(\boldsymbol{r})=\frac{2\pi\hbar^2}{m_{\mathrm{n}}}\left\langle\sum_{l=1}^{N}b_l\delta(\boldsymbol{r}-\boldsymbol{r}_l)\right\rangle \tag{6.2.1}$$

式中 $\boldsymbol{r}_l$ 和 b_l 分别为晶体中第 l 个原子的位置和散射长度。$\boldsymbol{r}_l$ 可写为如下形式:

$$\boldsymbol{r}_l=\boldsymbol{R}+\boldsymbol{d}_s+\boldsymbol{u}_{\boldsymbol{R}}^{(s)} \tag{6.2.2}$$

式中,$\boldsymbol{R}$ 为该原子所处的布拉菲原胞的原点的位置,$\boldsymbol{d}_s$ 为该原子对应的基元在布拉菲原胞中的相对位置,$\boldsymbol{u}_{\boldsymbol{R}}^{(s)}$ 为该原子偏离平衡位置的位移。利用上式可得

$$\begin{aligned}\left\langle\sum_{l=1}^{N}b_l\delta(\boldsymbol{r}-\boldsymbol{r}_l)\right\rangle&=\left(\frac{1}{2\pi}\right)^3\left\langle\int\sum_{l=1}^{N}b_l\mathrm{e}^{-\mathrm{i}\boldsymbol{Q}\cdot(\boldsymbol{r}-\boldsymbol{r}_l)}\mathrm{d}\boldsymbol{Q}\right\rangle\\&=\left(\frac{1}{2\pi}\right)^3\int\mathrm{e}^{-\mathrm{i}\boldsymbol{Q}\cdot\boldsymbol{r}}\sum_{\boldsymbol{R}}\mathrm{e}^{\mathrm{i}\boldsymbol{Q}\cdot\boldsymbol{R}}\sum_{s}b_s\mathrm{e}^{\mathrm{i}\boldsymbol{Q}\cdot\boldsymbol{d}_s}\langle\mathrm{e}^{\mathrm{i}\boldsymbol{Q}\cdot\boldsymbol{u}_{\boldsymbol{R}}^{(s)}}\rangle\mathrm{d}\boldsymbol{Q}\end{aligned} \tag{6.2.3}$$

式中,b_s 为第 s 个基元的相干散射长度。由于晶体结构具有周期重复性,$\langle\mathrm{e}^{\mathrm{i}\boldsymbol{Q}\cdot\boldsymbol{u}_{\boldsymbol{R}}^{(s)}}\rangle$的值与 $\boldsymbol{R}$ 没有关系,因此,可利用式(5.2.10),将上式化为

$$\left\langle\sum_{l=1}^{N}b_l\delta(\boldsymbol{r}-\boldsymbol{r}_l)\right\rangle=\left(\frac{1}{2\pi}\right)^3\frac{(2\pi)^3}{v_0}\int\mathrm{e}^{-\mathrm{i}\boldsymbol{Q}\cdot\boldsymbol{r}}\sum_{\boldsymbol{K}}\delta(\boldsymbol{Q}-\boldsymbol{K})\sum_{s}b_s\mathrm{e}^{\mathrm{i}\boldsymbol{Q}\cdot\boldsymbol{d}_s}\langle\mathrm{e}^{\mathrm{i}\boldsymbol{Q}\cdot\boldsymbol{u}_{\boldsymbol{R}}^{(s)}}\rangle\mathrm{d}\boldsymbol{Q}$$

$$=\frac{1}{v_0}\sum_{\boldsymbol{K}}\mathrm{e}^{-\mathrm{i}\boldsymbol{K}\cdot\boldsymbol{r}}\sum_s b_s\mathrm{e}^{\mathrm{i}\boldsymbol{K}\cdot\boldsymbol{d}_s}\langle\mathrm{e}^{\mathrm{i}\boldsymbol{K}\cdot\boldsymbol{u}_{\boldsymbol{R}}^{(s)}}\rangle$$

$$=\frac{1}{v_0}\sum_{\boldsymbol{K}}\mathrm{e}^{-\mathrm{i}\boldsymbol{K}\cdot\boldsymbol{r}}\sum_s b_s\mathrm{e}^{\mathrm{i}\boldsymbol{K}\cdot\boldsymbol{d}_s}\exp\left[-\frac{1}{2}\langle(\boldsymbol{K}\cdot\boldsymbol{u}_{\boldsymbol{R}}^{(s)})^2\rangle\right] \tag{6.2.4}$$

式中，v_0 为一个原胞的体积，$\boldsymbol{K}$ 表示倒格矢。注意，上式最后一步用到了式(5.2.17)。

引入晶胞的形状因子函数(见式(5.4.25))：

$$F_{\mathrm{V}}(\boldsymbol{Q})=\sum_s b_s\mathrm{e}^{\mathrm{i}\boldsymbol{Q}\cdot\boldsymbol{d}_s}\mathrm{e}^{-W^{(s)}(\boldsymbol{Q})},\quad W^{(s)}(\boldsymbol{Q})=\frac{1}{2}\langle(\boldsymbol{K}\cdot\boldsymbol{u}_{\boldsymbol{R}}^{(s)})^2\rangle$$

可将式(6.2.4)写为

$$\left\langle\sum_{l=1}^{N}b_l\delta(\boldsymbol{r}-\boldsymbol{r}_l)\right\rangle=\frac{1}{v_0}\sum_{\boldsymbol{K}}F_{\mathrm{V}}(\boldsymbol{K})\mathrm{e}^{-\mathrm{i}\boldsymbol{K}\cdot\boldsymbol{r}} \tag{6.2.5}$$

在该问题中，中子满足如下薛定谔方程：

$$\frac{\hbar^2}{2m_{\mathrm{n}}}\nabla^2\psi+[E-V(\boldsymbol{r})]\psi=0 \tag{6.2.6}$$

其中 E 为入射中子的能量，可写为

$$E=\frac{\hbar^2}{2m_{\mathrm{n}}}k_0^2 \tag{6.2.7}$$

式中，k_0 为中子未与晶体接触时的波数。联立式(6.2.1)与式(6.2.5)可得

$$\frac{2m_{\mathrm{n}}}{\hbar^2}V(\boldsymbol{r})=\frac{4\pi}{v_0}\sum_{\boldsymbol{K}}F_{\mathrm{V}}(\boldsymbol{K})\mathrm{e}^{-\mathrm{i}\boldsymbol{K}\cdot\boldsymbol{r}}=\sum_{\boldsymbol{K}}G(\boldsymbol{K})\mathrm{e}^{-\mathrm{i}\boldsymbol{K}\cdot\boldsymbol{r}} \tag{6.2.8}$$

其中

$$G(\boldsymbol{K})=\frac{4\pi}{v_0}F_{\mathrm{V}}(\boldsymbol{K}) \tag{6.2.9}$$

综合以上考虑，可将中子的薛定谔方程(6.2.6)改写为

$$\nabla^2\psi+k_0^2\psi=\left[\sum_{\boldsymbol{K}}G(\boldsymbol{K})\mathrm{e}^{-\mathrm{i}\boldsymbol{K}\cdot\boldsymbol{r}}\right]\psi \tag{6.2.10}$$

上述方程的势函数具有空间周期性。不难验证，这类薛定谔方程的解具有如下形式：

$$\psi=\sum_{\boldsymbol{K}}a(\boldsymbol{K})\mathrm{e}^{\mathrm{i}(\boldsymbol{k}-\boldsymbol{K})\cdot\boldsymbol{r}} \tag{6.2.11}$$

上述解的形式称为布洛赫函数，在固体理论中有重要的地位。我们需要进一步确定上式中 $\boldsymbol{k}$ 的取值。将上述解的形式代入式(6.2.10)，有

$$\sum_{\boldsymbol{K}}a(\boldsymbol{K})[k_0^2-(\boldsymbol{k}-\boldsymbol{K})^2]\mathrm{e}^{\mathrm{i}(\boldsymbol{k}-\boldsymbol{K})\cdot\boldsymbol{r}}=\sum_{\boldsymbol{K}_1}G(\boldsymbol{K}_1)\mathrm{e}^{-\mathrm{i}\boldsymbol{K}_1\cdot\boldsymbol{r}}\sum_{\boldsymbol{K}_2}a(\boldsymbol{K}_2)\mathrm{e}^{\mathrm{i}(\boldsymbol{k}-\boldsymbol{K}_2)\cdot\boldsymbol{r}}$$

注意到等号两侧 $\mathrm{e}^{\mathrm{i}(\boldsymbol{k}-\boldsymbol{K})\cdot\boldsymbol{r}}$ 的系数必须相等，因此有

$$a(\boldsymbol{K})[k_0^2-(\boldsymbol{k}-\boldsymbol{K})^2]=\sum_{\boldsymbol{K}'}G(\boldsymbol{K}')a(\boldsymbol{K}-\boldsymbol{K}') \tag{6.2.12}$$

由式(6.2.11)可见，该问题的解是多个布洛赫波的叠加形式。对于不同的入射中子，或不同的晶体样品，系数 $a(\boldsymbol{K})$ 是不同的。该问题一般没有办法进行精确求解，而是需要根据具体情况引入近似。下面我们考虑两种重要的情况。

1. 折射

我们首先考虑 $\boldsymbol{K}=\boldsymbol{0}$，且 k_0^2 与 $(\boldsymbol{k}-\boldsymbol{K})^2$ 的取值接近的情况。由式(6.2.12)的结构可

见，此时最为相关的系数为 $a(\mathbf{0})$。我们假设系数中仅有 $a(\mathbf{0})$ 不为零，而其他系数均为小量，则利用式(6.2.12)可得

$$a(\mathbf{0})(k_0^2-k^2)=G(\mathbf{0})a(\mathbf{0}) \tag{6.2.13}$$

考虑到 k_0 和 k 之差很小，上式可写为

$$k_0-k=\frac{G(\mathbf{0})}{2k_0} \tag{6.2.14}$$

注意，k_0 是中子在晶体之外的波数。对于 $\boldsymbol{K}=\mathbf{0}$ 的情况，k 是中子在晶体内部的波数。因此，可得折射率 n 为

$$n=\frac{k}{k_0}=1-\frac{G(\mathbf{0})}{2k_0^2} \tag{6.2.15}$$

由式(6.2.9)可知

$$G(\mathbf{0})=\frac{4\pi}{v_0}g\bar{b}=4\pi\rho\bar{b} \tag{6.2.16}$$

式中，g 为基元数，$\bar{b}$ 为样品组成原子的相干散射长度的平均值。联立上面两式可得

$$n=1-\frac{2\pi\rho\bar{b}}{k_0^2} \tag{6.2.17}$$

上式与式(6.1.10)具有相同的形式。

2. 近布拉格反射

下面我们考虑 $\boldsymbol{K}$ 不为零，且 k_0^2 与 $(\boldsymbol{k}-\boldsymbol{K})^2$ 取值接近的情况。此时，除了 $a(\mathbf{0})$ 之外，$a(\boldsymbol{K})$ 也是重要的系数。我们假设此时仅 $a(\mathbf{0})$ 和 $a(\boldsymbol{K})$ 所代表的布洛赫波被激发，而其他的系数为小量。这样的假设称为“双束”近似(two-beam approximation)。利用式(6.2.12)，可写出双束近似下，系数 $a(\mathbf{0})$ 和 $a(\boldsymbol{K})$ 的方程：

$$a(\mathbf{0})(k_0^2-k^2)=G(\mathbf{0})a(\mathbf{0})+G(-\boldsymbol{K})a(\boldsymbol{K}) \tag{6.2.18}$$

$$a(\boldsymbol{K})[k_0^2-(\boldsymbol{k}-\boldsymbol{K})^2]=G(\mathbf{0})a(\boldsymbol{K})+G(\boldsymbol{K})a(\mathbf{0}) \tag{6.2.19}$$

由上面两式可直接得到

$$\frac{a(\boldsymbol{K})}{a(\mathbf{0})}=\frac{k_0^2-k^2-G(\mathbf{0})}{G(-\boldsymbol{K})}=\frac{G(\boldsymbol{K})}{k_0^2-(\boldsymbol{k}-\boldsymbol{K})^2-G(\mathbf{0})} \tag{6.2.20}$$

式(6.2.18)和式(6.2.19)构成的方程组有非零解，要求系数行列式为零：

$$\begin{vmatrix} k_0^2-k^2-G(\mathbf{0}) & -G(-\boldsymbol{K}) \\ G(\boldsymbol{K}) & G(\mathbf{0})+(\boldsymbol{k}-\boldsymbol{K})^2-k_0^2 \end{vmatrix}=0$$

上式可整理为关于 $\boldsymbol{k}$ 的二次方程：

$$[k_0^2-G(\mathbf{0})-k^2][k_0^2-G(\mathbf{0})-(\boldsymbol{k}-\boldsymbol{K})^2]=|G(\boldsymbol{K})|^2 \tag{6.2.21}$$

注意，$|G(\boldsymbol{K})|$ 和 $|G(\mathbf{0})|$ 的数值远小于 k_0^2。这一点可以从以下估算看出：

$$\frac{G(\boldsymbol{K})}{k_0^2}\sim\frac{G(\mathbf{0})}{k_0^2}=\frac{\rho\bar{b}\lambda^2}{\pi}\sim 10^{-5}$$

因此，对于方程(6.2.21)，我们可先考虑一个近似的形式：

$$[k_0^2-G(\mathbf{0})-k^2][k_0^2-G(\mathbf{0})-(\boldsymbol{k}-\boldsymbol{K})^2]=0$$

上式意味着：$k^2=k_0^2-G(\mathbf{0})$或$(\boldsymbol{k}-\boldsymbol{K})^2=k_0^2-G(\mathbf{0})$。这表明，$\boldsymbol{k}$ 的取值位于两个球面附近，见图 6.2.1。由式(6.2.21)所确定的 $\boldsymbol{k}$ 的可能取值构成的面称为色散面(dispersion surface)。图 6.2.1 给出了色散面。

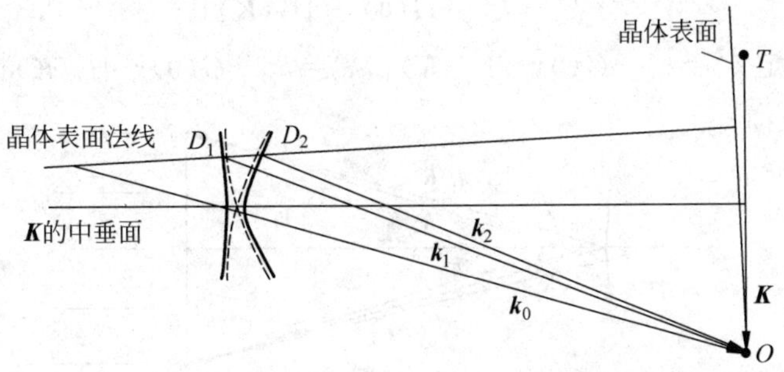

图 6.2.1 近布拉格反射示意图

图中，虚线表示以原点和 T 点为球心，且半径为$\sqrt{k_0^2-G(\mathbf{0})}$的两个球面。

粗实线给出了由式(6.2.21)所确定的色散面。由于$|G(\boldsymbol{K})|^2$ 不为零，导致色散面稍稍偏离虚线代表的球面。

对于给定的 $\boldsymbol{k}_0$，$\boldsymbol{k}$ 一般有两个解，分别记为 $\boldsymbol{k}_1$ 和 $\boldsymbol{k}_2$。下面考虑 $\boldsymbol{k}$ 的求解。首先我们考虑这样的情况，即晶面的取向不会导致在晶体表面发生布拉格反射。此时，在晶体外部，中子的波函数为平面波：

$$\psi_{\mathrm{o}}=\mathrm{e}^{\mathrm{i}\boldsymbol{k}_0\cdot\boldsymbol{r}} \tag{6.2.22}$$

在晶体的内部，中子的波函数为布洛赫函数的叠加：

$$\psi_{\mathrm{i}}=A_1\left[\mathrm{e}^{\mathrm{i}\boldsymbol{k}_1\cdot\boldsymbol{r}}+a_1\mathrm{e}^{\mathrm{i}(\boldsymbol{k}_1-\boldsymbol{K})\cdot\boldsymbol{r}}\right]+A_2\left[\mathrm{e}^{\mathrm{i}\boldsymbol{k}_2\cdot\boldsymbol{r}}+a_2\mathrm{e}^{\mathrm{i}(\boldsymbol{k}_2-\boldsymbol{K})\cdot\boldsymbol{r}}\right] \tag{6.2.23}$$

式中的系数需要通过边界条件加以确定。图 6.2.2 给出了晶体表面的几何。我们建立如下坐标系：x 轴平行于晶体表面，y 轴垂直于晶体表面，原点位于晶体表面。由于波函数具有连续性，要求在晶体表面处，也就是 $y=0$ 处，有 $\psi_{\mathrm{i}}=\psi_{\mathrm{o}}$，这意味着有

$$k_{0x}=k_{1x}=k_{2x} \tag{6.2.24}$$

$$A_1+A_2=1 \tag{6.2.25}$$

$$A_1a_1+A_2a_2=0 \tag{6.2.26}$$

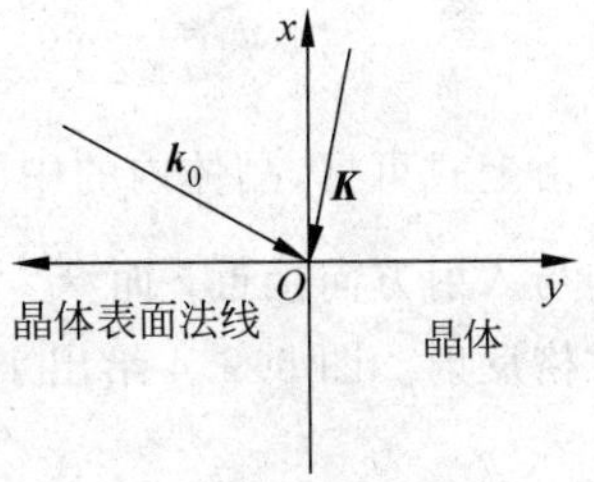

图 6.2.2 晶体表面

上面两式表明：

$$A_1=-\frac{a_2}{a_1-a_2},\quad A_2=\frac{a_1}{a_1-a_2} \tag{6.2.27}$$

由式(6.2.21)与式(6.2.24)即可确定 $\boldsymbol{k}_1$ 和 $\boldsymbol{k}_2$ 的取值(见图 6.2.1)：过 $\boldsymbol{k}_0$ 的尾部端点作垂直于晶体表面的直线。该垂线与色散面的两个交点 D_1 和 D_2 即可确定 $\boldsymbol{k}_1$ 和 $\boldsymbol{k}_2$(从图中可见，$\overrightarrow{D_1O}$ 在 $\hat{\boldsymbol{x}}$ 方向上的分量等于 k_{0x}，满足式(6.2.24)的要求)。注意，对于晶体表面有布拉格反射的情况，式(6.2.24)也是成立的。因此，这里确定 $\boldsymbol{k}_1$ 和 $\boldsymbol{k}_2$ 的方法仍然有效。

下面考虑一个重要的情况：晶体表面与某倒格矢 $\boldsymbol{K}$ 平行，且 $\boldsymbol{k}_0$ 满足劳厄条件式(5.2.5)：

$$\boldsymbol{k}_0\cdot\hat{\boldsymbol{K}}=\frac{1}{2}K \tag{6.2.28}$$

由 5.2 节的讨论可知，此时会发生布拉格衍射现象。下面我们从动力学理论的角度分析该情况。此时，$\boldsymbol{k}_0$、$\boldsymbol{k}_1$ 和 $\boldsymbol{k}_2$ 的情况如图 6.2.3 所示。注意到有 $k^2=(\boldsymbol{k}-\boldsymbol{K})^2$。根据式(6.2.21)，$k$ 的取值为

$$k^2=k_0^2-G(\mathbf{0})\pm|G(\boldsymbol{K})| \tag{6.2.29}$$

在下文中，规定 $k_1^2=k_0^2-G(\mathbf{0})+|G(\boldsymbol{K})|$，$k_2^2=k_0^2-G(\mathbf{0})-|G(\boldsymbol{K})|$。

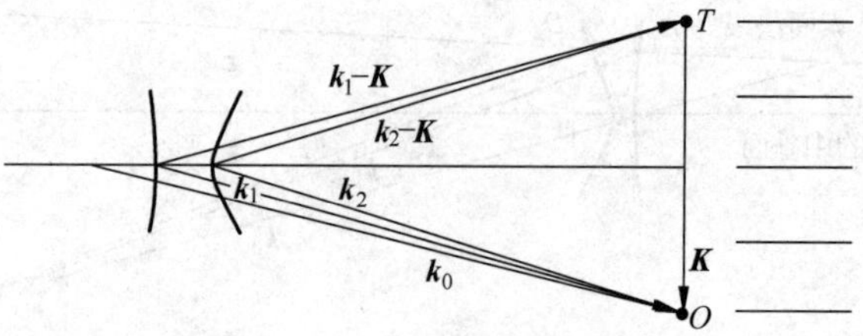

图 6.2.3　布拉格衍射示意图

当晶体表面与某倒格矢 $\boldsymbol{K}$ 平行，且 $\boldsymbol{k}_0$ 满足劳厄条件时，会产生布拉格衍射。

图中，右侧平行的实线给出了产生布拉格衍射的晶面族。由 5.1 节内容可知，这一族晶面垂直于 $\boldsymbol{K}$。

若晶胞具备中心对称性，则 $G(\boldsymbol{K})$ 为实数。根据式(6.2.20)易知有

$$\frac{a(\boldsymbol{K})}{a(\mathbf{0})}=\frac{k_0^2-k^2-G(\mathbf{0})}{G(-\boldsymbol{K})}=\mp 1 \tag{6.2.30}$$

上式意味着 $\boldsymbol{k}_1$ 和 $\boldsymbol{k}_2$ 对应的布洛赫波函数分别为(忽略波函数的归一化系数)

$$\mathrm{e}^{\mathrm{i}\boldsymbol{k}_1\cdot\boldsymbol{r}}-\mathrm{e}^{\mathrm{i}(\boldsymbol{k}_1-\boldsymbol{K})\cdot\boldsymbol{r}},\quad \mathrm{e}^{\mathrm{i}\boldsymbol{k}_2\cdot\boldsymbol{r}}+\mathrm{e}^{\mathrm{i}(\boldsymbol{k}_2-\boldsymbol{K})\cdot\boldsymbol{r}}$$

结合式(6.2.25)和式(6.2.26)，可得晶体内的波函数为

$$\psi_{\mathrm{i}}=\frac{1}{2}\left[\mathrm{e}^{\mathrm{i}\boldsymbol{k}_1\cdot\boldsymbol{r}}-\mathrm{e}^{\mathrm{i}(\boldsymbol{k}_1-\boldsymbol{K})\cdot\boldsymbol{r}}\right]+\frac{1}{2}\left[\mathrm{e}^{\mathrm{i}\boldsymbol{k}_2\cdot\boldsymbol{r}}+\mathrm{e}^{\mathrm{i}(\boldsymbol{k}_2-\boldsymbol{K})\cdot\boldsymbol{r}}\right] \tag{6.2.31}$$

由上式可见，晶体内的中子分为了四束。其中，$\mathrm{e}^{\mathrm{i}\boldsymbol{k}_1\cdot\boldsymbol{r}}$ 和 $\mathrm{e}^{\mathrm{i}\boldsymbol{k}_2\cdot\boldsymbol{r}}$ 对应的两束中子的传播方向与入射方向接近；而 $\mathrm{e}^{\mathrm{i}(\boldsymbol{k}_1-\boldsymbol{K})\cdot\boldsymbol{r}}$ 和 $\mathrm{e}^{\mathrm{i}(\boldsymbol{k}_2-\boldsymbol{K})\cdot\boldsymbol{r}}$ 代表的两束中子则与晶面作用而产生布拉格反射。图 6.2.4 给出了该情况下，中子入射晶体后的情形。

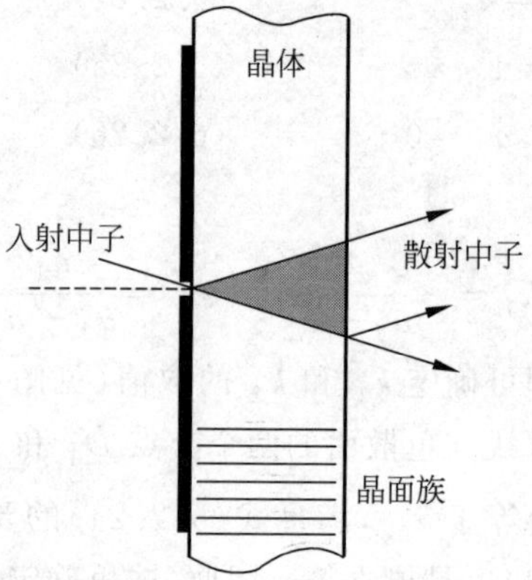

图 6.2.4　当晶体表面与某倒格矢 $\boldsymbol{K}$ 平行，且 $\boldsymbol{k}_0$ 满足劳厄条件时，中子的传播情况

此时，在晶体中，一部分中子大致沿着原入射方向传播，而另一部分中子产生布拉格衍射。

图中，灰色部分为中子传播的区域，平行的实线给出了产生布拉格衍射的晶面族。

6.2.2 Pendellösung 现象

我们继续讨论近布拉格反射的情况。根据式(6.2.29)可知有

$$k_1^2 - k_2^2 = 2G(\boldsymbol{K}) \Rightarrow k_1 - k_2 \approx \frac{G(\boldsymbol{K})}{k_0} \tag{6.2.32}$$

我们考虑图 6.2.5(a)所示的情况。当反射中子束(或直射中子束)穿过厚度为 t 的单晶样品后,$\boldsymbol{k}_1$ 和 $\boldsymbol{k}_2$ 对应的两束中子会产生相差:

$$\phi = (k_1 - k_2)\frac{t}{\cos\dfrac{\theta}{2}} = \frac{G(\boldsymbol{K})}{k_0}\frac{t}{\cos\dfrac{\theta}{2}} = \frac{2\pi t}{\Delta_0} \tag{6.2.33}$$

式中

$$\Delta_0 = \frac{2\pi k_0 \cos\dfrac{\theta}{2}}{G(\boldsymbol{K})} = \frac{\pi v_0 \cos\dfrac{\theta}{2}}{\lambda_0 F_{\mathrm{V}}(\boldsymbol{K})} \tag{6.2.34}$$

Δ_0 具有长度的量纲,称为 Pendellösung 长度。在晶体出口处,反射中子束的强度正比于如下量:

$$|1 - \mathrm{e}^{\mathrm{i}\phi}|^2 = 4\sin^2\frac{\phi}{2} = 4\sin^2\frac{\pi t}{\Delta_0} \tag{6.2.35}$$

上述讨论表明,当改变入射中子的波长 λ_0 时(入射角度也要作相应的变化,以满足布拉格衍射条件),在晶体出口处的反射中子束的强度会随着 λ_0 的变化而作正弦变化。这样的现象称为 Pendellösung 现象(Pendellösung 具有钟摆的意义)。图 6.2.5(b)给出了实验观测到的 Si 晶体对应的 Pendellösung 现象。

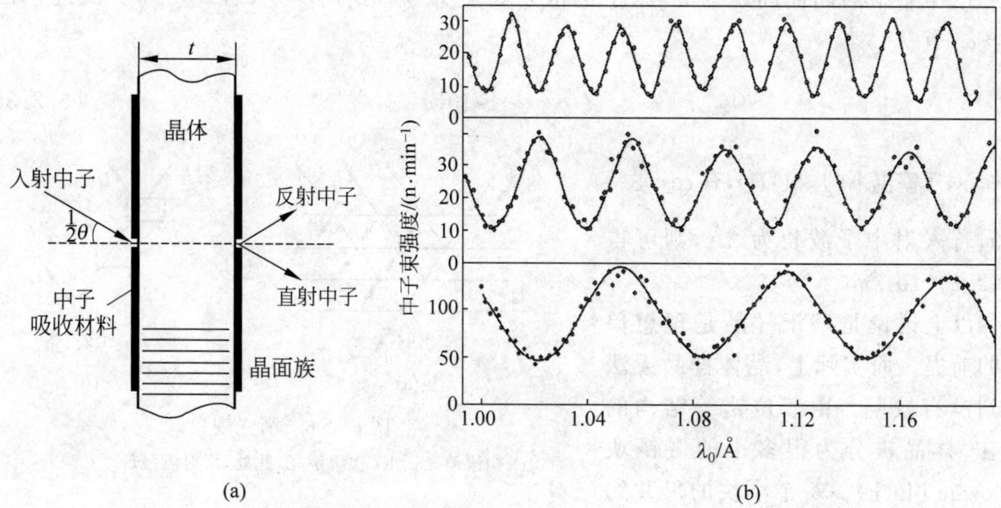

图 6.2.5 Pendellösung 现象(Shull,1968)

(a) 验证 Pendellösung 现象的实验原理;(b) Si 单晶样品的 Pendellösung 现象的实验结果

其中纵坐标为反射中子束的强度,横坐标为入射中子的波长λ_0。

从上到下分别对应于三个不同的样品厚度:10.000mm、5.939mm 和 3.315mm。

当晶体结构已知时,利用 Pendellösung 现象可以非常精确地确定元素的散射长度。利用该方法测得的中子与 Si 原子的散射长度为(4.1534±0.0010)fm。注意到电子对中子有

微弱的散射能力，其对应的散射长度为(0.0043±0.0020)fm。因此，可得 Si 的原子核对于中子的散射长度为(4.1491±0.0010)fm。

6.2.3 消光现象

在中子衍射实验中，若样品非常小，则可以近似地认为，样品受到的中子束的照射是均匀的。换句话说，样品各处受到的中子照射强度是一样的。此时，衍射强度由式(5.2.33)等给出。但如果样品不够小，则只有样品表面受到了全部的中子束的照射。一部分中子会被样品的表面散射，导致样品内部受到的中子照射降低，从而使得最终探测到的布拉格峰的强度低于理论计算值。这种现象称为初级消光(primary extinction)。

我们可借鉴 Pendellösung 现象的讨论方法估算样品厚度与初级消光效应的关系。在入射样品表面，$\boldsymbol{k}_1$ 和 $\boldsymbol{k}_2$ 对应的波的相位是相同的。当中子穿越样品时，二者的相位开始产生差距。若中子传播的距离远小于$(k_1-k_2)^{-1}$，则相位差可忽略，入射中子波的强度变化很小。参考式(6.2.33)，定义消光长度 ξ：

$$(k_1-k_2)\frac{\xi}{\cos\dfrac{\theta}{2}}=1 \tag{6.2.36}$$

显然，当样品厚度达到 ξ 量级时，初级消光效应将会变得显著。将上式与式(6.2.33)进行比较可得

$$\xi=\frac{\Delta_0}{2\pi}=\frac{v_0\cos\dfrac{\theta}{2}}{2\lambda_0 F_{\mathrm{V}}(\boldsymbol{K})} \tag{6.2.37}$$

记样品中的晶面间距为 a，原子的散射长度为 b，则有 $v_0\sim a^3$，$F_{\mathrm{V}}\sim b$。因此，对于 $\lambda_0\sim a$，有

$$\xi\sim\frac{a^2}{b}\sim 10^4 a \tag{6.2.38}$$

例如，对于室温下的 Ni(111)，有 $\cos\dfrac{\theta}{2}=0.9$，若入射中子波长为 2Å，则可得 $\xi=2.2\times10^{-6}$ m。

以上讨论是基于样品是理想单晶的前提。而实际上，晶体样品无法做到没有缺陷。由于位错等结构的存在，样品被分为很多小的嵌镶块(mosaic block)。每个小块的尺寸约 1μm，可视为一个小的理想单晶。不同嵌镶块的取向可能有所不同。一个嵌镶块往往不足以引起初级消光。但在入射中子的光路上，可能会遇到取向相同的数个嵌镶块，这也会导致入射中子强度的逐渐减弱。这种现象称为次级消光(secondary extinction)。图 6.2.6 为初级消光和次级消光的示意图。

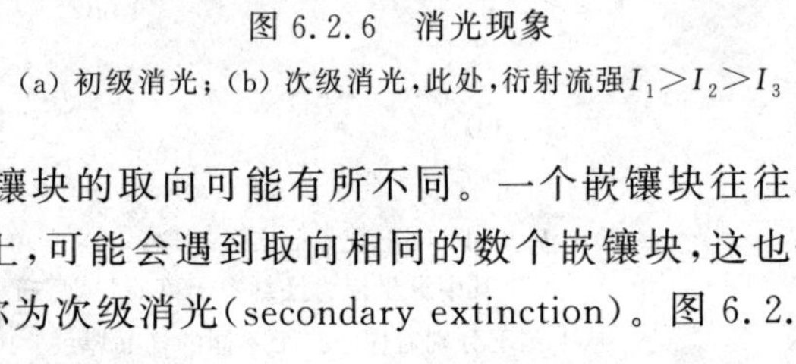

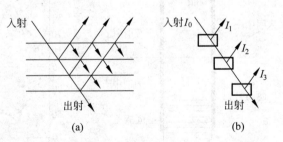

图 6.2.6 消光现象

(a) 初级消光；(b) 次级消光，此处，衍射流强 $I_1>I_2>I_3$

第 7 章

中子反射

本章介绍中子反射技术。中子反射是一种测量薄膜和表面结构的弹性中子散射技术(Hayter,1981b)。该技术在表面物理、磁性薄膜材料、高分子膜层、生物膜等方面均有重要应用。从原理而言,中子反射技术通过:①测量中子反射率来反映样品垂直于表面或界面的膜层厚度、散射长度密度等结构信息,可测的膜层厚度从约 0.5nm 到约 1000nm;②测量中子漫散射强度来表征平行于表面或界面的结构关联信息,从而得到表面粗糙度。注意,薄膜或表面对于中子的散射可以是核散射,也可以是磁散射。本章将以核散射为主进行介绍。

中子反射理论建立在定态散射理论之上,学习本章的过程中,读者可参阅附录 A.4 节了解相关理论基础。本章将从反射问题的薛定谔方程出发,推导中子反射的基本原理,详细介绍常见膜层结构的中子反射率计算以及粗糙表面对中子反射的影响。

7.1 镜面反射

本节首先介绍中子反射的薛定谔方程形式,然后从该方程出发,讨论不同薄膜结构的镜面反射(specular reflection)的反射率计算。这是中子反射测量薄膜结构的基础。

7.1.1 反射问题的薛定谔方程

在 2.2.2 节中曾指出,中子与原子核的相互作用是短程核力,通常用费米赝势表示。反射样品由大量的原子核组成,样品对于中子的作用势可以表示为

$$V(\boldsymbol{r})=\frac{2\pi\hbar^2}{m_{\mathrm{n}}}\rho(\boldsymbol{r}) \tag{7.1.1}$$

其中

$$\rho(\boldsymbol{r})=\sum_l b_l\delta(\boldsymbol{r}-\boldsymbol{r}_l) \tag{7.1.2}$$

式中,b_l 和 $\boldsymbol{r}_l$ 分别是样品中第 l 个原子核的散射长度和位置矢量。$\rho(\boldsymbol{r})$即为散射长度密度。

能量为 E 的入射中子与样品的弹性散射过程可以用定态薛定谔方程来描述:

$$\left[-\frac{\hbar^2}{2m_n}\nabla^2+V(\boldsymbol{r})\right]\psi(\boldsymbol{r})=E\psi(\boldsymbol{r}) \tag{7.1.3}$$

上式可以整理成亥姆霍兹(Helmholtz)方程的形式：

$$(\nabla^2+\xi^2)\psi(\boldsymbol{r})=0 \tag{7.1.4}$$

其中

$$\xi=\sqrt{\frac{2m_n[E-V(\boldsymbol{r})]}{\hbar^2}}=\sqrt{\boldsymbol{k}^2-4\pi\rho(\boldsymbol{r})}$$

式中，$\boldsymbol{k}$ 是中子的波矢。

在反射实验中，样品通常是“分层”的，可以看成由若干个均匀平整的膜层堆叠而成。图 7.1.1 所示为典型的“分层”样品的反射示意图。此处，样品由薄膜和基材组成，$-d<z<0$ 区域是厚度为 d 的均匀薄膜介质，$z>0$ 区域是无限厚的基材，$z<-d$ 区域是空气。样品在 xy 平面上是均匀的，因此，样品的散射长度密度是一维函数，即 $\rho(\boldsymbol{r})=\rho(z)$，$V(\boldsymbol{r})=V(z)$。此时，可以将式(7.1.4)化为一维形式以简化问题。

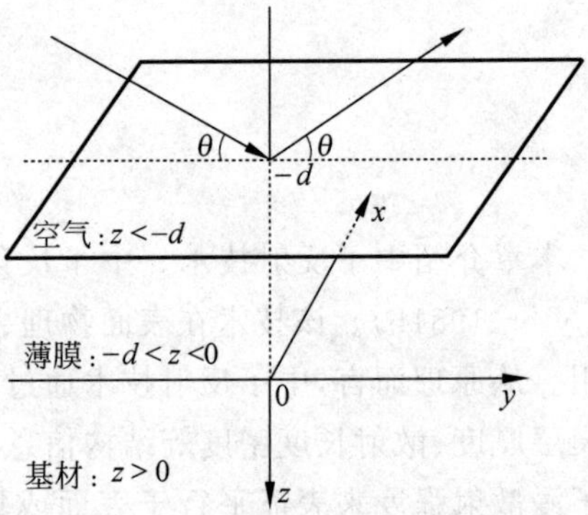

图 7.1.1 样品的分层示意图

如图 7.1.1 所示，在 yz 平面上，波矢为 $\boldsymbol{k}$ 的中子以 θ 角掠入射至样品表面。对于镜面反射，反射中子束仍在 yz 平面上。在空气中($z<-d$ 区域)，总的波函数具有如下形式：

$$\psi(\boldsymbol{r})=\mathrm{e}^{\mathrm{i}k(y\cos\theta+z\sin\theta)}+R\mathrm{e}^{\mathrm{i}k(y\cos\theta-z\sin\theta)}=\mathrm{e}^{\mathrm{i}ky\cos\theta}(\mathrm{e}^{\mathrm{i}kz\sin\theta}+R\mathrm{e}^{-\mathrm{i}kz\sin\theta}) \tag{7.1.5}$$

这里我们忽略了归一化系数$(2\pi)^{-3/2}$。不难验证，上式是式(7.1.4)的一个解，且其物理意义非常明确：$\mathrm{e}^{\mathrm{i}k(y\cos\theta+z\sin\theta)}$ 为射向样品的入射中子的波函数，$R\mathrm{e}^{\mathrm{i}k(y\cos\theta-z\sin\theta)}$ 为被样品镜面反射的中子的波函数，R 为这两类波函数的波幅的比值，称为反射系数，$|R|^2$ 则为反射率。

在薄膜介质区域($-d<z<0$)，不妨令 $\psi(\boldsymbol{r})=\phi(y)U(z)$，代入式(7.1.4)且等号两边同时除以 $\psi(\boldsymbol{r})$，可得

$$\frac{1}{\phi(y)}\frac{\mathrm{d}^2\phi(y)}{\mathrm{d}y^2}+\frac{1}{U(z)}\frac{\mathrm{d}^2U(z)}{\mathrm{d}z^2}+k^2-4\pi\rho(z)=0 \tag{7.1.6}$$

利用分离系数法，可将上式整理成关于自变量 y 和 z 的等式：

$$\phi''(y)+A\phi(y)=0 \tag{7.1.7}$$

$$U''(z)+[k^2-A-4\pi\rho(z)]U(z)=0 \tag{7.1.8}$$

此处，A 为一个待定系数，需通过边界条件获得。在求解反射问题时，需要经常利用波函数的连续性边界条件：波函数及波函数的一阶导数是连续的。因此，在 $z=-d$ 界面处有

$$\psi(y,z=-d^-)=\phi(y)U(-d^+) \tag{7.1.9}$$

将上式与式(7.1.5)联立，易知

$$\phi(y)=\mathrm{e}^{\mathrm{i}ky\cos\theta}$$

将上式代入式(7.1.7)，可得 $A=k^2\cos^2\theta$，从而式(7.1.8)可化为

$$U''(z)+k_s^2U(z)=0 \tag{7.1.10}$$

其中

$$k_s=\sqrt{k^2\sin^2\theta-4\pi\rho(z)} \tag{7.1.11}$$

不难看出,k_s 即为在 $-d<z<0$ 区域,中子的波矢量在 z 方向上的分量。对于"分层"样品,可通过求解式(7.1.10)获得薄膜材料的反射率。下面考察最简单的一种情况,即菲涅耳(Fresnel)反射。

7.1.2 无限厚均匀平整介质的镜面反射:菲涅耳反射

1. 反射率

菲涅耳反射是最简单的情形:如图 7.1.2 所示,平面波中子从空气入射到无限厚的均匀平整介质中发生镜面反射。

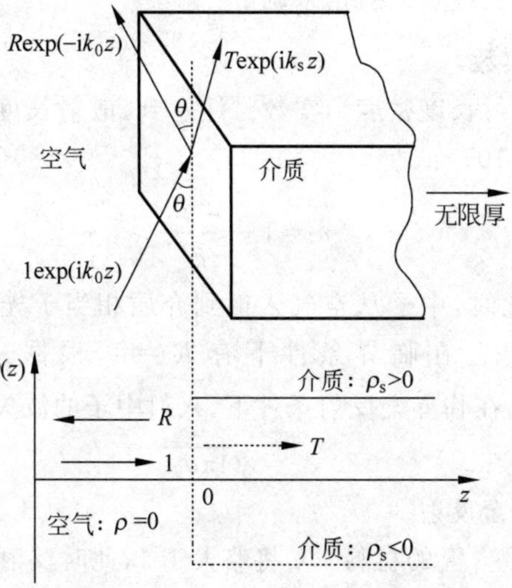

图 7.1.2 菲涅耳反射:平面波中子从空气入射到无限厚均匀平整介质,并发生镜面反射

介质处处均匀,其散射长度密度为常数 ρ_s。因此有

$$\rho(z<0)=0,\quad \rho(z>0)=\rho_s$$

根据式(7.1.10)与式(7.1.11),可得

$$U''(z)+k_0^2U(z)=0,\quad z<0 \tag{7.1.12}$$

$$U''(z)+k_s^2U(z)=0,\quad z>0 \tag{7.1.13}$$

其中,k_0 是空气中的中子的波矢在 z 方向上的分量:

$$k_0=k\sin\theta=\frac{2\pi\sin\theta}{\lambda}$$

对于镜面反射,易知有 $Q=2k_0$。k_s 是介质中的中子的波矢在 z 方向上的分量:

$$k_s=\sqrt{k_0^2-4\pi\rho_s}$$

方程的解为

$$U(z)=e^{ik_0z}+Re^{-ik_0z},\quad z<0 \tag{7.1.14}$$

$$U(z)=Te^{ik_sz},\quad z>0 \tag{7.1.15}$$

其中,R 和 T 分别被称作菲涅耳反射系数和透射系数。式(7.1.14)右侧的第一项是入射波,第二项是幅度为 R 的反射波。式(7.1.15)是幅度为 T 的透射波。利用 $U(z)$ 与

$U'(z)$在 $z=0$ 处连续的条件可得

$$1+R=T \tag{7.1.16}$$

$$k_0(1-R)=k_s T \tag{7.1.17}$$

从而得到菲涅耳反射系数 R 和透射系数 T 的表达式：

$$R=\frac{k_0-k_s}{k_0+k_s} \tag{7.1.18}$$

$$T=\frac{2k_0}{k_0+k_s} \tag{7.1.19}$$

在中子反射实验中，测量谱是反射率$|R|^2$ 关于 k_0（或 $Q=2k_0$）的函数关系。k_0 的大小可通过改变入射中子波长或掠入射角来调节。

2. 散射长度密度为实数

非中子吸收材料的散射长度密度为实数。注意到，散射长度密度与介质对中子的折射率 n 直接相关（见式(6.1.10)）：

$$n=1-\frac{2\pi\rho_s}{k^2} \tag{7.1.20}$$

当 $\rho_s>0$ 时，$n<1$，此时，中子从空气入射到介质相当于光从光密介质入射到光疏介质，可能发生全反射现象。在临界条件下有 $R=1$，根据式(7.1.18)可知有 $k_s=(k_0^2-4\pi\rho_s)^{1/2}=0$。可见，在临界全反射条件下，入射中子的波矢在 z 方向上的分量满足

$$k_c=\sqrt{4\pi\rho_s} \tag{7.1.21}$$

当 $k_0<k_c$ 时，将发生全反射。

当 $\rho_s<0$ 时（例如大量含氢的材料），n 将略大于 1，此时反射率将始终小于 1。

硅片通常用作膜层样品的基底材料，有 $\rho_s=2.08\times10^{-6}\,\text{Å}^{-2}$。图 7.1.3 展示了根据式(7.1.18)求得的硅片的菲涅耳反射的反射率曲线。设某种薄膜材料的散射长度密度为 $-2.08\times10^{-6}\,\text{Å}^{-2}$，此时无全反射发生，图 7.1.3 也给出了该情况的反射率曲线。

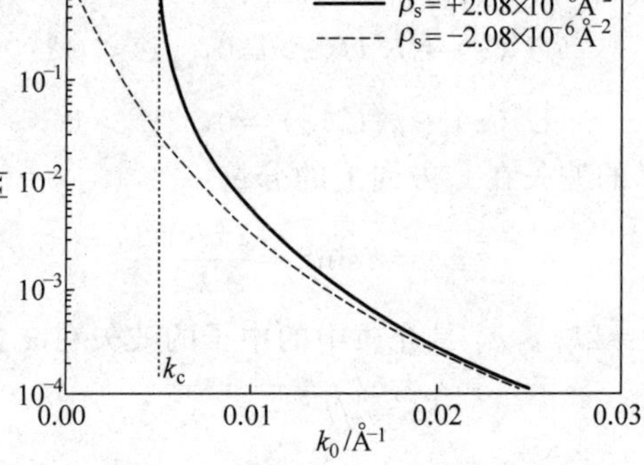

图 7.1.3 菲涅耳反射的反射率曲线（此处有$\rho_s=\pm2.08\times10^{-6}\,\text{Å}^{-2}$）

3. 散射长度密度含虚部

对于大多数核素，中子的散射长度密度的虚部远远小于实部，故经常忽略虚部项。但

是对于某些中子吸收材料，虚部项会对反射率产生较大影响。此时，势函数也含有虚部项，从薛定谔方程出发会得到粒子数不再守恒的结论（$\int |\psi|^2 \mathrm{d}\boldsymbol{r} < 1$，读者可自行验证该结论），即材料对中子具有一定的吸收截面。以天然 B_4C 为例，对于波长为 1Å 的中子，有 $\rho_s = 3.035(1-0.031\mathrm{i}) \times 10^{-6}$ Å^{-2}。利用式(7.1.18)，可得该材料的反射率曲线，如图 7.1.4 所示。在图中，我们还给出了 $\rho_s = 3.035 \times 10^{-6}$ Å^{-2}，以及 $\rho_s = 3.035(1-0.31\mathrm{i}) \times 10^{-6}$ Å^{-2} 两种情况。对比可知，虚部项越大，低 Q 区域的反射率下降得越快。

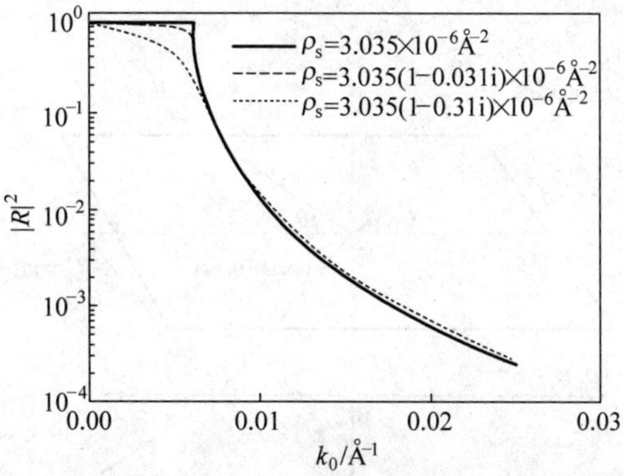

图 7.1.4 散射长度密度含有虚部时的菲涅耳反射的反射率曲线

4. 高 Q 极限

当 $k_0 \gg k_c$ 时，有

$$k_s = \sqrt{k_0^2 - 4\pi\rho_s} = \sqrt{k_0^2 - k_c^2}$$

$$= k_0 \sqrt{1 - \frac{k_c^2}{k_0^2}} \Rightarrow k_s \approx k_0 \left(1 - \frac{1}{2}\frac{k_c^2}{k_0^2}\right) = k_0 \left(1 - \frac{2\pi\rho_s}{k_0^2}\right)$$

代入式(7.1.18)，可得

$$R \xrightarrow{k_0 \gg k_c} \frac{k_0 - k_0\left(1 - \dfrac{2\pi\rho_s}{k_0^2}\right)}{2k_0} = \frac{\pi\rho_s}{k_0^2} = \frac{4\pi\rho_s}{Q^2} \tag{7.1.22}$$

因此有

$$|R|^2 \xrightarrow{k_0 \gg k_c} \frac{\pi^2\rho_s^2}{k_0^4} = \frac{16\pi^2\rho_s^2}{Q^4} \tag{7.1.23}$$

可见在高 Q 极限下，反射率正比于 Q^{-4}，与小角散射的 Porod 法则类似。当 ρ_s 为复数时，上式化为

$$|R|^2 \xrightarrow{k_0 \gg k_c} \frac{\pi^2}{k_0^4}[(\mathrm{Re}\rho_s)^2 + (\mathrm{Im}\rho_s)^2] \tag{7.1.24}$$

上式解释了图 7.1.4 中，若虚部不为零，在高 Q 处的反射率略高于忽略虚部时的反射率的现象。

7.1.3 单层膜的镜面反射

这一节讨论单层厚度为 d 的均匀薄膜的中子反射率。单层介质沉积在上节所讨论的无限厚均匀平整的基底材料上，记单层介质和基底材料的散射长度密度分别为 ρ_m 和 ρ_s，则系统沿 z 方向的散射长度密度为(参考图 7.1.5)

$$\rho(z)=\begin{cases}0, & z<-d\\ \rho_m, & -d<z<0\\ \rho_s, & z>0\end{cases}$$

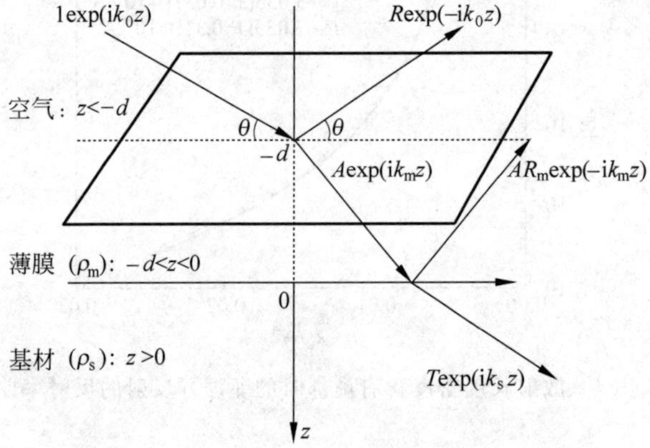

图 7.1.5 单层均匀薄膜的镜面反射

中子的分布在每个区域都应满足相应的亥姆霍兹方程：

$$U''(z)+k_0^2U(z)=0,\quad z<-d \tag{7.1.25}$$

$$U''(z)+k_m^2U(z)=0,\quad -d<z<0 \tag{7.1.26}$$

$$U''(z)+k_s^2U(z)=0,\quad z>0 \tag{7.1.27}$$

其中

$$k_m=\sqrt{k_0^2-4\pi\rho_m},\quad k_s=\sqrt{k_0^2-4\pi\rho_s}$$

上述方程的解应具有如下形式：

$$U(z)=e^{ik_0z}+Re^{-ik_0z},\quad z<-d \tag{7.1.28}$$

$$U(z)=A(e^{ik_mz}+R_me^{-ik_mz}),\quad -d<z<0 \tag{7.1.29}$$

$$U(z)=Te^{ik_sz},\quad z>0 \tag{7.1.30}$$

式中，R 为体系的反射系数，R_m 为基材与薄膜的界面对薄膜中的中子的反射系数，T 为透射系数。

结合连续性边界条件，可得到各个系数的表达式：

$$R=\frac{-R_1+R_me^{2ik_md}}{1-R_1R_me^{2ik_md}}e^{-2ik_0d} \tag{7.1.31}$$

$$T=\frac{T_fT_re^{i(k_m-k_0)d}}{1-R_1R_me^{2ik_md}} \tag{7.1.32}$$

$$A=\frac{T}{T_r} \tag{7.1.33}$$

其中

$$R_m=\frac{k_m-k_s}{k_m+k_s},\quad R_1=\frac{k_m-k_0}{k_m+k_0},\quad T_f=\frac{2k_0}{k_m+k_0},\quad T_r=\frac{2k_m}{k_m+k_s} \tag{7.1.34}$$

需要注意的是，上述解在 $k_0=\sqrt{4\pi\rho_m}$ 处存在奇点。此时 $k_m=\sqrt{k_0^2-4\pi\rho_m}=0$，波函数为

$$U(z)=2\cos[k_0(z+d)]\mathrm{e}^{-\mathrm{i}k_0d},\quad z<-d \tag{7.1.35}$$

$$U(z)=2\mathrm{e}^{-\mathrm{i}k_0d},\quad -d<z<0 \tag{7.1.36}$$

$$U(z)=2\mathrm{e}^{\mathrm{i}(k_sz-k_0d)},\quad z>0 \tag{7.1.37}$$

图 7.1.6 给出了均匀单层膜的反射率曲线。首先注意到，反射谱是振荡的，振动周期与膜的厚度大致呈反比关系(类似于布拉格定理)，如图 7.1.6(a)所示。我们可进一步定量讨论这一点。注意到，当 k_0 较大时，有

$$k_m\approx k_0\left(1-\frac{2\pi\rho_m}{k_0^2}\right),\quad k_s=k_0\left(1-\frac{2\pi\rho_s}{k_0^2}\right)$$

利用上式，类似式(7.1.22)可得

$$R_m\approx\frac{\pi(\rho_s-\rho_m)}{k_0^2},\quad R_1\approx-\frac{\pi\rho_m}{k_0^2}$$

代入式(7.1.31)，不难得到高 Q 极限下的反射率表达式：

$$|R|^2\approx\frac{\pi^2}{k_0^4}[\rho_m^2+(\rho_s-\rho_m)^2+2\rho_m(\rho_s-\rho_m)\cos(2k_0d)] \tag{7.1.38}$$

上式表明，在高 Q 极限下：①单层膜的反射率也遵循 Q^{-4} 的规律；②单层膜的反射率以 $\Delta k_0\sim\pi/d$ 为周期(称为 Kiessig fringe)进行振荡。图 7.1.6(a)展示了不同膜层厚度的反射率曲线，膜层越厚，振荡周期越小。在实验中，通常利用这一性质来测量膜层的厚度，即

$$d\approx\frac{\pi}{\Delta k_0}=\frac{2\pi}{\Delta Q} \tag{7.1.39}$$

图 7.1.6(b)给出了不同散射长度密度对于反射谱的影响。当 $\rho_s>\rho_m>0$ 时，整体反射率小于基底反射率，但是临界全反射角与基底相同；当 $\rho_m>\rho_s$ 或 $\rho_m<0$ 时，整体反射率大于基底反射率，基底反射率是整体反射率的下包络线；当 $\rho_m=\rho_s$ 时，整体反射率与基底反射率相同。与小角中子散射技术类似，结合同位素替换技术(如氘化)，实验中可以通过调节含氢膜层材料的散射长度密度 ρ_m 来观测特定膜层区域的结构特征。

7.1.4 多层膜的镜面反射

下面讨论包含 N 层均匀介质的多层膜的反射问题。对于具有任意分布的散射长度密度 $\rho(z)$的膜层，也可对 $\rho(z)$进行离散化后运用本节的模型计算。

如图 7.1.7 所示，多层膜分布于$-d<z<0$ 的区域，第 i 层均匀介质位于 $z_{i-1}<z<z_i$ 区域，厚度为 $z_i-z_{i-1}=\Delta z_i$，散射长度密度为 ρ_i，$k_i=\sqrt{k_0^2-4\pi\rho_i}$。$z>0$ 区域为基底，有

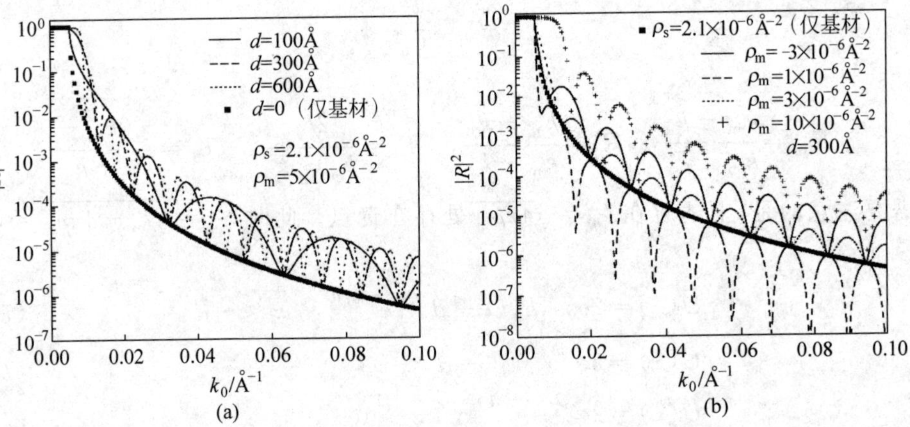

图 7.1.6　不同膜层厚度(a)和不同散射长度密度(b)对应的单层膜反射率曲线

$k_s=\sqrt{k_0^2-4\pi\rho_s}$。在任意一层均匀介质内，均满足

$$U_i''(z)+k_i^2U_i(z)=0 \tag{7.1.40}$$

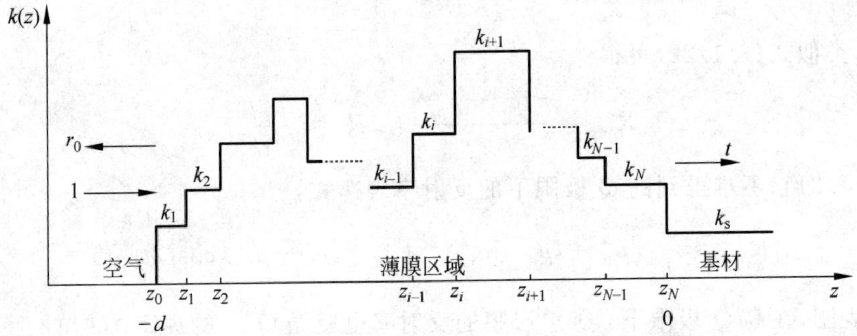

图 7.1.7　多层膜中 $k(z)$的离散分布

方程的解具有如下形式：

$$U_i(z)=A_i[\mathrm{e}^{\mathrm{i}k_i(z-z_i)}+r_i\mathrm{e}^{-\mathrm{i}k_i(z-z_i)}] \tag{7.1.41}$$

式中，r_i 表示第 i 层与第 $i+1$ 层的界面对第 i 层中的中子的反射系数。对上式求导，得

$$U_i'(z)=\mathrm{i}k_iA_i[\mathrm{e}^{\mathrm{i}k_i(z-z_i)}-r_i\mathrm{e}^{-\mathrm{i}k_i(z-z_i)}] \tag{7.1.42}$$

其中系数 A_i 和 r_i 需根据 $U_i(z)$与 $U_i'(z)$在界面处的连续性来确定。对于第 $i+1$ 层，同样有

$$U_{i+1}(z)=A_{i+1}[\mathrm{e}^{\mathrm{i}k_{i+1}(z-z_{i+1})}+r_{i+1}\mathrm{e}^{-\mathrm{i}k_{i+1}(z-z_{i+1})}] \tag{7.1.43}$$

$$U_{i+1}'(z)=\mathrm{i}k_{i+1}A_{i+1}[\mathrm{e}^{\mathrm{i}k_{i+1}(z-z_{i+1})}-r_{i+1}\mathrm{e}^{-\mathrm{i}k_{i+1}(z-z_{i+1})}] \tag{7.1.44}$$

在 $z=z_i$ 处满足连续性条件：

$$U_i(z_i)=U_{i+1}(z_i) \tag{7.1.45}$$

$$U_i'(z_i)=U_{i+1}'(z_i) \tag{7.1.46}$$

代入式(7.1.41)～式(7.1.44)，可以得到

$$A_i(1+r_i)=A_{i+1}[\mathrm{e}^{-\mathrm{i}k_{i+1}\Delta z_{i+1}}+r_{i+1}\mathrm{e}^{\mathrm{i}k_{i+1}\Delta z_{i+1}}] \tag{7.1.47}$$

$$\mathrm{i}k_iA_i(1-r_i)=\mathrm{i}k_{i+1}A_{i+1}[\mathrm{e}^{-\mathrm{i}k_{i+1}\Delta z_{i+1}}-r_{i+1}\mathrm{e}^{\mathrm{i}k_{i+1}\Delta z_{i+1}}] \tag{7.1.48}$$

将式(7.1.48)除以式(7.1.47),得到

$$\frac{1-r_i}{1+r_i}=\frac{k_{i+1}}{k_i}\frac{1-r_{i+1}\mathrm{e}^{2\mathrm{i}k_{i+1}\Delta z_{i+1}}}{1+r_{i+1}\mathrm{e}^{2\mathrm{i}k_{i+1}\Delta z_{i+1}}} \tag{7.1.49}$$

从而解得

$$r_i=\frac{R_{i+1}+r_{i+1}\mathrm{e}^{2\mathrm{i}k_{i+1}\Delta z_{i+1}}}{1+R_{i+1}r_{i+1}\mathrm{e}^{2\mathrm{i}k_{i+1}\Delta z_{i+1}}} \tag{7.1.50}$$

$$R_{i+1}=\frac{k_i-k_{i+1}}{k_i+k_{i+1}} \tag{7.1.51}$$

$$A_{i+1}=A_i\frac{1+r_i}{\mathrm{e}^{-\mathrm{i}k_{i+1}\Delta z_{i+1}}+r_{i+1}\mathrm{e}^{\mathrm{i}k_{i+1}\Delta z_{i+1}}} \tag{7.1.52}$$

已知每一层的厚度 Δz_i 与散射长度密度 $\rho_i(i=1,2,\cdots,N)$,即可根据迭代式(7.1.50)得到整个系统的反射系数 r_0。迭代式的起点是第 N 层膜与基底界面处的菲涅耳反射系数 $r_N=(k_N-k_s)/(k_N+k_s)$,据此可计算任意多层膜的反射率。式(7.1.50)被称为 Parratt 递归公式。对于其他较为复杂的 $\rho(z)$ 或者 $k(z)$,总是可以将其近似成离散的多层膜分布,从而获得反射率的近似解。此外,应用某些近似条件也可直接计算具有连续分布的 $\rho(z)$ 的反射率(Zhou,1995)。

7.1.5 极化中子反射简介

若反射谱仪配备中子极化装置和极化分析器,则可用于研究膜材料的磁性质。这类研究是中子反射技术的主流应用之一(Felcher,1999)。极化中子的散射理论将在第 8 章详述,这里给出极化中子反射的大致介绍。

某些元素,例如 Fe、Co 等,在材料中,其核外电子中可能存在未配对的电子。这些电子使得原子具有净磁矩,因而能与中子的磁矩产生相互作用。记中子磁矩为 $\boldsymbol{\mu}_\mathrm{n}$,样品处磁场为 $\boldsymbol{B}$,则中子受到的磁作用为 $-\boldsymbol{\mu}_\mathrm{n}\cdot\boldsymbol{B}$。这种磁性相互作用也可以散射中子。综合考虑核散射以及磁散射,可引入有效散射长度 b_eff:

$$b_\mathrm{eff}=b_n+b_\mathrm{m}^{\pm} \tag{7.1.53}$$

式中,b_n 代表核散射的散射长度,$b_\mathrm{m}^{\pm}$ 代表磁散射的散射长度。上标“±”分别对应入射中子的极化方向与外磁场方向平行或者反平行的情况。

图 7.1.8 给出了典型的极化中子反射实验的几何。习惯上,在建立坐标系时,将入射中子的初始极化方向设为 z 方向。一般而言,入射中子的极化方向需要与膜样品表面平行,以获得较大的散射强度。在镜面反射中,散射矢量 $\boldsymbol{Q}$ 的方向与样品表面垂直。

我们用 u 和 v 表示中子的自旋态。u 为中子自旋平行于 z 方向的“自旋向上”态,v 为中子自旋反平行于 z 方向的“自旋向下”态。极化中子反射谱仪可通过极化器和翻转器使得入射中子处于 u 态或 v 态。此外,谱仪通过翻转器和自旋分析器,可探测散射中子的自旋态处于 u 态或 v 态。因此,谱仪可测量如下 4 种中子自旋跃迁情况下的反射率:

$$u\rightarrow u,\quad v\rightarrow v,\quad u\rightarrow v,\quad v\rightarrow u \tag{7.1.54}$$

对于铁磁物质,若样品内的原子自旋与 z 轴共线,则不会导致中子自旋的翻转。但要注意的是,入射中子自旋与原子自旋的相互作用的有效散射长度与入射中子的自旋态是相关的。这意味着当入射中子处于 u 态或 v 态时,其折射率不同。若样品内的原子自旋具有

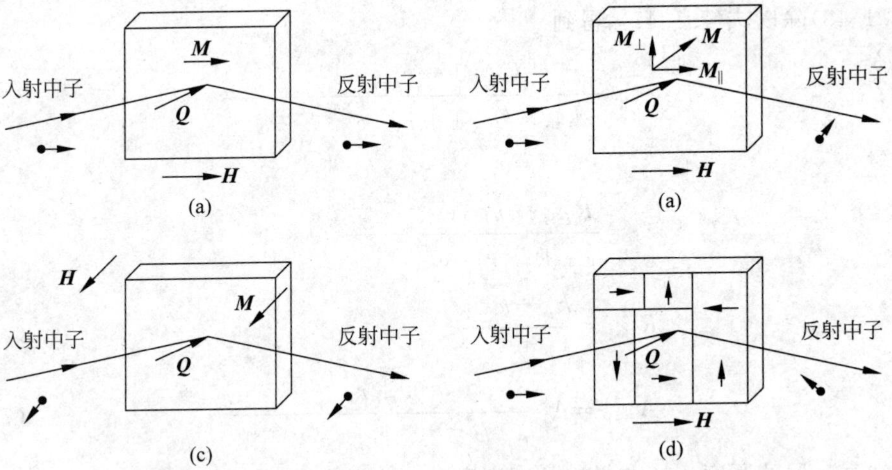

图 7.1.8　典型的极化中子反射实验的示意图(Ankner,1999)

M 为样品的磁化强度,**H** 为外磁场,中子的初始极化方向设为 z 方向。这几个矢量方向的排布将影响散射中子的自旋翻转。(a)**M** 与 **H** 平行于样品表面且相互平行,并与 z 轴共线：此时不会产生自旋翻转,但入射中子自旋方向与外磁场方向平行或反平行对应不同的折射率；(b)**M** 与 **H** 平行于样品表面,但二者的方向存在角度差：这可能导致一部分中子自旋发生翻转；(c)**M** 与样品表面垂直：不会对镜面反射产生影响；(d)磁畴将导致散射中子的自旋翻转情况更为复杂。

与 z 轴不共线的分量,则可能导致中子自旋的翻转。因此,通过测量式(7.1.54)给出的 4 种情况下的反射率,我们就可以得到样品的磁性特征。

7.2 粗糙表面的反射

在实际科研中,由于结构或工艺等原因,遇到的表面或界面往往是粗糙的。粗糙表面主要有两方面影响：①降低镜面反射的反射率；②带来一定程度的漫散射(diffuse scattering)。图 7.2.1 给出了镜面反射与漫散射的示意图。处理粗糙表面的主要方法有玻

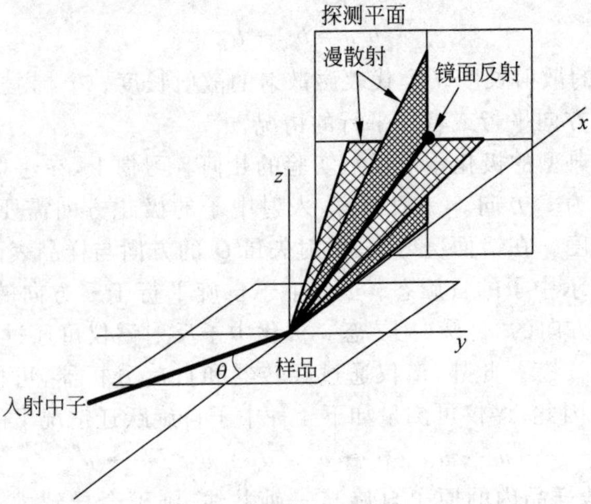

图 7.2.1　表面反射示意图

注意,当样品的表面不是理想光滑表面时,会产生漫散射。

恩近似和扭曲波玻恩近似(Distorted-Wave Born Approximation,DWBA)(Sinha,1988)。本节将基于上述理论分别讨论粗糙表面的中子反射问题。玻恩近似和 DWBA 理论的具体形式可参考附录 A.4 节。

7.2.1 玻恩近似

1. 基本理论

当中子与物质间的相互作用较弱时,可以使用玻恩近似处理散射问题。由式(A.4.51)可知,玻恩近似的微分散射截面为

$$\frac{\mathrm{d}\sigma}{\mathrm{d}\Omega}=|f|^2=b^2\sum_{j=1}^{N}\sum_{k=1}^{N}\mathrm{e}^{-\mathrm{i}\boldsymbol{Q}\cdot\boldsymbol{r}_k}\mathrm{e}^{\mathrm{i}\boldsymbol{Q}\cdot\boldsymbol{r}_j} \tag{7.2.1}$$

式中,b 为物质组成原子的束缚散射长度;f 为散射波的波幅。中子反射是一种观测大尺度结构的技术,中子与物质发生作用后的散射角非常小(或者说,Q 很小),容易满足 $Qa\ll1$(a 表示原子尺度的特征长度),故可以认为介质是连续均匀的。因此,上式可以写成连续的形式:

$$\frac{\mathrm{d}\sigma}{\mathrm{d}\Omega}=\rho^2\int_V\mathrm{d}\boldsymbol{r}\int_V\mathrm{d}\boldsymbol{r}'\,\mathrm{e}^{-\mathrm{i}\boldsymbol{Q}\cdot(\boldsymbol{r}-\boldsymbol{r}')} \tag{7.2.2}$$

式中,ρ 为材料的散射长度密度。结合高斯定理将上式的体积分转化为面积分,可将实验测量量与物质的表面性质关联起来。由高斯定理得

$$\oint\!\!\oint_{S_0}(\mathrm{e}^{-\mathrm{i}\boldsymbol{Q}\cdot\boldsymbol{r}}\boldsymbol{A})\cdot\mathrm{d}\boldsymbol{S}=\int_V\nabla\cdot(\mathrm{e}^{-\mathrm{i}\boldsymbol{Q}\cdot\boldsymbol{r}}\boldsymbol{A})\mathrm{d}V \tag{7.2.3}$$

式中,$\boldsymbol{A}$ 是任意常矢量。结合公式

$$\nabla\cdot(\psi\boldsymbol{f})=(\nabla\psi)\cdot\boldsymbol{f}+\psi\,\nabla\cdot\boldsymbol{f} \tag{7.2.4}$$

可得

$$\begin{aligned}\int_V\nabla\cdot(\mathrm{e}^{-\mathrm{i}\boldsymbol{Q}\cdot\boldsymbol{r}}\boldsymbol{A})\,\mathrm{d}V&=\int_V\left[-\mathrm{i}\mathrm{e}^{-\mathrm{i}\boldsymbol{Q}\cdot\boldsymbol{r}}(\boldsymbol{Q}\cdot\boldsymbol{A})+\mathrm{e}^{-\mathrm{i}\boldsymbol{Q}\cdot\boldsymbol{r}}\,\nabla\cdot\boldsymbol{A}\right]\mathrm{d}V\\&=-\mathrm{i}\int_V\mathrm{e}^{-\mathrm{i}\boldsymbol{Q}\cdot\boldsymbol{r}}(\boldsymbol{Q}\cdot\boldsymbol{A})\,\mathrm{d}V\end{aligned} \tag{7.2.5}$$

将上式代入式(7.2.3),得

$$\oint\!\!\oint_{S_0}(\mathrm{e}^{-\mathrm{i}\boldsymbol{Q}\cdot\boldsymbol{r}}\boldsymbol{A})\cdot\mathrm{d}\boldsymbol{S}=-\mathrm{i}\int_V\mathrm{e}^{-\mathrm{i}\boldsymbol{Q}\cdot\boldsymbol{r}}(\boldsymbol{Q}\cdot\boldsymbol{A})\,\mathrm{d}V \tag{7.2.6}$$

继而有

$$\int_V\mathrm{e}^{-\mathrm{i}\boldsymbol{Q}\cdot\boldsymbol{r}}\,\mathrm{d}V=\mathrm{i}\,\frac{1}{\boldsymbol{Q}\cdot\boldsymbol{A}}\oint\!\!\oint_{S_0}\mathrm{e}^{-\mathrm{i}\boldsymbol{Q}\cdot\boldsymbol{r}}(\mathrm{d}\boldsymbol{S}\cdot\boldsymbol{A}) \tag{7.2.7}$$

将上式代入式(7.2.2),可得

$$\frac{\mathrm{d}\sigma}{\mathrm{d}\Omega}=\rho^2\,\frac{1}{(\boldsymbol{Q}\cdot\boldsymbol{A})^2}\oint\!\!\oint_{S_0}\oint\!\!\oint_{S_0}(\mathrm{d}\boldsymbol{S}\cdot\boldsymbol{A})(\mathrm{d}\boldsymbol{S}'\cdot\boldsymbol{A})\mathrm{e}^{-\mathrm{i}\boldsymbol{Q}\cdot(\boldsymbol{r}-\boldsymbol{r}')} \tag{7.2.8}$$

下面考虑一个粗糙表面。如图 7.2.2 所示,设该表面整体上平行于 xy 平面,其表面的起伏可用在 z 方向上的坐标 $z(x,y)$ 来表示。令 $\boldsymbol{A}$ 为垂直于 xy 平面的单位向量 $\hat{z}$,则 $\mathrm{d}\boldsymbol{S}\cdot\boldsymbol{A}=\mathrm{d}\boldsymbol{S}\cdot\hat{z}$ 即为 $\mathrm{d}\boldsymbol{S}$ 在 xy 平面上的投影,也就是说有 $\mathrm{d}\boldsymbol{S}\cdot\boldsymbol{A}=\mathrm{d}x\,\mathrm{d}y$。式(7.2.8)可以写为

$$\frac{d\sigma}{d\Omega}=\frac{\rho^2}{Q_z^2}\int_S dx\,dy\int_S dx'dy'\,e^{-iQ_z[z(x,y)-z(x',y')]}\,e^{-i[Q_x(x-x')+Q_y(y-y')]} \tag{7.2.9}$$

上式中的积分限 S 即为样品的待测表面。对于无限厚材质的表面散射，在物理上，中子不会达到另一个面。因此，可将积分限由 S_0 替换为 S。

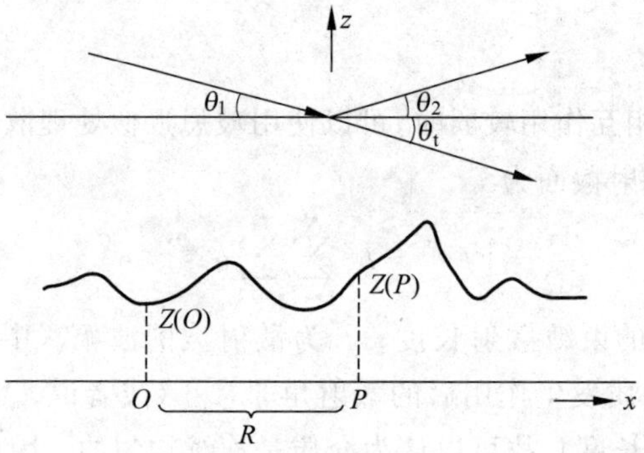

图 7.2.2　粗糙表面示意图

假设上式中的 $[z(x,y)-z(x',y')]$ 是关于相对二维位移矢量 $(X,Y)^{\mathrm{T}}=(x'-x,y'-y)^{\mathrm{T}}$ 的高斯型随机变量，相对二维位移为 $(X,Y)^{\mathrm{T}}$ 的点对的高度差方差满足

$$\langle[z(x,y)-z(x',y')]^2\rangle=g(X,Y) \tag{7.2.10}$$

对于统计上各向同性的固体表面，可以用如下形式描述表面的粗糙程度：

$$g(X,Y)=g(R)=AR^{2h},\quad 0<h<1 \tag{7.2.11}$$

其中 $R\equiv\sqrt{X^2+Y^2}$，A 为一个待定系数。注意到在 $R\to\infty$ 时，上式给出 $g(R)\to\infty$。而在实际情况中，$[z(x,y)-z(x',y')]$ 的均方差总是会由于各种原因收敛到一个固定值 σ^2。因此，需对上式作如下改写：

$$g(R)=2\sigma^2\left[1-e^{-\left(\frac{R}{\xi}\right)^{2h}}\right] \tag{7.2.12}$$

式中，ξ 称为截断长度。当 $R\ll\xi$ 时，式(7.2.12)趋近于式(7.2.11)，从而有 $A=2\sigma^2\xi^{-2h}$。我们称式(7.2.11)为无截断的粗糙度形式，式(7.2.12)为含截断的粗糙度形式。

将式(7.2.9)与式(7.2.10)～式(7.2.12)联立，即可将微分散射截面与表面的统计信息相关联。

为方便讨论，引入两点的高度差 $t=z(x,y)-z(x',y')$，从上文可知 t 是关于 $(X,Y)^{\mathrm{T}}$ 的高斯型随机变量，应具备如下形式的概率密度分布：

$$f(t;X,Y)=c\cdot e^{-\frac{t^2}{2g(X,Y)}} \tag{7.2.13}$$

下面计算微分散射截面。作变量代换：$x'=X+x$，$y'=Y+y$，并将反射面的面积限定为 L_xL_y，则式(7.2.9)化为

$$\begin{aligned}\frac{d\sigma}{d\Omega}&=\frac{\rho^2}{Q_z^2}\int_S dx\,dy\int_S dX\,dY\exp(-iQ_zt)\exp[-i(Q_xX+Q_yY)]\\&=\frac{\rho^2}{Q_z^2}L_xL_y\int_S dX\,dY\langle\exp(-iQ_zt)\rangle\exp[-i(Q_xX+Q_yY)]\end{aligned} \tag{7.2.14}$$

式中

$$\langle \exp(-\mathrm{i}Q_z t) \rangle = \frac{1}{L_x L_y}\int_S \mathrm{d}x\,\mathrm{d}y \exp(-\mathrm{i}Q_z t)$$

可见，$\langle \exp(-\mathrm{i}Q_z t) \rangle$表示的是$\exp(-\mathrm{i}Q_z t)$遍历样品表面的平均值。已知$t$的分布式(7.2.13)，则$\langle \exp(-\mathrm{i}Q_z t) \rangle$可作如下计算：

$$\begin{aligned}\langle \exp(-\mathrm{i}Q_z t) \rangle &= \int_{-\infty}^{+\infty} \exp(-\mathrm{i}Q_z t) f(t;X,Y)\,\mathrm{d}t \\ &= c\int_{-\infty}^{+\infty} \exp\left(-\frac{t^2}{2g} - \mathrm{i}Q_z t\right)\mathrm{d}t \\ &= c\int_{-\infty}^{+\infty} \exp\left[-\frac{1}{2g}(t+\mathrm{i}Q_z g)^2\right]\exp\left(-\frac{1}{2}gQ_z^2\right)\mathrm{d}t \\ &= \exp\left(-\frac{1}{2}gQ_z^2\right) \end{aligned} \tag{7.2.15}$$

因此，式(7.2.14)可化为

$$\frac{\mathrm{d}\sigma}{\mathrm{d}\Omega} = \frac{\rho^2}{Q_z^2} L_x L_y \int_S \mathrm{d}X\,\mathrm{d}Y \exp\left[-\frac{1}{2}g(X,Y)Q_z^2\right]\exp[-\mathrm{i}(Q_x X + Q_y Y)] \tag{7.2.16}$$

这样，我们得到了玻恩近似下反射问题的微分截面。

2. 光滑表面

若研究对象是理想的光滑表面，则有$g(X,Y)=0$，式(7.2.16)化为

$$\frac{\mathrm{d}\sigma}{\mathrm{d}\Omega} = \frac{\rho^2}{Q_z^2} L_x L_y (2\pi)^2 \delta(Q_x)\delta(Q_y) \tag{7.2.17}$$

可见此时有$Q_x = Q_y = 0$，$Q = Q_z$。这与镜面反射的图像是一致的。镜面反射的反射率定义为镜面反射的束流强度与入射强度之比：

$$|R|^2 = \frac{1}{L_x L_y \sin\theta}\int \left.\frac{\mathrm{d}\sigma}{\mathrm{d}\Omega}\right|_{\mathrm{spec}} \mathrm{d}\Omega \tag{7.2.18}$$

式中，θ为中子的掠入射角；$L_x L_y \sin\theta$即与样品平面发生作用的入射中子束的截面积。下标“spec”代表镜面反射。对于镜面反射，有

$$\mathrm{d}\Omega = \frac{\mathrm{d}Q_x\,\mathrm{d}Q_y}{k^2 \sin\theta}$$

上式的计算思路如下。以入射中子与表面的接触点为球心，以k为半径，作一个虚拟球。则立体角微元$\mathrm{d}\Omega$对应的虚拟球面上的面元面积为$k^2\mathrm{d}\Omega$。该面元在xy平面上的投影面积即为$k^2\sin\theta\mathrm{d}\Omega$。注意到，在$xy$平面上有$k^2\sin\theta\mathrm{d}\Omega = \mathrm{d}k_x\mathrm{d}k_y = \mathrm{d}Q_x\mathrm{d}Q_y$，因此可得上式。将上式代入式(7.2.18)，可得

$$|R|^2 = \frac{16\pi^2\rho^2}{Q^4} \tag{7.2.19}$$

可知，上式与通过菲涅耳反射理论得到的高Q极限下的结果式(7.1.23)相同。在高Q区域反射率较低，适用玻恩近似。

3. 粗糙表面

下面考虑统计上各向同性的粗糙表面。由上文可知，我们可采用非截断表达式(7.2.11)

或含截断表达式(7.2.12)来描述粗糙表面。下面分别讨论这两种情况。首先计算非截断的情况。将式(7.2.11)代入式(7.2.16)，得

$$\frac{d\sigma}{d\Omega}=\frac{\rho^2}{Q_z^2}L_xL_y\int_S dX\,dY\exp\left(-\frac{1}{2}AR^{2h}Q_z^2\right)\exp\left[-i(Q_xX+Q_yY)\right]$$

$$=\frac{\rho^2}{Q_z^2}L_xL_y\int_0^{\infty}dR\cdot 2\pi R\exp\left(-\frac{1}{2}AR^{2h}Q_z^2\right)\left[\frac{1}{2\pi}\int_0^{2\pi}\exp(-iQ_rR\cos\phi)\,d\phi\right]$$

式中，$Q_r=\sqrt{Q_x^2+Q_y^2}$。对上式中的 ϕ 积分，可得

$$\frac{d\sigma}{d\Omega}=\frac{2\pi\rho^2}{Q_z^2}L_xL_y\int_0^{\infty}dR\cdot R\exp\left(-\frac{1}{2}AR^{2h}Q_z^2\right)J_0(Q_rR) \tag{7.2.20}$$

式中，$J_0(x)$是零阶第一类贝塞尔函数。上式中不包含关于 Q_x 和 Q_y 的 δ 函数，即不存在真正的镜面反射。但仍然可以通过计算 $Q_r=0$ 处的值来获得镜面反射区域的强度。此外，上式只在 $h=\frac{1}{2}$ 和 1 时有解析解。

下面利用式(7.2.12)，计算考虑截断的散射截面。以 $(0,0)^T$ 位置为参考点，则式(7.2.10)可写为

$$g(X,Y)=g(R)=\langle[z(X,Y)-z(0,0)]^2\rangle=2\langle z^2\rangle-2\langle z(X,Y)z(0,0)\rangle \tag{7.2.21}$$

在描述表面 $z(x,y)$时，我们可选取“平均面”作为 $z=0$ 的基准面，即$\langle z(x,y)\rangle=0$。当 $R\to\infty$时，上式化为

$$g(R\to\infty)=2\langle z^2\rangle-2\langle z\rangle^2=2\langle z^2\rangle$$

再将其与式(7.2.12)联立，可见有$\langle z^2\rangle=\sigma^2$。在一些文献中，$\sigma$ 被定义为表面的粗糙度(roughness)。由上式可见，式(7.2.21)可写为

$$g(X,Y)=g(R)=2\sigma^2-2\langle z(X,Y)z(0,0)\rangle$$

利用上式，可引入高度自关联函数(height-height correlation function)$C(X,Y)$：

$$C(X,Y)\equiv\langle z(X,Y)z(0,0)\rangle=\sigma^2-\frac{1}{2}g(X,Y) \tag{7.2.22}$$

将式(7.2.12)代入上式，可得

$$C(X,Y)=\sigma^2e^{-\left(\frac{R}{\xi}\right)^{2h}} \tag{7.2.23}$$

将式(7.2.22)代入式(7.2.16)，可得

$$\frac{d\sigma}{d\Omega}=\frac{\rho^2}{Q_z^2}L_xL_ye^{-\sigma^2Q_z^2}\int_S dX\,dY\exp\left[C(X,Y)Q_z^2\right]\exp\left[-i(Q_xX+Q_yY)\right] \tag{7.2.24}$$

为了从上式中分离出镜面反射和漫散射的成分，引入如下函数：

$$F(Q_z,R)\equiv\exp\left[C(X,Y)Q_z^2\right]-1=\exp\left[Q_z^2\sigma^2e^{-\left(\frac{R}{\xi}\right)^{2h}}\right]-1 \tag{7.2.25}$$

利用上式，可将式(7.2.24)分为镜面反射(下标为“spec”)与漫散射(下标为“diff”)两部分：

$$\left.\frac{d\sigma}{d\Omega}\right|_{spec}=\frac{4\pi^2\rho^2}{Q_z^2}L_xL_ye^{-\sigma^2Q_z^2}\delta(Q_x)\delta(Q_y) \tag{7.2.26}$$

$$\left.\frac{\mathrm{d}\sigma}{\mathrm{d}\Omega}\right|_{\mathrm{diff}}=\frac{2\pi\rho^2}{Q_z^2}L_xL_y\mathrm{e}^{-\sigma^2Q_z^2}\int_0^\infty \mathrm{d}R\cdot RF(Q_z,R)\mathrm{J}_0(Q_rR) \tag{7.2.27}$$

将式(7.2.26)与式(7.2.17)进行对比可知，对于粗糙度为 σ 的表面，其镜面反射率与理想表面的反射率的比值为 $\mathrm{e}^{-\sigma^2Q_z^2}$，与刻画原子热振动效应的德拜-沃勒因子具有相同的形式。该结论被广泛应用于反射实验的数据拟合中。

式(7.2.27)为漫散射的微分截面。可见此时，在 Q_x 和 Q_y 非零的区域也有散射信号，这即为漫散射。由前文讨论可知，镜面散射反映了垂直于样品表面的结构信息，而漫散射则给出平行于表面的结构特征。该项的计算往往需要使用数值方法。

在反射实验坐标系中，通常 x 方向与镜面反射平面平行（即垂直于探测器平面），y 方向垂直于镜面反射平面，如图 7.2.1 所示。Q_y 的测量对探测器分辨率的要求比 Q_x 高，因此实验中经常测量 $I(Q_x)$(Renaud,2009)。此时，测量结果可表示为

$$I(Q_x)\propto\int\frac{\mathrm{d}\sigma}{\mathrm{d}\Omega}\mathrm{d}Q_y=\frac{2\pi\rho^2}{Q_z^2}L_xL_y\mathrm{e}^{-\sigma^2Q_z^2}\int\mathrm{d}X\mathrm{e}^{C(X,0)Q_z^2}\mathrm{e}^{-\mathrm{i}Q_xX} \tag{7.2.28}$$

7.2.2 DWBA 理论

1. 基本理论

玻恩近似适用于中子与样品相互作用较弱的情况。当反射率接近全反射区域时，玻恩近似将失效。此时，可以使用 DWBA 理论处理，将粗糙表面看作在理想表面上加一个微扰，最终波函数是经理想表面作用的波函数与经过微扰作用的波函数之和。关于 DWBA 理论的详细介绍见附录 A.4.6 节。

根据式(7.1.4)，可得定态薛定谔方程为

$$\nabla^2\psi(\boldsymbol{r})+\left[k^2-\frac{2m_{\mathrm{n}}}{\hbar^2}V(\boldsymbol{r})\right]\psi(\boldsymbol{r})=0 \tag{7.2.29}$$

其中 $V(\boldsymbol{r})$是样品对中子的势函数。在散射长度密度为 ρ 的均匀介质内部，有

$$V(\boldsymbol{r})=V_0=\frac{2\pi\hbar^2}{m_{\mathrm{n}}}\rho$$

选取如下参考系：样品平面垂直于 z 轴，z 轴正方向指向样品内部，如图 7.2.3 所示。表面高度坐标为 $z(x,y)$。另外，$z=0$ 平面 S_0 满足

$$\iint_{S_0}\mathrm{d}x\,\mathrm{d}y\,z(x,y)=0 \tag{7.2.30}$$

即将样品表面的“平均平面”定义为 $z=0$。

样品的表面不是理想平面，而是具有一定的粗糙度。可以将样品看成是表面为理想平面 S_0、厚度为 a 的平板与 $z(x,y)$描述的“起伏”的叠加，平板的体积与样品的体积相等。将样品的势函数写成两者势函数之和：

$$V=V_1+V_2 \tag{7.2.31}$$

V_1 代表平板的势函数：

$$V_1=\begin{cases}V_0, & 0<z<a\\ 0, & z<0\end{cases} \tag{7.2.32}$$

V_2 描述介质表面的粗糙程度，$z(x,y)>0$ 代表介质表面相对于 S_0 是下沉的，反之则是凸

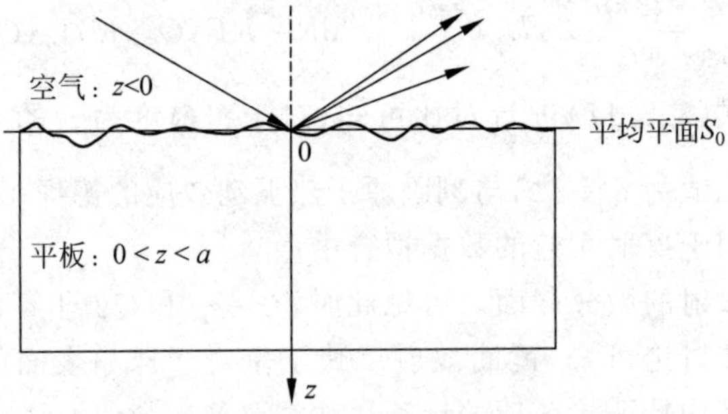

图 7.2.3　粗糙表面平板示意图

起的。V_2 可以看作由于表面粗糙引起的对 V_1 的微扰项，有如下形式：

$$V_2=\begin{cases}-V_0, & 0<z<z(x,y),z(x,y)>0\\ V_0, & z(x,y)<z<0,z(x,y)<0\\ 0, & \text{其他}\end{cases} \tag{7.2.33}$$

下面考虑散射问题。设入射中子的波矢为 $\boldsymbol{k}_1=(k_{1x},k_{1y},k_{1z})^{\mathrm{T}}$，经样品表面散射后的波矢为 $\boldsymbol{k}_2=(k_{2x},k_{2y},k_{2z})^{\mathrm{T}}$。注意有 $k_{1z}>0$，$k_{2z}<0$。根据定态散射理论，微观散射截面表示为(参考附录式(A.4.60))

$$\frac{\mathrm{d}\sigma}{\mathrm{d}\Omega}=|f(\boldsymbol{k}_2,\boldsymbol{k}_1)|^2=\frac{(2\pi)^4m_{\mathrm{n}}^2}{\hbar^4}|T^+_{\boldsymbol{k}_2,\boldsymbol{k}_1}|^2 \tag{7.2.34}$$

式中，$T^+_{\boldsymbol{k}_2,\boldsymbol{k}_1}$ 是跃迁算符 T 的矩阵元。应用 DWBA 理论，由附录式(A.4.92)可知

$$T^+_{\boldsymbol{k}_2,\boldsymbol{k}_1}=\langle\phi_{\boldsymbol{k}_2}\mid V_1\mid\chi^+_{\boldsymbol{k}_1}\rangle+\langle\chi^-_{\boldsymbol{k}_2}\mid V_2\mid\chi^+_{\boldsymbol{k}_1}\rangle \tag{7.2.35}$$

其中，$\phi_{\boldsymbol{k}_2}$ 是波矢为 $\boldsymbol{k}_2$ 的出射中子的平面波：

$$\phi_{\boldsymbol{k}_2}(\boldsymbol{r})=C\exp(\mathrm{i}\boldsymbol{k}_2\cdot\boldsymbol{r}) \tag{7.2.36}$$

其中 $C=(2\pi)^{-3/2}$，为归一化因子。

$\chi^+_{\boldsymbol{k}_1}$ 表示波矢为 $\boldsymbol{k}_1$ 的入射中子与理想平面(V_1)发生菲涅耳反射的波函数。在空气区域($z<0$)，其形式与式(7.1.5)相同；在介质区域($0<z<a$)，则需考虑透射波的波矢变化以及透射系数：

$$\chi^+_{\boldsymbol{k}_1}(\boldsymbol{r})=\begin{cases}C\exp[\mathrm{i}(k_{1x}x+k_{1y}y)]\,T_1\exp(\mathrm{i}k^{\mathrm{t}}_{1z}z), & 0<z<a\\ C\exp[\mathrm{i}(k_{1x}x+k_{1y}y)]\,[\exp(\mathrm{i}k_{1z}z)+R_1\exp(-\mathrm{i}k_{1z}z)], & z<0\end{cases} \tag{7.2.37}$$

此处，上标“t”表示透射。对比 7.1.2 节的内容，易知有

$$k^{\mathrm{t}}_{1z}=\sqrt{k^2_{1z}-4\pi\rho}$$

$$T_1=\frac{2k_{1z}}{k_{1z}+k^{\mathrm{t}}_{1z}}$$

$$R_1=\frac{k_{1z}-k^{\mathrm{t}}_{1z}}{k_{1z}+k^{\mathrm{t}}_{1z}}$$

$\chi^-_{\boldsymbol{k}_2}$ 表示入射波矢为 $-\boldsymbol{k}_2$ 的时间反演态，也是菲涅耳反射的本征态，其形式如下：

$$\chi_{\boldsymbol{k}_2}^{-}(\boldsymbol{r})=\begin{cases}C\exp\left[\mathrm{i}(k_{2x}x+k_{2y}y)\right]T_2^*\exp(\mathrm{i}k_{2z}^{\mathrm{t}}z), & 0<z<a\\ C\exp\left[\mathrm{i}(k_{2x}x+k_{2y}y)\right]\left[\exp(\mathrm{i}k_{2z}z)+R_2^*\exp(-\mathrm{i}k_{2z}z)\right], & z<0\end{cases}\tag{7.2.38}$$

类似地，有

$$k_{2z}^{\mathrm{t}}=-\sqrt{k_{2z}^2-4\pi\rho}$$

$$T_2=\frac{2k_{2z}}{k_{2z}+k_{2z}^{\mathrm{t}}}$$

$$R_2=\frac{k_{2z}-k_{2z}^{\mathrm{t}}}{k_{2z}+k_{2z}^{\mathrm{t}}}$$

根据上述表达式，可以依次计算式(7.2.35)中的各项。该式右侧第一项代表理想表面($V_2=0$)的贡献：

$$\begin{aligned}\langle\phi_{\boldsymbol{k}_2}\mid V_1\mid\chi_{\boldsymbol{k}_1}^{+}\rangle&=\int\mathrm{d}\boldsymbol{r}'\int\mathrm{d}\boldsymbol{r}\langle\phi_{\boldsymbol{k}_2}\mid\boldsymbol{r}'\rangle\langle\boldsymbol{r}'\mid V_1\mid\boldsymbol{r}\rangle\langle\boldsymbol{r}\mid\chi_{\boldsymbol{k}_1}^{+}\rangle\\&=\int\mathrm{d}\boldsymbol{r}\phi_{\boldsymbol{k}_2}^*(\boldsymbol{r})V_1(\boldsymbol{r})\chi_{\boldsymbol{k}_1}^{+}(\boldsymbol{r})\\&=|C|^2V_0T_1\int_{-\frac{L_x}{2}}^{\frac{L_x}{2}}\mathrm{d}x\int_{-\frac{L_y}{2}}^{\frac{L_y}{2}}\mathrm{d}y\,\cdot\\&\quad\int_0^a\mathrm{d}z\,\mathrm{e}^{\mathrm{i}\left[(k_{1x}-k_{2x})x+(k_{1y}-k_{2y})y\right]}\,\mathrm{e}^{\mathrm{i}\left(\sqrt{k_{1z}^2-4\pi\rho}-k_{2z}\right)z}\end{aligned}\tag{7.2.39}$$

引入玻恩-冯卡门边界条件：

$$\exp\left[\mathrm{i}(k_{1x}-k_{2x})x\right]=\exp\left[\mathrm{i}(k_{1x}-k_{2x})(x+L_x)\right]$$

$$\exp\left[\mathrm{i}(k_{1y}-k_{2y})y\right]=\exp\left[\mathrm{i}(k_{1y}-k_{2y})(y+L_y)\right]$$

引入

$$\exp(\mathrm{i}\boldsymbol{\kappa}\cdot\boldsymbol{\gamma})=\exp\{\mathrm{i}\left[(k_{1x}-k_{2x})x+(k_{1y}-k_{2y})y\right]\}$$

利用玻恩-冯卡门边界条件，不难得到

$$\int_{-\frac{L_x}{2}}^{\frac{L_x}{2}}\mathrm{d}x\int_{-\frac{L_y}{2}}^{\frac{L_y}{2}}\mathrm{d}y\exp(\mathrm{i}\boldsymbol{\kappa}\cdot\boldsymbol{\gamma})=L_xL_y\delta_{k_{1x},k_{2x}}\delta_{k_{1y},k_{2y}}$$

其中 $\delta_{i,j}$ 是 Kronecker δ 函数。

此外，实际样品总是存在一定的吸收截面，样品厚度 a 足够大时，有

$$\begin{aligned}&\int_0^a\mathrm{d}z\exp\left[\mathrm{i}\left(\sqrt{k_{1z}^2-4\pi\rho}-k_{2z}\right)z\right]\\&=-\frac{1-\exp\left[\mathrm{i}\left(\sqrt{k_{1z}^2-4\pi\rho}-k_{2z}\right)a\right]}{\mathrm{i}\left(\sqrt{k_{1z}^2-4\pi\rho}-k_{2z}\right)}\xrightarrow{a\to\infty}\frac{\mathrm{i}}{\sqrt{k_{1z}^2-4\pi\rho}-k_{2z}}\end{aligned}$$

将上面两式代入式(7.2.39)，可得

$$\begin{aligned}\langle\phi_{\boldsymbol{k}_2}\mid V_1\mid\chi_{\boldsymbol{k}_1}^{+}\rangle=&|C|^2V_0L_xL_y\delta_{k_{1x},k_{2x}}\delta_{k_{1y},k_{2y}}\,\cdot\\&\frac{2k_{1z}}{k_{1z}+\sqrt{k_{1z}^2-4\pi\rho}}\frac{\mathrm{i}}{\sqrt{k_{1z}^2-4\pi\rho}-k_{2z}}\end{aligned}\tag{7.2.40}$$

对于菲涅耳反射有 $k_{2z}=-k_{1z}$，同时注意到

$$V_0=\frac{2\pi\hbar^2}{m_n}\rho=\frac{2\pi\hbar^2}{m_n}\frac{k_{1z}^2-(k_{1z}^t)^2}{4\pi}$$

可将式(7.2.40)化为

$$\langle\phi_{k_2}\mid V_1\mid\chi_{k_1}^+\rangle=\frac{\hbar^2}{16\pi^3m_n}L_xL_y\delta_{k_{1x},k_{2x}}\delta_{k_{1y},k_{2y}}(2ik_{1z})R_1 \qquad(7.2.41)$$

将上式代入式(7.2.34)，可以得到理想表面的镜面反射微观截面：

$$\frac{d\sigma}{d\Omega}\Big|_{spec}=\frac{1}{4\pi^2}k_{1z}^2\mid R_1\mid^2(L_xL_y)^2\delta_{k_{1x},k_{2x}}\delta_{k_{1y},k_{2y}} \qquad(7.2.42)$$

当 $L_x,L_y\rightarrow\infty$ 时，Kronecker δ 函数转化为 δ 函数：$\delta_{k_{1x},k_{2x}}\rightarrow\left(\frac{2\pi}{L_x}\right)\delta(k_{1x}-k_{2x})$，有

$$\frac{d\sigma}{d\Omega}\Big|_{spec}=k_{1z}^2\mid R_1\mid^2L_xL_y\delta(Q_x)\delta(Q_y) \qquad(7.2.43)$$

不难发现，上式与式(7.2.17)具有一致的形式。

现计算式(7.2.35)右侧第二项：

$$\langle\chi_{k_2}^-\mid V_2\mid\chi_{k_1}^+\rangle=\int d\mathbf{r}\chi_{k_2}^{-*}(\mathbf{r})V_2(\mathbf{r})\chi_{k_1}^+(\mathbf{r})$$

$$=-\mid C\mid^2V_0T_1T_2\int_{-\frac{L_x}{2}}^{\frac{L_x}{2}}dx\int_{-\frac{L_y}{2}}^{\frac{L_y}{2}}dy\int_0^{z(x,y)>0}dz\cdot$$

$$\exp(i\boldsymbol{\kappa}\cdot\boldsymbol{\gamma})\exp[i(k_{1z}^t-k_{2z}^t)z]+\mid C\mid^2V_0\int_{-\frac{L_x}{2}}^{\frac{L_x}{2}}dx\int_{-\frac{L_y}{2}}^{\frac{L_y}{2}}dy\int_{z(x,y)<0}^0dz\cdot$$

$$\{\exp(i\boldsymbol{\kappa}\cdot\boldsymbol{\gamma})[\exp(ik_{1z}z)+R_1\exp(-ik_{1z}z)]\cdot$$

$$[\exp(-ik_{2z}z)+R_2\exp(ik_{2z}z)]\} \qquad(7.2.44)$$

引入

$$F_>(\boldsymbol{\kappa})=-\int_{-\frac{L_x}{2}}^{\frac{L_x}{2}}dx\int_{-\frac{L_y}{2}}^{\frac{L_y}{2}}dy\int_0^{z(x,y)>0}dz\exp(i\boldsymbol{\kappa}\cdot\mathbf{r})$$

$$=\frac{i}{\kappa_z}\int_{-\frac{L_x}{2}}^{\frac{L_x}{2}}dx\int_{-\frac{L_y}{2}}^{\frac{L_y}{2}}dy\exp[i(\kappa_xx+\kappa_yy)]\{\exp[i\kappa_zz(x,y)]-1\} \qquad(7.2.45)$$

$$F_<(\boldsymbol{\kappa})=\int_{-\frac{L_x}{2}}^{\frac{L_x}{2}}dx\int_{-\frac{L_y}{2}}^{\frac{L_y}{2}}dy\int_{z(x,y)<0}^0dz\exp(i\boldsymbol{\kappa}\cdot\mathbf{r})$$

$$=\frac{i}{\kappa_z}\int_{-\frac{L_x}{2}}^{\frac{L_x}{2}}dx\int_{-\frac{L_y}{2}}^{\frac{L_y}{2}}dy\exp[i(\kappa_xx+\kappa_yy)]\{\exp[i\kappa_zz(x,y)]-1\} \qquad(7.2.46)$$

可将式(7.2.44)化为

$$\langle\chi_{k_2}^-\mid V_2\mid\chi_{k_1}^+\rangle=\mid C\mid^2V_0[T_1T_2F_>(\mathbf{Q}_t)+F_<(\mathbf{Q})+$$

$$R_1F_<(\mathbf{Q}_1)+R_2F_<(\mathbf{Q}_2)+R_1R_2F_<(\mathbf{Q}_3)] \qquad(7.2.47)$$

其中

$$\mathbf{Q}_t=(k_{1x}-k_{2x},k_{1y}-k_{2y},k_{1z}^t-k_{2z}^t)^T$$

$$\mathbf{Q}=(k_{1x}-k_{2x},k_{1y}-k_{2y},k_{1z}-k_{2z})^T$$

$$Q_1=(k_{1x}-k_{2x},k_{1y}-k_{2y},-k_{1z}-k_{2z})^{\mathrm{T}}$$
$$Q_2=(k_{1x}-k_{2x},k_{1y}-k_{2y},k_{1z}+k_{2z})^{\mathrm{T}}$$
$$Q_3=(k_{1x}-k_{2x},k_{1y}-k_{2y},-k_{1z}+k_{2z})^{\mathrm{T}}$$

式(7.2.47)与表面函数 $z(x,y)$ 有关，相对于式(7.2.41)是一个微扰项。分别用 A、B 表示式(7.2.41)和式(7.2.47)两项，则根据式(7.2.34)可知，我们需求解 $\langle|A+B|^2\rangle$。此处，$\langle\cdots\rangle$ 表示对粗糙表面的平均，它对 A 项没有作用，因此有

$$\begin{aligned}\langle|A+B|^2\rangle&=AA^*+\langle BB^*\rangle+A^*\langle B\rangle+A\langle B^*\rangle\\&=|A+\langle B\rangle|^2+[\langle BB^*\rangle-|\langle B\rangle|^2]\end{aligned}\tag{7.2.48}$$

上式右侧第一项对应镜面反射，第二项对应漫散射。计算镜面反射的截面，需要计算 $\langle F_{>,<}\rangle$；计算漫散射截面，则还需计算 $\langle F_{>,<}F^*_{>,<}\rangle$。下面分别求解这两类散射的微分截面。

2. 镜面反射

首先计算镜面反射的微分截面。设 $w(z)$ 为表示表面的高度分布的概率密度函数，其满足

$$\int_0^{\infty}\mathrm{d}zw(z)=\int_{-\infty}^{0}\mathrm{d}zw(z)=\frac{1}{2}\tag{7.2.49}$$

根据式(7.2.45)和式(7.2.46)，以及上式，易知有

$$\begin{aligned}\langle F_>(\boldsymbol{\kappa})\rangle&=\frac{\mathrm{i}}{\kappa_z}\int_{-\frac{L_x}{2}}^{\frac{L_x}{2}}\mathrm{d}x\int_{-\frac{L_y}{2}}^{\frac{L_y}{2}}\mathrm{d}y\int_0^{\infty}\mathrm{d}zw(z)\exp[\mathrm{i}(\kappa_x x+\kappa_y y)][\exp(\mathrm{i}\kappa_z z)-1]\\&=\frac{\mathrm{i}}{\kappa_z}L_xL_y\delta_{\kappa_x,0}\delta_{\kappa_y,0}\left[W_>(\boldsymbol{\kappa})-\frac{1}{2}\right]\end{aligned}\tag{7.2.50}$$

$$\begin{aligned}\langle F_<(\boldsymbol{\kappa})\rangle&=\frac{\mathrm{i}}{\kappa_z}\int_{-\frac{L_x}{2}}^{\frac{L_x}{2}}\mathrm{d}x\int_{-\frac{L_y}{2}}^{\frac{L_y}{2}}\mathrm{d}y\int_{-\infty}^{0}\mathrm{d}zw(z)\exp[\mathrm{i}(\kappa_x x+\kappa_y y)][\exp(\mathrm{i}\kappa_z z)-1]\\&=\frac{\mathrm{i}}{\kappa_z}L_xL_y\delta_{\kappa_x,0}\delta_{\kappa_y,0}\left[W_<(\boldsymbol{\kappa})-\frac{1}{2}\right]\end{aligned}\tag{7.2.51}$$

其中

$$W_>(\boldsymbol{\kappa})=\int_0^{\infty}\mathrm{d}zw(z)\exp(\mathrm{i}\kappa_z z),\quad W_<(\boldsymbol{\kappa})=\int_{-\infty}^{0}\mathrm{d}zw(z)\exp(\mathrm{i}\kappa_z z)\tag{7.2.52}$$

对于高斯随机型表面：

$$w(z)=\frac{1}{\sqrt{2\pi}\sigma}\exp\left(-\frac{z^2}{2\sigma^2}\right)\tag{7.2.53}$$

计算可得

$$\begin{aligned}\langle F_>(\boldsymbol{\kappa})\rangle=\frac{\mathrm{i}}{\kappa_z}L_xL_y\delta_{\kappa_x,0}\delta_{\kappa_y,0}\Bigg\{&\frac{1}{2}\left[\exp\left(-\frac{1}{2}\sigma^2\kappa_z^2\right)-1\right]-\\&\frac{1}{2}\mathrm{i}\exp\left(-\frac{1}{2}\sigma^2\kappa_z^2\right)\mathrm{erfi}\left(\frac{\sigma\kappa_z}{\sqrt{2}}\right)\Bigg\}\end{aligned}\tag{7.2.54}$$

$$\langle F_<(\boldsymbol{\kappa})\rangle=\frac{\mathrm{i}}{\kappa_z}L_xL_y\delta_{\kappa_x,0}\delta_{\kappa_y,0}\left\{\frac{1}{2}\left[\exp\left(-\frac{1}{2}\sigma^2\kappa_z^2\right)-1\right]+\right.$$

$$\frac{1}{2}\mathrm{i}\exp\left(-\frac{1}{2}\sigma^2\kappa_z^2\right)\mathrm{erfi}\left(\frac{\sigma\kappa_z}{\sqrt{2}}\right)\Bigg\} \tag{7.2.55}$$

其中，$\mathrm{erfi}(x)$是虚误差函数(imaginary error function)，其满足

$$\mathrm{erfi}(x)=\mathrm{i}\cdot\mathrm{erf}(\mathrm{i}x),\quad \mathrm{erfi}(x)=-\mathrm{erfi}(-x)$$

故有

$$\langle F_{\lessgtr}(\boldsymbol{\kappa})\rangle=\langle F_{\lessgtr}(-\boldsymbol{\kappa})\rangle^* \tag{7.2.56}$$

对于镜面反射，有

$$k_{1x}=k_{2x},\quad k_{1y}=k_{2y},\quad \boldsymbol{Q}_1=\boldsymbol{Q}_2=\boldsymbol{0},\quad Q_z=-Q_{3z},\quad R_1=R_2,\quad T_1=T_2$$

此外，注意到

$$\lim_{\kappa_z\to 0}\frac{1}{\kappa_z}\mathrm{erfi}\left(\frac{\sigma\kappa_z}{\sqrt{2}}\right)=\sqrt{\frac{2}{\pi}}\sigma$$

可以得到

$$\begin{aligned}\langle B\rangle=&-\frac{\mathrm{i}}{(2\pi)^3}\frac{\hbar^2}{2m_{\mathrm{n}}}\frac{Q_{\mathrm{c}}^2}{4}L_xL_y\delta_{k_{1x},k_{2x}}\delta_{k_{1y},k_{2y}}\cdot\\&\left\{\frac{1-R_1^2}{2Q_z}\left[1-\exp\left(-\frac{1}{2}\sigma^2Q_z^2\right)\right]+\frac{T_1^2}{2Q_{\mathrm{tz}}}\left[1-\exp\left(-\frac{1}{2}\sigma^2Q_{\mathrm{tz}}^2\right)\right]-\mathrm{i}\frac{2\sigma R_1}{\sqrt{2\pi}}+\right.\\&\mathrm{i}\left[\frac{T_1^2}{2Q_{\mathrm{tz}}}\exp\left(-\frac{1}{2}\sigma^2Q_{\mathrm{tz}}^2\right)\mathrm{erfi}\left(\frac{\sigma Q_{\mathrm{tz}}}{\sqrt{2}}\right)-\right.\\&\left.\left.\frac{(1+R_1^2)}{2Q_z}\exp\left(-\frac{1}{2}\sigma^2Q_z^2\right)\mathrm{erfi}\left(\frac{\sigma Q_z}{\sqrt{2}}\right)\right]\right\}\end{aligned} \tag{7.2.57}$$

式中，Q_{tz} 为 $\boldsymbol{Q}_{\mathrm{t}}$ 在 z 方向上的分量；Q_{c} 为临界时的动量转移，$Q_{\mathrm{c}}=2\sqrt{4\pi\rho}$。结合式(7.2.48)，将式(7.2.41)和式(7.2.57)代入式(7.2.34)，最终可以得到

$$\begin{aligned}\left.\frac{\mathrm{d}\sigma}{\mathrm{d}\Omega}\right|_{\mathrm{spec}}=&\frac{(L_xL_y)^2}{16\pi^2}\delta_{k_{1x},k_{2x}}\delta_{k_{1y},k_{2y}}\cdot\\&\left|2k_{1z}R_1-\frac{Q_{\mathrm{c}}^2}{4}\left\{\frac{1-R_1^2}{2Q_z}\left[1-\exp\left(-\frac{1}{2}\sigma^2Q_z^2\right)\right]+\right.\right.\\&\frac{T_1^2}{2Q_{\mathrm{tz}}}\left[1-\exp\left(-\frac{1}{2}\sigma^2Q_{\mathrm{tz}}^2\right)\right]-\mathrm{i}\frac{2\sigma R_1}{\sqrt{2\pi}}+\\&\mathrm{i}\left[\frac{T_1^2}{2Q_{\mathrm{tz}}}\exp\left(-\frac{1}{2}\sigma^2Q_{\mathrm{tz}}^2\right)\mathrm{erfi}\left(\frac{\sigma Q_{\mathrm{tz}}}{\sqrt{2}}\right)-\right.\\&\left.\left.\left.\frac{1+R_1^2}{2Q_z}\exp\left(-\frac{1}{2}\sigma^2Q_z^2\right)\mathrm{erfi}\left(\frac{\sigma Q_z}{\sqrt{2}}\right)\right]\right\}\right|^2\\=&L_xL_y\delta(Q_x)\delta(Q_y)k_{1z}^2\left|\widetilde{R}(\boldsymbol{k}_1)\right|^2\end{aligned} \tag{7.2.58}$$

其中

$$\widetilde{R}(\boldsymbol{k}_1)=R_1-\frac{Q_{\mathrm{c}}^2}{4}\left\{\frac{1-R_1^2}{2Q_z^2}\left[1-\exp\left(-\frac{1}{2}\sigma^2Q_z^2\right)\right]+\right.$$

$$\frac{T_1^2}{2Q_{tz}Q_z}\left[1-\exp\left(-\frac{1}{2}\sigma^2Q_{tz}^2\right)\right]-\mathrm{i}\,\frac{2\sigma R_1}{\sqrt{2\pi}Q_z}+$$
$$\mathrm{i}\left[\frac{T_1^2}{2Q_{tz}Q_z}\exp\left(-\frac{1}{2}\sigma^2Q_{tz}^2\right)\mathrm{erfi}\left(\frac{\sigma Q_{tz}}{\sqrt{2}}\right)-\right.$$
$$\left.\left.\frac{1+R_1^2}{2Q_z^2}\exp\left(-\frac{1}{2}\sigma^2Q_z^2\right)\mathrm{erfi}\left(\frac{\sigma Q_z}{\sqrt{2}}\right)\right]\right\} \tag{7.2.59}$$

$|\widetilde{R}(\boldsymbol{k}_1)|^2$ 即是基于 DWBA 理论得到的粗糙表面的镜面反射率。

Nevot 和 Croce 使用另一种方法得到了一个粗糙表面的镜面反射率公式，该公式形式简洁，与实验结果符合较好，因而被广泛使用(Nevot，1980)。该公式如下：

$$|\widetilde{R}(\boldsymbol{k}_1)|^2=|R_1(\boldsymbol{k}_1)|^2\exp(-Q_zQ_{tz}\sigma^2) \tag{7.2.60}$$

图 7.2.4 对不同方法计算得到的结果进行了对比。可以发现：①高 Q 区域中子与介质的相互作用较弱，因此基于玻恩近似的结果与 Nevot-Croce 公式符合得较好，但是玻恩近似在低 Q 区域的预测偏离正确值很大；②DWBA 方法得到的结果在低 Q 区域与 Nevot-Croce 公式符合得较好，但是在高 Q 区域会出现偏差。DWBA 方法在计算粗糙度影响时，使用了菲涅耳反射的结果去近似实际的波函数。当粗糙度较小时，该做法影响很小；但是当粗糙度非常大时，DWBA 方法得到的结果在低 Q 区域也会出现较大偏差。对于这一点，读者可自行验证。

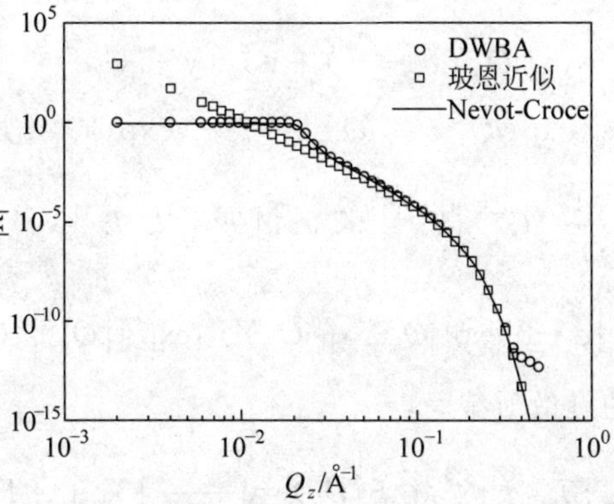

图 7.2.4　不同理论得到的粗糙表面的镜面反射率曲线(反射介质为天然 Ni，$\sigma=10$Å)

图中，○表示 DWBA 理论式(7.2.59)的计算结果，□表示玻恩近似式(7.2.26)的计算结果，实线表示 Nevot-Croce 公式(7.2.60)的计算结果。

3. 漫散射

按照上述思路，也可以直接代入 $F_{\lessgtr}(\boldsymbol{\kappa})$ 计算式(7.2.48)右侧的第二项，从而获得漫散射的微分截面。这种方式的计算非常繁杂。可以借助如下近似简化计算：将式(7.2.37)和式(7.2.38)在 $z>0$ 的形式延拓到 $z<0$。考虑到波函数的连续性，对于 $Q_z\sigma\ll1$ 的情况，这一近似是合理的。据此，式(7.2.47)可简化为

$$\langle\chi_{\boldsymbol{k}_2}^-\mid V_2\mid\chi_{\boldsymbol{k}_1}^+\rangle=|C|^2V_0T_1T_2F(\boldsymbol{Q}_t) \tag{7.2.61}$$

其中

$$F(\boldsymbol{Q}_{\mathrm{t}})=\frac{\mathrm{i}}{Q_{\mathrm{t}z}}\int_{-\frac{L_x}{2}}^{\frac{L_x}{2}}\mathrm{d}x\int_{-\frac{L_y}{2}}^{\frac{L_y}{2}}\mathrm{d}y\exp\left[\mathrm{i}(Q_x x+Q_y y)\right]\{\exp\left[\mathrm{i}Q_{\mathrm{t}z}z(x,y)\right]-1\} \tag{7.2.62}$$

应特别指出的是，与 $F_{\lessgtr}$ 中 $z(x,y)$ 只取正半边或负半边不同的是，F 中 $z(x,y)$ 没有限制。

从而有

$$\langle BB^*\rangle-|\langle B\rangle|^2=|C|^4|V_0|^2|T_1|^2|T_2|^2\cdot\{\langle F(\boldsymbol{Q}_{\mathrm{t}})F^*(\boldsymbol{Q}_{\mathrm{t}})\rangle-\langle F(\boldsymbol{Q}_{\mathrm{t}})\rangle^2\} \tag{7.2.63}$$

$$\langle F(\boldsymbol{Q}_{\mathrm{t}})F^*(\boldsymbol{Q}_{\mathrm{t}})\rangle=\frac{1}{Q_{\mathrm{t}z}^2}\iint\mathrm{d}x\,\mathrm{d}y\iint\mathrm{d}x'\mathrm{d}y'\{\exp\left[\mathrm{i}Q_x(x-x')+\mathrm{i}Q_y(y-y')\right]\cdot\langle[\exp(\mathrm{i}Q_{\mathrm{t}z}z)-1][\exp(-\mathrm{i}Q_{\mathrm{t}z}^*z')-1]\rangle\} \tag{7.2.64}$$

$$\langle F(\boldsymbol{Q}_{\mathrm{t}})\rangle\langle F^*(\boldsymbol{Q}_{\mathrm{t}})\rangle=\frac{1}{Q_{\mathrm{t}z}^2}\iint\mathrm{d}x\,\mathrm{d}y\iint\mathrm{d}x'\mathrm{d}y'\{\exp\left[\mathrm{i}Q_x(x-x')+\mathrm{i}Q_y(y-y')\right]\cdot\langle\exp(\mathrm{i}Q_{\mathrm{t}z}z)-1\rangle\langle\exp(-\mathrm{i}Q_{\mathrm{t}z}^*z')-1\rangle\} \tag{7.2.65}$$

类似于上一节中通过引入高度自关联函数来表征粗糙表面，同时将式(7.2.64)和式(7.2.65)代入式(7.2.63)得

$$\begin{aligned}\langle BB^*\rangle-|\langle B\rangle|^2=&\frac{1}{Q_{\mathrm{t}z}^2}|C|^4|V_0|^2|T_1|^2|T_2|^2\iint\mathrm{d}x\,\mathrm{d}y\iint\mathrm{d}x'\mathrm{d}y'\cdot\\&\{\exp\left[\mathrm{i}Q_x(x-x')+\mathrm{i}Q_y(y-y')\right]\cdot\\&[\langle\exp(\mathrm{i}Q_{\mathrm{t}z}z-\mathrm{i}Q_{\mathrm{t}z}^*z')\rangle-\langle\exp(\mathrm{i}Q_{\mathrm{t}z}z)\rangle\langle\exp(-\mathrm{i}Q_{\mathrm{t}z}^*z')\rangle]\}\\\approx&\frac{1}{Q_{\mathrm{t}z}^2}|C|^4|V_0|^2|T_1|^2|T_2|^2L_xL_y\exp\left[-\frac{Q_{\mathrm{t}z}^2+(Q_{\mathrm{t}z}^*)^2}{2}\sigma^2\right]\cdot\\&\iint\mathrm{d}X\,\mathrm{d}Y\exp(\mathrm{i}Q_xX+\mathrm{i}Q_yY)\{\exp[|Q_{\mathrm{t}z}|^2C(X,Y)]-1\}\end{aligned} \tag{7.2.66}$$

最终得到粗糙表面的漫散射截面：

$$\left.\frac{\mathrm{d}\sigma}{\mathrm{d}\Omega}\right|_{\mathrm{diff}}=\rho^2L_xL_y|T_1|^2|T_2|^2S(\boldsymbol{Q}_{\mathrm{t}})=\frac{L_xL_y}{16\pi^2}|T_1|^2|T_2|^2\frac{Q_{\mathrm{c}}^2}{4}S(\boldsymbol{Q}_{\mathrm{t}}) \tag{7.2.67}$$

其中

$$S(\boldsymbol{Q}_{\mathrm{t}})=\frac{1}{Q_{\mathrm{t}z}^2}\exp\left[-\frac{Q_{\mathrm{t}z}^2+(Q_{\mathrm{t}z}^*)^2}{2}\sigma^2\right]\iint\mathrm{d}X\,\mathrm{d}Y\cdot\exp(\mathrm{i}Q_xX+\mathrm{i}Q_yY)\{\exp[|Q_{\mathrm{t}z}|^2C(X,Y)]-1\} \tag{7.2.68}$$

与通过玻恩近似计算得到的结果式(7.2.24)相比，式(7.2.67)有如下几点不同：①包含 $|T_1|^2|T_2|^2$ 项；② $Q_{\mathrm{t}z}$ 代替 Q_z 表示中子动量的转移；③上式右侧最后的 -1 项扣除了镜面反射成分。当 Q_z 较大时，有 $Q_{\mathrm{t}z}\approx Q_z$，两种方法得到的漫散射截面相等。

此外，当 $Q_{\mathrm{t}z}$ 很小时，对式(7.2.68)中的指数项作泰勒展开，可得

$$S(\boldsymbol{Q}_{\mathrm{t}})\approx\iint\mathrm{d}X\,\mathrm{d}Y\exp(\mathrm{i}Q_xX+\mathrm{i}Q_yY)C(X,Y) \tag{7.2.69}$$

即通过测量漫散射可以直接得到高度自关联函数 $C(X,Y)$ 的傅里叶变换。

7.3 中子反射应用实例

中子反射能够提供垂直于样品表面的一维结构信息，被广泛应用于化学聚合（chemical aggregation）、高分子、表面活性剂吸附（surfactant adsorption）以及薄膜材料和生物膜蛋白的结构等问题的研究中。本节将以 DNA 功能化表面、玻璃界面扩散等重要研究作为应用实例，介绍中子反射技术如何助力材料的表面和膜层问题研究。

7.3.1 DNA 功能化表面

通过 Au—S 键可以将巯基化单链 DNA（thiol-terminated single-stranded DNA，HS-ssDNA）共价偶联到金纳米颗粒表面，形成 DNA 功能化表面。单链 DNA（ssDNA）能与具有互补碱基序列的互补单链 DNA（ssDNA-C）杂交形成双链 DNA，继而可以应用于分析检测、DNA 芯片等领域。ssDNA 在金纳米颗粒表面的构型及其调控对 DNA 功能化表面的应用有重要影响。中子反射可以在不破坏生物大分子结构的情况下获得分子垂直于表面的 Å 量级分辨率的结构信息。这一特点，使得中子反射技术即便在冷冻电镜等新技术发展迅猛的今天仍具有不可替代的价值。

图 7.3.1(a)～(c)展示了用于中子反射测量的三种样品：(a) HS-ssDNA 通过 Au—S 键吸附于 Au 表面形成 DNA 功能化表面。除了 Au—S 键的结合外，DNA 的骨架也可能与

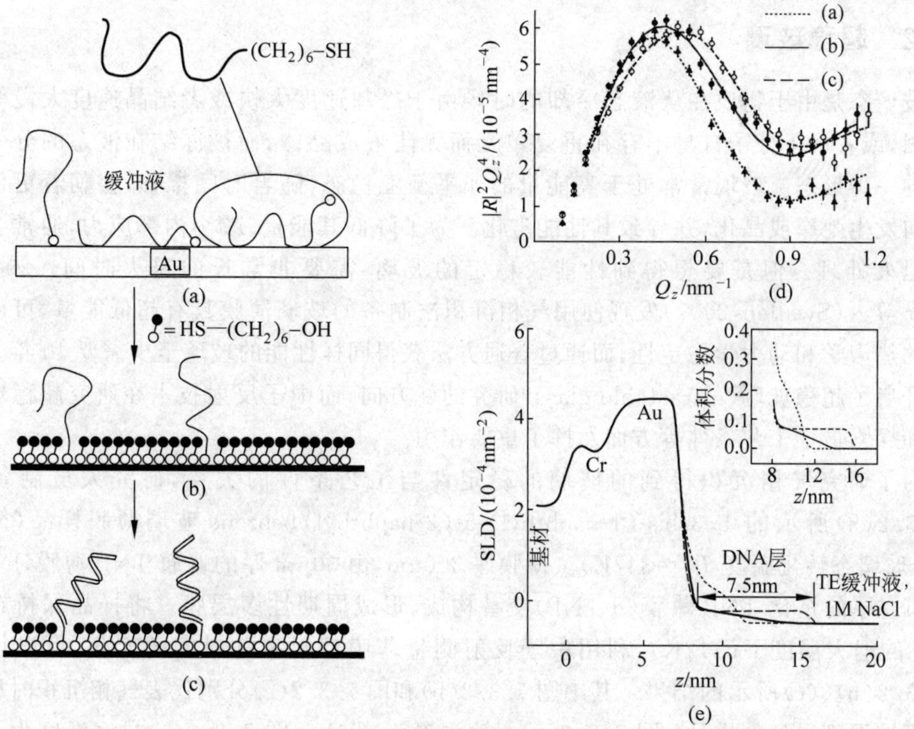

图 7.3.1 中子反射研究 DNA 单层膜的结构（Levicky，1998）

(a)～(c)分别给出了三种实验样品，DNA 在不同表面的构型各不相同；

(d)给出了以上三种样品的反射率曲线；(e)给出了各样品的散射长度密度（SLD）分布

表面接触在一起，从而 HS-ssDNA 在表面趋向于"平躺"。(b) 在 DNA 功能化表面加入巯基己醇（HS—$(CH_2)_6$—OH，MCH），MCH 上的巯基预期能与 Au 结合从而能使 HS-ssDNA"站起来"。(c) 在(b)的基础上加入 ssDNA-C 发生杂化反应。中子反射能在 Å 级分辨率下确认上述三种状态下 DNA 的构型。图 7.3.1(d)所示为测量得到的中子反射率曲线，需要注意的是其纵坐标是 $|R|^2Q_z^4$。DNA 在距离 Au 表面 z' 处的散射长度密度可以用如下公式表示：

$$\rho_{\text{SLD}}(z')=C_1+C_2\left[1-\left(\frac{z'}{H}\right)^n\right] \tag{7.3.1}$$

式中，C_1 是缓冲液的散射长度密度，H 是 DNA 膜层的厚度。将散射长度密度分布为 $\rho_{\text{SLD}}(z')$ 的膜层看作是由一系列薄膜构成的多层膜，并结合 7.1.4 节中介绍的多层膜的镜面反射率公式，可以计算特定参数下的反射率曲线。进一步讲，利用最小二乘法拟合式(7.3.1)就可得到三种样品的散射长度密度分布。

图 7.3.1(e)展示了拟合得到的散射长度密度分布，点虚线、短画线和实线分别对应图 7.3.1(a)～(c)的情形。结果证实了图 7.3.1(a)情况下 HS-ssDNA 趋向于扁平化构型，当加入 MCH 后开始"站起来"，而与 ssDNA-C 杂交后，散射长度密度在较大尺度内保持均匀，表明双链 DNA 变得更加伸展，"柔性"下降。对比杂交后的散射长度密度分布宽度(7.5nm)与完全伸展的 DNA 长度(8.5nm)，可以估算杂交后 DNA 链与表面法向量的夹角约为 30°，这一结果可进一步用于分析 DNA 与溶液的相互作用。

7.3.2 超稳玻璃

玻璃态是由于物质在从液态冷却的时候由于冷却速度太快或者结晶速度太慢等动力学原因，或者由于分子自身不存在重复单元而无法形成晶体，而被冻结在液态的分子排布状态的一种形态。玻璃常常处于高能量的非平衡亚稳态，随着时间推移，会朝着更低能量的方向发生弛豫或晶化，并导致其性能劣化。为了降低其能量、减小内部应力，通常会对玻璃作退火处理。但是要想得到性能较稳定的玻璃，需要非常长的退火时间。2007 年，Ediger 等人(Swallen，2007)发现使用气相沉积法制备的玻璃薄膜具有超低能量，可以实现超常的热力学和动力学稳定性，而通过普通方法获得同样性能的玻璃至少需要 40 年。这一发现开启了超稳玻璃(ultrastable glass)研究的新方向，而中子反射技术在研究超稳玻璃的扩散和探索最佳工艺条件等方面发挥了重要作用。

为了研究气相沉积得到的玻璃的稳定性与工艺条件的关系，研究人员制备了如图 7.3.2(a)所示的 1，3-bis-(1-naphthyl)-5-(2-naphthyl) benzene 玻璃薄膜样品（简写为 TNB，玻璃态转化温度 $T_g=347\text{K}$）。薄膜厚 300nm，由 30nm 厚的普通 TNB 薄膜(h-TNB)和 30nm 厚的氘化 TNB 薄膜(d-TNB)交替构成，形成周期性多层膜。将样品保持在略低于 T_g 的退火温度下(342K)，利用中子反射测量薄膜反射率随时间的变化，可以得到如图 7.3.2(b)、(c)所示的结果。其中图 7.3.2(b)和图 7.3.2(c)分别代表气相沉积时衬底控制为不同温度得到的样品：图 7.3.2(b)衬底温度为 330K；图 7.3.2(c)衬底温度为 296K。由于薄膜的周期性结构，在测量初期，两种样品的反射率都呈现出显著的布拉格峰。但随着时间演化，图 7.3.2(b)中的峰逐渐衰减，意味着玻璃内部发生了显著的扩散，即该条件下得到的样品内部处于能量较高的状态；图 7.3.2(c)中则没有看到明显的扩散现象，表明气

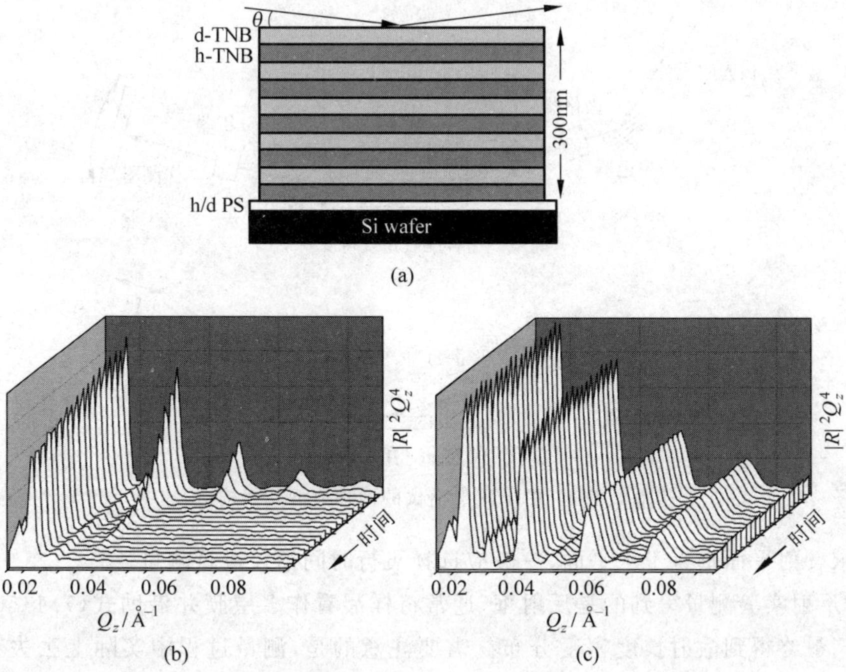

图 7.3.2 中子反射研究超稳玻璃的稳定性(Mapes,2006; Swallen,2007)

(a) 样品 TNB 的结构; (b)和(c)分别给出衬底温度为 330K 和 296K 时的反射谱随时间演化的情况

相沉积时将衬底保持在约 $0.85T_g$ 可以得到稳定性较高的玻璃。该结果对厘清超稳玻璃的机理起到了重要作用,并极大促进了超稳玻璃工艺的改进。

综合上述两个实例,我们可以看到,中子反射技术通过测量镜面反射率可以获得垂直于表面的结构信息,继而可用于研究表面和膜层的构型、吸附和扩散等问题。

7.4 中子反射谱仪简介

中子反射谱仪的测量原理很清晰,其核心是测量具有特定波矢量 $\boldsymbol{k}$ 的入射中子被样品反射(或散射)至特定角度的强度。测得的反射率曲线则是反射率与 k_0(k_0 即 $\boldsymbol{k}$ 在样品平面法向方向上的分量)的函数。调整(或扫描)k_0 的方式无非是改变(或扫描)入射中子的能量或改变掠入射角。因此,如图 7.4.1 所示,中子反射的测量通常分为两种几何模式:一是利用单色器筛选特定能量的中子,通过改变中子至样品表面的角度实现对不同 Q 值的测量;二是固定入射角度,基于飞行时间法实现对不同 Q 值的测量。反射谱仪除了测量镜面反射率外,通过配备二维位置灵敏探测器还可测量漫散射。镜面反射能够反映样品垂直于表面的散射长度密度分布,漫散射则能额外提供平行于表面的关联信息。对于进行磁性研究的反射谱仪,还需对中子进行极化,并增加中子自旋翻转器和极化分析装置。

相比于其他辐射测量手段,中子穿透性更强,能够测量样品深层的信息。中子反射实验要求样品的面积较大且足够均匀,表面较为光滑($\sigma<5$nm)。此外,对于气-液、液-液界

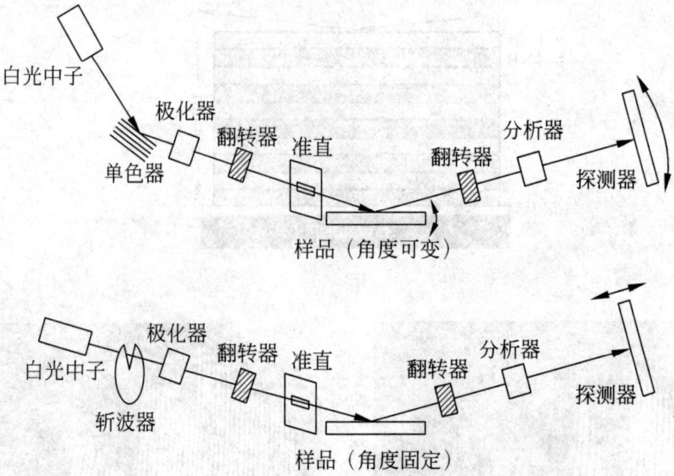

图 7.4.1　中子反射谱仪的两种典型几何构造

面，还要求反射平面垂直于水平面，一般应选择飞行时间谱仪进行测量。

中子反射实验测量得到的是反射率，通常将样品看作多层膜并借助式(7.1.50)对数据进行拟合，最终得到散射长度密度分布。需要注意的是，测量过程中实际上丢失了波函数的相位信息，由反射率推断散射长度密度分布的解是不唯一的。应尽可能多地借助辅助手段获得样品的其他信息，如使用衬度调节法改变膜层的散射长度密度，将膜层材料镀制在不同的基材上等方法。

第 8 章

磁散射

在前面章节中，我们考虑的都是中子与原子核的散射，亦称为核散射(nuclear scattering)。对于某些元素来讲，例如 Fe、Co、Ni、Mn 等，在材料中，它们的核外电子中可能有未配对的电子。这些电子具有磁矩，从而能与中子的磁矩发生相互作用，导致磁散射(magnetic scattering)现象。中子的磁散射是探测物质磁性特征的重要手段，本章将介绍磁散射在晶体研究中的应用。我们将首先讨论非极化中子的磁散射，再讨论极化中子的散射。

磁散射是中子散射的重要应用，相关的专著和论述十分丰富。其中，Squires 的著作(Squires，1978)给出了简明易懂的介绍。此处，我们也将采用 Squires 的方式讨论磁散射的基本原理。

8.1 磁散射的双微分截面

8.1.1 基础知识

本节将推导中子与未配对的电子发生磁散射的双微分截面。在开始推导之前，有必要回顾一下磁性作用的基础知识。

中子是 1/2 自旋粒子，这意味着中子自旋角动量的某一分量的本征值，其取值只能为 $\pm\hbar/2$。通常将 $\pm 1/2$ 称为自旋量子数。中子具有自旋意味着其具有磁矩。直观上，易知中子的磁矩 $\boldsymbol{\mu}_{\mathrm{n}}$ 正比于中子自旋 $\boldsymbol{S}_{\mathrm{n}}$。二者的定量关系如下：

$$\boldsymbol{\mu}_{\mathrm{n}}=-\gamma\mu_{\mathrm{N}}\frac{2}{\hbar}\boldsymbol{S}_{\mathrm{n}} \tag{8.1.1}$$

式中，γ 为磁旋比，$\gamma=1.913$；μ_{N} 为核磁子，其表达式为

$$\mu_{\mathrm{N}}=\frac{e\hbar}{2m_{\mathrm{p}}} \tag{8.1.2}$$

其中 e 为一个质子所带电量，m_{p} 为质子质量。μ_{N} 的值为 $5.051\times10^{-27}\,\mathrm{J\cdot T^{-1}}$。

可引入无量纲的泡利(Pauli)算符 $\boldsymbol{\sigma}$ 来表示中子的自旋，二者关系如下：

$$\boldsymbol{\sigma}=\frac{2}{\hbar}\boldsymbol{S}_{\mathrm{n}} \tag{8.1.3}$$

泡利算符的更多讨论参见附录 A.5 节。利用泡利算符，式(8.1.1)还可写为

$$\boldsymbol{\mu}_n = -\gamma\mu_N\boldsymbol{\sigma} \tag{8.1.4}$$

与中子类似，电子亦为1/2自旋粒子，并具有磁矩。电子的磁矩$\boldsymbol{\mu}_e$的表达式如下：

$$\boldsymbol{\mu}_e = -2\mu_B\boldsymbol{s} \tag{8.1.5}$$

式中，$\boldsymbol{s}$为无量纲化的电子自旋算符，其分量的本征值为$\pm 1/2$，也就是自旋量子数。易知$\boldsymbol{s}$与泡利算符之间的关系为$\boldsymbol{s}=\boldsymbol{\sigma}/2$。

式(8.1.5)中的μ_B称为玻尔磁子(Bohr magneton)，其表达式为

$$\mu_B = \frac{e\hbar}{2m_e} \tag{8.1.6}$$

下面考虑未配对电子产生的磁场。根据电磁学基本理论可知，在距离电子$\boldsymbol{R}$处，电子自旋产生的磁场为

$$\boldsymbol{B}_S = \nabla\times\boldsymbol{A},\quad \boldsymbol{A} = \frac{\mu_0}{4\pi}\frac{\boldsymbol{\mu}_e\times\hat{\boldsymbol{R}}}{R^2} \tag{8.1.7}$$

电子进行轨道运动所产生的磁场由毕奥-萨伐尔(Biot-Savart)定律给出：

$$\boldsymbol{B}_L = \frac{\mu_0}{4\pi}I\frac{\mathrm{d}\boldsymbol{l}\times\hat{\boldsymbol{R}}}{R^2} \tag{8.1.8}$$

式中，电流元$I\mathrm{d}\boldsymbol{l}$表达式如下：

$$I\mathrm{d}\boldsymbol{l} = -\frac{e}{m_e}\boldsymbol{p} = -\frac{2\mu_B}{\hbar}\boldsymbol{p} \tag{8.1.9}$$

其中$\boldsymbol{p}$为电子的动量。综合式(8.1.7)和式(8.1.8)，可知电子产生的总磁场为

$$\boldsymbol{B} = \boldsymbol{B}_S + \boldsymbol{B}_L = \frac{\mu_0}{4\pi}\left[\nabla\times\left(\frac{\boldsymbol{\mu}_e\times\hat{\boldsymbol{R}}}{R^2}\right) - \frac{2\mu_B}{\hbar}\frac{\boldsymbol{p}\times\hat{\boldsymbol{R}}}{R^2}\right] \tag{8.1.10}$$

中子磁矩在该磁场中受到的作用势为

$$-\boldsymbol{\mu}_n\cdot\boldsymbol{B} = -\frac{\mu_0}{4\pi}\gamma\mu_N 2\mu_B\boldsymbol{\sigma}\cdot(\boldsymbol{W}_S + \boldsymbol{W}_L) \tag{8.1.11}$$

式中

$$\boldsymbol{W}_S = \nabla\times\left(\frac{\boldsymbol{s}\times\hat{\boldsymbol{R}}}{R^2}\right),\quad \boldsymbol{W}_L = \frac{1}{\hbar}\frac{\boldsymbol{p}\times\hat{\boldsymbol{R}}}{R^2} \tag{8.1.12}$$

二者分别表示电子自旋和轨道运动的贡献。

8.1.2 双微分截面

1. 基本表达式

下面考虑中子发生磁散射的双微分截面。设散射过程使得样品的状态从$|E_{s,i}\rangle$态变为$|E_{s,f}\rangle$态，同时，中子的状态从$|\boldsymbol{k}_i\boldsymbol{\sigma}_i\rangle$态跃迁到$|\boldsymbol{k}_f\boldsymbol{\sigma}_f\rangle$态，则该过程发生的概率由费米黄金定律给出(见(式2.2.20))：

$$W_{0,i\to 0,f} = \frac{2\pi}{\hbar}\left|\langle E_{s,f},\boldsymbol{k}_f\boldsymbol{\sigma}_f|V_m|E_{s,i},\boldsymbol{k}_i\boldsymbol{\sigma}_i\rangle\right|^2\delta(E_{s,i} - E_{s,f} + \hbar\omega)$$

式中，V_m表示中子与样品的磁性作用。在实际的散射问题中，我们测量的往往是中子被散射到波矢量在$\boldsymbol{k}_f$附近$\mathrm{d}\boldsymbol{k}_f$范围内的一系列状态的概率。因此，我们需考虑$|\boldsymbol{k}_f\rangle$态附近的态

密度 $g(\boldsymbol{k}_\mathrm{f})$，其表达式由式(2.2.34)给出：

$$g(\boldsymbol{k}_\mathrm{f})\,\mathrm{d}\boldsymbol{k}_\mathrm{f}=\left(\frac{1}{2\pi}\right)^3 V_\mathrm{s}\,\frac{m_\mathrm{n}}{\hbar^2}k_\mathrm{f}\,\mathrm{d}E_\mathrm{f}\,\mathrm{d}\Omega$$

其中，V_s 表示散射过程所处的三维空间的体积。这一参数具有任意性，不会出现在最终的表达式中。联立上面两式，可得中子被散射到自旋为 $|\boldsymbol{\sigma}_\mathrm{f}\rangle$ 态，波矢量在 $\boldsymbol{k}_\mathrm{f}$ 附近 $\mathrm{d}\boldsymbol{k}_\mathrm{f}$ 范围内的一系列状态的概率为

$$\begin{aligned}W\,\mathrm{d}E_\mathrm{f}\,\mathrm{d}\Omega &= W_{0,\mathrm{i}\to 0,\mathrm{f}}\,g(\boldsymbol{k}_\mathrm{f})\,\mathrm{d}\boldsymbol{k}_\mathrm{f}\\ &=\left(\frac{1}{2\pi}\right)^2 V_\mathrm{s}\,\frac{m_\mathrm{n}}{\hbar^3}k_\mathrm{f}\,|\langle E_\mathrm{s,f},\boldsymbol{k}_\mathrm{f}\boldsymbol{\sigma}_\mathrm{f}\,|\,V_\mathrm{m}\,|\,E_\mathrm{s,i},\boldsymbol{k}_\mathrm{i}\boldsymbol{\sigma}_\mathrm{i}\rangle|^2\,\cdot\\ &\quad\ \delta(E_\mathrm{s,i}-E_\mathrm{s,f}+\hbar\omega)\,\mathrm{d}E_\mathrm{f}\,\mathrm{d}\Omega\end{aligned}$$

注意到，双微分截面的定义由式(2.2.37)给出：

$$\frac{\mathrm{d}^2\sigma}{\mathrm{d}\Omega\,\mathrm{d}E_\mathrm{f}}\mathrm{d}\Omega\,\mathrm{d}E_\mathrm{f}=\frac{\text{单位时间内被散射到立体角 }\mathrm{d}\Omega\text{ 内，且散射后能量在 }E_\mathrm{f}\text{ 附近 }\mathrm{d}E_\mathrm{f}\text{ 范围内的概率}}{\text{单中子通量}\Phi_\mathrm{s}}$$

其中，入射中子的单中子通量的表达式由式(2.2.36)给出：

$$\Phi_\mathrm{s}=\frac{\hbar k_\mathrm{i}}{V_\mathrm{s}m_\mathrm{n}}$$

综合上面三式，可知该散射过程的双微分截面为

$$\begin{aligned}\frac{\mathrm{d}^2\sigma}{\mathrm{d}\Omega\,\mathrm{d}E_\mathrm{f}} &= \frac{W}{\Phi_\mathrm{s}}\\ &= V_\mathrm{s}^2\left(\frac{m_\mathrm{n}}{2\pi\hbar^2}\right)^2\frac{k_\mathrm{f}}{k_\mathrm{i}}\,|\langle E_\mathrm{s,f},\boldsymbol{k}_\mathrm{f}\boldsymbol{\sigma}_\mathrm{f}\,|\,V_\mathrm{m}\,|\,E_\mathrm{s,i},\boldsymbol{k}_\mathrm{i}\boldsymbol{\sigma}_\mathrm{i}\rangle|^2\,\cdot\\ &\quad\ \delta(E_\mathrm{s,i}-E_\mathrm{s,f}+\hbar\omega)\end{aligned}\tag{8.1.13}$$

由上式可见，求取双微分截面的表达式，跃迁矩阵元 $\langle E_\mathrm{s,f},\boldsymbol{k}_\mathrm{f}\boldsymbol{\sigma}_\mathrm{f}|V_\mathrm{m}|E_\mathrm{s,i},\boldsymbol{k}_\mathrm{i}\boldsymbol{\sigma}_\mathrm{i}\rangle$ 的计算最为关键。下面讨论这一问题。

首先计算 $\langle\boldsymbol{k}_\mathrm{f}|V_\mathrm{m}|\boldsymbol{k}_\mathrm{i}\rangle$。对于自旋部分的贡献，需计算：

$$\langle\boldsymbol{k}_\mathrm{f}\,|\,\boldsymbol{W}_{Sj}\,|\,\boldsymbol{k}_\mathrm{i}\rangle=\int\frac{1}{\sqrt{V_\mathrm{s}}}\mathrm{e}^{-\mathrm{i}\boldsymbol{k}_\mathrm{f}\cdot\boldsymbol{r}}\,\nabla\times\left(\frac{\boldsymbol{s}_j\times\hat{\boldsymbol{R}}}{R^2}\right)\frac{1}{\sqrt{V_\mathrm{s}}}\mathrm{e}^{\mathrm{i}\boldsymbol{k}_\mathrm{i}\cdot\boldsymbol{r}}\,\mathrm{d}\boldsymbol{r}\tag{8.1.14}$$

此处，下标“j”表示样品中的第 j 个电子，$\boldsymbol{r}$ 表示中子的位置，$\boldsymbol{R}$ 表示中子相对电子的位移。利用如下关系式(证明见本节附注)：

$$\nabla\times\left(\frac{\boldsymbol{s}\times\hat{\boldsymbol{R}}}{R^2}\right)=\frac{1}{2\pi^2}\int\hat{\boldsymbol{k}}\times(\boldsymbol{s}\times\hat{\boldsymbol{k}})\,\mathrm{e}^{\mathrm{i}\boldsymbol{k}\cdot\boldsymbol{R}}\,\mathrm{d}\boldsymbol{k}\tag{8.1.15}$$

可将式(8.1.14)化为

$$\langle\boldsymbol{k}_\mathrm{f}\,|\,\boldsymbol{W}_{\mathrm{S}j}\,|\,\boldsymbol{k}_\mathrm{i}\rangle=\frac{1}{2\pi^2}\frac{1}{V_\mathrm{s}}\iint\mathrm{e}^{-\mathrm{i}\boldsymbol{k}_\mathrm{f}\cdot\boldsymbol{r}}\,\hat{\boldsymbol{k}}\times(\boldsymbol{s}_j\times\hat{\boldsymbol{k}})\,\mathrm{e}^{\mathrm{i}\boldsymbol{k}\cdot\boldsymbol{R}}\,\mathrm{e}^{\mathrm{i}\boldsymbol{k}_\mathrm{i}\cdot\boldsymbol{r}}\,\mathrm{d}\boldsymbol{k}\,\mathrm{d}\boldsymbol{r}\tag{8.1.16}$$

为进一步计算上式，可引入电子 j 的位置矢量 $\boldsymbol{r}_j$。易知 $\boldsymbol{r}_j$ 与 $\boldsymbol{r}$ 和 $\boldsymbol{R}$ 有如下关系：

$$\boldsymbol{r}=\boldsymbol{r}_j+\boldsymbol{R}\tag{8.1.17}$$

在当前问题中，$\boldsymbol{r}_j$ 为常数，因此有

$$\begin{aligned}\langle \boldsymbol{k}_\mathrm{f} \mid \boldsymbol{W}_{\mathrm{S}j} \mid \boldsymbol{k}_\mathrm{i}\rangle &= \frac{1}{2\pi^2}\frac{1}{V_\mathrm{s}}\mathrm{e}^{\mathrm{i}\boldsymbol{Q}\cdot\boldsymbol{r}_j}\iint \mathrm{e}^{-\mathrm{i}\boldsymbol{k}_\mathrm{f}\cdot\boldsymbol{R}}\hat{\boldsymbol{k}}\times(\boldsymbol{s}_j\times\hat{\boldsymbol{k}})\mathrm{e}^{\mathrm{i}\boldsymbol{k}\cdot\boldsymbol{R}}\mathrm{e}^{\mathrm{i}\boldsymbol{k}_\mathrm{i}\cdot\boldsymbol{R}}\mathrm{d}\boldsymbol{k}\,\mathrm{d}\boldsymbol{R}\\ &= \frac{1}{2\pi^2}\frac{1}{V_\mathrm{s}}\mathrm{e}^{\mathrm{i}\boldsymbol{Q}\cdot\boldsymbol{r}_j}\int \hat{\boldsymbol{k}}\times(\boldsymbol{s}_j\times\hat{\boldsymbol{k}})\mathrm{d}\boldsymbol{k}\int \mathrm{e}^{\mathrm{i}(\boldsymbol{Q}+\boldsymbol{k})\cdot\boldsymbol{R}}\mathrm{d}\boldsymbol{R}\\ &= 4\pi\frac{1}{V_\mathrm{s}}\mathrm{e}^{\mathrm{i}\boldsymbol{Q}\cdot\boldsymbol{r}_j}\,[\hat{\boldsymbol{Q}}\times(\boldsymbol{s}_j\times\hat{\boldsymbol{Q}})]\end{aligned}\tag{8.1.18}$$

下面考虑电子轨道运动的贡献，此时需计算：

$$\langle \boldsymbol{k}_\mathrm{f} \mid \boldsymbol{W}_{\mathrm{L}j} \mid \boldsymbol{k}_\mathrm{i}\rangle = \frac{1}{\hbar}\frac{1}{V_\mathrm{s}}\int \mathrm{e}^{-\mathrm{i}\boldsymbol{k}_\mathrm{f}\cdot\boldsymbol{r}}\frac{\boldsymbol{p}_j\times\hat{\boldsymbol{R}}}{R^2}\mathrm{e}^{\mathrm{i}\boldsymbol{k}_\mathrm{i}\cdot\boldsymbol{r}}\mathrm{d}\boldsymbol{r}\tag{8.1.19}$$

利用式(8.1.17)，做积分变量替换 $\boldsymbol{r}\to\boldsymbol{R}$，上式可化为

$$\langle \boldsymbol{k}_\mathrm{f} \mid \boldsymbol{W}_{\mathrm{L}j} \mid \boldsymbol{k}_\mathrm{i}\rangle = \frac{1}{\hbar}\frac{1}{V_\mathrm{s}}\mathrm{e}^{-\mathrm{i}\boldsymbol{k}_\mathrm{f}\cdot\boldsymbol{r}_j}\left[\boldsymbol{p}_j\times\int\frac{\hat{\boldsymbol{R}}}{R^2}\mathrm{e}^{\mathrm{i}\boldsymbol{Q}\cdot\boldsymbol{R}}\mathrm{d}\boldsymbol{R}\right]\mathrm{e}^{\mathrm{i}\boldsymbol{k}_\mathrm{i}\cdot\boldsymbol{r}_j}\tag{8.1.20}$$

利用如下关系式(证明见本节附注)：

$$\int\frac{\hat{\boldsymbol{R}}}{R^2}\mathrm{e}^{\mathrm{i}\boldsymbol{k}\cdot\boldsymbol{R}}\mathrm{d}\boldsymbol{R} = 4\pi\mathrm{i}\frac{\hat{\boldsymbol{k}}}{k}\tag{8.1.21}$$

式(8.1.20)可化为

$$\langle \boldsymbol{k}_\mathrm{f} \mid \boldsymbol{W}_{\mathrm{L}j} \mid \boldsymbol{k}_\mathrm{i}\rangle = \frac{4\pi\mathrm{i}}{\hbar}\frac{1}{V_\mathrm{s}}\mathrm{e}^{-\mathrm{i}\boldsymbol{k}_\mathrm{f}\cdot\boldsymbol{r}_j}\left(\boldsymbol{p}_j\times\frac{\hat{\boldsymbol{Q}}}{Q}\right)\mathrm{e}^{\mathrm{i}\boldsymbol{k}_\mathrm{i}\cdot\boldsymbol{r}_j}\tag{8.1.22}$$

注意到，$\boldsymbol{p}_j\times\hat{\boldsymbol{Q}}$ 与 $\boldsymbol{Q}\cdot\boldsymbol{r}_j$ 对易，因此上式可化为

$$\langle \boldsymbol{k}_\mathrm{f} \mid \boldsymbol{W}_{\mathrm{L}j} \mid \boldsymbol{k}_\mathrm{i}\rangle = \frac{4\pi\mathrm{i}}{\hbar Q}\frac{1}{V_\mathrm{s}}\mathrm{e}^{\mathrm{i}\boldsymbol{Q}\cdot\boldsymbol{r}_j}(\boldsymbol{p}_j\times\hat{\boldsymbol{Q}})\tag{8.1.23}$$

为表述方便，引入物理量 $\boldsymbol{T}_\perp$：

$$\begin{aligned}\boldsymbol{T}_\perp &= V_\mathrm{s}\frac{1}{4\pi}\sum_j\langle \boldsymbol{k}_\mathrm{f} \mid \boldsymbol{W}_{\mathrm{S}j}+\boldsymbol{W}_{\mathrm{L}j} \mid \boldsymbol{k}_\mathrm{i}\rangle\\ &= \sum_j \mathrm{e}^{\mathrm{i}\boldsymbol{Q}\cdot\boldsymbol{r}_j}\left[\hat{\boldsymbol{Q}}\times(\boldsymbol{s}_j\times\hat{\boldsymbol{Q}})+\frac{\mathrm{i}}{\hbar Q}(\boldsymbol{p}_j\times\hat{\boldsymbol{Q}})\right]\end{aligned}\tag{8.1.24}$$

利用 $\boldsymbol{T}_\perp$，可知有

$$\begin{aligned}\langle \boldsymbol{k}_\mathrm{f} \mid V_\mathrm{m} \mid \boldsymbol{k}_\mathrm{i}\rangle &= -\frac{\mu_0}{2\pi}\gamma\mu_\mathrm{N}\mu_\mathrm{B}\sum_j\langle \boldsymbol{k}_\mathrm{f} \mid \boldsymbol{\sigma}\cdot(\boldsymbol{W}_{\mathrm{L}j}+\boldsymbol{W}_{\mathrm{S}j}) \mid \boldsymbol{k}_\mathrm{i}\rangle\\ &= -\frac{1}{V_\mathrm{s}}2\mu_0\gamma\mu_\mathrm{N}\mu_\mathrm{B}\boldsymbol{\sigma}\cdot\boldsymbol{T}_\perp\end{aligned}\tag{8.1.25}$$

将上式代入式(8.1.13)，可得

$$\begin{aligned}\frac{\mathrm{d}^2\sigma}{\mathrm{d}\Omega\mathrm{d}E_\mathrm{f}} &= \left(2\mu_0\gamma\mu_\mathrm{N}\mu_\mathrm{B}\frac{m_\mathrm{n}}{2\pi\hbar^2}\right)^2\frac{k_\mathrm{f}}{k_\mathrm{i}}\mid\langle E_{\mathrm{s,f}},\boldsymbol{\sigma}_\mathrm{f}\mid\boldsymbol{\sigma}\cdot\boldsymbol{T}_\perp\mid E_{\mathrm{s,i}},\boldsymbol{\sigma}_\mathrm{i}\rangle\mid^2\delta(E_{\mathrm{s,i}}-E_{\mathrm{s,f}}+\hbar\omega)\\ &= (\gamma r_0)^2\frac{k_\mathrm{f}}{k_\mathrm{i}}\mid\langle E_{\mathrm{s,f}},\boldsymbol{\sigma}_\mathrm{f}\mid\boldsymbol{\sigma}\cdot\boldsymbol{T}_\perp\mid E_{\mathrm{s,i}},\boldsymbol{\sigma}_\mathrm{i}\rangle\mid^2\delta(E_{\mathrm{s,i}}-E_{\mathrm{s,f}}+\hbar\omega)\end{aligned}\tag{8.1.26}$$

其中 r_0 为电子的经典半径：

$$r_0=\mu_0\mu_N\mu_B\frac{m_n}{\pi\hbar^2}=\mu_0\frac{e\hbar}{2m_p}\frac{e\hbar}{2m_e}\frac{m_n}{\pi\hbar^2}=\frac{\mu_0}{4\pi}\frac{e^2}{m_e}\tag{8.1.27}$$

2. $\boldsymbol{T}_\perp$ 与磁化强度

下面将证明，$\boldsymbol{T}_\perp$ 与样品的磁化强度（magnetization）有直接的关系。由式（8.1.24）可知，$\boldsymbol{T}_\perp$ 中电子自旋的贡献为

$$\boldsymbol{T}_{\perp S}=\sum_j \mathrm{e}^{\mathrm{i}\boldsymbol{Q}\cdot\boldsymbol{r}_j}\hat{\boldsymbol{Q}}\times(\boldsymbol{s}_j\times\hat{\boldsymbol{Q}})\tag{8.1.28}$$

引入物理量 $\boldsymbol{T}_S$：

$$\boldsymbol{T}_S=\sum_j \mathrm{e}^{\mathrm{i}\boldsymbol{Q}\cdot\boldsymbol{r}_j}\boldsymbol{s}_j\tag{8.1.29}$$

则可将 $\boldsymbol{T}_{\perp S}$ 简洁地表示为如下形式：

$$\boldsymbol{T}_{\perp S}=\hat{\boldsymbol{Q}}\times(\boldsymbol{T}_S\times\hat{\boldsymbol{Q}})\tag{8.1.30}$$

引入电子自旋密度函数$\boldsymbol{\rho}_S(\boldsymbol{r})$：

$$\boldsymbol{\rho}_S(\boldsymbol{r})=\sum_j\delta(\boldsymbol{r}-\boldsymbol{r}_j)\boldsymbol{s}_j\tag{8.1.31}$$

易知 $\boldsymbol{T}_S$ 和 $\boldsymbol{\rho}_S(\boldsymbol{r})$为傅里叶对：

$$\boldsymbol{T}_S=\int\boldsymbol{\rho}_S(\boldsymbol{r})\mathrm{e}^{\mathrm{i}\boldsymbol{Q}\cdot\boldsymbol{r}}\mathrm{d}\boldsymbol{r}\tag{8.1.32}$$

记电子自旋导致的磁化强度为 $\boldsymbol{M}_S(\boldsymbol{r})$。磁化强度的意义为样品单位体积内的总磁矩，因此有

$$\boldsymbol{M}_S(\boldsymbol{r})=\sum_j\boldsymbol{\mu}_{ej}\delta(\boldsymbol{r}-\boldsymbol{r}_j)=-\sum_j 2\mu_B\boldsymbol{s}_j\delta(\boldsymbol{r}-\boldsymbol{r}_j)=-2\mu_B\boldsymbol{\rho}_S(\boldsymbol{r})\tag{8.1.33}$$

可见有

$$\boldsymbol{T}_S=-\frac{1}{2\mu_B}\int\boldsymbol{M}_S(\boldsymbol{r})\mathrm{e}^{\mathrm{i}\boldsymbol{Q}\cdot\boldsymbol{r}}\mathrm{d}\boldsymbol{r}=-\frac{1}{2\mu_B}\boldsymbol{M}_S(\boldsymbol{Q})\tag{8.1.34}$$

式中，$\boldsymbol{M}_S(\boldsymbol{Q})$为 $\boldsymbol{M}_S(\boldsymbol{r})$的傅里叶变换：

$$\boldsymbol{M}_S(\boldsymbol{Q})=\int\boldsymbol{M}_S(\boldsymbol{r})\mathrm{e}^{\mathrm{i}\boldsymbol{Q}\cdot\boldsymbol{r}}\mathrm{d}\boldsymbol{r}\tag{8.1.35}$$

综上可知有

$$\boldsymbol{T}_{\perp S}=\hat{\boldsymbol{Q}}\times(\boldsymbol{T}_S\times\hat{\boldsymbol{Q}})=-\frac{1}{2\mu_B}\hat{\boldsymbol{Q}}\times[\boldsymbol{M}_S(\boldsymbol{Q})\times\hat{\boldsymbol{Q}}]\tag{8.1.36}$$

下面考虑 $\boldsymbol{T}_\perp$ 中电子轨道运动的贡献。由式（8.1.24）可知，这部分的表达式为

$$T_{\perp L}=\frac{\mathrm{i}}{\hbar Q}\sum_j\mathrm{e}^{\mathrm{i}\boldsymbol{Q}\cdot\boldsymbol{r}_j}(\boldsymbol{p}_j\times\hat{\boldsymbol{Q}})\tag{8.1.37}$$

可以证明，$\boldsymbol{T}_{\perp L}$ 与电子的轨道运动所贡献的磁化强度 $\boldsymbol{M}_L(\boldsymbol{r})$具有与自旋部分相同的形式：

$$\boldsymbol{T}_{\perp L}=-\frac{1}{2\mu_B}\hat{\boldsymbol{Q}}\times[\boldsymbol{M}_L(\boldsymbol{Q})\times\hat{\boldsymbol{Q}}]\tag{8.1.38}$$

式中，$\boldsymbol{M}_L(\boldsymbol{Q})$为电子轨道运动贡献的磁化强度 $\boldsymbol{M}_L(\boldsymbol{r})$的傅里叶变换：

$$\boldsymbol{M}_L(\boldsymbol{Q})=\int\boldsymbol{M}_L(\boldsymbol{r})\mathrm{e}^{\mathrm{i}\boldsymbol{Q}\cdot\boldsymbol{r}}\mathrm{d}\boldsymbol{r}\tag{8.1.39}$$

类似于电子自旋部分的讨论，引入物理量 $\boldsymbol{T}_L$：

$$\boldsymbol{T}_{\mathrm{L}}=-\frac{1}{2\mu_{\mathrm{B}}}\boldsymbol{M}_{\mathrm{L}}(\boldsymbol{Q}) \tag{8.1.40}$$

可见有

$$\boldsymbol{T}_{\perp\mathrm{L}}=\hat{\boldsymbol{Q}}\times(\boldsymbol{T}_{\mathrm{L}}\times\hat{\boldsymbol{Q}}) \tag{8.1.41}$$

将电子自旋贡献和轨道运动的贡献合起来，可得样品的总磁化强度为

$$\boldsymbol{M}(\boldsymbol{r})=\boldsymbol{M}_{\mathrm{S}}(\boldsymbol{r})+\boldsymbol{M}_{\mathrm{L}}(\boldsymbol{r}) \tag{8.1.42}$$

其傅里叶变换为

$$\boldsymbol{M}(\boldsymbol{Q})=\int\boldsymbol{M}(\boldsymbol{r})\mathrm{e}^{\mathrm{i}\boldsymbol{Q}\cdot\boldsymbol{r}}\mathrm{d}\boldsymbol{r}=\boldsymbol{M}_{\mathrm{S}}(\boldsymbol{Q})+\boldsymbol{M}_{\mathrm{L}}(\boldsymbol{Q}) \tag{8.1.43}$$

另外，可定义 $\boldsymbol{T}_{\perp}$ 为 $\boldsymbol{T}_{\perp\mathrm{S}}$ 和 $\boldsymbol{T}_{\perp\mathrm{L}}$ 之和：

$$\boldsymbol{T}_{\perp}=\boldsymbol{T}_{\perp\mathrm{S}}+\boldsymbol{T}_{\perp\mathrm{L}}=\hat{\boldsymbol{Q}}\times(\boldsymbol{T}\times\hat{\boldsymbol{Q}}) \tag{8.1.44}$$

其中

$$\boldsymbol{T}=\boldsymbol{T}_{\mathrm{S}}+\boldsymbol{T}_{\mathrm{L}}=-\frac{1}{2\mu_{\mathrm{B}}}\boldsymbol{M}(\boldsymbol{Q}) \tag{8.1.45}$$

上面讨论表明，中子的磁散射来源于中子的磁矩与样品中未配对的电子所形成的磁场的作用。

由式(8.1.44)，可得 $\boldsymbol{T}_{\perp}$ 与 $\boldsymbol{T}$ 具有如下几何关系：

$$\begin{aligned}\boldsymbol{T}_{\perp}&=\hat{\boldsymbol{Q}}\times(\boldsymbol{T}\times\hat{\boldsymbol{Q}})=\boldsymbol{T}(\hat{\boldsymbol{Q}}\cdot\hat{\boldsymbol{Q}})-\hat{\boldsymbol{Q}}(\boldsymbol{T}\cdot\hat{\boldsymbol{Q}})\\&=\boldsymbol{T}-(\boldsymbol{T}\cdot\hat{\boldsymbol{Q}})\hat{\boldsymbol{Q}}\end{aligned} \tag{8.1.46}$$

利用上式，可知有

$$\begin{aligned}\boldsymbol{T}_{\perp}^{\dagger}\cdot\boldsymbol{T}_{\perp}&=[\boldsymbol{T}^{\dagger}-(\boldsymbol{T}^{\dagger}\cdot\hat{\boldsymbol{Q}})\hat{\boldsymbol{Q}}]\cdot[\boldsymbol{T}-(\boldsymbol{T}\cdot\hat{\boldsymbol{Q}})\hat{\boldsymbol{Q}}]\\&=\boldsymbol{T}^{\dagger}\cdot\boldsymbol{T}-(\boldsymbol{T}^{\dagger}\cdot\hat{\boldsymbol{Q}})(\boldsymbol{T}\cdot\hat{\boldsymbol{Q}})\\&=\sum_{\alpha\beta}(\delta_{\alpha\beta}-\hat{Q}_{\alpha}\hat{Q}_{\beta})T_{\alpha}^{\dagger}T_{\beta}\end{aligned} \tag{8.1.47}$$

式中 α 和 β 表示空间方向分量。

3. 对中子状态求和

式(8.1.26)给出的双微分截面对于中子的自旋状态有清晰的区分。而在实际实验中，探测装置往往不能区分不同自旋的中子。此外，若不对入射中子作极化，则入射中子的自旋也是混乱的。对于这样的情况，需要对式(8.1.26)中的中子的自旋状态求和。除了中子自旋状态之外，还需要考虑样品的状态。因此，最终实验对应的双微分截面，须对中子自旋状态以及样品状态求和。首先考虑对中子自旋的求和，需计算的项如下：

$$\sum_{\sigma_{\mathrm{i}},\sigma_{\mathrm{f}}}p(\boldsymbol{\sigma}_{\mathrm{i}})\mid\langle E_{\mathrm{s,f}},\boldsymbol{\sigma}_{\mathrm{f}}\mid\boldsymbol{\sigma}\cdot\boldsymbol{T}_{\perp}\mid E_{\mathrm{s,i}},\boldsymbol{\sigma}_{\mathrm{i}}\rangle\mid^{2} \tag{8.1.48}$$

式中，$p(\boldsymbol{\sigma}_{\mathrm{i}})$表示中子的自旋初始状态处于$|\boldsymbol{\sigma}_{\mathrm{i}}\rangle$态的概率。以 $\boldsymbol{x}$ 分量为例：

$$\langle E_{\mathrm{s,f}},\boldsymbol{\sigma}_{\mathrm{f}}\mid\sigma_{x}T_{\perp x}\mid E_{\mathrm{s,i}},\boldsymbol{\sigma}_{\mathrm{i}}\rangle=\langle\boldsymbol{\sigma}_{\mathrm{f}}\mid\sigma_{x}\mid\boldsymbol{\sigma}_{\mathrm{i}}\rangle\langle E_{\mathrm{s,f}}\mid T_{\perp x}\mid E_{\mathrm{s,i}}\rangle \tag{8.1.49}$$

对于平方运算，需要考虑如下两项的计算。第一项是同一个分量的平方：

$$\langle\boldsymbol{\sigma}_{\mathrm{i}}\mid\sigma_{x}\mid\boldsymbol{\sigma}_{\mathrm{f}}\rangle\langle\boldsymbol{\sigma}_{\mathrm{f}}\mid\sigma_{x}\mid\boldsymbol{\sigma}_{\mathrm{i}}\rangle\langle E_{\mathrm{s,i}}\mid T_{\perp x}^{\dagger}\mid E_{\mathrm{s,f}}\rangle\langle E_{\mathrm{s,f}}\mid T_{\perp x}\mid E_{\mathrm{s,i}}\rangle \tag{8.1.50}$$

另一项是不同分量之间的交叉项,例如:

$$\langle \boldsymbol{\sigma}_{\mathrm{i}} | \sigma_x | \boldsymbol{\sigma}_{\mathrm{f}} \rangle \langle \boldsymbol{\sigma}_{\mathrm{f}} | \sigma_y | \boldsymbol{\sigma}_{\mathrm{i}} \rangle \langle E_{\mathrm{s,i}} | T^{\dagger}_{\perp x} | E_{\mathrm{s,f}} \rangle \langle E_{\mathrm{s,f}} | T_{\perp y} | E_{\mathrm{s,i}} \rangle \tag{8.1.51}$$

对于上面两式,可先计算包含中子自旋的项。首先对中子自旋的末态作和,有

$$\sum_{\sigma_{\mathrm{f}}} \langle \boldsymbol{\sigma}_{\mathrm{i}} | \sigma_x | \boldsymbol{\sigma}_{\mathrm{f}} \rangle \langle \boldsymbol{\sigma}_{\mathrm{f}} | \sigma_x | \boldsymbol{\sigma}_{\mathrm{i}} \rangle = \langle \boldsymbol{\sigma}_{\mathrm{i}} | \sigma_x^2 | \boldsymbol{\sigma}_{\mathrm{i}} \rangle \tag{8.1.52}$$

$$\sum_{\sigma_{\mathrm{f}}} \langle \boldsymbol{\sigma}_{\mathrm{i}} | \sigma_x | \boldsymbol{\sigma}_{\mathrm{f}} \rangle \langle \boldsymbol{\sigma}_{\mathrm{f}} | \sigma_y | \boldsymbol{\sigma}_{\mathrm{i}} \rangle = \langle \boldsymbol{\sigma}_{\mathrm{i}} | \sigma_x \sigma_y | \boldsymbol{\sigma}_{\mathrm{i}} \rangle \tag{8.1.53}$$

中子为 1/2 自旋系统,因此,σ_z 的本征态有两个,分别为自旋向上态和自旋向下态。记二者为$|u\rangle$和$|v\rangle$。根据泡利算符的性质(见附录 A.5 节)易得

$$\langle u | \sigma_x^2 | u \rangle = \langle v | \sigma_x^2 | v \rangle = 1 \tag{8.1.54}$$

$$\langle u | \sigma_x \sigma_y | u \rangle = -\langle v | \sigma_x \sigma_y | v \rangle = \mathrm{i} \tag{8.1.55}$$

再考虑中子自旋初态的作和。对于未进行极化的入射中子,有 $p(u) = p(v) = 0.5$。利用上面两式易知

$$\sum_{\sigma_{\mathrm{i}}} p(\boldsymbol{\sigma}_{\mathrm{i}}) \langle \boldsymbol{\sigma}_{\mathrm{i}} | \sigma_x^2 | \boldsymbol{\sigma}_{\mathrm{i}} \rangle = 0.5 + 0.5 = 1 \tag{8.1.56}$$

$$\sum_{\sigma_{\mathrm{i}}} p(\boldsymbol{\sigma}_{\mathrm{i}}) \langle \boldsymbol{\sigma}_{\mathrm{i}} | \sigma_x \sigma_y | \boldsymbol{\sigma}_{\mathrm{i}} \rangle = 0.5\mathrm{i} - 0.5\mathrm{i} = 0 \tag{8.1.57}$$

由上面讨论可见,对中子自旋状态求和之后,有

$$\begin{aligned} &\sum_{\sigma_{\mathrm{i}}, \sigma_{\mathrm{f}}} p(\boldsymbol{\sigma}_{\mathrm{i}}) \left| \langle E_{\mathrm{s,f}}, \boldsymbol{\sigma}_{\mathrm{f}} | \boldsymbol{\sigma} \cdot \boldsymbol{T}_{\perp} | E_{\mathrm{s,i}}, \boldsymbol{\sigma}_{\mathrm{i}} \rangle \right|^2 \\ &= \sum_{\alpha} \langle E_{\mathrm{s,i}} | T^{\dagger}_{\perp\alpha} | E_{\mathrm{s,f}} \rangle \langle E_{\mathrm{s,f}} | T_{\perp\alpha} | E_{\mathrm{s,i}} \rangle \end{aligned} \tag{8.1.58}$$

利用上式,可知考虑样品和中子自旋状态之后的双微分截面表达式写为

$$\begin{aligned} \frac{\mathrm{d}^2\sigma}{\mathrm{d}\Omega \mathrm{d}E_{\mathrm{f}}} &= (\gamma r_0)^2 \frac{k_{\mathrm{f}}}{k_{\mathrm{i}}} \sum_{\mathrm{s,i}} P_{\mathrm{s,i}} \sum_{\mathrm{s,f}} \sum_{\sigma_{\mathrm{i}}, \sigma_{\mathrm{f}}} p(\boldsymbol{\sigma}_{\mathrm{i}}) \cdot \\ &\quad \left| \langle E_{\mathrm{s,f}}, \boldsymbol{\sigma}_{\mathrm{f}} | \boldsymbol{\sigma} \cdot \boldsymbol{T}_{\perp} | E_{\mathrm{s,i}}, \boldsymbol{\sigma}_{\mathrm{i}} \rangle \right|^2 \delta(E_{\mathrm{s,i}} - E_{\mathrm{s,f}} + \hbar\omega) \\ &= (\gamma r_0)^2 \frac{k_{\mathrm{f}}}{k_{\mathrm{i}}} \sum_{\mathrm{s,i}} P_{\mathrm{s,i}} \sum_{\mathrm{s,f}} \sum_{\alpha} \langle E_{\mathrm{s,i}} | T^{\dagger}_{\perp\alpha} | E_{\mathrm{s,f}} \rangle \cdot \\ &\quad \langle E_{\mathrm{s,f}} | T_{\perp\alpha} | E_{\mathrm{s,i}} \rangle \delta(E_{\mathrm{s,i}} - E_{\mathrm{s,f}} + \hbar\omega) \\ &= (\gamma r_0)^2 \frac{k_{\mathrm{f}}}{k_{\mathrm{i}}} \sum_{\mathrm{s,i}} P_{\mathrm{s,i}} \langle E_{\mathrm{s,i}} | \boldsymbol{T}^{\dagger}_{\perp} \cdot \boldsymbol{T}_{\perp} | E_{\mathrm{s,i}} \rangle \delta(E_{\mathrm{s,i}} - E_{\mathrm{s,f}} + \hbar\omega) \end{aligned} \tag{8.1.59}$$

式中,$P_{\mathrm{s,i}}$ 表示样品初态处于$|E_{\mathrm{s,i}}\rangle$态的概率。利用式(8.1.47),可将上式化为

$$\begin{aligned} \frac{\mathrm{d}^2\sigma}{\mathrm{d}\Omega \mathrm{d}E_{\mathrm{f}}} &= (\gamma r_0)^2 \frac{k_{\mathrm{f}}}{k_{\mathrm{i}}} \sum_{\alpha\beta} (\delta_{\alpha\beta} - \hat{Q}_{\alpha} \hat{Q}_{\beta}) \sum_{\mathrm{s,i}} P_{\mathrm{s,i}} \cdot \\ &\quad \sum_{\mathrm{s,f}} \langle E_{\mathrm{s,i}} | T^{\dagger}_{\alpha} | E_{\mathrm{s,f}} \rangle \langle E_{\mathrm{s,f}} | T_{\beta} | E_{\mathrm{s,i}} \rangle \delta(E_{\mathrm{s,i}} - E_{\mathrm{s,f}} + \hbar\omega) \end{aligned} \tag{8.1.60}$$

4. 电子局域化系统

我们考虑一个晶体系统对于中子的磁散射。为了明确问题,我们对系统做如下几点规定:①该系统中,未配对电子的空间位置接近其所在离子的平衡位置,换句话说,电子是被束缚的。②对于每一个离子,其电子的轨道角动量和自旋角动量均可以耦合。具体而言,

对于一个离子，其所包含的第 i 个未配对电子的自旋角动量记为 $\boldsymbol{s}_i$，则该离子中所有未配对电子的自旋角动量可合成为一个总自旋角动量：$\boldsymbol{S}=\sum_i \boldsymbol{s}_i$。对于电子的轨道角动量亦然。

此处我们仅考虑电子自旋对于散射的贡献，这也意味着该系统中，电子的角动量量子数为零。记位于第 l 个晶胞中的第 d 个基元的平衡位置为 $\boldsymbol{R}_{ld}$，该离子包含的第 v 个未配对电子在离子中的相对位置为 $\boldsymbol{r}_v$，则该电子的空间位置写为

$$\boldsymbol{r}_i=\boldsymbol{R}_{ld}+\boldsymbol{r}_v \tag{8.1.61}$$

利用式(8.1.29)可知有

$$\boldsymbol{T}=\boldsymbol{T}_{\mathrm{S}}=\sum_j \mathrm{e}^{\mathrm{i}\boldsymbol{Q}\cdot\boldsymbol{r}_j}\boldsymbol{s}_j=\sum_{ld}\mathrm{e}^{\mathrm{i}\boldsymbol{Q}\cdot\boldsymbol{R}_{ld}}\sum_{v(d)}\mathrm{e}^{\mathrm{i}\boldsymbol{Q}\cdot\boldsymbol{r}_v}\boldsymbol{s}_v \tag{8.1.62}$$

对于离子 ld，其所包含的未配对电子对于矩阵元 $\langle E_{\mathrm{s,f}}|\boldsymbol{T}|E_{\mathrm{s,i}}\rangle$ 的贡献为

$$\langle E_{\mathrm{s,f}}|\boldsymbol{T}|E_{\mathrm{s,i}}\rangle_{ld}=\langle E_{\mathrm{s,f}}|\mathrm{e}^{\mathrm{i}\boldsymbol{Q}\cdot\boldsymbol{R}_{ld}}\sum_{v(d)}\mathrm{e}^{\mathrm{i}\boldsymbol{Q}\cdot\boldsymbol{r}_v}\boldsymbol{s}_v|E_{\mathrm{s,i}}\rangle \tag{8.1.63}$$

在上式等号右侧插入一个样品状态的完全性关系，可得

$$\langle E_{\mathrm{s,f}}|\boldsymbol{T}|E_{\mathrm{s,i}}\rangle_{ld}=\sum_{\mathrm{s}}\sum_{v(d)}\langle E_{\mathrm{s,f}}|\mathrm{e}^{\mathrm{i}\boldsymbol{Q}\cdot\boldsymbol{r}_v}|E_{\mathrm{s}}\rangle\langle E_{\mathrm{s}}|\mathrm{e}^{\mathrm{i}\boldsymbol{Q}\cdot\boldsymbol{R}_{ld}}\boldsymbol{s}_v|E_{\mathrm{s,i}}\rangle \tag{8.1.64}$$

式中，$\mathrm{e}^{\mathrm{i}\boldsymbol{Q}\cdot\boldsymbol{r}_v}$ 为电子空间位置算符的函数。注意到描述电子空间位置的波函数须为对称或者反对称，这导致 $\langle E_{\mathrm{s,f}}|\mathrm{e}^{\mathrm{i}\boldsymbol{Q}\cdot\boldsymbol{r}_v}|E_{\mathrm{s}}\rangle$ 并不依赖于 v（这一点的证明参看本节末附注），因此有

$$\begin{aligned}\langle E_{\mathrm{s,f}}|\boldsymbol{T}|E_{\mathrm{s,i}}\rangle_{ld}&=\sum_{\mathrm{s}}\langle E_{\mathrm{s,f}}|\mathrm{e}^{\mathrm{i}\boldsymbol{Q}\cdot\boldsymbol{r}_v}|E_{\mathrm{s}}\rangle\langle E_{\mathrm{s}}|\mathrm{e}^{\mathrm{i}\boldsymbol{Q}\cdot\boldsymbol{R}_{ld}}\sum_{v(d)}\boldsymbol{s}_v|E_{\mathrm{s,i}}\rangle\\&=\sum_{\mathrm{s}}\langle E_{\mathrm{s,f}}|\mathrm{e}^{\mathrm{i}\boldsymbol{Q}\cdot\boldsymbol{r}_v}|E_{\mathrm{s}}\rangle\langle E_{\mathrm{s}}|\mathrm{e}^{\mathrm{i}\boldsymbol{Q}\cdot\boldsymbol{R}_{ld}}\boldsymbol{S}_{ld}|E_{\mathrm{s,i}}\rangle\end{aligned} \tag{8.1.65}$$

式中，

$$\boldsymbol{S}_{ld}=\sum_{v(d)}\boldsymbol{s}_v \tag{8.1.66}$$

$\boldsymbol{S}_{ld}$ 表示离子 ld 所包含的未配对电子的总自旋角动量。

样品的状态取决于多种因素，包括电子的自旋量子数 S、电子自旋 $\boldsymbol{S}$ 的方向、电子的空间位置，以及离子本身的空间位置。对于热中子而言，其能量不足以改变 S 的数值以及电子的位置。因此，样品的初态 $|E_{\mathrm{s,i}}\rangle$、末态 $|E_{\mathrm{s,f}}\rangle$ 以及中间态 $|E_{\mathrm{s}}\rangle$ 的区别仅在于 $\boldsymbol{S}$ 的方向以及离子本身的空间位置。另外，注意到 $\mathrm{e}^{\mathrm{i}\boldsymbol{Q}\cdot\boldsymbol{r}_v}$ 仅包含电子的位置算符。综合这些考虑可知，矩阵元 $\langle E_{\mathrm{s},1}|\mathrm{e}^{\mathrm{i}\boldsymbol{Q}\cdot\boldsymbol{r}_v}|E_{\mathrm{s},2}\rangle$ 仅在 $|E_{\mathrm{s},1}\rangle$ 和 $|E_{\mathrm{s},2}\rangle$ 相同的时候才不为零。这意味着有

$$\langle E_{\mathrm{s},1}|\mathrm{e}^{\mathrm{i}\boldsymbol{Q}\cdot\boldsymbol{r}_v}|E_{\mathrm{s},2}\rangle=0,\quad |E_{\mathrm{s},1}\rangle\neq|E_{\mathrm{s},2}\rangle \tag{8.1.67}$$

$$\langle E_{\mathrm{s,f}}|\mathrm{e}^{\mathrm{i}\boldsymbol{Q}\cdot\boldsymbol{r}_v}|E_{\mathrm{s,f}}\rangle=\langle E_{\mathrm{s,i}}|\mathrm{e}^{\mathrm{i}\boldsymbol{Q}\cdot\boldsymbol{r}_v}|E_{\mathrm{s,i}}\rangle \tag{8.1.68}$$

前文已经指出，$\langle E_{\mathrm{s}}|\mathrm{e}^{\mathrm{i}\boldsymbol{Q}\cdot\boldsymbol{r}_v}|E_{\mathrm{s}}\rangle$ 的取值并不依赖于某个特定的 v。实际上，v 可以取该离子内任何一个未配对电子的编号，而结果不变（证明参看本节末附注）。因此，上式可进一步写为

$$\langle E_{\mathrm{s,f}}|\mathrm{e}^{\mathrm{i}\boldsymbol{Q}\cdot\boldsymbol{r}_v}|E_{\mathrm{s,f}}\rangle=\langle E_{\mathrm{s,i}}|\mathrm{e}^{\mathrm{i}\boldsymbol{Q}\cdot\boldsymbol{r}_v}|E_{\mathrm{s,i}}\rangle=\int s_d(\boldsymbol{r})\mathrm{e}^{\mathrm{i}\boldsymbol{Q}\cdot\boldsymbol{r}}\mathrm{d}\boldsymbol{r} \tag{8.1.69}$$

式中，$s_d(\boldsymbol{r})$ 为离子 d 对应的归一化的未配对电子密度（normalized density of unpaired electrons），意为该离子中未配对电子的数密度除以未配对电子的总数，也可理解为某个未

配对电子的位置分布函数。综合上述考虑，可得

$$\langle E_{s,f} \mid \boldsymbol{T} \mid E_{s,i} \rangle_{ld} = \langle E_{s,f} \mid e^{i\boldsymbol{Q}\cdot\boldsymbol{r}_v} \mid E_{s,f} \rangle \langle E_{s,f} \mid e^{i\boldsymbol{Q}\cdot\boldsymbol{R}_{ld}} \boldsymbol{S}_{ld} \mid E_{s,i} \rangle$$
$$= \int s_d(\boldsymbol{r}) e^{i\boldsymbol{Q}\cdot\boldsymbol{r}} d\boldsymbol{r} \langle E_{s,f} \mid e^{i\boldsymbol{Q}\cdot\boldsymbol{R}_{ld}} \boldsymbol{S}_{ld} \mid E_{s,i} \rangle \tag{8.1.70}$$

引入磁形状因子(magnetic form factor)：

$$F_d(\boldsymbol{Q}) = \int s_d(\boldsymbol{r}) e^{i\boldsymbol{Q}\cdot\boldsymbol{r}} d\boldsymbol{r} \tag{8.1.71}$$

可得

$$\langle E_{s,f} \mid \boldsymbol{T} \mid E_{s,i} \rangle_{ld} = F_d(\boldsymbol{Q}) \langle E_{s,f} \mid e^{i\boldsymbol{Q}\cdot\boldsymbol{R}_{ld}} \boldsymbol{S}_{ld} \mid E_{s,i} \rangle \tag{8.1.72}$$

将上式代入式(8.1.60)，可得到该散射过程的双微分截面为

$$\frac{d^2\sigma}{d\Omega dE_f} = (\gamma r_0)^2 \frac{k_f}{k_i} \sum_{\alpha\beta} (\delta_{\alpha\beta} - \hat{Q}_\alpha \hat{Q}_\beta) \sum_{l'd'} \sum_{ld} F^*_{d'}(\boldsymbol{Q}) F_d(\boldsymbol{Q}) \times$$
$$\sum_{s,i} P_{s,i} \sum_{s,f} \langle E_{s,i} \mid \exp(-i\boldsymbol{Q} \cdot \boldsymbol{R}_{l'd'}) S^\alpha_{l'd'} \mid E_{s,f} \rangle \times$$
$$\langle E_{s,f} \mid \exp(i\boldsymbol{Q} \cdot \boldsymbol{R}_{ld}) S^\beta_{ld} \mid E_{s,i} \rangle \delta(E_{s,i} - E_{s,f} + \hbar\omega) \tag{8.1.73}$$

式中，S^β_{ld} 表示离子 ld 的未配对电子的自旋在 β 方向上的分量。

当未配对电子的轨道角动量贡献不为零时，散射截面的推导较为复杂，这里仅罗列结论。理论指出(Johnston，1966)，当 Q^{-1} 大于未配对电子波函数的轨道部分的半径时，可采用偶极近似(dipole approximation)。此时，上文中的 $F(\boldsymbol{Q})$需替换为以下形式：

$$\frac{1}{2} g F(\boldsymbol{Q}) = \frac{1}{2} g_S f_0 + \frac{1}{2} g_L (f_0 + f_2) \tag{8.1.74}$$

式中

$$g = g_S + g_L \tag{8.1.75}$$

$$g_S = 1 + \frac{S(S+1) - L(L+1)}{J(J+1)}, \quad g_L = \frac{1}{2} + \frac{L(L+1) - S(S+1)}{2J(J+1)} \tag{8.1.76}$$

$$f_n = 4\pi \int_0^\infty j_n(Qr) s(r) r^2 dr \tag{8.1.77}$$

式中，$j_n(x)$为 n 阶球贝塞尔函数；g 称为朗德因子(Landé splitting factor)，描述电子的总磁矩$\boldsymbol{\mu}_e$与总角动量 $\boldsymbol{S}$ 之间的数量关系：

$$\boldsymbol{\mu}_e = -g\mu_B \boldsymbol{S} \tag{8.1.78}$$

当电子的角动量仅含有自旋贡献时，$g = 2.00$，上式即化为式(8.1.5)。除了对磁形状因子进行替换，另一个变化是需将算符 $\boldsymbol{S}$ 视为总角动量，而非单指电子自旋的贡献。

8.1.3 含时表达式

在这一小节中，我们将把磁散射的双微分截面写为含时形式。这样做可使得其物理意义更为明确。首先注意到

$$\delta(E_{s,i} - E_{s,f} + \hbar\omega) = \frac{1}{2\pi\hbar} \int_{-\infty}^{\infty} \exp\left(i \frac{E_{s,f} - E_{s,i}}{\hbar} t\right) \exp(-i\omega t) dt \tag{8.1.79}$$

由上式可知

$$\sum_{s,i} P_{s,i} \sum_{s,f} \langle E_{s,i} \mid \exp(-i\boldsymbol{Q}\cdot\boldsymbol{R}_{l'd'}) S^{\alpha}_{l'd'} \mid E_{s,f}\rangle \times$$

$$\langle E_{s,f} \mid \exp(i\boldsymbol{Q}\cdot\boldsymbol{R}_{ld}) S^{\beta}_{ld} \mid E_{s,i}\rangle \delta(E_{s,i} - E_{s,f} + \hbar\omega)$$

$$= \frac{1}{2\pi\hbar}\int_{-\infty}^{\infty} \sum_{s,i} P_{s,i} \sum_{s,f} \langle E_{s,i} \mid \exp(-i\boldsymbol{Q}\cdot\boldsymbol{R}_{l'd'}) S^{\alpha}_{l'd'} \mid E_{s,f}\rangle \times$$

$$\langle E_{s,f} \mid \exp\left(i\frac{H}{\hbar}t\right)\exp(i\boldsymbol{Q}\cdot\boldsymbol{R}_{ld})\exp\left(-i\frac{H}{\hbar}t\right)\times$$

$$\exp\left(i\frac{H}{\hbar}t\right) S^{\beta}_{ld}\exp\left(-i\frac{H}{\hbar}t\right) \mid E_{s,i}\rangle \exp(-i\omega t)\,dt$$

$$= \frac{1}{2\pi\hbar}\int_{-\infty}^{\infty} \sum_{s,i} P_{s,i} \sum_{s,f} \langle E_{s,i} \mid \exp(-i\boldsymbol{Q}\cdot\boldsymbol{R}_{l'd'}) S^{\alpha}_{l'd'} \mid E_{s,f}\rangle \times$$

$$\langle E_{s,f} \mid \exp[i\boldsymbol{Q}\cdot\boldsymbol{R}_{ld}(t)]\, S^{\beta}_{ld}(t) \mid E_{s,i}\rangle \exp(-i\omega t)\,dt$$

$$= \frac{1}{2\pi\hbar}\int_{-\infty}^{\infty} \langle \exp[-i\boldsymbol{Q}\cdot\boldsymbol{R}_{l'd'}(0)]\, S^{\alpha}_{l'd'}(0)\times$$

$$\exp[i\boldsymbol{Q}\cdot\boldsymbol{R}_{ld}(t)]\, S^{\beta}_{ld}(t)\rangle \exp(-i\omega t)\,dt \tag{8.1.80}$$

一般而言，电子角动量的方向与核的位置之间是不相关的，因此有

$$\langle \exp[-i\boldsymbol{Q}\cdot\boldsymbol{R}_{l'd'}(0)]\, S^{\alpha}_{l'd'}(0) \exp[i\boldsymbol{Q}\cdot\boldsymbol{R}_{ld}(t)]\, S^{\beta}_{ld}(t)\rangle$$

$$= \langle \exp[-i\boldsymbol{Q}\cdot\boldsymbol{R}_{l'd'}(0)]\exp[i\boldsymbol{Q}\cdot\boldsymbol{R}_{ld}(t)]\rangle\langle S^{\alpha}_{l'd'}(0) S^{\beta}_{ld}(t)\rangle \tag{8.1.81}$$

综合上述考虑，可将双微分截面式(8.1.73)写为如下的含时形式：

$$\frac{d^2\sigma}{d\Omega dE_f} = \frac{(\gamma r_0)^2}{2\pi\hbar}\frac{k_f}{k_i}\sum_{\alpha\beta}(\delta_{\alpha\beta} - \hat{Q}_\alpha\hat{Q}_\beta)\sum_{l'd'}\sum_{ld}\frac{1}{4}g_{d'}g_d F^{*}_{d'}(\boldsymbol{Q})F_d(\boldsymbol{Q})\times$$

$$\int_{-\infty}^{\infty}\langle \exp[-i\boldsymbol{Q}\cdot\boldsymbol{R}_{l'd'}(0)]\exp[i\boldsymbol{Q}\cdot\boldsymbol{R}_{ld}(t)]\rangle\times$$

$$\langle S^{\alpha}_{l'd'}(0) S^{\beta}_{ld}(t)\rangle \exp(-i\omega t)\,dt \tag{8.1.82}$$

对于布拉菲晶体，上式可简化为

$$\frac{d^2\sigma}{d\Omega dE_f} = \frac{(\gamma r_0)^2}{2\pi\hbar}\frac{k_f}{k_i}N\left[\frac{1}{2}gF(\boldsymbol{Q})\right]^2\sum_{\alpha\beta}(\delta_{\alpha\beta} - \hat{Q}_\alpha\hat{Q}_\beta)\sum_{l}\exp(i\boldsymbol{Q}\cdot\boldsymbol{R}_l)\times$$

$$\int_{-\infty}^{\infty}\langle \exp[-i\boldsymbol{Q}\cdot\boldsymbol{u}_0(0)]\exp[i\boldsymbol{Q}\cdot\boldsymbol{u}_l(t)]\rangle\times$$

$$\langle S^{\alpha}_0(0) S^{\beta}_l(t)\rangle \exp(-i\omega t)\,dt \tag{8.1.83}$$

式中，$\boldsymbol{u}_l$ 表示原子 l 偏离其平衡位置的位移。

我们可以将散射分为弹性散射部分和非弹性散射部分。为了方便讨论，可取如下记法：

$$I_{jj'}(\boldsymbol{Q},t) = \langle \exp[-i\boldsymbol{Q}\cdot\boldsymbol{R}_{l'd'}(0)]\exp[i\boldsymbol{Q}\cdot\boldsymbol{R}_{ld}(t)]\rangle \tag{8.1.84}$$

$$J^{\alpha\beta}_{jj'}(t) = \langle S^{\alpha}_{l'd'}(0) S^{\beta}_{ld}(t)\rangle \tag{8.1.85}$$

下标"j"表示 l 和 d 的组合。能量域中的弹性散射意味着在时域中存在直流分量，因此，为了讨论弹性与非弹性散射，可将上面两式写为如下形式：

$$I_{jj'}(\boldsymbol{Q},t) = I'_{jj'}(\boldsymbol{Q},t) + I_{jj'}(\boldsymbol{Q},\infty) \tag{8.1.86}$$

$$J^{\alpha\beta}_{jj'}(t) = J'^{\alpha\beta}_{jj'}(t) + J^{\alpha\beta}_{jj'}(\infty) \tag{8.1.87}$$

利用上面两式,可将双微分截面表示为

$$\frac{\mathrm{d}^2\sigma}{\mathrm{d}\Omega\mathrm{d}E_{\mathrm{f}}}=\frac{(\gamma r_0)^2}{2\pi\hbar}\frac{k_{\mathrm{f}}}{k_{\mathrm{i}}}\sum_{\alpha\beta}(\delta_{\alpha\beta}-\hat{Q}_\alpha\hat{Q}_\beta)\sum_{l'd'}\sum_{ld}\frac{1}{4}g_{d'}g_dF_{d'}^*(\boldsymbol{Q})F_d(\boldsymbol{Q})\times$$
$$\int_{-\infty}^{\infty}[I_{jj'}(\boldsymbol{Q},\infty)+I'_{jj'}(\boldsymbol{Q},t)]\,[J_{jj'}^{\alpha\beta}(\infty)+$$
$$J'^{\alpha\beta}_{jj'}(t)]\exp(-\mathrm{i}\omega t)\,\mathrm{d}t \tag{8.1.88}$$

式中,含有 $I_{jj'}(\boldsymbol{Q},\infty)J_{jj'}^{\alpha\beta}(\infty)$ 的项对应于弹性散射;含有 $I'_{jj'}(\boldsymbol{Q},t)J_{jj'}^{\alpha\beta}(\infty)$ 的项对应于磁振动散射(magnetovibrational scattering)。在该过程中,电子角动量部分的散射为弹性,而声子部分的散射为非弹性。这意味着电子角动量的取向不变,但晶格由于中子的磁性作用而激发或者湮灭声子。该项对应的散射截面可直接求出。考虑一个铁磁体,其中电子自旋方向为 z 方向。此时有

$$J_{jj'}^{\alpha\beta}(\infty)=\langle S_{l'd'}^{\alpha}\rangle\langle S_{ld}^{\beta}\rangle=\begin{cases}\langle S^z\rangle^2, & \alpha=\beta=z\\ 0, & \text{其他}\end{cases} \tag{8.1.89}$$

易知,对于该系统,磁振动散射的截面与第5章中的声子的非弹性散射具有相同的形式,区别仅在于系数。在核散射部分,系数为 $\sigma_{\mathrm{coh}}/4\pi$,而在磁散射部分,系数为

$$\frac{1}{4}(\gamma r_0)^2g^2F^2(\boldsymbol{Q})(1-\hat{Q}_z^2)\langle S^z\rangle^2 \tag{8.1.90}$$

上述讨论是基于式(8.1.73)的,因此适用于电子的空间位置局域化的系统。对于更一般的系统,我们需要从式(8.1.60)入手。利用式(8.1.79),可将式(8.1.60)化为

$$\begin{aligned}\frac{\mathrm{d}^2\sigma}{\mathrm{d}\Omega\mathrm{d}E_{\mathrm{f}}}&=\frac{(\gamma r_0)^2}{2\pi\hbar}\frac{k_{\mathrm{f}}}{k_{\mathrm{i}}}\sum_{\alpha\beta}(\delta_{\alpha\beta}-\hat{Q}_\alpha\hat{Q}_\beta)\int\langle T_\alpha^\dagger(\boldsymbol{Q},0)T_\beta(\boldsymbol{Q},t)\rangle\exp(-\mathrm{i}\omega t)\,\mathrm{d}t\\&=\frac{(\gamma r_0)^2}{2\pi\hbar}\frac{k_{\mathrm{f}}}{k_{\mathrm{i}}}\sum_{\alpha\beta}(\delta_{\alpha\beta}-\hat{Q}_\alpha\hat{Q}_\beta)\int\langle T_\alpha(-\boldsymbol{Q},0)T_\beta(\boldsymbol{Q},t)\rangle\exp(-\mathrm{i}\omega t)\,\mathrm{d}t\end{aligned} \tag{8.1.91}$$

上式最后一步利用了 $\boldsymbol{T}$ 算符的性质:$T_\alpha^\dagger(\boldsymbol{Q})=T_\alpha(-\boldsymbol{Q})$。该性质可由式(8.1.45)得到。$T_\beta(\boldsymbol{Q},t)$ 即为算符 $T_\beta(\boldsymbol{Q})$ 在海森堡绘景下的形式:

$$T_\beta(\boldsymbol{Q},t)=\exp\left(\mathrm{i}\frac{H}{\hbar}t\right)T_\beta(\boldsymbol{Q})\exp\left(-\mathrm{i}\frac{H}{\hbar}t\right) \tag{8.1.92}$$

我们考虑式(8.1.91)中弹性散射的贡献。与式(8.1.86)类似,可将算符 $T_\beta(\boldsymbol{Q},t)$ 写为如下形式:

$$T_\beta(\boldsymbol{Q},t)=T_\beta(\boldsymbol{Q},\infty)+T'_\beta(\boldsymbol{Q},t) \tag{8.1.93}$$

利用上式,可求得弹性散射的贡献为

$$\begin{aligned}\left(\frac{\mathrm{d}\sigma}{\mathrm{d}\Omega}\right)_{\mathrm{el}}&=\frac{(\gamma r_0)^2}{2\pi\hbar}\sum_{\alpha\beta}(\delta_{\alpha\beta}-\hat{Q}_\alpha\hat{Q}_\beta)\int\mathrm{d}(\hbar\omega)\int\langle T_\alpha(-\boldsymbol{Q},0)T_\beta(\boldsymbol{Q},\infty)\rangle\exp(-\mathrm{i}\omega t)\,\mathrm{d}t\\&=\frac{(\gamma r_0)^2}{2\pi\hbar}\sum_{\alpha\beta}(\delta_{\alpha\beta}-\hat{Q}_\alpha\hat{Q}_\beta)\int\mathrm{d}(\hbar\omega)\int\langle T_\alpha(-\boldsymbol{Q})\rangle\langle T_\beta(\boldsymbol{Q})\rangle\exp(-\mathrm{i}\omega t)\,\mathrm{d}t\\&=(\gamma r_0)^2\sum_{\alpha\beta}(\delta_{\alpha\beta}-\hat{Q}_\alpha\hat{Q}_\beta)\langle T_\alpha(-\boldsymbol{Q})\rangle\langle T_\beta(\boldsymbol{Q})\rangle\end{aligned} \tag{8.1.94}$$

式(8.1.45)表明,$\boldsymbol{T}$ 与样品的总磁化强度有如下关系:

$$\boldsymbol{T}=-\frac{1}{2\mu_{\mathrm{B}}}\boldsymbol{M}(\boldsymbol{Q})$$

利用上面两式，可得弹性散射部分与磁化强度之间的关系如下：

$$\left(\frac{\mathrm{d}\sigma}{\mathrm{d}\Omega}\right)_{\mathrm{el}}=\left(\frac{\gamma r_0}{2\mu_{\mathrm{B}}}\right)^2\sum_{\alpha\beta}(\delta_{\alpha\beta}-\hat{Q}_\alpha\hat{Q}_\beta)\langle M_\alpha(-\boldsymbol{Q})\rangle\langle M_\beta(\boldsymbol{Q})\rangle \tag{8.1.95}$$

参照式(8.1.46)和式(8.1.47)，可知上式还可写为

$$\left(\frac{\mathrm{d}\sigma}{\mathrm{d}\Omega}\right)_{\mathrm{el}}=\left(\frac{\gamma r_0}{2\mu_{\mathrm{B}}}\right)^2|\hat{\boldsymbol{Q}}\times[\langle\boldsymbol{M}(\boldsymbol{Q})\rangle\times\hat{\boldsymbol{Q}}]|^2 \tag{8.1.96}$$

8.1.4 顺磁体

作为例子，我们考虑顺磁体对于中子的弹性散射。为了方便讨论，我们假设系统为布拉菲晶体，且电子的空间运动是局域化的。我们首先考虑无外磁场的情况。此时，样品中的电子自旋方向是随机排布的。此外，注意到样品的哈密顿量与电子的自旋是可对易的(因 $\boldsymbol{B}\cdot\boldsymbol{S}=0$)，因此电子自旋对应的矩阵元 $\langle S_0^\alpha(0)S_l^\beta(t)\rangle$ 不依赖于时间(守恒量)：

$$\langle S_0^\alpha(0)S_l^\beta(t)\rangle=\langle S_0^\alpha S_l^\beta\rangle \tag{8.1.97}$$

将上式代入式(8.1.83)，并对能量进行积分，可得弹性散射的微分截面：

$$\frac{\mathrm{d}\sigma}{\mathrm{d}\Omega}=(\gamma r_0)^2N\left[\frac{1}{2}gF(\boldsymbol{Q})\right]^2\sum_{\alpha\beta}(\delta_{\alpha\beta}-\hat{Q}_\alpha\hat{Q}_\beta)\cdot$$
$$\sum_l\exp(\mathrm{i}\boldsymbol{Q}\cdot\boldsymbol{R}_l)\langle S_0^\alpha S_l^\beta\rangle\langle\exp[\mathrm{i}\boldsymbol{Q}\cdot(\boldsymbol{u}_l-\boldsymbol{u}_0)]\rangle$$

由式(5.2.17)可知，$\langle\exp[\mathrm{i}\boldsymbol{Q}\cdot(\boldsymbol{u}_l-\boldsymbol{u}_0)]\rangle=\mathrm{e}^{-2W(\boldsymbol{Q})}\mathrm{e}^{\langle(\boldsymbol{Q}\cdot\boldsymbol{u}_l)(\boldsymbol{Q}\cdot\boldsymbol{u}_0)\rangle}$。此外，注意到 $\langle(\boldsymbol{Q}\cdot\boldsymbol{u}_l)(\boldsymbol{Q}\cdot\boldsymbol{u}_0)\rangle$ 是原子 l 和原子 0 偏离平衡位置的位移之间的关联。当两个原子相距较远时(例如不相邻时)，二者的关联很小，该项可视为 0。注意，绝大部分情况均为相距较远的情况，因此可近似地忽略 $\mathrm{e}^{\langle(\boldsymbol{Q}\cdot\boldsymbol{u}_l)(\boldsymbol{Q}\cdot\boldsymbol{u}_0)\rangle}$ 这一项，综合这些考虑，上式可化为

$$\frac{\mathrm{d}\sigma}{\mathrm{d}\Omega}=(\gamma r_0)^2N\left[\frac{1}{2}gF(\boldsymbol{Q})\right]^2\mathrm{e}^{-2W(\boldsymbol{Q})}\sum_{\alpha\beta}(\delta_{\alpha\beta}-\hat{Q}_\alpha\hat{Q}_\beta)\cdot$$
$$\sum_l\exp(\mathrm{i}\boldsymbol{Q}\cdot\boldsymbol{R}_l)\langle S_0^\alpha S_l^\beta\rangle \tag{8.1.98}$$

在顺磁体中，不同离子的电子自旋之间没有关联，因此有

$$\langle S_0^\alpha S_l^\beta\rangle=\begin{cases}\langle S_0^\alpha\rangle\langle S_l^\beta\rangle=0, & l\neq 0\\ \delta_{\alpha\beta}\langle(S_0^\alpha)^2\rangle=\frac{1}{3}\delta_{\alpha\beta}\langle\boldsymbol{S}^2\rangle=\frac{1}{3}\delta_{\alpha\beta}S(S+1), & l=0\end{cases} \tag{8.1.99}$$

式中，S 为一个离子的总电子自旋角动量的量子数。由上式可知

$$\sum_{\alpha\beta}(\delta_{\alpha\beta}-\hat{Q}_\alpha\hat{Q}_\beta)\sum_l\exp(\mathrm{i}\boldsymbol{Q}\cdot\boldsymbol{R}_l)\langle S_0^\alpha S_l^\beta\rangle=\frac{2}{3}S(S+1)$$

将上式代入式(8.1.98)，可得弹性散射的微分截面为

$$\frac{\mathrm{d}\sigma}{\mathrm{d}\Omega}=\frac{2}{3}(\gamma r_0)^2N\left[\frac{1}{2}gF(\boldsymbol{Q})\right]^2\mathrm{e}^{-2W(\boldsymbol{Q})}S(S+1) \tag{8.1.100}$$

可见，微分截面对于 $\boldsymbol{Q}$ 的函数关系主要体现在磁形状因子上面。此时没有尖锐的特征峰出现。

下面考虑存在外加磁场的情况。设外加磁场为 $\boldsymbol{B}=-B\hat{\boldsymbol{z}}$。若外场强度为 1T，可知电

子自旋与外场作用的特征能量为 $\mu_B B = 9\times10^{-24}$ J。与热中子和一般的冷中子能量相比，该能量还要小两个量级以上。可见，只要外加磁场不是特别强，我们仍可以近似地认为电子的自旋与样品的哈密顿量对易，也就意味着其不依赖于时间。因此，对于所有的 l，易知有

$$\langle S_0^x S_l^y\rangle = \langle S_0^x S_l^z\rangle = \langle S_0^y S_l^z\rangle = 0 \tag{8.1.101}$$

当 $l=0$ 时，有

$$\langle (S_0^z)^2\rangle = \langle (S^z)^2\rangle,\quad \langle (S_0^x)^2\rangle = \langle (S_0^y)^2\rangle = \frac{1}{2}[S(S+1) - \langle (S^z)^2\rangle] \tag{8.1.102}$$

当 $l\neq 0$ 时，有

$$\langle S_0^z S_l^z\rangle = \langle S_0^z\rangle^2 = \langle S^z\rangle^2,\quad \langle S_0^x S_l^x\rangle = \langle S_0^y S_l^y\rangle = 0 \tag{8.1.103}$$

在上面几个式子中，S^z 表示电子自旋在 z 方向上的分量（以 $\hbar$ 为单位），其可能的取值为 $S, S-1, \cdots, -S$。对于某一个特定的自旋状态，其对应的能量为

$$-\boldsymbol{B}\cdot(-g\mu_B\boldsymbol{S}) = -g\mu_B B S^z \tag{8.1.104}$$

式中，g 为朗德因子，描述电子的总磁矩与总角动量之间的关系，见式(8.1.78)。由上式，可知电子自旋系统的配分函数为

$$Z = \sum_{M=-S}^{S}\exp\left(-\frac{-g\mu_B B}{k_B T}M\right) = \frac{\sinh\left[\left(S+\frac{1}{2}\right)u\right]}{\sinh\left(\frac{1}{2}u\right)} \tag{8.1.105}$$

式中，$u = g\mu_B B/k_B T$。得到配分函数之后，即可求得与 S^z 相关的均值：

$$\langle S^z\rangle = \frac{1}{Z}\frac{\partial Z}{\partial u} = \left(S+\frac{1}{2}\right)\coth\left[\left(S+\frac{1}{2}\right)u\right] - \frac{1}{2}\coth\left(\frac{1}{2}u\right) \tag{8.1.106}$$

$$\langle (S^z)^2\rangle = \frac{1}{Z}\frac{\partial^2 Z}{\partial u^2} = S(S+1) - \coth\left(\frac{1}{2}u\right)\langle S^z\rangle \tag{8.1.107}$$

将式(8.1.101)～式(8.1.103)代入式(8.1.98)，并利用式(5.2.10)，可得顺磁体在存在外磁场时的弹性散射微分截面为

$$\begin{aligned}\frac{d\sigma}{d\Omega} = (\gamma r_0)^2 N\left[\frac{1}{2}gF(\boldsymbol{Q})\right]^2 e^{-2W(\boldsymbol{Q})}\Bigg[&(1-\hat{Q}_z^2)\frac{(2\pi)^3}{v_0}\langle S^z\rangle^2\sum_{\boldsymbol{K}}\delta(\boldsymbol{Q}-\boldsymbol{K}) + \\ &\hat{Q}_z^2\left(\frac{1}{2}S(S+1) - \frac{3}{2}\langle (S^z)^2\rangle + \langle S^z\rangle^2\right) + \frac{1}{2}S(S+1) + \\ &\frac{1}{2}\langle (S^z)^2\rangle - \langle S^z\rangle^2\Bigg]\end{aligned} \tag{8.1.108}$$

由上式可见，当存在外场时，会产生布拉格衍射，同时也会有漫散射发生。这一点与无外场的情况有明显区别。由式(8.1.100)可见，无外磁场时，弹性散射部分只含有漫散射。

附：式(8.1.21)的证明

$$\int\frac{\hat{\boldsymbol{R}}}{R^2}e^{i\boldsymbol{k}\cdot\boldsymbol{R}}d\boldsymbol{R} = 4\pi i\frac{\hat{\boldsymbol{k}}}{k}$$

设 $\boldsymbol{k}$ 的方向为 z 方向，易知有

$$\hat{\boldsymbol{R}}=\begin{pmatrix}\sin\theta\cos\phi\\ \sin\theta\sin\phi\\ \cos\theta\end{pmatrix}$$

将上式代入等号左侧积分，易知仅有第三个分量，也就是 $\hat{\boldsymbol{k}}$ 方向上的分量不为零。因此有

$$\begin{aligned}\int\frac{\hat{\boldsymbol{R}}}{R^2}\mathrm{e}^{\mathrm{i}\boldsymbol{k}\cdot\boldsymbol{R}}\mathrm{d}\boldsymbol{R}&=\hat{\boldsymbol{k}}\iiint\cos\theta\,\frac{\mathrm{e}^{\mathrm{i}kR\cos\theta}}{R^2}R^2\mathrm{d}R\sin\theta\mathrm{d}\theta\mathrm{d}\phi\\&=2\pi\hat{\boldsymbol{k}}\int_0^{\infty}\mathrm{d}R\int_{-1}^{1}t\,\mathrm{e}^{\mathrm{i}kRt}\,\mathrm{d}t\end{aligned}$$

利用分部积分，可知

$$\int_{-1}^{1}t\,\mathrm{e}^{\mathrm{i}kRt}\,\mathrm{d}t=2\mathrm{i}\,\frac{1}{kR}\left[\frac{\sin(kR)}{kR}-\cos(kR)\right]\tag{8.1.109}$$

因此有

$$\int\frac{\hat{\boldsymbol{R}}}{R^2}\mathrm{e}^{\mathrm{i}\boldsymbol{k}\cdot\boldsymbol{R}}\mathrm{d}\boldsymbol{R}=4\pi\mathrm{i}\,\frac{\hat{\boldsymbol{k}}}{k}\int_0^{\infty}\left(\frac{\sin x}{x^2}-\frac{\cos x}{x}\right)\mathrm{d}x=4\pi\mathrm{i}\,\frac{\hat{\boldsymbol{k}}}{k}\int_0^{\infty}\mathrm{j}_1(x)\mathrm{d}x$$

式中，$\mathrm{j}_1(x)$表示一阶第一类球贝塞尔函数。对其进行积分，其值为 1，因此有

$$\int\frac{\hat{\boldsymbol{R}}}{R^2}\mathrm{e}^{\mathrm{i}\boldsymbol{k}\cdot\boldsymbol{R}}\mathrm{d}\boldsymbol{R}=4\pi\mathrm{i}\,\frac{\hat{\boldsymbol{k}}}{k}$$

附：式(8.1.15)的证明

$$\nabla\times\left(\frac{\boldsymbol{s}\times\hat{\boldsymbol{R}}}{R^2}\right)=\frac{1}{2\pi^2}\int\hat{\boldsymbol{k}}\times(\boldsymbol{s}\times\hat{\boldsymbol{k}})\mathrm{e}^{\mathrm{i}\boldsymbol{k}\cdot\boldsymbol{R}}\mathrm{d}\boldsymbol{k}$$

首先，注意到有

$$\begin{aligned}\nabla\times(\boldsymbol{s}\times\boldsymbol{k}\,\mathrm{e}^{\mathrm{i}\boldsymbol{k}\cdot\boldsymbol{R}})&=\mathrm{e}^{\mathrm{i}\boldsymbol{k}\cdot\boldsymbol{R}}\,\nabla\times(\boldsymbol{s}\times\boldsymbol{k})+\nabla\mathrm{e}^{\mathrm{i}\boldsymbol{k}\cdot\boldsymbol{R}}\times(\boldsymbol{s}\times\boldsymbol{k})\\&=\nabla\mathrm{e}^{\mathrm{i}\boldsymbol{k}\cdot\boldsymbol{R}}\times(\boldsymbol{s}\times\boldsymbol{k})\\&=\mathrm{i}\boldsymbol{k}\times(\boldsymbol{s}\times\boldsymbol{k})\,\mathrm{e}^{\mathrm{i}\boldsymbol{k}\cdot\boldsymbol{R}}\end{aligned}$$

上面计算的第一步用到了微分关系：$\nabla\times(b\boldsymbol{A})=b\nabla\times\boldsymbol{A}+\nabla b\times\boldsymbol{A}$。利用上式，可知式(8.1.15)等号右侧积分可化为

$$\begin{aligned}\int\hat{\boldsymbol{k}}\times(\boldsymbol{s}\times\hat{\boldsymbol{k}})\mathrm{e}^{\mathrm{i}\boldsymbol{k}\cdot\boldsymbol{R}}\mathrm{d}\boldsymbol{k}&=\int\frac{1}{\mathrm{i}k^2}\,\nabla\times(\boldsymbol{s}\times\boldsymbol{k}\,\mathrm{e}^{\mathrm{i}\boldsymbol{k}\cdot\boldsymbol{R}})\,\mathrm{d}\boldsymbol{k}\\&=\frac{1}{\mathrm{i}}\,\nabla\times\left(\boldsymbol{s}\times\int\frac{\boldsymbol{k}}{k^2}\mathrm{e}^{\mathrm{i}\boldsymbol{k}\cdot\boldsymbol{R}}\mathrm{d}\boldsymbol{k}\right)\end{aligned}\tag{8.1.110}$$

式中，积分 $\int\frac{\boldsymbol{k}}{k^2}\mathrm{e}^{\mathrm{i}\boldsymbol{k}\cdot\boldsymbol{R}}\mathrm{d}\boldsymbol{k}$ 的计算过程与式(8.1.21)的证明类似。首先易知有

$$\begin{aligned}\int\frac{\boldsymbol{k}}{k^2}\mathrm{e}^{\mathrm{i}\boldsymbol{k}\cdot\boldsymbol{R}}\,\mathrm{d}\boldsymbol{k}&=\hat{\boldsymbol{R}}\iiint\cos\theta\,\frac{\mathrm{e}^{\mathrm{i}kR\cos\theta}}{k}k^2\,\mathrm{d}k\sin\theta\mathrm{d}\theta\mathrm{d}\phi\\&=2\pi\hat{\boldsymbol{R}}\int_0^{\infty}k\,\mathrm{d}k\int_{-1}^{1}t\,\mathrm{e}^{\mathrm{i}kRt}\,\mathrm{d}t\end{aligned}$$

利用式(8.1.109)，上式可化为

$$\int \frac{\boldsymbol{k}}{k^2} e^{i\boldsymbol{k}\cdot\boldsymbol{R}} d\boldsymbol{k} = 4\pi i \frac{\hat{\boldsymbol{R}}}{R^2}\int_0^{\infty} d(kR) \left[\frac{\sin(kR)}{kR} - \cos(kR)\right]$$
$$= 4\pi i \frac{\hat{\boldsymbol{R}}}{R^2}\int_0^{\infty} \left(\frac{\sin x}{x} - \cos x\right) dx$$

上式积分中,关于 $\cos x$ 的积分为零。关于 $\sin x/x$ 的积分需用到如下关系:

$$\int_{-\infty}^{\infty} \frac{\sin x}{x} dx = \pi$$

因此有

$$\int \frac{\boldsymbol{k}}{k^2} e^{i\boldsymbol{k}\cdot\boldsymbol{R}} d\boldsymbol{k} = 2\pi^2 i \frac{\hat{\boldsymbol{R}}}{R^2}$$

将上式代入式(8.1.110)得

$$\int \hat{\boldsymbol{k}} \times (\boldsymbol{s} \times \hat{\boldsymbol{k}}) e^{i\boldsymbol{k}\cdot\boldsymbol{R}} d\boldsymbol{k} = 2\pi^2 \ \nabla\times \left(\boldsymbol{s} \times \frac{\hat{\boldsymbol{R}}}{R^2}\right)$$

稍加整理即可得到结论。

附:一个命题的证明

根据量子力学的基本原理(5),两个全同微观粒子的波函数须为对称或者反对称,例如:

$$\phi(\boldsymbol{r}_1,\boldsymbol{r}_2) = \frac{1}{\sqrt{2}}[\psi_a(\boldsymbol{r}_1)\psi_b(\boldsymbol{r}_2) \pm \psi_b(\boldsymbol{r}_1)\psi_a(\boldsymbol{r}_2)]$$

式中,ψ_a 和 ψ_b 为两个正交归一的单粒子波函数。可以证明,对于某个位置算符的函数 $f(\boldsymbol{r})$,有如下关系成立:

$$\langle\phi \mid f(\boldsymbol{r}_1) \mid \phi\rangle = \langle\phi \mid f(\boldsymbol{r}_2) \mid \phi\rangle = \frac{1}{2}\int [|\psi_a(\boldsymbol{r})|^2 + |\psi_b(\boldsymbol{r})|^2] f(\boldsymbol{r}) d\boldsymbol{r}$$

证明如下:

$$\langle\phi \mid f(\boldsymbol{r}_1) \mid \phi\rangle = \frac{1}{2}\int [\psi_a(\boldsymbol{r}_1)\psi_b(\boldsymbol{r}_2) \pm \psi_b(\boldsymbol{r}_1)\psi_a(\boldsymbol{r}_2)]^* \times$$
$$[\psi_a(\boldsymbol{r}_1)\psi_b(\boldsymbol{r}_2) \pm \psi_b(\boldsymbol{r}_1)\psi_a(\boldsymbol{r}_2)] f(\boldsymbol{r}_1) d\boldsymbol{r}_1 d\boldsymbol{r}_2$$

利用 ψ_a 和 ψ_b 的正交性,上式可化为

$$\langle\phi \mid f(\boldsymbol{r}_1) \mid \phi\rangle = \frac{1}{2}\left[\int \psi_a^*(\boldsymbol{r}_1)\psi_a(\boldsymbol{r}_1) f(\boldsymbol{r}_1) d\boldsymbol{r}_1 \int |\psi_b(\boldsymbol{r}_2)|^2 d\boldsymbol{r}_2 + \right.$$
$$\left. \int \psi_b^*(\boldsymbol{r}_1)\psi_b(\boldsymbol{r}_1) f(\boldsymbol{r}_1) d\boldsymbol{r}_1 \int |\psi_a(\boldsymbol{r}_2)|^2 d\boldsymbol{r}_2\right]$$

再利用 ψ_a 和 ψ_b 的归一性,上式可化为

$$\langle\phi \mid f(\boldsymbol{r}_1) \mid \phi\rangle = \frac{1}{2}\int [|\psi_a(\boldsymbol{r})|^2 + |\psi_b(\boldsymbol{r})|^2] f(\boldsymbol{r}) d\boldsymbol{r}$$

结论得证。

8.2 磁性结构

本节介绍利用中子散射技术测定晶体的磁性结构。这里的例子包括铁磁体、反铁磁

体，以及电子自旋螺旋排列的晶体。图 8.2.1 给出了这三种磁性结构的示意图。

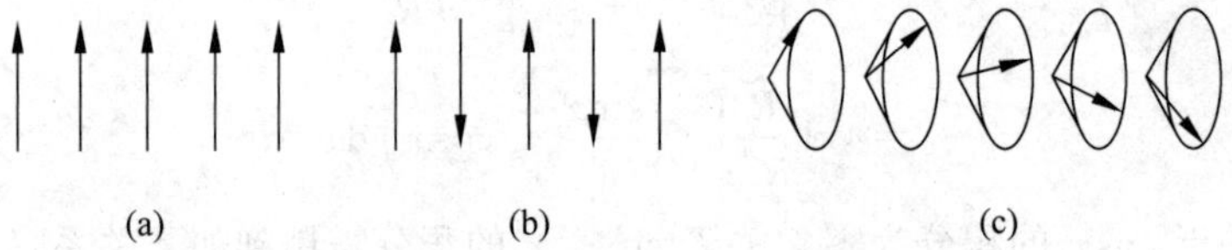

图 8.2.1 电子自旋的有序排列

(a) 简单铁磁体；(b) 简单反铁磁体；(c) 自旋螺旋排列

物质的磁性结构由弹性散射测定，因此，需首先确定磁散射的弹性散射截面。注意到

$$\langle S_{l'd'}^{\alpha}(0) S_{ld}^{\beta}(\infty)\rangle = \langle S_{l'd'}^{\alpha}\rangle\langle S_{ld}^{\beta}\rangle \tag{8.2.1}$$

将上式代入式(8.1.83)，并对能量进行积分，可得布拉菲晶体的弹性散射微分截面：

$$\frac{\mathrm{d}\sigma}{\mathrm{d}\Omega} = (\gamma r_0)^2 N \left[\frac{1}{2} g F(\boldsymbol{Q})\right]^2 \mathrm{e}^{-2W(\boldsymbol{Q})} \sum_{\alpha\beta} (\delta_{\alpha\beta} - \hat{Q}_\alpha \hat{Q}_\beta) \cdot \sum_l \exp(\mathrm{i}\boldsymbol{Q} \cdot \boldsymbol{R}_l) \langle S_0^\alpha\rangle\langle S_l^\beta\rangle \tag{8.2.2}$$

注意，上式适用于电子局域化的系统。上式的计算过程与式(8.1.98)类似，此处不再赘述。

8.2.1 铁磁体

在铁磁体中，电子自旋呈现自发的有序排列。铁磁体材料在自发磁化的过程中，会形成方向不同的小型磁化区域，称为磁畴(magnetic domain)。在每个磁畴内部，电子自旋的方向是一致的。设在某个磁畴中，电子自旋的平均方向为 z 方向，则有

$$\langle S_l^x\rangle = \langle S_l^y\rangle = 0 \tag{8.2.3}$$

对于布拉菲铁磁体，$\langle S_l^z\rangle$ 并不依赖于位置 $\boldsymbol{R}_l$，因此有

$$\langle S_l^z\rangle = \langle S^z\rangle \tag{8.2.4}$$

将上面两式代入式(8.2.2)，可得一个磁畴对应的弹性散射微分截面：

$$\frac{\mathrm{d}\sigma}{\mathrm{d}\Omega} = (\gamma r_0)^2 N \left[\frac{1}{2} g F(\boldsymbol{Q})\right]^2 \mathrm{e}^{-2W(\boldsymbol{Q})} (1 - \hat{Q}_z^2) \langle S^z\rangle^2 \sum_l \exp(\mathrm{i}\boldsymbol{Q} \cdot \boldsymbol{R}_l) \tag{8.2.5}$$

利用式(5.2.10)，上式可化为

$$\frac{\mathrm{d}\sigma}{\mathrm{d}\Omega} = (\gamma r_0)^2 N \frac{(2\pi)^3}{v_0} \langle S^z\rangle^2 \sum_{\boldsymbol{K}} \left[\frac{1}{2} g F(\boldsymbol{K})\right]^2 \mathrm{e}^{-2W(\boldsymbol{K})} (1 - \hat{K}_z^2) \delta(\boldsymbol{Q} - \boldsymbol{K}) \tag{8.2.6}$$

对于一个含有多个磁畴的铁磁体，上式须写为

$$\frac{\mathrm{d}\sigma}{\mathrm{d}\Omega} = (\gamma r_0)^2 N \frac{(2\pi)^3}{v_0} \langle S^\eta\rangle^2 \sum_{\boldsymbol{K}} \left[\frac{1}{2} g F(\boldsymbol{K})\right]^2 \mathrm{e}^{-2W(\boldsymbol{K})} \cdot [1 - (\hat{\boldsymbol{K}} \cdot \hat{\boldsymbol{\eta}})_{\mathrm{av}}^2] \delta(\boldsymbol{Q} - \boldsymbol{K}) \tag{8.2.7}$$

此处，$\hat{\boldsymbol{\eta}}$ 表示某个磁畴内，电子自旋平均方向上的单位矢量。下标“av”表示对于样品中所有磁畴的平均。当样品对称性较高时，有

$$1 - (\hat{\boldsymbol{K}} \cdot \hat{\boldsymbol{\eta}})_{\mathrm{av}}^2 \approx \frac{2}{3} \tag{8.2.8}$$

由式(8.2.7)可见，反铁磁体对于中子产生磁性布拉格散射。由第 5 章内容可知，核散射的弹性部分也是布拉格散射。但这两者之间仍有以下明显区别：①在磁性布拉格散射

中，散射强度正比于$\langle S^{\eta}\rangle^2$，也就是样品磁化强度。$\langle S^{\eta}\rangle$对于温度有强烈的依赖。当温度高于居里(Curie)温度T_c时，$\langle S^{\eta}\rangle$变为零，此时磁化消失。而当温度较低时，$\langle S^{\eta}\rangle$趋于饱和。图8.2.2给出了$\langle S^{\eta}\rangle$与温度的关系。而在核散射部分，散射强度与温度的关系仅体现在德拜-沃勒因子之中。在温度不是特别高的情况下，对于温度的依赖关系很弱。②在磁性布拉格散射中，散射强度还与磁形状因子$F(\boldsymbol{K})$相关，$F(\boldsymbol{K})$在K较大时会有明显的衰减。

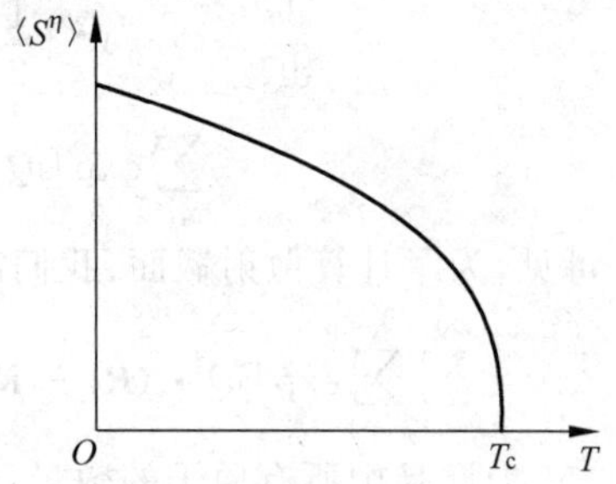

图8.2.2 铁磁体中$\langle S^{\eta}\rangle$与温度T的关系

T_c表示居里温度。

设对样品施加外磁场，且磁场方向与某个倒格矢$\boldsymbol{K}$平行。此时，所有磁畴中的电子磁矩均会趋向于平行于外磁场方向。这意味着电子的平均自旋方向$\hat{\boldsymbol{\eta}}$与$-\boldsymbol{K}$平行。此时有$[1-(\hat{\boldsymbol{K}}\cdot\hat{\boldsymbol{\eta}})^2]=0$，也就是说，相应的磁性布拉格峰会消失。由此可见，对于无外磁场和有外磁场两种情况，其微分截面之差刚好给出了磁性布拉格散射的信号。这一特性可用于区分弹性散射中的磁性散射信号和核散射信号。

8.2.2 反铁磁体

反铁磁体中，电子自旋方向的排布如图8.2.1(b)所示。这样的结构可视为由两个相互交叉的子晶格组成，且二者对应的电子自旋方向相反。$KMnF_3$晶体是典型的反铁磁体，其惯用晶胞由图8.2.3(a)给出。若不考虑Mn^{2+}的电子自旋，容易发现其对应的布拉菲点阵为简单立方结构。若考虑Mn^{2+}的电子自旋，则每一个子晶格对应的布拉菲点阵均为面心立方结构。为了方便讨论，我们将考虑电子自旋方向之后的子晶格的原胞称为磁原胞(magnetic unit cell)，将不考虑电子自旋方向的晶格的原胞称为核原胞(nuclear unit cell)。

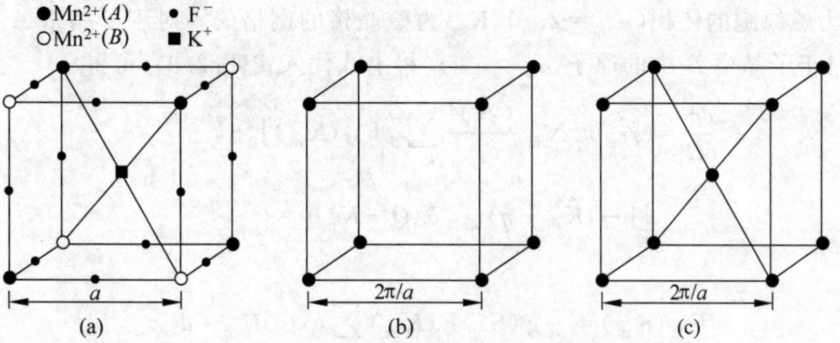

图8.2.3 $KMnF_3$晶体的微观结构

(a) $KMnF_3$晶体的局域结构；(b) 核晶格的倒格子；(c) 磁晶格的倒格子

下面考虑反铁磁体对中子的弹性散射截面。记两个子晶格分别为A和B，$\hat{\boldsymbol{\eta}}$为子晶格A的平均自旋方向，$\langle S^{\eta}\rangle$表示子晶格A中的电子自旋在取向方向上的均值。磁性散射的微分截面由式(8.2.2)给出。注意到式(8.2.2)还可写为如下形式：

$$\frac{\mathrm{d}\sigma}{\mathrm{d}\Omega}=(\gamma r_0)^2\left[\frac{1}{2}gF(\boldsymbol{Q})\right]^2\mathrm{e}^{-2W(\boldsymbol{Q})}\sum_{\alpha\beta}(\delta_{\alpha\beta}-\hat{Q}_\alpha\hat{Q}_\beta)\cdot$$
$$\sum_{l,l'}\exp[\mathrm{i}\boldsymbol{Q}\cdot(\boldsymbol{R}_l-\boldsymbol{R}_{l'})]\langle S_{l'}^\alpha\rangle\langle S_l^\beta\rangle \tag{8.2.9}$$

可见，为了计算散射截面，我们需要计算以下项：

$$\sum_{l=1}^{N}\sum_{l'=1}^{N}\exp[\mathrm{i}\boldsymbol{Q}\cdot(\boldsymbol{R}_l-\boldsymbol{R}_{l'})]\langle S_{l'}^\eta\rangle\langle S_l^\eta\rangle=\left|\sum_{l=1}^{N}\exp(\mathrm{i}\boldsymbol{Q}\cdot\boldsymbol{R}_l)\langle S_l^\eta\rangle\right|^2 \tag{8.2.10}$$

式中，N 为样品中所有原子的数量。我们可以磁原胞为基础，将上式写为如下形式：

$$\begin{aligned}&\sum_{l=1}^{N}\sum_{l'=1}^{N}\exp[\mathrm{i}\boldsymbol{Q}\cdot(\boldsymbol{R}_l-\boldsymbol{R}_{l'})]\langle S_{l'}^\eta\rangle\langle S_l^\eta\rangle\\&=\left|\sum_{l=1}^{N}\exp(\mathrm{i}\boldsymbol{Q}\cdot\boldsymbol{R}_l)\langle S_l^\eta\rangle\right|^2\\&=\left|\sum_{n\in A}^{N_\mathrm{m}}\sum_{d}\exp[\mathrm{i}\boldsymbol{Q}\cdot(\boldsymbol{R}_n+\boldsymbol{d})]\langle S_{n,d}^\eta\rangle\right|^2\end{aligned} \tag{8.2.11}$$

式中，N_m 表示磁原胞的数量（$N_\mathrm{m}=N/2$），$\boldsymbol{d}$ 表示磁原胞中基元的相对位置。上式可化为

$$\begin{aligned}&\sum_{l=1}^{N}\sum_{l'=1}^{N}\exp[\mathrm{i}\boldsymbol{Q}\cdot(\boldsymbol{R}_l-\boldsymbol{R}_{l'})]\langle S_{l'}^\eta\rangle\langle S_l^\eta\rangle\\&=\sum_{n\in A}^{N_\mathrm{m}}\sum_{n'\in A}^{N_\mathrm{m}}\exp[\mathrm{i}\boldsymbol{Q}\cdot(\boldsymbol{R}_n-\boldsymbol{R}_{n'})]\sum_{d}\sum_{d'}\exp[\mathrm{i}\boldsymbol{Q}\cdot(\boldsymbol{d}-\boldsymbol{d}')]\langle S_{n,d}^\eta\rangle\langle S_{n',d'}^\eta\rangle\\&=\langle S^\eta\rangle^2N_\mathrm{m}\sum_{n\in A}^{N_\mathrm{m}}\exp(\mathrm{i}\boldsymbol{Q}\cdot\boldsymbol{R}_n)\left|\sum_{d}\exp(\mathrm{i}\boldsymbol{Q}\cdot\boldsymbol{d})\sigma_d\right|^2\\&=\langle S^\eta\rangle^2N_\mathrm{m}\frac{(2\pi)^3}{v_{0\mathrm{m}}}\sum_{\boldsymbol{K}_\mathrm{m}}\delta(\boldsymbol{Q}-\boldsymbol{K}_\mathrm{m})\left|\sum_{d}\exp(\mathrm{i}\boldsymbol{K}_\mathrm{m}\cdot\boldsymbol{d})\sigma_d\right|^2\end{aligned} \tag{8.2.12}$$

式中，$v_{0\mathrm{m}}$ 为磁原胞的体积（$v_{0\mathrm{m}}=2v_0$），$\boldsymbol{K}_\mathrm{m}$ 为磁晶格的倒格矢。对于子晶格 A 中的原子，$\sigma_d=1$，而对于子晶格 B 中的原子，$\sigma_d=-1$。将上式代入式(8.2.9)，可得

$$\frac{\mathrm{d}\sigma}{\mathrm{d}\Omega}=(\gamma r_0)^2N_\mathrm{m}\frac{(2\pi)^3}{v_{0\mathrm{m}}}\sum_{\boldsymbol{K}_\mathrm{m}}|F_\mathrm{M}(\boldsymbol{K}_\mathrm{m})|^2\mathrm{e}^{-2W(\boldsymbol{K}_\mathrm{m})}\cdot$$
$$[1-(\hat{\boldsymbol{K}}_\mathrm{m}\cdot\hat{\boldsymbol{\eta}})^2_\mathrm{av}]\delta(\boldsymbol{Q}-\boldsymbol{K}_\mathrm{m}) \tag{8.2.13}$$

其中

$$F_\mathrm{M}(\boldsymbol{K}_\mathrm{m})=\frac{1}{2}g\langle S^\eta\rangle F(\boldsymbol{K}_\mathrm{m})\sum_{d}\exp(\mathrm{i}\boldsymbol{K}_\mathrm{m}\cdot\boldsymbol{d})\sigma_d \tag{8.2.14}$$

由式(8.2.13)可见，仅当 $\boldsymbol{Q}=\boldsymbol{K}_\mathrm{m}$ 时，才会发生磁性布拉格散射，这一点与核散射有明显区别。记核晶格的倒格矢的初基矢量为 $\boldsymbol{K}_1$、$\boldsymbol{K}_2$、$\boldsymbol{K}_3$。若发生核布拉格散射，则意味着有

$$\boldsymbol{Q}=u_1\boldsymbol{K}_1+u_2\boldsymbol{K}_2+u_3\boldsymbol{K}_3 \tag{8.2.15}$$

式中，u_1、u_2、u_3 均为整数。注意到磁晶格的倒易点阵为体心立方结构，则由图 5.1.4 可知，磁晶格的倒格矢的初基矢量可写为

$$\boldsymbol{K}_{\mathrm{m}1}=\frac{1}{2}(-\boldsymbol{K}_1+\boldsymbol{K}_2+\boldsymbol{K}_3),\quad \boldsymbol{K}_{\mathrm{m}2}=\frac{1}{2}(\boldsymbol{K}_1-\boldsymbol{K}_2+\boldsymbol{K}_3),\quad \boldsymbol{K}_{\mathrm{m}3}=\frac{1}{2}(\boldsymbol{K}_1+\boldsymbol{K}_2-\boldsymbol{K}_3)$$

这说明，若发生磁性布拉格散射，$\boldsymbol{Q}$ 须满足如下条件：

$$\boldsymbol{Q}=u_1\boldsymbol{K}_1+u_2\boldsymbol{K}_2+u_3\boldsymbol{K}_3,\quad 或\ \boldsymbol{Q}=\left(u_1+\frac{1}{2}\right)\boldsymbol{K}_1+\left(u_2+\frac{1}{2}\right)\boldsymbol{K}_2+\left(u_3+\frac{1}{2}\right)\boldsymbol{K}_3 \tag{8.2.16}$$

对于本系统，易知有

$$\sum_d \exp(\mathrm{i}\boldsymbol{K}_\mathrm{m}\cdot\boldsymbol{d})\sigma_d=\begin{cases}0, & \boldsymbol{K}_m=u_1\boldsymbol{K}_1+u_2\boldsymbol{K}_2+u_3\boldsymbol{K}_3\\ 2, & \boldsymbol{K}_\mathrm{m}=\left(u_1+\frac{1}{2}\right)\boldsymbol{K}_1+\left(u_2+\frac{1}{2}\right)\boldsymbol{K}_2+\left(u_3+\frac{1}{2}\right)\boldsymbol{K}_3\end{cases} \tag{8.2.17}$$

上式表明，对于本系统，核布拉格散射和磁性布拉格散射对应倒易点阵中不同的点。因此，二者可以清楚地区分开。图 8.2.4 给出了 $KMnF_3$ 晶体粉末的中子衍射结果。

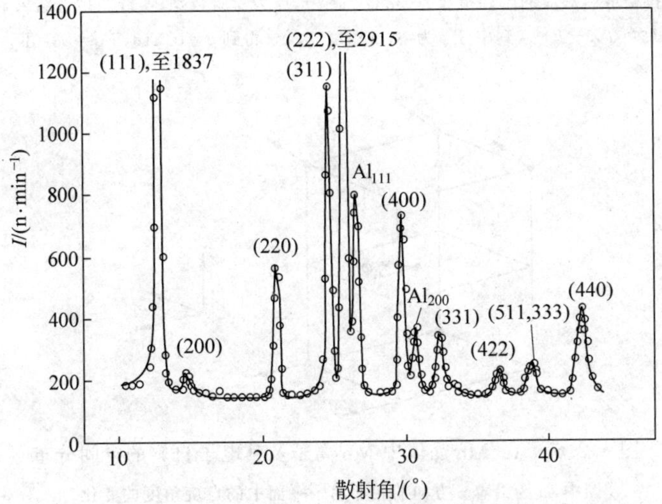

图 8.2.4 温度为 4.2K 的 $KMnF_3$ 晶体粉末的中子衍射实验结果(Scatturin,1961)

根据式(8.2.17)可知，奇数组成的米勒指数的信号为磁性布拉格散射，偶数组成的米勒指数的信号为核布拉格散射。Al_{111} 和 Al_{200} 为铝制样品容器的信号。

$\langle S^\eta\rangle$对于温度有较强的依赖性。当温度高于 Néel 温度 T_N 时，$\langle S^\eta\rangle=0$，自发磁化消失。由式(8.2.13)和式(8.2.14)可知，磁性散射的信号强度正比于$\langle S^\eta\rangle^2$。因此，可通过测量磁性布拉格峰的强度随温度的变化情况来确定$\langle S^\eta\rangle$与温度的函数关系。图 8.2.5 给出了利用该方法确定 $RbMnF_3$ 晶体(结构与 $KMnF_3$ 晶体相同)中$\langle S^\eta\rangle$与温度的函数关系的实验结果。

8.2.3 自旋螺旋排列

在某些磁性材料中，电子自旋的方向在空间中呈螺旋状排布。Au_2Mn 晶体是一个典型的例子。如图 8.2.6 所示，在该材料中，Mn 离子的空间分布为体心四方晶结构。Mn 离子的电子自旋方向与 z 轴垂直，但其方向沿着 z 轴呈螺旋状演化。下面我们考虑该系统的弹性散射。注意到，微分截面的表达式(8.2.9)可写为如下形式：

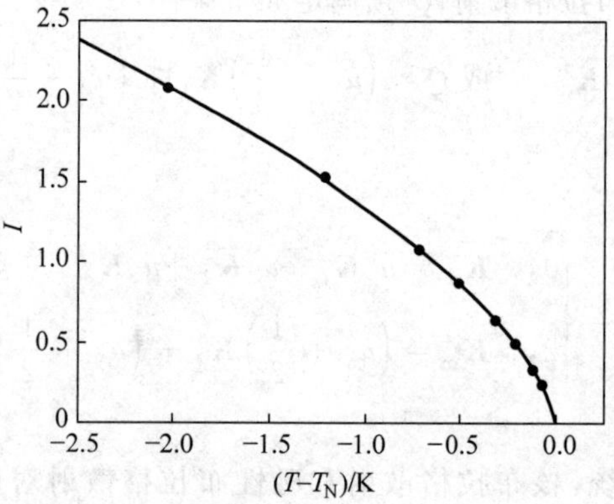

图 8.2.5　$RbMnF_3$ 晶体的磁散射信号强度与温度的函数关系（Tucciarone，1971）

此处磁性布拉格散射对应的米勒指数为(333)。图中，点为实验数据，实线为拟合结果，拟合方程为 $I\propto(T_N-T)^{2\beta}$，其中 T_N 为 Néel 温度。拟合得到 $\beta=0.318$，$T_N=83.0$K。

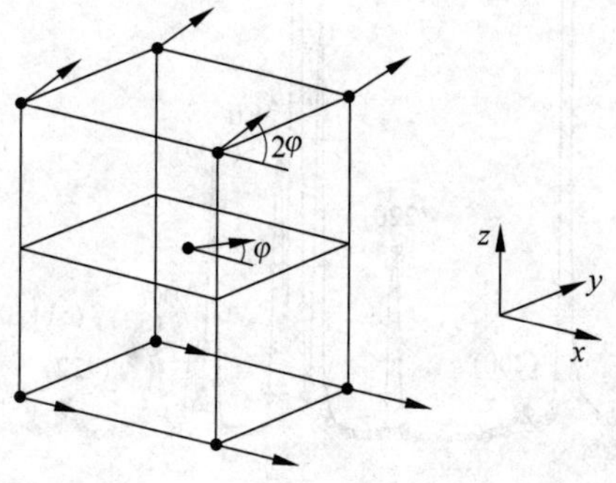

图 8.2.6　Au_2Mn 晶体中 Mn 离子及其电子自旋的空间分布

图中，φ 为沿着 z 方向的相邻两个平面中的自旋角度的变化。

$$\frac{d\sigma}{d\Omega}=(\gamma r_0)^2\left[\frac{1}{2}gF(\boldsymbol{Q})\right]^2 e^{-2W(\boldsymbol{Q})}Y \tag{8.2.18}$$

其中

$$Y=\sum_{\alpha\beta}(\delta_{\alpha\beta}-\hat{Q}_\alpha\hat{Q}_\beta)\sum_{l,l'}\exp[i\boldsymbol{Q}\cdot(\boldsymbol{R}_l-\boldsymbol{R}_{l'})]\langle S_{l'}^\alpha\rangle\langle S_l^\beta\rangle \tag{8.2.19}$$

设 $\boldsymbol{P}$ 为一个平行于螺旋轴向（z 方向）的向量，其长度为 $P=2\pi/L$，L 为螺距。易知有

$$\langle S_l^x\rangle=\langle S\rangle\cos(\boldsymbol{P}\cdot\boldsymbol{R}_l),\quad \langle S_l^y\rangle=\langle S\rangle\sin(\boldsymbol{P}\cdot\boldsymbol{R}_l),\quad \langle S_l^z\rangle=0 \tag{8.2.20}$$

将上式代入式(8.2.19)，可得

$$\begin{aligned}Y=&\langle S\rangle^2\sum_{l,l'}e^{i\boldsymbol{Q}\cdot(\boldsymbol{R}_l-\boldsymbol{R}_{l'})}\ [(1-\hat{Q}_x^2)\cos(\boldsymbol{P}\cdot\boldsymbol{R}_l)\cos(\boldsymbol{P}\cdot\boldsymbol{R}_{l'})+\\&(1-\hat{Q}_y^2)\sin(\boldsymbol{P}\cdot\boldsymbol{R}_l)\sin(\boldsymbol{P}\cdot\boldsymbol{R}_{l'})-\\&\hat{Q}_x\hat{Q}_y\cos(\boldsymbol{P}\cdot\boldsymbol{R}_l)\sin(\boldsymbol{P}\cdot\boldsymbol{R}_{l'})-\hat{Q}_x\hat{Q}_y\sin(\boldsymbol{P}\cdot\boldsymbol{R}_l)\cos(\boldsymbol{P}\cdot\boldsymbol{R}_{l'})]\end{aligned} \tag{8.2.21}$$

注意到

$$\cos(\boldsymbol{P}\cdot\boldsymbol{R}_l)\cos(\boldsymbol{P}\cdot\boldsymbol{R}_{l'})=\frac{\cos[\boldsymbol{P}\cdot(\boldsymbol{R}_l-\boldsymbol{R}_{l'})]+\cos[\boldsymbol{P}\cdot(\boldsymbol{R}_l+\boldsymbol{R}_{l'})]}{2}$$

$$\sin(\boldsymbol{P}\cdot\boldsymbol{R}_l)\sin(\boldsymbol{P}\cdot\boldsymbol{R}_{l'})=\frac{\cos[\boldsymbol{P}\cdot(\boldsymbol{R}_l-\boldsymbol{R}_{l'})]-\cos[\boldsymbol{P}\cdot(\boldsymbol{R}_l+\boldsymbol{R}_{l'})]}{2}$$

可将 Y 化为

$$Y=\langle S\rangle^2\sum_{l,l'}\mathrm{e}^{\mathrm{i}\boldsymbol{Q}\cdot(\boldsymbol{R}_l-\boldsymbol{R}_{l'})}\left[\cos[\boldsymbol{P}\cdot(\boldsymbol{R}_l-\boldsymbol{R}_{l'})]-\frac{1}{2}(\hat{Q}_x^2+\hat{Q}_y^2)\cos[\boldsymbol{P}\cdot(\boldsymbol{R}_l-\boldsymbol{R}_{l'})]-\right.$$
$$\left.\frac{1}{2}(\hat{Q}_x^2-\hat{Q}_y^2)\cos[\boldsymbol{P}\cdot(\boldsymbol{R}_l+\boldsymbol{R}_{l'})]-\hat{Q}_x\hat{Q}_y\sin[\boldsymbol{P}\cdot(\boldsymbol{R}_l+\boldsymbol{R}_{l'})]\right] \tag{8.2.22}$$

对于上式,我们先考虑含有 $\cos[\boldsymbol{P}\cdot(\boldsymbol{R}_l+\boldsymbol{R}_{l'})]$ 的项: $\sum_{l,l'}\mathrm{e}^{\mathrm{i}\boldsymbol{Q}\cdot(\boldsymbol{R}_l-\boldsymbol{R}_{l'})}\cos[\boldsymbol{P}\cdot(\boldsymbol{R}_l+\boldsymbol{R}_{l'})]$。对 l 和 l' 的作和可以作变量替换,即用 $m=l-l'$ 来代替 l'。这里的思路与积分中的变量替换是相似的。利用该方法,可知有

$$\begin{aligned}&\sum_{l,l'}\mathrm{e}^{\mathrm{i}\boldsymbol{Q}\cdot(\boldsymbol{R}_l-\boldsymbol{R}_{l'})}\cos[\boldsymbol{P}\cdot(\boldsymbol{R}_l+\boldsymbol{R}_{l'})]\\&=\sum_m\sum_l\mathrm{e}^{\mathrm{i}\boldsymbol{Q}\cdot(\boldsymbol{R}_l-\boldsymbol{R}_{l-m})}\cos[\boldsymbol{P}\cdot(\boldsymbol{R}_l+\boldsymbol{R}_{l-m})]\\&=\sum_m\mathrm{e}^{\mathrm{i}\boldsymbol{Q}\cdot\boldsymbol{R}_m}\sum_l\cos[\boldsymbol{P}\cdot(\boldsymbol{R}_l+\boldsymbol{R}_{l-m})]\end{aligned}$$

式中,若 $\boldsymbol{P}$ 不与任何倒格矢相同,则可知有 $\sum_l\cos[\boldsymbol{P}\cdot(\boldsymbol{R}_l+\boldsymbol{R}_{l-m})]=0$。若 $\boldsymbol{P}$ 为某个倒格矢,则易知有 $\sum_l\cos[\boldsymbol{P}\cdot(\boldsymbol{R}_l+\boldsymbol{R}_{l-m})]=N$。然而,在本例中,$\boldsymbol{P}$ 不可能等于任何倒格矢。这是因为,$\boldsymbol{P}$ 的长度小于 z 方向上的任何倒格矢的长度。因此这一项为零。对于含有 $\sin[\boldsymbol{P}\cdot(\boldsymbol{R}_l+\boldsymbol{R}_{l'})]$ 的项,有同样结论。因此,式(8.2.22)可简化为

$$\begin{aligned}Y&=\langle S\rangle^2\left[1-\frac{1}{2}(\hat{Q}_x^2+\hat{Q}_y^2)\right]\sum_{l,l'}\mathrm{e}^{\mathrm{i}\boldsymbol{Q}\cdot(\boldsymbol{R}_l-\boldsymbol{R}_{l'})}\cos[\boldsymbol{P}\cdot(\boldsymbol{R}_l-\boldsymbol{R}_{l'})]\\&=\frac{1}{2}\langle S\rangle^2\left[1-\frac{1}{2}(\hat{Q}_x^2+\hat{Q}_y^2)\right]\sum_{l,l'}\mathrm{e}^{\mathrm{i}\boldsymbol{Q}\cdot(\boldsymbol{R}_l-\boldsymbol{R}_{l'})}\left[\mathrm{e}^{\mathrm{i}\boldsymbol{P}\cdot(\boldsymbol{R}_l-\boldsymbol{R}_{l'})}+\mathrm{e}^{-\mathrm{i}\boldsymbol{P}\cdot(\boldsymbol{R}_l-\boldsymbol{R}_{l'})}\right]\\&=\frac{N}{2}\frac{(2\pi)^3}{v_0}\langle S\rangle^2\left[1-\frac{1}{2}(\hat{Q}_x^2+\hat{Q}_y^2)\right]\sum_{\boldsymbol{K}}[\delta(\boldsymbol{Q}+\boldsymbol{P}-\boldsymbol{K})+\delta(\boldsymbol{Q}-\boldsymbol{P}-\boldsymbol{K})]\\&=\frac{N}{4}\frac{(2\pi)^3}{v_0}\langle S\rangle^2(1+\hat{Q}_z^2)\sum_{\boldsymbol{K}}[\delta(\boldsymbol{Q}+\boldsymbol{P}-\boldsymbol{K})+\delta(\boldsymbol{Q}-\boldsymbol{P}-\boldsymbol{K})]\end{aligned} \tag{8.2.23}$$

上式的推导用到了式(5.2.10)。将上式代入式(8.2.18),即可得到该系统的磁性弹性散射的微分截面。由上式可见,产生磁性布拉格散射的条件为

$$\boldsymbol{Q}=\boldsymbol{K}\pm\boldsymbol{P} \tag{8.2.24}$$

因此,磁性布拉格峰的位置在核布拉格峰的两侧(沿 z 方向)。

Au_2Mn 晶体的 Néel 温度为 363K,当温度高于此值时,自发磁化消失。因此,可在 Néel 温度的上下各测量一次样品的弹性散射信号,将二者相减,即可去除核散射信号,从而只留下磁散射的信号。图 8.2.7 给出了 Au_2Mn 晶体的弹性中子散射实验结果。根据实验可求得 $\varphi=51°$。

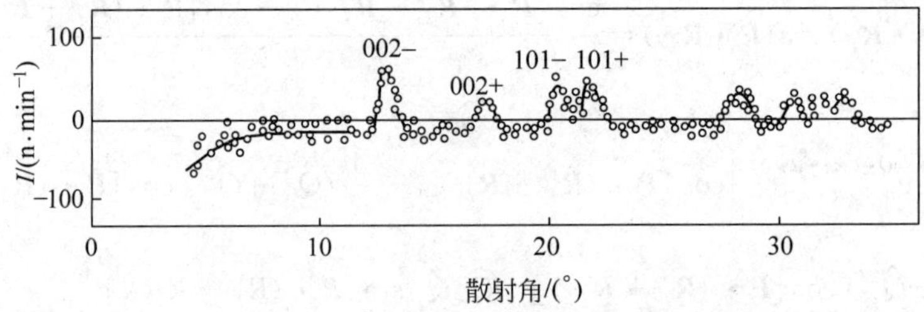

图 8.2.7　Au_2Mn 晶体的磁性中子散射谱(Herpin,1959)

测量结果由 423K 时测得的信号减去 293K 时测得的信号得到。

8.3 自旋波

本节介绍自旋波(spin wave)对于中子的散射问题。这是一种典型的中子非弹性磁散射。

8.3.1 基本概念

1. 经典图像

为了方便讨论,我们分析一维铁磁系统中的自旋波。当系统处于基态时,所有自旋都是平行的,如图 8.3.1(a)所示。设一维系统含有 N 个自旋,若仅考虑相邻自旋之间的相互作用,则系统的哈密顿量可写为

$$H = -2J\sum_{l=1}^{N}\boldsymbol{S}_l \cdot \boldsymbol{S}_{l+1} \tag{8.3.1}$$

这里,我们仍采用玻恩-冯卡门边界条件,也就是说有 $\boldsymbol{S}_{N+1}=\boldsymbol{S}_1$。上式中 J 称为交换能。容易发现,当所有自旋的方向相同时,系统的总能量最低,为 $E_0=-2NJS^2$。若有一个自旋发生反转(图 8.3.1(b)),则系统处于第一激发态,此时系统的能量为

$$E_1 = E_0 - 2(-2JS^2) + 2(2JS^2) = E_0 + 8JS^2$$

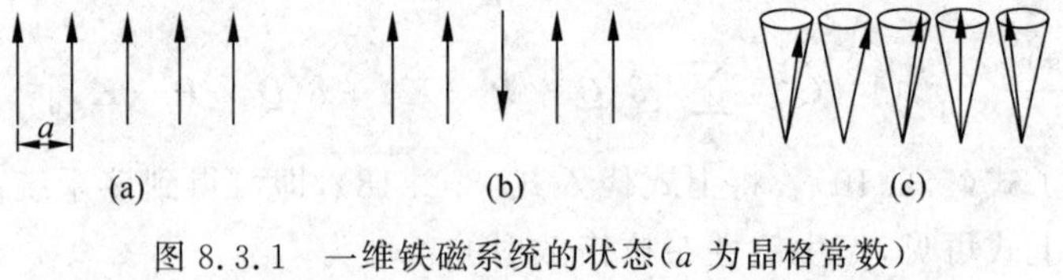

图 8.3.1　一维铁磁系统的状态(a 为晶格常数)

(a) 基态;(b) 一种可能的激发态;(c) 自旋波

实际上,可以有其他的方式来实现低能激发态。如图 8.3.1(c)所示,自旋矢量在圆锥面上进动,每一个自旋的相位比前一个自旋都超出相同的角度。这样,就可以让所有的自旋来分担激发能,从而可实现能量低得多的激发态。这种形式的自旋集体进动称为自旋波。图 8.3.2 给出了一个波长的一维自旋波的示意图。

下面推导经典自旋波的色散关系。在式(8.3.1)中,第 l 个自旋涉及的能量为 $-2J\boldsymbol{S}_l\cdot(\boldsymbol{S}_{l-1}+\boldsymbol{S}_{l+1})$。利用式(8.1.78),可写为

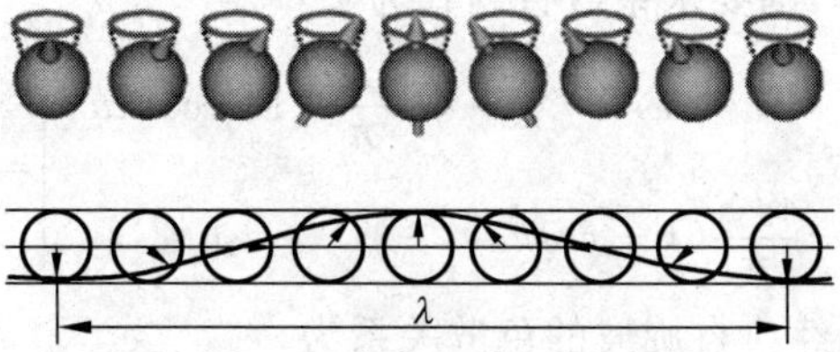

图 8.3.2 一个波长范围内的一维自旋波示意图

上图和下图分别为前视图和俯视图。

$$-2J\boldsymbol{S}_l\cdot(\boldsymbol{S}_{l-1}+\boldsymbol{S}_{l+1})=\frac{2J}{g\mu_{\mathrm{B}}}\boldsymbol{\mu}_{\mathrm{el}}\cdot(\boldsymbol{S}_{l-1}+\boldsymbol{S}_{l+1})=-\boldsymbol{\mu}_{\mathrm{el}}\cdot\boldsymbol{B}_l \tag{8.3.2}$$

其中，$\boldsymbol{B}_l$ 为第 l 个电子自旋感受到的磁场，其表达式为

$$\boldsymbol{B}_l=-\frac{2J}{g\mu_{\mathrm{B}}}(\boldsymbol{S}_{l-1}+\boldsymbol{S}_{l+1}) \tag{8.3.3}$$

注意到，角动量随时间的变化率即为其所受到的外力矩。因此有

$$\frac{\mathrm{d}\hbar\boldsymbol{S}_l}{\mathrm{d}t}=\boldsymbol{\mu}_{\mathrm{el}}\times\boldsymbol{B}_l\Rightarrow\frac{\mathrm{d}\boldsymbol{S}_l}{\mathrm{d}t}=\frac{2J}{\hbar}(\boldsymbol{S}_l\times\boldsymbol{S}_{l-1}+\boldsymbol{S}_l\times\boldsymbol{S}_{l+1}) \tag{8.3.4}$$

式(8.3.4)可写为坐标形式：

$$\frac{\mathrm{d}S_l^x}{\mathrm{d}t}=\frac{2J}{\hbar}[S_l^y(S_{l-1}^z+S_{l+1}^z)-S_l^z(S_{l-1}^y+S_{l+1}^y)] \tag{8.3.5}$$

$$\frac{\mathrm{d}S_l^y}{\mathrm{d}t}=\frac{2J}{\hbar}[S_l^z(S_{l-1}^x+S_{l+1}^x)-S_l^x(S_{l-1}^z+S_{l+1}^z)] \tag{8.3.6}$$

$$\frac{\mathrm{d}S_l^z}{\mathrm{d}t}=\frac{2J}{\hbar}[S_l^x(S_{l-1}^y+S_{l+1}^y)-S_l^y(S_{l-1}^x+S_{l+1}^x)] \tag{8.3.7}$$

注意，在式(8.3.5)～式(8.3.7)的计算中，我们并未考虑角动量不同分量之间的对易关系。因此，这里的讨论是经典的情况。设自旋的平均方向为 z 方向。若激发的强度很小，则可取所有的 $S_l^z=S$，并认为 S_l^x 和 S_l^y 这两个量与 S_l^z 相比是小量。因此，上面三式可化为如下的线性形式：

$$\frac{\mathrm{d}S_l^x}{\mathrm{d}t}=\frac{2JS}{\hbar}(2S_l^y-S_{l-1}^y-S_{l+1}^y) \tag{8.3.8}$$

$$\frac{\mathrm{d}S_l^y}{\mathrm{d}t}=-\frac{2JS}{\hbar}(2S_l^x-S_{l-1}^x-S_{l+1}^x) \tag{8.3.9}$$

$$\frac{\mathrm{d}S_l^z}{\mathrm{d}t}=0 \tag{8.3.10}$$

与第 5 章中讨论格波的思路类似，我们寻找上面方程组的行波解：

$$S_l^x=u\mathrm{e}^{\mathrm{i}(kla-\omega t)},\quad S_l^y=v\mathrm{e}^{\mathrm{i}(kla-\omega t)} \tag{8.3.11}$$

将上式代入式(8.3.8)和式(8.3.9)，可得

$$-\mathrm{i}\omega u=\frac{2JS}{\hbar}v(2-\mathrm{e}^{-\mathrm{i}ka}-\mathrm{e}^{\mathrm{i}ka})=\frac{4JS}{\hbar}v(1-\cos ka) \tag{8.3.12}$$

$$-\mathrm{i}\omega v=-\frac{2JS}{\hbar}u(2-\mathrm{e}^{-\mathrm{i}ka}-\mathrm{e}^{\mathrm{i}ka})=-\frac{4JS}{\hbar}u(1-\cos ka) \tag{8.3.13}$$

若 u 和 v 具有非零解，则要求系数行列式为零：

$$\begin{vmatrix} \mathrm{i}\omega & \dfrac{4JS}{\hbar}(1-\cos ka) \\ -\dfrac{4JS}{\hbar}(1-\cos ka) & \mathrm{i}\omega \end{vmatrix} = 0 \tag{8.3.14}$$

由式(8.3.14)可求得经典自旋波的色散关系为

$$\omega(k) = \frac{4JS}{\hbar}(1-\cos ka) \tag{8.3.15}$$

图 8.3.3 给出了上式所描述的色散关系。将上式代入式(8.3.12)或式(8.3.13)，可得

$$v = -\mathrm{i}u$$

将上式代入式(8.3.11)，可得

$$S_l^x \propto \cos(kla - \omega t), \quad S_l^y \propto \sin(kla - \omega t) \tag{8.3.16}$$

上式描述的正是自旋绕 z 轴的进动。

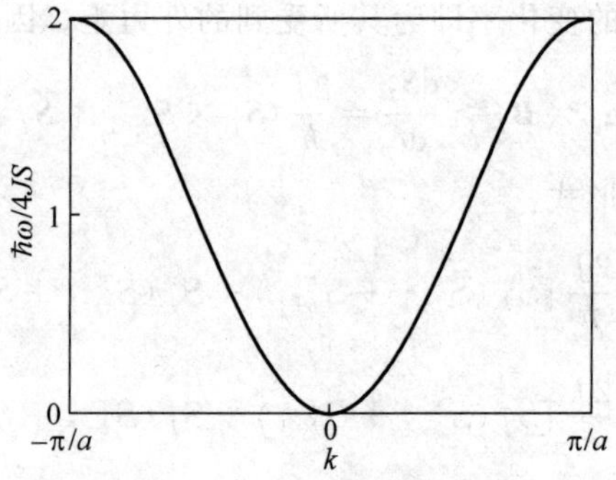

图 8.3.3　经典自旋波的色散关系

在长波极限下，$k \to 0$，色散关系化为

$$\omega(k) \to \frac{2JSa^2}{\hbar}k^2 \tag{8.3.17}$$

上式体现了自旋波与晶格振动的格波的区别。对于格波，在 $k \to 0$ 极限下，色散关系呈线性。

2. 磁波子

上一部分，我们通过经典计算给出了自旋波的物理图像。这里我们考虑自旋波的量子力学计算。记 S^z 的本征矢为 $|m\rangle$：

$$S^z \mid m\rangle = m \mid m\rangle \tag{8.3.18}$$

引入如下两个算符：

$$S^+ = S^x + \mathrm{i}S^y, \quad S^- = S^x - \mathrm{i}S^y \tag{8.3.19}$$

这两个算符的性质在附录 A.5 节中有详细介绍。二者即为 S^z 对应的升算符和降算符：

$$S^+ \mid m\rangle = [(S-m)(S+m+1)]^{1/2} \mid m+1\rangle \tag{8.3.20}$$

$$S^- \mid m\rangle = [(S+m)(S-m+1)]^{1/2} \mid m-1\rangle \tag{8.3.21}$$

为了方便后文的讨论，这里引入一个新的量子数 n：

$$n = S - m \tag{8.3.22}$$

利用 n,可将式(8.3.20)和式(8.3.21)重写为

$$S^{+}\mid n\rangle=(2Sn)^{1/2}\left(1-\frac{n-1}{2S}\right)^{1/2}\mid n-1\rangle \tag{8.3.23}$$

$$S^{-}\mid n\rangle=[2S(n+1)]^{1/2}\left(1-\frac{n}{2S}\right)^{1/2}\mid n+1\rangle \tag{8.3.24}$$

由式(8.3.22)可见,n 描述的是自旋偏离的大小。利用 n 更有助于描述低能量的与自旋波相关的激发态。我们希望如同讨论声子那样来讨论自旋波的激发态。因此,需要建立关于 n 的升算符 a^{+} 和降算符 a。参考谐振子的例子,我们希望 a^{+} 和 a 满足

$$a^{+}\mid n\rangle=\sqrt{n+1}\mid n+1\rangle,\quad a\mid n\rangle=\sqrt{n}\mid n-1\rangle \tag{8.3.25}$$

由上面两式易知

$$aa^{+}\mid n\rangle=(n+1)\mid n\rangle,\quad a^{+}a\mid n\rangle=n\mid n\rangle \tag{8.3.26}$$

由上面第二个式子易知有

$$\langle n\mid a^{+}a\mid n\rangle=n \tag{8.3.27}$$

此外,由式(8.3.26)易知有如下对易关系成立:

$$[a,a^{+}]=1 \tag{8.3.28}$$

式(8.3.25)、式(8.3.27)和式(8.3.28)的形式与谐振子中的情况完全一致,这将为后面的讨论提供极大的方便。实际上,式(8.3.23)和式(8.3.24)表明,S^{-} 和 S^{+} 已经具备了 n 的升算符和降算符的基本条件。因此,可利用二者构筑 a^{+} 和 a。

我们仍然考虑自旋偏离较小的情况。此时,n 与 S 相比是一个较小的量,因此我们可近似地忽略式(8.3.23)和式(8.3.24)中的 $(n-1)/2S$ 和 $n/2S$。这一近似类比与前文中解经典运动方程(式(8.3.5)~式(8.3.7))时用到的线性近似。在该近似下,易知有

$$S_l^{+}=(2S)^{1/2}a_l,\quad S_l^{-}=(2S)^{1/2}a_l^{+} \tag{8.3.29}$$

我们希望将系统的哈密顿量式(8.3.1)写为 a_l 和 a_l^{+} 的函数。由式(8.3.19)易知有

$$S_l^{x}=\frac{1}{2}(S_l^{+}+S_l^{-})=\sqrt{\frac{S}{2}}(a_l^{+}+a_l) \tag{8.3.30}$$

$$S_l^{y}=-\frac{\mathrm{i}}{2}(S_l^{+}-S_l^{-})=\mathrm{i}\sqrt{\frac{S}{2}}(a_l^{+}-a_l) \tag{8.3.31}$$

对于 S_l^{z},有

$$S_l^{z}\mid n\rangle=(S-n)\mid n\rangle=(S-a_l^{+}a_l)\mid n\rangle \tag{8.3.32}$$

利用式(8.3.30)~式(8.3.32),可将哈密顿量写为

$$\begin{aligned}H=-2J\sum_{l=1}^{N}\boldsymbol{S}_l\cdot\boldsymbol{S}_{l+1}=-2J\sum_{l=1}^{N}[S(a_l^{+}a_{l+1}+a_la_{l+1}^{+})+\\ S^2-Sa_{l+1}^{+}a_{l+1}-Sa_l^{+}a_l+a_l^{+}a_la_{l+1}^{+}a_{l+1}]\end{aligned}$$

在线性近似下,可忽略掉 a 的四次方项,因此上式可简化为

$$\begin{aligned}H&=-2JS\sum_{l=1}^{N}(a_l^{+}a_{l+1}+a_la_{l+1}^{+}-a_{l+1}^{+}a_{l+1}-a_l^{+}a_l)-2NJS^2\\&=-2NJS^2+4JS\sum_{l=1}^{N}a_l^{+}a_l-2JS\sum_{l=1}^{N}(a_l^{+}a_{l+1}+a_la_{l+1}^{+})\end{aligned} \tag{8.3.33}$$

我们希望将 H 写为 N 个独立部分的和。这需要引入广义坐标或简正坐标(正如在讨论声子时的思路)：

$$b_k = N^{-1/2}\sum_l \mathrm{e}^{-ikla}a_l \tag{8.3.34}$$

$$b_k^+ = N^{-1/2}\sum_l \mathrm{e}^{ikla}a_l^+ \tag{8.3.35}$$

这里,k 的取值限于第一布里渊区的 N 个值(由玻恩-冯卡门边界条件确定,见式(5.3.9))。不难验证,上面两式的倒易形式为

$$a_l = N^{-1/2}\sum_k \mathrm{e}^{ikla}b_k \tag{8.3.36}$$

$$a_l^+ = N^{-1/2}\sum_k \mathrm{e}^{-ikla}b_k^+ \tag{8.3.37}$$

注意,这里的计算常用到式(5.3.15)：$\sum\limits_{l=1}^{N}\mathrm{e}^{\mathrm{i}(k-k')la} = N\delta_{kk'}$。

通过上述定义,可知有

$$\begin{aligned}\sum_{l=1}^{N}a_l^+a_l &= \frac{1}{N}\sum_{l=1}^{N}\sum_{k,k'}\mathrm{e}^{-\mathrm{i}(k-k')la}b_k^+b_{k'} = \frac{1}{N}\sum_{k,k'}b_k^+b_{k'}\sum_{l=1}^{N}\mathrm{e}^{-\mathrm{i}(k-k')la}\\ &= \sum_k b_k^+b_k\end{aligned} \tag{8.3.38}$$

$$\begin{aligned}\sum_{l=1}^{N}a_l^+a_{l+1} &= \frac{1}{N}\sum_{l=1}^{N}\sum_{k,k'}\mathrm{e}^{-ikla}\,\mathrm{e}^{ik'(l+1)a}b_k^+b_{k'} = \frac{1}{N}\sum_{k,k'}\mathrm{e}^{ik'a}b_k^+b_{k'}\sum_{l=1}^{N}\mathrm{e}^{-\mathrm{i}(k-k')la}\\ &= \sum_k \mathrm{e}^{ika}b_k^+b_k\end{aligned} \tag{8.3.39}$$

注意到不同的自旋($l\neq l'$)对应的自旋算符 $\boldsymbol{S}_l$ 对易,因此有

$$\sum_{l=1}^{N}a_la_{l+1}^+ = \sum_{l=1}^{N}a_{l+1}^+a_l = \sum_k \mathrm{e}^{-ika}b_k^+b_k \tag{8.3.40}$$

将式(8.3.38)～式(8.3.40)代入式(8.3.33),可得

$$H = -2NJS^2 + 4JS\sum_k(1-\cos ka)b_k^+b_k \tag{8.3.41}$$

可见,通过“坐标”变换,我们将 H 写为 N 个独立部分的和。上式可以在形式上写为

$$H = -2NJS^2 + \sum_k \hbar\omega(k)b_k^+b_k \tag{8.3.42}$$

其中

$$\omega(k) = \frac{4JS}{\hbar}(1-\cos ka) \tag{8.3.43}$$

下面进一步讨论 b_k^+ 和 b_k 的性质。二者的对易关系为

$$\begin{aligned}[b_k, b_{k'}^+] = b_kb_{k'}^+ - b_{k'}^+b_k &= \frac{1}{N}\sum_{l,l'}\mathrm{e}^{\mathrm{i}(k'l'-kl)a}[a_l, a_{l'}^+]\\ &= \frac{1}{N}\sum_{l,l'}\mathrm{e}^{\mathrm{i}(k'l'-kl)a}\delta_{ll'}\\ &= \delta_{kk'}\end{aligned} \tag{8.3.44}$$

根据上式,易知 b_k^+ 和 b_k 与哈密顿量的对易关系为

$$[b_k, H] = \sum_{k'} \hbar\omega(k') [b_k, b_{k'}^+ b_{k'}]$$

$$= \sum_{k'} \hbar\omega(k') [b_k, b_{k'}^+] b_{k'} = \hbar\omega(k) b_k \tag{8.3.45}$$

$$[b_k^+, H] = \sum_{k'} \hbar\omega(k') [b_k^+, b_{k'}^+ b_{k'}]$$

$$= -\sum_{k'} \hbar\omega(k') b_{k'}^+ [b_{k'}, b_k^+] = -\hbar\omega(k) b_k^+ \tag{8.3.46}$$

注意到,上面三式与谐振子中的升降算符的对易关系式(1.2.35)~式(1.2.37)完全一致。因此,我们可以借助谐振子中的结论来处理问题。引入算符 n_k:

$$n_k = b_k^+ b_k \tag{8.3.47}$$

根据谐振子理论可知,n_k 的本征值为

$$n_k = 0,1,2,3,\cdots \tag{8.3.48}$$

可见,系统的能量本征值即为

$$H = -2NJS^2 + \sum_k \hbar\omega(k) n_k \tag{8.3.49}$$

式中,$-2NJS^2$ 为基态能量,表示所有自旋方向一致的情况。上式表明,系统的能量是量子化的,每个波矢量 k 对应的自旋波模式的能量由 n_k 决定。n_k 可视为一种粒子数算符。该粒子代表了某种模式的自旋波,称为磁波子(magnon)。b_k^+ 和 b_k 则为磁波子的上升和下降算符。这里的情况与5.3节中的声子非常类似。磁波子的色散关系由式(8.3.43)给出。对比经典计算的结果式(8.3.15),可见二者的结论一致。

上文的讨论是基于一维晶格展开的。对于三维晶格,有相似的结论。这里不再展开介绍。

8.3.2 自旋波的测量

下面介绍自旋波的测量。从磁散射的双微分截面式(8.1.83)入手:

$$\frac{d^2\sigma}{d\Omega dE_f} = \frac{(\gamma r_0)^2}{2\pi\hbar} \frac{k_f}{k_i} N \left[\frac{1}{2} g F(\boldsymbol{Q})\right]^2 \sum_{\alpha\beta} (\delta_{\alpha\beta} - \hat{Q}_\alpha \hat{Q}_\beta) \sum_l \exp(i\boldsymbol{Q}\cdot\boldsymbol{R}_l) \times$$

$$\int_{-\infty}^{\infty} \langle \exp[-i\boldsymbol{Q}\cdot\boldsymbol{u}_0(0)] \exp[i\boldsymbol{Q}\cdot\boldsymbol{u}_l(t)] \rangle \langle S_0^\alpha(0) S_l^\beta(t) \rangle \exp(-i\omega t)\, dt$$

注意,上式针对电子局域化的系统。由上式可见,我们需要求得矩阵元 $\langle S_0^\alpha(0) S_l^\beta(t)\rangle$ 的表达式。首先需要求解 $b_{\boldsymbol{k}}^+$ 和 $b_{\boldsymbol{k}}$ 的含时形式。利用海森堡算符的运动方程

$$\frac{d}{dt} b_{\boldsymbol{k}}(t) = \frac{1}{i\hbar} [b_{\boldsymbol{k}}(t), H]$$

再结合 b 算符的对易性质,易知有

$$b_{\boldsymbol{k}}(t) = b_{\boldsymbol{k}} e^{-i\omega(\boldsymbol{k})t} \tag{8.3.50}$$

同理可得

$$b_{\boldsymbol{k}}^+(t) = b_{\boldsymbol{k}}^+ e^{i\omega(\boldsymbol{k})t} \tag{8.3.51}$$

利用上面两式,可求得如下几个算符的含时形式

$$S_l^+(t) = \sqrt{\frac{2S}{N}} \sum_{\boldsymbol{k}} e^{i\boldsymbol{k}\cdot\boldsymbol{R}_l} b_{\boldsymbol{k}}(t) = \sqrt{\frac{2S}{N}} \sum_{\boldsymbol{k}} e^{i[\boldsymbol{k}\cdot\boldsymbol{R}_l - \omega(\boldsymbol{k})t]} b_{\boldsymbol{k}} \tag{8.3.52}$$

$$S_l^-(t)=\sqrt{\frac{2S}{N}}\sum_{\boldsymbol{k}}\mathrm{e}^{-\mathrm{i}\boldsymbol{k}\cdot\boldsymbol{R}_l}b_{\boldsymbol{k}}^+(t)=\sqrt{\frac{2S}{N}}\sum_{\boldsymbol{k}}\mathrm{e}^{-\mathrm{i}[\boldsymbol{k}\cdot\boldsymbol{R}_l-\omega(\boldsymbol{k})t]}b_{\boldsymbol{k}}^+ \tag{8.3.53}$$

$$\begin{aligned}S_l^z(t)&=S-a_l^+(t)a_l(t)\\&=S-\frac{1}{N}\sum_{\boldsymbol{k},\boldsymbol{k}'}\mathrm{e}^{\mathrm{i}[(\boldsymbol{k}'-\boldsymbol{k})\cdot\boldsymbol{R}_l-(\omega(\boldsymbol{k}')-\omega(\boldsymbol{k}))t]}b_{\boldsymbol{k}}^+b_{\boldsymbol{k}'}\end{aligned} \tag{8.3.54}$$

记系统的能量本征态为$|\lambda\rangle$，易知有

$$\langle\lambda\mid b_{\boldsymbol{k}}^+b_{\boldsymbol{k}}^+\mid\lambda\rangle=\langle\lambda\mid b_{\boldsymbol{k}}b_{\boldsymbol{k}}\mid\lambda\rangle=0 \tag{8.3.55}$$

因此，对于如下的项而言：

$$\langle\lambda\mid S_0^pS_l^q\mid\lambda\rangle\quad(p,q=+,-,z)$$

不为零的项仅有

$$\langle\lambda\mid S_0^zS_l^z\mid\lambda\rangle,\quad\langle\lambda\mid S_0^+S_l^-\mid\lambda\rangle,\quad\langle\lambda\mid S_0^-S_l^+\mid\lambda\rangle$$

下面分别讨论。对于$\langle\lambda|S_0^z(0)S_l^z(t)|\lambda\rangle$，利用式(8.3.54)，有

$$\begin{aligned}\langle\lambda\mid S_0^z(0)S_l^z(t)\mid\lambda\rangle&=S^2-\frac{S}{N}\sum_{\boldsymbol{k},\boldsymbol{k}'}\mathrm{e}^{\mathrm{i}[(\boldsymbol{k}'-\boldsymbol{k})\cdot\boldsymbol{R}_l-(\omega(\boldsymbol{k}')-\omega(\boldsymbol{k}))t]}\cdot\\&\quad\langle\lambda\mid b_{\boldsymbol{k}}^+b_{\boldsymbol{k}'}\mid\lambda\rangle-\frac{S}{N}\sum_{\boldsymbol{k},\boldsymbol{k}'}\langle\lambda\mid b_{\boldsymbol{k}}^+b_{\boldsymbol{k}'}\mid\lambda\rangle\end{aligned}$$

上式忽略了b的四次项，这对应于前文提及的线性近似。注意到

$$\langle\lambda\mid b_{\boldsymbol{k}}^+b_{\boldsymbol{k}'}\mid\lambda\rangle=n_{\boldsymbol{k}}\delta_{\boldsymbol{k}\boldsymbol{k}'}$$

因此有

$$\langle\lambda\mid S_0^z(0)S_l^z(t)\mid\lambda\rangle=S^2-\frac{2S}{N}\sum_{\boldsymbol{k}}n_{\boldsymbol{k}} \tag{8.3.56}$$

对于处在热平衡的系统，有

$$\langle S_0^z(0)S_l^z(t)\rangle=S^2-\frac{2S}{N}\sum_{\boldsymbol{k}}\langle n_{\boldsymbol{k}}\rangle \tag{8.3.57}$$

$\langle n_{\boldsymbol{k}}\rangle$为平衡态时，样品中相应的磁波子的平均数量。根据统计物理理论不难得到

$$\langle n_{\boldsymbol{k}}\rangle=\frac{1}{\exp\left[\dfrac{\hbar\omega(\boldsymbol{k})}{k_\mathrm{B}T}\right]-1}$$

由式(8.3.57)可见，$\langle S_0^z(0)S_l^z(t)\rangle$并不依赖于时间，因此，该项对应于弹性散射，并不能提供关于自旋波的散射信号。

通过类似的计算方法，可以得到

$$\begin{aligned}\langle S_0^+(0)S_l^-(t)\rangle&=\frac{2S}{N}\sum_{\boldsymbol{k}}\mathrm{e}^{-\mathrm{i}[\boldsymbol{k}\cdot\boldsymbol{R}_l-\omega(\boldsymbol{k})t]}\langle b_{\boldsymbol{k}}b_{\boldsymbol{k}}^+\rangle\\&=\frac{2S}{N}\sum_{\boldsymbol{k}}\mathrm{e}^{-\mathrm{i}[\boldsymbol{k}\cdot\boldsymbol{R}_l-\omega(\boldsymbol{k})t]}\langle n_{\boldsymbol{k}}+1\rangle\end{aligned} \tag{8.3.58}$$

$$\begin{aligned}\langle S_0^-(0)S_l^+(t)\rangle&=\frac{2S}{N}\sum_{\boldsymbol{k}}\mathrm{e}^{\mathrm{i}[\boldsymbol{k}\cdot\boldsymbol{R}_l-\omega(\boldsymbol{k})t]}\langle b_{\boldsymbol{k}}^+b_{\boldsymbol{k}}\rangle\\&=\frac{2S}{N}\sum_{\boldsymbol{k}}\mathrm{e}^{\mathrm{i}[\boldsymbol{k}\cdot\boldsymbol{R}_l-\omega(\boldsymbol{k})t]}\langle n_{\boldsymbol{k}}\rangle\end{aligned} \tag{8.3.59}$$

利用上面两式可得

$$\langle S_0^x(0)S_l^x(t)\rangle = \frac{1}{4}\left[\langle S_0^+(0)S_l^-(t)\rangle + \langle S_0^-(0)S_l^+(t)\rangle\right]$$

$$= \frac{S}{2N}\sum_k \mathrm{e}^{-\mathrm{i}[\boldsymbol{k}\cdot\boldsymbol{R}_l-\omega(\boldsymbol{k})t]}\langle n_{\boldsymbol{k}}+1\rangle + \mathrm{e}^{\mathrm{i}[\boldsymbol{k}\cdot\boldsymbol{R}_l-\omega(\boldsymbol{k})t]}\langle n_{\boldsymbol{k}}\rangle \tag{8.3.60}$$

$$\langle S_0^y(0)S_l^y(t)\rangle = \langle S_0^x(0)S_l^x(t)\rangle$$

$$= \frac{S}{2N}\sum_{\boldsymbol{k}} \mathrm{e}^{-\mathrm{i}[\boldsymbol{k}\cdot\boldsymbol{R}_l-\omega(\boldsymbol{k})t]}\langle n_{\boldsymbol{k}}+1\rangle + \mathrm{e}^{\mathrm{i}[\boldsymbol{k}\cdot\boldsymbol{R}_l-\omega(\boldsymbol{k})t]}\langle n_{\boldsymbol{k}}\rangle \tag{8.3.61}$$

$$\langle S_0^x(0)S_l^y(t)\rangle = \frac{1}{4\mathrm{i}}\left[-\langle S_0^+(0)S_l^-(t)\rangle + \langle S_0^-(0)S_l^+(t)\rangle\right]$$

$$= \mathrm{i}\,\frac{S}{2N}\sum_{\boldsymbol{k}} \mathrm{e}^{-\mathrm{i}[\boldsymbol{k}\cdot\boldsymbol{R}_l-\omega(\boldsymbol{k})t]}\langle n_{\boldsymbol{k}}+1\rangle - \mathrm{e}^{\mathrm{i}[\boldsymbol{k}\cdot\boldsymbol{R}_l-\omega(\boldsymbol{k})t]}\langle n_{\boldsymbol{k}}\rangle \tag{8.3.62}$$

$$\langle S_0^y(0)S_l^x(t)\rangle = -\langle S_0^x(0)S_l^y(t)\rangle$$

$$= -\mathrm{i}\,\frac{S}{2N}\sum_{\boldsymbol{k}} \mathrm{e}^{-\mathrm{i}[\boldsymbol{k}\cdot\boldsymbol{R}_l-\omega(\boldsymbol{k})t]}\langle n_{\boldsymbol{k}}+1\rangle - \mathrm{e}^{\mathrm{i}[\boldsymbol{k}\cdot\boldsymbol{R}_l-\omega(\boldsymbol{k})t]}\langle n_{\boldsymbol{k}}\rangle \tag{8.3.63}$$

上面四项均含有时间，因此可贡献非弹性散射。将上面四式代入式(8.1.83)，得

$$\frac{\mathrm{d}^2\sigma}{\mathrm{d}\Omega\,\mathrm{d}E_\mathrm{f}} = \frac{(\gamma r_0)^2}{2\pi\hbar}\frac{k_\mathrm{f}}{k_\mathrm{i}}N\frac{S}{2N}\left[\frac{1}{2}gF(\boldsymbol{Q})\right]^2(2-\hat{Q}_x^2-\hat{Q}_y^2)\sum_l \exp(\mathrm{i}\boldsymbol{Q}\cdot\boldsymbol{R}_l)\times$$
$$\int_{-\infty}^{\infty}\mathrm{d}t\,\mathrm{e}^{-\mathrm{i}\omega t}\langle \mathrm{e}^{-\mathrm{i}\boldsymbol{Q}\cdot\boldsymbol{u}_0(0)}\mathrm{e}^{\mathrm{i}\boldsymbol{Q}\cdot\boldsymbol{u}_l(t)}\rangle\cdot$$
$$\sum_{\boldsymbol{k}} \mathrm{e}^{-\mathrm{i}[\boldsymbol{k}\cdot\boldsymbol{R}_l-\omega(\boldsymbol{k})t]}\langle n_{\boldsymbol{k}}+1\rangle + \mathrm{e}^{\mathrm{i}[\boldsymbol{k}\cdot\boldsymbol{R}_l-\omega(\boldsymbol{k})t]}\langle n_{\boldsymbol{k}}\rangle$$

将上式稍加整理，并将核在平衡位置附近的振动效应写为德拜-沃勒因子，有

$$\frac{\mathrm{d}^2\sigma}{\mathrm{d}\Omega\,\mathrm{d}E_\mathrm{f}} = \frac{(\gamma r_0)^2}{2\pi\hbar}\frac{k_\mathrm{f}}{k_\mathrm{i}}\frac{S}{2}\left[\frac{1}{2}gF(\boldsymbol{Q})\right]^2(1+\hat{Q}_z^2)\,\mathrm{e}^{-2W(\boldsymbol{Q})}\sum_l \exp(\mathrm{i}\boldsymbol{Q}\cdot\boldsymbol{R}_l)\times$$
$$\int_{-\infty}^{\infty}\mathrm{d}t\,\mathrm{e}^{-\mathrm{i}\omega t}\sum_{\boldsymbol{k}} \mathrm{e}^{-\mathrm{i}[\boldsymbol{k}\cdot\boldsymbol{R}_l-\omega(\boldsymbol{k})t]}\langle n_{\boldsymbol{k}}+1\rangle + \mathrm{e}^{\mathrm{i}[\boldsymbol{k}\cdot\boldsymbol{R}_l-\omega(\boldsymbol{k})t]}\langle n_{\boldsymbol{k}}\rangle$$

利用式(5.2.10)，可将上式化为

$$\frac{\mathrm{d}^2\sigma}{\mathrm{d}\Omega\,\mathrm{d}E_\mathrm{f}} = \frac{(\gamma r_0)^2}{2\pi\hbar}\frac{k_\mathrm{f}}{k_\mathrm{i}}\frac{(2\pi)^3}{v_0}\frac{S}{2}\left[\frac{1}{2}gF(\boldsymbol{Q})\right]^2(1+\hat{Q}_z^2)\,\mathrm{e}^{-2W(\boldsymbol{Q})}\times$$
$$\int_{-\infty}^{\infty}\mathrm{d}t\,\mathrm{e}^{-\mathrm{i}\omega t}\sum_{\boldsymbol{k},\boldsymbol{K}}\delta(\boldsymbol{Q}-\boldsymbol{k}-\boldsymbol{K})\mathrm{e}^{\mathrm{i}\omega(\boldsymbol{k})t}\langle n_{\boldsymbol{k}}+1\rangle +$$
$$\delta(\boldsymbol{Q}+\boldsymbol{k}-\boldsymbol{K})\mathrm{e}^{-\mathrm{i}\omega(\boldsymbol{k})t}\langle n_{\boldsymbol{k}}\rangle$$

再对 t 积分，可得

$$\frac{\mathrm{d}^2\sigma}{\mathrm{d}\Omega\,\mathrm{d}E_\mathrm{f}} = \frac{(\gamma r_0)^2}{\hbar}\frac{k_\mathrm{f}}{k_\mathrm{i}}\frac{(2\pi)^3}{v_0}\frac{S}{2}\left[\frac{1}{2}gF(\boldsymbol{Q})\right]^2(1+\hat{Q}_z^2)\,\mathrm{e}^{-2W(\boldsymbol{Q})}\times$$
$$\sum_{\boldsymbol{k},\boldsymbol{K}}\delta(\boldsymbol{Q}-\boldsymbol{k}-\boldsymbol{K})\delta[\omega-\omega(\boldsymbol{k})]\langle n_{\boldsymbol{k}}+1\rangle +$$
$$\delta(\boldsymbol{Q}+\boldsymbol{k}-\boldsymbol{K})\delta[\omega+\omega(\boldsymbol{k})]\langle n_{\boldsymbol{k}}\rangle \tag{8.3.64}$$

上式包含两项，分别对应于磁波子的产生和湮灭。其中，第一项对应于中子将能量传递给样品，并激发一个磁波子的情况：

$$\omega = \omega(\boldsymbol{k}),\quad \boldsymbol{Q} = \boldsymbol{K}+\boldsymbol{k} \tag{8.3.65}$$

第二项对应于中子从样品中吸收一个磁波子的能量，样品中相应的磁波子减少一个的情况：

$$\omega = -\omega(\boldsymbol{k}), \quad \boldsymbol{Q} = \boldsymbol{K} - \boldsymbol{k} \tag{8.3.66}$$

上面两式给出了非弹性中子散射方法测量磁波子的基本原理。注意到，上面两式在形式上和中子与声子的非弹性散射的条件具有相同的形式(式(5.4.31)和式(5.4.32))。

上述讨论是基于布拉菲晶体的。对于非布拉菲晶体，磁波子的色散关系也会出现光学支。图 8.3.4 给出了 Gd 晶体中的磁波子色散关系的中子散射测量结果。

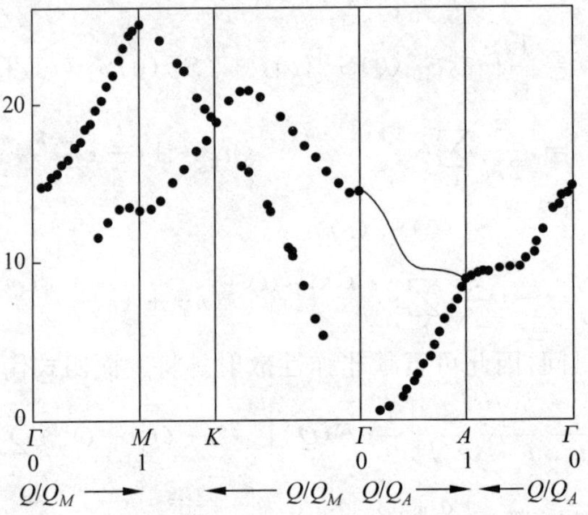

图 8.3.4 Gd 晶体中的磁波子色散关系的中子散射测量结果(温度为 78K)(Koehler,1970)

式(8.3.64)给出的是一个磁畴贡献的散射截面，但宏观铁磁样品是由多个磁畴组成的。当无外加磁场时，各个磁畴中自旋的取向不同，此时有

$$(1 + \langle \hat{Q}_z^2 \rangle) = \frac{4}{3}$$

若对样品施加一个强的外场 $\boldsymbol{B}$，则各个磁畴中的自旋排布将趋于磁场方向。此时有

$$1 + \hat{Q}_z^2 = \begin{cases} 1, & \boldsymbol{B} \perp \boldsymbol{Q} \\ 2, & \boldsymbol{B} \parallel \boldsymbol{Q} \end{cases}$$

可见，通过改变磁场方向与 $\boldsymbol{Q}$ 方向的关系，可使得磁波子散射的强度变化两倍。这一特性常用来区分磁波子信号与磁振动信号以及声子信号。

8.4 极化中子散射

本节介绍极化中子的散射问题。在前面的章节中，我们只考虑了中子从一种动量态到另一种动量态的散射过程。为了获得样品的更多信息，不仅要测量散射中子的动量，还要测定其自旋。本节将计算相应散射过程的截面。

8.4.1 自旋态截面

在分析散射中子自旋态的时候，我们通常选取入射中子的极化方向为 z 方向，并考察散射中子的自旋在该方向上的投影。用 u 和 v 来表示中子的自旋态。u 是算符 σ_z 本征值为 +1 时相应的“自旋向上”态，而 v 是 σ_z 本征值为 −1 时相应的“自旋向下”态。考虑散射过程中的中子自旋态变化，表示中子动量从 $\boldsymbol{k}_i$ 被散射到 $\boldsymbol{k}_f$ 的过程的双微分截面 $d^2\sigma/d\Omega dE_f$ 可分为如下四部分：

$$u \to u,\quad v \to v,\quad u \to v,\quad v \to u$$

这四部分称为自旋态截面(spin-state cross-section)。过程 $u \to u$ 和 $v \to v$ 不涉及自旋的变化。而过程 $u \to v$ 和 $v \to u$ 会涉及自旋的改变，称为自旋翻转(spin-flip)过程。非极化中子的 $\boldsymbol{k}_i \to \boldsymbol{k}_f$ 散射的双微分截面与自旋态截面相关：

$$\frac{d^2\sigma}{d\Omega dE_f} = \frac{1}{2} \times (\text{四种自旋态截面之和}) \tag{8.4.1}$$

式中的因子 $\frac{1}{2}$ 表示入射中子处于态 u 和态 v 的概率相同。

对于一束中子，可定义极化矢量 $\boldsymbol{P}$。$\boldsymbol{P}$ 的方向即为 z 方向。若中子束中有占比 f 的中子处于态 u，则 $\boldsymbol{P}$ 的大小为

$$P = (+1) \times f + (-1) \times (1-f) = 2f - 1 \tag{8.4.2}$$

可见，对于非极化中子束，$P=0$。对于完全极化的中子束，如果所有中子自旋向上，$P=1$；而如果所有中子自旋向下，$P=-1$。

8.4.2 核散射

首先计算核散射的自旋态截面。为简化问题，设样品由一组完全相同的具有非零自旋 I 的核组成。中子和一个原子核可形成一个总自旋为 t 的核-中子系统。根据中子与核的自旋排布，可知 t 有如下两种取值：

$$t = I \pm \frac{1}{2} \tag{8.4.3}$$

t 的不同取值对应不同的散射长度。我们用 $b^{\pm}$ 表示 $t = I \pm \frac{1}{2}$ 对应的散射长度。

1. 散射长度算符

首先引入散射长度算符 $\hat{b}$，其本征值即为 b^+ 和 b^-。若 $|+\rangle$ 和 $|-\rangle$ 分别是 $t = I + \frac{1}{2}$ 和 $t = I - \frac{1}{2}$ 的态矢，则算符 $\hat{b}$ 满足以下关系：

$$\hat{b}\,|+\rangle = b^+|+\rangle,\quad \hat{b}\,|-\rangle = b^-|-\rangle \tag{8.4.4}$$

用算符 $\boldsymbol{I}$ 表示原子核的自旋角动量，另外注意到中子自旋角动量的算符 $\boldsymbol{s} = \frac{1}{2}\boldsymbol{\sigma}$ ($\boldsymbol{I}$ 与 $\boldsymbol{s}$ 均以 $\hbar$ 为单位)，则核-中子系统的自旋算符即为

$$\boldsymbol{t} = \boldsymbol{I} + \frac{1}{2}\boldsymbol{\sigma} \tag{8.4.5}$$

因此

$$\boldsymbol{t}^2 = \boldsymbol{t} \cdot \boldsymbol{t} = \boldsymbol{I}^2 + \frac{1}{4}\boldsymbol{\sigma}^2 + \boldsymbol{\sigma} \cdot \boldsymbol{I} \tag{8.4.6}$$

态矢 $|+\rangle$ 和 $|-\rangle$ 是 $\boldsymbol{I}^2$ 的本征矢量，二者具有相同的本征值 $I(I+1)$。态矢 $|+\rangle$ 和

$|-\rangle$也是$\boldsymbol{s}^2=\boldsymbol{\sigma}^2/4$的本征矢量，二者具有相同的本征值$\frac{1}{2}\left(\frac{1}{2}+1\right)=\frac{3}{4}$。

此外，注意到态矢$|+\rangle$也是$\boldsymbol{t}^2$的本征矢量，其对应的本征值为

$$t(t+1)=\left(I+\frac{1}{2}\right)\left(I+\frac{3}{2}\right)=I^2+2I+\frac{3}{4} \tag{8.4.7}$$

同理，态矢$|-\rangle$是具有如下本征值的$\boldsymbol{t}^2$的一个本征矢量：

$$t(t+1)=\left(I-\frac{1}{2}\right)\left(I+\frac{1}{2}\right)=I^2-\frac{1}{4} \tag{8.4.8}$$

因此

$$\begin{aligned}\boldsymbol{\sigma}\cdot\boldsymbol{I}\mid+\rangle&=\left(\boldsymbol{t}^2-\boldsymbol{I}^2-\frac{1}{4}\boldsymbol{\sigma}^2\right)\mid+\rangle\\&=\left[\left(I^2+2I+\frac{3}{4}\right)-I(I+1)-\frac{3}{4}\right]\mid+\rangle=I\mid+\rangle\end{aligned} \tag{8.4.9}$$

$$\begin{aligned}\boldsymbol{\sigma}\cdot\boldsymbol{I}\mid-\rangle&=\left(\boldsymbol{t}^2-\boldsymbol{I}^2-\frac{1}{4}\boldsymbol{\sigma}^2\right)\mid-\rangle\\&=\left[\left(I^2-\frac{1}{4}\right)-I(I+1)-\frac{3}{4}\right]\mid-\rangle=-(I+1)\mid-\rangle\end{aligned} \tag{8.4.10}$$

我们把$\hat{b}$写成如下形式：

$$\hat{b}=A+B\boldsymbol{\sigma}\cdot\boldsymbol{I} \tag{8.4.11}$$

其中A和B是两个常数，其值须使得$\hat{b}$满足式(8.4.4)。由式(8.4.9)和式(8.4.10)得

$$\hat{b}\mid+\rangle=(A+BI)\mid+\rangle,\quad \hat{b}\mid-\rangle=[A-B(I+1)]\mid-\rangle$$

上式意味着有

$$A+BI=b^+,\quad A-B(I+1)=b^- \tag{8.4.12}$$

由此可得

$$A=\frac{1}{2I+1}[(I+1)b^++Ib^-] \tag{8.4.13}$$

$$B=\frac{1}{2I+1}(b^+-b^-) \tag{8.4.14}$$

求得A和B的值后，通过式(8.4.11)即可得到所需的算符$\hat{b}$。实际上，中子和样品之间的相互作用，无论是核散射和磁散射，均可写为式(8.4.11)的形式，区别仅在于A和B的形式，以及$\boldsymbol{I}$的物理意义不同。这一点将在8.4.4节看到。

为了获得自旋态截面，我们回到核散射过程的双微分截面，其形式与式(8.1.13)相同，区别仅在于中子与样品的相互作用为核散射：

$$\begin{aligned}\frac{\mathrm{d}^2\sigma}{\mathrm{d}\Omega\,\mathrm{d}E_\mathrm{f}}=V_\mathrm{s}^2\left(\frac{m_\mathrm{n}}{2\pi\hbar^2}\right)^2\frac{k_\mathrm{f}}{k_\mathrm{i}}\mid\langle E_{\mathrm{s,f}},\boldsymbol{k}_\mathrm{f}\boldsymbol{\sigma}_\mathrm{f}\mid V\mid E_{\mathrm{s,i}},\boldsymbol{k}_\mathrm{i}\boldsymbol{\sigma}_\mathrm{i}\rangle\mid^2\cdot\\\delta(E_{\mathrm{s,i}}-E_{\mathrm{s,f}}+\hbar\omega)\end{aligned} \tag{8.4.15}$$

注意到

$$\langle E_{\mathrm{s,f}},\boldsymbol{k}_\mathrm{f}\boldsymbol{\sigma}_\mathrm{f}\mid V\mid E_{\mathrm{s,i}},\boldsymbol{k}_\mathrm{i}\boldsymbol{\sigma}_\mathrm{i}\rangle=\langle E_{\mathrm{s,f}},\boldsymbol{\sigma}_\mathrm{f}\mid\langle\boldsymbol{k}_\mathrm{f}\mid V\mid\boldsymbol{k}_\mathrm{i}\rangle\mid E_{\mathrm{s,i}},\boldsymbol{\sigma}_\mathrm{i}\rangle$$

其中$\langle\boldsymbol{k}_\mathrm{f}|V|\boldsymbol{k}_\mathrm{i}\rangle$的表达式我们在式(2.2.43)中已经计算过：

$$\langle \boldsymbol{k}_{\mathrm{f}} \mid V \mid \boldsymbol{k}_{\mathrm{i}} \rangle = \frac{1}{V_{\mathrm{s}}} \frac{2\pi\hbar^2}{m_{\mathrm{n}}} \sum_{l=1}^{N} \hat{b}_l \exp(\mathrm{i}\boldsymbol{Q} \cdot \boldsymbol{R}_l)$$

式中，$\boldsymbol{R}_l$ 为样品中第 l 个原子核的位置。利用上面两式，可将双微分截面式(8.4.15)化为

$$\frac{\mathrm{d}^2\sigma}{\mathrm{d}\Omega \mathrm{d}E_{\mathrm{f}}} = \frac{k_{\mathrm{f}}}{k_{\mathrm{i}}} \left| \sum_{l=1}^{N} \langle E_{\mathrm{s,f}}, \boldsymbol{\sigma}_{\mathrm{f}} \left| \hat{b}_l \exp(\mathrm{i}\boldsymbol{Q} \cdot \boldsymbol{R}_l) \right| E_{\mathrm{s,i}}, \boldsymbol{\sigma}_{\mathrm{i}} \rangle \right|^2 \cdot \delta(E_{\mathrm{s,i}} - E_{\mathrm{s,f}} + \hbar\omega) \tag{8.4.16}$$

式中，第 l 个原子核相应的矩阵元为

$$\begin{aligned} &\langle E_{\mathrm{s,f}}, \boldsymbol{\sigma}_{\mathrm{f}} | \hat{b}_l \exp(\mathrm{i}\boldsymbol{Q} \cdot \boldsymbol{R}_l) \mid E_{\mathrm{s,i}}, \boldsymbol{\sigma}_{\mathrm{i}} \rangle \\ &= \langle E_{\mathrm{s,f}} \mid \exp(\mathrm{i}\boldsymbol{Q} \cdot \boldsymbol{R}_l) \langle \boldsymbol{\sigma}_{\mathrm{f}} | \hat{b}_l \mid \boldsymbol{\sigma}_{\mathrm{i}} \rangle \mid E_{\mathrm{s,i}} \rangle \end{aligned} \tag{8.4.17}$$

进一步求解上式需计算 $\langle \sigma_{\mathrm{f}} | \hat{b} | \sigma_{\mathrm{i}} \rangle$。利用 $\hat{b}$ 的表达式(8.4.11)，并参考附录 A.5 节，可得

$$\begin{aligned} \hat{b} \mid u \rangle &= [A + B(\sigma_x I_x + \sigma_y I_y + \sigma_z I_z)] \mid u \rangle \\ &= A \mid u \rangle + B(I_x + \mathrm{i}I_y) \mid v \rangle + BI_z \mid u \rangle \end{aligned} \tag{8.4.18}$$

上式左乘 $\langle u |$，可得到 $\langle u | \hat{b} | u \rangle$ 的表达式：

$$\langle u | \hat{b} \mid u \rangle = A + BI_z \tag{8.4.19}$$

另外三种情况可通过类似方法求得

$$\begin{aligned} &\langle v | \hat{b} \mid v \rangle = A - BI_z, \quad \langle v | \hat{b} \mid u \rangle = B(I_x + \mathrm{i}I_y), \\ &\langle u | \hat{b} \mid v \rangle = B(I_x - \mathrm{i}I_y) \end{aligned} \tag{8.4.20}$$

上面几式等号右侧即为四种自旋态跃迁的散射长度。

2. 相干散射

影响散射长度的因素包括原子核的自旋态，以及样品中的核素的种类。在下面的分析中，我们用 $(\cdots)_{\mathrm{sp}}$ 表示对原子核自旋态的平均，用 $\langle \cdots \rangle_{\mathrm{iso}}$ 表示对样品中的核素的平均。对原子核自旋态和核素的双重平均将用上画线表示。

考虑过程 $u \to u$，利用式(8.4.19)，可得

$$\bar{b} = \langle (A + BI_z)_{\mathrm{sp}} \rangle_{\mathrm{iso}} \tag{8.4.21}$$

核散射的相干散射强度正比于 $\bar{b}^2$。上式中，A 和 B 由式(8.4.13)和式(8.4.14)给出，其值取决于核素种类。I_z 取决于原子核自旋态。同理可得过程 $v \to v$，$u \to v$ 和 $v \to u$ 对应的 $\bar{b}$ 值。

假设原子核自旋态是随机取向的，则有

$$(I_x)_{\mathrm{sp}} = (I_y)_{\mathrm{sp}} = (I_z)_{\mathrm{sp}} = 0 \tag{8.4.22}$$

因此有

$$\begin{cases} u \to u: \bar{b} = \langle A \rangle_{\mathrm{iso}} \\ v \to v: \bar{b} = \langle A \rangle_{\mathrm{iso}} \\ u \to v: \bar{b} = 0 \\ v \to u: \bar{b} = 0 \end{cases} \tag{8.4.23}$$

可见相干核散射不会导致中子自旋的改变。由式(8.4.1)可知，对于非极化中子：

$$\bar{b}^2=\frac{1}{2}(\langle A\rangle_{\mathrm{iso}}^2+\langle A\rangle_{\mathrm{iso}}^2)=\langle A\rangle_{\mathrm{iso}}^2 \tag{8.4.24}$$

上式表明 A 即为某种核素的散射长度的平均值，这也与 A 的表达式(8.4.13)相符。因此 $\langle A\rangle_{\mathrm{iso}}$ 与 $\bar{b}$ 是等价的。

3. 非相干散射

非相干散射截面正比于 $\overline{b^2}-\bar{b}^2$，故我们需计算 $\overline{b^2}$。考虑过程 $u\rightarrow u$。由式(8.4.19)，可得

$$\overline{b^2}=\langle((A+BI_z)^2)_{\mathrm{sp}}\rangle_{\mathrm{iso}}=\langle A^2\rangle_{\mathrm{iso}}+\langle B^2(I_z^2)_{\mathrm{sp}}\rangle_{\mathrm{iso}}+2\langle AB(I_z)_{\mathrm{sp}}\rangle_{\mathrm{iso}} \tag{8.4.25}$$

对随机取向的核自旋，有

$$(I_x^2)_{\mathrm{sp}}=(I_y^2)_{\mathrm{sp}}=(I_z^2)_{\mathrm{sp}}=\frac{1}{3}(I^2)_{\mathrm{sp}}=\frac{1}{3}I(I+1) \tag{8.4.26}$$

因此

$$\langle B^2(I_z^2)_{\mathrm{sp}}\rangle_{\mathrm{iso}}=\frac{1}{3}\langle B^2I(I+1)\rangle_{\mathrm{iso}}$$

另外由式(8.4.22)：$(I_z)_{\mathrm{sp}}=0$，可将式(8.4.25)化为

$$\overline{b^2}=\langle A^2\rangle_{\mathrm{iso}}+\frac{1}{3}\langle B^2I(I+1)\rangle_{\mathrm{iso}} \tag{8.4.27}$$

再利用式(8.4.23)：$\bar{b}=\langle A\rangle_{\mathrm{iso}}$，可得非相干散射长度的平方为

$$\overline{b^2}-\bar{b}^2=\langle A^2\rangle_{\mathrm{iso}}-\langle A\rangle_{\mathrm{iso}}^2+\frac{1}{3}\langle B^2I(I+1)\rangle_{\mathrm{iso}}$$

过程 $v\rightarrow v$ 的 $\overline{b^2}-\bar{b}^2$ 值可用同样的方法计算。

下面考虑自旋态翻转过程 $u\rightarrow v$。利用式(8.4.20)可得

$$\begin{aligned}\overline{b^2}&=\langle([B(I_x+\mathrm{i}I_y)]^*[B(I_x+\mathrm{i}I_y)])_{\mathrm{sp}}\rangle_{\mathrm{iso}}\\&=\langle B^2(I_x^2+I_y^2+\mathrm{i}[I_x,I_y])_{\mathrm{sp}}\rangle_{\mathrm{iso}}\\&=\langle B^2[(I_x^2)_{\mathrm{sp}}+(I_y^2)_{\mathrm{sp}}-(I_z)_{\mathrm{sp}}]\rangle_{\mathrm{iso}}\\&=\frac{2}{3}\langle B^2I(I+1)\rangle_{\mathrm{iso}}\end{aligned} \tag{8.4.28}$$

此外，利用式(8.4.23)：$\bar{b}=0$，可得

$$\overline{b^2}-\bar{b}^2=\frac{2}{3}\langle B^2I(I+1)\rangle_{\mathrm{iso}}$$

自旋态翻转过程 $v\rightarrow u$ 对应的 $\overline{b^2}-\bar{b}^2$ 值可用同样的方法计算得到。四种自旋态跃迁过程对应的 $\overline{b^2}-\bar{b}^2$ 值为

$$u\rightarrow u,v\rightarrow v:\ \overline{b^2}-\bar{b}^2=\langle A^2\rangle_{\mathrm{iso}}-\langle A\rangle_{\mathrm{iso}}^2+\frac{1}{3}\langle B^2I(I+1)\rangle_{\mathrm{iso}} \tag{8.4.29}$$

$$u\rightarrow v,v\rightarrow u:\ \overline{b^2}-\bar{b}^2=\frac{2}{3}\langle B^2I(I+1)\rangle_{\mathrm{iso}} \tag{8.4.30}$$

图 8.4.1 给出了多晶 Ni 的非相干散射实验结果。对该样品中所有核素都有 $I=0$,因此没有自旋翻转散射。图 8.4.2 给出了 V 的实验结果,该样品中仅有一种核素。因此

$$\langle A^2\rangle_{\text{iso}}=\langle A\rangle_{\text{iso}}^2 \tag{8.4.31}$$

再根据式(8.4.29)和式(8.4.30),可知自旋未翻转过程的截面是自旋翻转过程截面的一半。中子散射实验很好地证实了这些结论。

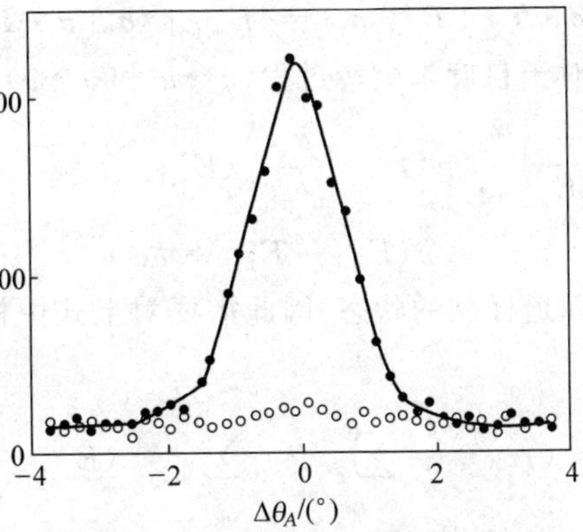

图 8.4.1 多晶 Ni 的非相干散射(Moon,1969)

在此图以及图 8.4.2 和图 8.4.3 所示的实验中,均通过转动分析器晶体经过特定散射角的弹性位置(即 $\Delta\theta_A=0$ 处)来进行测量。在三幅图中,"不翻转"(●)和"翻转"(○)散射的计数率分别正比于 $u\to u$ 过程和 $v\to u$ 过程的截面。

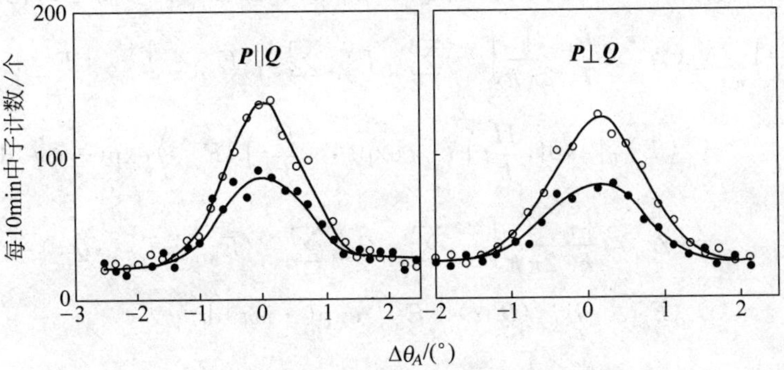

图 8.4.2 V 的核自旋非相干散射(Moon,1969)

图中,●表示不翻转,○表示翻转。对于 $\boldsymbol{P}\parallel\boldsymbol{Q}$ 和 $\boldsymbol{P}\perp\boldsymbol{Q}$,"翻转"值实际上是相同的,表明自旋翻转散射是由核自旋引起的。

8.4.3 磁散射

下面计算磁散射的自旋态截面。我们回到式(8.1.26),跃迁过程 $E_{\text{s,i}},\boldsymbol{\sigma}_{\text{i}}\to E_{\text{s,f}},\boldsymbol{\sigma}_{\text{f}}$ 的截面是

$$\frac{\mathrm{d}^2\sigma}{\mathrm{d}\Omega\,\mathrm{d}E_{\text{f}}}=(\gamma r_0)^2\frac{k_{\text{f}}}{k_{\text{i}}}\left|\langle E_{\text{s,f}},\boldsymbol{\sigma}_{\text{f}}|\boldsymbol{\sigma}\cdot\boldsymbol{T}_{\perp}|E_{\text{s,i}},\boldsymbol{\sigma}_{\text{i}}\rangle\right|^2\cdot$$
$$\delta(E_{\text{s,i}}-E_{\text{s,f}}+\hbar\omega) \tag{8.4.32}$$

算符 $\boldsymbol{\sigma}\cdot\boldsymbol{T}_{\perp}$ 具有与式(8.4.11)中的 $B\boldsymbol{\sigma}\cdot\boldsymbol{I}$ 项类似的形式。相应的自旋态矩阵元与

式(8.4.19)与式(8.4.20)亦类似：

$$\begin{cases}\langle u \mid \boldsymbol{\sigma}\cdot\boldsymbol{T}_{\perp} \mid u\rangle = T_{\perp z}, \quad \langle v \mid \boldsymbol{\sigma}\cdot\boldsymbol{T}_{\perp} \mid v\rangle = -T_{\perp z} \\ \langle v \mid \boldsymbol{\sigma}\cdot\boldsymbol{T}_{\perp} \mid u\rangle = T_{\perp x} + \mathrm{i}T_{\perp y}, \quad \langle u \mid \boldsymbol{\sigma}\cdot\boldsymbol{T}_{\perp} \mid v\rangle = T_{\perp x} - \mathrm{i}T_{\perp y}\end{cases} \tag{8.4.33}$$

作为例子，我们考虑电子局域化的顺磁性布拉菲晶体对极化中子的弹性磁散射。需计算式(8.4.32)中矩阵元：

$$\langle E_{\mathrm{s,f}}, \boldsymbol{\sigma}_{\mathrm{f}} \mid \boldsymbol{\sigma}\cdot\boldsymbol{T}_{\perp} \mid E_{\mathrm{s,i}}, \boldsymbol{\sigma}_{\mathrm{i}}\rangle = \langle E_{\mathrm{s,f}} \mid \langle \boldsymbol{\sigma}_{\mathrm{f}} \mid \boldsymbol{\sigma}\cdot\boldsymbol{T}_{\perp} \mid \boldsymbol{\sigma}_{\mathrm{i}}\rangle \mid E_{\mathrm{s,i}}\rangle$$

由式(8.4.33)可知，对于自旋未翻转过程($u\to u$ 和 $v\to v$)，其截面式(8.4.32)化为：

$$\left(\frac{\mathrm{d}^2\sigma}{\mathrm{d}\Omega\,\mathrm{d}E_{\mathrm{f}}}\right)_{\mathrm{nsf}} = (\gamma r_0)^2 \frac{k_{\mathrm{f}}}{k_{\mathrm{i}}} \left|\langle E_{\mathrm{s,f}} \mid T_{\perp z} \mid E_{\mathrm{s,i}}\rangle\right|^2 \cdot \delta(E_{\mathrm{s,i}} - E_{\mathrm{s,f}} + \hbar\omega) \tag{8.4.34}$$

在实验中，我们并不知道样品的状态，因此需要对上式中样品末态求和，对样品初态取热平均：

$$\begin{aligned}\left(\frac{\mathrm{d}^2\sigma}{\mathrm{d}\Omega\,\mathrm{d}E_{\mathrm{f}}}\right)_{\mathrm{nsf}} &= (\gamma r_0)^2 \frac{k_{\mathrm{f}}}{k_{\mathrm{i}}} \sum_{\mathrm{s,i}} P_{\mathrm{s,i}} \sum_{\mathrm{s,f}} \left|\langle E_{\mathrm{s,f}} \mid T_{\perp z} \mid E_{\mathrm{s,i}}\rangle\right|^2 \cdot \\ &\quad \delta(E_{\mathrm{s,i}} - E_{\mathrm{s,f}} + \hbar\omega) \\ &= (\gamma r_0)^2 \frac{k_{\mathrm{f}}}{k_{\mathrm{i}}} \sum_{\mathrm{s,i}} P_{\mathrm{s,i}} \sum_{\mathrm{s,f}} \langle E_{\mathrm{s,i}} \mid T_{\perp z}^{\dagger} \mid E_{\mathrm{s,f}}\rangle \cdot \\ &\quad \langle E_{\mathrm{s,f}} \mid T_{\perp z} \mid E_{\mathrm{s,i}}\rangle \delta(E_{\mathrm{s,i}} - E_{\mathrm{s,f}} + \hbar\omega)\end{aligned}$$

式中，$P_{\mathrm{s,i}}$ 表示样品初态处于$|E_{\mathrm{s,i}}\rangle$态的概率。利用式(8.1.79)，可将上式化为

$$\begin{aligned}\left(\frac{\mathrm{d}^2\sigma}{\mathrm{d}\Omega\,\mathrm{d}E_{\mathrm{f}}}\right)_{\mathrm{nsf}} &= (\gamma r_0)^2 \frac{k_{\mathrm{f}}}{k_{\mathrm{i}}} \frac{1}{2\pi\hbar} \int_{-\infty}^{\infty} \sum_{\mathrm{s,i}} P_{\mathrm{s,i}} \sum_{\mathrm{s,f}} \langle E_{\mathrm{s,i}} \mid T_{\perp z}^{\dagger} \mid E_{\mathrm{s,f}}\rangle \cdot \\ &\quad \left\langle E_{\mathrm{s,f}} \left| \exp\left(\mathrm{i}\frac{H}{\hbar}t\right) T_{\perp z} \exp\left(-\mathrm{i}\frac{H}{\hbar}t\right) \right| E_{\mathrm{s,i}} \right\rangle \exp(-\mathrm{i}\omega t)\,\mathrm{d}t \\ &= (\gamma r_0)^2 \frac{k_{\mathrm{f}}}{k_{\mathrm{i}}} \frac{1}{2\pi\hbar} \int_{-\infty}^{\infty} \sum_{\mathrm{s,i}} P_{\mathrm{s,i}} \sum_{\mathrm{s,f}} \langle E_{\mathrm{s,i}} \mid T_{\perp z}^{\dagger}(\boldsymbol{Q},0) \mid E_{\mathrm{s,f}}\rangle \cdot \\ &\quad \langle E_{\mathrm{s,f}} \mid T_{\perp z}(\boldsymbol{Q},t) \mid E_{\mathrm{s,i}}\rangle \exp(-\mathrm{i}\omega t)\,\mathrm{d}t \\ &= (\gamma r_0)^2 \frac{k_{\mathrm{f}}}{k_{\mathrm{i}}} \frac{1}{2\pi\hbar} \int_{-\infty}^{\infty} \langle T_{\perp z}^{\dagger}(\boldsymbol{Q},0) T_{\perp z}(\boldsymbol{Q},t)\rangle \exp(-\mathrm{i}\omega t)\,\mathrm{d}t\end{aligned}$$

上式两侧对 $E_{\mathrm{f}} = \hbar\omega$ 积分，可得到微分截面：

$$\left(\frac{\mathrm{d}\sigma}{\mathrm{d}\Omega}\right)_{\mathrm{nsf}} = (\gamma r_0)^2 \frac{1}{2\pi\hbar} \int \frac{k_{\mathrm{f}}}{k_{\mathrm{i}}} \mathrm{d}(\hbar\omega) \int_{-\infty}^{\infty} \langle T_{\perp z}^{\dagger}(\boldsymbol{Q},0) T_{\perp z}(\boldsymbol{Q},t)\rangle \exp(-\mathrm{i}\omega t)\,\mathrm{d}t$$

我们考察的是弹性散射的贡献。上式积分中，可近似地取 $k_{\mathrm{f}} = k_{\mathrm{i}}$(定态近似)，则易知上式化为

$$\left(\frac{\mathrm{d}\sigma}{\mathrm{d}\Omega}\right)_{\mathrm{nsf}} = (\gamma r_0)^2 \langle T_{\perp z}^{\dagger} T_{\perp z}\rangle \tag{8.4.35}$$

式中，$T_{\perp z}$ 由式(8.1.46)给出：

$$T_{\perp z} = -T_x \hat{Q}_x \hat{Q}_z - T_y \hat{Q}_y \hat{Q}_z + T_z (1 - \hat{Q}_z^2) \tag{8.4.36}$$

仅考虑电子自旋对散射的贡献时，参考式(8.1.62)和式(8.1.71)，有

$$\boldsymbol{T}=F(\boldsymbol{Q})\sum_l \exp(\mathrm{i}\boldsymbol{Q}\cdot\boldsymbol{R}_l)\boldsymbol{S}_l$$

$F(\boldsymbol{Q})$为原子的磁形状因子。当未配对电子的轨道角动量贡献不为零时，上式中的 $F(\boldsymbol{Q})$需替换为式(8.1.74)，将上式写为

$$\boldsymbol{T}=\frac{1}{2}gF(\boldsymbol{Q})\sum_l \exp(\mathrm{i}\boldsymbol{Q}\cdot\boldsymbol{R}_l)\boldsymbol{S}_l \tag{8.4.37}$$

式中，$\boldsymbol{R}_l$ 是原子核 l 的位置，$\boldsymbol{S}_l$ 是自旋或总角动量算符。我们用 $\boldsymbol{R}_l$ 表示原子核 l 的平衡位置，用 $\boldsymbol{u}_l$ 表示原子 l 偏离其平衡位置的位移，则利用式(8.4.37)可得

$$\langle T_\alpha^\dagger T_\beta\rangle=N\left[\frac{1}{2}gF(\boldsymbol{Q})\right]^2\sum_l \exp(\mathrm{i}\boldsymbol{Q}\cdot\boldsymbol{R}_l)\langle\exp[\mathrm{i}\boldsymbol{Q}\cdot(\boldsymbol{u}_l-\boldsymbol{u}_0)]\rangle\langle S_0^\alpha S_l^\beta\rangle$$

上式利用了自旋与热振动位移的不相关。另外注意到$\langle\exp[\mathrm{i}\boldsymbol{Q}\cdot(\boldsymbol{u}_l-\boldsymbol{u}_0)]\rangle\approx\exp[-2W(\boldsymbol{Q})]$(见式(5.2.17)的分析)，上式化为

$$\langle T_\alpha^\dagger T_\beta\rangle=N\left[\frac{1}{2}gF(\boldsymbol{Q})\right]^2\exp[-2W(\boldsymbol{Q})]\sum_l \exp(\mathrm{i}\boldsymbol{Q}\cdot\boldsymbol{R}_l)\langle S_0^\alpha S_l^\beta\rangle \tag{8.4.38}$$

对于顺磁体，式(8.1.99)给出：

$$\langle S_0^\alpha S_l^\beta\rangle=\frac{1}{3}\delta_{0l}\delta_{\alpha\beta}S(S+1) \tag{8.4.39}$$

因此，式(8.4.35)中$\langle T_{\perp z}^\dagger T_{\perp z}\rangle$所包含的各项，只有 $T_x^\dagger T_x$、$T_y^\dagger T_y$ 和 $T_z^\dagger T_z$ 相应的项是非零的：

$$\begin{aligned}\langle T_{\perp z}^\dagger T_{\perp z}\rangle&=\langle T_x^\dagger T_x(\hat{Q}_x\hat{Q}_z)^2+T_y^\dagger T_y(\hat{Q}_y\hat{Q}_z)^2+T_z^\dagger T_z(1-\hat{Q}_z^2)^2\rangle\\&=\langle T_x^\dagger T_x\rangle[\hat{Q}_x^2\hat{Q}_z^2+\hat{Q}_y^2\hat{Q}_z^2+(1-\hat{Q}_z^2)^2]\end{aligned}$$

注意到

$$\begin{aligned}\hat{Q}_x^2\hat{Q}_z^2+\hat{Q}_y^2\hat{Q}_z^2+(1-\hat{Q}_z^2)^2&=(1-\hat{Q}_z^2)\hat{Q}_z^2+(1-\hat{Q}_z^2)^2\\&=1-\hat{Q}_z^2\end{aligned} \tag{8.4.40}$$

可将式(8.4.35)化为

$$\begin{aligned}\left(\frac{\mathrm{d}\sigma}{\mathrm{d}\Omega}\right)_{\mathrm{nsf}}&=(\gamma r_0)^2\langle T_x^\dagger T_x\rangle(1-\hat{Q}_z^2)\\&=\frac{1}{3}(\gamma r_0)^2N\left[\frac{1}{2}gF(\boldsymbol{Q})\right]^2\exp[-2W(\boldsymbol{Q})]S(S+1)(1-\hat{Q}_z^2)\end{aligned} \tag{8.4.41}$$

自旋翻转过程($u\to v$ 和 $v\to u$)的截面可用类似方法求得。利用式(8.4.33)可得

$$\begin{aligned}\left(\frac{\mathrm{d}\sigma}{\mathrm{d}\Omega}\right)_{\mathrm{sf}}&=(\gamma r_0)^2\langle(T_{\perp x}+\mathrm{i}T_{\perp y})^\dagger(T_{\perp x}+\mathrm{i}T_{\perp y})\rangle\\&=(\gamma r_0)^2\langle T_{\perp x}^\dagger T_{\perp x}+T_{\perp y}^\dagger T_{\perp y}\rangle\end{aligned} \tag{8.4.42}$$

注意，对于顺磁体，交叉项为零。比较式(8.4.42)和式(8.4.35)，可得结果：

$$\begin{aligned}\left(\frac{\mathrm{d}\sigma}{\mathrm{d}\Omega}\right)_{\mathrm{sf}}&=\frac{1}{3}(\gamma r_0)^2N\left[\frac{1}{2}gF(\boldsymbol{Q})\right]^2\exp[-2W(\boldsymbol{Q})]S(S+1)[(1-\hat{Q}_x^2)+(1-\hat{Q}_y^2)]\\&=\frac{1}{3}(\gamma r_0)^2N\left[\frac{1}{2}gF(\boldsymbol{Q})\right]^2\exp[-2W(\boldsymbol{Q})]S(S+1)(1+\hat{Q}_z^2)\end{aligned} \tag{8.4.43}$$

不难发现，自旋未翻转和自旋翻转过程的截面之和等于非极化中子的截面式(8.1.100)。

这符合我们的预期。

注意到，我们将入射中子的极化 $\boldsymbol{P}$ 的方向设置为 z 方向。若

$$\boldsymbol{P} \parallel \boldsymbol{Q}, \quad \hat{Q}_z = 1 \tag{8.4.44}$$

则对照式(8.4.41)和式(8.4.43)可知，此时中子的自旋将被翻转。而若

$$\boldsymbol{P} \perp \boldsymbol{Q}, \quad \hat{Q}_z = 0 \tag{8.4.45}$$

则自旋翻转和自旋未翻转的散射截面是相等的。这一结论被 MnF_2 晶体的极化中子散射实验所证实，实验结果见图 8.4.3。

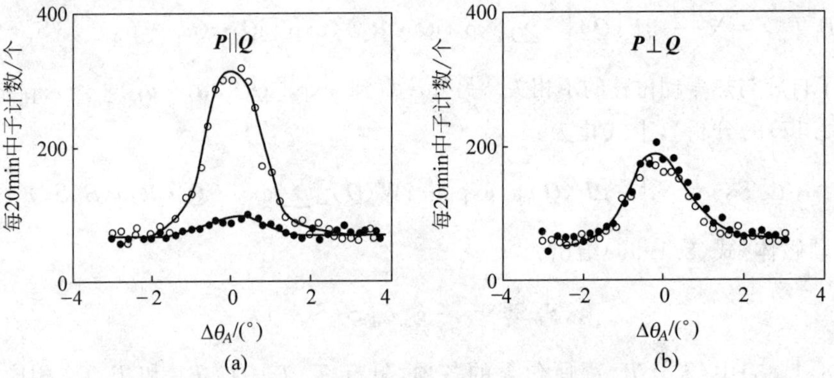

图 8.4.3 MnF_2 顺磁体的极化中子散射(Moon，1969)

图中，●表示不翻转，○表示翻转。$\boldsymbol{P} \parallel \boldsymbol{Q}$ 的“不翻转”数据中的小峰，和 $\boldsymbol{P} \perp \boldsymbol{Q}$ 的两组数据之间的细微差别，均源于多重布拉格散射。

极化测量提供了一种将顺磁散射与其他散射源分离的方法。后者包括多重布拉格散射、声子散射，以及由核素无序和核自旋引起的非相干散射。注意，仅有顺磁散射和非相干核散射引发自旋翻转过程。对于这二者，可以通过先后测量 $\boldsymbol{P}$ 平行于 $\boldsymbol{Q}$ 与 $\boldsymbol{P}$ 垂直于 $\boldsymbol{Q}$ 的自旋翻转截面来区分。

8.4.4 磁性有序晶体的散射

下面考虑磁性有序晶体对极化中子束的相干弹性散射。我们将考虑所有的散射——核散射、磁散射，以及二者之间的干涉。为简单起见，我们将主要讨论布拉菲晶体。

1. 有效散射长度

核散射的截面由式(8.4.16)给出：

$$\frac{d^2\sigma}{d\Omega dE_f} = \frac{k_f}{k_i} \left| \langle E_{s,f}, \boldsymbol{\sigma}_f | \sum_l \hat{b}_l \exp(i\boldsymbol{Q} \cdot \boldsymbol{R}_l) | E_{s,i}, \boldsymbol{\sigma}_i \rangle \right|^2 \cdot \delta(E_{s,i} - E_{s,f} + \hbar\omega) \tag{8.4.46}$$

式中，$\hat{b}_l$ 为散射长度算符，其表达式由式(8.4.11)给出：$\hat{b}_l = A_l + B_l \boldsymbol{\sigma} \cdot \boldsymbol{I}_l$。

磁散射的截面则由式(8.4.32)给出：

$$\frac{d^2\sigma}{d\Omega dE_f} = (\gamma r_0)^2 \frac{k_f}{k_i} \left| \langle E_{s,f}, \boldsymbol{\sigma}_f | \boldsymbol{\sigma} \cdot \boldsymbol{T}_\perp | E_{s,i}, \boldsymbol{\sigma}_i \rangle \right|^2 \cdot \delta(E_{s,i} - E_{s,f} + \hbar\omega) \tag{8.4.47}$$

将式(8.4.46)和式(8.4.47)进行对比，可见算符 $\sum_l \hat{b}_l \exp(\mathrm{i}\boldsymbol{Q} \cdot \boldsymbol{R}_l)$ 在磁散射中的对应量是$-\gamma r_0 \boldsymbol{\sigma} \cdot \boldsymbol{T}_\perp$。至于负号的存在，首先看式(2.2.40)，该式表明 b 的正值对应于正的核赝势，再看式(8.1.11)和式(8.1.24)，可见$\boldsymbol{\sigma} \cdot \boldsymbol{T}_\perp$ 的正值对应于负磁势。利用式(8.1.44)可得

$$-\gamma r_0 \boldsymbol{\sigma} \cdot \boldsymbol{T}_\perp = \boldsymbol{\sigma} \cdot [-\gamma r_0 \hat{\boldsymbol{Q}} \times (\boldsymbol{T} \times \hat{\boldsymbol{Q}})]$$

再利用式(8.4.37)得

$$\begin{aligned} -\gamma r_0 \boldsymbol{\sigma} \cdot \boldsymbol{T}_\perp &= \boldsymbol{\sigma} \cdot \left\{-\gamma r_0 \hat{\boldsymbol{Q}} \times \left[\left(\frac{1}{2} g F(\boldsymbol{Q}) \sum_l \exp(\mathrm{i}\boldsymbol{Q} \cdot \boldsymbol{R}_l) \boldsymbol{S}_l\right) \times \hat{\boldsymbol{Q}}\right]\right\} \\ &= \sum_l \left\{\boldsymbol{\sigma} \cdot \left[-\frac{1}{2} \gamma r_0 g F(\boldsymbol{Q}) \hat{\boldsymbol{Q}} \times (\boldsymbol{S}_l \times \hat{\boldsymbol{Q}})\right]\right\} \exp(\mathrm{i}\boldsymbol{Q} \cdot \boldsymbol{R}_l) \end{aligned} \tag{8.4.48}$$

我们可引入总有效散射长度算符 T_l：

$$\begin{aligned} T_l &= \hat{b}_l + \boldsymbol{\sigma} \cdot \left[-\frac{1}{2} \gamma r_0 g F(\boldsymbol{Q}) \hat{\boldsymbol{Q}} \times (\boldsymbol{S}_l \times \hat{\boldsymbol{Q}})\right] \\ &= A_l + \boldsymbol{\sigma} \cdot \left[B_l \boldsymbol{I}_l - \frac{1}{2} \gamma r_0 g F(\boldsymbol{Q}) \hat{\boldsymbol{Q}} \times (\boldsymbol{S}_l \times \hat{\boldsymbol{Q}})\right] \end{aligned} \tag{8.4.49}$$

可见，矩阵元$\langle \boldsymbol{\sigma}_\mathrm{f} | T_l | \boldsymbol{\sigma}_\mathrm{i} \rangle$可视为原子 l 对于中子自旋态跃迁$\boldsymbol{\sigma}_\mathrm{i} \to \boldsymbol{\sigma}_\mathrm{f}$的“有效散射长度”(注意，$\boldsymbol{S}_l$ 要取热平均)。注意到 T_l 具有和 $\hat{b}$ 一样的形式，故$\langle \boldsymbol{\sigma}_\mathrm{f} | T_l | \boldsymbol{\sigma}_\mathrm{i} \rangle$也具有与式(8.4.19)和式(8.4.20)类似的形式。假设核自旋随机取向，则可按照 8.4.2 节所示对核自旋和核素取平均。综合式(8.4.20)和式(8.4.23)的结果，可以得到四种自旋态跃迁的有效相干散射长度的表达式：

$$\begin{aligned} &\langle u \mid T_l \mid u \rangle = \bar{b} - C_l^z, \quad \langle v \mid T_l \mid v \rangle = \bar{b} + C_l^z \\ &\langle v \mid T_l \mid u \rangle = -(C_l^x + \mathrm{i}C_l^y), \quad \langle u \mid T_l \mid v \rangle = -(C_l^x - \mathrm{i}C_l^y) \end{aligned} \tag{8.4.50}$$

式中，

$$\boldsymbol{C}_l = \frac{1}{2} \gamma r_0 g F(\boldsymbol{Q}) \hat{\boldsymbol{Q}} \times [\langle \boldsymbol{S}_l \rangle \times \hat{\boldsymbol{Q}}] \tag{8.4.51}$$

利用式(8.4.50)中的有效散射长度代替式(5.2.20)中的 b，即可得到中子的自旋态跃迁过程$\boldsymbol{\sigma}_\mathrm{i} \to \boldsymbol{\sigma}_\mathrm{f}$的布拉格散射截面。

式(8.4.50)和式(8.4.51)可推广到非布拉菲晶体。对于非布拉菲晶体，核散射长度 $\bar{b}$ 应由核晶胞结构因子(nuclear unit-cell structure factor)代替：

$$F_\mathrm{V}(\boldsymbol{Q}) = \sum_d \overline{b_d} \exp(\mathrm{i}\boldsymbol{Q} \cdot \boldsymbol{d}) \exp[-W^{(d)}(\boldsymbol{Q})] \tag{8.4.52}$$

式中，$\boldsymbol{d}$ 表示原胞中第 d 个基元的平衡位置，$W^{(d)}(\boldsymbol{Q})$表示第 d 个基元的热振动效应(见 5.2.2 节)。而 $\boldsymbol{C}_l$ 的表达式变为

$$\boldsymbol{C}_l = \frac{1}{2} \gamma r_0 \hat{\boldsymbol{Q}} \times \left\{\sum_d g_d F_d(\boldsymbol{Q}) \exp(\mathrm{i}\boldsymbol{Q} \cdot \boldsymbol{d}) \exp[-W^{(d)}(\boldsymbol{Q})] \langle \boldsymbol{S}_{ld} \rangle \times \hat{\boldsymbol{Q}}\right\} \tag{8.4.53}$$

式中，$F_d(\boldsymbol{Q})$由式(8.1.71)给出，g_d 由式(8.1.75)给出。

下面考察几种不同的散射几何的截面。

2. 极化垂直于散射矢量

考虑铁磁布拉菲晶体的布拉格散射。样品中磁畴的平均自旋方向$\hat{\boldsymbol{\eta}}$ 与外磁场方向共

线，我们要求极化矢量 $\boldsymbol{P}$ 的方向与外磁场和 $\hat{\boldsymbol{\eta}}$ 共线（否则会造成中子自旋方向进动）。这里，我们考察散射矢量 $\boldsymbol{Q}$ 垂直于 $\boldsymbol{P}$ 的情况，如图 8.4.4 所示。

对于铁磁体，$\langle \boldsymbol{S}_l \rangle$ 不依赖于 l。另外，注意到 $\langle \boldsymbol{S} \rangle$ 垂直于 $\boldsymbol{Q}$，式(8.4.51)可化为

$$\boldsymbol{C} = \frac{1}{2}\gamma r_0 g F(\boldsymbol{Q}) \langle \boldsymbol{S} \rangle \tag{8.4.54}$$

注意到 $\langle \boldsymbol{S} \rangle$ 与 z 轴共线，因此 $\boldsymbol{C}$ 没有 xy 平面上的分量，则由式(8.4.50)可知：自旋翻转过程的散射截面为零。自旋未翻转过程的散射截面满足

$$\left(\frac{\mathrm{d}\sigma}{\mathrm{d}\Omega}\right)_{u\to u} \propto (\bar{b} - C^{\eta})^2, \quad \left(\frac{\mathrm{d}\sigma}{\mathrm{d}\Omega}\right)_{v\to v} \propto (\bar{b} + C^{\eta})^2 \tag{8.4.55}$$

式中，

$$C^{\eta} = \frac{1}{2}\gamma r_0 g F(\boldsymbol{Q}) \langle S^{\eta} \rangle \tag{8.4.56}$$

$\langle S^{\eta} \rangle$ 是原子自旋的平均在 $\hat{\boldsymbol{\eta}}$ 方向上的分量。以上结果有如下两个重要的应用：

(1) 极化中子的产生与分析

假如下式情况正好满足

$$\bar{b} = \frac{1}{2}\gamma r_0 g F(\boldsymbol{Q}) \langle S^{\eta} \rangle \tag{8.4.57}$$

由式(8.4.55)可见，此时 $u\to u$ 过程的截面为零。如果入射中子是非极化的，由于 $u\to u$ 截面为零，仅仅 v 态中子会出现在散射束中。散射中子的自旋平行于外磁场 $\boldsymbol{B}$（见图 8.4.4）。如果条件式(8.4.57)保持，但是多一个负号，那么散射中子的自旋矢量与 $\boldsymbol{B}$ 反平行。如果式(8.4.57)不是精确满足的，那么散射束是部分极化的。在钴铁合金（原子成分 92%Co，8%Fe）(111)的布拉格反射中，发现该等式符合得非常好。这是产生极化中子经常使用的方法。注意晶体极化中子的同时也会单色化中子。该装置还可以用来测量中子束的极化。

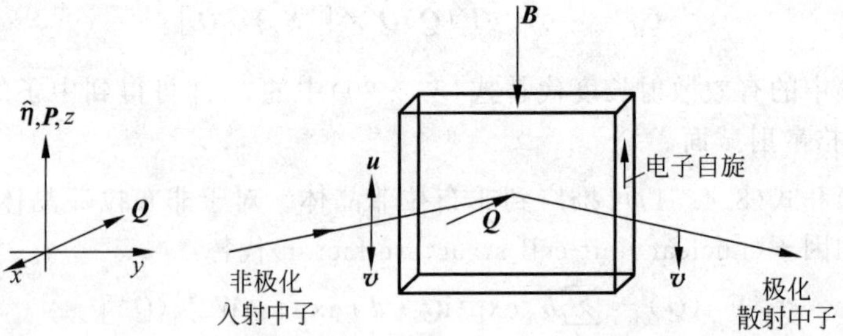

图 8.4.4　极化 $\boldsymbol{P}$ 垂直于散射矢量 $\boldsymbol{Q}$ 的铁磁体磁布拉格反射几何（自旋未翻转）

极化中子的另一个方法是利用镜面反射（Williams，1975；Hayter，1976）。由于两个自旋态对应的有效散射长度不同，因此全反射的临界角也是不同的。如果入射的掠射角在这两个临界角之间，则反射束将是极化的。

(2) 自旋密度的测定

磁形状因子 $F(\boldsymbol{Q})$ 与归一化的未配对电子密度 $s(\boldsymbol{r})$ 关系如下（见式(8.1.71)）：

$$F(\boldsymbol{Q}) = \int s(\boldsymbol{r}) \exp(\mathrm{i}\boldsymbol{Q}\cdot\boldsymbol{r})\,\mathrm{d}\boldsymbol{r} \tag{8.4.58}$$

可见，$s(\boldsymbol{r})$ 可通过测定 $F(\boldsymbol{Q})$ 来得到。由式(8.4.56)可知，我们需测定 C^{η}。如果用非极化

中子测量，截面正比于如下值：

$$\frac{1}{2}[(\bar{b}-C^{\eta})^2+(\bar{b}+C^{\eta})^2]=(\bar{b})^2+(C^{\eta})^2 \tag{8.4.59}$$

C^{η} 通常比 $\bar{b}$ 小得多。设 $C^{\eta}=r\bar{b}$，则有 $r\ll 1$。磁截面在总截面中占比即为 $(C^{\eta})^2/[(\bar{b})^2+(C^{\eta})^2]\approx r^2$。可见，非极化中子散射对 C^{η} 的测量不灵敏。

若用极化中子做这个实验，且 $u\rightarrow u$ 和 $v\rightarrow v$ 两个过程的截面分别测量，则二者之比为

$$R=\frac{(\bar{b}-C^{\eta})^2}{(\bar{b}+C^{\eta})^2}=\frac{(1-r)^2}{(1+r)^2}\approx 1-4r \tag{8.4.60}$$

R 称为翻转比(flipping ratio)。翻转比的定义是中子束中自旋向上的部分与自旋向下的部分的比值。显然，用极化中子做这个实验是更灵敏的。此外，它对于确定与 $\bar{b}$ 相关的 C^{η} 的符号具有额外的优势。由于散射过程不涉及中子自旋态的改变，因此没有必要测量散射中子的极化。通过该方法获得 Ni 的电子自旋密度的结果如图 8.4.5 所示。

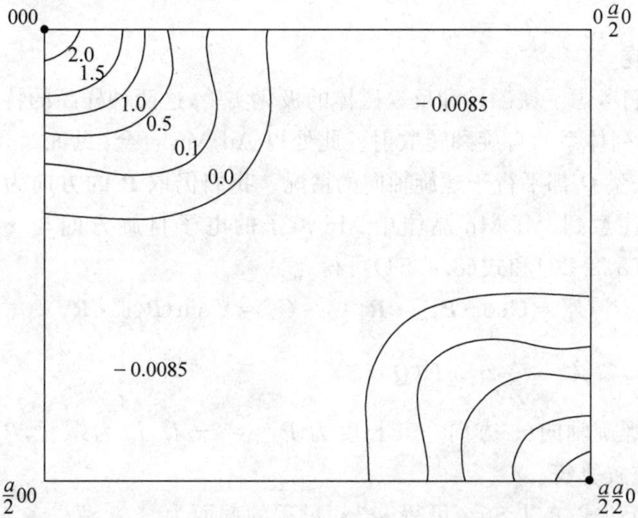

图 8.4.5 Ni(001)面磁矩分布(●表示 Ni 核。等值线数值的单位为 $\mu_B\text{Å}^{-3}$)(Mook，1966)

$u\rightarrow u$ 和 $v\rightarrow v$ 截面中的 $\pm 2\bar{b}C^{\eta}$ 项被称为核磁干涉(nuclear-magnetic interference)项。它只有在核散射和磁散射都非零时才非零。对于铁磁体，在布拉格峰处这些条件总是满足的，但是对于反铁磁体则不然。例如，在 $RbMnF_3$ 中，核、磁布拉格峰是在倒易空间中不同点处，因此核磁干涉不会发生。而在金红石反铁磁体中，核磁干涉在某些倒格点存在。

3. 极化平行于散射矢量

下面考虑 $\boldsymbol{P}$ 平行于 $\boldsymbol{Q}$ 的情况。对于铁磁体，该情形并不常见，因为，如前所述，样品自旋方向 $\hat{\boldsymbol{\eta}}$ 须平行于 $\boldsymbol{P}$，因而 $\hat{\boldsymbol{\eta}}$ 平行于 $\boldsymbol{Q}$。由式(8.4.51)可知，此时 $\boldsymbol{C}$ 为零。然而对于反铁磁体，$\pm\hat{\boldsymbol{\eta}}$ 不需要平行于 $\boldsymbol{P}$。该散射几何可以给出有用的信息。

由式(8.4.51)可知，$\boldsymbol{C}_l$ 与 $\boldsymbol{Q}$ 垂直。因此，如果 $\boldsymbol{Q}$ 平行于 $\boldsymbol{P}$，则 $\boldsymbol{C}_l$ 的 z 分量(即 $\boldsymbol{P}$ 方向上的分量)为零。再利用式(8.4.50)易知，此时磁散射部分是完全自旋翻转的。这是对于 $\boldsymbol{P}$ 平行于 $\boldsymbol{Q}$ 情况普遍的结果，与散射的类型(例如弹性或非弹性)、样品性质，和描述它使用的

模型无关。

假设样品是反铁磁体，且$\hat{\boldsymbol{\eta}}$垂直于$\boldsymbol{Q}$，则由式(8.4.50)知，此时磁散射强度最大化。如同上面提到的，在一些反铁磁体中，核散射峰和磁散射峰可发生在一样的$\boldsymbol{Q}$值处。其中，前者对应于自旋未翻转过程，后者对应于自旋翻转过程。因此通过分别测量自旋未翻转过程和自旋翻转过程的截面，可以将核散射和磁散射区别开来。

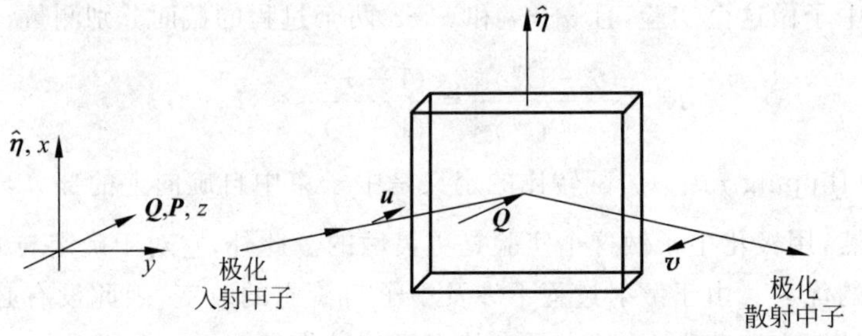

图 8.4.6 极化$\boldsymbol{P}$平行于散射矢量$\boldsymbol{Q}$的反铁磁体磁布拉格反射的几何(自旋翻转)

4. 非共线自旋

在前文中，我们考虑了铁磁体和反铁磁体的极化实验，这两种样品的特点是自旋共线。下面考虑自旋螺旋排列体系的自旋翻转散射。此处以Au_2Mn合金(见8.2.3节)为例。考虑极化矢量$\boldsymbol{P}$和散射矢量$\boldsymbol{Q}$都平行于螺旋轴向的情况。我们仍取$\boldsymbol{P}$的方向为z方向(所以$\boldsymbol{Q}$也沿z轴方向)。另注意到Au_2Mn晶体中Mn离子的电子自旋方向与z轴垂直(见8.2.3节)，因此，利用式(8.2.20)和式(8.4.54)可得

$$C_l^x = C\cos(\boldsymbol{P}_{\text{hel}} \cdot \boldsymbol{R}_l),\quad C_l^y = C\sin(\boldsymbol{P}_{\text{hel}} \cdot \boldsymbol{R}_l) \tag{8.4.61}$$

$$C = \frac{1}{2}\gamma r_0 g F(\boldsymbol{Q})\langle S\rangle \tag{8.4.62}$$

其中，$\boldsymbol{P}_{\text{hel}}$平行于螺旋轴向($z$方向)，其长度为$P_{\text{hel}} = 2\pi/L$，$L$为螺距，$\boldsymbol{R}_l$为样品中第$l$个相应原子的平衡位置算符。

由式(8.4.48)和式(8.4.50)，可得$u \to v$过程的截面为

$$\left(\frac{\mathrm{d}\sigma}{\mathrm{d}\Omega}\right)_{u\to v} \propto \sum_{ll'}[-(C_{l'}^x + \mathrm{i}C_{l'}^y)]^*[-(C_l^x + \mathrm{i}C_l^y)]\exp[\mathrm{i}\boldsymbol{Q}\cdot(\boldsymbol{R}_l - \boldsymbol{R}_{l'})]$$

$$= \sum_{ll'}(C_{l'}^x - \mathrm{i}C_{l'}^y)(C_l^x + \mathrm{i}C_l^y)\exp[\mathrm{i}\boldsymbol{Q}\cdot(\boldsymbol{R}_l - \boldsymbol{R}_{l'})]$$

再利用式(8.4.61)和式(8.4.62)得

$$\left(\frac{\mathrm{d}\sigma}{\mathrm{d}\Omega}\right)_{u\to v} \propto \sum_{ll'} C\exp(-\mathrm{i}\boldsymbol{P}_{\text{hel}}\cdot\boldsymbol{R}_{l'})\cdot C\exp(\mathrm{i}\boldsymbol{P}_{\text{hel}}\cdot\boldsymbol{R}_l)\cdot\exp[\mathrm{i}\boldsymbol{Q}\cdot(\boldsymbol{R}_l - \boldsymbol{R}_{l'})]$$

$$= C^2\sum_{ll'}\exp[\mathrm{i}(\boldsymbol{Q} + \boldsymbol{P}_{\text{hel}})\cdot(\boldsymbol{R}_l - \boldsymbol{R}_{l'})]$$

$$= NC^2\frac{(2\pi)^3}{v_0}\sum_{\boldsymbol{K}}\delta(\boldsymbol{Q} + \boldsymbol{P}_{\text{hel}} - \boldsymbol{K}) \tag{8.4.63}$$

类似地，有

$$\left(\frac{\mathrm{d}\sigma}{\mathrm{d}\Omega}\right)_{v\to u} \propto NC^2\frac{(2\pi)^3}{v_0}\sum_{\boldsymbol{K}}\delta(\boldsymbol{Q} - \boldsymbol{P}_{\text{hel}} - \boldsymbol{K}) \tag{8.4.64}$$

因此,中子自旋翻转散射发生的条件是

$$\begin{cases} \boldsymbol{Q}=\boldsymbol{K}-\boldsymbol{P}_{\text{hel}}, & u \rightarrow v \\ \boldsymbol{Q}=\boldsymbol{K}+\boldsymbol{P}_{\text{hel}}, & v \rightarrow u \end{cases} \tag{8.4.65}$$

可见,若入射中子为极化中子,则仅有上述两种磁散射之一发生。若入射中子是未极化中子,则这两种散射均会发生,且散射后中子极化反向。注意,上式的结果对应于右手螺旋。对于左手螺旋,条件正好相反。为了观察极化效果,应选择仅一种螺旋类型的单畴晶体进行实验。

我们现在回到铁磁性和反铁磁性晶体。前面的讨论基于局域化模型(localized model)下的表达式(8.4.48)。对于铁磁体,考虑更一般的表达式

$$\gamma r_0 \boldsymbol{T}_{\perp}=-\frac{\gamma r_0}{2\mu_{\text{B}}}\hat{\boldsymbol{Q}} \times [\boldsymbol{M}(\boldsymbol{Q}) \times \hat{\boldsymbol{Q}}] \tag{8.4.66}$$

其中,$\boldsymbol{M}(\boldsymbol{Q})$是磁化强度算符$\boldsymbol{M}(\boldsymbol{r})$的傅里叶变换:

$$\langle \boldsymbol{M}(\boldsymbol{Q})\rangle=\int \langle \boldsymbol{M}(\boldsymbol{r})\rangle \exp(\mathrm{i}\boldsymbol{Q}\cdot\boldsymbol{r})\,\mathrm{d}\boldsymbol{r}=\boldsymbol{\mathcal{F}}(\boldsymbol{Q})\sum_{l}\langle \exp\,(\mathrm{i}\boldsymbol{Q}\cdot\boldsymbol{R}_l)\rangle \tag{8.4.67}$$

式中,

$$\boldsymbol{\mathcal{F}}(\boldsymbol{Q})=\int_{\text{cell}} \langle \boldsymbol{M}(\boldsymbol{r})\rangle \exp(\mathrm{i}\boldsymbol{Q}\cdot\boldsymbol{r})\,\mathrm{d}\boldsymbol{r} \tag{8.4.68}$$

如果$\langle \boldsymbol{M}(\boldsymbol{r})\rangle$在所有$\boldsymbol{r}$都沿着磁化强度方向$-\hat{\boldsymbol{\eta}}$,则$\boldsymbol{\mathcal{F}}(\boldsymbol{Q})$对于所有的$\boldsymbol{Q}$都是沿着$-\hat{\boldsymbol{\eta}}$方向的,且$\langle \gamma r_0 \boldsymbol{T}_{\perp}\rangle$准确地表示为如式(8.4.48)这样包含标量形状因子$F(\boldsymbol{Q})$的表达式的热平均。然而,尽管根据定义$\langle \boldsymbol{M}(\boldsymbol{r})\rangle$(也就是$\int_{\text{cell}}\langle \boldsymbol{M}(\boldsymbol{r})\rangle \mathrm{d}\boldsymbol{r}$)是沿着$-\hat{\boldsymbol{\eta}}$方向的,但有可能$\boldsymbol{M}(\boldsymbol{r})$的方向在晶胞内会有变化。在该情况下,$\boldsymbol{\mathcal{F}}(\boldsymbol{Q})$的方向可依赖于$\boldsymbol{Q}$的变化(Blume,1963)。

铁磁体和反铁磁体中非共线磁化强度存在的证据可以通过极化实验获得。前文中,我们指出,对于$\boldsymbol{P}\perp\boldsymbol{Q}$,仅有自旋未翻转过程的散射。这是因为,对于电子局域化模型,$\boldsymbol{C}$没有垂直于$\hat{\boldsymbol{\eta}}$的分量,且$\boldsymbol{P}$也是如此。偏离共线性将给出在垂直于$\boldsymbol{P}$的平面上的$\boldsymbol{C}_l$分量,这将引发自旋翻转散射。

8.4.5 极化中子谱仪简介

由上文分析可见,非极化中子和极化中子均可用于物质磁性质的研究。非极化中子衍射可测定晶体的磁性结构,如自旋的铁磁、反铁磁或螺旋结构。利用极化中子散射方法,则可测量自旋密度分布和磁形状因子等性质。为进行极化分析,谱仪须能够产生极化中子并对其自旋进行翻转,且能够测定散射中子的极化情况,以求取翻转比。

图 8.4.7 给出了极化中子谱仪的示意图。入射中子首先要经过极化器(polarizer)。极化器通常是单晶铁磁体,可对中子束进行单色和极化(见 8.4.4 节)。极化中子在零场环境下会逐渐退极化,因此需要在中子线路上加装引导磁场。引导磁场用于保持中子自旋态,其强度为 0.01T 量级。在样品之前,还配备有翻转器(flipper)。翻转器中的磁场与引导磁场垂直。当翻转器开启时,中子自旋方向将产生进动,从而改变方向。

在样品和探测器之间配备有分析器和翻转器。分析器是一个类似于极化器的磁性单晶,可用于测量中子的能量和极化(见 8.4.4 节)。此处,翻转器也是必要的:假设极化器可

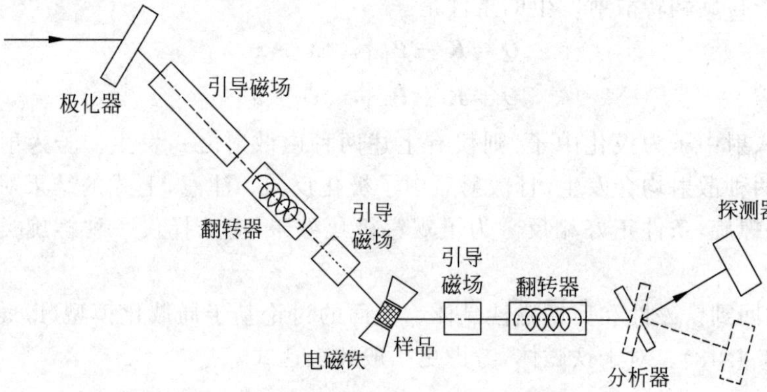

图 8.4.7 极化中子谱仪示意图

产生 u 态的极化中子，分析器则只能反射自旋为 u 态的中子。若两个翻转器均关闭，则装置可测得 $u \to u$ 过程的截面。若关闭第一个翻转器，开启第二个翻转器，则可测量 $u \to v$ 过程的截面。其他情况同理。可见，通过配备前后两个翻转器，我们可测量 4 种自旋跃迁过程的截面。

样品安装在电磁铁的两极之间。电磁铁的磁场方向决定了极化方向。磁铁的磁场方向（以及相应的引导场方向）应可改变，以使得极化方向与散射矢量方向平行或者垂直。

附　录　A

A.1　常用积分

下面给出几个正文中常见的积分。

$$\int_0^\infty e^{-ax^2}dx=\frac{1}{2}\int_0^\infty z^{-1/2}e^{-az}dz=\frac{\sqrt{\pi}}{2a^{1/2}} \tag{A.1.1}$$

$$\int_0^\infty x e^{-ax^2}dx=\frac{1}{2}\int_0^\infty e^{-az}dz=\frac{1}{2a} \tag{A.1.2}$$

$$\int_0^\infty x^2 e^{-ax^2}dx=\frac{1}{2}\int_0^\infty z^{1/2}e^{-az}dz=\frac{\sqrt{\pi}}{4a^{3/2}} \tag{A.1.3}$$

$$\int_0^\infty x^3 e^{-ax^2}dx=\frac{1}{2}\int_0^\infty z e^{-az}dz=\frac{1}{2a^2} \tag{A.1.4}$$

$$\int_0^\infty x^4 e^{-ax^2}dx=\frac{1}{2}\int_0^\infty z^{3/2}e^{-az}dz=\frac{3\sqrt{\pi}}{8a^{5/2}} \tag{A.1.5}$$

$$\int_0^\infty x^5 e^{-ax^2}dx=\frac{1}{2}\int_0^\infty z^2 e^{-az}dz=\frac{1}{a^3} \tag{A.1.6}$$

$$\int_0^\infty x^6 e^{-ax^2}dx=\frac{1}{2}\int_0^\infty z^{5/2}e^{-az}dz=\frac{15\sqrt{\pi}}{16a^{7/2}} \tag{A.1.7}$$

这类具有 $\int_0^\infty x^n e^{-x^2}dx$ 形式的积分称为高斯积分。

另外一种常见的积分如下：

$$\frac{d}{dt}\int_0^{f(t)} g(t,s)ds=g(t,f(t))f'(t)+\int_0^{f(t)}\frac{\partial}{\partial t}g(t,s)ds \tag{A.1.8}$$

A.2　δ 函数

δ 函数的定义如下：

$$\delta(x)=\begin{cases}\infty, & x=0\\ 0, & x\neq 0\end{cases},\quad \int_{-\infty}^{\infty}\delta(x)\mathrm{d}x=1 \tag{A.2.1}$$

直观上，δ 函数有两个特点：第一，函数仅在无穷小的区间取非零值，其他区间均为 0 或者无穷小；第二，函数的净面积为 1。根据 δ 函数的定义，不难发现它具有如下性质：

$$\delta(x)=\delta(-x)\quad（奇偶性） \tag{A.2.2}$$

$$f(x)\delta(x-a)=f(a)\delta(x-a)\quad（抽样性） \tag{A.2.3}$$

$$\int_{-\infty}^{\infty}f(x)\delta(x-a)\,\mathrm{d}x=f(a)\quad（积分性质） \tag{A.2.4}$$

$$\delta(cx)=\frac{1}{|c|}\delta(x)\quad（尺度性质） \tag{A.2.5}$$

在正文中，常见到变量为三维的情况，此时有

$$\delta(\boldsymbol{r})=\delta(r_x)\delta(r_y)\delta(r_z) \tag{A.2.6}$$

$\delta(\boldsymbol{r})$的积分特性为

$$\int\delta(\boldsymbol{r})\mathrm{d}\boldsymbol{r}=1 \tag{A.2.7}$$

$$\int f(\boldsymbol{r}-\boldsymbol{a})\delta(\boldsymbol{r})\mathrm{d}\boldsymbol{r}=f(\boldsymbol{a}) \tag{A.2.8}$$

上面两式的积分限均为全空间。

下面介绍 δ 函数的一个重要性质。首先考虑如下函数：

$$f_{k_0}(x)=\frac{1}{2\pi}\int_{-k_0}^{k_0}\mathrm{e}^{\mathrm{i}kx}\,\mathrm{d}k=\frac{1}{\pi}\,\frac{1}{x}\sin(k_0x) \tag{A.2.9}$$

对上式积分，有

$$\int_{-\infty}^{\infty}f_{k_0}(x)\mathrm{d}x=\frac{1}{\pi}\int_{-\infty}^{\infty}\frac{1}{x}\sin(k_0x)\mathrm{d}x=\frac{1}{\pi}\int_{-\infty}^{\infty}\frac{1}{t}\sin t\,\mathrm{d}t=1 \tag{A.2.10}$$

对于 $f_{k_0}(x)$，容易发现，当 k_0 的值增加时，则其在 $x\to 0$ 处的值亦增加；同时，其函数图像的峰的宽度下降。当 $k_0\to\infty$时，$f_{k_0}(x)$在 $x=0$ 处为无穷大，而在 $x\neq 0$ 处为等效无穷小。再结合式(A.2.10)可见，在 $k_0\to\infty$极限下的 $f_{k_0}(x)$满足 δ 函数的定义。这意味着有

$$\delta(x)=\frac{1}{2\pi}\int_{-\infty}^{\infty}\mathrm{e}^{\mathrm{i}kx}\,\mathrm{d}k \tag{A.2.11}$$

上式是 δ 函数的一个非常常见的性质。

另外一种常见到的函数形式称为 Kronecker 符号，其定义为

$$\delta_{ij}=\begin{cases}1, & i=j\\ 0, & i\neq j\end{cases} \tag{A.2.12}$$

Kronecker 符号的常见性质均可从上述定义直接得到，此处不再赘述。

A.3 傅里叶变换

对于定义在$(-\infty,\infty)$上的函数 $f(x)$，可定义其傅里叶变换如下：

$$g(k)=\frac{1}{2\pi}\int_{-\infty}^{\infty}f(x)\mathrm{e}^{-\mathrm{i}kx}\,\mathrm{d}x \tag{A.3.1}$$

上式的逆变换如下：

$$f(x)=\int_{-\infty}^{\infty}g(k)\mathrm{e}^{\mathrm{i}kx}\,\mathrm{d}k \tag{A.3.2}$$

上式的证明如下：

$$\begin{aligned}\int_{-\infty}^{\infty}g(k)\mathrm{e}^{\mathrm{i}kx}\,\mathrm{d}k&=\frac{1}{2\pi}\int_{-\infty}^{\infty}\mathrm{d}k\,\mathrm{e}^{\mathrm{i}kx}\int_{-\infty}^{\infty}\mathrm{d}x'f(x')\mathrm{e}^{-\mathrm{i}kx'}\\&=\frac{1}{2\pi}\int_{-\infty}^{\infty}\mathrm{d}x'f(x')\int_{-\infty}^{\infty}\mathrm{d}k\,\mathrm{e}^{\mathrm{i}k(x-x')}\\&=\int_{-\infty}^{\infty}\mathrm{d}x'f(x')\delta(x-x')=f(x)\end{aligned}$$

上式的计算过程用到了式(A.2.11)。若变量为三维，则傅里叶变换和逆变换为

$$g(\boldsymbol{k})=\frac{1}{(2\pi)^3}\int f(\boldsymbol{x})\mathrm{e}^{-\mathrm{i}\boldsymbol{k}\cdot\boldsymbol{x}}\,\mathrm{d}\boldsymbol{x} \tag{A.3.3}$$

$$f(\boldsymbol{x})=\int g(\boldsymbol{k})\mathrm{e}^{\mathrm{i}\boldsymbol{k}\cdot\boldsymbol{x}}\,\mathrm{d}\boldsymbol{k} \tag{A.3.4}$$

上面两式的积分限均为相应的全空间。

若函数 $f(x)$为周期性函数且周期为 l，则其可展开为傅里叶级数的形式：

$$f(x)=\sum_{n=-\infty}^{\infty}g(n)\exp\left(\mathrm{i}\,\frac{2n\pi x}{l}\right) \tag{A.3.5}$$

式中，n 为整数，展开系数 $g(n)$的表达式为

$$g(n)=\frac{1}{l}\int_{-l/2}^{l/2}f(x)\exp\left(-\mathrm{i}\,\frac{2n\pi x}{l}\right)\mathrm{d}x \tag{A.3.6}$$

上式的证明如下：

$$\begin{aligned}\frac{1}{l}\int_{-l/2}^{l/2}f(x)\exp\left(-\mathrm{i}\,\frac{2n\pi x}{l}\right)\mathrm{d}x&=\frac{1}{l}\sum_{m=-\infty}^{\infty}g(m)\int_{-l/2}^{l/2}\exp\left[\mathrm{i}\,\frac{2(m-n)\pi x}{l}\right]\mathrm{d}x\\&=\sum_{m=-\infty}^{\infty}g(m)\,\frac{\sin[\pi(m-n)]}{\pi(m-n)}\\&=\sum_{m=-\infty}^{\infty}g(m)\delta_{m,n}=g(n)\end{aligned}$$

式(A.3.5)和式(A.3.6)也可直接推广到三维空间。

A.4 定态散射理论

这一节将系统地介绍定态散射理论。我们考虑入射粒子与固定靶核的散射。由于靶核是固定的(我们不考虑靶核的激发)，入射粒子的能量不会因为散射过程而改变。也就是说，散射过程是弹性的。

对于入射粒子与靶核的相互作用势 $V(\boldsymbol{r})$($\boldsymbol{r}$ 为二者的距离矢量)，我们作如下规定：

(1) $V(\boldsymbol{r})$足够光滑且连续。

(2) 在 $r\to\infty$时，$V(\boldsymbol{r})\to0$ 且要下降得足够快。换言之，$V(\boldsymbol{r})$是局域的。

注意，库仑(Coulumb)势并不满足第二点要求。

A.4.1 李普曼-施温格方程

入射粒子的哈密顿量可写为

$$H = H_0 + V \tag{A.4.1}$$

其中 V 表示入射粒子与靶核的相互作用，H_0 为自由粒子的哈密顿量：

$$H_0 = \frac{\boldsymbol{p}^2}{2m} = \frac{\hbar^2 \boldsymbol{k}^2}{2m}$$

式中，m 为入射粒子的质量。对于入射能量为 E，且波矢量为 $\boldsymbol{k}$ 的粒子，有

$$H_0 \mid \boldsymbol{k}\rangle = E \mid \boldsymbol{k}\rangle \Rightarrow (E - H_0) \mid \boldsymbol{k}\rangle = 0 \tag{A.4.2}$$

式中，$|\boldsymbol{k}\rangle$表示波矢为 $\boldsymbol{k}$ 的平面波。

对于完整的哈密顿量 H，波矢量为 $\boldsymbol{k}$ 的入射粒子对应的薛定谔方程的解记为$|\psi_{\boldsymbol{k}}\rangle$：

$$(H_0 + V) \mid \psi_{\boldsymbol{k}}\rangle = E \mid \psi_{\boldsymbol{k}}\rangle \Rightarrow (E - H_0) \mid \psi_{\boldsymbol{k}}\rangle = V \mid \psi_{\boldsymbol{k}}\rangle \tag{A.4.3}$$

对于本问题，我们要求$|\psi_{\boldsymbol{k}}\rangle$满足当 $V\to 0$ 时有$|\psi_{\boldsymbol{k}}\rangle \to |\boldsymbol{k}\rangle$。将上面两式联立得

$$(E - H_0)(\mid \psi_{\boldsymbol{k}}\rangle - \mid \boldsymbol{k}\rangle) = V \mid \psi_{\boldsymbol{k}}\rangle \tag{A.4.4}$$

由式(A.4.4)还可得

$$(E - H_0 - V)(\mid \psi_{\boldsymbol{k}}\rangle - \mid \boldsymbol{k}\rangle) = V \mid \boldsymbol{k}\rangle \Rightarrow (E - H)(\mid \psi_{\boldsymbol{k}}\rangle - \mid \boldsymbol{k}\rangle) = V \mid \boldsymbol{k}\rangle \tag{A.4.5}$$

对于式(A.4.4)和式(A.4.5)，分别将 $E - H_0$ 和 $E - H$ 的“逆算符”作用于等号的两侧：

$$\mid \psi_{\boldsymbol{k}}\rangle - \mid \boldsymbol{k}\rangle = \frac{1}{E - H_0} V \mid \psi_{\boldsymbol{k}}\rangle \Rightarrow \mid \psi_{\boldsymbol{k}}\rangle = \mid \boldsymbol{k}\rangle + \frac{1}{E - H_0} V \mid \psi_{\boldsymbol{k}}\rangle \tag{A.4.6}$$

$$\mid \psi_{\boldsymbol{k}}\rangle - \mid \boldsymbol{k}\rangle = \frac{1}{E - H} V \mid \boldsymbol{k}\rangle \Rightarrow \mid \psi_{\boldsymbol{k}}\rangle = \mid \boldsymbol{k}\rangle + \frac{1}{E - H} V \mid \boldsymbol{k}\rangle \tag{A.4.7}$$

应注意，“算符”$\frac{1}{E-H_0}$和$\frac{1}{E-H}$是不完备的，因为在 $E - H_0 = 0$ 和 $E - H = 0$ 处没有定义。在物理上，这将导致该“算符”的本征矢量不完备。为避免该问题，可将$\frac{1}{E-H_0}$替换为$\frac{1}{E-H_0 \pm \mathrm{i}\varepsilon}$，将$\frac{1}{E-H}$替换为$\frac{1}{E-H \pm \mathrm{i}\varepsilon}$。其中，$\varepsilon$ 是一个小的正实数。在计算时，$\mathrm{i}\varepsilon$ 要带着进行。全部计算完毕后，再令 $\varepsilon \to 0$。因此，式(A.4.6)和式(A.4.7)应写为

$$\mid \psi_{\boldsymbol{k}}^{\pm}\rangle = \mid \boldsymbol{k}\rangle + \frac{1}{E - H_0 \pm \mathrm{i}\varepsilon} V \mid \psi_{\boldsymbol{k}}^{\pm}\rangle \tag{A.4.8}$$

$$\mid \psi_{\boldsymbol{k}}^{\pm}\rangle = \mid \boldsymbol{k}\rangle + \frac{1}{E - H \pm \mathrm{i}\varepsilon} V \mid \boldsymbol{k}\rangle \tag{A.4.9}$$

上式即为李普曼-施温格(Lippmann-Schwinger)方程。

定义格林(Green)算符：

$$G_0^{\pm}(E) = \frac{1}{E - H_0 \pm \mathrm{i}\varepsilon} \tag{A.4.10}$$

$$G^{\pm}(E) = \frac{1}{E - H \pm \mathrm{i}\varepsilon} \tag{A.4.11}$$

$G_0^{\pm}(E)$通常被称为自由格林算符(free Green's operator),$G^{\pm}(E)$被称为全格林算符(full Green's operator)。

A.4.2 格林函数

本节将求解在位置表象下的自由格林算符的矩阵元。式(A.4.8)可写为

$$\langle \boldsymbol{x} \mid \psi_{\boldsymbol{k}}^{\pm}\rangle = \langle \boldsymbol{x} \mid \boldsymbol{k}\rangle + \int \mathrm{d}\boldsymbol{x}' \langle \boldsymbol{x} \mid G_0^{\pm}(E) \mid \boldsymbol{x}'\rangle \langle \boldsymbol{x}' \mid V \mid \psi_{\boldsymbol{k}}^{\pm}\rangle \tag{A.4.12}$$

注意,势函数$V(\boldsymbol{x})$与位置算符$\boldsymbol{x}$对易,满足

$$\langle \boldsymbol{x}' \mid V(\boldsymbol{x}) \mid \boldsymbol{x}''\rangle = V(\boldsymbol{x}')\delta(\boldsymbol{x}' - \boldsymbol{x}'')$$

因此有

$$\langle \boldsymbol{x}' \mid V \mid \psi_{\boldsymbol{k}}^{\pm}\rangle = \int \mathrm{d}\boldsymbol{x}'' \langle \boldsymbol{x}' \mid V(\boldsymbol{x}) \mid \boldsymbol{x}''\rangle \langle \boldsymbol{x}'' \mid \psi_{\boldsymbol{k}}^{\pm}\rangle = V(\boldsymbol{x}')\langle \boldsymbol{x}' \mid \psi_{\boldsymbol{k}}^{\pm}\rangle \tag{A.4.13}$$

将式(A.4.13)代入式(A.4.12)可得

$$\langle \boldsymbol{x} \mid \psi_{\boldsymbol{k}}^{\pm}\rangle = \langle \boldsymbol{x} \mid \boldsymbol{k}\rangle + \int \mathrm{d}\boldsymbol{x}' \langle \boldsymbol{x} \mid G_0^{\pm}(E) \mid \boldsymbol{x}'\rangle V(\boldsymbol{x}') \langle \boldsymbol{x}' \mid \psi_{\boldsymbol{k}}^{\pm}\rangle \tag{A.4.14}$$

$\langle \boldsymbol{x}|G_0^{\pm}(E)|\boldsymbol{x}'\rangle$即算符$G_0^{\pm}(E)$在位置表象下的矩阵元,有

$$\begin{aligned} G_0^{\pm}(E;\boldsymbol{x},\boldsymbol{x}') &= \left\langle \boldsymbol{x} \left| \frac{1}{E - H_0 \pm \mathrm{i}\varepsilon} \right| \boldsymbol{x}' \right\rangle \\ &= \iint \mathrm{d}\boldsymbol{q}\,\mathrm{d}\boldsymbol{q}' \langle \boldsymbol{x} \mid \boldsymbol{q}\rangle \langle \boldsymbol{q} \mid \frac{1}{E - H_0 \pm \mathrm{i}\varepsilon} \mid \boldsymbol{q}'\rangle \langle \boldsymbol{q}' \mid \boldsymbol{x}'\rangle \end{aligned} \tag{A.4.15}$$

注意到

$$\langle \boldsymbol{x} \mid \boldsymbol{q}\rangle = \frac{1}{(2\pi)^{3/2}} \exp(\mathrm{i}\boldsymbol{q} \cdot \boldsymbol{x}) \tag{A.4.16}$$

$$\left\langle \boldsymbol{q} \mid \frac{1}{E - H_0 \pm \mathrm{i}\varepsilon} \mid \boldsymbol{q}' \right\rangle = \frac{1}{E - \frac{\hbar^2 q^2}{2m} \pm \mathrm{i}\varepsilon} \delta(\boldsymbol{q} - \boldsymbol{q}') \tag{A.4.17}$$

因此,式(A.4.15)可化为

$$G_0^{\pm}(E;\boldsymbol{x},\boldsymbol{x}') = \int \frac{\mathrm{d}\boldsymbol{q}}{(2\pi)^3} \frac{\exp[\mathrm{i}\boldsymbol{q} \cdot (\boldsymbol{x} - \boldsymbol{x}')]}{E - \frac{\hbar^2 q^2}{2m} \pm \mathrm{i}\varepsilon} \tag{A.4.18}$$

将上式中的变量写为球坐标的形式,并取$E = \hbar^2 k^2/2m$,$\eta = 2m\varepsilon/\hbar^2$,则有

$$\begin{aligned} G_0^{\pm}(E;\boldsymbol{x},\boldsymbol{x}') &= \frac{1}{(2\pi)^3} \iiint q^2 \mathrm{d}q \sin\theta \mathrm{d}\theta \mathrm{d}\phi \frac{\exp[\mathrm{i}q \mid \boldsymbol{x} - \boldsymbol{x}' \mid \cos\theta]}{\frac{\hbar^2}{2m}(k^2 - q^2 \pm \mathrm{i}\eta)} \\ &= \frac{2m}{\hbar^2} \frac{1}{(2\pi)^2} \int_0^{\infty} q^2 \mathrm{d}q \int_{-1}^{1} \mathrm{d}t \frac{\exp(\mathrm{i}q \mid \boldsymbol{x} - \boldsymbol{x}' \mid t)}{k^2 - q^2 \pm \mathrm{i}\eta} \\ &= \frac{2m}{\hbar^2} \frac{1}{4\pi^2} \frac{1}{\mathrm{i}|\boldsymbol{x} - \boldsymbol{x}'|} \int_0^{\infty} \frac{\mathrm{e}^{\mathrm{i}q|\boldsymbol{x}-\boldsymbol{x}'|} - \mathrm{e}^{-\mathrm{i}q|\boldsymbol{x}-\boldsymbol{x}'|}}{q(k^2 - q^2 \pm \mathrm{i}\eta)} q^2 \mathrm{d}q \\ &= \frac{2m}{\hbar^2} \frac{1}{8\pi^2} \frac{1}{\mathrm{i}|\boldsymbol{x} - \boldsymbol{x}'|} \left(\int_{-\infty}^{\infty} \frac{\mathrm{e}^{\mathrm{i}q|\boldsymbol{x}-\boldsymbol{x}'|}}{k^2 - q^2 \pm \mathrm{i}\eta} q \mathrm{d}q - \right. \\ &\quad \left. \int_{-\infty}^{\infty} \frac{\mathrm{e}^{-\mathrm{i}q|\boldsymbol{x}-\boldsymbol{x}'|}}{k^2 - q^2 \pm \mathrm{i}\eta} q \mathrm{d}q \right) \end{aligned} \tag{A.4.19}$$

我们将上式(…)中的第一项记为 $I_1^{\pm}$，第二项记为 $I_2^{\pm}$。下面计算 $I_1^{\pm}$：

$$I_1^{\pm}=\int_{-\infty}^{\infty}\frac{e^{iq|x-x'|}}{k^2-q^2\pm i\eta}q\,dq=-\int_{-\infty}^{\infty}\frac{e^{iq|x-x'|}}{q^2-k^2\mp i\eta}q\,dq \tag{A.4.20}$$

上式中，被积函数的极点为

$$q^2-k^2\mp i\eta=0\Rightarrow q=\pm k\sqrt{1\pm\frac{i\eta}{k^2}}\approx\pm k(1\pm i\varepsilon'),\quad \varepsilon'=\frac{\eta}{2k^2} \tag{A.4.21}$$

因此

$$I_1^{\pm}=-\int_{-\infty}^{\infty}\frac{e^{iq|x-x'|}}{[q-k(1\pm i\varepsilon')][q+k(1\pm i\varepsilon')]}q\,dq \tag{A.4.22}$$

上述积分的求解需利用柯西积分公式。首先将上式化为围道积分。实际上，若 q 为复数，且虚部趋近于正无穷大时，有 $e^{iq|x-x'|}\to 0$。因此，可取如图 A.4.1 所示围道。

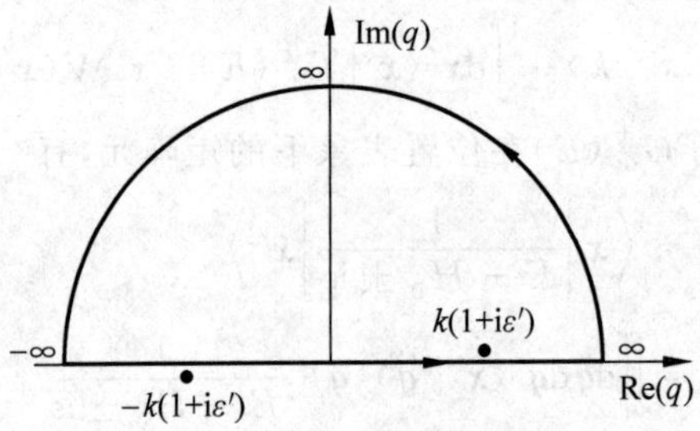

图 A.4.1 积分路径

对于 I_1^{+}，有

$$I_1^{+}=-\oint\frac{e^{iq|x-x'|}}{[q-k(1+i\varepsilon')][q+k(1+i\varepsilon')]}q\,dq \tag{A.4.23}$$

上述积分的积分路径由图 A.4.1 给出，其计算需利用柯西积分公式

$$\oint\frac{f(z)}{z-z_0}dz=2\pi i f(z_0) \tag{A.4.24}$$

其中，z_0 为积分围道内部的极点。由图 A.4.1 可见，极点 $k(1+i\varepsilon')$ 位于积分围道内部。因此有

$$I_1^{+}=-2\pi i\frac{e^{ik(1+i\varepsilon')|x-x'|}}{2k(1+i\varepsilon')}k(1+i\varepsilon')$$

取 $\varepsilon'\to 0$，并稍加整理，可得

$$I_1^{+}=-\pi i e^{ik|x-x'|} \tag{A.4.25}$$

同理可得

$$I_2^{+}=\pi i e^{ik|x-x'|} \tag{A.4.26}$$

因此有

$$G_0^{+}(E;\boldsymbol{x},\boldsymbol{x}')=-\frac{2m}{\hbar^2}\frac{1}{4\pi}\frac{1}{|\boldsymbol{x}-\boldsymbol{x}'|}e^{ik|x-x'|} \tag{A.4.27}$$

同理亦可求得 $G_0^{-}(E;\boldsymbol{x},\boldsymbol{x}')$ 的表达式。最终可得

$$G_0^{\pm}(E;\boldsymbol{x},\boldsymbol{x}')=-\frac{2m}{\hbar^2}\frac{1}{4\pi}\frac{1}{|\boldsymbol{x}-\boldsymbol{x}'|}e^{\pm ik|x-x'|} \tag{A.4.28}$$

实际上，$G_0^{\pm}(E;\boldsymbol{x},\boldsymbol{x}')$即为亥姆霍兹方程的格林函数。也就是说，$G_0^{\pm}(E;\boldsymbol{x},\boldsymbol{x}')$为如下方程的解：

$$\left(\frac{\hbar^2}{2m}\nabla^2+E\right)G_0^{\pm}(E;\boldsymbol{x},\boldsymbol{x}')=\delta(\boldsymbol{x}-\boldsymbol{x}') \tag{A.4.29}$$

上式可通过与计算式(A.4.28)类似的方法验证，此处不再赘述。相应地，$G^{\pm}(E;\boldsymbol{x},\boldsymbol{x}')$满足方程

$$\left[\frac{\hbar^2}{2m}\nabla^2+E-V(\boldsymbol{x})\right]G_0^{\pm}(E;\boldsymbol{x},\boldsymbol{x}')=\delta(\boldsymbol{x}-\boldsymbol{x}') \tag{A.4.30}$$

$\boldsymbol{x}'$代表粒子与靶核的相互作用区域内的某个位置。一般而言，有$|\boldsymbol{x}|\gg|\boldsymbol{x}'|$成立。取$r=|\boldsymbol{x}|$，$r'=|\boldsymbol{x}'|$，则有

$$\begin{aligned}|\boldsymbol{x}-\boldsymbol{x}'|&=r\sqrt{1-2\frac{r'}{r}\cos\alpha+\left(\frac{r'}{r}\right)^2}\approx r\sqrt{1-2\frac{r'}{r}\cos\alpha}\approx r\left(1-\frac{r'}{r}\cos\alpha\right)\\&=r-\boldsymbol{x}'\cdot\hat{\boldsymbol{r}}\end{aligned} \tag{A.4.31}$$

此处$\hat{\boldsymbol{r}}=\boldsymbol{x}/|\boldsymbol{x}|=\boldsymbol{x}/r$。将上式代入式(A.4.28)可得

$$G_0^{\pm}(E;\boldsymbol{x},\boldsymbol{x}')\approx-\frac{2m}{\hbar^2}\frac{1}{4\pi}\frac{1}{r-\boldsymbol{x}'\cdot\hat{\boldsymbol{r}}}\mathrm{e}^{\pm\mathrm{i}k(r-\boldsymbol{x}'\cdot\hat{\boldsymbol{r}})}\approx-\frac{2m}{\hbar^2}\frac{1}{4\pi}\frac{\mathrm{e}^{\pm\mathrm{i}k(r-\boldsymbol{x}'\cdot\hat{\boldsymbol{r}})}}{r} \tag{A.4.32}$$

定义

$$\boldsymbol{k}'=k\hat{\boldsymbol{r}}$$

实际上，$\boldsymbol{k}'$即为发生散射之后，被散射的粒子的波矢量。将上面两式联立得

$$G_0^{\pm}(E;\boldsymbol{x},\boldsymbol{x}')=-\frac{2m}{\hbar^2}\frac{1}{4\pi}\frac{\mathrm{e}^{\pm\mathrm{i}kr}\mathrm{e}^{\mp\mathrm{i}\boldsymbol{k}'\cdot\boldsymbol{x}'}}{r} \tag{A.4.33}$$

将上式与式(A.4.14)联立得

$$\langle\boldsymbol{x}\mid\psi_{\boldsymbol{k}}^{\pm}\rangle=\langle\boldsymbol{x}\mid\boldsymbol{k}\rangle-\frac{1}{4\pi}\frac{2m}{\hbar^2}\frac{\mathrm{e}^{\pm\mathrm{i}kr}}{r}\int\mathrm{d}\boldsymbol{x}'\mathrm{e}^{\mp\mathrm{i}\boldsymbol{k}'\cdot\boldsymbol{x}'}V(\boldsymbol{x}')\langle\boldsymbol{x}'\mid\psi_{\boldsymbol{k}}^{\pm}\rangle \tag{A.4.34}$$

上式等同于

$$\psi_{\boldsymbol{k}}^{\pm}(\boldsymbol{r})=\frac{1}{(2\pi)^{3/2}}\mathrm{e}^{\mathrm{i}\boldsymbol{k}\cdot\boldsymbol{r}}-\frac{1}{4\pi}\frac{2m}{\hbar^2}\frac{\mathrm{e}^{\pm\mathrm{i}kr}}{r}\int\mathrm{d}\boldsymbol{x}'\mathrm{e}^{\mp\mathrm{i}\boldsymbol{k}'\cdot\boldsymbol{x}'}V(\boldsymbol{x}')\psi_{\boldsymbol{k}}^{\pm}(\boldsymbol{x}') \tag{A.4.35}$$

式中，$\mathrm{e}^{\pm\mathrm{i}kr}/r$代表球面波。其中$\mathrm{e}^{\mathrm{i}kr}/r$为发散波，$\mathrm{e}^{-\mathrm{i}kr}/r$为汇聚波。对于散射粒子而言，只有发散波才是符合物理实际的，因此波函数应为ψ^+：

$$\psi_{\boldsymbol{k}}^{+}(\boldsymbol{r})=\frac{1}{(2\pi)^{3/2}}\mathrm{e}^{\mathrm{i}\boldsymbol{k}\cdot\boldsymbol{r}}-\frac{1}{4\pi}\frac{2m}{\hbar^2}\frac{\mathrm{e}^{\mathrm{i}kr}}{r}\int\mathrm{d}\boldsymbol{x}'\mathrm{e}^{-\mathrm{i}\boldsymbol{k}'\cdot\boldsymbol{x}'}V(\boldsymbol{x}')\psi_{\boldsymbol{k}}^{+}(\boldsymbol{x}') \tag{A.4.36}$$

通常将上式写为如下形式：

$$\psi_{\boldsymbol{k}}^{+}(\boldsymbol{r})=\frac{1}{(2\pi)^{3/2}}\left[\mathrm{e}^{\mathrm{i}\boldsymbol{k}\cdot\boldsymbol{r}}+f(\boldsymbol{k}',\boldsymbol{k})\frac{\mathrm{e}^{\mathrm{i}kr}}{r}\right] \tag{A.4.37}$$

其中

$$\begin{aligned}f(\boldsymbol{k}',\boldsymbol{k})&=-\frac{1}{4\pi}\frac{2m}{\hbar^2}(2\pi)^{3/2}\int\mathrm{d}\boldsymbol{x}'\mathrm{e}^{-\mathrm{i}\boldsymbol{k}'\cdot\boldsymbol{x}'}V(\boldsymbol{x}')\psi_{\boldsymbol{k}}^{+}(\boldsymbol{x}')\\&=-2\pi^2\frac{2m}{\hbar^2}\langle\boldsymbol{k}'\mid V\mid\psi_{\boldsymbol{k}}^{+}\rangle\end{aligned} \tag{A.4.38}$$

注意，上式最后一个等号的计算用到了式(A.4.13)和式(A.4.16)。

式(A.4.37)中，$e^{i\boldsymbol{k}\cdot\boldsymbol{r}}$ 为波矢量为 $\boldsymbol{k}$ 的平面波，表示入射粒子；e^{ikr}/r 为发散型的球面波，表示散射粒子。散射粒子的空间角分布由 $f(\boldsymbol{k}',\boldsymbol{k})$ 给出。下面求解 $f(\boldsymbol{k}',\boldsymbol{k})$ 与微分截面的关系。根据定义，微分截面的表达式为

$$\frac{d\sigma}{d\Omega}=\frac{j_{sc}r^2}{j_{inc}} \tag{A.4.39}$$

式中，j_{inc} 表示入射粒子的通量(单位时间内通过单位面积的粒子数)，j_{sc} 表示散射粒子的通量。注意到

$$\boldsymbol{j}=\frac{i\hbar}{2m}(\psi\nabla\psi^*-\psi^*\nabla\psi) \tag{A.4.40}$$

利用上式易得

$$j_{inc}=\frac{1}{(2\pi)^3}\frac{\hbar\boldsymbol{k}}{m} \tag{A.4.41}$$

$$j_{sc}=\frac{1}{(2\pi)^3}\frac{\hbar|f|^2k}{mr^2} \tag{A.4.42}$$

因此有

$$\frac{d\sigma}{d\Omega}=\frac{j_{sc}r^2}{j_{inc}}=|f(\boldsymbol{k}',\boldsymbol{k})|^2 \tag{A.4.43}$$

A.4.3 玻恩近似

在 A.4.2 节中，我们得到了入射粒子与固定单核散射的波函数：

$$\begin{aligned}\psi(\boldsymbol{r})&=\psi_{inc}(\boldsymbol{r})+\int d\boldsymbol{x}'G_0^+(E;\boldsymbol{x},\boldsymbol{x}')V(\boldsymbol{x}')\psi(\boldsymbol{x}')\\&=\frac{1}{(2\pi)^{3/2}}e^{i\boldsymbol{k}\cdot\boldsymbol{r}}-\frac{1}{4\pi}\frac{2m}{\hbar^2}\frac{e^{ikr}}{r}\int d\boldsymbol{x}'e^{-i\boldsymbol{k}'\cdot\boldsymbol{x}'}V(\boldsymbol{x}')\psi(\boldsymbol{x}')\end{aligned} \tag{A.4.44}$$

式中，$\psi_{inc}(\boldsymbol{r})$表示入射粒子的波函数。

将式(A.4.44)进行迭代，可得

$$\begin{aligned}\psi(\boldsymbol{r})=&\psi_{inc}(\boldsymbol{r})+\int d\boldsymbol{x}'G_0^+(E;\boldsymbol{x},\boldsymbol{x}')V(\boldsymbol{x}')\psi_{inc}(\boldsymbol{x}')+\\&\int d\boldsymbol{x}'G_0^+(E;\boldsymbol{x},\boldsymbol{x}')V(\boldsymbol{x}')\int d\boldsymbol{x}''G_0^+(E;\boldsymbol{x}',\boldsymbol{x}'')V(\boldsymbol{x}'')\psi_{inc}(\boldsymbol{x}'')+\cdots\end{aligned} \tag{A.4.45}$$

式中，等号右侧第一项为入射粒子的波函数，同时表示未发生散射的粒子的波函数；第二项表示经格林函数作用一次的散射过程；第三项表示经格林函数作用两次的散射过程，以此类推。图 A.4.2 给出了式(A.4.45)所示的散射过程。

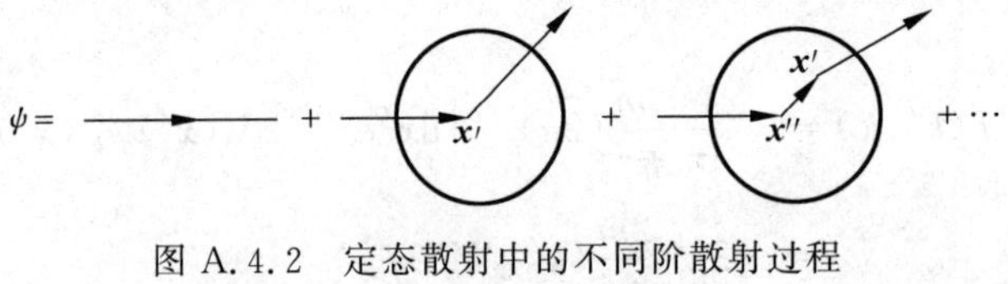

图 A.4.2 定态散射中的不同阶散射过程

等号右侧从左至右分别表示未发生散射、一次过程、二次过程，以此类推

对于展开式(A.4.45),若只保留等号右侧的前两项,则称为一阶玻恩近似:

$$\psi(\boldsymbol{r}) \approx \psi_{\text{inc}}(\boldsymbol{r}) + \int \mathrm{d}\boldsymbol{x}' G_0^+(E;\boldsymbol{x},\boldsymbol{x}') V(\boldsymbol{x}') \psi_{\text{inc}}(\boldsymbol{x}')$$

$$= \frac{1}{(2\pi)^{3/2}} \mathrm{e}^{\mathrm{i}\boldsymbol{k}\cdot\boldsymbol{r}} - \frac{1}{4\pi} \frac{1}{(2\pi)^{3/2}} \frac{2m}{\hbar^2} \frac{\mathrm{e}^{\mathrm{i}kr}}{r} \int \mathrm{d}\boldsymbol{x}' V(\boldsymbol{x}') \mathrm{e}^{\mathrm{i}(\boldsymbol{k}-\boldsymbol{k}')\cdot\boldsymbol{x}'} \tag{A.4.46}$$

容易理解,一阶玻恩近似仅在 $V(\boldsymbol{x})$ 的作用较弱的时候才成立。考虑中子与一个固定原子核的散射。此时,$V(\boldsymbol{x})$ 由费米赝势给出:

$$V(\boldsymbol{x}) = \frac{2\pi\hbar^2}{m} b\delta(\boldsymbol{x}) \tag{A.4.47}$$

式中,b 为靶核的束缚散射长度(bound scattering length)。利用上式,将式(A.4.46)化为

$$\psi(\boldsymbol{r}) \approx \frac{1}{(2\pi)^{3/2}} \left(\mathrm{e}^{\mathrm{i}\boldsymbol{k}\cdot\boldsymbol{r}} - b \frac{\mathrm{e}^{\mathrm{i}kr}}{r} \right) \tag{A.4.48}$$

由上式可见,此时的散射波是一个各向同性的球面波。

若靶样品不是一个固定单核,而是一个由 N 个原子组成的单质样品,则有

$$V(\boldsymbol{x}) = \frac{2\pi\hbar^2}{m} b \sum_{j=1}^{N} \delta(\boldsymbol{x} - \boldsymbol{r}_j) \tag{A.4.49}$$

此时,取一阶玻恩近似,有

$$f = -\frac{1}{4\pi} \frac{2m}{\hbar^2} (2\pi)^{3/2} \int \mathrm{d}\boldsymbol{x}' \frac{2\pi\hbar^2}{m} b \sum_{j=1}^{N} \delta(\boldsymbol{x}' - \boldsymbol{r}_j) \frac{\mathrm{e}^{\mathrm{i}(\boldsymbol{k}-\boldsymbol{k}')\cdot\boldsymbol{x}'}}{(2\pi)^{3/2}}$$

$$= -b \sum_{j=1}^{N} \mathrm{e}^{\mathrm{i}(\boldsymbol{k}-\boldsymbol{k}')\cdot\boldsymbol{r}_j} = -b \sum_{j=1}^{N} \mathrm{e}^{\mathrm{i}\boldsymbol{Q}\cdot\boldsymbol{r}_j} \tag{A.4.50}$$

利用式(A.4.43)可知

$$\frac{\mathrm{d}\sigma}{\mathrm{d}\Omega} = |f|^2 = |b|^2 \sum_{j=1}^{N} \sum_{k=1}^{N} \mathrm{e}^{-\mathrm{i}\boldsymbol{Q}\cdot\boldsymbol{r}_k} \mathrm{e}^{\mathrm{i}\boldsymbol{Q}\cdot\boldsymbol{r}_j} \tag{A.4.51}$$

若考虑样品的热平均,则会得到与定态近似的结论式(2.5.4)一致的表达式。这是符合预期的。

上述迭代过程也可利用格林算符表示。由式(A.4.8)得

$$|\psi_{\boldsymbol{k}}^{\pm}\rangle = |\boldsymbol{k}\rangle + G_0^{\pm} V |\psi_{\boldsymbol{k}}^{\pm}\rangle$$

$$= |\boldsymbol{k}\rangle + G_0^{\pm} V (|\boldsymbol{k}\rangle + G_0^{\pm} V |\psi_{\boldsymbol{k}}^{\pm}\rangle)$$

$$= |\boldsymbol{k}\rangle + G_0^{\pm} V |\boldsymbol{k}\rangle + G_0^{\pm} V G_0^{\pm} V |\boldsymbol{k}\rangle + \cdots \tag{A.4.52}$$

取前两项即为一阶玻恩近似。

A.4.4 低能极限与散射长度

在这一节中,我们将基于一阶玻恩近似的结论,简要讨论入射粒子能量很低时的情况。

由前文讨论可知,入射粒子可表示为平面波:

$$\psi_{\text{inc}}(\boldsymbol{r}) = A \mathrm{e}^{\mathrm{i}\boldsymbol{k}\cdot\boldsymbol{r}} \tag{A.4.53}$$

式中,A 为归一化系数。上式中的空间角分布可利用球谐函数 $\mathrm{Y}_l^m(\theta,\varphi)$ 展开:

$$\psi_{\text{inc}}(\boldsymbol{r}) = A \sum_{l=0}^{\infty} \mathrm{Y}_l^0(\theta) \psi_l(r)$$

注意，θ 为与 $\boldsymbol{k}$ 方向的夹角。在该问题中，方向仅与 θ 相关，而与另外一个方位角 φ 无关，因此，展开式中仅保留 $m=0$ 的项。l 是系统的角动量量子数。当取低能极限时，我们仅需要考虑 $l=0$ 的分波即可。实际上，当入射能量高于约 1 MeV 时，才有必要考虑 $l>0$ 的分波。而在热中子散射中，入射中子的能量往往仅为数个 meV，此时考虑 $l=0$ 的分波已经足够了。因此有

$$\psi_{\text{inc}}(\boldsymbol{r}) \approx \frac{A}{2ik}\left(\frac{e^{ikr}}{r}-\frac{e^{-ikr}}{r}\right) \tag{A.4.54}$$

式(A.4.54)包含两个部分，分别对应于发散波和汇聚波，在与靶核发生散射之后，由于粒子数守恒，二者的波幅均不应改变。散射过程对于波函数的改变，应体现在对于出射波的相位的改变。也就是

$$\psi(\boldsymbol{r})=\frac{A}{2ik}\left[\frac{e^{i(kr+2\delta_0)}}{r}-\frac{e^{-ikr}}{r}\right] \tag{A.4.55}$$

式中，δ_0 表示散射过程导致的相位变化，系数 2 代表粒子入射和出射 $V(\boldsymbol{r})$ 的作用范围的这两个过程。将上面两式相减，即可得到散射波的波函数：

$$\psi_{\text{sc}}(\boldsymbol{r})=\frac{A}{2ik}(e^{i2\delta_0}-1)\frac{e^{ikr}}{r} \tag{A.4.56}$$

由 A.4.3 节内容可知，在一阶玻恩近似下，散射中子的波函数可表示为

$$\psi_{\text{sc}}(\boldsymbol{r})=-Ab\,\frac{e^{ikr}}{r} \tag{A.4.57}$$

将上面两式联立，可得散射长度的表达式如下：

$$b=-\lim_{k\to 0}\frac{1}{2ik}(e^{i2\delta_0}-1)=-\lim_{k\to 0}\frac{\cos(2\delta_0)-1+i\sin(2\delta_0)}{2ik}$$

注意，上式中的极限 $k\to 0$ 代表入射粒子的能量为低能极限。由于该极限的存在，为了使得 b 不发散，必须有 $\delta_0\to 0$ 成立。因此有

$$b=-\lim_{k\to 0}\frac{\sin\delta_0}{k}\approx-\lim_{k\to 0}\frac{\delta_0}{k} \tag{A.4.58}$$

由上述讨论可见，b 的正负体现了散射粒子的波函数与入射粒子的波函数之间的相位差是领先还是落后，并不影响散射的截面和角分布。

A.4.5 T 算符、Ω 算符与 S 算符

定义 T 算符：

$$T^{\pm}\mid \boldsymbol{k}\rangle = V\mid \psi_{\boldsymbol{k}}^{\pm}\rangle \tag{A.4.59}$$

则 $f(\boldsymbol{k}',\boldsymbol{k})$（见式(A.4.38)）可以写成 T 算符的矩阵元的形式：

$$f(\boldsymbol{k}',\boldsymbol{k})=-\frac{4\pi^2 m}{\hbar^2}\langle\boldsymbol{k}'\mid T^{+}\mid\boldsymbol{k}\rangle=-\frac{4\pi^2 m}{\hbar^2}T^{+}_{\boldsymbol{k}',\boldsymbol{k}} \tag{A.4.60}$$

T 算符又被称为跃迁算符(transition operator)。

用算符 V 左乘式(A.4.8)可得

$$T^{\pm}(E)=V+VG_0^{\pm}(E)T^{\pm}(E)$$

将上式写为迭代形式，有

$$T^{\pm}(E)=V\sum_{m=0}^{\infty}(G_0^{\pm}V)^m \tag{A.4.61}$$

用算符 V 左乘式(A.4.9)可得

$$T^{\pm}(E)=V+VG^{\pm}(E)V \tag{A.4.62}$$

上面两式又被称作 T 算符的李普曼-施温格方程。当 T^+ 只保留第一项,即 $T^+\approx V$ 时,即为一阶玻恩近似。

下面引入 Møller 算符 $\Omega^{\pm}$:

$$\Omega^{\pm}|\boldsymbol{k}\rangle=|\psi_{\boldsymbol{k}}^{\pm}\rangle \tag{A.4.63}$$

由定义可见,Møller 算符将自由粒子态转化为散射态。结合 T 算符的定义及性质,不难得到

$$T^{\pm}(E)=V\Omega^{\pm}(E)=V+VG^{\pm}(E)V=V+VG_0^{\pm}(E)T^{\pm}(E) \tag{A.4.64}$$

利用上式可得

$$\Omega^{\pm}(E)=1+G^{\pm}(E)V=1+G_0^{\pm}(E)V\Omega^{\pm}(E) \tag{A.4.65}$$

将上式稍加整理得

$$\Omega^{\pm}(E)=\frac{1}{1-G_0^{\pm}(E)V} \tag{A.4.66}$$

用 Møller 算符可以构造一个幺正算符 S:

$$S=(\Omega^-)^{\dagger}\Omega^+ \tag{A.4.67}$$

S 算符又称为散射算符(scattering operator),其在波矢量表象下的矩阵元为

$$S_{\boldsymbol{k}',\boldsymbol{k}}=\langle\boldsymbol{k}'|(\Omega^-)^{\dagger}\Omega^+|\boldsymbol{k}\rangle=\langle\psi_{\boldsymbol{k}'}^-|\psi_{\boldsymbol{k}}^+\rangle \tag{A.4.68}$$

S 算符与 T 算符具有下列关系:

$$S_{\boldsymbol{k}',\boldsymbol{k}}=\delta(\boldsymbol{k}-\boldsymbol{k}')-2\pi\mathrm{i}\delta(E_k-E_{k'})T_{\boldsymbol{k}',\boldsymbol{k}}^+ \tag{A.4.69}$$

上式证明如下:

$$\begin{aligned}
S_{\boldsymbol{k}',\boldsymbol{k}}&=\langle\boldsymbol{k}'|(\Omega^-(E_{k'}))^{\dagger}|\psi_{\boldsymbol{k}}^+\rangle\\
&=\langle\boldsymbol{k}'|1+VG^+(E_{k'})|\psi_{\boldsymbol{k}}^+\rangle\\
&=\langle\boldsymbol{k}'|\psi_{\boldsymbol{k}}^+\rangle+\langle\boldsymbol{k}'|VG^+(E_{k'})|\psi_{\boldsymbol{k}}^+\rangle\\
&=\langle\boldsymbol{k}'|\Omega^+(E_k)|\boldsymbol{k}\rangle+\langle\boldsymbol{k}'|VG^+(E_{k'})|\psi_{\boldsymbol{k}}^+\rangle\\
&=\langle\boldsymbol{k}'|1+G_0^+(E_k)V\Omega^+(E_k)|\boldsymbol{k}\rangle+\langle\boldsymbol{k}'|VG^+(E_{k'})|\psi_{\boldsymbol{k}}^+\rangle\\
&=\langle\boldsymbol{k}'|\boldsymbol{k}\rangle+\langle\boldsymbol{k}'|G_0^+(E_k)V\Omega^+(E_k)|\boldsymbol{k}\rangle+\langle\boldsymbol{k}'|VG^+(E_{k'})|\psi_{\boldsymbol{k}}^+\rangle\\
&=\delta(\boldsymbol{k}-\boldsymbol{k}')+\frac{1}{E_k-E_{k'}+\mathrm{i}\varepsilon}\langle\boldsymbol{k}'|V\Omega^+(E_k)|\boldsymbol{k}\rangle+\frac{1}{E_{k'}-E_k+\mathrm{i}\varepsilon}\langle\boldsymbol{k}'|V|\psi_{\boldsymbol{k}}^+\rangle\\
&=\delta(\boldsymbol{k}-\boldsymbol{k}')+\frac{1}{E_k-E_{k'}+\mathrm{i}\varepsilon}\langle\boldsymbol{k}'|V|\psi_{\boldsymbol{k}}^+\rangle+\frac{1}{E_{k'}-E_k+\mathrm{i}\varepsilon}\langle\boldsymbol{k}'|V|\psi_{\boldsymbol{k}}^+\rangle\\
&=\delta(\boldsymbol{k}-\boldsymbol{k}')+\frac{1}{E_k-E_{k'}+\mathrm{i}\varepsilon}T_{\boldsymbol{k}',\boldsymbol{k}}^+-\frac{1}{E_k-E_{k'}-\mathrm{i}\varepsilon}T_{\boldsymbol{k}',\boldsymbol{k}}^+\\
&=\delta(\boldsymbol{k}-\boldsymbol{k}')-2\pi\mathrm{i}\delta(E_k-E_{k'})T_{\boldsymbol{k}',\boldsymbol{k}}^+
\end{aligned}$$

上述证明过程用到了如下关系:

$$(G^-)^{\dagger}=G^+ \tag{A.4.70}$$

$$\lim_{\varepsilon\to 0}\frac{\varepsilon}{x^2+\varepsilon^2}=\pi\delta(x) \tag{A.4.71}$$

式(A.4.69)的算符形式为

$$S(E)=1-2\pi\mathrm{i}\delta(E-H_0)T^+(E) \tag{A.4.72}$$

A.4.6 DWBA 理论

在 A.4.3 节中，我们讨论了当 $V\ll H_0$ 时，利用一阶玻恩近似获得散射态的近似解。但是在某些情况下，如处理中子以小角度掠入射至材料表面并发生反射时，中子与物质的相互作用较强，此时一阶玻恩近似不再适用。这一节将介绍 Distorted-Wave Born Approximation (DWBA)理论以处理中子与表面反射的问题。在该理论中，将 V 看成一个较大的势函数 V_1 与具有一定起伏的较小势函数 V_2 的和：

$$V=V_1+V_2 \tag{A.4.73}$$

V_1 反映了表面的整体面型，V_2 表征了由于表面具有一定粗糙度带来的微扰。此时哈密顿量为

$$H=H_0+V_1+V_2 \tag{A.4.74}$$

H_0、H_0+V_1 和 H_0+V 对应的本征态分别记为$|\boldsymbol{k}\rangle$、$|\chi_{\boldsymbol{k}}^{\pm}\rangle$和$|\psi_{\boldsymbol{k}}^{\pm}\rangle$：

$$(E-H_0)|\boldsymbol{k}\rangle=0 \tag{A.4.75}$$

$$(E-H_0)|\chi_{\boldsymbol{k}}^{\pm}\rangle=V_1|\chi_{\boldsymbol{k}}^{\pm}\rangle \tag{A.4.76}$$

$$(E-H_0)|\psi_{\boldsymbol{k}}^{\pm}\rangle=V|\psi_{\boldsymbol{k}}^{\pm}\rangle \tag{A.4.77}$$

利用式(A.4.75)，式(A.4.76)可化为

$$|\chi_{\boldsymbol{k}}^{\pm}\rangle=|\boldsymbol{k}\rangle+\frac{1}{E-H_0\pm\mathrm{i}\varepsilon}V_1|\chi_{\boldsymbol{k}}^{\pm}\rangle=|\boldsymbol{k}\rangle+G_0^{\pm}V_1|\chi_{\boldsymbol{k}}^{\pm}\rangle \tag{A.4.78}$$

式中，$G_0^{\pm}$ 的表达式由式(A.4.10)给出。参考式(A.4.9)，可知对于$|\chi_{\boldsymbol{k}}^{\pm}\rangle$有

$$|\chi_{\boldsymbol{k}}^{\pm}\rangle=|\boldsymbol{k}\rangle+\frac{1}{E-H_0-V_1\pm\mathrm{i}\varepsilon}V_1|\boldsymbol{k}\rangle=(1+G_1^{\pm}V_1)|\boldsymbol{k}\rangle \tag{A.4.79}$$

式中，$G_1^{\pm}$ 为相应的格林算符：

$$G_1^{\pm}(E)=\frac{1}{E-H_0-V_1\pm\mathrm{i}\varepsilon} \tag{A.4.80}$$

同理，对于$|\psi_{\boldsymbol{k}}^{+}\rangle$，可得

$$|\psi_{\boldsymbol{k}}^{+}\rangle=|\boldsymbol{k}\rangle+G_0^{+}(V_1+V_2)|\psi_{\boldsymbol{k}}^{+}\rangle=[1+G^{+}(V_1+V_2)]|\boldsymbol{k}\rangle \tag{A.4.81}$$

式中，G^+ 的表达式为

$$G^+(E)=\frac{1}{E-H+\mathrm{i}\varepsilon}=\frac{1}{E-H_0-V_1-V_2+\mathrm{i}\varepsilon} \tag{A.4.82}$$

此外，若将 H_0+V_1 视为未受扰动的哈密顿量，将 V_2 视为扰动，则参考式(A.4.78)，可得

$$|\psi_{\boldsymbol{k}}^{+}\rangle=|\chi_{\boldsymbol{k}}^{\pm}\rangle+G_1^{\pm}V_2|\psi_{\boldsymbol{k}}^{+}\rangle \tag{A.4.83}$$

上式可写为迭代的形式：

$$|\psi_{\boldsymbol{k}}^{+}\rangle=\sum_{m=0}^{\infty}(G_1^{\pm}V_2)^m|\chi_{\boldsymbol{k}}^{\pm}\rangle \tag{A.4.84}$$

当哈密顿量由式(A. 4. 74)给出时,系统的跃迁算符为(见式(A. 4. 59))

$$T^{+}_{k',k}=\langle \boldsymbol{k}' \mid V_1+V_2 \mid \psi^{+}_{\boldsymbol{k}}\rangle \tag{A. 4. 85}$$

该算符满足 Gell-Mann-Goldberger 关系:

$$T^{+}_{k',k}=T^{+(1)}_{k',k}+\langle \chi^{-}_{\boldsymbol{k}'} \mid V_2 \mid \psi^{+}_{\boldsymbol{k}}\rangle \tag{A. 4. 86}$$

式中

$$T^{+(1)}_{k',k}=\langle \boldsymbol{k}' \mid V_1 \mid \chi^{+}_{\boldsymbol{k}}\rangle \tag{A. 4. 87}$$

$T^{+(1)}_{k',k}$ 表示微扰为 V_1 时,T 算符的矩阵元。下面证明 Gell-Mann-Goldberger 关系。

对式(A. 4. 78)两侧取厄米共轭,有

$$\langle \chi^{-}_{\boldsymbol{k}'} \mid = \langle \boldsymbol{k}' \mid + \langle \chi^{-}_{\boldsymbol{k}'} \mid V_1 G^{+}_0 \Rightarrow \langle \boldsymbol{k}' \mid = \langle \chi^{-}_{\boldsymbol{k}'} \mid - \langle \chi^{-}_{\boldsymbol{k}'} \mid V_1 G^{+}_0$$

将上式代入式(A. 4. 85)得

$$T^{+}_{k',k}=\langle \chi^{-}_{\boldsymbol{k}'} \mid V_1+V_2 \mid \psi^{+}_{\boldsymbol{k}}\rangle - \langle \chi^{-}_{\boldsymbol{k}'} \mid V_1 G^{+}_0 (V_1+V_2) \mid \psi^{+}_{\boldsymbol{k}}\rangle \tag{A. 4. 88}$$

利用式(A. 4. 81),有

$$G^{+}_0 (V_1+V_2) \mid \psi^{+}_{\boldsymbol{k}}\rangle = \mid \psi^{+}_{\boldsymbol{k}}\rangle - \mid \boldsymbol{k}\rangle$$

将上式代入式(A. 4. 88)得

$$\begin{aligned} T^{+}_{k',k} &= \langle \chi^{-}_{\boldsymbol{k}'} \mid V_1+V_2 \mid \psi^{+}_{\boldsymbol{k}}\rangle - \langle \chi^{-}_{\boldsymbol{k}'} \mid V_1 \mid \psi^{+}_{\boldsymbol{k}}\rangle + \langle \chi^{-}_{\boldsymbol{k}'} \mid V_1 \mid \boldsymbol{k}\rangle \\ &= \langle \chi^{-}_{\boldsymbol{k}'} \mid V_1 \mid \boldsymbol{k}\rangle + \langle \chi^{-}_{\boldsymbol{k}'} \mid V_2 \mid \psi^{+}_{\boldsymbol{k}}\rangle \end{aligned} \tag{A. 4. 89}$$

上式等号右侧第一项可作如下进一步计算。首先利用式(A. 4. 79)可得

$$\langle \chi^{-}_{\boldsymbol{k}'} \mid = \langle \boldsymbol{k}' \mid (1+V_1 G^{+}_1)$$

由上式可知

$$\langle \chi^{-}_{\boldsymbol{k}'} \mid V_1 \mid \boldsymbol{k}\rangle = \langle \boldsymbol{k}' \mid (1+V_1 G^{+}_1) V_1 \mid \boldsymbol{k}\rangle = \langle \boldsymbol{k}' \mid V_1 (1+G^{+}_1 V_1) \mid \boldsymbol{k}\rangle$$

利用 Møller 算符的定义和性质(式(A. 4. 63)和式(A. 4. 65)),上式可化为

$$\langle \chi^{-}_{\boldsymbol{k}'} \mid V_1 \mid \boldsymbol{k}\rangle = \langle \boldsymbol{k}' \mid V_1 \Omega^{+}_1 \mid \boldsymbol{k}\rangle = \langle \boldsymbol{k}' \mid V_1 \mid \chi^{+}_{\boldsymbol{k}}\rangle = T^{+(1)}_{k',k} \tag{A. 4. 90}$$

将上式代入式(A. 4. 89),即得到 Gell-Mann-Goldberger 关系。

联立式(A. 4. 84)和式(A. 4. 86),可以得到如下关系:

$$T^{+}_{k',k}=T^{+(1)}_{k',k}+\langle \chi^{-}_{\boldsymbol{k}'} \mid V_2 \sum_{m=0}^{\infty} (G^{+}_1(E_k) V_2)^m \mid \chi^{+}_{\boldsymbol{k}}\rangle \tag{A. 4. 91}$$

上式中级数只取第一项,即为 DWBA 理论,又称为扭曲波玻恩近似:

$$T^{+}_{k',k}=T^{+(1)}_{k',k}+\langle \chi^{-}_{\boldsymbol{k}'} \mid V_2 \mid \chi^{+}_{\boldsymbol{k}}\rangle \tag{A. 4. 92}$$

DWBA 理论中,将 V_2 看作微扰,$T^{+(1)}_{k',k}$ 和 $|\chi^{+}_{\boldsymbol{k}}\rangle$ 分别是微扰为零时的跃迁概率幅和态矢量。从 Gell-Mann-Goldberger 关系到 DWBA 方法,所作的近似为 $|\psi^{+}_{\boldsymbol{k}}\rangle \approx |\chi^{+}_{\boldsymbol{k}}\rangle$,即认为最终的散射波函数与只经过 V_1 作用的散射态是相近的。

A.5 角动量

A.5.1 基本结论

角动量算符 $\boldsymbol{l}$ 的定义为

$$\boldsymbol{l}\hbar=\boldsymbol{r}\times\boldsymbol{p} \tag{A. 5. 1}$$

由上式可见,$\boldsymbol{l}$ 表示以 $\hbar$ 为单位的角动量,其三个分量记为 l_x、l_y、l_z。记

$$\boldsymbol{l}^2 = l_x^2 + l_y^2 + l_z^2 \tag{A.5.2}$$

从量子力学的基本原理以及角动量算符的定义出发，不难得到如下对易关系：

$$[\boldsymbol{l}^2, l_x] = [\boldsymbol{l}^2, l_y] = [\boldsymbol{l}^2, l_z] = 0 \tag{A.5.3}$$

$$[l_x, l_y] = \mathrm{i}l_z, \quad [l_y, l_z] = \mathrm{i}l_x, \quad [l_z, l_x] = \mathrm{i}l_y \tag{A.5.4}$$

量子力学结论指出，算符 $\boldsymbol{l}^2$ 的本征值为 $l(l+1)$，l 的取值为

$$l = 0, \frac{1}{2}, 1, \frac{3}{2}, 2, \cdots$$

对于某一方向上的角动量分量，如 l_z，其本征值可取值为

$$m = 0, \pm 1, \cdots, \pm l \tag{A.5.5}$$

在讨论原子光谱时，将 l 称为角量子数，m 称为磁量子数。上式表明，角量子数 l 的量子态是 $2l+1$ 重简并的。

与谐振子系统类似，角动量也有相应的升降算符。定义如下两个算符：

$$l^+ = l_x + \mathrm{i}l_y, \quad l^- = l_x - \mathrm{i}l_y \tag{A.5.6}$$

易知有

$$l^+ l^- = l_x^2 - \mathrm{i}[l_x, l_y] + l_y^2 = \boldsymbol{l}^2 - l_z^2 + l_z \tag{A.5.7}$$

同理有

$$l^- l^+ = \boldsymbol{l}^2 - l_z^2 - l_z \tag{A.5.8}$$

此外，容易验证有

$$[l_z, l^+] = l^+, \quad [l_z, l^-] = -l^- \tag{A.5.9}$$

由式(A.5.3)可知，$\boldsymbol{l}^2$ 与 l_z 对易，因此二者具有共同的本征态，记为 $|l,m\rangle$。则利用上式得

$$l^+ | l,m\rangle = [l_z, l^+] | l,m\rangle = (l_z - m) l^+ | l,m\rangle \Rightarrow l_z l^+ | l,m\rangle = (m+1) l^+ | l,m\rangle \tag{A.5.10}$$

可见，$l^+ |l,m\rangle$ 也是 l_z 的本征函数，且对应的本征值为 $m+1$。同时注意到 l^+ 是 l_x 和 l_y 的函数，而这两者与 $\boldsymbol{l}^2$ 也是对易的，因此，l^+ 不会改变量子数 l。综合这些考虑，可知有

$$l^+ | l,m\rangle = c^+ | l,m+1\rangle \tag{A.5.11}$$

c^+ 为一待定常数。利用上式和式(A.5.8)，得

$$l^- l^+ | l,m\rangle = (\boldsymbol{l}^2 - l_z^2 - l_z) | l,m\rangle \Rightarrow c^+ l^- | l,m+1\rangle = [l(l+1) - m^2 - m] | l,m\rangle \tag{A.5.12}$$

式(A.5.12)还可写为

$$l^- | l,m\rangle = \frac{1}{c^+}[l(l+1) - (m-1)^2 - (m-1)] | l,m-1\rangle = c^- | l,m-1\rangle \tag{A.5.13}$$

可见，l^+ 和 l^- 分别扮演升算符和降算符的角色。下面确定待定常数 c^+ 和 c^-。注意到

$$\langle l,m | l^- l^+ | l,m\rangle = (c^+)^2 \langle l,m+1 | l,m+1\rangle = \langle l,m | \boldsymbol{l}^2 - l_z^2 - l_z | l,m\rangle$$

整理可得

$$c^+ = (l^2 + l - m^2 - m)^{1/2} = [(l-m)(l+m+1)]^{1/2}$$

同理可得

$$c^{-}=[(l+m)(l-m+1)]^{1/2}$$

因此有

$$l^{+}|l,m\rangle=[(l-m)(l+m+1)]^{1/2}|l,m+1\rangle \tag{A.5.14}$$

$$l^{-}|l,m\rangle=[(l+m)(l-m+1)]^{1/2}|l,m-1\rangle \tag{A.5.15}$$

由上面两式可知

$$l^{+}|l,l\rangle=l^{-}|l,-l\rangle=0 \tag{A.5.16}$$

上式与 m 具有上界 l 和下界 $-l$ 这一情况相符。

A.5.2 1/2 自旋系统与泡利算符

我们考虑中子或电子的自旋角动量。按照传统,这里记自旋角动量算符为 $\boldsymbol{s}$,其在 z 方向上的分量为 s_z。根据上一部分内容可知,算符 $\boldsymbol{s}^2$ 具有本征值 $s(s+1)$。由第 1 章内容可知,中子和电子均为 1/2 自旋系统,因此有 $s=1/2$。这也意味着 S_z 的本征值仅能取 $\pm 1/2$。这两个本征值分别对应自旋向上态和自旋向下态。

根据式(A.5.14)和式(A.5.15),易知有

$$s^{+}|s_z+\rangle=s^{-}|s_z-\rangle=0 \tag{A.5.17}$$

$$s^{+}|s_z-\rangle=|s_z+\rangle \tag{A.5.18}$$

$$s^{-}|s_z+\rangle=|s_z-\rangle \tag{A.5.19}$$

根据式(A.5.6)可知

$$s_x=\frac{s^{+}+s^{-}}{2},\quad s_y=-\mathrm{i}\,\frac{s^{+}-s^{-}}{2} \tag{A.5.20}$$

通常,可引入泡利算符来描述 1/2 自旋系统。其表达式如下:

$$\boldsymbol{\sigma}=2\boldsymbol{s} \tag{A.5.21}$$

可见有

$$\sigma_x=s^{+}+s^{-},\quad \sigma_y=-\mathrm{i}(s^{+}-s^{-}),\quad \sigma_z=2s_z \tag{A.5.22}$$

我们考虑在 $(\boldsymbol{s}^2,s_z)$ 表象下,泡利算符各分量的矩阵。首先,易知有

$$\sigma_z|s_z+\rangle=|s_z+\rangle \tag{A.5.23}$$

$$\sigma_z|s_z-\rangle=-|s_z-\rangle \tag{A.5.24}$$

因此

$$\sigma_z\simeq\begin{pmatrix}\langle s_z+|\sigma_z|s_z+\rangle & \langle s_z+|\sigma_z|s_z-\rangle\\ \langle s_z-|\sigma_z|s_z+\rangle & \langle s_z-|\sigma_z|s_z-\rangle\end{pmatrix}=\begin{pmatrix}1 & 0\\ 0 & -1\end{pmatrix} \tag{A.5.25}$$

对于 σ_x,有

$$\sigma_x|s_z+\rangle=(s^{+}+s^{-})|s_z+\rangle=|s_z-\rangle \tag{A.5.26}$$

$$\sigma_x|s_z-\rangle=(s^{+}+s^{-})|s_z-\rangle=|s_z+\rangle \tag{A.5.27}$$

因此

$$\sigma_x\simeq\begin{pmatrix}0 & 1\\ 1 & 0\end{pmatrix} \tag{A.5.28}$$

对于 σ_y,有

$$\sigma_y \mid s_z +\rangle = -\mathrm{i}(s^+ - s^-) \mid s_z +\rangle = \mathrm{i} \mid s_z -\rangle \tag{A.5.29}$$

$$\sigma_y \mid s_z -\rangle = -\mathrm{i}(s^+ - s^-) \mid s_z -\rangle = -\mathrm{i} \mid s_z +\rangle \tag{A.5.30}$$

因此

$$\sigma_y \simeq \begin{pmatrix} 0 & -\mathrm{i} \\ \mathrm{i} & 0 \end{pmatrix} \tag{A.5.31}$$

利用泡利算符的矩阵形式，可求得其各分类的归一化本征矢量的矩阵形式为

$$\mid s_z +\rangle \simeq \begin{pmatrix} 1 \\ 0 \end{pmatrix}, \quad \mid s_z -\rangle \simeq \begin{pmatrix} 0 \\ 1 \end{pmatrix}$$

$$\mid s_x +\rangle \simeq \frac{1}{\sqrt{2}}\begin{pmatrix} 1 \\ 1 \end{pmatrix}, \quad \mid s_x -\rangle \simeq \frac{1}{\sqrt{2}}\begin{pmatrix} 1 \\ -1 \end{pmatrix}$$

$$\mid s_y +\rangle \simeq \frac{1}{\sqrt{2}}\begin{pmatrix} 1 \\ \mathrm{i} \end{pmatrix}, \quad \mid s_y -\rangle \simeq \frac{1}{\sqrt{2}}\begin{pmatrix} 1 \\ -\mathrm{i} \end{pmatrix}$$

A.6 核截面数据表

表 A.6.1 给出了一些原子核的散射长度和中子作用截面。注意，在我们关注的中子能区，对于大多数原子核而言，散射长度和散射截面与入射中子的能量没有显著的依赖关系。而吸收截面(σ_{abs})则与入射中子的速度 v 成反比，即著名的 $1/v$ 律。表中给出的吸收截面对应的入射中子速度为 $v=2200\text{m/s}$，对应的中子波长为 $\lambda=1.798\text{Å}$。

表 A.6.1 中子散射长度与截面(单位为 barn)

同位素	丰度	b_{coh}/fm	b_{inc}/fm	σ_{coh}	σ_{inc}	σ_{tot}	σ_{abs}
H	—	−3.7390	—	1.7568	80.26	82.02	0.3326
^{1}H	99.985	−3.7406	25.274	1.7583	80.27	82.03	0.3326
^{2}H	0.015	6.671	4.04	5.592	2.05	7.64	0.000519
He	—	3.26(3)	—	1.34	0	1.34	0.00747
^{3}He	0.00014	5.74−1.483i	−2.5+2.568i	4.42	1.6	6	5333.(7.)
^{4}He	99.99986	3.26	0	1.34	0	1.34	0
Li	—	−1.90	—	0.454	0.92	1.37	70.5
^{6}Li	7.5	2.00−0.261i	−1.89+0.26i	0.51	0.46	0.97	940.(4.)
^{7}Li	92.5	−2.22	−2.49	0.619	0.78	1.4	0.0454
Be	100	7.79	0.12	7.63	0.0018	7.63	0.0076
B	—	5.30−0.213i	—	3.54	1.7	5.24	767.(8.)
^{10}B	20	−0.1−1.066i	−4.7+1.231i	0.144	3	3.1	3835.(9.)
^{11}B	80	6.65	−1.3	5.56	0.21	5.77	0.0055
C	—	6.6460	—	5.551	0.001	5.551	0.0035
^{12}C	98.9	6.6511	0	5.559	0	5.559	0.00353
^{13}C	1.1	6.19	−0.52	4.81	0.034	4.84	0.00137
N	—	9.36	—	11.01	0.5	11.51	1.9
^{14}N	99.63	9.37	2.0	11.03	0.5	11.53	1.91
^{15}N	0.37	6.44	−0.02	5.21	0.00005	5.21	0.000024

续表

同位素	丰度	b_{coh}/fm	b_{inc}/fm	σ_{coh}	σ_{inc}	σ_{tot}	σ_{abs}
O	—	5.803	—	4.232	0.0008	4.232	0.00019
^{16}O	99.762	5.803	0	4.232	0	4.232	0.0001
^{17}O	0.038	5.78	0.18	4.2	0.004	4.2	0.236
^{18}O	0.2	5.84	0	4.29	0	4.29	0.00016
F	100	5.654	−0.082	4.017	0.0008	4.018	0.0096
Na	100	3.63	3.59	1.66	1.62	3.28	0.53
Mg	—	5.375	—	3.631	0.08	3.71	0.063
^{24}Mg	78.99	5.66	0	4.03	0	4.03	0.05
^{25}Mg	10	3.62	1.48	1.65	0.28	1.93	0.19
^{26}Mg	11.01	4.89	0	3	0	3	0.0382
Al	100	3.449	0.256	1.495	0.0082	1.503	0.231
Si	—	4.1491	—	2.163	0.004	2.167	0.171
^{28}Si	92.23	4.107	0	2.12	0	2.12	0.177
^{29}Si	4.67	4.70	0.09	2.78	0.001	2.78	0.101
^{30}Si	3.1	4.58	0	2.64	0	2.64	0.107
P	100	5.13	0.2	3.307	0.005	3.312	0.172
S	—	2.847	—	1.0186	0.007	1.026	0.53
^{32}S	95.02	2.804	0	0.988	0	0.988	0.54
^{33}S	0.75	4.74	1.5	2.8	0.3	3.1	0.54
^{34}S	4.21	3.48	0	1.52	0	1.52	0.227
^{36}S	0.02	3.(1.)	0	1.1	0	1.1	0.15
Cl	—	9.5770	—	11.5257	5.3	16.8	33.5
^{35}Cl	75.77	11.65	6.1	17.06	4.7	21.8	44.1
^{37}Cl	24.23	3.08	0.1	1.19	0.001	1.19	0.433
Ar	—	1.909	—	0.458	0.225	0.683	0.675
^{36}Ar	0.337	24.90	0	77.9	0	77.9	5.2
^{38}Ar	0.063	3.5	0	1.5(3.1)	0	1.5(3.1)	0.8
^{40}Ar	99.6	1.830	0	0.421	0	0.421	0.66
K	—	3.67	—	1.69	0.27	1.96	2.1
^{39}K	93.258	3.74	1.4	1.76	0.25	2.01	2.1
^{40}K	0.012	3.(1.)	—	1.1	0.5	1.6	35.(8.)
^{41}K	6.73	2.69	1.5	0.91	0.3	1.2	1.46
Ca	—	4.70	—	2.78	0.05	2.83	0.43
^{40}Ca	96.941	4.80	0	2.9	0	2.9	0.41
^{42}Ca	0.647	3.36	0	1.42	0	1.42	0.68
^{43}Ca	0.135	−1.56	—	0.31	0.5	0.8	6.2
^{44}Ca	2.086	1.42	0	0.25	0	0.25	0.88
^{46}Ca	0.004	3.6	0	1.6	0	1.6	0.74
^{48}Ca	0.187	0.39	0	0.019	0	0.019	1.09
Ti	—	−3.438	—	1.485	2.87	4.35	6.09
^{46}Ti	8.2	4.93	0	3.05	0	3.05	0.59
^{47}Ti	7.4	3.63	−3.5	1.66	1.5	3.2	1.7

续表

同位素	丰度	b_{coh}/fm	b_{inc}/fm	σ_{coh}	σ_{inc}	σ_{tot}	σ_{abs}
^{48}Ti	73.8	−6.08	0	4.65	0	4.65	7.84
^{49}Ti	5.4	1.04	5.1	0.14	3.3	3.4	2.2
^{50}Ti	5.2	6.18	0	4.8	0	4.8	0.179
V	—	−0.3824	—	0.0184	5.08	5.1	5.08
^{50}V	0.25	7.6	—	7.3(1.1)	0.5	7.8(1.0)	60.(40.)
^{51}V	99.75	−0.402	6.35	0.0203	5.07	5.09	4.9
Cr	—	3.635	—	1.66	1.83	3.49	3.05
^{50}Cr	4.35	−4.50	0	2.54	0	2.54	15.8
^{52}Cr	83.79	4.920	0	3.042	0	3.042	0.76
^{53}Cr	9.5	−4.20	6.87	2.22	5.93	8.15	18.1(1.5)
^{54}Cr	2.36	4.55	0	2.6	0	2.6	0.36
Mn	100	−3.73	1.79	1.75	0.4	2.15	13.3
Fe	—	9.45	—	11.22	0.4	11.62	2.56
^{54}Fe	5.8	4.2	0	2.2	0	2.2	2.25
^{56}Fe	91.7	9.94	0	12.42	0	12.42	2.59
^{57}Fe	2.2	2.3	—	0.66	0.3	1	2.48
^{58}Fe	0.3	15.(7.)	0	28	0	28.(26.)	1.28
Co	100	2.49	−6.2	0.779	4.8	5.6	37.18
Ni	—	10.3	—	13.3	5.2	18.5	4.49
^{58}Ni	68.27	14.4	0	26.1	0	26.1	4.6
^{60}Ni	26.1	2.8	0	0.99	0	0.99	2.9
^{61}Ni	1.13	7.60	±3.9	7.26	1.9	9.2	2.5
^{62}Ni	3.59	−8.7	0	9.5	0	9.5	14.5
^{64}Ni	0.91	−0.37	0	0.017	0	0.017	1.52
Cu	—	7.718	—	7.485	0.55	8.03	3.78
^{63}Cu	69.17	6.43	0.22	5.2	0.006	5.2	4.5
^{65}Cu	30.83	10.61	1.79	14.1	0.4	14.5	2.17
Zn	—	5.680	—	4.054	0.077	4.131	1.11
^{64}Zn	48.6	5.22	0	3.42	0	3.42	0.93
^{66}Zn	27.9	5.97	0	4.48	0	4.48	0.62
^{67}Zn	4.1	7.56	−1.50	7.18	0.28	7.46	6.8
^{68}Zn	18.8	6.03	0	4.57	0	4.57	1.1
^{70}Zn	0.6	6.(1.)	0	4.5	0	4.5(1.5)	0.092
Ga	—	7.288	—	6.675	0.16	6.83	2.75
^{69}Ga	60.1	7.88	−0.85	7.8	0.091	7.89	2.18
^{71}Ga	39.9	6.40	−0.82	5.15	0.084	5.23	3.61
Ge	—	8.185	—	8.42	0.18	8.6	2.2
^{70}Ge	20.5	10.0	0	12.6	0	12.6	3
^{72}Ge	27.4	8.51	0	9.1	0	9.1	0.8
^{73}Ge	7.8	5.02	3.4	3.17	1.5	4.7	15.1
^{74}Ge	36.5	7.58	0	7.2	0	7.2	0.4
^{76}Ge	7.8	8.2	0	8.(3.)	0	8.(3.)	0.16

续表

同位素	丰度	b_{coh}/fm	b_{inc}/fm	σ_{coh}	σ_{inc}	σ_{tot}	σ_{abs}
As	100	6.58	−0.69	5.44	0.06	5.5	4.5
Se	—	7.970	—	7.98	0.32	8.3	11.7
^{74}Se	0.9	0.8	0	0.1	0	0.1	51.8(1.2)
^{76}Se	9	12.2	0	18.7	0	18.7	85.(7.)
^{77}Se	7.6	8.25	±0.6(1.6)	8.6	0.05	8.65	42.(4.)
^{78}Se	23.5	8.24	0	8.5	0	8.5	0.43
^{80}Se	49.6	7.48	0	7.03	0	7.03	0.61
^{82}Se	9.4	6.34	0	5.05	0	5.05	0.044
Br	—	6.795	—	5.8	0.1	5.9	6.9
^{79}Br	50.69	6.80	−1.1	5.81	0.15	5.96	11
^{81}Br	49.31	6.79	0.6	5.79	0.05	5.84	2.7
Sr	—	7.02	—	6.19	0.06	6.25	1.28
^{84}Sr	0.56	7.(1.)	0	6.(2.)	0	6.(2.)	0.87
^{86}Sr	9.86	5.67	0	4.04	0	4.04	1.04
^{87}Sr	7	7.40	—	6.88	0.5	7.4	16.(3.)
^{88}Sr	82.58	7.15	0	6.42	0	6.42	0.058
Y	100	7.75	1.1	7.55	0.15	7.7	1.28
Zr	—	7.16	—	6.44	0.02	6.46	0.185
^{90}Zr	51.45	6.4	0	5.1	0	5.1	0.011
^{91}Zr	11.32	8.7	−1.08	9.5	0.15	9.7	1.17
^{92}Zr	17.19	7.4	0	6.9	0	6.9	0.22
^{94}Zr	17.28	8.2	0	8.4	0	8.4	0.0499
^{96}Zr	2.76	5.5	0	3.8	0	3.8	0.0229
Nb	100	7.054	−0.139	6.253	0.0024	6.255	1.15
Mo	—	6.715	—	5.67	0.04	5.71	2.48
^{92}Mo	14.84	6.91	0	6	0	6	0.019
^{94}Mo	9.25	6.80	0	5.81	0	5.81	0.015
^{95}Mo	15.92	6.91	—	6	0.5	6.5	13.1
^{96}Mo	16.68	6.20	0	4.83	0	4.83	0.5
^{97}Mo	9.55	7.24	—	6.59	0.5	7.1	2.5
^{98}Mo	24.13	6.58	0	5.44	0	5.44	0.127
^{100}Mo	9.63	6.73	0	5.69	0	5.69	0.4
Pd	—	5.91	—	4.39	0.093	4.48	6.9
^{102}Pd	1.02	7.7(7)	0	7.5(1.4)	0	7.5(1.4)	3.4
^{104}Pd	11.14	7.7(7)	0	7.5(1.4)	0	7.5(1.4)	0.6
^{105}Pd	22.33	5.5	−2.6(1.6)	3.8	0.8	4.6(1.1)	20.(3.)
^{106}Pd	27.33	6.4	0	5.1	0	5.1	0.304
^{108}Pd	26.46	4.1	0	2.1	0	2.1	8.55
^{110}Pd	11.72	7.7(7)	0	7.5(1.4)	0	7.5(1.4)	0.226
Ag	—	5.922	—	4.407	0.58	4.99	63.3
^{107}Ag	51.83	7.555	1.00	7.17	0.13	7.3	37.6(1.2)
^{109}Ag	48.17	4.165	−1.60	2.18	0.32	2.5	91.0(1.0)

续表

同位素	丰度	b_{coh}/fm	b_{inc}/fm	σ_{coh}	σ_{inc}	σ_{tot}	σ_{abs}
Cd	—	4.87−0.70i	—	3.04	3.46	6.5	2520.(50.)
^{106}Cd	1.25	5.(2.)	0	3.1	0	3.1(2.5)	1
^{108}Cd	0.89	5.4	0	3.7	0	3.7	1.1
^{110}Cd	12.51	5.9	0	4.4	0	4.4	11
^{111}Cd	12.81	6.5	—	5.3	0.3	5.6	24
^{112}Cd	24.13	6.4	0	5.1	0	5.1	2.2
^{113}Cd	12.22	−8.0−5.73i	—	12.1	0.3	12.4	20600.(400.)
^{114}Cd	28.72	7.5	0	7.1	0	7.1	0.34
^{116}Cd	7.47	6.3	0	5	0	5	0.075
Sn	—	6.225	—	4.871	0.022	4.892	0.626
^{112}Sn	1	6.(1.)	0	4.5(1.5)	0	4.5(1.5)	1
^{114}Sn	0.7	6.2	0	4.8	0	4.8	0.114
^{115}Sn	0.4	6.(1.)	—	4.5(1.5)	0.3	4.8(1.5)	30.(7.)
^{116}Sn	14.7	5.93	0	4.42	0	4.42	0.14
^{117}Sn	7.7	6.48	—	5.28	0.3	5.6	2.3
^{118}Sn	24.3	6.07	0	4.63	0	4.63	0.22
^{119}Sn	8.6	6.12	—	4.71	0.3	5	2.2
^{120}Sn	32.4	6.49	0	5.29	0	5.29	0.14
^{122}Sn	4.6	5.74	0	4.14	0	4.14	0.18
^{124}Sn	5.6	5.97	0	4.48	0	4.48	0.133
Cs	100	5.42	1.29	3.69	0.21	3.9	29.0(1.5)
Ba	—	5.07	—	3.23	0.15	3.38	1.1
^{130}Ba	0.11	−3.6	0	1.6	0	1.6	30.(5.)
^{132}Ba	0.1	7.8	0	7.6	0	7.6	7
^{134}Ba	2.42	5.7	0	4.08	0	4.08	2.0(1.6)
^{135}Ba	6.59	4.67	—	2.74	0.5	3.2	5.8
^{136}Ba	7.85	4.91	0	3.03	0	3.03	0.68
^{137}Ba	11.23	6.83	—	5.86	0.5	6.4	3.6
^{138}Ba	71.7	4.84	0	2.94	0	2.94	0.27
La	—	8.24	—	8.53	1.13	9.66	8.97
^{138}La	0.09	8.(2.)	—	8.(4.)	0.5	8.5(4.0)	57.(6.)
^{139}La	99.91	8.24	3.0	8.53	1.13	9.66	8.93
Ce	—	4.84	—	2.94	0.001	2.94	0.63
^{136}Ce	0.19	5.80	0	4.23	0	4.23	7.3(1.5)
^{138}Ce	0.25	6.70	0	5.64	0	5.64	1.1
^{140}Ce	88.48	4.84	0	2.94	0	2.94	0.57
^{142}Ce	11.08	4.75	0	2.84	0	2.84	0.95
Pr	100	4.58	−0.35	2.64	0.015	2.66	11.5
Nd	—	7.69	—	7.43	9.2	16.6	50.5(1.2)
^{142}Nd	27.16	7.7	0	7.5	0	7.5	18.7
^{143}Nd	12.18	14.(2.)	±21.(1.)	25.(7.)	55.(7.)	80.(2.)	337.(10.)
^{144}Nd	23.8	2.8	0	1	0	1	3.6

续表

同位素	丰度	b_{coh}/fm	b_{inc}/fm	σ_{coh}	σ_{inc}	σ_{tot}	σ_{abs}
^{145}Nd	8.29	14.(2.)	—	25.(7.)	5.(5.)	30.(9.)	42.(2.)
^{146}Nd	17.19	8.7	0	9.5	0	9.5	1.4
^{148}Nd	5.75	5.7	0	4.1	0	4.1	2.5
^{150}Nd	5.63	5.3	0	3.5	0	3.5	1.2
Sm	—	0.80−1.65i	—	0.422	39.(3.)	39.(3.)	5922.(56.)
^{144}Sm	3.1	−3.(4.)	0	1.(3.)	0	1.(3.)	0.7
^{147}Sm	15.1	14.(3.)	±11.(7.)	25.(11.)	143(19.)	39.(16.)	57.(3.)
^{148}Sm	11.3	−3.(4.)	0	1.(3.)	0	1.(3.)	2.4
^{149}Sm	13.9	−19.2−11.7i	±31.4−10.3i	63.5	137.(5.)	200.(5.)	42080.(400.)
^{150}Sm	7.4	14.(3.)	0	25.(11.)	0	25.(11.)	104.(4.)
^{152}Sm	26.6	−5.0	0	3.1	0	3.1	206.(6.)
^{154}Sm	22.6	9.3	0	11.(2.)	0	11.(2.)	8.4
Gd	—	6.5−13.82i	—	29.3	151.(2.)	180.(2.)	49700.(125.)
^{152}Gd	0.2	10.(3.)	0	13.(8.)	0	13.(8.)	735.(20.)
^{154}Gd	2.1	10.(3.)	0	13.(8.)	0	13.(8.)	85.(12.)
^{155}Gd	14.8	6.0−17.0i	±5.(5.)−13.16i	40.8	25.(6.)	66.(6.)	61100.(400.)
^{156}Gd	20.6	6.3	0	5	0	5	1.5(1.2)
^{157}Gd	15.7	−1.14−71.9i	±5.(5.)−55.8i	650.(4.)	394.(7.)	1044.(8.)	259000.(700.)
^{158}Gd	24.8	9.(2.)	0	10.(5.)	0	10.(5.)	2.2
^{160}Gd	21.8	9.15	0	10.52	0	10.52	0.77
Tb	100	7.38	−0.17	6.84	0.004	6.84	23.4
Dy	—	16.9−0.276i	—	35.9	54.4(1.2)	90.3	994.(13.)
^{156}Dy	0.06	6.1	0	4.7	0	4.7	33.(3.)
^{158}Dy	0.1	6.(4.)	0	5.(6.)	0	5.(6.)	43.(6.)
^{160}Dy	2.34	6.7	0	5.6	0	5.6	56.(5.)
^{161}Dy	19	10.3	±4.9	13.3	3.(1.)	16.(1.)	600.(25.)
^{162}Dy	25.5	−1.4	0	0.25	0	0.25	194.(10.)
^{163}Dy	24.9	5.0	1.3	3.1	0.21	3.3	124.(7.)
^{164}Dy	28.1	49.4−0.79i	0	307.(3.)	0	307.(3.)	2840.(40.)
Ho	100	8.01	−1.70	8.06	0.36	8.42	64.7(1.2)
Er	—	7.79	—	7.63	1.1	8.7	159.(4.)
^{162}Er	0.14	8.8	0	9.7	0	9.7	19.(2.)
^{164}Er	1.56	8.2	0	8.4	0	8.4	13.(2.)
^{166}Er	33.4	10.6	0	14.1	0	14.1	19.6(1.5)
^{167}Er	22.9	3.0	1.0	1.1	0.13	1.2	659.(16.)
^{168}Er	27.1	7.4	0	6.9	0	6.9	2.74
^{170}Er	14.9	9.6	0	11.6	0	11.6(1.2)	5.8
Tm	100	7.07	0.9	6.28	0.1	6.38	100.(2.)
Ta	—	6.91	—	6	0.01	6.01	20.6
^{180}Ta	0.012	7.(2.)	—	6.2	0.5	7.(4.)	563.(60.)
^{181}Ta	99.988	6.91	−0.29	6	0.011	6.01	20.5
W	—	4.86	—	2.97	1.63	4.6	18.3

续表

同位素	丰度	b_{coh}/fm	b_{inc}/fm	σ_{coh}	σ_{inc}	σ_{tot}	σ_{abs}
^{180}W	0.1	5.(3.)	0	3.(4.)	0	3.(4.)	30.(20.)
^{182}W	26.3	6.97	0	6.1	0	6.1	20.7
^{183}W	14.3	6.53	—	5.36	0.3	5.7	10.1
^{184}W	30.7	7.48	0	7.03	0	7.03	1.7
^{186}W	28.6	−0.72	0	0.065	0	0.065	37.9
Au	100	7.63	−1.84	7.32	0.43	7.75	98.65
Tl	—	8.776	—	9.678	0.21	9.89	3.43
^{203}Tl	29.524	6.99	1.06	6.14	0.14	6.28	11.4
^{205}Tl	70.476	9.52	−0.242	11.39	0.007	11.4	0.104
Pb	—	9.405	—	11.115	0.003	11.118	0.171
^{204}Pb	1.4	9.90	0	12.3	0	12.3	0.65
^{206}Pb	24.1	9.22	0	10.68	0	10.68	0.03
^{207}Pb	22.1	9.28	0.14	10.82	0.002	10.82	0.699
^{208}Pb	52.4	9.50	0	11.34	0	11.34	0.00048
Bi	100	8.532	—	9.148	0.0084	9.156	0.0338
U	—	8.417	—	8.903	0.005	8.908	7.57
^{234}U	0.005	12.4	0	19.3	0	19.3	100.1(1.3)
^{235}U	0.72	10.47	±1.3	13.78	0.2	14	680.9(1.1)
^{238}U	99.275	8.402	0	8.871	0	8.871	2.68

（注：$1\text{fm}=10^{-15}\text{m}$，$1\text{barn}=10^{-24}\text{cm}^2$。）

参考文献

ALVAREZ L W, BLOCH F. 1940. A quantitative determination of the neutron moment in absolute nuclear magnetons[J]. Physical Review, 57: 111-122.

ANKNER J F, FELCHER G P. 1999. Polarized-neutron reflectometry[J]. Journal of Magnetism and Magnetic Materials, 200: 741-754.

ASHCROFT N W, MERMIN N D. 1976. Solid state physics[M]. Belmont: Brooks/Cole.

BARRAT J L, HANSEN J P. 2003. Basic concepts for simple and complex liquids[M]. Cambridge: Cambridge University Press.

BÉE M. 1988. Quasielastic neutron scattering[M]. Bristol: Adam Hilger.

BENGTZELIUS U, GÖTZE W, SJÖLANDER A. 1984. Dynamics of supercooled liquids and the glass transition[J]. Journal of Physics C: Solid State Physics, 17: 5915-5934.

BOON J P, YIP S. 1980. Molecular hydrodynamics[M]. New York: Dover Publications.

BRAGG W H, BRAGG W L. 1913. The reflection of X-rays by crystals[J]. Proceedings of the Royal Society A, 88: 428-438.

BROCKHOUSE B N, STEWART A T. 1955. Scattering of neutrons by phonons in an aluminum single crystal[J]. Physical Review, 100: 756-757.

BROCKHOUSE B N, ARASE T, CAGLIOTI G, RAO K R, WOODS A D B. 1962. Crystal dynamics of lead. I. dispersion curves at 100°K[J]. Physical Review, 128: 1099-1111.

BROCKHOUSE B N, BECKA L N, RAO K R WOODS A D B. 1963. Inelastic scattering of neutrons in solids and liquids[R]. Vienna: IAEA.

BLUME M. 1963. Magnetic scattering of neutrons by noncollinear spin densities[J]. Physical Review Letters, 10: 489-491.

CARPENTER J M. 1977. Pulsed spallation neutron sources for slow neutron scattering[J]. Nuclear Instruments and Methods, 145: 91-113.

CHADWICK J. 1932. Possible existence of a neutron[J]. Nature, 129: 312.

CHEN S H. 1986a. Small angle neutron scattering studies of the structure and interaction in micellar and microemulsion systems[J]. Annual Review of Physical Chemistry, 37: 351-399.

CHEN S H, TEIXEIRA J. 1986b. Structure and fractal dimension of protein-detergent complexes[J]. Physical Review Letters, 57: 2583-2586.

CHEN W-R, PORCAR L, LIU Y, BUTLER P D, MAGID L J. 2007. Small angle neutron scattering studies of the counterion effects on the molecular conformation and structure of charged G4 PAMAM dendrimers in aqueous solutions[J]. Macromolecules, 40: 5887-5898.

CHUDLEY G T, ELLIOTT R J. 1961. Neutron scattering from a liquid on a jump diffusion model[J]. Proceedings of the Physical Society, 77: 353-361.

CHUMAKOV A I, MONACO G. 2015. Understanding the atomic dynamics and thermodynamics of glasses: status and outlook[J]. Journal of Non-Crystalline Solids, 407: 126-132.

DAILLANT J, GIBAUD A. 2008. X-ray and neutron reflectivity: principles and applications[M]. Berlin: Springer.

DE BROGLIE L. 1924. Recherches sur la théorie des quanta[D]. Paris: University of Paris.

DE GENNES P G. 1959. Liquid dynamics and inelastic scattering of neutrons[J]. Physica, 25: 825-839.

DE GENNES P G. 1971. Reptation of a polymer chain in the presence of fixed obstacles[J]. Journal of

Chemical Physics, 55: 572-579.

DE GENNES P G. 1981. Coherent scattering by one reptating chain[J]. Journal de Physique, 42: 735-740.

DIRAC P A M. 1958. The principles of quantum mechanics[M]. 4th ed. Oxford: Oxford University Press.

DOI M, EDWARDS S F. 1986. The theory of polymer dynamics[M]. Oxford: Oxford University Press.

DOSTER W, CUSACK S, PETRY W. 1989. Dynamical transition of myoglobin revealed by inelastic neutron scattering[J]. Nature, 337: 754-756.

EDWARDS S F. 1967. The statistical mechanics of polymerized material[J]. Proceedings of the Physical Society, 92: 9-16.

EGELSTAFF P A. 1992. An introduction to the liquid state[M]. 2nd ed. Oxford: Oxford University Press.

FABER T E, ZIMAN J M. 1965. A theory of the electrical properties of liquid metals. III. the resistivity of binary alloys[J]. Philosophical Magazine, 11: 153-173.

FÅK B, DORNER B. 1997. Phonon line shapes and excitation energies[J]. Physica B: Condensed Matter, 234-236: 1107-1108.

FELCHER G P. 1999. Polarized neutron reflectometry—a historical perspective[J]. Physica B: Condensed Matter, 267-268: 154-161.

FORET M, PELOUS J, VACHER R. 1992. Small-angle neutron scattering in model porous systems: a study of fractal aggregates of silica spheres[J]. Journal de Physique, 2: 791-799.

GASKELL T, MILLER S. 1978. Longitudinal modes, transverse modes and velocity correlations in liquids. I [J]. Journal of Physics C: Solid State Physics, 11: 3749-3761.

GLÄSER W, CARVALHO F, EHRET G. 1965. Inelastic scattering of neutrons[R]. Vienna: IAEA.

GUINIER A, FOURNET G. 1955. Small-angle scattering of X-rays[M]. New Jersey: John Wiley.

HANSEN J P, MCDONALD I R. 2013. Theory of simple liquids with applications to soft matter[M]. 4th ed. Amsterdam: Academic Press.

HAYTER J B. 1976. Conference on neutron scattering[C]. Gatlinburg: Oak Ridge National Laboratory.

HAYTER J B, PENFOLD J. 1981a. Self-consistent structural and dynamic study of concentrated micelle solutions[J]. Journal of the Chemical Society Faraday Transaction, 77: 1851-1863.

HAYTER J B, HIGHFIELD R R, PULLMAN B J, THOMAS R K, MCMULLEN A I, PENFOLD J. 1981b. Critical reflection of neutrons. A new technique for investigating interfacial phenomena[J]. Journal of the Chemical Society Faraday Transaction, 77: 1437-1448.

HERPIN A, MÉRIEL P, VILLAIN J. 1959. Magnetic structure of the alloy $MnAu_2$ [J]. Comptes Rendus, 249: 1334-1336.

HIGGINS J S, BENOÎT H C. 1994. Polymers and neutron scattering[M]. Oxford: Oxford University Press.

HAMMOUDA B. 2016. Probing nanoscale structures: the SANS toolbox[OL]. http://www.ncnr.nist.gov/staff/hammouda/the_SANS_toolbox.pdf.

JACROT B. 1976. The study of biological structures by neutron scattering from solution[J]. Reports on Progress in Physics, 39: 911-953.

JOHNSTON D F. 1966. On the theory of the electron orbital contribution to the scattering of neutrons by magnetic ions in crystals[J]. Proceedings of the Physical Society, 88: 37-52.

KOEHLER W C, CHILD H R, NICKLOW R M, SMITH H G, MOON R M, CABLE J W. 1970. Spin-wave dispersion relations in gadolinium[J]. Physical Review Letters, 24: 16-18.

KOTLARCHYK M, CHEN S H. 1983. Analysis of small angle neutron scattering spectra from polydisperse interacting colloids[J]. Journal of Chemical Physics, 79: 2461-2469.

LE P, FRATINI E, ZHANG L, ITO K, MAMONTOV E, BAGLIONI P, CHEN S-H. 2017. Quasi-elastic neutron scattering study of hydration water in synthetic cement: an improved analysis method based on a new global model[J]. Journal of Physical Chemistry C,121: 12826-12833.

LEVICKY R, HERNE T M, TARLOV M J, SATIJA S K. 1998. Using self-assembly to control the structure of DNA monolayers on gold: aneutron reflectivity study [J]. Journal of the American Chemical Society,120: 9787-9792.

LIKOS C N. 2001. Effective interactions in soft condensed matter physics [J]. Physics Reports, 348: 267-439.

LIU Y,CHEN W R,CHEN S H. 2005. Cluster formation in two-Yukawa fluids[J]. Journal of Chemical Physics,122: 044507.

LIU Y. 2017. Intermediate scattering function for macromolecules in solutions probed by neutron spin echo [J]. Physical Review E,95: 020501(R).

LOVESEY S W. 1984. Theory of neutron scattering from condensed matter (Volume 1: nuclear scattering) [M]. Oxford: Clarendon Press.

MAITLAND G C,RIGBY M,SMITH E B,WAKEHAM W A. 1981. Intermolecular forces[M]. Oxford: Clarendon Press.

MANDELBROT B B. 1977. Fractals: form,chance and dimension[M]. W H Freeman.

MAPES M K,SWALLEN S F,EDIGER M D. 2006. Self-diffusion of supercooled o-terphenyl near the glass transition temperature[J]. Journal of Physical Chemistry B,110: 507-511.

MITCHELL D P,POWERS N. 1936. Bragg reflection of slow neutrons[J]. Physical Review,50: 486-487.

MEZEI F. 1972. Neutron spin echo: a new concept in polarized thermal neutron techniques[J]. Zeitschrift für Physik A,255: 146-160.

MEZEI F. 1976. Novel polarized neutron devices: supermirror and spin component amplifier [J]. Communications on Physics,1: 81-85.

MEZEI F. 2002. Neutron spin echo spectroscopy[M]. Berlin: Springer.

MOOK H A. 1966. Magnetic moment distribution of nickel metal[J]. Physical Review,148: 495-501.

MOON R M,KOEHLER W C. 1969. Search for noncollinear spin density in hexagonal cobalt[J]. Physical Review,181: 883-886.

MOON R M, RISTE T, KOEHLER W C. 1969. Polarization analysis of thermal-neutron scattering[J]. Physical Review,181: 920-931.

NÄGELE G. 1996. On the dynamics and structure of charge-stabilized suspensions[J]. Physics Reports, 272: 215-372.

NEVOT L,CROCE P. 1980. Characterization of surfaces by grazing X-ray reflection-application to the study of polishing of some silicate glasses[J]. Revue de Physique Appliquee,15: 761-779.

NIJBOER B R A, RAHMAN A. 1966. Time expansion of correlation functions and the theory of slow neutron scattering[J]. Physica,32: 415-432.

PLACZEK G. 1952. The scattering of neutrons by systems of heavy nuclei [J]. Physical Review, 86: 377-388.

PYNN R. 1992. Neutron scattering by rough surfaces at grazing incidence [J]. Physical Review B, 45: 602-614.

RENAUD G, LAZZARI R, LEROY F. 2009. Probing surface and interface morphology with grazing incidence small angle X-ray scattering[J]. Surface Science Reports,64: 255-380.

RICHTER D,EWEN B,FARAGO B,WAGNER T. 1989. Microscopic dynamics and topological constraints in polymer melts: A neutron-spin-echo study[J]. Physical Review Letters,62: 2140-2143.

RICHTER D, FARAGO B, FETTERS L J, HUANG J S, EWEN B, LARTIGUE C. 1990. Direct microscopic observation of the entanglement distance in a polymer melt[J]. Physical Review Letters, 64: 1389-1392.

ROUSE P E. 1953. A theory of the linear viscoelastic properties of dilute solutions of coiling polymers[J]. Journal of Chemical Physics, 21: 1272-1280.

RUOCCO G, SETTE F. 1999. The high-frequency dynamics of liquid water[J]. Journal of Physics: Condensed Matter, 11: R259-R293.

SAKURAI J J. 1994. Modern quantum mechanics[M]. Boston: Addison-Wesley Publishing Company.

SCATTURIN V, CORLISS L, ELLIOTT N, HASTINGS J. 1961. Magnetic structures of 3d transition metal double fluorides, $KMeF_3$[J]. Acta Crystallographica, 14: 19-26.

SCHOENBORN B P, CASPAR D L D, KAMMERER O F. 1974. A novel neutron monochromator[J]. Journal of Applied Crystallography, 7: 508-510.

SCHOFIELD P. 1960. Space-time correlation function formalism for slow neutron scattering[J]. Physical Review Letters, 4: 239-240.

SCHRÖDINGER E. 1926. An undulatory theory of the mechanics of atoms and molecules[J]. Physical Review, 28: 1049-1070.

SCHURTENBERGER P. 2002. Contrast and contrast variation in neutron, X-ray and light scattering[M]// LINDNER P, ZEMB T. Neutrons, X-Rays and Light: Scattering Methods Applied to Soft Condensed Matter. Amsterdam: North-Holland.

SCHWINGER J S. 1937. On the spin of the neutron[J]. Physical Review, 52: 1250.

SEARS V F. 1966. Cold neutron scattering by molecular liquids: III. Methane[J]. Canadian Journal of Physics, 45: 237-254.

SEARS V F. 1984. Thermal-neutron scattering lengths and cross-sections for condensed matter research [R]. Chalk River: Chalk River Nuclear Laboratories.

SETTE F, RUOCCO G, KRISCH M, MASCIOVECCHIO C, VERBENI R, BERGMANN U. 1996. Transition from normal to fast sound in liquid water[J]. Physical Review Letters, 77: 83-86.

SETTE F, KRISCH M H, MASCIOVECCHIO C, RUOCCO G, MONACO G. 1998. Dynamics of glasses and glass-forming liquids studied by inelastic X-ray scattering[J]. Science, 280: 1550-1555.

SINHA S K, SIROTA E B, GAROFF S, STANLEY H B. 1988. X-ray and neutron scattering from rough surfaces[J]. Physical Review B, 38: 2297-2311.

SHINOHARA Y, DMOWSKI W, IWASHITA T, WU B, ISHIKAWA D, BARON A Q R, EGAMI T. 2018. Viscosity and real-space molecular motion of water: observation with inelastic X-ray scattering [J]. Physical Review E, 98: 022604.

SHULL C G, WOLLAN E O, MORTON G A, DAVIDSON W L. 1948. Neutron diffraction studies of NaH and NaD[J]. Physical Review, 73: 842-847.

SHULL C G, STRAUSER W A, WOLLAN E O. 1951. Neutron diffraction by paramagnetic and antiferromagnetic substances[J]. Physical Review, 83: 333-345.

SHULL C G. 1968. Observation of Pendellösung fringe structure in neutron diffraction[J]. Physical Review Letters, 21: 1585-1589.

SKÖLD K, ROWE J M, OSTROWSKI G, RANDOLPH P D. 1972. Coherent- and incoherent-scattering laws of liquid argon[J]. Physical Review A, 6: 1107-1131.

SOPER A K. 2000. The radial distribution functions of water and ice from 220 to 673 K and at pressures up to 400 MPa[J]. Chemical Physics, 258: 121-137.

SOPER A K. 2017. The structure of water and aqueous systems[M]//Experimental Methods in the Physical Sciences, 49: 135.

SQUIRES G L. 1978. Introduction to the theory of thermal neutron scattering[M]. Cambridge: Cambridge University Press.

SWALLEN S F, KEARNS K L, MAPES M K, KIM Y S, MCMAHON R J, EDIGER M D, WU T, YU L,

SATIJA S. 2007. Organic glasses with exceptional thermodynamic and kinetic stability[J]. Science 315: 353-356.

TEIXEIRA J, BELLISSENT-FUNEL M C, CHEN S H, DIANOUX A J. 1985a. Experimental determination of the nature of diffusive motions of water molecules at low temperatures[J]. Physical Review A, 31: 1913-1917.

TEIXEIRA J, BELLISSENT-FUNEL M C, CHEN S H, DORNER B. 1985b. Observation of new short-wavelength collective excitations in heavy water by coherent inelastic neutron scattering[J]. Physical Review Letters, 54: 2681-2683.

TEIXEIRA J. 1988. Small-angle scattering by fractal systems[J]. Journal of Applied Crystallography, 21: 781-785.

TUCCIARONE A, LAU H Y, CORLISS L M, DELAPALME A, HASTINGS J. 1971. Quantitative analysis of inelastic scattering in two-crystal and three-crystal neutron spectrometry; critical scattering from $RbMnF_3$[J]. Physical Review B, 4: 3206-3245.

VAN HOVE L. 1954. Correlations in space and time and Born approximation scattering in systems of interacting particles[J]. Physical Review, 95: 249-262.

VERLET L. 1968. Computer experiments on classical fluids. II. equilibrium correlation functions[J]. Physical Review, 165: 201-214.

VON HALBAN H, PREISWERK P. 1936. Preuve experimentale de la diffraction des neutrons[J]. Comptes Rendus de l'Académie des Sciences, 203: 73-75.

VOLINO F, DIANOUX A J. 1980. Neutron incoherent scattering law for diffusion in a potential of spherical symmetry: general formalism and application to diffusion inside a sphere[J]. Molecular Physics, 41: 271-279.

WANG Z, BERTRAND C E, CHIANG W S, FRATINI E, BAGLIONI P, ALATAS A, ERCAN ALP E, CHEN S H. 2013. Inelastic X-ray scattering studies of the short-time collective vibrational motions in hydrated lysozyme powders and their possible relation to enzymatic function[J]. Journal of Physical Chemistry B, 117: 1186-1195.

WANG Z, KOLESNIKOV A I, ITO K, PODLESNYAK A, CHEN S H. 2015. Pressure effect on the Boson peak in deeply cooled confined water: Evidence of a liquid-liquid transition[J]. Physical Review Letters, 115: 235701.

WANG Z, LAM C N, CHEN W R, WANG W, LIU J, LIU Y, PORCAR L, STANLEY C B, ZHAO Z, HONG K, WANG Y. 2017. Fingerprinting molecular relaxation in deformed polymers[J]. Physical ReviewX, 7: 031003.

WANG Z Y, KONG D, YANG L, MA H, SU F, ITO K, LIU Y, WANG X, WANG Z. 2018. Analysis of small-angle neutron scattering spectra from deformed polymers with the spherical harmonic expansion method and a network model[J]. Macromolecules, 51: 9011-9018.

WANG Z, FARAONE A, YIN P, PORCAR L, LIU Y, DO C, HONG K, CHEN W-R. 2019. Dynamic equivalence between soft star polymers and hard spheres[J]. ACS Macro Letters, 8: 1467-1473.

WILLIAMS W G. 1975. Conference on new methods and techniques in neutron diffraction[C]. Petten: Reactor Centrum Nederland.

WEEKS J D, CHANDLER D, ANDERSEN H C. 1971. Role of repulsive forces in determining the equilibrium structure of simple liquids[J]. Journal of Chemical Physics, 54: 5237-5247.

WILLIS B T M, CARLILE C J. 2009. Experimental neutron scattering[M]. Oxford: Oxford University Press.

WU H, WANG Z, ZHANG Y, MO W, BAI P, SONG K, ZHANG Z, WANG Z, HUSSEY D S, LIU Y, WANG Z, WANG X. 2020. Demonstration of small-angle neutron scattering measurements with a nested neutron-focusing supermirror assembly[J]. Nuclear Instruments and Methods in Physics Research Section A, 972: 164072.

YARNELL J L, KATZ M J, WENZEL R G, KOENIG S H. 1973. Structure factor and radial distribution function for liquid argon at 85 K[J]. Physical Review A, 7: 2130-2144.

YIP S, OSBORN R K. 1963. Slow-neutron scattering by hindered rotators[J]. Physical Review, 130: 1860-1864.

ZHOU X L, CHEN S H. 1995. Theoretical foundation of X-ray and neutron reflectometry[J]. Physics Reports, 257: 223-348.

喀兴林. 2004. 高等量子力学[M]. 2版. 北京：高等教育出版社.

曾谨言. 2013. 量子力学 卷I[M]. 5版. 北京：科学出版社.

除上述文献之外，本书的写作还参考了以下著作：

CARPENTER J M, LOONG C K. 2015. Elements of slow neutron scattering[M]. Cambridge: Cambridge University Press.

CHEN S H, KOTLARCHYK M. 2007. Interactions of photons and neutrons with matter[M]. 2nd ed. New Jersey: World Scientific.

FURRER A, MESOT J, STRÄSSLE T. 2009. Neutron scattering in condensed matter physics[M]. New Jersey: World Scientific.

KITTEL C. 2005. Introduction to solid state physics[M]. 8th ed. New Jersey: John Wiley & Sons.

KRANE K S. 1988. Introductory nuclear physics[M]. New Jersey: John Wiley & Sons.

陈达，贾文宝. 2015. 应用中子物理学[M]. 北京：科学出版社.

姜传海，杨传铮. 2012. 中子衍射技术及其应用[M]. 北京：科学出版社.

潘峰，王英华，陈超. 2016. X射线衍射技术[M]. 北京：化学工业出版社.